Die Bonus-Seite

Ihr Vorteil als Käufer dieses Buches

Auf der Bonus-Webseite zu diesem Buch finden Sie zusätzliche Informationen und Services. Dazu gehört auch ein kostenloser **Testzugang** zur Online-Fassung Ihres Buches. Und der besondere Vorteil: Wenn Sie Ihr **Online-Buch** auch weiterhin nutzen wollen, erhalten Sie den vollen Zugang zum **Vorzugspreis**.

So nutzen Sie Ihren Vorteil

Halten Sie den unten abgedruckten Zugangscode bereit und gehen Sie auf **www.galileocomputing.de**. Dort finden Sie den Kasten **Die Bonus-Seite für Buchkäufer**. Klicken Sie auf **Zur Bonus-Seite/Buch registrieren**, und geben Sie Ihren **Zugangscode** ein. Schon stehen Ihnen die Bonus-Angebote zur Verfügung.

Ihr persönlicher **Zugangscode** 7r3t-58g2-akdw-nvjx

Anne Grabs, Karim-Patrick Bannour

Follow me!

Erfolgreiches Social Media Marketing mit
Facebook, Twitter und Co.

Galileo Press

Liebe Leserin, lieber Leser,

die erste Auflage von Follow me! hat sich rasch zum wichtigsten Titel zum Thema Social Media Marketing in Deutschland entwickelt. Dies und überwältigend viele positive Rückmeldungen von Lesern, Experten und der Fachpresse haben uns gezeigt, dass die Autoren es geschafft haben, die richtige Mischung aus Grundlagen, Strategie-Überlegungen und Praxistipps zu finden. Nach einem Jahr erscheint jetzt die neue Auflage unseres Standardwerks. Anne Grabs und Karim-Patrick Bannour haben dies zum Anlass genommen, das Buch dort zu aktualisieren, wo es neue Trends und Themen gibt. So finden sich z. B. viele Tipps zu Google+ und anderen neuen Plattformen. Zudem war es ein vielfacher Leserwunsch, mehr Hinweise zur rechtlichen Situation der Verwendung von Social-Media-Tools zu erhalten. Ich bin glücklich, dass wir zwei Rechtsanwälte aus Deutschland und Österreich gefunden haben, die Ihnen die entscheidenden juristischen Stolperfallen vorstellen und Lösungen anbieten. Ich bin mir sicher, dass auch Sie davon profitieren werden.

Social Media ist heute auch im Marketing für ein Produkt oder für eine Dienstleistung ein wichtiger Bestandteil der erfolgreichen Unternehmenskommunikation. Hier tauschen Konsumenten Produkterfahrungen aus und bewerten Dienstleistungen. Erfahren Sie in unserem Buch, wie Sie das ganze Potenzial dieser Möglichkeiten ausschöpfen können. Unsere Autoren Anne Grabs und Karim-Patrick Bannour sind ausgewiesene Social-Media-Experten und beraten Unternehmen und Kunden bei der Auswahl sowie Umsetzung der richtigen Strategie. Sie zeigen Ihnen den Weg zu Ihrer individuellen Lösung. Angefangen bei der Beobachtung und Analyse der Zielgruppe, der Stärkung Ihres guten Rufs im Internet (Online Reputation Management), der Nutzung der wichtigsten Netzwerke wie Facebook, Twitter und XING zum Empfehlungsmanagement und zur Öffentlichkeitsarbeit bis hin zu Themen wie Social Commerce und Crowdsourcing. Folgen Sie den beiden Autoren in die Welt des Social Media Marketings.

Um die Qualität unserer Bücher zu gewährleisten, stellen wir stets hohe Ansprüche an Autoren und Lektorat. Falls Sie dennoch Anmerkungen und Vorschläge zu diesem Buch formulieren möchten, so freue ich mich über Ihre Rückmeldung.

Ihr Stephan Matteschek
Lektorat Galileo Computing

stephan.matteschek@galileo-press.de
www.galileocomputing.de
Galileo Press · Rheinwerkallee 4 · 53227 Bonn

Auf einen Blick

Der Name Galileo Press geht auf den italienischen Mathematiker und Philosophen Galileo Galilei (1564–1642) zurück. Er gilt als Gründungsfigur der neuzeitlichen Wissenschaft und wurde berühmt als Verfechter des modernen, heliozentrischen Weltbilds. Legendär ist sein Ausspruch *Eppur si muove* (Und sie bewegt sich doch). Das Emblem von Galileo Press ist der Jupiter, umkreist von den vier Galileischen Monden. Galilei entdeckte die nach ihm benannten Monde 1610.

Lektorat Stephan Mattescheck
Korrektorat Annette Lennartz
Cover Barbara Thoben
Titelbild Power Package: Sabine Tress, 2010, 120 × 120 cm, Acryl und Sprayfarbe auf Leinwand. Das Foto von Power Package stammt von Jürgen Eis (*www.juergen-eis.de*).
Typografie und Layout Vera Brauner, Maxi Beithe
Herstellung Maxi Beithe
Satz SatzPro, Krefeld
Druck und Bindung Himmer AG, Augsburg

Dieses Buch wurde gesetzt aus der Linotype Syntax Serif (9,25/13,25 pt) in FrameMaker.
Gedruckt wurde es auf chlorfrei gebleichtem Offsetpapier.

Gerne stehen wir Ihnen mit Rat und Tat zur Seite:
stephan.mattescheck@galileo-press.de bei Fragen und Anmerkungen zum Inhalt des Buches
service@galileo-press.de für versandkostenfreie Bestellungen und Reklamationen
britta.behrens@galileo-press.de für Rezensions- und Schulungsexemplare

Bibliografische Information der Deutschen Nationalbibliothek
Die Deutsche Nationalbibliothek verzeichnet diese Publikation in der Deutschen Nationalbibliografie; detaillierte bibliografische Daten sind im Internet über *http://dnb.d-nb.de* abrufbar.

ISBN 978-3-8362-1862-7

2., aktualisierte Auflage 2012

Inhalt

Über dieses Buch

Als wir im Winter 2010/2011 an der ersten Ausgabe unseres Buches schrieben, gab es Google+ noch gar nicht, Facebook und StudiVZ kämpften noch um Platz 1 unter den sozialen Netzwerken in Deutschland, und beim Thema Social Media Monitoring zuckten viele Marketing- und PR-Verantwortliche noch mit den Schultern.

Mittlerweile scheint so etwas wie der Social-Media-Alltag eingetreten zu sein. Der Like-Button ist jetzt auch auf Anzeigen in der U-Bahn und im Supermarkt präsent. Wir sehen immer mehr Kampagnen, die Facebook, YouTube & Co. sinnvoll verknüpfen. Denn Social Media ist keine Eintagsfliege: Soziales Netzwerken ist beliebt und wird vor allem immer öfter mobil übers Smartphone genutzt. Die Nutzer suchen, fragen, kommentieren, fotografieren und filmen und teilen alles das, was ihnen wichtig erscheint, mit ihren virtuellen Freunden oder gleich der ganzen Welt. Der vernetzte Konsument nutzt alle Informationsquellen, um herauszufinden, ob das Produkt oder die Leistung das Richtige für ihn ist, und das direkt in Ihrem Shop, ohne um Erlaubnis zu bitten. Er nutzt die Facebook-Pinnwand, um sich Gehör zu verschaffen, im positiven wie im negativen Sinn. Und die Suchmaschinen, allen voran Google, belohnen das immer mehr mit einem besonders guten Ranking solcher Inhalte.

Nachdem immer mehr Unternehmen 2011 in Sachen Social Media unter Zugzwang gerieten und mit Social Media starteten, macht sich mittlerweile Ernüchterung breit, denn allzu hoch gesteckte Ziele konnten dann doch nicht so einfach erreicht werden. So mancher Facebook-Seitenbetreiber fragt sich nach dem fünften iPad-Gewinnspiel, das rein auf maximale Steigerung der Fanzahlen ausgerichtet ist: »Was mache ich jetzt mit diesen vielen Fans eigentlich, die gar nicht an meinen Produkten interessiert sind?« Genau an dieser Stelle setzt die Neuauflage von Follow me! an und zeigt Ihnen, was neben Fangenerierung und reinem Abverkauf noch alles so in Social Media möglich ist. Sie erfahren, wie Sie Ihre Lieblingskunden und Meinungsführer noch stärker involvieren und an sich binden, wie Sie Empfehlungen auslösen, virale Effekte stimulieren und einfach Social-Media-Aktionen lancieren, die die User nicht so leicht vergessen. Und Sie erfahren diesmal ganz genau, wie Sie diese Ziele messen können. Noch dazu sind Sie mit den Rechtstipps im Buch auf der sicheren Seite.

2012 sollte jedes Unternehmen, egal ob groß oder klein, Social Media in seinem Marketingmix berücksichtigen. Für KMU (kleine und mittlere Unternehmen) bietet es den entscheidenden Vorteil, mit kleinem Budget viele Markenfans erreichen zu können.

Mit diesem Buch lernen Sie Schritt für Schritt, wie Sie an das Thema Social Media erfolgreich herangehen können: Allem voran steht die Social-Media-Strategie, die Ihnen hilft, herauszufinden, wo und wie Sie mit Social Media neue Kunden für Ihre Sache gewinnen, Ihren Kundensupport verbessern, Ihren guten Ruf im Netz steigern und Ihre Produkte verkaufen können. Wenn Social Media bisher nur ein Hype für Sie war, bietet Ihnen dieses Buch nun die richtige Grundlage, sich umfassend über Social Media zu informieren.

Aufbau des Buches

Kapitel 1, »Social Media beginnt mit ›Du‹!«, führt Sie in die Thematik Social Media ein und soll Sie sensibilisieren, was Social Media für Ihr Marketing und Ihre Unternehmenskommunikation bedeutet.

Kapitel 2, »Social-Media-Strategie«, zeigt Ihnen den Weg zu einer Social-Media-Strategie und welche Unternehmenskultur dafür notwendig ist. Sie erfahren außerdem, wie Sie Social-Media-Kampagnen messen können.

In Kapitel 3, »Social Media Monitoring und Online Reputation Management«, erfahren Sie, wie Sie Ihre Zielgruppe im Social Web beobachten und wie Sie Ihren Ruf im Netz schützen.

Kapitel 4, »Foren und Bewertungsplattformen«, stellt die nach wie vor beliebten Foren und Bewertungsplattformen vor und veranschaulicht, warum sie zu Recht als Social-Media-Enklave der Experten gelten.

Kapitel 5, »Blogs – Ihre Social-Media-Zentrale«, zeigt Ihnen, wie Sie mit Ihrem Blog Kundenbeziehungen stärken können. In diesem Kapitel gehen wir auch ausführlich darauf ein, wie Sie Ihr eigenes Blog starten.

Kapitel 6, »Twitter«, erklärt Ihnen, wie Sie den Nachrichtenkanal sowohl für Ihre Öffentlichkeitsarbeit als auch für Ihren Kundensupport einsetzen können.

In Kapitel 7, »Soziale Netzwerke«, werden die wichtigsten sozialen Netzwerke (z. B. Facebook, Google+ oder XING) vorgestellt, mit denen Sie Online Relations und Empfehlungsmarketing betreiben können.

In Kapitel 8, »Social Sharing – Teilen bringt Freunde«, erfahren Sie, wie Sie mit Sharing-Portalen wie YouTube und Flickr wichtige Inhalte unter die User streuen und durch virales Marketing verbreiten können.

Kapitel 9, »Mobile Social Marketing«, zeigt Ihnen, wie Sie die Smartsurfer erreichen und wie Sie den Mobile Commerce – die Verbindung aus E-Commerce und Mobile Web – für sich nutzen können.

Kapitel 10, »Social Commerce«, zeigt Ihnen, wie Sie mit Social Media Ihren Online-Umsatz steigern und wie Sie Facebook für den Verkauf Ihrer Produkte nutzen können.

Kapitel 11, »Crowdsourcing«, zeigt Ihnen die Tools, mit denen Sie Produkte und Ideen gemeinsam mit der Community entwickeln können und wie sich mithilfe von Crowdfunding mit den Usern im Social Web Projekte finanzieren lassen.

Kapitel 12, »Ausblick«, zeigt Ihnen die wichtigsten Trends in Sachen Social Media Marketing und darüber hinaus.

Mit diesem Buch richten wir uns an Social-Media-Einsteiger, Unternehmer, Marketingverantwortliche, Brandmanager, KMUs und Selbstständige sowie an alle, die sich generell für Social Media interessieren und einen breitgefächerten Überblick über die Möglichkeiten erhalten möchten. Wir haben versucht, jedes einzelne Kapitel mit möglichst vielen Beispielen erfolgreicher Social-Media-Strategien verschiedener Unternehmen aus dem deutschsprachigen und internationalen Umfeld zu veranschaulichen. Wir haben dabei den Markt aus deutscher, österreichischer und schweizerischer Perspektive betrachtet, weshalb wir auch Beispiele aus allen diesen Ländern zur Veranschaulichung gewählt haben.

Auch Anne Grabs und Karim-Patrick Bannour, die Autoren dieses Buches, haben sich über das Thema Social Media kennengelernt. Aufgrund ihres unterschiedlichen Backgrounds haben sie jeweils verschiedene Sichtweisen, was Social Media Marketing betrifft. Anne Grabs hat in Deutschland eine Ausbildung als Werbekauffrau absolviert. Karim-Patrick Bannour hat in Salzburg studiert und kennt den österreichischen Markt sehr genau. Diese verschiedenen Perspektiven haben sich beim Schreiben des Buches sehr bezahlt gemacht.

Weitere Hinweise

Wir haben bewusst auf eine gendergerechte Schreibweise verzichtet, um den Lesefluss nicht zu stören. Als ergänzende Informationsquelle haben wir auf der Website zum Buch unter *www.follow-me-buch.de* interessante und hilfreiche Informationen sowie alle bisherigen Rezensionen der Erstauflage zusammengestellt. Besuchen Sie auch unsere Facebook-Seite *www.facebook.com/social.media.marketing.buch*, und geben Sie uns Ihr Feedback und Ihre Anregungen zum Buch! Um den Rahmen des Buches nicht zu sprengen, sind wir nicht ausführlicher auf Enterprise 2.0 und die Implikationen von Social Media für die Unternehmensführung eingegangen. Natürlich ist das ein sehr wichtiges Thema, denn Social Media bedeutet auch Veränderung der Kommunikation, der Machtstrukturen und Hierarchien in Unternehmen. Wir haben an den entsprechenden Stellen im Buch darauf hingewiesen, wie sich Social Media Marketing auf die Unternehmenskultur auswirkt, haben aber davon abgesehen, dieses Thema umfassend abzudecken.

Danksagungen

Besonderer Dank gilt zunächst allen Lesern und Unterstützern der Erstauflage sowie dem Verlag Galileo Press, insbesondere Stephan Mattescheck und Britta Behrens, die Follow me! in seiner Erstauflage zu einem Bestseller gemacht haben. Das wäre ohne die zahlreichen Leser und Rezensenten und die Bemühungen des Verlags nicht möglich gewesen. Allen Rezensenten, die in Amazon und in ihren Blogs durchweg positiv berichtet haben, sei an dieser Stelle besonders gedankt. Aber auch für negatives Feedback waren wir dankbar und schätzen die zahlreichen Rückmeldungen und Tipps in Bezug auf die Neuauflage, die wir im Laufe des Jahres erhalten haben. Der Erfolg von Follow me! sowie das enorme positive Feedback haben uns beim Schreiben der Neuauflage immer wieder motiviert. Eine Neuauflage ist kein neues Buch, aber es hat uns dennoch kreative Schreibkräfte abverlangt, die wir ohne die Unterstützung unserer Familie, unserer Freunde und unseres virtuellen Netzwerks nicht hätten mobilisieren können, und dafür möchten wir uns bedanken. Weiterer Dank geht an die Rechtsanwälte Peter Harlander und Sven Hörnich, die uns dabei geholfen haben, das Buch mit Rechtstipps zu versehen.

Und nun wünschen wir Ihnen viel Spaß beim Lesen!

Salzburg,
Anne Grabs und **Karim-Patrick Bannour**

1 Social Media beginnt mit »Du«!

In Social Media dreht sich alles um Kontakte, deren Beziehungen zu- und untereinander und relevante Informationen, die sie miteinander teilen. Die Konsumenten vernetzen sich, sie tauschen Informationen, Meinungen, Erfahrungen und Empfehlungen aus. Jederzeit und überall.

Das US-Nachrichtenmagazin »Time« betitelte 2006 die »Person des Jahres« mit dem Wort »Du«. Mit diesem »Du« waren die zahlreichen Internetnutzer gemeint, die dank neuer Webtechnologien ihre Meinungen und Gedanken ins Netz stellen konnten. In Social Media können die Nutzer ohne weitreichende Programmierkenntnisse Informationen und Meinungen verbreiten, Videos veröffentlichen, Veranstaltungen live übertragen usw. All das, was früher den Profis und Medienunternehmen vorbehalten war, kann jetzt jeder User ganz einfach selbst tun. Die Nutzer suchen nicht länger nur nach Informationen, sondern starten ihren eigenen »TV-Sender« (YouTube) oder publizieren Blogs. Dadurch wandelt sich der Internetnutzer vom reinen Konsumenten zum Produzenten, weshalb häufig von sogenannten *Prosumenten* die Rede ist. Das hat weitreichende Folgen, denn während die Konsumenten früher zum Zuhören verdammt waren, können sie jetzt mitreden, und das tun sie auch. Lassen Sie sich aber nicht vom »Du« dazu verleiten, den User – der auch Ihr Kunde sein könnte –, nicht ernst zu nehmen: Nicht umsonst heißt es in Bezug auf Social Media immer wieder, auf Augenhöhe zu kommunizieren, genau so, wie Sie es mit Ihren Kunden in Ihrer Firma, am Telefon, per E-Mail oder bei jeglichem Kundenkontakt auch tun.

1.1 Was ist Social Media eigentlich?

Zunächst klären wir den Begriffswirrwarr rund um Social Media, soziale Netzwerke und Web 2.0. Grundsätzlich bietet das Web 2.0 (auch wenn es eigentlich nie ein Web 1.0 gab) die Möglichkeit für alle User, selbst Inhalte zu erstellen und diese über die verschiedensten Kanäle untereinander mitzuteilen. Deshalb sagt man auch *Mitmach-Web* dazu. Social Media geht jedoch noch einen Schritt weiter: Denn hier teilen, informieren und kommunizieren Menschen, die in irgendeiner Art und Weise in Beziehung zueinander stehen, z. B. über soziale Netzwerke wie Facebook miteinander befreundet sind. Die Inhalte bekommen eine soziale Komponente und schaffen Interaktion. Plattformen wie Facebook, Twitter oder YouTube sind nur die Werkzeuge, um Kommunikation herzustellen und Beziehungen aufzubauen.

1.1.1 Social-Media-Tools

Social Media umfasst eine Vielzahl von Plattformen und Tools, die der Kommunikation, Interaktion und dem Austausch von Inhalten und Informationen dienen. Grob eingeteilt sind das:

- soziale Netzwerke wie Facebook, Google+
- Foto- und Videoplattformen wie YouTube, Flickr
- mobile Communities wie Foursquare, Instagram
- Foren- und Bewertungsplattformen
- Blogs wie Wordpress und Microblogs wie Twitter
- Social Bookmarking wie Delicious
- Open-Source-Plattformen wie Wikipedia

Die Tools im Social Web ermöglichen eine *Many-to-many-Kommunikation*. User produzieren Inhalte (*User Generated Content*), und über diese Inhalte findet ein permanenter, zeitlich unbegrenzter Austausch mit anderen Usern statt. Damit ist die *One-to-many-Kommunikation*, wie wir sie von klassischer Werbung und Webseiten her kennen, passé. Wenn Sie den Rücklaufkanal in Social Media abdrehen, bietet den Usern das dezentralisierte Web dennoch genügend Möglichkeiten, ihr Feedback loszuwerden. Um die Vorteile der Social-Media-Kommunikation nutzen zu können, müssen Sie der Diskussion im Social Web jedoch freien Lauf lassen. Dieses Bewusstsein erlangen Sie, indem Sie selbst ins Social Web gehen und eine Social-Media-Kompetenz erreichen. Dabei lernen Sie, wie Sie Informationen teilen, wie sich diese verselbstständigen und wie Sie den Kontakt zu Usern herstellen.

1.1.2 Social Media ist für alle da!

Jeder kann Teil des globalen Netzwerks sein. Die Online-Enzyklopädie Wikipedia hat gezeigt, wie sich User global über Open Source organisieren können. Wikipedia ist heute besser als das kostenpflichtige Brockhaus-Lexikon und übertrifft es in Vollständigkeit, Aktualität und Verständlichkeit. Die Autoren werden nicht speziell ausgewählt, sondern jeder User kann einen Beitrag in Wikipedia schreiben oder verändern. Wikipedia bündelt globales Wissen. Einer allein könnte niemals eine Enzyklopädie in 260 Sprachversionen aufbauen. Man spricht in diesem Zusammenhang auch von der »Weisheit der vielen«. Damit ist gemeint, dass eine Gruppe gemeinsam klüger ist als eine Person allein. Wie kommt es aber, dass sich Internetnutzer zu einer kollektiven Autorenschaft zusammenschließen, um ein Nachschlagewerk von solcher Qualität ohne finanzielle Entschädigung aufzubauen? Das Mitmach-Web hat einen Beteiligungsboom bei den Internetnutzern ausgelöst. Es vernetzen sich Menschen aufgrund gemeinsamer Freunde, Interessen, Hobbys, Arbeit, um gemeinsam an Projekten zu arbeiten, auch wenn sie sich real noch nie gesehen haben.

1.1.3 Social Media ist mehr als ein Hype

Social Media als Hype abzutun wäre fatal. Denn die Menschen werden das Internet auch in Zukunft nutzen, um ihre sozialen Kontakte zu pflegen. Der Austausch per E-Mail wird durch die Social-Media-Tools ergänzt. Und immer mehr Menschen nutzen diese Möglichkeiten, denn die Social-Media-Tools erschließen sich selbst Computerlaien. Ein Account in Facebook oder Twitter ist schnell angelegt. Das Drehen eines Handyvideos mit anschließendem Upload auf YouTube ist mit den heutigen Smartphones ein Kinderspiel. Die Technik macht es uns also viel leichter, am Austausch von Informationen teilzuhaben, und Social Media befähigt uns, über den ganzen Erdball hinweg miteinander zu kommunizieren.

Die Vorteile, die Social Media für die User bereithält, gelten gleichermaßen für Unternehmen, doch die Masse an Tools und Möglichkeiten ist unübersichtlich, und das Engagement muss wohlüberlegt sein. Deshalb genügt es auch nicht, sich »nur mal ein bisschen« mit Social Media zu befassen. Das Unternehmen Dell hat die Chancen von Social Media erkannt und 2010 ein »Social Media Listening and Command Center« eingeführt (siehe Abbildung 1.1). Die Markenkommunikation hat sich grundlegend geändert. In Social Media geht es vor allem um Kommunikation in Echtzeit und um die Interaktion mit den Usern. Geschehnisse im Hier und Jetzt werden von den Usern sofort nach außen kommuniziert.

Abbildung 1.1 Die Social-Media-Kommandozentrale von Dell

Marketing-Take-away: Die Social-Media-Kommandozentrale

Das Unternehmen Dell hat im Dezember 2010 sein »Social Media Listening Command Center« eröffnet – eine Social-Media-Kommandozentrale, die alle Gespräche über das Unternehmen und die Produkte von Dell überwacht und die Kommunikation mit Dell-Kunden steuert. Das Unternehmen hat vor über fünf Jahren mit Social Media begonnen und mittlerweile sind 5.000 Mitarbeiter in Social Media geschult. Sie verstehen Social Media als selbstverständlichen Teil ihres Jobs und nutzen neben der persönlichen Beratung auch die Social-Media-Kanäle, um mit potenziellen Kunden in Kontakt zu treten. Dieses Engagement wirkt sich auch auf den Abverkauf der Dell-Produkte aus. Allein 6,5 Mio. US$ Umsatz generiert das Unternehmen nur durch Twitter. Dem Twitter-Account @delloutlet folgen über 1,5 Mio. User.

1.1.4 Wem vertrauen Sie eher, einem Unternehmen oder einem Freund?

Auf diese Frage haben Sie sicher auch schnell eine Antwort, und so geht es den meisten Konsumenten. Eine Nielsen-Studie aus 2009[1] ergab, dass rund 90 % der Befragten den Empfehlungen von Freunden und Bekannten vertrauen. Demgegenüber vertrauen nur 41 % den Werbeanzeigen im Suchergebnis der Suchmaschinen, wie Abbildung 1.2 veranschaulicht.

Abbildung 1.2 Konsumenten vertrauen ihren Freunden (Quelle: Nielsen).

1 *http://blog.nielsen.com/nielsenwire/consumer/global-advertising-consumers-trust-real-friends-and-virtual-strangers-the-most*

Das Vertrauen in ein Unternehmen ist dann am stärksten, wenn das Produkt hält, was es verspricht, der Kunde einen exzellenten Service erfährt und die Firmenphilosophie dem Kunden noch dazu ein gutes Gefühl vermittelt. Nur so kann eine Beziehung zum Kunden aufgebaut werden, der letztlich nur Mensch ist und ein gutes Gefühl einkaufen möchte. Wenn Sie ihm immer wieder dieses Gefühl vermitteln, wird Ihr Produkt zur Lieblingsmarke des Kunden.

Diese individuellen Lieblingsmarken mit hohem Vertrauensfaktor empfehlen die Verbraucher Ihren Freunden, Bekannten und Verwandten. Wenn Menschen von ihren Lieblingsprodukten berichten, ist das für sie kostenlose Mundpropaganda (*Word of Mouth*). Mit ihren Meinungen beeinflussen die Kunden die individuelle Wahrnehmung und in weiterer Folge das Kaufverhalten anderer Käufer. Der Grund dafür ist, dass Ihre Kunden engen Freunden eher vertrauen und deren Aussagen als glaubwürdiger empfinden als die der klassischen Werbung oder PR. Gerät ein Unternehmen jedoch in die Verbraucherkritik, kippt auch das Vertrauen in die Marke.

1.2 Die neue Macht der Kunden

Im Social Web ist der Kunde nicht nur Käufer, sondern auch Markenbotschafter. Das verleiht dem Verbraucher eine neue Macht im Internet. Leere Werbeversprechen sind ihm zuwider. Er fragt stattdessen seine Community nach deren Produkterfahrungen. In der Vergangenheit wurden dafür vor allem Foren benutzt. Dort haben sich versierte User bereits vor zehn Jahren über Produkte, beispielsweise aus IT und Technik, ausgetauscht. Oft klärt ein relevanter Forenbeitrag von Nutzern besser auf als eine ausführliche Produktbeschreibung auf der Unternehmenswebsite. Deshalb liefert die Suchmaschine Google auch direkte Suchergebnisse aus Blogs, Statusupdates und Foren besonders weit oben im Suchergebnis. Das Wissen über Produkte kann nicht länger verschleiert oder verheimlicht werden, sondern wird von der Community bereitgestellt und über die gängigen Suchmaschinen gefunden.

Tipp: Kommunizieren Sie dort, wo Ihre Kunden sind

MOTOR-TALK.de ist eines der größten Internetforen über Auto und Motor mit über 1,8 Mio. registrierten Nutzern. Die dazugehörige Facebook-Seite zählt über 8.000 Fans. Dort tauschen sich Autoliebhaber und Motorradfans aus, geben sich gegenseitig Tipps, bieten Gebrauchtfahrzeuge an usw. Für die Automobilbranche sind das 1,8 Mio. potenzielle Kunden. Die Automobilindustrie mit ihren Beratern, Händlern und Werkstätten hätte hier die Möglichkeit, sich aktiv in die Diskussion einzubringen oder auf Fragen zu antworten. Der Kunde ist dankbar für Aufmerksamkeit und Hilfe vom Fachmann. Verkaufsoffensiven sind in solch einem Forum jedoch nicht gefragt.

1.2.1 Markenloyalität in Social Media – die Consumer Decision Journey

Das von McKinsey veröffentlichte Kaufentscheidungsmodell[2] (siehe Abbildung 1.3) zeigt, dass Empfehlungen von Freunden und Bekannten sowie die Markenloyalität Kaufentscheidungen nachhaltig beeinflussen. Der Kunde wählt nicht die Marke oder Dienstleistung, die ihn durch Werbung am stärksten beeinflusst hat, sondern wählt aus einer kleinen Markenauswahl diejenige, die auch bei Bekannten und Freunden sowie bei Bewertungsportalen gut abgeschnitten hat. Nach dem Kauf – wenn der Kunde das Produkt nutzt, genießt, bewundert – ist er besonders bereit, es weiterzuempfehlen. An diesem Punkt beginnt die Markenloyalität, die sich sowohl auf seine nachfolgenden Kaufentscheidungen auswirkt als auch die seiner Freunde beeinflusst. Das klassische Marketing vernachlässigt diesen Loyalitätszyklus. Mit Social Media Marketing können Sie auf die Rückmeldungen reagieren, Empfehlungen forcieren und so Markenloyalität aufbauen.

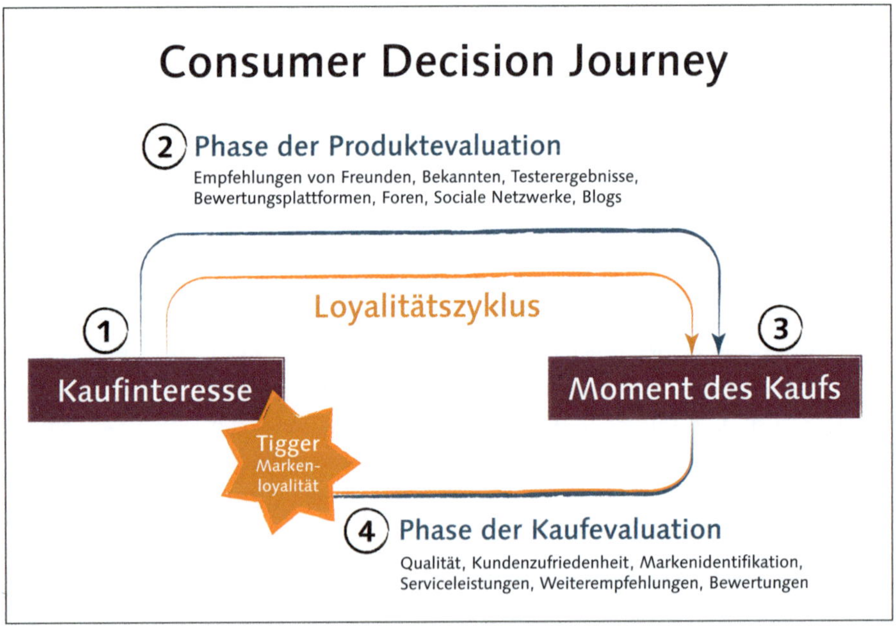

Abbildung 1.3 Für Markenloyalität gilt: Nach dem Kauf ist vor dem Kauf.

2 *http://www.mckinseyquarterly.com/The_consumer_decision_journey_2373*

1.3 Evolution oder Revolution? Mundpropaganda ist nichts Neues

Im Café »220 Grad«, *www.220grad.com*, in Salzburg können Kunden auf einer Tafel ihre persönlichen Eindrücke, Meinungen und Gedanken aufschreiben. Das Feedback der Gäste ist durchweg sehr positiv: Liebevolle Sprüche und Danksagungen wie »Bestes Café in Salzburg« oder »Danke, ich hatte einen tollen Tag hier« zieren die Pinnwand. Die Meinungen der Gäste kann jeder andere Gast auch lesen. Das Café macht damit ein sonst verschlossenes Gästebuch öffentlich. Im Prinzip geschieht mittels Social Media nichts anderes: Kundenmeinungen werden transparent gemacht und weitergegeben. Jedes Lokal, jedes Geschäft, jedes Hotel, jeder Ort hinterlässt bei seinen Besuchern einen bleibenden Eindruck. Jeder Kunde macht individuelle Erfahrungen beim Kauf und bei der Nutzung von Produkten und Dienstleistungen. Früher konnten die Empfehlungen nur von Mund zu Mund weitergegeben werden, heute ist das Internet bzw. das Social Web das moderne Sprachrohr der Verbraucher. Mundpropaganda ist also nichts Neues. Unternehmen können sich das Weitergeben und Weitersagen von Produktempfehlungen im Social Web zunutze machen. Denn Empfehlungen wirken sich auch auf den Vertrieb von Produkten aus. Man bezeichnet diese Form des Marketings auch als *Empfehlungsmarketing* oder *Word-of-Mouth-Marketing*.

Mundpropaganda kann positiv und genauso auch negativ sein, und viele Unternehmen fürchten sich davor, negativer Mundpropaganda mit Social Media nun Tür und Tor zu öffnen. Doch brauchen sich Unternehmen, die in der Mehrheit zufriedene Kunden haben, innerhalb von Social Media überhaupt nicht zu verstecken. Außerdem bestätigen Studien wie jene von trnd in Zusammenarbeit mit der Wirtschaftshochschule ESCP Europe[3], dass sich die meisten Menschen deutlich mehr an positive (89 %) als an negative (7 %) Mundpropaganda erinnern. Gleiches gilt für die Verbreitung: Im Schnitt werden 7,44 Personen über positive Erlebnisse informiert, und in etwa gleich viele, nämlich durchschnittlich 8,25 Personen, werden über negative Erlebnisse informiert.

1.3.1 Mundpropaganda in Social Media

Die Reichweite dieser Meinungen vergrößert sich um ein Vielfaches, wenn wir Mundpropaganda in Social Media betrachten. Vorausgesetzt, die Meinungen der Facebook-Freunde stehen auf gleicher Höhe mit denen enger Freunde, ist der Einflussbereich eines Durchschnittsusers weitaus größer, als bisher angenommen.

3 Mundpropaganda Monitor 01, trnd Forschung, 2010, *http://company.trnd.com/de/downloads/trnd_wom_monitor_02.pdf*

Denn er sendet seine Markenbotschaft an alle seine Freunde, und sie teilen diese Informationen wiederum mit allen ihren Freunden usw.

Der Wert eines Facebook-Fans (unter den 20 bekanntesten Marken) wurde von der Consulting-Agentur Syncapse in Zusammenarbeit mit der Marktforschungsagentur Hotspex deshalb auf 136,38 US$ geschätzt. Doch aktive Social Networker (siehe Abschnitt 1.6.5, »Meinungsführer«) vertrauen ihren Freunden auf Facebook nicht einfach blind. Sie lesen sich die Meinungen, Preisvergleiche und Empfehlungen kritisch durch. Sie durchschauen, wenn Unternehmen falsche Profile erstellen, nur um die Aufmerksamkeit ihrer Kunden zu erkaufen.

1.3.2 Empfehlungen sind im Social Web sichtbar

Empfehlungen werden täglich ausgesprochen und online dokumentiert. Unternehmen müssen diese Empfehlungen so sichtbar machen, dass potenzielle Kunden sie auch lesen.

Das Social Web präsentiert sich z. B. im Kontext von Tourismusangeboten als Chance für die Hotelbranche und für Tourismusorganisationen. Früher war man auf die positive Mundpropaganda der Hotelgäste angewiesen, heute kann diese im Internet abgebildet werden. Aktive Online-Reiseshopper erzeugen neue Marktkräfte, indem sie ihre vertrauensvollen Urlaubsberichte posten und zum ausschlaggebenden Kriterium für andere Reisesuchende werden. Das Gesamtbild eines Hotels oder einer Urlaubsgegend wird entscheidend durch die Bewertungen und Meinungen der Gäste beeinflusst.

Exkurs: Digitale Mundpropaganda im Tourismus

Über 50 % der Deutschen nutzen laut dem deutschen Statistikportal »Statista« häufig und gelegentlich Online-Services zur Buchung von Reisen, Hotels, Flügen und Bahnreisen. Online-Reiseshopper zählen zu einer der wichtigsten Zielgruppen im Internet, die bei Reisebuchungen auf Nummer sicher gehen. Vor der Buchung besuchen sie beispielsweise Urlaubsbewertungsplattformen wie HolidayCheck (*www.holidaycheck.de*), Tripadvisor (*www.tripadvisor.com*), Trivago (*www.trivago.de*), TripsByTips (*www. tripsbytips.de*) und Qype (*www.qype.com*), nutzen sowohl Foto- und Videoplattformen als auch Google Earth zur Visualisierung ihres Reiseziels und lesen Beiträge auf Reiseblogs. Die Bewertungen anderer Urlauber sind ausschlaggebend für die Buchung, denn die Online-Reiseshopper verlassen sich nur noch auf authentische Erfahrungs- und Reiseberichte.

Empfehlungen werden nicht nur in der Tourismusbranche ausgesprochen. Für alle Produkte gilt das gleiche Prinzip: Die User suchen in den Suchmaschinen nach Diskussionsbeiträgen und Produkterfahrungen. Deshalb hat Google Filter wie »Blogs«

und »Diskussionen« in die Suche eingebaut. Plus: Wer ein Google+ Konto hat, bekommt auch angezeigt, wer die Links im Suchergebnis »geplusst« (Ein +1 gegeben) oder geteilt hat. So wird die Suche noch sozialer.

Mundpropaganda in Social Media ist nicht auf bestimmte Produkte beschränkt. Empfehlungen werden sowohl für teure Waren mit einem hohen Kaufrisiko als auch für Billigprodukte mit einem geringen Kaufrisiko ausgesprochen und online veröffentlicht. Dennoch unterscheidet sich Word-of-Mouth-Marketing je nach Produkt. Das sollten Sie auch bei Ihrer Social-Media-Strategie bedenken.

1.3.3 Märkte sind noch immer Gespräche

»Märkte sind Gespräche« lautet die erste und wahrscheinlich wichtigste These im »Cluetrain Manifest«. Das mittlerweile zehn Jahre alte Manifest ist erst heute im deutschsprachigen Raum richtig spürbar. Nicht alle der 95 Thesen des Manifests erheben heute noch Anspruch auf volle Gültigkeit. Gemeinsam ist allen Thesen jedoch die unverfälschte Stimme der User im Netz. Das Bedürfnis der Nutzer, ihre Statements zu Produkten im Internet zu veröffentlichen, geht auf die Weiterempfehlungen im richtigen Leben zurück. Die Gäste im eben beschriebenen Café »220 Grad« haben den Wunsch, ihre Meinungen mit möglichst vielen Menschen zu teilen. Informationen, Nachrichten und Empfehlungen wurden schon immer unter Menschen ausgetauscht. Dies ist ein nicht steuerbarer Prozess. Er passiert Ihnen, uns und allen anderen Menschen, und das täglich. Über die Verbraucher sagt das Manifest: »Wir sind keine Zielgruppen oder Endnutzer oder Konsumenten. Wir sind Menschen – und unser Einfluss entzieht sich eurem Zugriff«. Dieser Satz ist provokant, und Sie werden sich als Unternehmer fragen, warum Sie dann überhaupt mit den Usern in Kontakt treten sollen. In Social Media hat dieser Satz jedoch seine Berechtigung. Empfehlungen in sozialen Medien werden nur deshalb ernst genommen, weil sie von Menschen für Menschen geschrieben sind. Wenn Sie als Unternehmer zu Ihrer Zielgruppe in Social Media sprechen wollen, müssen Sie persönlich und ehrlich sein. Seien Sie keine Marke, seien Sie Mensch! Sie müssen so kommunizieren, als würden Sie den User persönlich treffen und mit ihm ins Plaudern geraten. Sie müssen sich zu 100 % auf den Kunden einlassen, seine Wünsche anhören, versuchen, ihn zu verstehen. Nur durch einen intensiven Austausch werden Sie ihn davon überzeugen können, dass Sie Social Media nicht als weiteren Kanal für Ihre PR-Markenbotschaften ausnutzen wollen. Unternehmen mit Handschlagqualität werden es möglicherweise leichter dabei haben, egal, ob es sich dabei um ein großes, mittelgroßes oder kleines Unternehmen handelt.

Marketing-Take-away: Social Media setzt sich durch

Social Media hat in den letzten Jahren einen Boom erlebt. Große wie kleine Unternehmen setzen immer mehr auf Social Media Marketing. Im Jahr 2011 stiegen die Investitionen der deutschen Unternehmen in Social Media von 54,3 auf 71,3 %.[4]

1.4 Was bringt Social Media für Ihr Unternehmen?

Social Media ist kein Allheilmittel zur Absatzsteigerung per se. Sie erreichen damit weder ausschließlich internetaffine Jugendliche, noch ist Social Media als reiner Vertriebskanal zu verstehen. Soziale Netzwerke sind keine Einbahnstraße, sondern ein Dialoginstrument. Sie fragen sich nun sicher, was Ihnen Social Media denn dann tatsächlich bringt? Social Media hilft Ihnen, intensive Kundenbeziehungen aufzubauen, zu verstärken und sie nach außen hin transparent zu machen. Das ist die entscheidende Grundlage für den finalen Verkauf Ihrer Produkte in und durch Social Media. Damit haben Sie gegenüber Marken und Unternehmen, die nicht im Social Web aktiv sind, einen enormen Wettbewerbsvorteil. Social Media Marketing ist zudem effektiver als Werbung in klassischen Medien, weil es ein direktes Feedback der Kunden zulässt und kostengünstiger ist. Sie müssen nur genügend Personal bereitstellen. Als Teil des Online-Marketings ist es zudem auch besser messbar und skalierbar.

1.4.1 Brand Awareness – die Markenbekanntheit erhöhen

Social Media eignet sich wie kein anderes Medium zum Markenbranding. Allerdings gilt es dabei nicht, die alten One-to-one-Kommunikationslösungen auf einen beliebigen Social-Media-Kanal zu adaptieren, sondern Formate zu schaffen, die die Interaktionsbedürfnisse Ihrer Kunden bedienen. Verabschieden Sie sich daher von Ihren Out-of-the-Box-Lösungen, denn die funktionieren in Social Media nicht. Im Social Web wünscht sich der vernetzte Konsument vor allem Aufmerksamkeit und Einfallsreichtum. Damit er sich mit Ihrer Marke auseinandersetzt und sie weiterempfiehlt, müssen Sie ihm eine erlebbare Markenwelt bieten.

Best Practice – interaktives Markenbranding von Heinecken

Heineken hat mit »Legendary Football« eine interaktive Kampagne lanciert, die eine spielerische Auseinandersetzung mit der Marke Heineken auf allen Ebenen

4 Social Media Governance, Fink & Fuchs Public Relations AG, 2011, *http://www.ffpr.de/index.php?id=1035*

möglich macht. Ein interaktives YouTube-Video lässt den Zuschauer in ein episches Fußballdrama mit Engelschören eintauchen, dass er selbst mitbestimmen kann. Zu der Kampagne gehört auch das interaktive Tipp-Spiel »Starplayer« (siehe Abbildung 1.4), das sowohl über die Website, eine Facebook-Anwendung als auch über eine Smartphone-App gespielt werden kann. Heineken nutzt seine Sponsoring-Kooperation mit der Champions-League und lässt Fußballfans während der Live-Übertragung in Echtzeit gegeneinander wetten. Der Clou an diesen Anwendungen ist, dass sie dem Kunden einen einzigartigen Mehrwert bieten und die Marke auf einer interaktiven Ebene kommunizieren.

Abbildung 1.4 Interaktives Markenbranding – Starplayer von Heineken

Marketing-Take-away: Spielen Sie mit – der Gamification-Ansatz

»Gamification« ist derzeit ein Buzzword und bedeutet, Mechaniken und Funktionalitäten, die beim Spielen (insbesondere Computerspielen) auftreten, wie Belohnungen, Punkte, Auszeichnungen, Levels/Stufen, Führer oder Gruppe, auf Nichtspiele, wie z. B. Marketingkampagnen, zu übertragen, um eine höhere Auseinandersetzung mit der Marke, ein stärkeres Userengagement mit der Marke und sogar höhere Abverkäufe zu erzielen. Spielmechaniken sind deshalb so interessant, da sie bewirken, dass sich der Spieler freiwillig und über einen langen Zeitraum mit der Marke beschäftigt. Belohnungen und Ziele tragen dazu bei, dass sich der Spieler immer wieder in die Markenwelt begibt, sie ihn also intrinsisch motiviert. Eine von selbst motivierte Markeninteraktion ist das Beste, was Unternehmen bei ihren Kunden bewirken können.

1.4.2 Brand Loyalty – die Markenloyalität erhöhen

Loyale Markenfans und Markenbotschafter stehen für ihre Produkte und Services online wie offline ein, siehe Abschnitt 1.2.1, »Markenloyalität in Social Media – die Consumer Decision Journey«. Sie beeinflussen potenzielle Kunden in ihren Kaufentscheidungen. Mit Social Media kooperieren Sie mit Ihren »Influencern« und verbessern so Ihr Markenimage in den Online-Communitys.

1.4.3 Kunden durch Empfehlungsmarketing gewinnen

Mundpropaganda ist die beste Werbung, egal, ob offline oder online. Zufriedene Kunden empfehlen ihren Freunden ein Produkt, eine Dienstleistung, eine Marke oder ein Unternehmen. Die Wahrscheinlichkeit, dass der eine oder andere Freund auch zu Ihrer konkreten Zielgruppe gehört, ist groß. In Social Media ist der Freundeskreis um ein Vielfaches größer, denn durchschnittlich hat jeder User 130 Freunde, weitaus mehr als im richtigen Leben, wo wir unsere besten Freunde nur an einer Hand abzählen können. Die Reichweite einer Produktempfehlung ist demnach auch um einiges höher als bei Mundpropaganda von Person zu Person. Man schätzt, dass eine geteilte Bewertung in Facebook zu einer zusätzlichen Einnahme von 15,72 US$ führt.[5] Mit digitaler Mundpropaganda können Sie neue Kunden gewinnen und Ihren Absatz steigern.

Marketing-Take-away: Für jede zwölfte geteilte Bewertung in Facebook kommt ein Verkauf hinzu

Das zumindest geht aus der Studie von Syzygy, »F-Commerce« hervor. Dabei hat man verglichen, wie sich Bewertungen, die vor und nach dem Kauf in Facebook geteilt werden, auf den weiteren Abverkauf von Produkten im Online-Shop auswirken. Mehr dazu finden Sie in Abschnitt 2.7.3, »Kennzahlen Social Commerce«.

1.4.4 Social CRM – Kundenbindung und Kontaktpflege

Im Social Web hinterlassen Ihre Kunden unaufgefordert positive und kritische Meinungen in selbst gewählten Social-Media-Kanälen. Social CRM bedeutet, im jeweiligen Kanal des Kunden präsent zu sein. Durch Social CRM kommt der Kunde zu Ihnen und Sie zur richtigen Zeit zum Kunden. Zudem sparen Sie sich ein aufdringliches Direct-Mailing mit geringer Response-Quote. Durch Ihr proaktives Auftreten im Social-Media-Kontext des Kunden können Sie kaufhemmende Fragen beantworten oder ihn in seiner Kaufintention bestärken, Kundenwünsche und Verbesse-

5 F-Commerce – Selling on Facebook, Syzygy, 2011, *www.syzygy.de/nl/syzygy_f-commerce-white-paper.pdf*, nachfolgend zitiert als »Studie F-Commerce«.

rungsvorschläge analysieren und für Produktoptimierungen aufnehmen, Reputationsschäden abwehren, sich für Lob bedanken und schließlich dem Kunden Ihr Unternehmen näherbringen.

Nehmen Sie Abschied vom reinen Denken an »Datenbankaufbau« und »Newsletter-Empfängergewinnung«. Betreten Sie jene Räume, in denen Ihre Kunden bereits sind. Social CRM ist noch dazu öffentlich. Potenzielle Kunden können die Dialoge zwischen Ihnen und bestehenden Kunden mitlesen und erhalten so einen Einblick in Ihre professionelle Kundenpflege. Ein gut geführtes Social CRM führt schließlich zu mehr Abverkauf.

Marketing-Take-away: Kundengewinnung durch Social CRM

57 % der Unternehmen, die ein Blog führen, berichten, dass sie Kunden durch relevante Blogbeiträge gewonnen haben.[6]

1.4.5 Investor Relations

Social Media eignet sich ebenfalls zur Pflege der Beziehungen zu Investoren. Gerade dort ist eine fundierte Vertrauensbasis wichtig. Aktionäre und Investoren müssen permanent vom Unternehmen bzw. vom Produkt überzeugt werden. Je nach Zielgruppe lohnt es sich, durch Social Media Investor Relations zu betreiben.

1.4.6 Wertvolles Kundenfeedback

Waren Sie schon einmal von einem Produkt enttäuscht oder haben sich schlecht beraten gefühlt? Sie kennen so etwas sicher von Ihren eigenen Shoppingerlebnissen. Social Media macht diese negativen Erfahrungen transparent. Genauso oft (und hoffentlich noch viel öfter) sind Sie jedoch mit einem Produkt zufrieden. Kundenzufriedenheit ist im Social Web ebenfalls sichtbar. Bei der Einführung des Apple iPads beispielsweise gab es innerhalb der ersten Stunde enormen Kundenzuspruch in Form von 177.000 Nachrichten auf Twitter. Es lohnt sich, positives Kundenfeedback zu zeigen.

Negative Kommentare helfen, Produkt- und Prozessoptimierungen voranzutreiben. Die vielfältigen Meinungen und Wünsche Ihrer Kunden sind Ideengeber für einen besseren Service, für neue Anwendungen oder neue Einsatzgebiete. Das Social Web ist ein offenes Brainstorming für Produktideen. Negative Kommentare mögen anfangs unangenehm sein, aber kein Produkt ist perfekt. Man kann nur

6 State of Inbound Marketing Report, HubSpot, 2011, *http://www.hubspot.com/state-of-inbound-marketing*, nachfolgend zitiert als »HubSpot«.

immer wieder daran arbeiten, es perfekt zu machen. Und die Kritik der Verbraucher ist die beste Antriebsquelle für Verbesserungen. Social Media stellt Ihnen hier die nötigen Tools zur Verfügung, Bewertungen, Kommentare und Ratings von Kunden zu sammeln. Oder Sie gründen eine eigene Ideen-Community und integrieren Ihre Kunden in die gesamte Wertschöpfungskette, wie z. B. das Unternehmen Tchibo (siehe Abschnitt 2.5.6, »Interagieren – seien Sie mehr als ein kompetenter Ansprechpartner«).

1.4.7 Die Reichweite Ihrer Message erhöhen

Mit einem einzigen Klick auf den »Gefällt mir«-Button in Ihrem Online-Shop hat der User seinen durchschnittlich 130 Facebook-Freunden gesagt, dass ihm ein bestimmter Artikel in Ihrem Online-Shop gefällt. Das Empfehlen von Informationen war noch nie so einfach wie heute. Im besten Fall erzielen Sie einen sogenannten *viralen Effekt*: Die Information wird von einem Kontakt zum nächsten weitergegeben und verbreitet sich so wie ein Virus. Ein unterhaltsames oder aussagekräftiges Video, ein guter bzw. hilfreicher Blogbeitrag, ein interessanter Nachrichtenartikel: Wenn etwas aus der Sicht der User empfehlenswert ist, dann wird es auch empfohlen, schließlich kostet es nichts und geht schnell und einfach. Somit können Sie die Reichweite Ihrer Marke und Ihrer Message um ein Vielfaches erhöhen. Während Sie früher nur die Kunden vor Ort, die Newsletter-Empfänger oder jene Zeitungsleser hatten, die Ihre Message wahrnehmen konnten, haben Sie jetzt ein Millionenpotenzial an Empfängern, von denen Sie heute vielleicht noch gar nichts wissen.

Marketing-Take-away: Mit Social Media verlängern Sie die Werbewirkung

Volkswagen ist mit *The Force* ein Video gelungen, das sich innerhalb kürzester Zeit viral verbreitet hat (siehe Abbildung 1.5). Der Spot war schon einige Tage vor dem offiziellen Kampagnenstart zum Super Bowl in Amerika am 6. Februar 2011 im YouTube-Channel von VW zu sehen. In diesen drei Tagen klickten ihn bereits 10 Mio. YouTube-Nutzer an. Die meisten wurden über Twitter (39 %) und Facebook (25 %) darauf aufmerksam gemacht.[7] Ein halbes Jahr nach der Veröffentlichung schauen die Nutzer noch immer gerne *The Force*. Bisher haben es fast 50 Mio. YouTube-Nutzer gesehen (Stand: Februar 2012). Durch Social Media vergrößert sich die Werbewirkungsdauer, weil die Kampagneninhalte auch nach dem Ende einer Kampagne zur Verfügung stehen. Nebenbei: Die Onliner nutzen Online-Werbung zur Inspiration.[8]

---

7 Alterian, 2011, *http://www.alterian.de/ressourcen/praxisreports/die-macht-ist-viral*

8 OVK Online-Report 2011/12, BVDW, 2011, *www.bvdw.org/fileadmin/bvdw-shop/ovk-report-2011-2.pdf*

Abbildung 1.5 Über 50 Mio. YouTube-Nutzer haben den VW-Spot gesehen.

1.4.8 Social Search – das Ranking in Suchmaschinen verbessern

Google, Bing und Co. messen Social-Media-Inhalten eine immer größere Gewichtung bei. Google zeigt neben Videos, Fotos, Blog- und Forenbeiträgen auch, welche Links von Kontakten in Google+ geteilt und »geplusst« wurden. Aber auch Facebook und andere Social-Media-Dienste beeinflussen das Suchergebnis. Links und Inhalte, die auch »social« sind, d. h., durch die User in soziale Netzwerke oder in Social-Bookmarking-Dienste gelangen, werden von den Suchmaschinen besser bewertet, und das spiegelt sich im Suchergebnis wider. Links werden aber nur dann in Social Media geteilt, wenn Sie es einerseits dem User leicht machen, Ihre Website zu twittern oder zu plussen (Like-Button, Tweet-Button, Plus-Button), und andererseits von Zeit zu Zeit dazu auffordern. Nur dann schaffen Sie ein besseres Ranking in Suchmachinen, generieren mehr Traffic für Ihre Website und gewinnen neue Kunden.

1.4.9 Social Commerce – neue Vertriebskanäle erschließen

Das Internet, und dementsprechend Social Media, wurde nicht für den Verkauf und Vertrieb gemacht, sondern für den Informationsaustausch und die Kommunikation zwischen Menschen. Doch verschiedene Anwendungen und Plattformen bieten perfekte Vertriebskanäle, die nur darauf warten, erschlossen zu werden. Facebook Commerce entwickelt sich als wichtiger Treiber für den Abverkauf von Produkten. Ist der Kunde einmal Fan von Ihrer Facebook-Seite, und wird er durch kontinuierliche Updates auf Ihr Unternehmen, Ihre Aktivitäten, Ihre Firmenphilosophie und

Ihre Produkte aufmerksam, ist er besonders motiviert, ein Angebot anzuklicken. Dies möchte er jedoch direkt in Facebook machen. Immer mehr Unternehmen gehen deshalb dazu über, Facebook-Shops zu integrieren. Mehr darüber finden Sie in Kapitel 10, »Social Commerce«.

1.4.10 Öffentlichkeitsarbeit – authentisch, schnell und relevant

Social Media verändert die Rollenverteilung bei den beteiligten Akteuren der Öffentlichkeitsarbeit. An die Stelle der Massenmedien tritt der Endverbraucher mit seinen Kommunikationsbedürfnissen. Mit Social Media stehen Ihnen kostengünstige und schnell einsetzbare Tools zur Verfügung, um wieder selbst zur Kommunikationszentrale zu werden. Denn potenzielle Mitarbeiter durchforsten das Social Web nach Bewertungen und Meinungen über den zukünftigen Arbeitgeber; Investoren möchten einen Einblick über die Unternehmensentwicklungen über den Jahresabschluss hinaus, und Journalisten erreichen Sie heute nicht mehr ausschließlich per E-Mail, sondern vor allem über Twitter.

Marketing-Take-away: Journalisten erreichen Sie über Social Media

In einer Umfrage unter Journalisten und PR-Fachleuten[9] gaben etwa 35 % der Befragten an, dass Social Media eine hohe oder sehr hohe Relevanz für ihre redaktionelle Arbeit spielt. Wenn Sie heute Journalisten als Multiplikatoren für Ihre Öffentlichkeitsarbeit gewinnen wollen, müssen Sie Ihre Nachrichten direkt und in verknappter Form an sie adressieren, denn Pressemitteilungen werden in Twitter auf 140 Zeichen verkürzt, und einzig ein Link verweist auf weiterführende Informationen.

Informationen müssen jedoch auf die jeweilige Zielgruppe (Kunde, Mitarbeiter, Journalist, Investor) zugeschnitten sein, damit jeder je nach Informationsinteresse einen schlüssigen und verständlichen Überblick erhält. Öffentlichkeitsarbeit in Social Media eignet sich außerdem zur Krisenkommunikation, um angemessen, d. h. im relevanten Social-Media-Kanal und zur richtigen Zielgruppe, schnell zu reagieren. Die *Realtime Search* sorgt außerdem dafür, dass Inhalte innerhalb von Sekunden von interessierten Usern gefunden werden können. Das ist auch positiv für Unternehmen, die in der Kritik stehen. Durch die schnelle Indizierung von Inhalten können Sie ad hoc Stellung nehmen.

---

9 Social Media Trendmonitor 2011, news aktuell/Faktenkontor, 2011, *http://www.slideshare.net/newsaktuell/social-media-trendmonitor2011*

1.4.11 Targeting – Werbung ohne Streuverluste

Einer der großen Vorteile von Social Media liegt darin, dass Sie Ihre Kunden gezielter denn je ansprechen können. Und das zu einem vergleichbar viel geringeren Preis. Denn die Nutzer im Web teilen sozialen Netzwerken durch Interaktion, Profildaten usw. viel über ihre Person und ihre Interessen mit. Für Unternehmen ist das die perfekte Werbeumgebung, da sie Anzeigen zielgruppenspezifisch schalten können. Bei jedem Werbespot, bei jeder Printanzeige müssen Sie davon ausgehen, dass Sie massenhaft Streuverluste generieren. Mit Social Media können Sie das viel zielgenauer machen, denn Sie können die Online-Anzeigen gezielt nach Interessen, Hobbys, Geschlecht, Alter usw. schalten. Die Anzeigen, die Sie in Social Media verbreiten, müssen relevant, motivierend und speziell auf den User abgestimmt sein, damit er die Werbung nicht als störend, sondern als willkommene Abwechslung und Spaß unter seinen Freunden wahrnimmt.

Marketing-Take-away: Mit Targeting zielgenaue Kundenansprache

Mit den Informationen, die die sozialen Netzwerke über Ihre Nutzer bereitstellen, z. B. Alter, Geschlecht, Einkommen, Bildung, Interesse, können Sie Ihre Kunden gezielt ansprechen. Diese Form der Kundenansprache wird auch *Behavioral Targeting* genannt. Ein passgenaues Matching einer anvisierten Zielgruppe und jener Personen, die Ihre Produkte am Ende auch wirklich kaufen, wird es jedoch nicht geben. Auch im Social Media Marketing gibt es Streuverluste, die allerdings wesentlich geringer ausfallen als bei der klassischen Werbung.

Social Media Marketing muss genau durchdacht sein und darf nicht zu blindem Aktionismus führen. Dazu gehören eine genaue Zielgruppenanalyse und ein Redaktionsplan genauso wie Social Media Guidelines, die das Verhalten Ihrer Mitarbeiter in den Communitys regeln. Bei aller Planung dürfen Sie jedoch den wichtigsten Social-Media-Grundsatz nicht vergessen: Kommunizieren Sie ehrlich und aufrichtig mit Ihren Kunden – wie im richtigen Leben auch! Wie eine gute Social-Media-Strategie aussehen kann, stellen wir Ihnen in Kapitel 2, »Social-Media-Strategie«, vor. Zunächst einmal verorten wir jedoch Social Media im Marketing allgemein.

1.5 Social-Media-Kommunikation

Dieses Buch befasst sich mit Social Media Marketing. Für einen leichteren Einstieg in die Thematik Social Media bedienen wir uns zunächst der Bezeichnung *Social-Media-Kommunikation*. Social Media umfasst Tools, die der Kommunikation, Kollaboration und Partizipation mit anderen Menschen dienen. Web 2.0-Tools und Social Media sind ja schließlich in den seltensten Fällen direkt für Unternehmen entwickelt worden, sondern hauptsächlich für Menschen. Wenn man dieses Prinzip im Social Web verinnerlicht hat, kann Social Media auch für Marketingzwecke eingesetzt werden. In aller Konsequenz verzahnt es sich dann mit der Preispolitik, Distribution und Produktgestaltung. Im Social Web wird kein Produkt ohne ein Gespräch darüber verkauft.

Denn Social Media Marketing funktioniert nicht nach Schema F des klassischen Marketings. Dort wird die Markenbotschaft üblicherweise über einen Top-down-Prozess auf das Produkt übertragen. Die Werte, für die das Produkt oder die Marke steht, werden so an die Zielgruppe kommuniziert. Der Verbraucher erfährt in diesem Prozess keinerlei Mitbestimmungsrecht. Man geht davon aus, dass der Kunde die Markenbotschaft einfach akzeptieren und das Produkt kaufen wird. Die vier Eckpfeiler des Marketings, das Produkt, der Preis, die Markenkommunikation und der Vertrieb, lassen sich jedoch nicht eins zu eins auf Social Media Marketing übertragen. Erst erfolgt der Beziehungsaufbau, dann wird verkauft. Kaufanreize werden über die Kommunikation mit Kunden geschaffen und gefördert. Erst im letzten Schritt – wenn der Kunde überzeugt ist und Sie sein Vertrauen gewonnen haben – wird verkauft.

Das »RAVIOLI«-Prinzip

Christian Clawien, Director Social & Emerging Media bei Interone, hat für den Aufbau der Kundenbeziehung im Social Web das »RAVIOLI«-Prinzip definiert. »RAVIOLI« steht für Relevance – Awareness – Value – Information – Organisation – Listen – Interaction. Relevanz, Aufmerksamkeit und Werte beziehen sich auf das Produkt bzw. das Unternehmen. Sie müssen stimmig sein, sonst können Sie keinen Kunden überzeugen. Information, Organisation und Zuhören sind die Grundpfeiler für Ihr Verhalten in Social Media. Sie müssen Informationen konsequent bereitstellen und adäquat antworten, wenn sich Rückfragen ergeben. Das können Sie aber nur, wenn Sie verantwortliche Mitarbeiter definiert haben. Und die müssen Ihren Kunden auch im Social Web zuhören. Am Ende mündet diese Vorgehensweise in die Interaktion mit Ihren Kunden.

Mittels Social-Media-Tools werden Serviceleistungen und Meinungen im Internet sichtbar gemacht. Jeder kann seine Meinungen veröffentlichen und so zu einem guten oder schlechten Ruf des Produkts im Netz beitragen. Die Eigendynamik des Internets und die Funktionsweise der Suchmaschinen führen mitunter zu einer unerwarteten Reichweite dieser Meldungen und mitunter zu einer Reputationskrise von Unternehmen.

1.5.1 Vom Push- zum Pull-Marketing

Push-Marketing, das die Konsumenten mit Kaufanreizen penetriert, ist für Social Media Marketing nicht sinnvoll. Die Nutzer agieren nach einem neuen Pull-Prinzip:

Das Interesse wird über das Social-Media-Umfeld verstärkt, die User suchen eigenständig nach relevanten Informationen. Das jahrelang praktizierte Reiz-Reaktions-Prinzip, bei dem man per Werbebotschaft einen Reiz sendet und hofft, dass die Käufer darauf anspringen, hat in Social Media endgültig ausgedient, denn es ignoriert vollkommen die Bedürfnisse des Käufers. Kommunikation dürfen Sie in Social Media aber nicht ignorieren. Im Gegenteil, Kommunikation ist die Grundbasis für Verkauf in und durch Social Media. Daher darf Social Media nicht als Absatzkanal nach dem alten Push-Prinzip aufgefasst werden. Sie müssen Informationen im Social Web bereitstellen und dauerhaft Gespräche anbieten (Pull-Methode). Ein Twitter-Account mit einer Nachricht pro Monat wird die Aufmerksamkeitsschwelle der User nicht erreichen.

1.5.2 Vom einseitigen Monolog zum vielseitigen Dialog

Klassische Kommunikation über TV, Print und Radio sind eindimensionale Kommunikationswege. Diese Einwegkommunikation stößt zunehmend an ihre Grenzen, denn die Verbraucher bevorzugen eine interaktive Informationssuche. Einer Studie der Unternehmensberatung McKinsey & Company und der Handelshochschule Leipzig (HHL) zufolge, informieren sich mehr als 50 % der befragten Konsumenten sowohl auf den Internetseiten der Händler und Hersteller als auch in Foren und Web-Communitys. Weniger als 5 % der Konsumenten nutzen klassische Medien als Informationsquelle, um sich vor einer konkreten Kaufentscheidung über ein Produkt zu informieren. »Ob im klassischen Einzelhandel, in der Bankfiliale oder im Internet – die Kunden informieren sich eingehender und nutzen mehr Möglichkeiten zum Erfahrungsaustausch untereinander«, sagt Christoph Erbenich, Partner bei McKinsey, »Die klassische Marketingkommunikation reicht allein nicht mehr aus, um die Kaufentscheidung wesentlich zu beeinflussen.«

Tipp: Feedback durch bidirektionale Kommunikation

Social-Media-Kommunikation ist bidirektional, d. h., Sie können immer Feedback auf Ihre Botschaften erhalten. Das hilft Ihnen dabei, genügend Rückmeldung auf Ihre Nachrichten zu bekommen. Sie sehen dadurch, welche Nachrichten bei den Usern gut ankommen und welche auf weniger Interesse stoßen. Mit einem Redaktionsplan können Sie die wichtigsten Eckpfeiler der Social-Media-Kommunikation abstecken, hin und wieder müssen Sie aber auch experimentieren.

Achten Sie darauf, Ihre Leser nicht mit Informationen zu überfordern, d. h., spammen Sie nicht. Es ist eine Herausforderung in Social Media einerseits interessante Beiträge zur Marke zu liefern und andererseits nicht zu werbelastig zu erscheinen. Bei Social Media geht es nicht darum, die User mit möglichst vielen Markenbotschaften zu überladen oder sie durch Werbung zu beeinflussen. Denn erstens beeinflussen sich die User gegenseitig, und zweitens wird eine intensive Kundenbeziehung nicht durch einseitige Markenbotschaften aufgebaut. Es geht vielmehr darum, den Wettbewerbsvorteil Kundenbeziehung auf Social Media zu übertragen. Die Basis für diese gute Beziehung ist die Social-Media-Kommunikation. In Social Media gilt es, diesen Dialog zu spiegeln. Unternehmen, die stets um eine gute Kundenbindung bemüht waren, werden es in Social Media leichter haben als Unternehmen, denen das bisher egal war. Ziel ist es immer, den Kunden aufzuklären, eine Plattform für seine Meinung zu bieten und erst am Ende zu verkaufen. Mit Social-Media-Kommunikation haben Sie die Chance, eindimensionale Kommunikation in einen vielseitigen Dialog zu transformieren. Sie wollen nun den Vorteil dieser Kommunikation erfahren? Mit positiven Kommentaren, Lob und Danksagungen der Kunden schaffen Sie ein Alleinstellungsmerkmal und heben sich von der Konkurrenz ab. Je eher Sie damit anfangen, desto eher gewinnen Sie das Vertrauen Ihrer Kunden in sozialen Netzwerken.

1.5.3 Social Media Marketing ist nicht (nur) Online-Marketing

Social Media Marketing wird als Teil des Online-Marketings definiert. Das mag daran liegen, dass die Maßnahmen vor allem online stattfinden. Je nachdem, was ein Unternehmen mit Social Media erreichen möchte, hat es mehr oder weniger etwas mit klassischem Online-Marketing zu tun. Betrachten wir Facebook-Werbung, handelt es sich tatsächlich um klassisches Online-Marketing, weil mit dem Aufwand ein direkter Erfolg messbar wird, der sich beispielsweise in den Verkaufszahlen niederschlägt. Wenn man das ganze Potenzial von Social Media Marketing – vom Empfehlungsmarketing über Crowdsourcing bis hin zu einer offenen Unternehmenskultur – in den Fokus nimmt, handelt es sich um mehr als nur Online-Marketing.

Online-Marketing wird nach den strengen Regeln der Messbarkeit, der Klickraten und Seitenaufrufe eingesetzt. Anzeigentexte für Google werden so geschrieben, dass sie möglichst häufig angeklickt werden, unabhängig von der Markenbotschaft. Würden Sie Social-Media-Aktivitäten nach den Spielregeln des Online-Marketings planen, wäre für den Dialog mit Ihren potenziellen Kunden gar kein Platz mehr. Auch wenn Sie Online-Marketing bereits zur Produktpositionierung einsetzen, wird in Zukunft Ihr Social-Media-Engagement darüber entscheiden, ob Ihre Produkte in der Community gut ankommen. Denn Social Media entwickelt gerade in der Community sein Potenzial. Sie erhalten ehrliches und aufrichtiges Kundenfeedback, ohne dafür ein Marktforschungsinstitut beauftragen zu müssen.

1.5.4 Der Long Tail

Der *Long Tail* (»langes Ende«) wurde vom Chefredakteur des Wired Magazins, Chris Anderson, im gleichnamigen, viel zitierten Artikel »The Long Tail« erstmals vorgestellt. In Bezug auf den E-Commerce beschreibt er darin ein Absatzphänomen, bei dem Nischenprodukte mehr Umsatz erzielen als die beliebten Bestseller.

Dieses ökonomische Prinzip kann man besonders beim Online-Händler Amazon beobachten (siehe Abbildung 1.6). Die Bestseller werden häufig gekauft und erzielen scheinbar den größten Umsatz. Doch die Nischenprodukte erzielen insgesamt mehr Absatz als die Bestsellerverkäufe, auch wenn sie weniger nachgefragt und seltener verkauft werden. Das vielfältige und riesige Angebot von Amazon erzeugt den Long Tail, ohne den Amazon neben seiner Produktdifferenzierung (CDs, DVDs, Elektronik usw.) bei Weitem nicht so erfolgreich wäre. Die Umsatzstärke geht auf die individuellen Kundenwünsche und auf die Nachfrage nach Special-Interest-Produkten zurück.

Abbildung 1.6 Der Long Tail von Amazon

1.5.5 Der Long Tail der Social-Media-Kommunikation

Wenn wir diesen Long Tail auf Social-Media-Kommunikation übertragen, haben wir die Möglichkeit, einen solchen Long Tail für die Unternehmensinhalte zu erzeugen. Mit einer Fülle an authentischen Beiträgen in Social Media – sei es im Firmenblog, auf der Facebook-Seite oder in einem Forum – stellen Sie den den Long Tail her und bedienen damit die Interessen Ihrer Kunden. Manche Beiträge werden die Kunden sehr häufig lesen, andere Beiträge werden nur auf das Interesse weniger

Kunden stoßen, aber dennoch für eine kleine Gruppe relevant sein. Durch Social Media Monitoring finden Sie heraus, wonach die User im Kontext Ihrer Marke suchen, und wissen dann, worüber Sie schreiben können. Sie können aber auch proaktiv bei Ihren Abteilungen, beispielsweise beim Customer Support, nachfragen, welche Fragen die Kunden häufig stellen, und dazu beispielsweise Blogbeiträge schreiben. Mit der Zeit sehen Sie anhand der Statistiken, welche Beiträge bei der Zielgruppe gut ankommen, und können Ihre Nachrichten an diese Anforderungen anpassen.

Sehr viele unterschiedliche Beiträge zu ein und demselben Produkt werden von Suchmaschinen wie Google indiziert, egal, ob Sie in einem sozialen Netzwerk wie Facebook aktiv sind, ein Firmenblog betreiben oder ob Ihre Botschaften in einem Social Media Newsroom zusammenfließen. Je mehr Sie über Ihre Produkte schreiben (Entstehungsprozesse, Vorteile, Anwendungsbeispiele) und je mehr Sie gemäß den Kundenbedürfnissen kommunizieren, desto größer ist die Wahrscheinlichkeit, dass die Inhalte unter diesen Stichwörtern auffindbar sind. Der Long Tail im Social Web verhilft Ihnen so zu mehr relevanten Besuchern und Kunden.

1.5.6 Social-Media-Marketingmix

Social Media Marketing ist als Teil des Marketingmix zu betrachten. Die Tools können sowohl im Produktionsprozess (*Crowdsourcing*), als Marktforschungsinstrument (*Social Media Monitoring*), für den Vertrieb (*Social Commerce*) als auch in der Markenkommunikation (*Empfehlungsmarketing)* eingesetzt werden. Egal, welches Social-Media-Tool Sie für welchen Zweck einsetzen, es ist immer geeignet, um mit Ihrer Zielgruppe ins Gespräch zu kommen. Die Kunden erhalten somit oberstes Mitspracherecht. Beim klassischen Marketingmix ist die Kommunikationspolitik ein eigenständiger Bereich. Bei Social Media Marketing ist die Kommunikation gewissermaßen übergeordnet. Dem Verkauf Ihres Produkts geht immer ein Gespräch, eine Empfehlung oder eine Diskussion voraus, die den Kunden überzeugt hat.

1.5.7 Social Media für B2B-Unternehmen

Dieses Buch hat einen starken Fokus auf B2C mit Beispielen aus dem Konsumgüter- und Dienstleistungsbereich. Dennoch lohnt sich Social Media auch für B2B-Unternehmen, denn auch Geschäftspartner und Business-Kunden berücksichtigen bei ihren Kooperationen Empfehlungen und Erfahrungsberichte von anderen Unternehmen. 85 % aller Business-Entscheider haben schon einmal über das Internet einen Lieferanten gefunden.[10] Mitunter haben im Industriesektor Weiterempfeh-

10 Webnutzung deutscher B2B-Entscheider, Virtual Identity, 2009, *www.virtual-identity.com/b2b-studie*

lungen einen noch viel größeren Stellenwert als im Bereich B2C, da es sich häufig um erklärungsbedürftige und kostenintensive Investitionsgüter handelt. Unternehmen müssen daher den Kontakt zu Firmenkunden, Händlern und Zulieferern zunehmend auch im Social Web herstellen, um sie mit wichtigen Informationen für den Vertrieb zu versorgen und kontinuierlich von der Produktqualität zu überzeugen. B2B-Unternehmen profitieren von der Präsenz in Businessnetzwerken wie LinkedIn (siehe Abbildung 1.7).

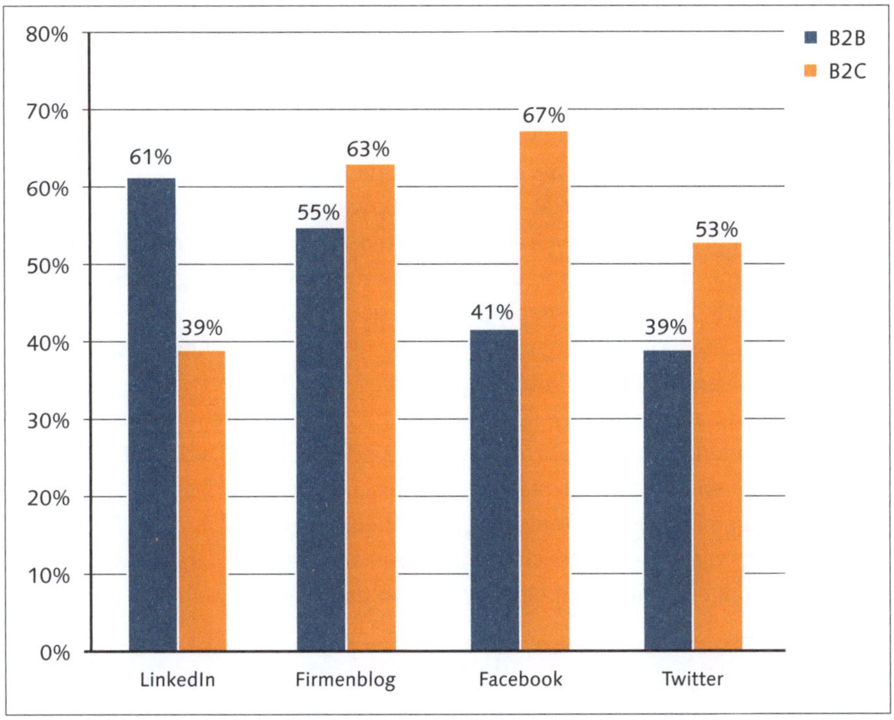

Abbildung 1.7 LinkedIn eignet sich für B2B, Facebook für B2C (Quelle: HubSpot, The State of Inbound Marketing in 2012, *http://www.hubspot.com/state-of-inbound-marketing/*).

Einer Studie von creative360 über Social Media im B2B-Marketing zufolge schätzen 83 % der Marketingverantwortlichen Social Media Marketing als wichtig oder sehr wichtig ein (Zeitraum 2010 bis 2012), wobei sie als Erfolgsfaktoren interessante Beiträge, Glaubwürdigkeit und Regelmäßigkeit einschätzen. Als Ziele definieren sie den Aufbau von Markenbekanntheit (81 %), Nutzung von SEO-Effekten (79 %) und Öffentlichkeitsarbeit (65 %).[11]

11 B2B Social-Media in der Praxis (2010-2012), creative 360, *http://www.creative360.de/b2b-social-media-studie.html*

Marketing-Take-away: Neukundengewinnung durch Social Media

B2B- und B2C-Unternehmen können durch Social Media Neukunden gewinnen. B2B-Unternehmen können das verstärkt in Business-Netzwerken wie LinkedIn oder XING, während B2C-Unternehmen stärker von einer Präsenz in Facebook oder Twitter wie auch einem Unternehmensblog profitieren.

1.5.8 Social und Crossmedia

Sie sollten Social-Media-Kommunikation nicht isoliert betrachten, sondern im Kommunikationsmix und sie mit weiteren Medien wie TV, Print und Radio verknüpfen. Wenn Sie das nächste Mal eine Kampagne planen und Social Media ein Teil davon sein soll, überlegen Sie sich, wie Sie das eine Medium mit dem anderen verbinden können, z. B. ein Plakat, um auf ein Gewinnspiel im Social Web aufmerksam zu machen. Oder Sie verweisen im nächsten Werbespot auf die »Meinungen anderer Kunden« mit dem entsprechenden Link zur Website (mit gesammelten Erfahrungsberichten). Diese Verknüpfung wird auch als *Crossmedia* bezeichnet. Bei heutigen Crossmedia-Kampagnen werden TV, Print, Radio und Social Media gleichzeitig eingesetzt. Die Verknüpfung aller dieser Medien ermöglicht eine breite Zielgruppenansprache und in weiterer Folge eine optimale Streuung Ihrer Werbebotschaft. Kunden, die nicht sehr internetaffin sind, sprechen Sie dann gezielt über klassische Medien an. Dadurch steigt die Wahrscheinlichkeit, dass Ihr Kunde Ihre Werbekampagne in mindestens einem der Medien wahrnimmt. Im Idealfall wird er mehrmals über die unterschiedlichen Kommunikationskanäle darauf aufmerksam, d. h. online, offline, beim Lesen einer Zeitschrift und beim Fernsehen.

Abbildung 1.8 Febreze verweist direkt im Fernsehspot auf seine Facebook-Seite *www.facebook.com/febrezedeutschland*.

1.5.9 Transmedia – eine Geschichte wird mehrmals erzählt

In Social Media können Sie Ihre Geschichten erzählen. Storys, die Ihre Marke dem Kunden näherbringen. Denken Sie an Ihren letzten Werbespot – dem liegt auch eine Geschichte zugrunde. Diese Geschichte können Sie nutzen und in Social Media weitererzählen, mit anderen medialen Inhalten ausschmücken oder auf mobile Anwendungen (z. B. als Spiel) übertragen. Als *Transmedia* bezeichnet man diese Form des *Storytelling* in mehreren Online- und Social-Media-Kanälen.

Die Jeansmarke »Diesel« hat dies bei der Kampagne zur Sommerkollektion 2010 sehr eindrucksvoll gelöst. Für die neue Kollektion drehte Diesel ein Video mit Models, Laienschauspielern, eigenen Mitarbeitern und sogar mit Diesel-Kunden. Als Musikvideo »a hundred lovers« getarnt, entstand so ein Videokatalog mit InVideo-Shoppingelementen, d. h. Verlinkungen zum Online-Shop (siehe Abbildung 1.9).

Abbildung 1.9 Diesel präsentiert seine neue Kollektion als Musikvideo.

Besonders gelungen sind die Verlinkungen der Schauspieler innerhalb des Videos zu deren Twitter-, Facebook-, Myspace-Profilen. So erfuhren die User direkt, wer hinter dem Video steckte, und können sich mit diesen Personen vernetzen. Diesel berücksichtigt damit den sozialen Aspekt von Social Media. Diesel hat verstanden, dass es in Social Media vor allem um die Menschen hinter den Botschaften geht.

Marketing-Take-away: Ersetzt Facebook die eigene Website?

Generell lautet die Antwort »Nein«, wenn überhaupt nur partiell und im Rahmen von Fanbelohnungen. Im Juli 2010 entschied sich das Portal »FHM online« (die Website zum Männermagazin FHM) seine Website, *www.fhm-online.de*, direkt auf die Facebook-Seite zu leiten. Ein Jahr später hat man diese Weiterleitung wieder entfernt. Grund dafür dürfte für das Magazin wohl der eklatante Datenverlust gewesen sein, denn schließlich verfügt bei einer ausschließlichen Präsenz in Facebook nicht mehr der Verlag, sondern nur das Netzwerk über die Inhalte, Bilder, Kommentare und sogar Statistiken. Das hat die beiden Vorteile, die Einsparung beim Server und die optimale Erreichbarkeit der relevanten Zielgruppe, für FHM anscheinend nicht aufwiegen können. Zudem ändert Facebook in regelmäßigen Abständen seine AGB, was sich zum Nachteil des Verlags hätte auswirken können. Nichtsdestotrotz setzt FHM natürlich weiterhin auf seine Facebook-Präsenz, die auch prominent auf der Website eingebunden ist.

Merke: Was mit Ihrer eigenen Website passiert, können Sie selbst beeinflussen. Was mit Facebook und den dort veröffentlichten Inhalten und der Community passiert, entscheidet am Ende immer Facebook.

1.6 Die Social-Media-User

Das Internet ist aus unserem täglichen Leben nicht mehr wegzudenken. Drei von vier Deutschen sind laut ARD/ZDF-Online-Studie online und können sich ein Leben ohne das Internet nicht vorstellen.[12] In der Altersgruppe der 14- bis 19-Jähringen sind nahezu alle online, und immer mehr Senioren entdecken das Internet für sich. Während für Jugendliche Aktivitäten wie *Flirten* und *Kontakte pflegen* im Vordergrund stehen, sind die Onliner ab 50 vor allem an *Testergebnissen* interessiert.[13] In Österreich finden wir ein vergleichbares Ergebnis: Laut Statistik Austria nutzen 72 % der Österreicher zwischen 16 und 74 Jahren das Internet; in der Schweiz sind es ebenfalls über 70 % (Bundesamt für Statistik).

1.6.1 Die Welt als soziales Netzwerk

Die User verbringen immer mehr Zeit, in der sie online sind, in sozialen Netzwerken als mit anderen Online-Tätigkeiten. Soziale Netzwerke gehören zu den am meisten besuchten Websites, denn die Onliner suchen die Öffentlichkeit: Pro Woche werden 3,5 Milliarden Inhalte weltweit auf Facebook miteinander geteilt und täglich

12 BITKOM, 2011, *http://www.bitkom.org/de/markt_statistik/64026_67508.aspx*

13 Informationszentrale Internet, AGOF internet facts, 2011-03, *http://www.agof.de/index.1052.de.html*, nachfolgende zitiert als »AGOF-Studie«.

werden zwei Milliarden Videos auf YouTube angesehen. Die Social-Media-Welt ist bunt und (noch) nicht Facebook-blau. In Russland wird über *V Kontakte* genetzwerkt, in China in *QZone*, und die Brasilianer tummeln sich auf *Orkut*.

Marketing-Take-away: Online vergleichen – offline kaufen

Mittlerweile wird das Internet ganz selbstverständlich zu Einkaufszwecken genutzt. Der Anteil der Online-Shopper unter den Internetnutzern in Deutschland beträgt ca. 85 %, d. h., etwa 42 Mio. Deutsche haben in den vergangenen zwölf Monaten im Internet eingekauft (AGOF-Studie), bei den 30- bis 49-Jährigen sind es sogar 91 %.[14] 40 % aller Onliner haben schon einmal Eintrittskarten im Internet bestellt, Flüge gebucht (38 %), Musik (37 %) und Bücher (32 %) gekauft oder Übernachtungen in Hotels und Pensionen (32 %) gebucht. Online-Recherche und Offline-Kauf sind dabei eng miteinander verknüpft. 97,4 % der deutschen Onliner haben sich schon einmal im Internet über Produkte informiert (AGOF-Studie). Nicht selten führt die vorangegangene Online-Recherche zum finalen Kauf im stationären Handel. Die ROPO-Metastudie von Google, »Research Online Purchase Offline«,[15] hat gezeigt, dass die Online-Recherche bei 38 % zum Kauf des Produkts außerhalb des Internets (offline) führt. Dieses Phänomen nennt man ROPO-Effekt.

1.6.2 Die Social-Media-Nutzung

Etwa ein Drittel der deutschen Internetnutzer besitzt ein Online-Profil und betreibt aktives Social Networking (siehe Abbildung 1.10). An zweiter Stelle steht das Hochladen von Bildern (31,6 %). Schlusslicht bilden Blogger (10 %), Videoproduzenten (8,5 %) und Microblogger (5,7 %). Die Nutzerzahlen der sozialen Netzwerke sind in den vergangenen Jahren explodiert, weil die Menschen auf der ganzen Welt am digitalen Klassentreffen teilhaben möchten. Nicht selten melden sich 10-Jährige bei Facebook an, auch wenn das offizielle Eintrittsalter erst bei 13 Jahren liegt.

Mit seinen über 850 Mio. Nutzern hat Facebook enorm zur weltweiten Vernetzung beigetragen. Im gesamten deutschsprachigen Raum nutzen Facebook etwa 24,5 Mio. Menschen.[16] Aber auch andere soziale Netzwerke, wie das im Juli 2011 von Google gelaunchte Netzwerk Google+ (»Google plus«) sorgte für einen Beteiligungsboom. Selbst der unter Journalisten beliebte Microblogging-Dienst Twitter wird von über einer halben Million deutschsprachiger User genutzt.[17]

---

14 Netzgesellschaft, BITKOM, 2011, *http://www.bitkom.org/de/publikationen/38338_68888.aspx*

15 »Research Online Purchase Offline«, Google, 2011, *http://www.googlewatchblog.de/2011/02/google-studie-kaufentscheidungen/*

16 Hutter Consult GmbH, 2012-02

17 Webevangelisten, 2011, *http://webevangelisten.de/erstmals-mehr-als-eine-halbe-million-aktive-twitteraccounts/*

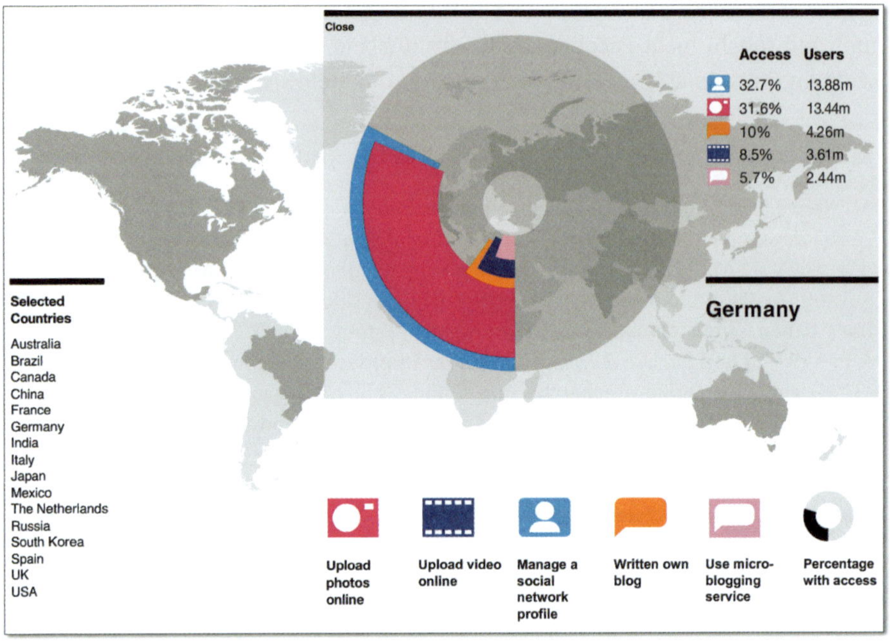

Abbildung 1.10 Social-Media-Aktiviäten deutscher User (Quelle: Global Web Index)

1.6.3 Kennen Sie einen Digital Native?

Lange Zeit war man überzeugt, die *Digital Natives*, also »die digitalen Eingeborenen«, würden das Social Web vorantreiben. Man ging davon aus, dass mit den nach 1980 Geborenen, eine neue Generation technologieaffiner Blogger, Video- und Podcaster heranwachsen würde (siehe Abbildung 1.11). Doch nur weil jemand mit neuen Medien groß geworden ist, befähigt ihn das noch lange nicht, Medien auch sinnvoll einzusetzen (Stichwort Medienkompetenz). Kennen Sie in Ihrem Familien- und Bekanntenkreis so einen Digital Native, der bloggt oder eigene Videos produziert? Was man mit Sicherheit sagen kann, ist, dass jüngere Leute etwas unbedarfter an neue Medien herangehen, während Erwachsene (*Digital Immigrants*) und Senioren (*Silver Surfer*) oft eher zögerlich sind.

Digital Visitor oder Digital Resident?

Weitaus schlüssiger ist die Unterscheidung der User in *Digital Visitors* (Netzbesucher) und *Digital Residents* (Netzbewohner). Die Netzbesucher sehen das Internet eher kritisch in Bezug auf Datenschutz und Informationsüberflutung. Netzbewohner sind aktive Gestalter im Social Web und können aufgrund ihres Einflusses in ihrem Netzwerk als »Influencer«, sprich als Meinungsführer, bezeichnet werden.

Aber Social Media wirkt sich ebenfalls auf die Visitors aus, denn die Meinungen, Kommentare und Markenenthüllungen erreichen auch die Netzbesucher, sobald sie nach Informationen über ein Produkt im Internet suchen.

Abbildung 1.11 Digital Natives lernen schon früh den Umgang mit neuen Medien und Social Media.

1.6.4 Die Nielsen-Regel

Eine ganz entscheidende und aufschlussreiche Regel für das Community-Management der eigenen Präsenz in Social Media ist die 90-9-1- oder auch *Nielsen-Regel*. Sie besagt, dass 90 % der User im Social Web nur Beobachter bzw. passive Zuschauer sind, während 9 % mitmachen (z. B. kommentieren) und gerade einmal 1 % aktiv Inhalte produzieren. Mittlerweile hat sich dieses Ungleichgewicht der Akteure im Social Web auf 70 % Beobachter zu 20 % Mitmacher zu 10 % Produzenten umverteilt, was vor allem daran liegt, dass es technologiebedingt immer leichter wird, eigene Inhalte zu produzieren. Die 1 bis 10 % aktive Produzenten können in Social Media auch als *Meinungsführer*, die sich zu Social Hubs zusammenfügen, bezeichnet werden. Dabei handelt es sich um qualitäts- und markenbewusste Trendsetter und Innovatoren. Sie haben eine Affinität zum Internet bzw. zu Social Media, nutzen die Interaktions-, Kreations- und Veröffentlichungsmöglichkeiten im Social Web und spielen daher eine wichtige Schlüsselrolle für die Markenführung im Social Web.

1.6.5 Meinungsführer

Aktive User mit einer hohen Reichweite werden im Social Web zu Meinungsführern, die einen großen Einfluss auf die Wahrnehmung Ihrer Marke ausüben können. Meinungsführer zeichnen sich durch ein hohes Eigeninteresse an unterschiedlichen Themen aus. Die Wahrscheinlichkeit, dass es für Ihr Produktportfolio und Ihre Dienstleistungen Meinungsführer gibt, die sich schon jetzt für Sie einsetzen, ist sehr hoch. Die Reichweite ihres Einflusses (deshalb auch Influencer genannt) hängt vom Grad ihrer Vernetzung, d.h. vom Bekanntheitsgrad ihrer Blogs, der Anzahl ihrer Facebook-Freunde und Follower auf Twitter und von der Häufigkeit ihrer Aktionen im Netz ab. Je mehr Menschen ihm folgen, desto größer ist die Wirksamkeit seines Netzwerks. Neben der Multiplikatorenfunktion können Meinungsführer vor allem qualitatives Feedback zu Ihren Produkten und Dienstleistungen geben, denn sie sind zu einem hohen Grad an Ihrem Unternehmen interessiert.

Der Influencer oder Meinungsführer genießt ein hohes Vertrauen bei seiner Zuhörer- und Leserschaft. Die Qualität seiner Beiträge ist durch seine neutrale Sichtweise garantiert. Sein Publikum verhilft ihm, die Nachrichten über Produkte und Marken schnell zu verbreiten. Ob er sich als Multiplikator für Sie zur Verfügung stellt, hängt davon ab, inwiefern er bereit ist, seine Online-Reputation als souveräner Botschafter zu riskieren. Er genießt gerade wegen seiner unabhängigen Sichtweise, und weil er nicht von einem Unternehmen für seine positiven Beiträge bezahlt wird, das Vertrauen der Nutzer. Er ist daher eher wie ein sehr guter, aber kritischer Freund im Netz zu behandeln.

Marketing-Take-away: Durch Meinungsführer die Masse erreichen

Wenn ein Produkt am Markt gelauncht wird, werden zuerst sogenannte *Innovatoren* darauf aufmerksam, bevor immer mehr und mehr Verbraucher (*Early Adopters*) dieses Produkt kaufen und Sie dadurch die *Early Majority* (die »frühe Mehrheit«) an Käufern erreichen. Hat sich das Produkt durchgesetzt, erreicht es die *Late Majority* (die »späte Mehrheit«). Solche Zyklen sind bei allen Produkten zu beobachten. Innovatoren und Early Adaptors können Hand in Hand mit den Meinungsführern gehen. Die Begeisterung für das Produkt führt bei den Meinungsführern dazu, dass sie ihre positiven sowie negativen Erfahrungen mit neuen Produkten an andere weitergeben.

Wie Sie Ihre Meinungsführer identifizieren

Es ist sinnvoll und notwendig, diese Meinungsführer im Social Web zu identifizieren und direkt anzusprechen. Ein erstes Screening können Sie mittels jener Social-Media-Monitoring-Tools durchführen, die wir Ihnen in Kapitel 3, »Social Media Monitoring und Online Reputation Management«, vorstellen. Überzeugen Sie diese Meinungsführer von Ihrem Produkt, bzw. laden Sie sie als Tester ein. Wenn Sie sich auf die Diskussion über Ihr Produkt einlassen, können Sie die Influencer langfristig für sich gewinnen und zu Befürwortern Ihrer Marke machen. Bedanken Sie sich bei ihnen für positive Beiträge und Empfehlungen mittels Namensnennung oder eines persönlichen Anschreibens.

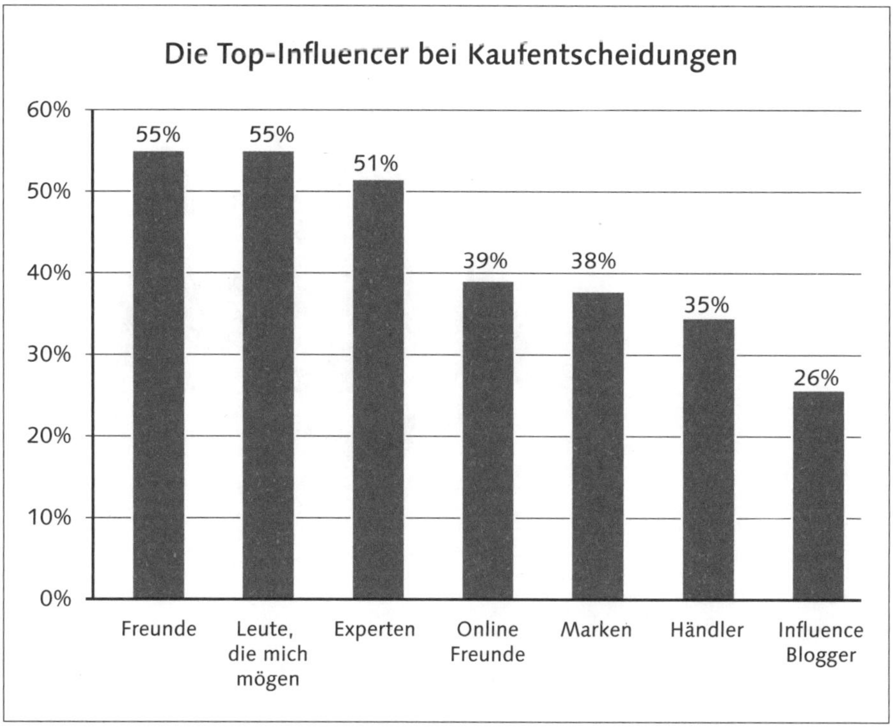

Abbildung 1.12 Nicht die Marke, sondern das Netzwerk ist ausschlaggebend für die Kaufentscheidung (Quelle: eMarketer).

Marketing-Take-away: Die Top Influencer für Kaufentscheidungen

Kaufentscheidungen werden von Freunden maßgeblich beeinflusst. Laut einer eMarketer-Studie (sieheAbbildung 1.12) tragen bei 55 % aller Konsumenten Freunde zur Kaufentscheidung bei, gefolgt von »Leute, die mich mögen« (55 %), Experten (51 %), »Online Freunde« (39 %), »Marken« (38 %), »Händler« (35 %), »Influence Blogger« (26 %).[18]

18 eMarketer, *http://www.emarketer.com/Products/Explore/ReportList.aspx*

1.7 Die Marke im Social Web

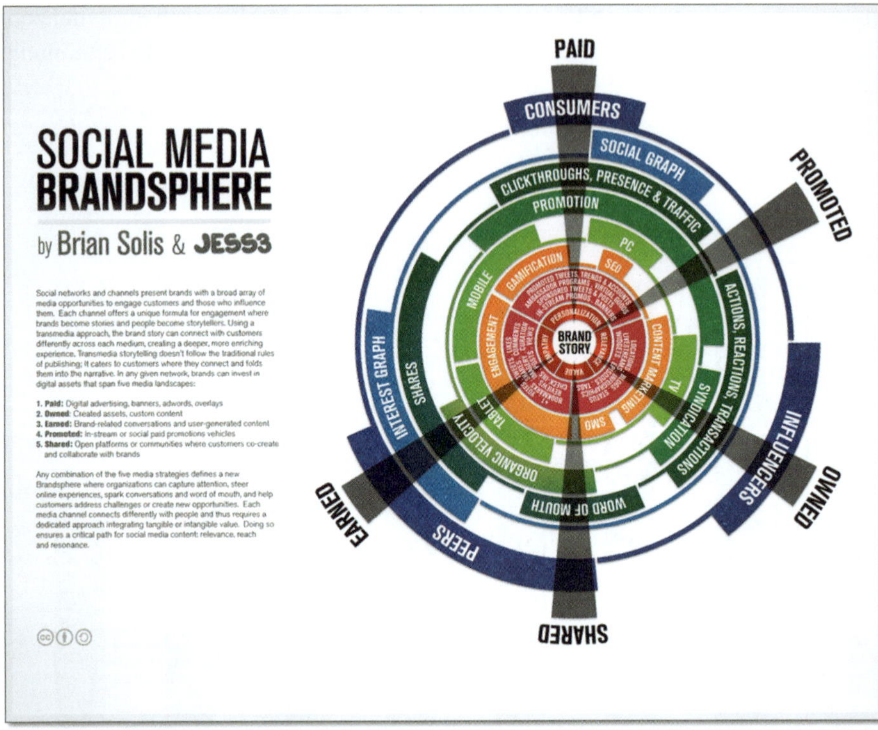

Abbildung 1.13 In der Mitte der Social Media Brandsphere steht immer die Brandstory.

Um die in Abbildung 1.13 abgedruckte von Brain Solis und JESS3 entwickelte Infografik über die Social Media Brandsphere zu verstehen, müssen zunächst die medialen Grundannahmen in der Grafik erklärt werden:

- Paid Media: bezahlte, digitale Werbung wie Banner oder Google Adwords
- Owned Media: eigene, selbst kreierte Inhalte, z. B. TV-Kampagnen
- Earned Media: von den Usern selbst erstellte Inhalte über Marken, d. h. User Generated Content
- Promoted Media: bezahlte In-Stream-Werbung, z. B. Video-Ads
- Shared Media: in Social Media erzeugte Inhalte, Storys und Dialoge zwischen Marken und Kunden

In der Mitte der Social Media Brandsphere steht immer die *Brandstory* – also die Geschichte, die sich über oder mit der Marke erzählt lässt. Dies wird gemeinhin auch als *Storytelling* bezeichnet, das wir bereits in Abschnitt 1.5.9, »Transmedia – eine Geschichte wird mehrmals erzählt«, erwähnt haben. Geschichten ermöglichen es, die Marke im Dialog mit Kunden erlebbar zu machen. Das Spannende an Social Media ist dabei vor allem, dass der Kunde diese Geschichte nun miterzählt (Shared Media). Nebenbei: 67 % der Marketers und 71 % der Agenturen planten 2011, in »Digital Brand Experiences« zu investieren.[19] Die Grafik macht deutlich, dass sich sinnvolle Synergien und Verknüpfungen zum klassischen Marketing und Online Marketing ergeben. In Abschnitt 1.5, »Social-Media-Kommunikation«, haben wir bereits darauf hingewiesen. Im Folgenden möchten wir die Grafik samt den Kreisen erläutern. Die Farbe in Klammern bezieht sich auf den jeweiligen Kreis.

Die Marke wird durch ihre Werte, Empathie, Personalisierung und Relevanz definiert (rot). Dadurch ergeben sich verschiedene Social-Media-Aktionen (pink). Markenempathie führt demnach eher zu Likes, Klicks und Views; Personalisierung ermöglicht es, die Werbung an spezifische Konsumenten zu adressieren usw. Das geschieht mit unterschiedlichen Online-Strategien (orange) und Technologien (Mobile, PC, TV, Tablet; hellgrün). Die Inhalte werden natürlich verbreitet oder durch Promotion und Content-Syndication weitergegeben (grün), die durch Klicks, Besucher, Word of Mouth messbar werden (dunkelgrün). Dies liefert Insights über die Struktur der Kunden im Social Web (*Social Graph*) und deren Interessen (*Interest Graph*) (hellblau). Dadurch lassen sich unterschiedliche Zielgruppen im Social Web ansprechen: Influencer (Meinungsführer), Konsumenten, Unterstützer (Peers).

1.7.1 Warum folgen User einer Marke im Social Web?

In einer Digital-Brand-Studie von Razorfish aus dem Jahr 2009[20] (siehe Abbildung 1.14) wurden Kunden gebeten, den Grund zu nennen, warum sie auf Facebook »Gefällt mir« oder auf Twitter »Follow« angeklickt haben. Etwa ein Drittel gab als Grund an, dass sie die Marke bereits kaufen. Die Mehrheit, d. h. 36,9 %, erhofft sich dadurch exklusive Markenangebote. Bei Twitter folgen sogar 43,5 % einem Twitter-Account, um auf Angebote hingewiesen zu werden. Ist ein User von einer Marke überzeugt, teilt er das seinem Netzwerk entsprechend mit. Er wird Fan und postet regelmäßig über die Marke. Diese Markenbekenntnisse sind jedoch nicht nur für die Community transparent, sondern werden durch Suchmaschinen wie Google auch für andere User sichtbar gemacht.

In dem Moment, in dem eine Marke bei den Usern in Verruf gerät, werden häufig angeklickte Beiträge in den Suchmaschinen sehr weit oben platziert. Unternehmen verlieren dann mehr oder weniger die Kontrolle über die Markenkommunikation. Machen Sie den Test, und suchen Sie nach Ihrem Unternehmen in Google: Sie wer-

19 2011 Digital Marketing Outlook, AnswerLab & Society of Digital Agencies, 2011, *http://answerlab.com/reports/soda-digital-marketing-outlook-2011.php*

20 FEED, Razorfish, 2009, *http://feed.razorfish.com/downloads/Razorfish_FEED09.pdf*

den Standardeinträge wie Ihre Website, Produktwebseiten und Wikipedia-Einträge vorfinden. Darüber hinaus werden aber auch Blogbeiträge, Links zu Tageszeitungen, Tweets (Beiträge in Twitter) und Forenbeiträge angezeigt. Auf diese Art lesen Ihre potenziellen Kunden alle Ergebnisse zu Ihrem Produkt.

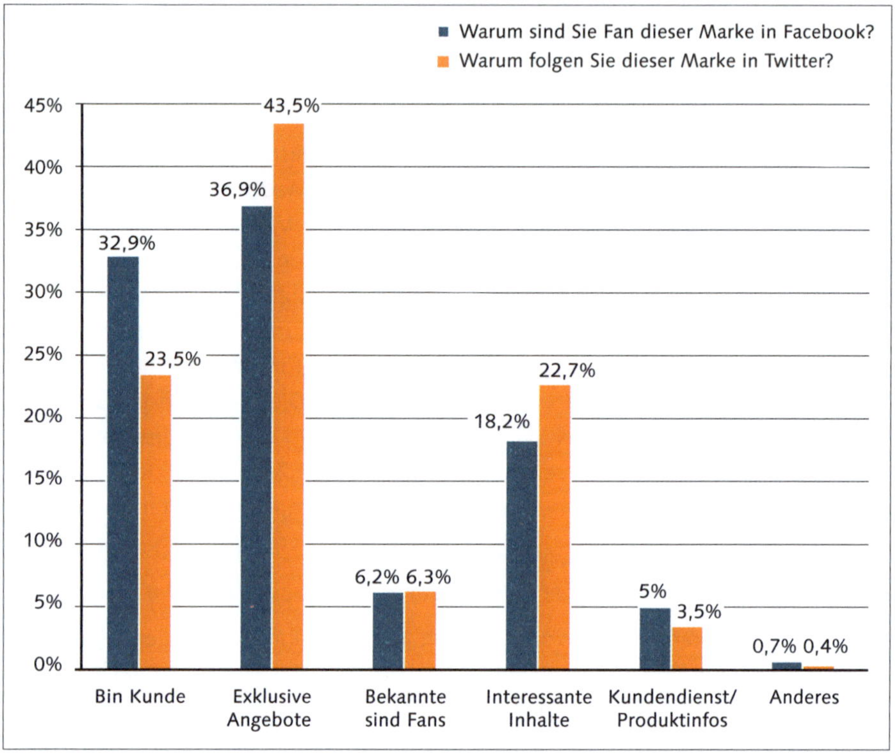

Abbildung 1.14 Markenbekenntnisse der Internetnutzer (Quelle: Razorfish, 2009)

Marken und Unternehmen können sich im Internet nicht hinter ihrer Website verstecken. Die User finden alle positiven und negativen Meinungen auf einen Blick. Social Media bietet Unternehmen die Möglichkeit, ihre Markenfassade gegen einen authentischen Kundendialog einzutauschen. Erst im direkten Gespräch mit Ihren Kunden können Sie Ihr Markenversprechen einlösen, denn nicht nur das Produkt allein, auch der Service entscheidet über Erfolg oder Misserfolg einer Marke. Über kurz oder lang müssen Sie sich darauf einstellen, dass durch Social Media Ihr Markenbild infrage gestellt werden wird. Sie sollten deshalb Ihren Kunden eine sinnvolle Plattform anbieten, auf der Sie die Rückmeldungen transparent machen. Soziale Medien bieten ein umfassendes Repertoire an Tools und Möglichkeiten, solche Feedbackkanäle einzurichten.

1.8 Der ROI von Social Media

Jetzt denken Sie vielleicht: »Alles schön und gut, aber was bringt mir Social Media nun? Was ist denn der ROI von Social Media?« Unternehmen neigen in Gesprächen über Social Media dazu, nach dem ROI, also nach dem *Return on Investment*, zu fragen. Der ROI ist eine wichtige Kennzahl für Firmen, wenn es darum geht, Investitionsvorhaben abzuschätzen. Mit der Frage nach dem ROI steht und fällt für viele Firmen die Entscheidung für oder gegen Social Media Marketing. Die Frage nach dem ROI von Social Media ist jedoch irreführend. Oder können Sie sagen, was der ROI von TV oder Zeitungen ist? Für die Messbarkeit von Social Media Marketing gelten die gleichen Regeln wie beim klassischen Marketing: Es können immer nur einzelne Kampagnen mit bestimmten Zielen (Brand Awareness, Brand Loyalty, Zielgruppen-Engagement, Feedback, Performance, Leads usw.) ausgewertet werden.

1.8.1 Der ROI von Social Media lautet »Risk of Ignoring«

Die Wahrnehmung von Marken ist heute nicht mehr nur durch einseitiges Markenbranding erreichbar. Kaufentscheidungen werden durch die Empfehlungen anderer und die individuellen Vorlieben der Verbraucher beeinflusst. Der Austausch darüber findet zunehmend im Social Web statt. Dies zu ignorieren, stellt mittlerweile ein tatsächliches Risiko für Unternehmen dar. Social-Media-Ignoranz kann mitunter irreparable Rufschäden bei Marken hinterlassen, wie die Beispiele in Abschnitt 1.8.3, »Wenn Ignoranz zum Verhängnis wird – die Beispiele Nestlé und H&M«, zeigen. Deshalb wird der ROI in Social Media auch als *Risk of Ignoring* bezeichnet.

1.8.2 Der ROI hat viele Bedeutungen

Der ROI ist eine Kosten-Nutzen-Rechnung für getätigte Investitionen. Um ihn zu erheben, brauchen Sie blanke Zahlen, z. B. Verkaufszahlen oder die Höhe Ihres Werbebudgets, die Sie zu Ihren Social-Media-Investitionen ins Verhältnis setzen (siehe Abschnitt 2.7.4, »Und was ist jetzt der ROI von Social Media?«). Die Währung von Investitionen in Social Media sind jedoch Gespräche, die Sie zwar messen können, aber für die Berechnung des ROI brauchen Sie ein qualitatives Maß. Dafür helfen Kennzahlen, wie die *Key Performance Indicators* (kurz »KPI«). Mit den KPIs versucht man, die Gespräche im Social Web zu messen, wie z. B. den »Share of Voice«. Je nachdem, ob sich Firmen proaktiv oder passiv im Social Web verhalten, müssen andere KPIs erhoben werden. Wir erläutern alle relevanten KPIs in Abschnitt 2.7.1, »Key Performance Indicator«, ausführlich. Doch auch diese Kennzahlen haben ihre Schwächen. Denn jedes Gespräch unterscheidet sich in Intensität und Dauer. Wie unterscheidet man Kommentare auf Facebook und in Blogs? Wie gewichtet man einen ausführlichen Blogkommentar? Wie bewertet man ein flüchtiges »Gefällt mir« auf Facebook?

Die Frage nach dem ROI in Social Media ist berechtigt, aber ein klassischer wirtschaftlicher Return on Investment ist in Social Media zu kurz gedacht. Der ROI in Social Media kann auch bedeuten, Kosten bei der klassischen Kundenbetreuung durch eine stärkere Präsenz in sozialen Netzwerken zu sparen. Oder Ihre Social-Media-Präsenz führt zu Einsparungen bei der Produktentwicklung, da Sie sich das Feedback der Kunden für die Produktinnovation zunutze machen. Es kann aber auch bedeuten, dass Sie auf Teile der bisherigen Werbung & PR verzichten, da Sie Ihre Zielgruppe im Social Web weitaus besser ansprechen können und ein höheres Branding erreichen, insbesondere weil Sie von den kostenlosen Empfehlungen Ihrer Markenbotschafter profitieren. Den tatsächlichen ROI in Social Media bezeichnet man alternativ auch als *Return on Engagement* oder *Return on Influence*.

1.8.3 Wenn Ignoranz zum Verhängnis wird – die Beispiele Nestlé und H&M

Ignorantes Verhalten gegenüber aufgebrachten Kunden im Netz ist schon einigen großen Unternehmen zum Verhängnis geworden. Im März 2010 stellte Greenpeace einen Videoschocker ins Netz, der Nestlé wegen Urwaldrodung in die Schranken weisen sollte. Mit einer Parodie auf den KitKat-Werbeslogan »Have a break, have a KitKat« schockierte Greenpeace mit der Aktion »Give rainforests a break«. In dem Video wurde kritisiert, dass Nestlé für die Produktion des KitKat-Riegels Palmöl verwendet, für dessen Herstellung der Urwald zerstört wird. Dieser Urwald ist jedoch Lebensraum der vom Aussterben bedrohten Orang-Utans. Deshalb erscheint der KitKat-Riegel als Finger eines Orang-Utans. Die Botschaft war damit klar: Wer KitKat isst, tötet die Affen. Wenige Tage nach dem Online-Gang der Kampagne ließ Nestlé eine englische Version des Videos wegen Urheberrechtsverletzung aus dem Netz entfernen. Die offizielle Facebook-Seite von KitKat wurde daraufhin mit negativen Kommentaren übersät. Auf Twitter reagierte der Konzern überhaupt nicht.

Marketing-Take-away: Der Streisand-Effekt

Der Griff zur Rechtskeule wegen Urheberrechtsverletzung hat Nestlé in die eigentliche Reputationskrise geschickt, denn die User im Netz fanden das gar nicht in Ordnung, kopierten das Video und verbreiteten es erneut im Social Web. Man nennt dieses Phänomen den »Streisand-Effekt«. Sobald versucht wird, Inhalte im Netz zu löschen und somit deren Verbreitung zu unterdrücken, hat dies eher den gegenteiligen Effekt, sodass die Information noch interessanter wird. Unternehmen müssen daher höllisch darauf achten, dass sie bei einer Krisen-PR nicht falsch reagieren.

Der Shitstorm spielte sich nicht nur im Social Web ab, sondern wurde auch von Straßenaktionen begleitet. Mit der richtigen Mischung aus Online- und Offline-Aktionen konnte Greenpeace genügend Sympathisanten und Multiplikatoren finden, die Nestlés Negativimage verstärkten. Die Greenpeace-Kampagne wurde binnen zwei Monaten von einer Viertelmillion Menschen weltweit unterstützt. In Deutschland wurden etwa 2.000 Verbrauchermeinungen gegen Palmöl aus Urwaldzerstörung getwittert. Nestlé äußerte sich zunächst sehr verhalten zu den Vorwürfen. Das Unternehmen gab zwar eine Pressemitteilung heraus, allerdings enthielt diese nur beschönigende Worte ohne eine konkrete Stellungnahme zu den Vorwürfen. Greenpeace hielt jedoch unbeirrt an der Forderung »Kein Palmöl aus Urwaldzerstörung!« fest (siehe Abbildung 1.15). In der Zwischenzeit hatte sich das Virus fortgepflanzt.

Abbildung 1.15 Wie Greenpeace Nestlé angreift.

Die Kommentare auf der englischsprachigen Facebook-Seite müssen für den Nestlé-Konzern ein Albtraum gewesen sein. Einige User beschwerten sich über die Arroganz des Konzerns, andere riefen zum Boykott auf. Nestlé reagierte mitunter sehr zynisch auf die Kommentare, wahrscheinlich weil sie keinen Notfallplan für die Krisensituationen in petto hatten. Sogar die Facebook-Seite wurde von Nestlé kurzerhand offline gestellt. Eine offizielle Stellungnahme muss jedoch sofort erfolgen, maximal ein bis zwei Tage danach. Nestlé entschied sich aber erst einen Monat nach Aufkommen des Videos dafür, mit den Fans zu diskutieren. Zwei Monate später gab Greenpeace bekannt, Nestlé habe in einem Aktionspapier versprochen, kein Palmöl und Papier mehr aus Regenwaldzerstörung zu beziehen. Ein halbes Jahr später war der Reputationsschaden in Google immer noch sichtbar: Unter dem Stichwort »KitKat« wurden Video- und Blogbeiträge zu dem Fall angezeigt.

**Rechtstipp von Sven Hörnich:
Deutsches Recht bei »rufschädigenden Äußerungen« im Internet**

»Unliebsame« Äußerungen sind nicht zwingend rechtswidrig, denn Meinungsäußerungen sind grundsätzlich erlaubt. Freilich darf der Meinungsträger nicht gegen sonstiges Recht (Urheberrecht, Recht am eigenen Bild, Allgemeines Persönlichkeitsrecht) verstoßen. Hier ist jeder Fall anders gelagert. So kann unter Umständen die Äußerung über einen aus der Presse bekannten Konzernchef mit Namensnennung und Bild erlaubt sein – die Abbildung seiner »unbeteiligten« Tochter und/oder Ehefrau verstieße jedoch gegen geltendes deutsches Recht. Ist eine Rechtsverletzung ausgemacht, stellt sich in einem weiteren Schritt die Frage, ob sich deren Verfolgung lohnt oder damit die Sache nicht erst »ins Rollen« gebracht wird und Nachahmer auf den Plan treten.

Ist die vorbenannte Grenze des Shitstorms erst erreicht, kann dem rechtlich vielfach schwer beigekommen werden. Es gibt – unabhängig davon, ob deren Äußerungen rechtswidrig sind oder nicht – schlicht zu viele Gegner. Eine gute (auch anwaltliche) Beratung zeichnet sich auch im Frühstadium bereits dadurch aus, dass es hierzu gar nicht erst kommt, obgleich dies nicht immer zu verhindern ist. Die Grundfrage ist im vorliegenden Beispiel bereits, warum sich Nestlé auf sachfremde Urheberrechtsdiskussionen hinsichtlich der Verpackung einließ. Dieser taktische Fehlgriff gegenüber Greenpeace lässt sich, unabhängig von der Frage, ob die KitKat-Verpackung wirklich urheberrechtlichen Schutz genießt, mit einem simplen, aber extrem wichtigen Wort erklären: Meinungsfreiheit bzw. deren grundsätzliche Unantastbarkeit!

Generell ist bei Äußerungen Dritter zu trennen, in welche Rechtspositionen des Unternehmens überhaupt eingegriffen wird. Meinungsäußerungen, d.h. wertende Äußerungen, sind grundsätzlich frei, soweit es sich nicht um sogenannte Schmähkritik handelt. Letzteres ist der Fall, wenn eine Person – fern jeder Auseinandersetzung mit der Sache – verächtlich gemacht werden soll. Beispiele sind schlichte Beleidigungen oder je nach Schärfe vielleicht die sachfremde Entgegnung: »Woher willst du das wissen, du kommst doch aus ...« Rechtlich angreifbar sind hingegen sogenannte falsche Tatsachenbehauptungen, nämlich solche Aussagen, welche mit »richtig« oder »falsch« zu kategorisieren sind. Greenpeace hatte jedoch nichts Falsches behauptet, sondern von der Meinungsfreiheit Gebrauch gemacht. Selbst wenn nunmehr die Entrüstungen Dritter in Richtung Beleidigung umgeschlagen sein sollten, war diesen nicht mehr beizukommen.

Vom Fehltritt zur Krise – das Beispiel H&M

Die Modekette H&M bekam Anfang des Jahres 2010 bitter zu spüren, wie sich User im Netz gegen ihre Marke solidarisierten. Eine H&M-Filiale in New York hatte unverkaufte Ware zerschnitten und entsorgt. Eine Studentin bekam Wind davon und erzählte es der »New York Times«. Auf ein direktes Schreiben an die H&M-Zentrale in Stockholm erhielt sie keine Antwort. Die Reaktionen auf der H&M-Seite fielen dafür umso heftiger aus. Kunden kritisierten die Modekette sehr massiv und beschimpften sie als asoziales Unternehmen. Gerade der eisige Winter in New York hätte Anlass geben sollen, die Kleidung an Bedürftige zu spenden. H&M reagierte zunächst distanziert mit Verweis auf die fehlenden Qualitätsstandards der Ware und die Sicherheitsbestimmungen des Unternehmens.

Die Kritik ließ nicht nach, und der Imageverlust drohte immer größer zu werden. Das Unternehmen sah sich gezwungen, verärgerte und enttäuschte Kunden zu besänftigen. H&M entschuldigte sich und beteuerte, dass es sich um ein Malheur gehandelt habe, und in Zukunft werde man seine Praxis ändern. Die Modekette H&M hätte sich einigen Ärger und Reputationsschaden für die Marke sparen können, wenn sie direkt auf die Beschwerde der Studentin reagiert hätte. Erst durch die Ignoranz gegenüber dem Verbraucher ist der Fall online eskaliert. H&M hat sich dennoch auf die Diskussion auf seiner Website eingelassen. Manche Unternehmen tendieren bei Kritik dazu, Kommentare sperren zu lassen, anstatt sich der (berechtigten) Verbraucherkritik zu stellen. Das beruht auf der Unternehmenseinstellung, unzufriedene Kunden brauche man nicht zu beachten. Doch heute können die Verbraucher Bewertungsportale, Preisvergleichsseiten, Facebook und Blogs verwenden, um ihren Ärger kundzutun. Google macht diese Nachrichten transparent, Facebook offenbart sie direkt dem Freundes- und Bekanntenkreis. Damit können sich Verbraucher mit sehr geringem Aufwand an eine breite Öffentlichkeit richten und eine hohe Reichweite erzielen.

1.8.4 Domino's Pizza – die Krise als Chance

Egal, wie schwerwiegend eine Reputationskrise ist, sie kann auch zu enormen Verbesserungen im Unternehmen und sogar zur Umsatzsteigerung führen. Domino's Pizza erlitt im April 2009 einen herben Reputationsschaden, als zwei Mitarbeiter eine ekelerregende Zubereitungsmethode als Videobotschaft auf YouTube stellten. Der Spott der Mitarbeiter breitete sich wie ein Virus in Twitter aus. Domino's Pizza reagierte adäquat auf die massenhafte Negativpresse und lud die Konsumenten dazu ein, auf Twitter, *www.twitter.com/dpzinfo*, zu diskutieren. In seiner Videobotschaft entschuldigte sich Geschäftsführer Patrick Doyle von Domino's Pizza, USA, für den Vorfall und gab sein Bedauern über den Vertrauensmissbrauch zum Ausdruck (siehe Abbildung 1.16). Die Mitarbeiter wurden sofort entlassen.

Im Dezember 2009 veröffentlichte Domino's Pizza ein Video mit dem Slogan »The pizza turnaround« unter *www.pizzaturnaround.com*. Die Pizzamarke hatte die Markenkrise zum Anlass genommen, sich im Internet neu zu positionieren. Und die wichtigste Person bei dieser Neuausrichtung war: der Kunde. Die Kunden von Domino's Pizza wurden nach deren Wünschen und bevorzugten Geschmacksrichtungen befragt. Mit den besten Zutaten und ausgefallenen Pizzavarianten verfolgte Domino's Pizza ein Jahr lang energisch das Ziel, für seine Kunden die beste und leckerste Pizza zu machen. Geschäftsführer Patrick Doyle spricht in dem Videozeitraffer auch über Kritik: »*You can either use negative comments to get you down or you can use them to exite you and energize your process of making a better pizza«*. Klingt sehr amerikanisch, aber er bringt es auch auf den Punkt. Natürlich können sich Unternehmen von dieser Krise herunterziehen lassen. Sie können es aber auch einfach als Anlass sehen, es besser zu machen. Im Abspann des Videos gilt der Dank den treuen lokalen Kunden. Die Inspiration lieferten aber die unsanftesten und rausten Kommentare der Kritiker, womit besonders die Kritiker im Netz gemeint waren.

Abbildung 1.16 Domino's Pizza antwortet per YouTube-Video auf die Kritik.

Der Turnaround verschaffte Domino's Pizza in England eine Umsatzsteigerung von 29 %. Domino's Pizza gewährte Rabattaktionen auf Facebook. Das Unternehmen nutzte auch den Location-Based-Service »Foursquare« und belohnte Personen, die sich online bei Domino's Pizza »eincheckten«, mit einer Pizza. Treue Kunden, die besonders häufig bei Domino's Pizza einchecken, wurden sogar mit einem Foto in der Filiale ausgezeichnet. Domino's Pizza hat seine Reputationskrise sinnvoll genutzt und sich nicht von negativen Kommentaren unterkriegen lassen. Das Unternehmen hat es geschafft, eine sehr schwere Rufschädigung ins Gegenteil umzukehren. Aber nicht, indem es versucht hat, die Kritik abzustreiten, sondern indem es die Rückmeldungen seiner Kunden sehr ernst genommen hat.

1.8.5 Hat jede Kritik auch eine Reaktion verdient?

Sie sollten regelmäßig prüfen, welche Rückmeldungen Sie in den sozialen Netzwerken erhalten haben. Wie oft wird Ihr Produkt gelobt, wie oft kritisiert? Wie reagieren Kunden auf Befragungen oder Produktideen? Wenn Sie ungeschönte oder teilweise beleidigende Kommentare lesen, können Sie davon ausgehen, dass es sich häufig um eine ehrliche Kritik des Kunden handelt. Mit Verweis auf die »Netiquette« (Internet-Etiquette) können Sie die Diskussion lenken und Vorwürfe richtigstellen. Natürlich ist negatives Feedback unangenehm, aber es hilft Ihnen auch, Ihr Produkt zu verbessern. Zeigen Sie sowohl Interesse an den Kundenmeinungen als auch Ihre Veränderungsbereitschaft bei berechtigter Kritik. Wenn Sie Kritik ignorieren, stacheln Sie damit nur die Diskussion an.

1.8.6 Trolle, Flamewars und Shitstorms

Allerdings gibt es auch sogenannte Trolle im Netz, die nur negative Kritik äußern und das Gegenüber provozieren wollen. Sobald das Unternehmen einlenkt, macht es sich bei solchen Trollen erst recht lächerlich. Der deutsche Blogger Sascha Lobo hat sich intensiv damit befasst, wie man einen »Shitstorm« überlebt. In Foren treten sie als sogenannte Flamewars auf. Dabei machen die User nichts anderes, als sich immer wieder neue Streiche und Sticheleien gegen eine Person oder ein Produkt auszudenken. In solchen Fällen ist Abwarten die beste Medizin. Shitstorms kommen und gehen. Für Unternehmen ist es deshalb eine Gratwanderung, angemessen auf diese Kritik im Netz zu reagieren. Denn einerseits müssen Maßnahmen getroffen werden, um sich vor einem Imageschaden zu schützen. Andererseits ist es sinnvoll, sich nicht auf Flamewars einzulassen, wenn die Kritik nur dem Spaß einiger User dient. Handelt es sich jedoch um eine echte Verbraucherkritik, muss dazu Stellung genommen werden. Wer das versäumt, riskiert eine Reputationskrise, die sich am Ende auf alle Medien auszubreiten droht.

1.8.7 Wie man richtig reagiert – das Beispiel Nivea

Nivea hat mit der Kampagne »Look Like You Give A Damn« im September 2011 die Blogosphäre und das Twitterversum in Aufruhr versetzt. Für die Kampagne wurde ein Farbiger neben seinem ungepflegten früheren Ich dargestellt. Sein Alter Ego ist ein unrasierter Kopf mit Afro-Frisur, den er in der rechten Hand hält und dabei zum Wurf ausholt (siehe Abbildung 1.17). Das allein war schon eine grenzwertige Darstellung, die Aufforderung »Re-civilize yourself« das i-Tüpfelchen, das das Fass zum Überlaufen brachte und einen Feuersturm an negativen Kommentaren in Facebook und Twitter auslöste. Denn die Aufforderung kam bei der Zielgruppe alles andere als gut an. Die fanden die Anzeige einfach nur rassistisch, unangemessen und total geschmacklos. Die Entrüstung war so groß, dass User sofort dazu aufriefen, nie wieder Nivea-Produkte zu kaufen.

Nivea erkannte seinen Fehler sofort und zögerte nicht, sich bei seinen Kunden zu entschuldigen. Wenige Tage nach dem Launch der Anzeige in der Zeitschrift »Esquire« entschuldigte sich Nivea offiziell auf seiner Facebook-Seite, da dort die Kritik am heftigsten ausgefallen war. In dem offiziellen Statement hieß es:

> *»We at Nivea would like to thank everyone who provided feedback and comments about the recent »Re-civilized« NIVEA FOR MEN advertisement, which ran in the September issue of Esquire magazine.*
>
> *The advertisement offended many and for this we are deeply sorry. After realizing this, we are acted immediately to remove the advertisement from all marketing activities.*
>
> *Diversity and equal opportunity are crucial values of our company. Our priority and immediate next step is to review our internal approval processes to ensure this never happens again.*
>
> *Thank you again for your concerns, we appreciate and value your feedback.«*

Abbildung 1.17 Nivea wurde wegen seiner »Re-civilize yourself«-Anzeige heftig kritisiert und reagierte sofort.

Bemerkenswert an der Stellungnahme ist, dass sich Nivea nicht nur entschuldigt und bedauert, seine Kunden mit der Anzeige beleidigt zu haben, sondern sie bedanken sich auch mehrmals für das Feedback der User. Damit zeigt Nivea, dass sie die User im Netz sehr ernst nehmen und ihre Kritik genauso wichtig ist, wie die eines Werberats oder ein Beschwerdebrief einer prüfenden Organisation. Im Gegenteil, wenn erst einmal so eine Lawine losgetreten wurde, gilt es, alle Ressourcen und Kräfte zu bündeln, um die Kunden zu besänftigen und sie und vom Gegenteil zu überzeugen.

1.9 Zehn wichtige Grundsätze für Social Media Marketing

Das Internet wird missverständlicherweise oft als rechts- und regelfreier Raum gesehen, vor allem bezieht man sich dabei auf die Urheberrechtsdiskussionen rund um den freien Austausch von Musik und Filmen. Doch so wie in der realen Umgebung gelten auch im Internet Gesetze und Regeln, an die wir uns halten sollten.

Es wäre schön, wenn man ganz einfach zehn Regeln aufstellen könnte, an die sich jeder hält und damit automatisch alles richtig macht. So sind unsere folgenden zehn Grundsätze nicht gemeint. Vielmehr sind sie eine Zusammenstellung der wichtigsten Grundlagen für die erfolgreiche Interaktion von Unternehmen mit ihren Kunden. Es gäbe noch viel mehr als nur diese zehn, aber sie bilden eine gute Grundlage. Wenn Sie es schaffen, diese zu verinnerlichen und zu befolgen, sind Sie bereits auf einem sehr guten, weil richtigen Weg.

1 Social Media ist kein klassisches Marketinginstrument

Wie wir bereits mehrmals in diesem Buch erwähnt haben: Das Internet wurde nicht als Marketinginstrument entwickelt, sondern für die Kommunikation zwischen Menschen. Gleiches gilt natürlich auch für Social Media. Beobachten Sie doch einmal sich selbst, und wechseln Sie in die altbekannte Userperspektive:

Wie reagieren Sie, wenn Ihnen ein User oder ein Unternehmen ständig Werbebotschaften à la »Kaufen Sie, kaufen Sie« oder »Ich bin der Beste, der Größte, der Schönste, der Tollste« schickt? Glauben Sie, dass dieser User Gehör findet, ernst genommen und seine Meinung wertgeschätzt wird? Sicherlich nicht.

Warum wir das Wort Marketing überhaupt mit »Social Media« koppeln, liegt daran, dass ein erfolgreiches Social-Media-Engagement eines Unternehmens nicht wie ein Fremdkörper außerhalb der restlichen Unternehmenskommunikation und -planung liegen kann, sondern integriert sein und Einfluss auf alle Ebenen haben sollte, egal, ob im Bereich Personal, PR oder eben im Bereich Marketing. Man sollte Social Media Marketing aber nicht falsch verstehen: Es ist kein neuer Kanal, der sich mit alten Kommunikations- und Marketingmethoden beackern lässt.

2 Aktiv zuhören

Zuhören und daraus lernen: Man kann es nicht oft genug sagen. Wenn Sie wissen wollen, wie Sie mit Ihren Zielgruppen in Social Media kommunizieren können und worüber und in welcher Art und Weise die User miteinander sprechen, dann hören Sie zuallererst gut zu. Nehmen wir ein Beispiel aus unserem realen Leben, um Kommunikation und aktives Zuhören in Social Media zu veranschaulichen. Angenommen, Sie sind zu einer Party als Begleitung eines guten Freundes eingeladen. Sie wissen, dass Sie dort nur diesen Freund kennen werden und sonst niemanden. Was werden Sie tun, wenn Sie bei den Gastgebern eintreffen?

Zur Tür hereinstürmen, lautstark Ihre Anwesenheit verkünden, jedem ungefragt Ihre Visitenkarte in die Hand drücken, sich in jede Diskussion einklinken, egal, ob Sie dazu aufgefordert wurden oder ob Sie etwas dazu zu sagen haben? Hoffentlich nicht. Normalerweise werden Sie sich an Ihren Freund halten und sich von ihm vorstellen lassen, beobachten, welche Leute hier sind, und sie anhand ihrer Gestik, Mimik, ihres Dresscodes und der Themen, über die sie sprechen, einzuordnen versuchen. Wir stellen Fragen, interessieren uns für die anderen, und erst wenn wir gefragt werden, diskutieren wir mit. Genau dasselbe machen wir in Social Media.

Wenn Sie nicht wissen, wie Sie mit bestimmten Usern oder in Foren, Gruppen oder anderen Communitys mit den Usern kommunizieren sollen, welche Themen gefragt und angebracht sind und welche Quantität der Informationen gewünscht ist, dann hören Sie einfach zu und beobachten Sie. Sie werden merken, dass viele Fragen, die Sie sich vorher gestellt haben, dadurch beantwortet werden.

3 Zuerst denken, dann handeln

Vielen Negativbeispielen im Bereich Social Media liegt die Missachtung dieser Regel zugrunde. Dabei ist das keine neue oder spezielle Regel ausschließlich für Social Media, sondern sie gilt ja für uns alle und jederzeit. Der Grund dafür ist so einfach, dass er manchmal übersehen wird: Alles, was Sie im Internet und in Social Media machen, ist öffentlich und für die Unendlichkeit dokumentiert. Nicht nur die direkte Reichweite ist größer, sondern auch die Chance, weitergeleitet zu werden und dem sogenannten *Schneeballeffekt* zu unterliegen. Wenn Sie also beispielsweise einen kritischen Pinnwandeintrag eines Fans Ihrer Facebook-Seite kommentarlos löschen oder eine böse Antwort daruntersetzen, können Sie sicher sein, dass dieser User allen seinen Freunden davon erzählt, und diese erzählen es möglicherweise wieder allen ihren Freunden und so weiter und so fort.

Deshalb ist es ganz wichtig, überlegt und professionell zu handeln. Wenn Sie sich nicht sicher sind, was die angemessene Reaktion oder Antwort ist, dann fragen Sie jemanden, der Ihnen weiterhelfen kann, gehen eine Runde um den Block oder beschäftigen sich zunächst mit etwas anderem. Letzteres hilft vor allem dann, wenn Ihr Unternehmen oder konkrete Leistungen von einem User kritisiert werden und Sie sich möglicherweise persönlich oder stellvertretend für Ihr Unternehmen zu Unrecht angegriffen fühlen. Doch persönliche Emotionen sollten in solchen Fällen außen vor bleiben.

4 Es geht immer um den Benefit für den User

Der User steht im Mittelpunkt: Was ihm weiterhilft, das macht ihn glücklich. Und glückliche und zufriedene User sind die besten Botschafter und Multiplikatoren Ihrer Message und Ihres Unternehmens. Bereits in der Konzeptionsphase sollten Sie darüber nachdenken, warum ein User überhaupt Ihre Inhalte in Social Media konsumieren sollte.

Welchen Vorteil hat er davon? Wissensvorsprung? Monetärer Vorteil? Imagegewinn? In allem, was Sie in Social Media machen, geht es zuallererst um den User, um seinen Mehrwert. Was er davon hat, dass er auf Ihrer Facebook-Seite auf »Gefällt mir« klickt oder Ihr Follower auf Twitter wird, sollten Sie auf alle Fälle beantworten können. Das müssen Sie natürlich einerseits auch als solches kommunizieren und andererseits selbst befolgen.

5 Schnell und relevant sein

Schnelligkeit und Relevanz, das sind zwei Schlagworte, die in Bezug auf Social Media oft verwendet werden, aber nichts von ihrer Gültigkeit eingebüßt haben. Das Internet ist ein schnelles Medium, und die User erwarten eine schnelle Reaktion. Wenn Ihnen ein User eine Frage auf Ihrer Facebook-Seite oder auf Ihrem Blog stellt, sollten Sie sicherstellen, dass Sie sofort darüber Bescheid wissen und reagieren (können).

Es geht einerseits um diesen konkreten User und darum, ihn respektvoll und ernsthaft zu behandeln, andererseits um alle anderen, die jetzt und in Zukunft auf die gestellte Frage stoßen und Sie nach der Professionalität Ihres Umgangs damit beurteilen werden. Seien Sie dort präsent, wo nach Ihnen gefragt wird. Wenn Sie sich in soziale Netzwerke begeben, müssen Sie regelmäßig kommentieren und relevante Inhalte posten.

6 Aus den Fehlern (anderer) lernen

Es steckt schon im Wortlaut: Social Media = soziales Medium. Dementsprechend sollten Sie sich auch verhalten. Das bedeutet, dass wir in allem, was wir in Social Media tun, nicht immer und zuerst an ROI und Verkauf oder Vertrieb denken sollten, sondern dass wir anderen helfen und einen guten Eindruck hinterlassen, was oft langfristig gesehen wesentlich mehr wert ist. Es geht aber auch darum, die Chance zu nutzen, um die menschliche Seite des Unternehmens, vor allem die Mitarbeiter, über Social Media in den Vordergrund zu stellen.

In Social Media kommt es darauf an, Fehler nicht zu übersehen oder gar wegzudiskutieren. Machen Sie lieber das Eingeständnis: »Ja, da haben wir einen Fehler gemacht«, und kündigen Sie Verbesserungen an. Was so leicht gesagt ist, ist in der Unternehmenskultur jedoch vielfach unerwünscht. Unternehmer sehen das Eingeständnis eines Fehlers als Schwäche an. Aber Fehler sind Wegweiser für neue Lösungen. Eine solche Denkweise erfordert jedoch die Fähigkeit, unternehmerisches Handeln kritisch zu hinterfragen und eine Fehlertoleranz zu entwickeln. Wer sich in Social Media professionell bewegen will, muss auch die Fehlbarkeit des Unternehmens akzeptieren – irren ist menschlich. Nur so sind Sie offen für kritische Rückmeldungen. Gerade dort müssen Sie als Unternehmer ansetzen und aktiv werden. Das Schöne dabei ist: Genauso, wie Ihre Fehler transparent sind, sind es die Fehler der anderen auch. Wenn Sie aufmerksam genug sind und am Ball bleiben, können Sie viel von deren Fehlern lernen und sie selbst vermeiden.

7 Den Usern eine Bühne bieten

Unsere Ausführungen zu Web 2.0 und dem Mitmach-Web zeigen, wie gern die User im Netz partizipieren. Neben regelmäßigen Inhalten Ihres Unternehmens sollten Sie die Plattformen auch so nutzen, dass Sie die User zu eigenen Postings einladen. Die Affinität zu Fotos und Videos ist bei sozialen Medien besonders hoch. Laden Sie die User zu Foto- und Videocontests ein. Belohnen Sie die User mit etwas Ruhm und Öffentlichkeit, und stellen Sie die besonders aktiven User auch mit Namen vor (mit Einverständnis des Users natürlich).

Beachten Sie auch das Copyright: Klauen Sie nicht Content von Usern, und geben Sie ihn auf keinen Fall als Ihren eigenen aus, egal, ob es um Bilder, Videos oder Texte geht. Immer mehr Internetuser stellen Ihnen Content kostenlos im Rahmen der *Creative Commons* zur Verfügung, wenn Sie die genaue Lizenzierung beachten und einhalten.

Noch viel wichtiger ist es aber, dass Sie mit Ihrem Social-Media-Engagement den zufriedenen Kunden einen Raum bieten, in dem diese ihrer Zufriedenheit öffentlich und authentisch Ausdruck verleihen können.

8 Spammen Sie nicht!

Lesen Sie all die Spam-Mails, die tagtäglich in Ihrem E-Mail-Postkasten landen? Warum also sollten wir selbiges unseren Facebook-Fans, Twitter-Followern, Bloglesern oder Gruppenmitgliedern antun? Was schon per E-Mail nicht funktioniert, tut es auch nicht in Social Media. Behandeln Sie Ihr Gegenüber so, wie Sie selbst behandelt werden möchten.

Sie sollten sich bei jedem einzelnen Beitrag, den Sie veröffentlichen möchten, fragen: »Welchen Nutzen hat dieser Beitrag für den Leser?« Wenn Sie sich nicht sicher sind, ob Sie den Beitrag veröffentlichen sollen, dann ist es möglicherweise besser, es nicht zu tun. Was Sie auf keinen Fall machen sollten: Aus Mangel an Inhalten einfach den Beitrag der letzten Woche noch einmal posten oder wegen schlechter Buchungslage Ihres Hotels das Package XY zum vierten Mal bewerben. Sie würden schnell merken, dass die User sich schrittweise zurückziehen und Sie aus ihrem Wahrnehmungskreis entfernen. Das sollten Sie nicht riskieren.

9 Authentisch sein

Seien Sie Sie selbst: Verstellen Sie sich nicht, und versuchen Sie nicht, jemand zu sein, der Sie nicht sind, egal, ob als Person oder als Unternehmen. Vermitteln Sie nicht den Eindruck, dass Sie Leistungen anbieten oder Wünsche erfüllen, die Sie dann nicht erfüllen können. Das bleibt nicht unentdeckt.

Wenn Sie jedoch eine Agentur beauftragen, in Ihrem Namen in Social Media zu kommunizieren, geht die nötige Authentizität verloren. Niemand kann besser über Ihr Unternehmen berichten als Sie selbst. Sie persönlich erleben den Unternehmensalltag. Sie können abschätzen, was morgen passieren wird. Sie kennen die inhaltliche Ausrichtung Ihrer Firma wie kein anderer. Wenn Sie alternativ einen Praktikanten für Social Media abstellen, haben Sie möglicherweise ein Kompetenzproblem. Auch wenn sich dieser Praktikant sehr gut im Social Web auskennt, kann er niemals das Unternehmen in allen Belangen vertreten. Oder würden Sie einem Praktikanten Prokura einräumen? In kritischen Situationen fehlt dem Praktikanten möglicherweise die notwendige Erfahrung, auf einen Fall angemessen zu reagieren. Dennoch sollte vom Abteilungsleiter über die Sekretärin bis hin zum Praktikanten jeder die Möglichkeit bekommen, über das Unternehmen zu sprechen, und alle sollten ungefähr Bescheid wissen, ob und was in Social Media kommuniziert wird. Mittels Social Media Guidelines können Sie die Kommunikation in Social Media sowie Verantwortlichkeiten perfekt regeln.

Wenn in Ihrem Unternehmen der Teamzusammenhalt stimmt, die Mitarbeiter motiviert und die Kunden zufrieden sind, wird es Ihnen leichtfallen, »gute« Beiträge zu finden. Berichten Sie von Ihren Mitarbeitern, zeigen Sie Bilder von Ausflügen oder Weiterbildungen. Wenn Sie treue Kunden zur Werksbesichtigung einladen, machen Sie ein Video, und zeigen Sie es Ihren Fans und Followern. Wenn Sie neue Produkte entwickeln, neue Services anbieten, teilen Sie es Ihrem Online-Netzwerk mit. Versuchen Sie, sich vorzustellen, was Ihre Kunden interessieren könnte: neue Entwicklungen, neue Produkte, Ihre Zukunftsvisionen, die Unternehmensphilosophie. Engagieren Sie sich über das Tagesgeschäft hinaus, und unterstützen Sie gemeinnützige Projekte, fördern Sie regionale Kulturprojekte, und achten Sie auf nachhaltiges Wirtschaften. Wenn Sie es ernst mit Ihrem Engagement meinen, müssen Sie darüber in den Social-Media-Kanälen berichten. Positive Unternehmensaktivitäten sind nur dann nach außen hin zu kommunizieren, wenn sie den Grundsatz der Echtheit erfüllen. Die User kommen schnell dahinter, wenn Inhalte nur »zur Kosmetik« geäußert werden.

10 Gemeinsam statt einsam

Warum kooperieren wir eigentlich, und warum ist das für Menschen so unglaublich wichtig? Gemeinsam sind wir stärker, das gilt auch fürs Web. Nicht nur innerhalb Ihres Unternehmens, sondern auch mit den Kunden. Lernen Sie durch Zusammenarbeit mit den anderen: Vermeiden Sie Fehler, die andere bereits gemacht haben. Nehmen Sie das Know-how auf, das im Web öffentlich zugänglich ist, und geben Sie Ihres ebenfalls weiter. Geben und Nehmen, das ist die Devise. Überlegen Sie bei Ihrem nächsten TV-Spot, wie Sie den Zuschauern eine Feedbackmöglichkeit in sozialen Medien bieten können. Kommunizieren Sie Ihr nächstes Gewinnspiel auf Facebook direkt in den klassischen Medien. So erhalten Sie mehr Fans und damit mehr Reichweite. Laden Sie Ihre Konsumenten via TV dazu ein, auf Ihrem Portal Produkte zu bewerten. Berücksichtigen Sie bei Crossmedia-Kampagnen Social Media, sodass alle Kanäle am Ende zusammenlaufen und Sie sicher abschätzen können, wie erfolgreich die Kampagne war.

Nachdem wir Ihnen nun eine Einführung in Social Media gegeben haben, Ihnen einige Grundlagen mit Zahlen, Daten und Fakten genannt sowie die wichtigsten Grundsätze vorgestellt haben, möchten wir im nächsten Kapitel mit Ihnen gemeinsam chronologisch und Schritt für Schritt den wichtigen Bereich »Social-Media-Strategie« erschließen.

2 Social-Media-Strategie

Auch wenn Facebook, Twitter und Co. gerade in sind, so ist das Ziel entscheidend – nicht das Tool. Erst wenn Sie Ihre Ziele definiert und den Weg dorthin skizziert haben, ist Social Media für Ihr Unternehmen Erfolg versprechend: Doch Erfolg in Social Media kann sehr vieles bedeuten.

Social Media ist vielfältig einsetzbar und umfasst alle Bereiche des Marketingmix:

- *Brand Awareness*: Ihre Markenbekanntheit im Netz steigern.
- *Brand Loyalty*: Ihre Markenloyalität erhöhen.
- *Brand Advocacy:* Meinungsführer an sich binden und als Markenfürsprecher nutzen.
- *Community-Engagement*: Die Interkation mit der Community im Social Web erhöhen.
- *Reichweite*: Durch neue Kommunikationswege (Social, Mobile) Ihre Nachrichten weit streuen, neue Zielgruppen erschließen.
- *Viral Branding*: Kampagnen im Social Web verbreiten, das Engagement mit der Marke erhöhen.
- *Online Reputation Management*: Ihre positive Unternehmensreputation steigern, negative Reputation verhindern.
- *Online Relations*: Journalisten und Blogger ansprechen.
- *Marktforschung*: Consumer Insights -Informationen über Ihre Kunden und die Konkurrenz gewinnen.
- *Kundenservice*: Ihren Kundenservice verbessern, die Kundenzufriedenheit erhöhen.
- *E-Commerce*: Mit Social, Mobile, und Facebook-Commerce Ihre Produkte im Social Web verkaufen.
- *Produktpolitik*: Durch Crowdsourcing mit der Community Produktideen entwickeln.
- *Preispolitik*: Durch Crowdfunding Projekte mit der Community finanzieren.

Sie können das aber nur, wenn Sie Ihre Zielgruppe im Social Web an den richtigen Stellen aufspüren, wenn Sie genügend Personal bereitstellen können und Social Media mit Ihrer Firmenphilosophie vereinen. Es bringt also überhaupt nichts, einfach nur in Social Media »drin« zu sein oder alle Tools auszuprobieren, wenn dort nicht Ihre potenziellen Kunden sind.

2.1 Zielgruppen, Ziele, Strategie und Technologie

Zäumen Sie das Pferd also nicht von hinten auf, indem Sie mit den Tools bzw. der Technologie anfangen. Das führt langfristig nur dazu, dass Sie viele Social-Media-Baustellen haben, aber keine nachhaltige Strategie. Auf diese Weise sind schon viele Facebook-Seiten entstanden, die nach zwei Monaten ein trauriges inaktives Dasein fristeten und schließlich gelöscht wurden, weil sich der Sinn einer solchen Seite der Firma gar erschloss. Das ist schade, denn jedes Unternehmen kann spannende Geschichten über seine Marke oder den Firmenalltag erzählen und so die Interaktion mit der Zielgruppe erhöhen. Das geht jedoch nur mit Konzept.

Social-Media-Strategie mit dem POST-Framework

Die beste Methode, eine Social-Media-Strategie zu definieren, ist die POST-Methode oder POST-Framework von Charlene Li und Josh Bernoff. POST steht für »People«, »Objectives«, »Strategie« und »Technology«, die in dieser Reihenfolge durchdacht werden müssen.

Das bedeutet, Sie müssen zuerst Ihre Zielgruppe analysieren, dann die Ziele ableiten, dann die Strategie definieren und zum Schluss die geeignete Technologie auswählen. Nicht das Tool, sondern Ihre Zielgruppe und Ihre Social-Media-Ziele sind entscheidend. Die Ziele werden aufgrund der Ergebnisse der Zielgruppenanalyse definiert. Dafür müssen sich Unternehmen fragen, wer ihre potenziellen Käufer sind und in welchen Netzwerken sie sich aufhalten. Sie können dafür das Social Web nach Einträgen durchforsten (siehe Kapitel 3, »Social Media Monitoring und Online Reputation Management«), bestehende Kunden befragen oder auf Statistiken zurückgreifen.

2.1.1 Die Social-Media-Strategie beginnt mit Ihren Kunden

Beginnen Sie zunächst bei Ihren Kunden. Finden Sie heraus, wo und in welchem Ausmaß Ihre Kunden im Social Web unterwegs sind. Nutzen Ihre Kunden soziale Netzwerke, schreiben sie Blogbeiträge, oder schauen sie lieber Videos im Netz? Informieren sich die User vorab im Netz über Ihr Produkt? Welche Informationen wünschen sich die User? Auf welchen Plattformen tauschen sich die User aus (Blogs, Microblogs, Foren, Videoportale)? Durch diese Recherche erfahren Sie, wo und wie Sie das Wort an Ihre Zielgruppe richten müssen.

Um herauszufinden, ob Ihre Zielgruppe im Netz aktiv ist, benötigen Sie ein gutes Know-how über Ihre Kunden und deren soziodemografische Daten, d. h. Alter, Geschlecht, Einkommensstruktur, Interessen usw. Falls Sie darüber noch nicht Bescheid wissen, können Sie auf Sinus-Milieus zurückgreifen. Je nachdem, welche Werte Ihr Produkt vermittelt, können Sie anhand der Sinus-Milieus Ihre Zielgruppe eingrenzen.

2.1.2 Quellen für die Analyse eines Stimmungsbildes im Social Web

Neben dem Social Media Monitoring und der aktiven Recherche im Internet, können erste wichtige Hinweise über das Nutzerverhalten Ihrer Zielgruppe im Netz die Studien über die Internetnutzung in Deutschland, Österreich und der Schweiz liefern. Diese Studien zeigen Ihnen, welche Altersgruppen besonders intensiv surfen, wie die Geschlechter verteilt sind, und geben Ihnen Rückschlüsse über den Berufsstand der Onliner. Die ARD/ZDF-Online-Studie gibt unter *www.ard-zdf-onlinestudie.de* Auskunft über die Web 2.0- und Mediennutzung in Deutschland. In Österreich dient Ihnen der Austrian Internet Monitor (AIM) unter *http://mediaresearch.orf.at/internet.htm* als Informationsquelle. In der Schweiz können Sie diese Informationen bei der MA-Net-Studie nachlesen, und zwar unter *www.remp.ch/d/media/internet.php*.

Tipp: Facebook-Nutzung nach Sinus-Milieus

Die INTEGRAL Markt- und Meinungsforschungsges.m.b.H. hat unter *http://www.integral.co.at/de/sinus/milieus_2011.php* eine Sinus-Studie veröffentlicht, die die Facebook-Nutzung der österreichischen Onliner in den einzelnen Sinus-Milieus zeigt. Die Einteilung ist unserer Meinung nach auch auf deutsche Nutzer adaptierbar. Facebook-Nutzer lassen sich demnach eher in den modernen und auf Individualismus ausgerichteten Milieus verorten. Besonders stark vertreten sind Facebook-User bei den digitalen Individualisten, wie die Abbildung 2.1 veranschaulicht.

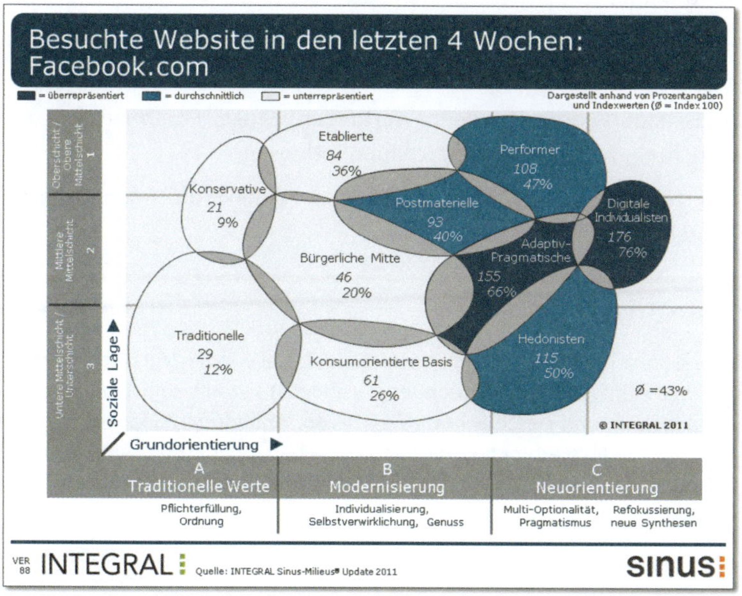

Abbildung 2.1 Facebook-Nutzer nach Sinus-Mileus (Quelle: Integral)

Mediadaten

Auch die sozialen Netzwerke, Videoseiten, Twitter usw. stellen Informationen über die Struktur ihrer Nutzer bereit. Häufig finden Sie diese Informationen in den Mediadaten. Dadurch erfahren Sie beispielsweise, dass auf der Videoplattform Sevenload besonders die 20- bis 39-Jährigen aktiv sind. Wir erläutern deshalb in jedem Kapitel die Nutzerstruktur der sozialen Netzwerke, (Micro-)Blogs, mobilen Plattformen und Sharing-Portale ausführlich.

2.1.3 Social-Media-Nutzertypen

Li und Bernoff teilen die unterschiedlichen Social-Media-User bzw. deren Nutzerverhalten in sieben verschiedene »Social Technographics Profiles« (kurz STP) ein, die wir Social-Media-Nutzertypen nennen wollen:

- *Creators* (Kreative) verfassen eigene Blogbeiträge, haben eine eigene Website, prosumieren Videos.
- *Conversationalists* (Diskutanten) schreiben Statusmeldungen in sozialen Netzwerken, schreiben Beiträge auf Twitter.
- *Critics* (Kritiker) bewerten und schreiben Erfahrungsberichte zu Produkten und Dienstleistungen, kommentieren Blogbeiträge, nehmen an Forendiskussionen teil, editieren Wikipedia-Beiträge.
- *Collectors* (Sammler) abonnieren Newsletter und Blogbeiträge, verschlagworten und bewerten Inhalte.
- *Joiners* (Teilnehmer) haben ein Social-Networking-Profil und besuchen soziale Netzwerke.
- *Spectators* (Zuschauer) lesen Kundenbewertungen, Blogs, Forenbeiträge und Twitter-Nachrichten, hören Podcasts, schauen Videos an.
- *Inactives* (Inaktive) haben weder ein Social-Networking-Profil noch lesen sie Beiträge im Internet.

Social-Media-Nutzertypen in Deutschland

Mit dem Forrester-Tool können Sie einsehen, wie diese Social-Media-Nutzertypen beispielsweise in Deutschland (aber auch in anderen Ländern) verteilt sind und können dabei zusätzlich nach Alter und Geschlecht differenzieren. Abbildung 2.2 zeigt, dass es sich bei den Social-Media-Nutzertypen unter den weiblichen Onlinern im Alter von 18 bis 24 Jahren in Deutschland großteils um *Joiners* (Teilnehmerinnen) und *Spectators* (Zuschauerinnen) handelt.

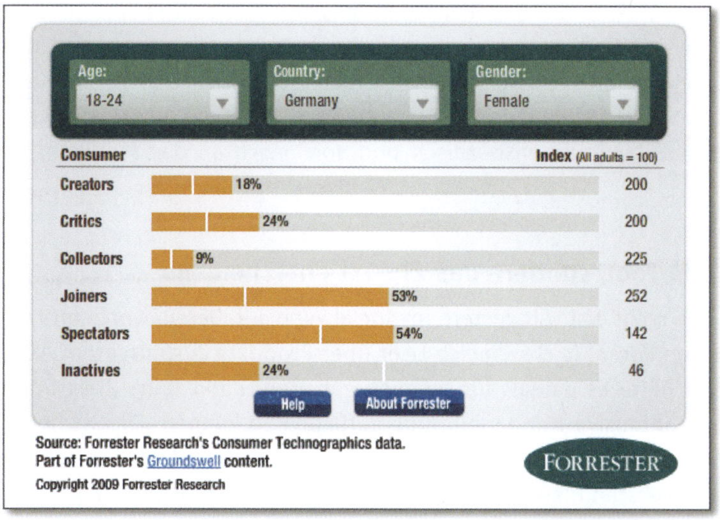

Abbildung 2.2 Forrester gibt einen Einblick in die Verteilung der Social-Media-Nutzertypen in Ihrer relevanten Zielgruppe (Quelle: *www.forrester.com/empowered/tool_consumer.html).*

Wenn sich in Ihrer spezifischen Zielgruppe besonders viele männliche »Zuschauer« befinden, müssen Sie Ihre Inhalte in Foren und Blogs streuen und selbst darin aktiv werden. Wenn Sie auf Ihre Produkte aufmerksam machen wollen, müssen Sie alle Bereiche, d. h. Produktbewertungen, Blogs, Foren, Podcasts, Videos, Twitter, bedienen. Wenn Sie mit »Kritikern« ins Gespräch kommen wollen, müssen Sie sich der Kritik stellen. Sie müssen die Angst vor einem negativen Kommentar überwinden und Ihre Kunden vom Gegenteil überzeugen. Wenn alle Ihre Kunden in sozialen Netzwerken inaktiv sind, aber dennoch ab und an im Internet sind, können Sie ihnen eine Plattform anbieten, auf der sie Fragen stellen und Ideen einbringen können. Das kann entweder ein Forum sein oder eine eigene Community-Plattform. Sie sehen, dass sich die Frage nach dem Tool oder der geeigneten Technologie erst am Ende Ihrer Analyse stellt.

2.2 Ziele definieren

Der zweite Schritt im POST-Framework wird als »Objectives« bezeichnet. Ihre Ziele definieren Sie auf Basis der vorangegangenen Zielgruppenanalyse. Die Analyse ist für Ihre Ziele grundlegend wichtig, denn Sie erfahren dadurch ja nicht nur, wo Ihre Kunden unterwegs sind, sondern auch, was und wie sie dort kommunizieren. Je nach Soziodemografie Ihrer Zielgruppe, können Sie unterschiedliche Portale nutzen. Social Media Marketing bietet keine Lösungen »out of the box«! Neben dem Alter und Geschlecht gilt es auch, Social-Media-Angebote zu schaffen, die die

Kommunikations-, Interkations- und Partizipationsbedürfnisse Ihrer Kunden ansprechen. Wenn sich ein Gewinnspiel für eine junge männliche Zielgruppe bewährt hat, muss das noch lange nicht heißen, dass dies auch die ältere und passivere Käuferschaft anspricht. Social Media bietet Ihnen aber an dieser Stelle die Möglichkeit, Ihre Markenbotschaft zielgruppenspezifisch und spielerisch an das Publikum zu richten.

2.2.1 Nicht das Tool, sondern das Ziel ist entscheidend

Die User halten sich nicht erst seit gestern im Social Web auf. Bereits vor zehn Jahren gab es die ersten Foren, in denen sich User über Produkte austauschten. Aber kein Unternehmen hätte es damals für möglich gehalten, darin seine Zielgruppe aufspüren und eine intensive Kundenbindung aufbauen zu können. Das ist heute jedoch anders. Spätestens seit es Social Media gibt, tummeln sich auch Ihre Kunden auf unterschiedlichsten Plattformen, die Sie identifizieren müssen.

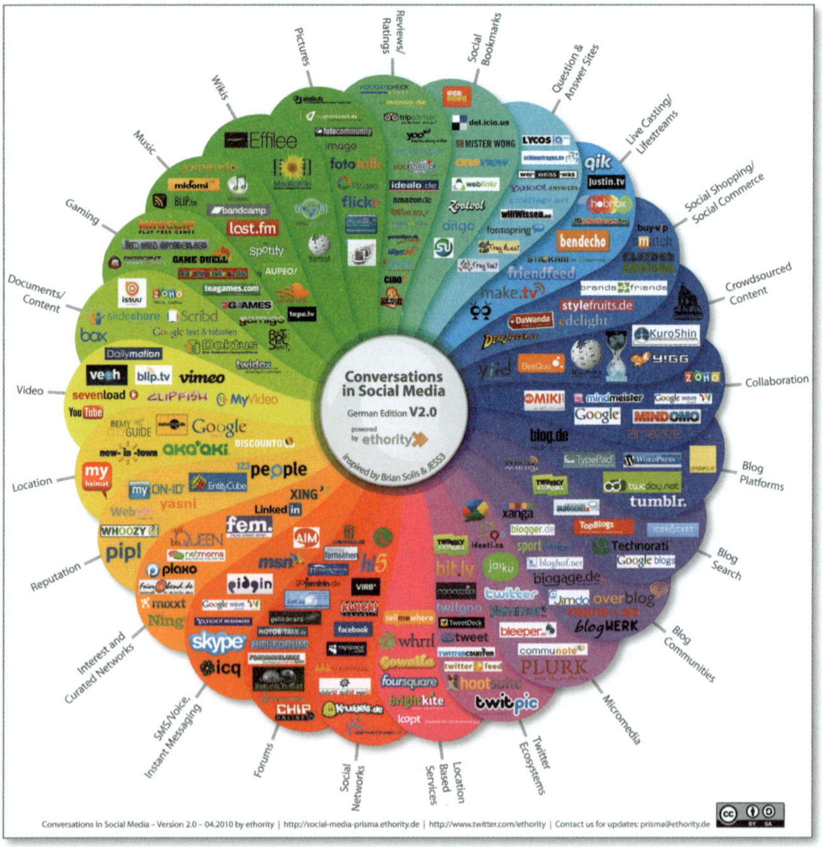

Abbildung 2.3 Das Social-Media-Prisma (Quelle: ethority AG)

Das Social-Media-Prisma zeigt, wie viele Social-Media-Tools es mittlerweile gibt (siehe Abbildung 2.3). Dabei ist diese Übersicht nicht einmal vollständig. Sie müssen nicht alle Tools kennen. Es genügt, wenn Sie hin und wieder neue Services ausprobieren. Legen Sie sich dazu einfach einen Testaccount an, und erproben Sie neue Software. Fragen Sie sich dabei aber immer, ob es ein sinnvolles Tool ist, mit dem Sie Ihre Zielgruppe erreichen können. Das setzt voraus, dass Ihre Zielgruppe die Anwendung nutzt oder damit zumindest umgehen könnte.

2.2.2 Nur wer ein Ziel hat, kann es auch erreichen

Wie definieren Sie Ziele im klassischen Marketing? Genau! Sie legen ein Ziel fest, das Sie anhand von Zahlen messen können. Sie möchten 10 % mehr Absatz mit einer Plakatwerbung erreichen; Sie wollen mit einem Werbespot mindestens 30 % Markenbekanntheit erzielen; Sie investieren in Distribution, um 50 % mehr Verkäufe zu generieren. In Social Media lassen sich ebenfalls qualitative Kommunikationsziele (Markenimage, Engagement), die sich durch Kennzahlen (User, Impressionen, Reaktionen) messen lassen, und quantitative Marketingziele (Absatz) festlegen. Achten Sie jedoch darauf, Ihre Ziele konkret, messbar, erreichbar, realistisch und zeitlich abgegrenzt zu definieren. Bestehen Sie nicht auf 10.000 Fans bis Jahresende, nur weil der Konkurrent sie hat.

2.2.3 Was ist ein »Like« wert?

Der Like-Button (deutsch »Gefällt mir«) erlaubt es den Usern, schnell und einfach Ihre Stimme für eine Sache abzugeben. Man könnte sogar sagen: »Like« ist das Demotransparent des digitalen Zeitalters (Abbildung 2.4). Aber handelt es sich dabei vielleicht nur um ein unverbindliches »Ja«, das der Facebook-Nutzer gerne einmal klickt, ohne weiter darüber nachzudenken?

In Facebook stehen wir immer vor der Frage, was ein Fan überhaupt wert ist (Schätzungen zufolge etwa 130 US$). Denn was bedeutet ein flüchtiger Klick auf »Gefällt mir« im Vergleich zu einem Kommentar oder einer ausführlichen Bewertung? Einer Studie von »EdgeRank Checker« zufolge[1] ist ein Kommentar in Facebook viermal mehr wert als ein »Like«, denn in der Studie brachte ein Beitrag, der kommentiert wurde, weitaus mehr Klicks, als wenn dieser nur »geliked« wurde. Bei der Studie wurde untersucht, wie sich Likes, Kommentare und Impressionen auf die Klicks und Sharings eines Beitrags auswirken. Das Ergebnis: Pro »Like« wurde ein Beitrag durchschnittlich 3,1-mal, bei einem Kommentar aber 14,7-mal geklickt. Tausend

1 EdgeRank Checker, 2011, *http://edgerankchecker.com/blog/2011/11/comments-4x-more-valuable-than-likes/*

Impressionen führten im Schnitt zu fünf Klicks. Fazit: Der Klick auf »Gefällt mir« wird häufig überbewertet. Wichtiger ist die Interaktion.

Abbildung 2.4 Der Like-Button hat es schon in die reale Welt geschafft.

Oder was wollen Sie mit 10.000 Fans, wovon 2.000 inaktive User sind, die seit Monaten nicht mehr online waren? Es genügen manchmal schon 1.000 Fans, die wirklich an konkreten Produktempfehlungen interessiert sind und die sie dann auch an die richtigen Zielpersonen weiterleiten (siehe Abschnitt 1.6.5, »Meinungsführer«). Nur so können sich Empfehlungen im Social Web herumsprechen. Eine wichtige Kenngröße für die Messung Ihres Erfolgs ist deshalb der »Unique Active User« (UAU), also der aktive User, der immer dem inaktiven User vorzuziehen ist.

2.2.4 Social Media als Absatzbringer?

Wenn Sie Social Media Marketing ausschließlich als Absatzbringer einsetzen, werden Sie nicht das Vertrauen Ihrer Kunden gewinnen. Das benötigen Sie aber, um individuelle Kundenbeziehungen aufzubauen. Marketingziele wie »20 % mehr Absatz durch Angebote auf unserer Facebook-Seite« sind dem absatzorientierten Marketing geschuldet. Mit Social Media Marketing bringen Sie zwar Ihre Verbraucher mit der Marke in Kontakt, Sie betreiben aber kein reines Absatzmarketing. Mit

Social Media Marketing verfolgen Sie generell immer folgendes Ziel: mit regelmäßigem Austausch über Ihr Produkt eine starke Kundenbindung, einen guten Ruf im Netz und eine intensivere Markenwahrnehmung erzeugen, die nachhaltig zu mehr Umsatz führen. Natürlich können 20 % Absatzsteigerung ein berechtigtes Ziel sein, aber Sie dürfen den Dialog, die proaktiven Beiträge Ihrer Kunden und die positiven Rückmeldungen nicht vernachlässigen, sonst kommt kein Dialog zustande.

2.2.5 Definieren Sie zuerst qualitative Ziele

Die richtigen Ziele können Sie daher erst ableiten, wenn Sie die Perspektive Ihrer Kunden einnehmen. Durch den Perspektivenwechsel finden Sie heraus, was sich Ihre Kunden wünschen. Definieren Sie erst einmal Ihre qualitativen Ziele, vor dem Hintergrund des Dialogaufbaus, nicht der Zahlengenerierung. Folgende Fragen sollten Sie sich dafür stellen:

- Haben Ihre Kunden schon einmal im Social Web über Ihr Produkt gesprochen? Gibt es hohen Kommunikationsbedarf?
- Existieren bereits spezielle Foren oder Seiten über Ihr Produkt? Worüber tauschen sich die User dort aus?
- Gibt es Meinungsführer, Markenliebhaber und Influencer? Was schreiben oder kritisieren sie?
- Wie bewerten Ihre Kunden Ihren Kundenservice? Gibt es Nachholbedarf?
- Wodurch werden die Kunden bei ihrer Consumer Decision Journey beeinflusst? Wer oder was beeinflusst ihre Kaufentscheidungen?

Was sind qualitative Ziele?

Anschließend können Sie die qualitativen Kommunikationsziele bestimmen, wie etwa Markenbranding erhöhen (Brand Awareness), neue Produktpositionierung, die Markenidentität verbessern und das Markenimage stärken, Steigerung der Markenbekanntheit, loyale Markenfans gewinnen (Brand Loyalty), Community-Engagement und die Markeninterkation erhöhen, die Online-Reputation verbessern, Meinungsführer gewinnen, positive Mundpropaganda erhöhen, Empfehlungsmarketing (Brand Advocacy), d.h. Empfehlungen von Kunden generieren, den Kundenservice verbessern, Online Relations, d.h. mehr Austausch mit Journalisten, Bloggern und Investoren, Kundengewinnung über das Social Web, Produktinnovation mit Kunden und Vertrieb, d.h., Produkte über das Social Web und Mobile Web distribuieren.

2.2.6 Mit Kennzahlen legen Sie quantitative Ziele fest

Nun können Sie diese Ziele anhand der zu erreichenden Zahlen festmachen:

- Impressionen/Reichweite/Views: in sozialen Netzwerken, Blogs, Twitter, Youtube
- Aktionen: proaktiv erstellte Beiträge und User Generated Content wie Bewertungen, Blogbeiträge, (Weiter-)Empfehlungen, Kommentare
- Aktivitäten: Anfragen/Kontaktaufnahmen, (Online-)Bestellungen
- Reaktionen: Followings, Sharings (geteilte Inhalte), Klicks
- Nutzer (Unique Active Users): Fans, Follower, Blog-Abos
- Downloads: Tutorials, Videos, Podcasts, Bilder, Mobile Apps

Marketing-Take-away: adidas Originals lockt mit Social Media mehr Besucher in seine Stores

Für seine Marke »adidas Originals« entwickelte Adidas 2010 eine globale Social-Media-Kampagne mit dem Ziel, die Marke als Lifestyle-Produkt wieder in den Köpfen der Verbraucher zu verankern (Markenimage stärken) und gleichzeitig die neue modebewusste Zielgruppe der 14- bis 25-Jähringen anzusprechen (Markenidentität und Neupositionierung). Um diese Ziele zu erreichen, nutzte Adidas seine Facebook-Seite, YouTube, Blogs und kombinierte dann unterschiedliche Social-Media-Maßnahmen: YouTube-Videos »adidas Original Starwars« (Abbildung 2.5), die durch Facebook-Werbung speziell an 18- bis 34-Jährige kommuniziert wurden, Reichweite-Belegung in Facebook (Reach Blocks) und eine adidas iPhone-App mit Augmented-Reality-Elementen, die die Interessenten in die adidas-Stores locken sollten. Die Kampagne dauerte insgesamt sechs Monate.

Abbildung 2.5 Der YouTube-Channel von adidas Originals

Das Ergebnis: Über 330 Mio. Impressionen; 6 % mehr Likes auf der Facebook-Seite und ein Anstieg auf 3,9 Mio. Fans, wodurch die Facebook-Seite unter den Top 20 der Markenseiten in Facebook landete; 722.000 Interkationen mit der Videowerbung in Facebook; 139 % mehr Traffic auf der Website durch Reichweite-Belegung.

Der entscheidende Erfolg der Kampagne war, dass Adidas im Kampagnenzeitraum eine deutlich höhere Kundenfrequenz in den Originals-Geschäften verzeichnete. Die Besucher waren häufig an einem bestimmten Artikel interessiert, »weil sie ihn auf Facebook gesehen haben«.[2]

Quantitative Ziele dienen der Kostenkalkulation

Ein quantitatives Ziel könnten z. B. 2.000 Videoaufrufe in einem halben Jahr sein. Setzen Sie sich Ziele, die Sie nachher messen können, z. B. 50 Blogleser im ersten, 100 im zweiten Monat, zehn Kommentare im ersten, 30 Kommentare nach sechs Monaten pro Blogbeitrag. Dabei können Sie auch einen Blick über die Schulter der Konkurrenz werfen und so eine Benchmark zum Vergleich für sich festlegen. Seien Sie bei Ihrer Zieldefinition konkret. Nur dann können Sie abschätzen, wie viel Aufwand und Manpower damit verbunden ist. Sie wollen 1.000 Follower aus Ihrer relevanten Zielgruppe innerhalb eines halben Jahres generieren? Gut, dann kalkulieren Sie aber auch den Recherche- und Personalaufwand ein. Prüfen Sie anhand der quantitativen Ziele immer wieder, ob Sie und Ihre Mitarbeiter zielführend arbeiten. Sollten Sie in umgekehrter Hinsicht von Ihrem eigentlichen Ziel noch meilenweit entfernt sein, können Sie weitere Social-Media-Maßnahmen treffen.

Bedenken Sie bei Ihren Zielen auch immer die Zielgruppe und deren Nutzerverhalten. Investieren Sie nicht unnütz Personal für die Verbreitung eines Videos, wenn es einfach nicht viral genug ist. Quantitative Ziele sind sehr nützlich, um sich in den Tiefen des Social Webs nicht zu verlieren. Wenn Sie erst einmal anfangen haben, werden Sie immer wieder neue Tools und Kommunikationsmöglichkeiten entdecken, die sehr viel Zeit in Anspruch nehmen können.

2.3 Strategiekonzept

Wenn Sie Ihre Ziele definiert haben, legen Sie im Strategiekonzept Ihre Social-Media-Maßnahmen fest. Dabei spielen unternehmerische Voraussetzungen wie Personalaufwand, Kompetenzen im Umgang mit Social Media und generell die Frage, ob die Firma für Social Media bereit ist, eine Rolle. Wir schlagen Ihnen deshalb zu Beginn drei strategische Ansätze für Ihren Social-Media-Einstieg vor. Im nächsten Schritt erläutern wir Ihnen, wie Sie einen Redaktionsplan erstellen und

2 Allfacebook.de, 2010, *http://allfacebook.de/pages/best-practice-adidas-originals*

Themenverantwortliche definieren, denn die drei Säulen der Social-Media-Kommunikation lauten: Unternehmen, Mitarbeiter und Kunden. Das Lieblingskundenprinzip erklärt Ihnen, wie Sie genau die Kunden finden, die für das Verbreiten Ihrer Nachrichten wichtig sind.

2.3.1 Drei strategische Ansätze für den Einstieg – reaktiv, proaktiv oder passiv?

Für den Einstieg in Social Media können wir verschiedene Szenarien unterscheiden. Je nach Engagement in Social Media treten die Unternehmen sehr aktiv oder eher passiv auf. Hannes Mehring von der »Social Media Schmiede« hat drei strategische Ansätze für den Social-Media-Einstieg abgeleitet. Dabei unterscheidet er zwischen reaktivem, proaktivem und passivem Ansatz, wobei der proaktive Ansatz langfristig den größten Erfolg verspricht. Dadurch lässt sich Social Media in möglichst viele Unternehmensbereiche integrieren (Marktforschung, Verkauf, Kundenservice). Der reaktive Einstieg und der passive Einstieg sind nicht geeignet, um Social Media Marketing zu betreiben. Denn Voraussetzung für den Verkauf Ihrer Produkte in Social Media sind Ihre aktiven Bemühungen, eine Kundenbeziehung aufzubauen.

Die drei Ansätze lassen sich wie folgt unterscheiden (siehe Abbildung 2.6):

- Proaktiver Ansatz: Man bemüht sich aktiv aus freiem Willen.
- Reaktiver Ansatz: Man reagiert bei Bedarf.
- Passiver Ansatz: Man ist Beobachter.

Proaktiver Ansatz

Der proaktive Ansatz eignet sich für den Beziehungsaufbau und in weiterer Folge für den Vertrieb Ihrer Produkte. Sprechen Sie Ihre Kunden direkt an, und bieten Sie ihnen einen Feedbackkanal durch eine Facebook-Seite, Community-Seite oder ein eigenes Firmenblog. Proaktiv kann ebenso heißen, die Kunden direkt in den Produktionsprozess mit einzubinden (siehe Kapitel 11, »Crowdsourcing«). Der proaktive Ansatz ist durch ein internes wie externes Social-Media-Verständnis im ganzen Unternehmen verankert. Social Media Guidelines regeln die Kommunikation der Mitarbeiter nach außen und definieren die Verantwortlichen pro Abteilung (siehe Abschnitt 2.3.8, »Wie Sie Mitarbeiter zu Wort kommen lassen«).

Reaktiver Ansatz

Der reaktive Ansatz ist durch eine abwartende Haltung gekennzeichnet. Mittels Social Media Monitoring werden die sozialen Netzwerke nach Kommentaren durchforstet. Auf Meinungen und Aussagen wird entsprechend reagiert. Mit dem Ziel, eine negative Darstellung zu verhindern, klären die Unternehmen ihre Kunden entsprechend auf. Nach Mehrings Einschätzung eignet sich der reaktive Ansatz als erster Social-Media-Einstieg. Sie können das Community-Verhalten studieren, Tools ausprobieren und einen ersten Eindruck von der Kommunikation in Social Media gewinnen.

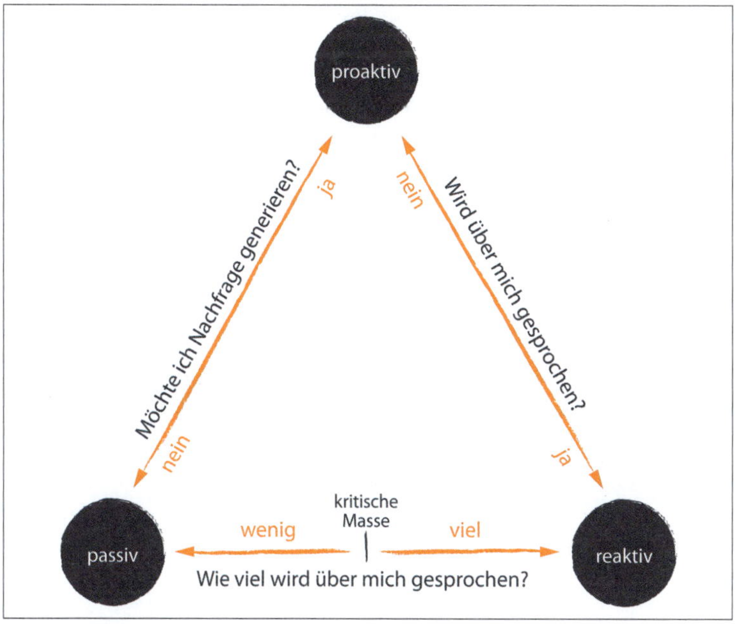

Abbildung 2.6 Drei Ansätze für den Einstieg in Social Media (Quelle: *http://socialmedia-schmiede.de*, Fotocredit: Hannes Mehring)

Richtig reagieren mit einem Notfallplan

Werden die Stimmen im Netz über ein Produkt jedoch plötzlich lauter, reagieren die Unternehmen oft unangemessen oder zu spät. Rollt eine negative Reputationswelle auf Unternehmen zu, sind sie schnell überfordert und hilflos. Um auf solche Szenarien gut vorbereitet zu sein, lohnt es sich, einen Plan für die Krisenkommunikation festzulegen, der einerseits die Antworten definiert, andererseits Verantwortlichkeiten regelt.

Passiver Ansatz

Der passive Ansatz ist nicht als eigenständiges Strategiekonzept zu verstehen. Die Beobachterrolle dient dazu, die Kontrollierbarkeit der Kommunikation zu sichern und bietet, etwa im Falle einer Negativberichterstattung, die Möglichkeit, einzugreifen (reaktiver Ansatz). Die Beobachterposition hilft, die Bedürfnisse und Wünsche der Kunden zu ergründen, und gibt dann aufschlussreiche Hinweise für die Verfolgung eines reaktiven oder proaktiven Ansatzes.

Marketing-Take-away: Schalke04 kauft seinen Fans die Seite ab

FC Schalke04-Fans initiierten Mitte 2010 eine Facebook-Seite für den Fußballverein. Schalke interessierte sich zu Beginn herzlich wenig dafür. Doch innerhalb eines Jahres stieg die Anzahl der Fans auf 300.000. Täglich wurden bis zu 3.000 Pinnwandeinträge hinterlassen. Das weckte dann doch das Interesse des Vereins, und er musste für seine anfängliche Skepsis gegenüber Social Media die stattliche Summe von 50.000 € zahlen (siehe Abbildung 2.7). Die Initiatoren der Seite spendeten die Hälfte des Gewinns direkt an »Schalke hilft« und ließen die Fans über die Verwendung des restlichen Gewinns abstimmen. Die Fans waren über den Kauf und die Übernahme von offizieller FC-Seite zunächst geteilter Meinung, denn die offene Form der Kommunikation mit Witzeleien und trockenem Humor, wie die Gründer sie gepflegt hatten, drohte nun passé zu sein. Drei Monate später erzielen die Beiträge des Vereins dennoch hohe Interaktionsraten mit bis zu 3.200 Likes und 200 Kommentaren. Das dürfte nun endgültig den Verein Schalke04 von der Power von Social Media überzeugt haben.

Abbildung 2.7 Schalke04 zahlte für seine anfängliche Skepsis und passive Einstellung gegenüber Social Media mit 50.000 €.

2.3.2 Voraussetzungen für die Social-Media-Strategie

Der Social-Media-Einstieg muss mit der Firmenphilosophie übereinstimmen, denn die Werte, die Social Media transportiert: Gemeinschaft, Teilen, Ehrlichkeit, passen mitunter zunächst einmal nicht zum Unternehmen. Können und wollen Sie überhaupt so ehrlich wie in Social Media kommunizieren? Mitunter müssen Sie auch an der Produktpositionierung arbeiten, wenn die neue und die bisherige Produktkommunikation auseinanderklaffen. Ihr Social-Media-Engagement wird auf lange Sicht den Blick Ihrer Kunden auf Ihr Unternehmen verändern. Authentische, offene und dialogorientierte Kommunikation schafft die nötige Vertrauensbasis für den weiteren Verkauf. Mit kurzfristigen Social-Media-Kampagnen erhöhen Sie nur die Aufmerksamkeit Ihrer Kunden. Mit einer langfristig angelegten Social-Media-Strategie gewinnen Sie die Loyalität Ihrer Kunden.

Marketing-Take-away: Strategische Markenführung

Die Digitalisierung unseres Lebens führt zu immer stärkeren Veränderungen, die über den Medienkonsum hinausgeben. Es hat zu Umwälzungen in der Musik- und Filmindustrie geführt, neue Geschäftsmodelle hervorgebracht, den Journalismus in eine Krise gestürzt und zu mehr Transparenz von Unternehmen geführt. Strategische Markenführung im digitalen Zeitalter bedeutet, sich auf die dynamischen Entwicklungen dieses Wandels einzulassen, und dazu gehört mittlerweile auch Social Media. Nebenbei: 2011 hatten bereits 30 % der deutschen Networker eine Marke als »Freund«, während es 2010 nur 10 % waren.[3] Wenn Sie heute mit Social Media Marketing anfangen, gehen Sie bereits den ersten Schritt einer strategischen Markenführung, die ohne Social Media nicht mehr denkbar ist. Dort wird die Marke vom Unternehmer gemeinsam mit dem Kunden geführt, alles verzahnt und ergänzt sich. Strategische Markenführung im Social Web ist daher alles, aber keinesfalls statisch. Verabschieden Sie sich schnell von Ihren bisherigen linearen Marketingmodellen und -Lösungen »out of the box«, denn die bewirken nur, dass Ihre Marke schnell wieder in Vergessenheit gerät. Social Media Marketing bleibt ein ständiger Versuch, die Marke im Kontext Ihrer Kunden auf mehreren Ebenen crossmedial zu kommunizieren, sei es in Facebook, auf einem Tablet oder direkt im Shop.

2.3.3 Sind Sie bereit? In zehn Schritten zur richtigen Social-Media-Einstellung

Die Social-Media-Strategie muss zu Ihrem Unternehmen passen. Viele Unternehmen sind noch nicht bereit für Social Media und müssen im ersten Schritt die Strukturen und Unternehmenskultur dafür schaffen. Wie Sie abschätzen können, ob Ihr Unternehmen bereit ist für Social Media, können Sie anhand folgender Fragen klären:

---

3 Wave5, Universal McCann, 2010 *http://www.universalmccann.de/social_media_studie/wave5*, nachfolgend zitiert als »Wave5«.

- Haben Sie Angst, die Kontrolle über Ihre Unternehmenskommunikation an Mitarbeiter abzugeben?
- Wird das Unternehmen autoritär geführt?
- Fürchten Sie Kritik oder negative Kommentare? Können Sie bzw. Ihre Mitarbeiter mit ungeschöntem Feedback umgehen?
- Möchten Sie Social Media am Arbeitsplatz verbieten?

Wenn Sie diese Fragen mit »Ja« beantwortet haben, raten wir Ihnen dringend, Ihre Unternehmenskultur hin zu einer demokratischen, vertrauensvollen Führung zu verändern.

Wenn Sie die oben genannten Fragen jedoch mit »Nein« beantwortet haben, haben Sie die ersten Social-Media-Hürden genommen und können einen Schritt weitergehen:

- Herrscht bei Ihnen eine partizipative und dialogorientierte Unternehmenskultur?
- Wird bei Ihnen eine ehrliche Feedbackkultur auf Führungs- und Mitarbeiterebene gelebt?
- Können Sie personelle, zeitliche und/oder finanzielle Ressourcen für Social Media zur Verfügung stellen?
- Besitzen Sie die nötige Software und Hardware (schnelle Internetleitungen, freier Zugang zu Social-Media-Websites) im Haus?
- Verfügen Ihre Mitarbeiter über Social-Media-Kompetenz und die notwenige soziale Kompetenz für die Krisenkommunikation?
- Und ganz allgemein: Ist Ihr Unternehmen bereit für die nötigen Veränderungen?

Wenn Sie diese Fragen mit »Ja« beantwortet haben, steht Ihrem Social-Media-Engagement nichts im Wege. Werte wie Offenheit, Ehrlichkeit und die Teilhabe aller Mitarbeiter bereits sind für den Erfolg von Social Media Marketing unerlässlich, denn sie beschreiben das, was Social Media im Kern ist.

2.3.4 Holistischer Ansatz nach Jeremiah Owyang

Der Social-Media-Experte Jeremiah Owyang von Altimeter Group, der ebenfalls die Social-Media-Kennzahlen in Abschnitt 2.7, »Social-Media-Controlling – Erfolg messen«, aufgestellt hat, unterscheidet fünf Social-Media-Stile in Unternehmen (Verteilung in Klammern).[4]

---

4 Social Business Forecast 2011, Jeremiah Owyang, 2010, *http://www.web-strategist.com/blog/2010/12/09/slides-social-business-forecast-2011-the-year-of-integration-leweb-keynote/*

- *Zentralisiert* (28,8 %): Eine Abteilung kontrolliert alle Social-Media-Aktivitäten; reguliert und einheitlich. Kritik: fehlende Authentizität
- *Dezentralisiert* (10,8 %): Keine Abteilung steuert die Social-Media-Aktivitäten, sondern sie ergeben sich spontan in verschiedenen Bereichen und Ecken des Unternehmens; unkoordiniert und organisch gewachsen, hohe Authentizität. Kritik: sehr experimentell
- *Koordiniertes* »Hub and Spoke« (41 %): Eine Abteilung sitzt in der Mitte aller Social-Media-Aktivitäten und koordiniert diese an die jeweiligen Abteilungen; Social Media wird weit in die Organisation/Firma gestreut. Kritik: zeitaufwändig
- *Mehrfaches* »Hub and Spoke« (18 %): Wie koordiniertes »Hub and Spoke« mit zusätzlicher Differenzierung in Unternehmensmarken und -sparten
- *Holistisch* (1,4 %): Jeder Mitarbeiter ist zu Social-Media-Aktivitäten befugt und ermächtigt. Alle Mitarbeiter verfügen über die notwendige Social-Media-Kompetenz.

Die meisten Unternehmen agieren koordiniert (41 %), und gerade einmal 1,4 % trauen sich den holistischen Ansatz zu, den Jeremiah Owyang jedoch als den erfolgreichsten für Social Media Marketing sieht. Wie erfolgreich man damit sein kann, zeigt das Beispiel »Twelpforce«.

Erfolgreich mit holistischem Social-Media-Stil

Das Unternehmen Best Buy – ein Elektronikdiscounter in Amerika, vergleichbar mit Saturn oder Media Markt – hat einen Kundensupport via Twitter gestartet: »Twelpforce« (siehe Abbildung 2.8). Twelpforce steht für »Twitter help force«, bei dem die 150.000 Mitarbeiter aus den über 1.200 Filialen mit ihren Kunden ins Gespräch kommen. Jeder Mitarbeiter kann sich mit seinem persönlichen Twitter-Account einloggen, in den Stream von Twelpforce posten und den direkten Kontakt zu Kunden aufnehmen. Alle Mitarbeiter sind also gleichberechtigt, ihren Beitrag zu Twelpforce zu leisten. Best Buy verfolgt damit einen ganzheitlichen (holistischen) Social-Media-Ansatz. Das Beste an Twelpforce ist aber, dass dadurch ein sonst verschlossener Kundenservice nach außen hin sichtbar wird. Bei den Supportanfragen handelt es sich um technische Anliegen und Hilfestellungen, aber auch um Produkttipps und Fragen zur Produktqualität, die schon lange vor dem Kauf des Produkts auftreten und die Kaufentscheidung nachhaltig beeinflussen (denken Sie an den »Consumer Decision Journey« aus Kapitel 1, »Social Media beginnt mit ›Du‹!«). Best Buy hat diesen Service gestartet, um die Kluft zwischen dem Wissen, welches die Kunden bereits mitbringen, und dem Wissen, welches sie noch benötigen, um ihr Produkt wirklich zu genießen, zu überwinden. Die Laptop-Verkäufe lagen 40 % über den Zielen von Best Buy (Quelle: WARC, Brandweek).[5]

5 *http://www.warc.com/LatestNews/News/ArchiveNews.news?ID=26969*

Abbildung 2.8 Best Buy nutzt durch »Twelpforce« das Wissen seiner Mitarbeiter und macht es nach außen hin transparent.

2.3.5 Das Drei-Säulen-Modell der Social-Media-Kommunikation

Wenn wir an Social Media für Unternehmen denken, dann haben wir meistens ein bestimmtes Modell im Kopf, wie die Kommunikation aussehen könnte: Das Unternehmen spricht, und der Kunde hört zu. Im Gegensatz zur traditionellen Unternehmenskommunikation hat der Kunde im Social Web die Möglichkeit, zu antworten, Feedback zu geben, selbst und unaufgefordert Fragen zu stellen. Das ist es, was Social Media auszeichnet. Social Media schafft also einen Dialog zwischen Verkäufer und Käufer. In Social Media sprechen jedoch Unternehmen, Mitarbeiter und Kunden. Erfolgreiche und umfassende Social-Media-Kommunikation basiert auf mehr als einer Säule. Wir sprechen vom sogenannten *Drei-Säulen-Modell* der Social-Media-Kommunikation.

Säule Mitarbeiter

Viel zu oft werden die Mitarbeiter vergessen und von der Konzeption der Social-Media-Strategie ausgeschlossen. Die Mitarbeiter werden meist mit dem fertigen Ergebnis der Marketingabteilungen konfrontiert und somit vor vollendete Tatsachen gestellt. Dieser zentralisierte Social-Media-Stil vernachlässigt jedoch die Meinungen, Erfahrungen und Ideen der Mitarbeiter und verhindert mitunter die Identifikation mit dem Social-Media-Vorhaben. Der Prozess der Social-Media-Konzeption unter Miteinbeziehung aller (oder zumindest ausgewählter) Mitarbeiter ist sehr wichtig, um den Sinn der späteren Aktionen und Verantwortlichkeiten nachvollziehen zu können. Denn Sie brauchen Mitarbeiter als Vermittler in Social Media. Wenn Ihre Mitarbeiter für Sie aktiv werden sollen, sollten sie auch von Anfang an Mitbestimmungsrecht haben. Außerdem sind sie häufig viel näher am Kunden als die Geschäftsführung.

Säule Kunden

Der Kunde ist der wichtigste und glaubwürdigste Kommunikator, wird aber ebenfalls vernachlässigt: Unternehmer gehen mit der Vorstellung an Social Media heran, der Kunde solle sich berieseln lassen, wie es in der traditionellen Werbung und Unternehmenskommunikation üblich ist. Aber von sich aus aktiv über das Unternehmen zu kommunizieren, das geht dann vielen doch zu weit. Dennoch: Die Kunden tun es sowieso, und was kann authentischer sein, als die Inhalte und Informationen, die ein (zufriedener) Kunde über das Unternehmen mit seinen Freunden und der restlichen Welt teilt?

Sie haben Bedenken, die Social-Media-Kommunikation könnte Ihnen über den Kopf wachsen? Natürlich bedarf es einer gründlichen Koordination mit Redaktionsplan und Social Media Guidelines, viel Feingefühl im Umgang mit den Usern und ein gesamtheitliches Social-Media-Verständnis.

2.3.6 Der Social-Media-Koordinator im Unternehmen

Im Rahmen unserer Erarbeitung von Social-Media-Lehrgängen für verschiedene Unternehmen haben wir den sogenannten *Social-Media-Koordinator* entwickelt. Dahinter steht die Idee, jemandem im Unternehmen zu haben, der den Überblick über das gesamte Social-Media-Engagement des Unternehmens hat, ohne für jede einzelne Tätigkeit selbst zuständig zu sein und für die Umsetzung komplett verantwortlich zu zeichnen.

Der Koordinator ist nicht umsonst

Die Arbeitszeit eines jeden Mitarbeiters ist knapp bemessen. In vielen Unternehmen wird sogar jeder einzelne Arbeitsschritt zeitlich erfasst. Social Media Marketing ist ein Personal-Investment. Viele Unternehmer entgegnen darauf: »Und jetzt sollen wir uns auch noch mit Social Media beschäftigen? Dafür haben wir überhaupt keine Zeit!« Es stimmt, dass Social Media Zeit in Anspruch nimmt, vor allem wenn es funktionieren soll und Sie Ihren Erfolg gründlich messen wollen. Das Gute ist: Mit Social Media können Sie langfristig Kosten senken und vorhandenes Know-how nutzen. Versuchen wir einmal eine Gegenrechnung zu machen: Was hat die Produktion des letzten Prospekts, der letzten Anzeigenkampagne in der Tageszeitung oder die Erstellung des Mailings gekostet? Was hat es tatsächlich gebracht?

War es den »Einmaleffekt« wirklich wert? Überlegen Sie nun einmal, wie viele Wochenstunden Sie für dasselbe Geld in eine (zusätzliche) Arbeitskraft investieren könnten.

Marketing-Take-away: Social-Media-Budgets verdreifachen sich

Laut der Schickler Unternehmensberatung werden sich bis 2014 die Budgets für Social Media Marketing, insbesondere durch Kürzungen beim Online-Marketing und bei klassischer Werbung, verdreifachen. Derzeit macht Social Media nur 5,6 % am gesamten Werbekuchen aus. Social Media ist keine grundsätzliche Frage des Budgets, sondern eine Frage der Budgetprioritäten und -verlagerungen. Sind Sie immer noch bereit, für Inserate in Tageszeitungen oder TV-Spots immense Summen zu zahlen, aber wenn es um Social Media Marketing geht, halten Sie sich zurück? Das Social Web müssen Sie ohnehin beobachten, und das nimmt auch die meiste Zeit in Anspruch. Danach haben Sie leichtes Spiel, in Social Media Ihre eigenen Inhalte an die richtigen User zu kommunizieren.[6]

Vorteile des Social-Media-Koordinators

Wer also soll die Social-Media-Aktivitäten Ihres Unternehmens betreuen und umsetzen? Es gibt natürlich immer die Möglichkeit, Teile davon oder das Ganze an Agenturen auszulagern, die dann die Betreuung übernehmen. Doch gerade jener Vorteil, den Social Media bietet und den die User auch fordern und fördern, geht dabei größtenteils verloren: der direkte Draht zwischen dem Unternehmen und den Kunden. Deshalb empfehlen wir gerade kleineren und mittleren Unternehmen (KMUs) das Social-Media-Know-how im Haus aufzubauen und die Betreuung aus dem Unternehmen heraus zu machen. Aber egal, wie Sie es auch handhaben, Sie sollten bereits vor Beginn Ihres Social-Media-Engagements einen Plan haben:

- Worüber schreiben wir (Themen)?
- Wie schreiben wir (Stil)?
- Wo schreiben wir (auf welchen Plattformen)?
- Welche Inhalte können wir nutzen und veröffentlichen?
- Wann ist der richtige Zeitpunkt dafür?
- Von wem bekommen wir die notwendigen Informationen?
- Wer ist dafür verantwortlich?

6 Horizont, 2011, *http://www.schickler.de/expertise/presse/2011-03-17-Horizont-Schickler-Social-Media-Studie.html*

Das Ganze mündet in einen Redaktionsplan, der genau wie ein Mediaplan für Werbemaßnahmen über einen bestimmten Zeitraum definiert, wann wo welche Social-Media-Maßnahmen eingesetzt werden.

2.3.7 Der Redaktionsplan

Der Redaktionsplan hilft Ihnen, Ihre Ziele in Social Media zu erreichen. Er gibt Ihnen Planungssicherheit und verhindert, dass Ihnen die Themen und Inhalte ausgehen. Sie können nicht alles planen, denn Social Media ist direkte Kommunikation, ist Dialog, ein Gespräch auf Augenhöhe. Aber Sie können Verantwortlichkeiten definieren. Und nichtsdestotrotz möchten Sie Ihre (potenziellen) Kunden ja zur richtigen Zeit über bestimmte Themen informieren, nicht nach Redaktionsschluss. In Social Media wird die Redaktion nicht geschlossen, sondern der Zeitpunkt entscheidet generell darüber, ob eine Nachricht verbreitet werden kann oder nicht. Weit zurückliegende News können nicht mehr verbreitet werden.

Wie kann so ein Redaktionsplan aussehen?

Egal, ob in einem Tabellenprogramm auf dem Computer, auf Papier oder sonst wo: Machen Sie einmal eine Liste von Themen, die regelmäßig in Ihrem Unternehmen auftauchen. Nehmen wir das Beispiel eines Hotels. In jedem Hotel gibt es gewisse Fixtermine, die jährlich wiederkehrend stattfinden: die Silvestergala, der Neujahrsbrunch, das Osterfest, das Sommerfest, die Eröffnung der Sommer- oder Wintersaison im Ort usw.

Schreiben Sie diese Veranstaltungen oder Themen der Reihe nach in eine Spalte untereinander (siehe Tabelle 2.1), und bestimmen Sie, in welcher Kalenderwoche (KW1 bis KW52) dieses Ereignis stattfindet. Dabei können Sie direkt festlegen, welcher Ihrer Social-Media-Auftritte damit bespielt werden kann (in Tabelle 2.1 steht B für »Blog«, F für »Facebook« und T für »Twitter«). Fügen Sie zusätzlich sowohl die relevante Abteilung und/oder Mitarbeiter als auch die benötigten Medien/Beiträge hinzu.

Dass die Silvestergala am 31. Dezember stattfindet, ist selbsterklärend. Doch wann fragen die Kunden jedes Jahr verstärkt nach der Silvestergala bei Ihnen an? Das ist dann der richtige Zeitraum, um in Social Media darüber zu schreiben und zu sprechen.

Addieren Sie zu den Fixterminen noch Themen, von denen Sie wissen, dass sie im definierten Zeitraum interessant werden. Denn das Ziel ist ja, dem Kunden Informationen zur Verfügung zu stellen, die über die bisherige Unternehmenskommunikation hinausgehen. Welche Informationen Sie nach außen kommunizieren, hängt vom Grad Ihrer Offenheit ab.

	KW1	KW2	KW...	KW52	Abteilungen/ Mitarbeiter	Medien
Produktinfos, neue Produkte, Produktlaunch	B, F, T				Produktent-management/PR	Blogbeitrag
Firmenevents, Weihnachts-feier, Sommer-fest, Silvester-gala			B, F	B, F	Public Relations	Fotos, Pressemit-teilung, Blogbeitrag
Mitarbeiter, Auszeichnun-gen, Auszubil-dende					Human Relations	Videointer-view, Auszu-bildender, YouTube, Blog
Ergebnisse, Jahresabschluss, Warentests	T, B				Investor Rela-tions/Public Rela-tions	Jahres-abschluss, Infografik
Umfragen, Quiz					Marktforschung/ Marketing	Umfragetool
Gewinnspiele, Aktionen		F, T			Marketing	Gewinnspiel

Tabelle 2.1 So einfach kann ein Redaktionsplan aussehen.

Tipp: Effektive Kommunikation mit dem Redaktionsplan

Trotz der Aktualität und Spontaneität der Echtzeitkommunikation in Social Media können Sie im Vorfeld einen Großteil Ihrer Themenfelder abstecken. Ansonsten laufen Sie Gefahr, vor dem Computer zu sitzen und nicht zu wissen, worüber Sie nun eigentlich schreiben sollen. Aus so einer Situation resultieren sehr oft kontraproduktive Beiträge: Seien es Wiederholungen von älteren Beiträgen, trockene Pressemeldungen oder überhaupt totale Themenverfehlungen. Der Redaktionsplan hilft Ihnen, dass Ihre Meldungen auch den gewünschten Effekt erzielen.

Der Redaktionsplan hat noch einen Zweck: Wenn Sie ihn umfassend und überlegt erstellen, kann er als Vorlage für Mitarbeiter dienen. Nach einer gewissen Zeit haben Sie genügend Erfahrungen gesammelt, um einen Teil der täglichen Social-Media-Arbeit an eine geeignete Person zu delegieren, die den Redaktionsplan als

Anleitung nutzen kann. Wie schaut so ein Redaktionsplan nun aus? Das Kernelement eines solchen Plans sind die relevanten Themen. Relevant für wen? Natürlich für den (potenziellen) Kunden!

Wer schreibt den Redaktionsplan?

Fragen Sie Ihre Abteilungsleiter und Mitarbeiter. Gerade Ihre Mitarbeiter verfügen häufig über mehr Detailwissen und individuelle Erfahrungen mit Kunden. Sie können möglicherweise besser einschätzen, was Ihre Kunden interessiert und welche Nachrichten gut ankommen werden.

Außerdem sollten Sie sich schon jetzt überlegen, welches Material (Videos, Fotos usw.) Sie dafür benötigen. So kommen wir zum wesentlichen Punkt der Koordination: Wer kümmert sich um das Material und um die Kommunikation? Denn wenn Sie diesen Redaktionsplan umfangreich und sorgfältig aufbereiten, dann haben Sie nicht nur dafür gesorgt, dass Ihnen keinesfalls die relevanten Themen ausgehen, sondern gleichzeitig die Social-Media-Aktivitäten delegiert. Nur im Bedarfsfall und bei konkreten Fragen sollten Sie hinzugezogen werden müssen.

2.3.8 Wie Sie Mitarbeiter zu Wort kommen lassen

Haben Sie sich schon einmal die Frage gestellt, welche Ihrer Mitarbeiter bzw. Kollegen in Social Media aktiv sind? Haben Sie es schon einmal selbst überprüft? Sie werden staunen, wie viele Menschen in Ihrer Firma in Facebook angemeldet sind.

Der Großteil der berufstätigen Menschen in Deutschland nutzt das Internet bei der Arbeit. Das betrifft einerseits den passiven Medienkonsum, andererseits aktives Netzwerken. Ihre Mitarbeiter pflegen mindestens eines, wenn nicht sogar mehrere Profile in sozialen Netzwerken. Gerade in Business-Plattformen wie XING treten sie dadurch als Unternehmensbotschafter auf. Warum sollten Sie dieses Potenzial nicht nutzen? Social Media funktioniert nur dann, wenn Persönlichkeiten hinter den Botschaften stehen. Gerade deshalb ist es ja so wichtig, bereits bei der Konzeption Ihrer Social-Media-Strategie Ihre Mitarbeiter von Anfang an mit einzubinden, ihre Ideen zu hören und ihnen das Gefühl zu geben, Teil der Social-Media-Philosophie zu sein.

So verschieden die Menschen sind, so unterschiedlich ist ihr Interesse an Social Media. Ihre Mitarbeiter haben ganz unterschiedliche Zugänge. Der eine fotografiert gerne, der andere macht gerne Videos, der nächste twittert dafür umso lieber, andere sind im Gaming sehr aktiv. Machen Sie sich die verschiedenen Stärken und Leidenschaften Ihrer Mitarbeiter zunutze. Denn wenn jemand etwas gerne macht, dann macht er es meistens auch sehr gut.

2.3.9 Mitarbeiter-Recruiting durch Social Media

Das Social Web entwickelt sich beim Recuiting von Mitarbeitern als immer wichtigere Informationsquelle für Unternehmen. 64 % der US-Unternehmen haben in 2011 Mitarbeiter über soziale Netzwerke gefunden.[7] Auch Ihre zukünftigen Mitarbeiter greifen auf das Social Web zurück, um einen Blick hinter die Kulissen der Unternehmensfassade zu werfen und herauszufinden, wie wichtig Ihnen die Meinung Ihrer Mitarbeiter ist. Handeln Sie also proaktiv, und starten Sie eine geeignete Plattform, auf der Sie gemeinsam mit Ihren Mitarbeitern nach außen kommunizieren, z. B. ein Mitarbeiterblog, siehe Kapitel 5, »Blogs – Ihre Social-Media-Zentrale«.

Marketing-Take-away: Social Recruiting bei Adecco

Der weltweit größte Anbieter für Personaldienstleistungen, Adecco, machte sich 2011 auf die Suche nach einem neuen CEO und nutzte dabei Social Media, da vor allem talentierte Studienabsolventen für diesen Job angesprochen werden sollten (siehe Abbildung 2.9). Anstelle eines Einstellungsgesprächs mussten die Bewerber durch einen virtuellen Arbeitstag ihr Können unter Beweis stellen. Der Aufgabenbereich umfasste sowohl virtuelle Mitarbeitergespräche und das Einstellen neuer Mitarbeiter, Personalentwicklung als auch Konfliktmanagement. Wie im richtigen Leben auch musste der »Chef auf Probe« diese Entscheidungen gegenüber beharrlichen Journalisten rechtfertigen. Insgesamt gingen 2.300 Bewerbungen auf diesem Wege ein, die nach Eignung und Persönlichkeitstest auf zehn Kandidaten reduziert wurden. Das Bemerkenswerte an dieser Ausschreibung war jedoch, dass die Bewerber keine Möglichkeit ausließen, ihr Netzwerk für sich zu aktivieren und die PR-Trommel zu rühren, sodass auch lokale Zeitschriften Bewerber portraitierten. Für Adecco war das kostenlose PR und reputationssteigernd zugleich.[8]

Abbildung 2.9 Adecco suchte einen neuen Chef und fand ihn über Social Media.

7 Social Recruiting Survey, Jobvite, 2011, *http://recruiting.jobvite.com/images/State-of-Social-Recruiting-Infographic.gif*

8 *http://www.youtube.com/watch?v=7OMNV3evccg*

Social Media ist nicht Dienst nach Vorschrift

Social Media ist kein Bereich, in dem man Dienst nach Vorschrift machen kann. Der Erfolg wird definitiv ausbleiben, wenn Sie um Punkt 17 Uhr die Laptops schließen und die Kunden allein lassen. Ihre Kunden sind zur Prime-Time (19 bis 20 Uhr) besonders aktiv im Netz und beginnen ab etwa 10 Uhr am Morgen mit der intensiveren Internetnutzung. Es bietet sich also an, Nachrichten am Morgen zu streuen und am Abend noch einmal darauf hinzuweisen. Und dafür können Sie auch Ihre Mitarbeiter einsetzen, denn die surfen meistens auch am Wochenende fleißig im Social Web. Viele Ihrer Firmen-Events finden ebenfalls am Wochenende statt (Firmenfeiern, Eröffnungen usw.), die Sie Ihren Kunden direkt mitteilen sollten. In Social Media gibt es keine Öffnungszeiten, was Sie als Vorteil sehen können, denn Sie sind nicht auf die Wochentage beschränkt.

Rechtstipp von Sven Hörnich:
Unbedingt Rechtsrat bei Arbeitszeiten am Wochenende einholen

Grundsätzlich ist nach dem deutschen Arbeitszeitgesetz (§§ 9 ff.) die Beschäftigung an Sonn- und Feiertagen untersagt. Ausnahmen (z. B. für Gaststätten) regelt das Gesetz entweder selbst oder eine hierauf beruhende Verordnung, letztere unterschiedlich von Bundesland zu Bundesland. Vor Aufnahme einer Tätigkeit in Bereichen, welche eine Sonn- und Feiertagsarbeit erforderlich machen könnten, sollte unbedingt entsprechend individueller Rechtsrat eingeholt werden.

Die Alternative lautet, einen Social-Media-Berater zu engagieren, der zwar teuer ist, aber dafür die 24/7-Kommunikation übernimmt. Wir empfehlen Ihnen dennoch, die permanente Kommunikation selbst in die Hand zu nehmen oder an einen Social-Media-Koordinator in Personalunion abzugeben. Ihre Kommunikation ist dann einfach authentischer.

Rechtstipp von Sven Hörnich:
Spezielle Rechte für eine beauftragte Agentur einräumen

Beauftragen Sie eine Agentur mit der Betreuung Ihrer Social-Media-Maßnahmen, müssen auch spezielle Rechte eingeräumt werden, um für Sie als Unternehmen sprechen zu dürfen, denn die Agentur agiert ja wie ein Pressesprecher für Sie. Die Erscheinungsformen der Beauftragung Dritter für Pressearbeit sind vielfältig. Eine Bevollmächtigung erscheint zu weitgehend. Andererseits soll der Agent auch nicht in eigenem Namen handeln. Sinnvoll ist es, dem Agenten als bloßem Boten vorab eine klare »Marschroute« vorzugeben, welche Informationen an die Öffentlichkeit gelangen dürfen und welche nicht. Ein guter Agent zeichnet sich vor allem durch das »Wie« der Erklärung aus. Für den Fall der Preisgabe von vertraulichen Informationen kann vorab eine Vertragsstrafenregelung vereinbart werden, da der Nachweis eines tatsächlichen Schadens der Höhe bei Indiskretionen oft schwierig ist.

24/7-Kommunikation

Diese Kommunikationsform ermöglicht den Usern, 24 Stunden pro Tag, an sieben Tagen der Woche Anfragen an Ihr Unternehmen zu stellen. Das bedeutet für Sie, jederzeit verfügbar sein zu müssen. Natürlich ist das nicht immer möglich, und es kommt auch auf die Art der Kundenanfrage an. Es gilt dennoch, permanent zu prüfen, ob Nachrichten im Social Web kreisen, die möglicherweise eine erhebliche Rufschädigung nach sich ziehen könnten. Denn das Internet ist generell ein schnelles Medium, und die User erwarten eine angemessen schnelle Reaktion – und eine fundierte noch dazu. Die meisten Reputationsschäden im Web sind entstanden, weil Unternehmen sich zu viel Zeit mit einer Antwort gelassen haben. Damit Sie von negativen Meldungen im Netz rechtzeitig erfahren, müssen Sie sich einen geeigneten Modus überlegen. Entweder Sie oder Ihr Mitarbeiter prüft mittels »Google Alert« (siehe Kapitel 3, »Social Media Monitoring und Online Reputation Management«) auch am Wochenende, ob negative Nachrichten im Web kursieren. Wenn Sie es einrichten können, versuchen Sie auch, außerhalb normaler Geschäftszeiten auf die Fragen und Meinungen der User zu antworten. Wenn Ihnen das zu viel Arbeit ist, beauftragen Sie einen Mitarbeiter. Einigen Mitarbeitern wird es nichts ausmachen, auch nach der Arbeit Fragen im Social Web zu beantworten, denn sie sind ja ohnehin online. Sie müssen und sollten nicht so weit gehen, dem zuständigen Mitarbeiter auch gleich den genauen Wortlaut der Beiträge zu diktieren. Das ist meist nicht notwendig und wäre auch kontraproduktiv: Wer nicht zum Mitdenken angehalten wird, macht Fehler. Sie sollten nur Starthilfe geben.

Der Redaktionsplan bietet Mitarbeitern Sicherheit

Ein ganz wichtiger Punkt ist, den Mitarbeitern neben dem Redaktionsplan auch Sicherheit und Orientierung zu geben. Dabei geht es nicht um Verbote und Verordnungen, sondern um relevante Grundsätze, die dem Mitarbeiter jene Sicherheit geben, um souverän für das Unternehmen zu sprechen. Sorgen Sie auf alle Fälle für klare Zuständigkeiten, einfache Kommunikationswege und eindeutige Grenzen. Nichts wäre schlimmer, als wenn der Mitarbeiter bei einem konkreten Problem nicht weiß, wen er dazu fragen kann und wer die Entscheidungsbefugnisse hat, oder aber sich für konkrete Entscheidungen erst durch mehrere Instanzen und Hierarchien durchfragen muss. Auch muss von Anfang an geklärt werden, wo die Grenzen des Betriebsgeheimnisses und des Datenschutzes liegen. Wenn Sie das alles berücksichtigen, haben Sie die wesentlichen Voraussetzungen erfüllt.

Sie werden in der Praxis schnell merken, welche Mitarbeiter sich besonders aktiv zeigen und welche noch etwas mehr Starthilfe benötigen. Sie sollten ein ausreichendes Maß an Geduld und Verständnis haben: Kein Meister ist bis jetzt vom Himmel gefallen, und Social Media ist noch ein so neuer Bereich, dass man keine jahrelange Praxiserfahrung voraussetzen sollte.

2.3.10 Social Media Guidelines

Einerseits regeln Social Media Guidelines die Verwendung von Social Media während der Arbeitszeit, und andererseits klären sie auch über Rechtliches bei der Nutzung von Social Media auf, insbesondere über Datenschutz und Urheberrecht. Social Media Guidelines vermitteln daher auch notwenige Social-Media-Kompetenz. Anstatt Seiten wie Facebook und Co. zu sperren, wird ein aufgeklärter Umgang mit neuen Medien vermittelt. Sperrungen und Verbote wären ohnehin unwirksam, da immer mehr Menschen via Handy ins mobile Netz gehen. Mitarbeitern geben diese Guidelines einen Rahmen für die richtige Verwendung von Social-Media-Tools. Sie müssen sich dann nicht mehr fragen, ob sie diese Medien überhaupt nutzen dürfen, sondern wissen auch, wie, wann und wie oft. Das gilt für Ihren Mitarbeiter in der Produktion genauso wie für den Social-Media-Koordinator.

Social-Media-Grenzen ziehen

Die Führungsebene kann sich mit Social Media Guidelines davor schützen, dass unternehmensrelevante und vertrauensvolle Informationen nach außen gelangen. Oft kennen die Mitarbeiter die Grenzen der Unternehmenskommunikation nicht und gehen davon aus, dass sie »alles« schreiben können. Sie müssen aber dafür sorgen, dass Betriebsgeheimnisse und Geschäftsgeheimnisse nicht nach außen gelangen. Viele dieser rechtlichen Aspekte sind zwar bereits in den Arbeitsverträgen geregelt, aber nicht in Bezug auf die Nutzung von Social Media. Social Media Guidelines weisen die Mitarbeiter auf die rechtlichen Konsequenzen eines schweren Regelverstoßes hin. Jedem Mitarbeiter muss klar sein, dass geschäftsschädigende Äußerungen wie Beleidigungen, Behauptungen und Kommentare, die den Betriebsfrieden gefährden, im Social Web nichts zu suchen haben.

Best Practice: Tchibo erklärt seine Guidelines von »Herrn Bohne«

Da Social Media Guidelines häufig wie ein Konvolut von Geboten und Verboten wirken, wenig Praxisbezug haben und im Fachjargon der Rechtsanwälte geschrieben sind, hat sich Tchibo ein charmantes Video für seine Richtlinien überlegt. In dem YouTube-Video »Herr Bohne geht ins Netz«, *http://www.youtube.com/watch?v=e_mLQ_eWk_o&*, passieren Herrn Bohne allerlei Sachen (Beleidigungen, Partyexzesse, Mobbing, Ideenraub) im Social Web, die Konsequenzen für sein Leben außerhalb des Digitalen haben (siehe Abbildung 2.10).

Der Bedarf an Richtlinien für sicheres Verhalten im Social Web ist groß, denn Social Media greift gleichzeitig in die private und in die berufliche Nutzung ein. Unternehmen müssen daher die richtigen Maßnahmen treffen. Um die passenden Social Media Guidelines für Ihr Unternehmen zu entwickeln, müssen zunächst folgende Fragen beantwortet werden:

Abbildung 2.10 Witzige und informative Aufklärung zugleich – »Herr Bohne geht ins Netz« erklärt selbst Laien Social Media Guidelines.

- Wer darf Social Media an seinem Arbeitsplatz nutzen?
- Gibt es zeitliche Beschränkungen? Was passiert bei einer Überschreitung?
- Wer darf in Social Media als Unternehmen/als Mitarbeiter des Unternehmens auftreten, und wie tritt derjenige auf?
- Welche Informationen sollen und dürfen kommuniziert werden?
- Wer ist für die Koordination/Informationsbeschaffung usw. zuständig, und wer ist der direkte Ansprechpartner bei Fragen/Problemen?
- Worauf soll man bei der privaten Nutzung von Social Media achten?

Facebook- und YouTube-Sperren sind nicht die Lösung

Bei der Regelung der Nutzung von Social Media am Arbeitsplatz ist zu bedenken, dass immer mehr Mitarbeiter Zugriff auf das mobile Internet über ihr Smartphone (z. B. iPhone oder Android-Handys) haben. Flatrates mit unbegrenztem Datenvolumen, technisch ausgereifte Geräte und eigene Applikationen für direkten und komfortablen Zugriff auf Social-Media-Plattformen ersetzen mitunter schon Laptop und PC. Würden Sie also einzelne Seiten und Dienste wie Facebook, YouTube und Twitter sperren, hätte das nur bedingt Erfolg, weil Ihre Mitarbeiter so oder so Zugriff darauf haben. Mit einem Handyverbot würden Sie sich bei Ihren Mitarbeitern sehr unbeliebt machen, auch wenn es vielleicht möglich wäre.

Außerdem verhindern Sie dadurch, dass die Mitarbeiter zu Recherchezwecken oder Kundenkommunikation auf diese Plattformen zugreifen können. Wenn sich Ihre Mitarbeiter positiv zu einem Produkt im Social Web äußern, profitieren Sie schließlich davon. Die Frage ist also, wo die Grenze zwischen privatem und beruflichem Social-Media-Konsum zu ziehen ist.

Betroffen von der Fragestellung sind alle Abteilungen in Ihrem Unternehmen. In vielen Unternehmen nehmen zwei Abteilungen oft besonders gegensätzliche Positionen ein: Die IT-Abteilung möchte aus Sicherheitsgründen so restriktive Zugangsbeschränkungen wie möglich. Marketing- und PR-Abteilungen pochen auf einen komplett freien Zugang. Es gilt, einen Kompromiss zu finden, der für das Unternehmen und die Mitarbeiter gleichermaßen sinnvoll und vertretbar ist.

Natürlich stellt sich die Frage nach der Mitarbeiterproduktivität und dem Kostenfaktor Zeit. Doch im Prinzip sollte es Teil der Eigenverantwortung jedes Mitarbeiters sein, seine Arbeitszeit sinnvoll und produktiv einzusetzen und angebotene Möglichkeiten verantwortungsvoll zu nutzen. Das gilt für Social Media genauso wie für das private Telefonieren über das Firmentelefon oder das Versenden von privaten E-Mails über den Firmenaccount.

Abgrenzung privater und beruflicher Nutzung

Wenn Ihre Mitarbeiter ein eigenes Blog betreiben, ist es wichtig, dass sie sich inhaltlich von Ihrem Unternehmen abgrenzen bzw. das Blog mit einem Hinweis versehen, dass diese Inhalte und Werthaltungen nicht denen des Unternehmens entsprechen müssen. Auf seinem Privatblog, *www.denquer.de*, schreibt Blogger Stefan Oßwald daher: *»Das ist mein privates Weblog [...] Meine hier vertretenen Meinungen müssen nicht mit denen meines Arbeitgebers übereinstimmen.«*

Eine perfekte Social Media Guideline gibt dem Mitarbeiter Sicherheit, was er darf und wie er Social Media privat wie beruflich am besten für sich und seine Firma einsetzen kann.

Social Media Guidelines downloaden

Die BITKOM, *www.bitkom.org*, stellt Social Media Guidelines kostenlos zur Verfügung. Die österreichische Wirtschaftskammer bietet unter *www.telefit.at* einen Entwurf für Social Media Guidelines, den Sie kostenlos herunterladen können. Unter *http://www.social-media-guidelines.com* können Sie sich in Zukunft umfassend über das Thema Guidelines informieren.

Rechtstipp von Sven Hörnich: Rechte des Arbeitgebers

Aus (deutscher) rechtlicher Sicht ist es trotz des »Marktdrucks auf Öffnung der Netze« sinnvoll, die private Internetnutzung am Arbeitsplatz zu untersagen. Hintergrund ist, dass die Vermengung privater und geschäftlicher Daten eine Vielzahl von rechtlichen und tatsächlichen Folgeproblemen mit sich bringt, welche hier nicht abschließend erörtert werden können. Hierbei sind die Arbeitszeit- oder die Virenproblematik oftmals die geringsten Probleme. So kann beispielsweise der PC eines plötzlich wegen Krankheit abwesenden Mitarbeiters nicht ohne Weiteres durch Dritte genutzt bzw. auf für das Unternehmen existenziell wichtige anstehende Termine hin geprüft werden. Denn man könnte dabei auf höchst sensible private Daten des Kollegen treffen (welche, das soll der Fantasie des geschätzten Lesers überlassen werden). Gleiches gilt für die Thematik des Verdachts einer missbräuchlichen Nutzung (z. B. für illegales Filesharing). Die Erlaubnis als solche sowie deren genaue Bedingungen sind vor diesem Hintergrund auch nicht ohne Weiteres zu bewerkstelligen und werden in größeren Unternehmen eine Beteiligung des Betriebsrats erforderlich machen. Dies wird einen erheblichen (rechtlichen) Beratungsaufwand mit sich bringen.

2.3.11 Der Social-Media-Manager

Mittlerweile gehen viele Unternehmen dazu über, einen Social-Media-Manager einzustellen. Der Social-Media-Manager definiert die Social-Media-Strategie des Unternehmens, entweder in Eigenregie oder häufig auch in Absprache mit Ihrer Agentur. Anschließend ist er für die Konzeption und Durchführung einzelner Social-Media-Kampagnen, der Auswahl der richtigen Tools und und der Pflege Ihrer Social-Media-Präsenzen zuständig. Für die Erfolgsmessung nutzt er Social-Media-Monitoring und reportet die Ergebnisse an Sie zurück.

»Wir crowdsourcen viral, um Buzz zu erzeugen«

Mit solchen oder ähnlichen Sätzen wie »Wir müssen den nötigen Buzz erzeugen«, »Wir müssen virales Seeding machen« und »Wir müssen nur die Influencer ansprechen« werden Sie von selbst ernannten Social-Media-Profis mit Anglizismen überschüttet. Das ist einfach nur irreführend und unfair Ihnen gegenüber, da der Marketingjargon ohnehin schon mit Anglizismen übersät ist. Fragen Sie Ihren Social-Media-Berater einfach nach einer schlüssigen Erklärung solcher Social-Media-Floskeln. Wenn er sich schwertut, wissen Sie, dass er keine Ahnung hat.

Externe Social-Media-Manager, die beispielsweise in Online-Agenturen sitzen, oder selbst ernannte »Social-Media-Berater«, eignen sich nur bedingt für diese Aufgabe. Häufig geht es zulasten der Authentizität. Wir empfehlen Ihnen deshalb, alle Social-Media-Initiativen selbst durch einen Manager zu steuern. Das bringt nicht nur authentische Beiträge und Antworten, sondern auch die nötige Sicherheit. Ihre Agentur sollte indes vielmehr Ideengeber sein und mit Ihnen eine langfristige Social-Media-Strategie verfolgen.

2.3.12 Der Community Manager

Es empfiehlt sich, einen Community Manager für einzelne oder die gesamten Social-Media-Aktionen zu beschäftigen, der in engem Kontakt zu der Online-Community und einzelnen Kunden steht. Der Community Manager steht als erster Ansprechpartner mit Kunden und Geschäftspartnern in Kontakt. Er kommentiert Blogbeiträge, Statusupdates, Foreneinträge, verbreitet Ihre News und Aktionen in Social Media. Bedeutungsvolles Feedback meldet er Ihnen entsprechend zurück. Er weist Sie darauf hin, wenn Kampagnen eine ungünstige Entwicklung nehmen und schlägt geeignete Gegenmaßnahmen vor. Er beobachtet Ihre Konkurrenz und kontrolliert Ihre Social-Media-Maßnahmen. Es lohnt sich, einen Community Manager einzustellen, da Sie dadurch den Erfolg Ihrer Initiativen besser abschätzen können.

Tipp: Was zeichnet den Community Manager aus?

Der Community Manager muss über fundiertes Wissen bezüglich Unternehmens- und Social-Media-Kommunikation verfügen und diese Medien bereits für sich selbst ausprobiert haben. Die Blogosphäre (Bloggerszene) sollte er durch sein eigenes Blog kennen, ebenso wie journalistisches Können und ein gewisses Praxiswissen in Online-Technologien vorweisen können. Er sollte ein Netzwerker sein, der gerne persönlichen Kontakt hat und in der Lage ist, Beziehungen zu Käufern zu pflegen. Der Grad seiner Vernetzung ist entscheidend für den Erfolg Ihrer Maßnahmen. Wählen Sie jemanden, der schon viele Jahre die Unternehmenskommunikation innehat und sich auch mit Social Media auskennt. Anderenfalls schulen Sie einen Mitarbeiter in Social Media. Oder Sie stellen einen externen Community Manager ein, der bereits sehr gut vernetzt ist und Ihre Marke nach außen hin vertreten kann.

2.4 Kunden ein Sprachrohr geben

Die Erfahrungsberichte Ihres Kunden sind sehr ehrlich, denn sie gehen auf individuelle Erlebnisse zurück. Ganz im Gegenteil zu den Unternehmen, die nur in den höchsten Tönen von ihren Produkten oder Dienstleistungen sprechen. Aber keiner glaubt mehr wirklich, was Unternehmen über sich selbst sagen. Vielmehr wollen die Konsumenten wissen, ob das Produkt tatsächlich hält, was es verspricht. Gerade deshalb sind Bewertungsportale wie »TripAdvisor« oder »Qype« so erfolgreich (siehe Kapitel 4, »Foren und Bewertungsplattformen«). Als die Bewertungsportale bekannt wurden, gab es zum Teil harsche Reaktionen von Unternehmen, die kritisch bewertet wurden: Man drohte mit der Rechtskeule, und so manches Portal erlebte eine Flut an Klagen. Doch all das half nichts. Immer mehr Konsumenten nehmen sich das Recht auf freie Meinungsäußerung heraus und bewerten ihr Urlaubserlebnis, den Fernseher oder das Dinner. Während es früher oft nur eingefleischte User waren, die diese Bewertungsportale nutzten, sind es heute immer mehr Durchschnittsuser. Das liegt vor allem daran, dass Suchmaschinen wie Google die Bewertungsportale bzw. -ergebnisse sehr prominent in ihr Suchergebnis integrieren und User, die die einzelnen Portale oft gar nicht mit Namen kennen, so auf die Bewertungen stoßen.

2.4.1 Nichts ist authentischer als eine gute Kundenmeinung

In Social Media geht es darum, Voraussetzungen zu schaffen, damit Ihre zufriedenen Kunden Sie online bewerten. Und wenn User erst einmal auf Basis von Bewertungen anderer User ein Produkt kaufen, dann ist die Hürde, selbst eine Bewertung abzugeben, nicht mehr so hoch. Mittlerweile gibt es schon technische Systeme, die dem Kunden eine E-Mail schicken, mit der Bitte, auf einem bestimmten Portal eine Bewertung abzugeben, wenn er mit der Leistung zufrieden war. Darüber hinaus sollten Sie in Ihrem Blog oder über Ihre Facebook-Seite die Möglichkeit bieten, dass die User ihre Zufriedenheit äußern können.

Deshalb sollte die Kommentarfunktion im Blog unbedingt aktiviert sein. Sie können bei Bedarf (auch um Spams herauszufiltern) die Kommentare zuerst an den Admin des Blogs schicken lassen, der sie dann freigibt. Genauso ist es wichtig, den Fans Ihrer Facebook-Seite zu erlauben, dass sie Beiträge auf der Pinnwand veröffentlichen dürfen (siehe Abbildung 2.11). Sie schaffen somit die Voraussetzung, dass die User der ganzen Welt sagen können, dass sie zufrieden mit Ihren Produkten und Ihrem Service waren.

Loyale Kunden stehen für Sie ein

User posten nicht nur ihre eigenen Erlebnisse, sondern reagieren auch auf Beleidigungen und falsche Bewertungen. Sollte also einmal ein User eine völlig überzogene und unrichtige Behauptung aufstellen, können Sie auf Ihre markenloyalen Kunden zählen. Die Sorge, dass Sie einen großen Reputationsschaden erleiden, ist in Social Media nur dann gegeben, wenn Sie tatsächlich Probleme mit der Kundenzufriedenheit haben. Gerade deshalb ist es auch wichtig, so viele Kunden wie möglich wissen zu lassen, dass es die eine oder andere Plattform gibt, und sie aufzufordern, ihrer persönlichen Meinung Ausdruck zu verleihen.

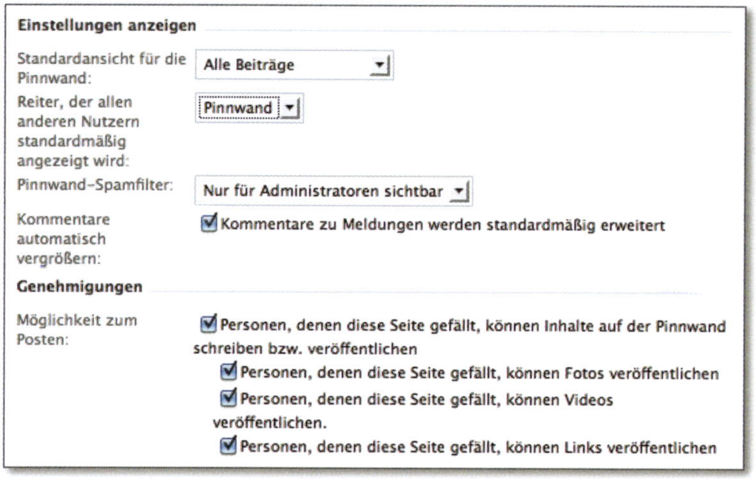

Abbildung 2.11 Pinnwand-Einstellungen für Facebook-Seiten

Sie sehen also: Sie können Ihre zufriedenen Kunden dazu bringen, als Multiplikator und Botschafter Ihres Unternehmens aktiv zu werden. Das ist ein Potenzial, das Sie weder über bezahlte Agenturen noch über die Mitarbeiter haben. Denn etwas Glaubwürdigeres als die Meinung anderer Konsumenten gibt es für Konsumenten nicht.

2.4.2 Wie gehen Sie mit negativen Bewertungen um?

Behandeln Sie negative Bewertungen und Kommentare immer professionell und mit Respekt. Meistens verbirgt sich mindestens ein Fünkchen Wahrheit dahinter, denn der Kunde hat die Situation so erlebt oder kritisiert das Produkt aus seinem subjektiven Standpunkt heraus. Da hilft es auch nichts, wenn Sie es ganz anders sehen.

Würden Sie den Beitrag einfach löschen, dann würde der betroffene Kunde seinen Unmut darüber und die ursprüngliche Unzufriedenheit einfach woanders kommunizieren und auf unterschiedlichen Seiten vervielfältigen (Streisand-Effekt). Das wäre definitiv kontraproduktiv. Es gibt nur eine Ausnahme: wenn der Beitrag des Users unter die Gürtellinie geht. Wird ein Mitarbeiter oder ein anderer Ihrer Kunden von Ihnen persönlich angegriffen, beleidigt oder beschimpft, oder verstößt der Beitrag gegen Gesetze (handelt es sich beispielsweise um kinderpornografisches, diskriminierendes oder urheberrechtlich geschütztes Material), dann sind Sie sogar verpflichtet, sofort nach Kenntnisnahme des Beitrags diesen zu löschen.

Achten Sie dabei auf Folgendes:

- Reagieren Sie rasch.
- Danken Sie dem User für das Feedback.
- Bleiben Sie professionell, und werden Sie keinesfalls ausfallend oder persönlich angreifend.
- Versprechen Sie dem User, dass Sie dem Ganzen nachgehen.
- Versichern Sie ernsthaft Besserung, und sagen Sie auch, wie Sie den Fehler in Zukunft vermeiden wollen.

Denken Sie daran: Es geht nicht nur um diesen einen User, sondern um alle anderen Nutzer, die jetzt oder in Zukunft über diesen Beitrag des Users stolpern und nicht wissen (können), ob das der Wahrheit entspricht oder nicht.

2.4.3 Die Angst vor einem negativen Kommentar überwinden

Die Praxis zeigt, dass die Angst vor negativen Bewertungen im Web unbegründet ist, wenn es in der Realität ebenfalls eine ausreichend große Zahl von zufriedenen Kunden gibt. Negative Bewertungen sind oft die meistgelesenen, doch die User haben mittlerweile zum größten Teil die Kompetenz, zu beurteilen, ob das eine echte und ernsthafte Bewertung ist und ob sie für sie persönlich relevant ist. Denn was für den einen eine negative Bewertung ist, kann für den anderen eine kaufentscheidende Information sein. Und nicht jeder negative Kommentar ist negativ: Wenn ein User in einer Hotelbewertung schreibt, dass es ihm zu ruhig war und rundherum keine Möglichkeit bestand, Party zu machen und Lokale zu besuchen, dann kann dieses Hotel gerade deswegen für ein Ruhe suchendes Pärchen genau das Richtige sein.

Tipp: Die Krise aussitzen? Der Hahnenkampf der Deutschen Bahn

Die Deutsche Bahn AG hatte mit ihrer Facebook-Kampagne »Chef-Ticket« einige Anlaufschwierigkeiten, entschied sich aber dagegen, Kunden ein Sprachrohr zu geben. Die Facebook-Seite *www.facebook.com/chefticket* wurde kurz nach Online-Gang im Oktober 2010 mit negativen Kommentaren der User übersät. Aufhänger für die Kritik war zunächst das Kampagnenvideo, bei dem ein Hahnenkampf nachgestellt wurde, der besonders bei Tierschützern die Alarmglocken läuten ließ. Doch dann weitete sich die Kritik auch auf den Service der Deutschen Bahn aus, und es wurden übergreifende Diskussionen selbst zum Projekt »Stuttgart 21« angestoßen. Die Deutsche Bahn reagierte darauf konsequent nicht, ausschließlich spezielle Fragen zum Ticket wurden beantwortet. Eine genaue Analyse der Kampagne lieferte »Alterian«.

Man fand heraus, dass die Kampagne bei der Mehrheit der Kunden sehr gut ankam und aus Vertriebssicht ein voller Erfolg war, vor allem weil das Preis-Leistungs-Verhältnis des beworbenen Produkts unschlagbar war. Aus Sicht der Markenführung war es aber eher ein Fehlschlag, da laut Alterian vor allem Twitter der wichtigste Kanal für die Verbreitung der Kampagne war und gerade dort die Kritik am heftigsten ausfiel.

2.4.4 Das Lieblingskundenprinzip

Jedes Unternehmen hat seine Lieblingskunden: Ein Unternehmen, das erfolgreich am Markt besteht, hat Stammkunden, die mit der Leistung so zufrieden sind, dass sie regelmäßig wiederkommen und ihren Freunden dieses Unternehmen weiterempfehlen. So könnte man grob einen Lieblingskunden beschreiben? Der sogenannte *Lieblingskunde* ist von Unternehmen zu Unternehmen verschieden: Es gibt ganz bestimmte Eigenschaften, die ein Lieblingskunde aus Sicht des Unternehmens erfüllen sollte:

1. Er bringt gute Umsätze.
2. Er weiß, was er will.
3. Er ist begeistert von Ihrem Unternehmen und den Produkten.
4. Er erzählt das auch weiter (Ihnen und seinen Freunden).
5. Er kommt regelmäßig wieder.

Fallen Ihnen schon ein paar Ihrer Kunden bei diesen Stichwörtern ein? Sie haben mehr Lieblingskunden, als Sie bedienen können. Denn viele potenzielle Lieblingskunden wissen leider (noch) nicht, dass es Ihr Unternehmen gibt und die Produkte und Dienstleitungen direkt auf ihn zugeschnitten sind. Diese Lücke schließt das Lieblingskundenprinzip. Wenn Sie wissen, warum die bestehenden Lieblingskunden so zufrieden sind und wann sie zum Produkt greifen, dann wissen Sie auch, wie Sie die anderen, potenziellen Lieblingskunden zur richtigen Zeit mit den richtigen Themen erreichen können.

Sie müssen also herausfinden, was dem Lieblingskunden bei Ihnen so gut gefällt, und das Ganze in Worte fassen. Wenn Sie nicht in direktem Kundenkontakt stehen, fragen Sie jene Mitarbeiter, die es sind: Verkauf, Kundensupport, Marketingabteilung. Wovon erzählen die Kunden regelmäßig, was loben die Kunden an Ihrem Unternehmen? Vor allem jene Mitarbeiter, die täglich mit den Kunden zu tun haben, wissen, was den Kunden besonders gut gefällt. Anschließend sollten Sie herausfinden, wann diese zufriedenen Kunden mit den ersten Überlegungen/Vorbereitungen für den Kauf beginnen.

Wie Sie Ihre Lieblingskunden finden

Bleiben wir beim Beispiel Hotel. In einem Hotel haben unterschiedliche Mitarbeiter Kontakt zu den Gästen: die Rezeption, der Barkeeper, die Betreuer im Wellnessbereich usw. Jeder von ihnen ist für viele Gäste ein Ansprechpartner und guter Zuhörer hinsichtlich der Erlebnisse des Gastes während seines Urlaubsaufenthalts. An der Rezeption bzw. in der Buchungsabteilung weiß man, wann welcher Kunde eine Anfrage bzw. Buchung getätigt hat.

Zusätzlich können Sie externe Informationen mit einbeziehen, so z. B. Bewertungen von Bewertungsplattformen oder Kommentare auf Ihrer Facebook-Seite oder in Ihrem Blog. Somit haben Sie alle relevanten Informationen, die Sie benötigen:

- Wann hat der Kunde bei Ihnen erstmals nach dem Produkt oder der Dienstleistung gefragt bzw. über den Kauf/Konsum nachgedacht?
- Wann hat er es gekauft/konsumiert und warum?
- Wie war er zufrieden, und was hat ihm besonders gut gefallen?

Damit können Sie einen Redaktionsplan erstellen, um zum richtigen Zeitpunkt über jene relevanten Themen zu schreiben. Somit erscheinen die wichtigen Infos zum richten Zeitpunkt bei Ihrem Lieblingskunden.

2.5 Ins Gespräch kommen

Sie haben Ihre Zielgruppe analysiert, Ihre Lieblingskunden bestimmt und Ihre langfristige Strategie definiert? Jetzt ist es an der Zeit, mit Ihren Kunden ins Gespräch zu kommen. Der letzte Punkt des POST-Frameworks lautet Technologie. Wenn Sie unterschiedliche Social-Media-Typen bedienen wollen, müssen Sie unterschiedliche Tools verwenden. Der Kundendialog wird je nach Zielgruppe und Tool anders ausfallen.

Ihre Social-Media-Aktivitäten müssen zu Ihnen und Ihrem Unternehmen passen. Angenommen, Ihre Zielgruppe ist sehr aktiv im Web, während Ihre gesamte Unternehmenskommunikation bisher sehr zurückhaltend war und Sie wenige Informationen nach außen getragen haben. Dann wird Ihr Einstieg in Social Media erst einmal zurückhaltender sein. Ausgehend von Ihrer Social-Media-Strategie, können Sie nun unterschiedlich vorgehen. Sie können sich passiv, reaktiv und proaktiv in sozialen Medien bewegen. Und je nachdem wählen Sie auch die Tools aus. Für den passiven Ansatz genügt weitestgehend Social Media Monitoring (siehe Kapitel 3, »Social Media Monitoring und Online Reputation Management«). Für den reaktiven Ansatz müssen Sie zumindest Ihren Mitarbeitern genügend Social-Media-

Kompetenz vermitteln und Zuständigkeiten definieren. Entscheiden Sie sich für den proaktiven Ansatz, steht Ihnen das gesamte Spektrum an Social-Media-Tools zur Verfügung, die Sie je nach Zielgruppenanalyse und Zieldefinition auswählen. Deshalb ist die Wahl der Technologie der letzte Punkt im POST-Framework.

Ihr Firmenalltag bietet eine Menge Gesprächsstoff

Ein Großteil Ihres täglichen Firmenalltags ist für Ihre Zielgruppe interessant. Gehen Sie dafür in Gedanken alle Abteilungen durch, und schreiben Sie auf, welche News das Marketing, die Produktion, der Vertrieb, die Personalabteilung gerade oder in Zukunft zu berichten hat. Ist ein Umzug oder ein zusätzliches Büro geplant? Rekrutieren Sie bereits neue Mitarbeiter? Wann ist deren erster Arbeitstag? Wann kommen neue Produkte auf den Markt? Welche Produkte sollen vom Markt entfernt werden, und was sagt Ihre Zielgruppe dazu im Netz?

2.5.1 Die richtigen Tools nutzen

Die wichtigsten Social-Media-Tools haben wir in diesem Buch in den einzelnen Kapiteln zusammengestellt. Von Foren und Bewertungsplattformen, über Blogs und Microblogs (Twitter), über soziale Netzwerke und Sharing-Plattformen, bis hin zu Mobilen Communities und Social Commerce, sind alle Möglichkeiten im Social Web veranschaulicht. Trotz der Tools müssen Sie einige grundlegende Überlegungen und Haltungen verinnerlichen, damit Sie mit den Tools auch das erreichen, was Sie möchten. Ins Gespräch kommen Sie, indem Sie zuhören.

2.5.2 Zuhören

Mit Ihrer Zielgruppenrecherche und -analyse haben Sie bereits ein wenig zugehört. Nun gilt es, permanent die sozialen Medien zu beobachten. Warum ist Zuhören so wichtig? Im Grunde ist das wie im wahren Leben auch. Jedes gute Gespräch beginnt mit aktivem Zuhören. Denn damit finden Sie heraus, was Ihren Gesprächspartner beschäftigt und welche Wünsche er hat. Im Anschluss daran können Sie angemessen reagieren. Ihre Zielgruppe tut im Netz nichts anderes, als Ihre Bedürfnisse mitzuteilen. Sie konnten bisher nur nicht darauf reagieren, weil Sie nichts davon wussten (oder wissen wollten?). Zuhören gewährt Ihnen einen Einblick in die Wunschwelt Ihrer Kunden. Sie können davon ausgehen, dass die Rückmeldungen weitaus authentischer sind als die beschönigten Meinungen in der Marktforschung. Achten Sie darauf, wie viele Beiträge von den »Creators« und »Critics« stammen. Diese Beiträge unterscheiden sich von den spontanen Momentaufnahmen der »Joiners« und »Conversationalists« (siehe Abschnitt 2.1.3, »Social-Media-Nutzertypen«).

Bessere Marktforschung gibt es nicht!

Wenn Sie zuhören, aufmerksam mitlesen und die Meinungen sammeln, erhalten Sie sehr genaue Marktforschungsergebnisse, mit denen jedes noch so gestellte Testsetting nicht mithalten kann. Denn niemand hat Ihre Kunden dazu aufgefordert, solche Beiträge zu formulieren. Sie tun es ganz von sich aus. Auch wenn Sie selbst nicht aktiv werden wollen, sollten Sie sich zumindest diesen Vorteil der sozialen Medien zunutze machen. Außerdem: Wenn Sie positives Feedback von Kunden erhalten, freuen Sie sich auch darüber, oder? Sie werden staunen, wie viel Positives Ihre Kunden untereinander austauschen.

Trotz der geringen Hürde fällt Zuhören vielen Unternehmern, Marketing- und PR-Experten zu Beginn sehr schwer. Das mag daran liegen, dass sie bisher auch nicht zugehört und nach den Regeln des klassischen Marketings ihr Produkt an den Mann gebracht haben. Im Social Web müssen Sie jedoch zuhören, sonst werden Sie langfristig keinen Erfolg haben. Die Menschen im Internet sprechen so oder so über Ihre Produkte. Sie müssen nur zuhören.

2.5.3 Aktiv werden – aber wie?

Wer zuhört, hat auch das Bedürfnis, zu antworten. Sie werden schon bald den Wunsch verspüren, Ihren Kunden zurückzuschreiben. Wenn Kritik an Ihrer Dienstleistung geäußert wurde, werden Sie die Dinge richtigstellen wollen.

Reagieren Sie auf Nachrichten Ihrer Kunden in Twitter, Foren und sozialen Netzwerken. Auch wenn die User andere User um Hilfe bitten, heißt das noch lange nicht, dass Sie kein Wort mitzureden haben. Im Gegenteil: Sie sind derjenige, der am besten auf Servicefragen reagieren kann. Zeigen Sie dem Kunden Ihre Kompetenz! Vielleicht haben die User nur nicht mit Ihnen gerechnet. Mancher Kundenwunsch wird für Sie neu sein. Viele Unternehmen achten nicht darauf, Rückmeldungen zu kommentieren. Sie ignorieren die Kritik in der Hoffnung, dass die Meldung niemals zutage tritt. Dabei wäre das Feedback die Chance, den Kundenservice zu verbessern und neue Kunden zu gewinnen. Nur wer sich seine Fehler eingesteht, kann die Dinge in Zukunft besser machen.

Um das Schreiben kommen Sie aber nicht herum. Wenn Ihnen das Schreiben als Unternehmer nicht liegt, geben Sie die Kommunikation an die richtige Unternehmensabteilung ab. Authentizität bedeutet auch, ehrlich zu sagen, dass einem Twitter und Facebook nicht liegen. Es gibt noch ganz andere Bereiche, wie z. B. die Ideengenerierung und Produktentwicklung durch Crowdsourcing, die Ihnen möglicherweise mehr zusagen. Für viele Unternehmen ist Social Media zu Beginn ein

Experiment. Erst in der Umsetzung merken sie, wie effizient und sinnvoll man es einsetzen kann.

Lassen Sie sich nicht von Worst-Case-Szenarien abschrecken

Sie brauchen jedoch nicht stundenlang die Regeln der Social-Media-Kommunikation zu studieren, bevor Sie mit Ihren Kunden reden. Wie authentische Gespräche entstehen, können Sie erst nachvollziehen, wenn Sie damit anfangen. Manche Unternehmen malen sich ein halbes Jahr lang Worst-Case-Szenarien aus, bevor sie ihren ersten Pinnwandeintrag schreiben. Beginnen Sie lieber in kleinen Schritten, mit Ihren Kunden zu reden, als sich in Diskussionen über die Kommunikationsstrategie zu verlieren. Ihr Redaktionsplan liefert Ihnen ohnehin die wichtigsten Themen.

2.5.4 Mit anderen teilen

Das Social Web basiert auf dem Geben-und-Nehmen-Prinzip. Sie stellen Informationen zur Verfügung, andere erhalten wichtige Informationen. Jemand bittet Sie um Rat, Sie helfen weiter und bekommen positives Feedback. Es geht nicht vordergründig um die Frage, was Ihnen Social Media Marketing bringt (auch wenn Sie sich diese Frage stellen). Viel wichtiger ist die Frage, was Sie von sich aus einbringen und Ihren Kunden bieten können. Informationen müssen frei zur Verfügung gestellt werden, damit die User sie leicht untereinander teilen können (»Share it«-Funktionen). Sie müssen Offenheit demonstrieren, um das Vertrauen Ihrer Kunden zu bekommen. Sie müssen die Kunden um ihre ehrliche Meinung bitten, um wertvolles Feedback zu erhalten. Über Erfolg oder Misserfolg im Social Web entscheidet einzig Ihre Kundengemeinschaft. Daher ist es wichtig, sie entsprechend zu achten und in den Mittelpunkt Ihrer Social-Media-Aktivitäten zu stellen. Denken Sie an die Bedürfnisse Ihrer Community, seien Sie da, wenn Hilfe benötigt wird.

2.5.5 Beziehungsaufbau – das Wir betonen

Einen Kundendialog können Sie nicht allein führen. Das funktioniert nur gemeinsam. Sie sind also auf Ihre Kunden angewiesen, wenn Sie Social Media Marketing betreiben. Wenn Sie nur Monologe im Social Web führen, erreichen Sie Klicks, aber Sie bauen keine Kundenbeziehung auf. Wenn Sie ein langfristiges Ziel mit Social Media verfolgen, können Sie das nur im Austausch mit Ihren Kunden erreichen. Bei all Ihren Aktivitäten sollten Sie sich immer wieder ins Gedächtnis rufen, dass Social Media auf Gemeinschaft und auf dem Miteinander beruht. Im Alleingang bewirken Sie keine Interaktion. Es ist sicher eine Umstellung, seine Kunden als »Freunde« zu betrachten, aber im Social Web sind sie es. Und wie gehen Sie mit Freunden um? Sie helfen Ihnen, kommunizieren wertschätzend und achten darauf, dass es ihnen gut geht. Dabei müssen Sie Ihre Lieblingskunden bestärken und ihnen auf verschiedenste Weise Anerkennung zollen. Potenzielle Kunden müssen Sie überzeugen und versuchen, deren Vertrauen zu gewinnen.

Marketing-Take-away: Kunden kaufen Emotionen

Das Wir-Gefühl erzeugen Sie nicht nur über das Produkt, sondern durch das Gefühl, dass das Produkt beim Kunden auslöst. Viele Unternehmen sind geneigt, zu entgegnen, dass der Kunde doch (nur) ein Produkt kauft und keine Beziehung. Das stimmt aber nicht. Jede Marke steht für eine bestimmte Unternehmensphilosophie, für ein Gefühl, und beides kauft der Kunde mit.

Marken werden üblicherweise über ihre Produktpositionierung wahrgenommen. Jedes Auto steht beispielsweise für einen bestimmten Lifestyle und spricht unterschiedliche Altersgruppen und Einkommensklassen an. Hinzu kommen die Außendarstellung des Unternehmens und die Servicequalität beim Verkauf. In Social Media werden neben diesen Werten auch die Meinungen anderer Käufer und das Vertrauen in den Verkäufer berücksichtigt. Käufer und Verkäufer stehen also mehrfach in Beziehung.

Wie Sie das Wir-Gefühl erzeugen

Die Firma muss sich nach außen hin vermenschlichen. Geben Sie dem Kunden permanent das Gefühl, dass seine Meinung willkommen ist. Verraten Sie ihm, welche neuen Ideen Sie haben, und fragen Sie ihn nach seiner Meinung. Betonen Sie die Wichtigkeit der Community. Entschuldigen Sie sich öffentlich für Produktfehlentwicklungen. Zeigen Sie potenziellen Käufern, was Sie durch das wertvolle Kundenfeedback bisher verbessern konnten. Wenn Sie etwas nicht verbessern konnten, erklären Sie Ihren Kunden, warum. Bedanken Sie sich für die Kundentreue so, als würden Sie jedem einzelnen Kunden die Hand schütteln.

Best Practice – K2 lädt seine Freunde ein

Der Skihersteller K2 hatte im Sommer 2010 seine Facebook-Freunde dazu eingeladen, die neuen Skikollektionen exklusiv auf Facebook anzuschauen. Dafür wurde die internationale Website *www.k2ski.com* eingestellt und mit einem Vorschaubild mit dem Link zur Facebook-Seite versehen (siehe Abbildung 2.12). Nur die Markenfans konnten sich die neuen Skier ansehen. K2 belohnte damit die Treue und Loyalität seiner Markenfans.

Abbildung 2.12 Exklusivität verstärkt den Beziehungsaufbau – K2 belohnt seine Markenfans mit der neuen Skikollektion.

2.5.6 Interagieren – seien Sie mehr als ein kompetenter Ansprechpartner

Wenn Sie Ihren Kunden kompetenten Service in Echtzeit bieten und mit ihnen eine intensive Beziehung aufgebaut haben, können Sie in Social Media eine Stufe weitergehen. In einer intakten Beziehung ist es üblich, Freunde nach Feedback zu fragen. Die wertvollsten Rückmeldungen erhalten Sie von Ihren treuen Lieblingskunden. Deshalb lohnt es sich, ihnen eine Plattform zur Verfügung zu stellen, auf der sie das tun können. Beziehen Sie Ihre Kunden in unternehmerische Entscheidungsprozesse, wie die Produktentwicklung, mit ein. Ihre Kunden werden es als Anerkennung empfinden, wenn ihre Meinungen und Ideen als Grundlage für ein neues Produkt verwendet werden. Im Endeffekt übertragen Sie damit nur Meinungsforschung ins Echtzeitmedium Internet.

Die höchste Form des Kundendialogs – gemeinsame Produktentwicklung

Auch wenn Social Media die perfekten Voraussetzungen für integrative Entwicklungen bietet, setzen im deutschsprachigen Raum wenige Unternehmen diese (höchste) Form des Kundendialogs um (Abbildung 2.13). Als bekanntestes Beispiel in Deutschland gilt die Plattform *www.tchibo-ideas.de* und im englischsprachigen Raum *www.mystarbucks-idea.com*. Beide Plattformen bieten Community-Mitgliedern die Möglichkeit, Ideen und Wünsche rund um das Unternehmen kundzutun. Die Ideen werden sowohl von der Community als auch final vom Unternehmen bewertet.

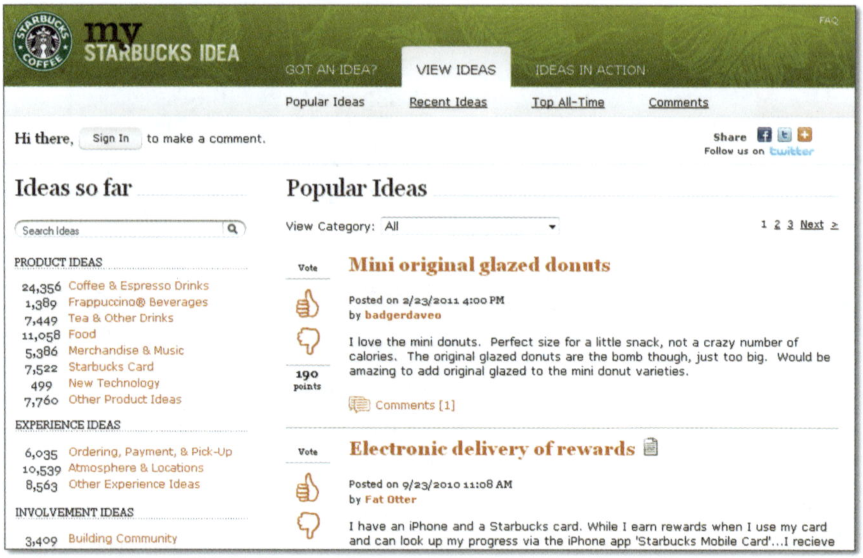

Abbildung 2.13 Kundenmeinungen sind eine perfekte Grundlage für die Neu- und Weiterentwicklung eines Produkts.

2.6 Sie sind nicht allein (andere waren schon vor Ihnen da)

Sie sind trotz Zielgruppenanalyse und -strategie unsicher, wie Sie sich in Social Media verhalten sollen? Seien Sie unbesorgt. Sie sind nicht allein, denn andere waren bereits vor Ihnen da. Beobachten Sie Ihre direkte Konkurrenz und die eigene Branche in deren Social-Media-Aktivitäten. Schauen Sie sich auch Positivbeispiele anderer Unternehmen an. Richten Sie sich dazu einfach einen Google Alert mit den Stichwörtern »Social Media«, »Social Media Best Practices« ein. So erhalten Sie einen Einblick über aktuelle Beispiele. Das Gleiche gilt für Blogs, Twitter und Facebook.

Linktipps: Bleiben Sie auf dem Laufenden

Auf unserer Facebook-Seite zum Buch *https://www.facebook.com/social.media.marketing.buch* veröffentlichen wir regelmäßig gelungene Social-Media-Beispiele verschiedenster Marken. Die Portale Allfacebook.de (*http://allfacebook.de*) und Futurebiz (*http://www.futurebiz.de*) widmen sich speziell Kampagnen in Facebook und veröffentlichen auch immer wieder interessante White Papers. Mit einem starken Fokus auf technische Lösungen informiert das Portal t3n (*https://t3n.de*) sowohl in Printform als auch digital über die Entwicklungen im Social-Media-Bereich. Der PR-Blogger (*http://pr-blogger.de*) liefert spannende Einblicke in die Social PR. Medienfachzeitschriften wie die WuV und Horizont berichten ebenfalls von Social-Media-Best-Practices.

Best Practice – Daimler-Blog

Der Automobilkonzern Daimler führt seit 2007 ein Firmenblog unter der Adresse *www.blog.daimler.de* (siehe Abbildung 2.14). Als eines der deutschen DAX-Unternehmen wird dieses Beispiel immer wieder als Best Practice zitiert. Wir sind ebenfalls der Meinung, dass Daimler die Aufmerksamkeit verdient hat.

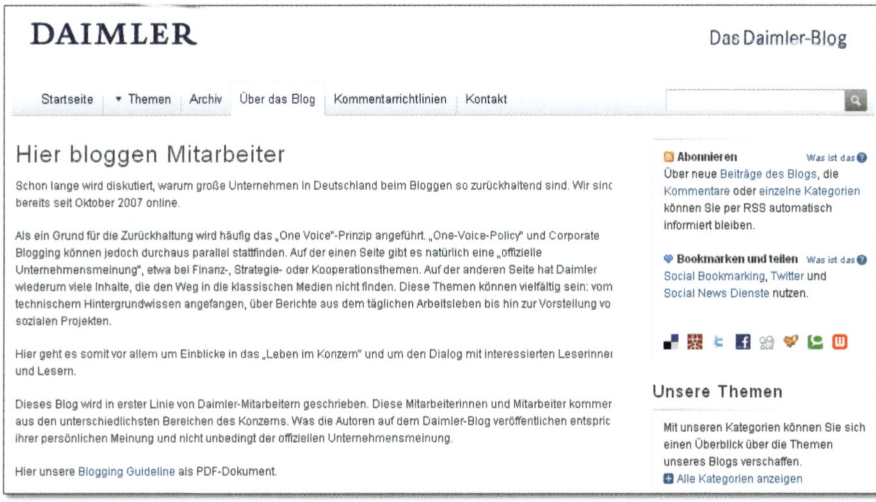

Abbildung 2.14 Hier bloggen die Daimler-Mitarbeiter.

Daimler nutzt neben dem eigenen Blog auch Facebook, Twitter, Friendfeed, Posterous und YouTube. Unter dem Blogtitel »Einblicke in einen Konzern« berichten die Mitarbeiter über ihre Arbeits- und Lebenswelten. Der Titel macht deutlich, was Daimler mit diesem Blog bezwecken will: Die Kunden sollen einen Einblick in das Unternehmen Daimler erhalten, fernab von Pressemitteilungen und Werbeanzeigen. An diesem Beispiel sieht man, dass hinter den Social-Media-Aktivitäten eine Firmenphilosophie steht, die dieses Engagement von Daimler erst lebendig macht. Der Konzern spricht damit den Teil seiner Zielgruppe an, der im Internet sehr aktiv ist und das Unternehmen kritisch betrachtet. Daimler kann ohne Zweifel als Best Practice genannt werden.

Social Media funktioniert nur als Teil der Unternehmenskultur

Wer Social Media in aller Konsequenz nutzen möchte, sollte eine solche Unternehmenskultur etabliert haben oder zumindest langfristig darauf hinarbeiten (Social-Media-Strategie). Die Art und Weise, wie andere Unternehmen in Social Media kommunizieren, kann Ihnen als Orientierung dienen. Achten Sie auch darauf, mit welchen Tools andere Firmen arbeiten und welche Erfahrungen sie dabei machen. Vielleicht entdecken Sie dabei eine neue Anwendung, die auch für Sie interessant sein könnte.

2.6.1 Lernen Sie aus den Fehlern der anderen

Nicht nur Positivbeispiele eignen sich zur Orientierung. Sie können auch aus den Fehlern anderer Unternehmen lernen. Besonders Beispiele von Marken, die einen Reputationsschaden im Social Web erlitten haben, sollten genauer unter die Lupe genommen werden. Was war der Grund für die Rufschädigung? Was hat zur schnellen Verbreitung der Negativberichterstattung beigetragen? Wie haben es die Kunden wahrgenommen? Wie hat das Unternehmen letztlich reagiert?

Insbesondere sogenannte »Shitstorms« bieten Aufschluss über die richtigen Verhaltensregeln und eine erfolgreiche Krisen-PR, da es sich meist um eine Extremsituation für Unternehmen handelt, wo schnell und sicher reagiert werden muss. So zum Beispiel die Anti-Nespresso-Kampagne von Solidar Suisse gegen Nestlé im September 2011, bei dem der bekannte Clooney-Spot parodiert wurde, *http://www.youtube.com/watch?v=2G8QljHVn_A&lc* (siehe Abbildung 2.15). Solidar Suisse wollte damit über die Ausbeutung der Kaffeebauern aufklären und zur Unterstützung seiner Fair-Trade-Forderungen an Nestlé aufrufen. Nestlé ist nicht das erste Mal Zielscheibe von Kritikern. In Kapitel 1, »Social Media beginnt mit »Du!«, haben wir bereits über die Blamage von Nestlé-KitKat berichtet. Diesmal hat Nestlé elf Stunden nach der Aktion relativ rasch reagiert. Allerdings waren die Antworten standardgemäß und beschränkten sich auf Pressemitteilungen über das AAA-Programm. Die ehrliche Kommunikation mit seinen Kunden suchte Nestlé nicht. Damit musste sich Nestlé bei einigen Kritikerin den Vorwurf gefallen lassen, dass sie Nachhaltigkeit nicht ernst nehmen.

Abbildung 2.15 Solidar Suisse greift Nestlé an.

2.6.2 Experimentieren Sie

Es gibt keinen Königsweg für Social Media Marketing, außer man geht ihn. Es bleibt teilweise ein Experiment, denn Sie müssen ausprobieren, welche Tools und Kampagnen bei Ihrer Zielgruppe gut ankommen. Für manche Marken eignet sich ausschließlich eine Tester-Community, wo User exklusiv Produkte zum Testen erhalten. Andere Marken müssen verstärkt alle klassischen Kommunikationskanäle mit Social Media kombinieren, um die Kunden zu erreichen.

Überraschen Sie in Social Media, indem Sie auch Wege abseits des bekannten Marketings gehen. Laden Sie Ihre aktivsten Community-Mitglieder zu einer Werkschau ein. Damit belohnen Sie Ihre treuen Kunden im realen Leben. Starten Sie eine eigene Radio- oder Fernsehshow, indem Sie regelmäßig per Livestream Videobeiträge von sich ins Internet übertragen. Drehen Sie den nächsten TV-Spot mit Ihren Lieblingskunden. Social Media stellt Ihnen sehr viele kostenlose Tools zur Verfügung, aber die Ideen müssen Sie liefern und sich die Zeit nehmen, sie auch umzusetzen.

2.7 Social-Media-Controlling – Erfolg messen

Eine der wichtigsten Fragen, die Social Media Marketing nach sich zieht, ist die nach dem Erfolg. Damit Sie Erfolg messen können, müssen Sie Ziele definieren, wie im klassischen Controlling auch. Das haben Sie ja im ersten Schritt bereits getan, siehe Abschnitt 2.2.5, »Definieren Sie zuerst qualitative Ziele«. Diese Ziele können Sie anhand von quantativen Kennzahlen messen, die den Social-Media-Einsatz dem Ergebnis gegenüberstellen. Je nach Ziel lassen sich verschiedene *Key Performance Indicator* (kurz KPI) beschreiben, und es lassen sich für die Erfolgsmessung in Social Media zwölf KPIs ableiten.

2.7.1 Key Performance Indicator

- Share of Voice = Markenerwähnungen / Gesamterwähnungen {Marke + Konkurrent A, B, C...n}
- Zielgruppenengagement (Audience Engagement) = {Anzahl der Kommentare + Shares + Links} / Anzahl der Views
- Diskussionsreichweite (Conversation Reach) = Summe aller Diskussionsteilnehmer / kalkulierte Diskussionsteilnehmer
- aktive Markenfans (Active Advocates) = Anzahl der aktiven Markenfans (letzten 30 Tage) / Summe aller Markenfans

- Einfluss der Markenfans (Advocate Influence) = einmaliger Einfluss von Markenfans / Summe aller Einflüsse von Markenfans
- Markenfan-Effekt (Advocacy Impact) = Anzahl aller von Markenfans initiierten Diskussionen / Summe aller Markenfans
- Lösungsrate (Issue Resolution Rate) = Anzahl aller erfolgreich beantworteten Kundenanfragen / Anzahl aller Serviceanfragen
- Bearbeitungsdauer (Resolution Time) = Bearbeitungsdauer für eine Kundenanfrage / Summe aller Serviceanfragen
- Zufriedenheits-Score (Satisfaction Score) = Kundenfeedback {A,B,C...n} / gesamtes Kundenfeedback
- Topic Trends = Anzahl aller spezifischen Trenderwähnungen / Anzahl aller Topic Trends
- Stimmungsbarometer (Sentiment Ratio) = {Positive : Neutrale : Negative Markenerwähnungen) / Summe aller Markenerwähnungen
- Ideeneffekt (Idea Impact) = Summe aller positiven Kommentare, Erwähnungen, Teilungen, Likes / Summe aller Kampagnendiskussionen, Erwähnungen, Teilungen, Likes

Der Share of Voice (kurz SoV) ist ein Indikator aus der klassischen Werbung und wird dort aus der Anzahl der Zielgruppenkontakte durch eigene Werbung / Anzahl der Zielgruppenkontakte durch Werbung in der Branche berechnet. Er wurde auf Social Media Marketing entsprechend übertragen.

Diese Kennzahlen sind von John Lovett und Jeremiah Owyang definiert worden. Sie beziehen sich auf Dialogqualität, Markenfans, Servicequalität und Innovationsgrad Ihrer Social-Media-Aktivitäten.

2.7.2 Erfolg überprüfen – haben Sie Ihre Ziele erreicht?

Mit diesen Indikatoren können Sie je nach Maßnahme, Kampagne oder Strategie prüfen, ob Sie Ihre Ziele erreicht haben. Wenn Sie den Kundendialog, die Reichweite und das Community-Engagement messen wollen, verwenden Sie den *Share of Voice*, das *Zielgruppenengagement* und die *Diskussionsreichweite*. Wenn Sie die Markenloyalität, Brand Advocacy und den viralen Erfolg Ihrer Kampagne messen wollen, verwenden Sie die Indikatoren *aktive Markenfans*, *Einfluss der Markenfans* und *Markenfan-Effekt*. Für die Qualität Ihres Services und die Verbesserung Ihres Kundensupports messen Sie die *Lösungsrate*, die *Bearbeitungsdauer*, den *Zufriedenheits-Score*. Und um den Grad Ihrer Innovation zu messen, verwenden Sie den KPI *Topic Trends* und den *Ideeneffekt*. Weitere Messgrößen sind: Stimmungsbarometer zur Bestimmung des Sentiments (Stimmungsanalysen: positiv, negativ, neutral), der

Online-Reputation (Net Reputation Score) und der digitalen Mundpropaganda (Social Influencer Score). Um Vergleiche anstellen zu können, braucht es natürlich Vergleichswerte und Orientierungswerte (Benchmarks). In der noch jungen Disziplin Social Media Marketing sind Benchmarks erst wenig etabliert. Hinzu kommt, dass viele Unternehmen ihre Erfolgswerte in Social Media nicht nach außen kommunizieren. Sie können die Werte aber nicht nur für sich, sondern auch für Ihre Konkurrenten berechnen und direkt vergleichen. Dazu müssen Ihnen natürlich die Daten der Konkurrenten vorliegen, oder Sie filtern Sie einfach mit. Sie können z. B. parallel zur Kampagne eines Konkurrenten Ihre eigene Aktion starten und dann im Vergleich den Share of Voice berechnen.

2.7.3 Kennzahlen Social Commerce

Wenn Sie jedoch messen wollen, wie sich Social Media auf den Online-Verkauf Ihrer Produkte ausgewirkt hat, bieten sich Zahlen aus dem Online-Marketing zur Überprüfung an. Der E-Commerce liefert beispielsweise Analysen von Warenkörben, von Umsätzen wie *Lead-Generierung* und *Conversion Rate*. Die Conversion Rate gibt Auskunft, in welchem Maß die Vorgabe (z. B. mehr Verkäufe) zum Erfolg geführt, »konvertiert«, hat.

Wenn Sie messen wollen, wie sich Empfehlungen (Like, Share) in Social Media auf den Verkauf auswirken, wird es schon diffiziler. Die Parameter dafür lauten *Revenue per Share* (kurz RPS) und *Revenue per Like* (kurz RPL), die Sie pre-purchase, also vor dem Kauf, oder post-purchase, also nach dem Kauf, berechnen können. Der Anbieter Eventbrite (ein Anbieter zur Vermarktung von Eventtickets in Facebook) erzielt beispielsweise einen Revenue per Share in Höhe von 2,53 US$ post-purchase und einen Revenue per Like in Höhe von 1,34 US$ pre-purchase (Quelle: F-Commerce, Syzygy, 2011).

2.7.4 Und was ist jetzt der ROI von Social Media?

Die Frage nach dem »Return on Investment« wird immer wichtiger, seit sich Social Media als eigenständige Marketingdisziplin durchzusetzen beginnt. Denn schließlich müssen Marketingmanager und Agenturen begründen, wofür sie Geld ausgeben und was am Ende dabei herumkommt. Die Frage ist also berechtigt, doch sie wird falsch gestellt. Die Frage nach dem ROI von Social Media ist genauso irreführend wie die Frage nach dem ROI von Zeitungen. Der ROI ist kein Maß für Medien, sondern ein Wirtschaftsmaß, welches Aufwendungen und Erträge ins Verhältnis zueinander setzt (siehe Abbildung 2.16). Die Frage muss deshalb lauten: Wie hat sich unsere Imagekampagne in Facebook, Twitter und YouTube auf die Markenwahrnehmung (Bekanntheit, Loyalität, Brand Advocacy) ausgewirkt, und wie hat sich dies im Kampagnenzeitraum auf unseren Absatz ausgewirkt?

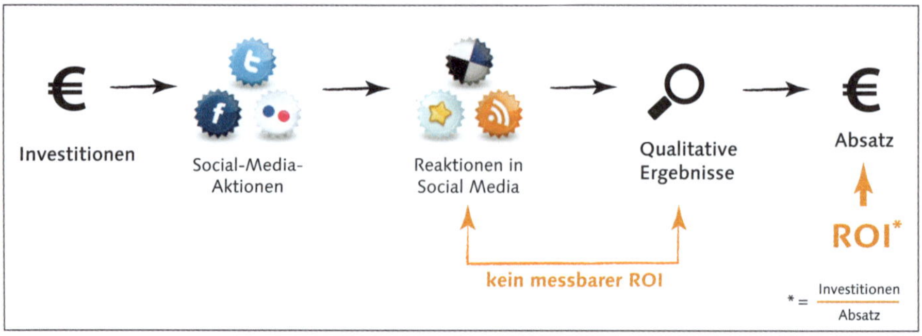

Abbildung 2.16 Der ROI ist ein Wirtschaftsmaß, das Ihre Social-Media-Investitionen im Verhältnis zum Verkauf bewertet.

Häufig laufen jedoch mehrere Kommunikations- und Marketingmaßnahmen parallel, sodass sich ein kausaler Zusammenhang zwischen Absatz und einer konkreten Social-Media-Maßnahme kaum herstellen lässt, es sei denn, die Social-Media-Kampagne war die einzige Maßnahme in dem Zeitraum. Es lohnt sich daher, die Kampagnen genau auszuwerten, um Rückschlüsse von qualitativen Ergebnissen auf die Absatzsteigerung zu ziehen. Bei der Auswertung der qualitativen Größen helfen die genannten KPIs. Angenommen, Sie haben im Kampagnenzeitraum einen sehr hohen Share of Voice von 60 % erreicht, der vorher (ohne Social-Media-Maßnahmen) nur 20 % betrug. Nun können Sie dazu noch die Entwicklung Ihrer Abverkäufe ins Verhältnis setzen und sehen daran, wie sich ein Ergebnis in Social Media auf Ihre Umsätze auswirkt.

Tipp: Nutzen Sie den ROI-Calculator

Unter *http://roi.ethority.de* können Sie für Aktionen in Facebook, Twitter, Blogs, Foren und YouTube den ROI berechnen. Dafür müssen Sie aber bestimmte Daten monitoren, z. B. in Twitter die Anzahl der Follower, die Anzahl der Retweets, die Anzahl der Kontakte, die ein Follower erreicht, wenn er twittert, den TKP der Kampagne (gerade bei Twitter-Werbung interessant, siehe Abschnitt 6.9, »Werbung in Twitter«) und die Höhe des Werbebudgets. Sie müssen also relativ viel mittracken, bevor Sie auf den ROI kommen.

Es kann aber auch sein, dass sich der positive Empfehlungseffekt einer Kampagne auf ganz andere Parameter zurückführen lässt, die nichts mit Social Media zu tun haben: die Stimmung des Kunden, Jahreszeiten, Wirtschaftslage usw. Damit Sie sichere Zusammenhänge herstellen können, müssen Sie Ihre Social-Media-Kampagnen kontinuierlich auswerten und zu anderen Marketingaktivitäten und dem Absatz ins Verhältnis setzen.

Marketing-Take-away: Der ROI der Old Spice-Kampagne

Old Spice ist ein Männerparfüm der Marke Proctor & Gamble, das etwas in die Jahre gekommen war und bei der Käuferschaft eher das Image eines Altherrendufts hinterließ. Deshalb schickten P&G im Februar 2010 einen Spot während des Super Bowls in Amerika ins Rennen (siehe Abbildung 2.17), der anschließend eine Welle der Begeisterung in Social Media auslöste. Das enorme Interesse der User, die das YouTube-Video in den ersten fünf Monaten über 16 Mio. Mal ansahen, machte aus dem Werbespot erst einen viralen Erfolg. In weiterer Folge wurde die Kampagne rund um den charmanten Schauspieler Isaiah Mustafa weiter ausgebaut, der mit Videoantworten auf die Fragen der User in Facebook und Twitter reagierte.

Abbildung 2.17 Der Old Spice Man wird als viraler Erfolg gefeiert, aber ist es auch ein Umsatzerfolg?

Alle Old-Spice-Videos zusammen generierten in dieser Zeit eine Reichweite von 110 Mio. Views; die Interaktion auf der Facebook-Seite stieg um 800 %; die Anzahl der Follower in Twitter stieg um 1.000 %. Doch wie wirkte sich diese Vorzeigekampagne auf die Abverkaufszahlen von Old Spice aus? Der Umsatz des beworbenen Produkts »Red Zone After Hours« ging um 7 % zurück, während die Produktlinie Old Spice-Männerduschgels eine Umsatzsteigerung von 106 % im Juni 2010 verzeichnete. Von Juni 2009 bis Juni 2010 stieg der Umsatz jedoch nur um 8 %. Anzumerken ist außerdem, dass in dieser Zeit auch verkaufsfördernde Maßnahmen durch Gutscheine und Aktionen stattfanden, die den Umsatz zusätzlich beeinflusst haben.[9]

Die Messung des ROI ist nicht unmöglich, aber sie ist mitunter schwierig, da sich häufig mehrere Marketingmaßnahmen sinnvoll ergänzen und der gesteigerte Um-

9 SymphonyIRI, BVDW, detailverliebt.de

satz ein nachgelagerter Effekt von Aktionen in der Vergangenheit sein kann. Ein valider ROI wird sich erst nach einer Zeit einstellen können.

2.7.5 Die Erfolgsspirale nach oben

Der Beginn Ihres Social-Media-Engagements ist bereits der Anfang einer Erfolgsspirale nach oben. Sie beginnen mit Zuhören, und im nächsten Schritt reagieren Sie auf Kundenwünsche. Indem Sie eigene Inhalte zur Diskussion stellen, interagieren Sie mit Ihrem Zielpublikum. Und am Ende verkaufen Sie direkt und indirekt auch Ihre Produkte, da Sie das Vertrauen der User gewonnen haben. Die Erfolgsspirale kann nur gelingen, wenn Sie aktiv im Netz sind und messbare Ziele festlegen. Die berechneten Kennzahlen helfen Ihnen bei der Optimierung einzelner Kampagnen. Wenn Sie Kennzahlen messen, ohne vorher ein Ziel festgelegt zu haben, verringert sich die Aussagekraft, und die Erfolgsmessung verkommt zu einem Zahlenspiel. Achten Sie auch darauf, die richtigen und relevanten Zahlen für Ihre KPIs zu erheben.

Die stetige Erfolgsmessung ist wichtig, um mit anderen Abteilungen wie Marketing und Verkauf Maßnahmen zu vergleichen. Somit finden Sie heraus, welche Social-Media-Maßnahmen greifen. Andere Abteilungen werden hellhörig werden, wenn Sie mit konkreten Zahlen und Reportings belegen können, zu welchen Erfolgen Social Media geführt hat. Damit steigt häufig auch die Bereitschaft aller Unternehmensabteilungen, Social Media ernst zu nehmen. Wenn Ihnen Kennzahlen für den Anfang zu kompliziert sind, messen Sie die Kommentare, Likes, Shares Ihrer Social-Media-Aktivitäten. Machen Sie Screenshots von positiven und negativen Kommentaren. Halten Sie fest, was andere User über Sie sagen. Speichern Sie Links und Bilder der Diskussionen im Netz.

2.8 Fazit – Ihre Social-Media-Strategie in drei bis sechs Jahren

Wenn Sie Ihren Social-Media-Zielen treu bleiben und kontinuierlich den Dialog mit Ihren Kunden suchen, wird sich Ihre Strategie nach drei bis sechs Jahren in den Umsatzzahlen widerspiegeln. Die positiven Kommentare werden sich steigern, die negativen immer mehr aus dem Netz verschwinden. Ihre Verkäufe werden zunehmen, die Abbruchszahlen geringer, weil Sie das Feedback der Kunden ernst genommen haben. Sie werden möglicherweise ein Video vielfach im Web verbreitet haben, weil hinter dem Video eine spannende Idee passend zu Ihrem Zielpublikum stand. Sie werden über Ihr Blog neue Kunden generieren, weil der potenzielle Käufer direkt zu Ihrem Blog geführt wurde. Social Media wird Teil Ihrer Firmenphilosophie und Ihrer Kommunikationsstrategie geworden sein.

3 Social Media Monitoring und Online Reputation Management

Social Media Monitoring benötigen Sie, um herauszufinden, wo genau Ihre (potenziellen) Kunden im Social Web daheim sind. Aber noch wichtiger ist die Frage, wie über Sie oder Ihr Produkt gesprochen wird. Ihren guten Ruf im Netz schützen Sie mit Online Reputation Management. Mit den richtigen Monitoring-Tools erhalten Sie schnell einen Überblick über die aktuellen Meinungsbilder im Social Web.

Ein besonders wichtiger Teil einer erfolgreichen Social-Media-Strategie ist das Social Media Monitoring. *Monitoring* bzw. *Web Monitoring* meint das Ermitteln oder Beobachten von Gesprächen oder Erwähnungen bestimmter Themen, Akteure oder Keywords im Web. Für den richtigen Start Ihres Social-Media-Engagements liefert es wichtige Einblicke in das Nutzerverhalten im Netz und das aktuelle Stimmungsbild über Ihr Unternehmen. Außerdem prüfen Sie mit Social Media Monitoring, ob Sie Ihre Ziele in Social Media erreicht haben. Es wundert uns daher, dass das Monitoring noch so stiefmütterlich behandelt wird und Unternehmen Social Media aus dem Bauch heraus starten. Enthusiasmus für Social Media ist wichtig, aber an Monitoring kommen Sie nicht vorbei. Allerdings wird es in vielen Unternehmen nach wie vor vernachlässigt.

Eine Umfrage unter PR-Agenturen und Pressestellen von Unternehmen im Jahr 2011 ergab, das selbst diese durchaus in Medienclipping und -beobachtung geübten Fach- und Führungskräfte viel zu häufig auf professionelles Webmonitoring verzichten. Gerade einmal 37 % der Befragten aus Unternehmenspressestellen betreibt tägliches Webmonitoring. 22 % verzichten sogar komplett darauf. Umso größer das Unternehmen, desto größer auch die Bereitschaft, sich dem Webmonitoring regelmäßig und professionell zu widmen. Motivation dazu sind vor allem Medienresonanz (53 %), Webbeobachtung im Rahmen einer Krisen-PR sowie zur Wettbewerbsbeobachtung (jeweils 34 %). Die Befragung zeigte auch, dass vor allem die PR-Abteilungen federführend beim Webmonitoring sind (67 %), nur in 26 % der befragten Unternehmen obliegt es der Marketingabteilung. Und auch wenn fast 75 % der Befragten vor allem auf Google Alert setzen, steigt die Zahl der Nutzer professioneller Webmonitoring-Tools, so die Umfrage. Das steigende Bewusstsein der Notwendigkeit von Monitoring geht einher mit der Erwartung eines steigenden Risikos von negativer Kommunikation über das Unternehmen im Internet.[1]

Tipp: Social Media Monitoring automatisieren

Monitoring ist ein laufender Prozess, den Sie für Ihr Unternehmen automatisieren sollten. Es reicht nicht, wenn Sie ein einziges Mal im Monat in Google nach dem Namen Ihres Unternehmens suchen. Verlassen Sie sich dabei nicht blind auf die Monitoring-Tools, sondern wahren Sie selbst ein Mindestmaß an Aufmerksamkeit im Social Web. Social Media Monitoring ist nicht nur eine Momentaufnahme, sondern noch viel mehr die kontinuierliche Beobachtung und Einschätzung des gesamten Social Webs.

3.1 Monitoring zur Analyse Ihrer Zielgruppen nutzen

Social Media Monitoring dient Ihrer Zielgruppenanalyse, um Social Media effizient zu nutzen. Zu Beginn einer Kampagne bzw. bei der Erstellung Ihres Social-Media-Konzepts finden Sie dadurch heraus, wo genau über Sie, Ihr Unternehmen, Ihre Marke, Ihre Branche oder über einzelne Produkte und Dienstleistungen gesprochen wird. Mindestens genauso wichtig ist das begleitende, sprich laufende Monitoring, um den Erfolg Ihres Konzepts und die Zielerreichung zu überprüfen. Durch laufendes Monitoring können Sie korrigierend eingreifen, noch bevor Ihre Social-Media-Aktionen in die falsche Richtung gehen.

3.1.1 Monitoring zur Analyse Ihrer Markenpositionierung im Social Web

Am Beginn eines jeden Social-Media-Engagements sollte eine fundierte Markt-/Bestandsanalyse stehen. Denn nur dann können Sie sicher wissen, wo und wie die Menschen über Ihre Marke sprechen und wo Sie mit Ihrem Unternehmen in den Weiten des Social Webs aktiv werden sollten. Verschaffen Sie sich einen guten Überblick und ersten Eindruck. Doch auch begleitend ist Monitoring wichtig: Wie wird Ihre Marke/Ihr Unternehmen jetzt wahrgenommen (im Vergleich zu früher), wie kommt die eine oder andere Social-Media-Kommunikationsmaßnahme bei den Usern an, all das sollten Sie laufend erheben und beobachten, damit Sie entsprechend reagieren und verbessern können. Und schlussendlich können Sie nur damit auch wirklich wissen, ob sich der Erfolg eingestellt hat, also das vorab definierte Ziel erreicht wurde.

1 Quelle: *http://www.presseportal.de/pm/6344/2157970/*

3.1.2 Monitoring zur Analyse und Gewinnung von Kennzahlen

Der Trend im Social Media Monitoring geht in Richtung standardisierter Kennzahlen, um Zieldefinition, Zielerreichung und Vergleichbarkeit (Benchmarking) zu ermöglichen. Der Punkt ist: Zahlen sind nicht alles. In Social Media geht es um Menschen, um Dialog und Interaktion. Daher wird der *ROI* (*Return on Investment*) in Social Media häufig auch als *Return on Influence* bezeichnet. Er besagt, dass wenige, aber dafür besonders relevante und gut vernetzte Kontakte (z. B. Follower auf Twitter, die wiederum viele Follower haben und an Ihrem Thema interessiert sind) definitiv sehr viel mehr wert sind als eine hohe Zahl nicht relevanter Follower. Diese Follower interessiert im Grunde genommen Ihre Message nicht. Sie werden sie deshalb auch nicht weiterverbreiten. Kundenbindung schaffen, Ansprechpartner sein, Kompetenz vermitteln, Sympathie erzeugen, das sind die Schlagworte, die bei Social Media zählen. Durch das Social Media Monitoring werden die wichtigsten Daten gesammelt, um daraus relevante *KPIs*, (*Key Performance Indicators*, siehe Kapitel 2, »Social-Media-Strategie«) abzuleiten. Da Social Media kein zusätzlicher Verkaufskanal ist, kann man auch nicht mit klassischen Kennzahlen an die Thematik herangehen.

Monitoring – leicht gemacht

Sie fragen sich jetzt sicher, wie Sie gleichzeitig Facebook, Twitter, XING, Blogs und Foren überwachen sollen, und sehen sich bereits in MS Excel-Listen untergehen? Wir können Sie beruhigen: Das Internet wäre nicht das Internet, wenn es nicht bereits die wichtigsten Monitoring-Tools gäbe. Und was im »normalen« Web, außerhalb sozialer Medien, schon sehr gut funktioniert (beispielsweise »Google Alert«), etabliert sich auch gerade in Social Media. Deshalb möchten wir Ihnen nun eine Auswahl von Tools und Plattformen vorstellen und ein praxiserprobtes Setting anbieten, das zumindest in der Anfangsphase Ihres Social-Media-Engagements ausreichen wird. Das vorgeschlagene Setting ist für Einsteiger und KMUs (kleinere und mittlere Unternehmen) ideal. Für große Konzerne, bekannte Marken oder internationale Kampagnen sollten Sie jedoch unbedingt auf professionelle Tools und Beratung zurückgreifen.

3.1.3 Für wen ist Social Media Monitoring wichtig?

Grundsätzlich ist Social Media Monitoring für Unternehmen aller Größen wichtig: Egal, ob Sie ein kleines Unternehmen oder ein multinationaler Konzern sind, Sie sollten großes Interesse daran haben, die Konversationen im Social Web mitzubekommen und die Reichweite Ihrer Marketingmaßnahmen zu messen. Social Media Monitoring dient zudem der Krisenprävention, sollte Ihre Marke im Netz einmal in Verruf geraten.

Innerhalb des Unternehmens bzw. des Kampagnenteams gibt es wiederum mehrere Nutzergruppen, die vom Social Media Monitoring profitieren:

- Die Mitarbeiter des Unternehmens bzw. die mit der Social-Media-Betreuung beauftragten Agenturen sind natürlich die wichtigsten Nutzer.
- Um der Notwendigkeit für das Unternehmen, in Social Media aktiv zu sein, noch mehr Ausdruck zu verleihen, hilft Monitoring, die Chefs in der Führungsebene mit Zugriffs- und Kennzahlen zu überzeugen.
- Idealerweise sollte jeder Mitarbeiter des Unternehmens zumindest ansatzweise wissen, welche relevanten Faktoren in Social Media für seinen Arbeitgeber existieren. Viele Mitarbeiter sind privat in Social Media unterwegs und können so einerseits in der eigenen Nutzung sensibilisiert werden und andererseits möglicherweise als Unternehmensbotschafter aktiviert werden.

Sie sehen also, Social Media Monitoring kann viele Zwecke erfüllen und viel zum Erfolg des Unternehmens im Internet beitragen. Nun möchten wir Ihnen zeigen, wie Sie damit am besten umgehen.

Rechtstipp von Peter Harlander: Auf Rechtskonformität achten

Monitoring-Tools sammeln Daten und werten diese aus. Nicht alle Tools bewegen sich dabei im Rahmen der in europäischen Ländern wie Deutschland, Österreich oder der Schweiz gültigen Datenschutzvorschriften. Manche Tools versprechen sogar, selbst Foren auszuwerten, welche eigentlich nur geschlossenen Benutzergruppen zugänglich sein sollten. Eine detaillierte rechtliche Analyse der einzelnen Tools und ihrer oft sehr umfangreichen Funktionen würde wohl mehrere Doktorarbeiten füllen und damit ganz klar den Rahmen dieses Buches sprengen. Die Autoren raten daher, jeweils vor der Nutzung konkreter Funktionen zu prüfen, ob die Nutzung der Funktion rechtskonform ist.

3.1.4 Definieren Sie zunächst die Keywords

Ziel ist es, herauszufinden, wo, wann und vor allem wie über Sie gesprochen wird. Dazu brauchen Sie eine Liste von Keywords, nach denen Sie suchen (lassen) können. Das können beispielsweise sein:

- das Unternehmen selbst
- einzelne Produkte oder Dienstleistungen
- Namen relevanter Personen des Unternehmens
- die Branche
- die Konkurrenz
- die Region

Die Ausgangsbasis für Social Media Monitoring – Keywords

Die Keywords sind die Ausgangsbasis für das Monitoring. Die Programme, mit denen man Monitoring betreibt, arbeiten fast ausschließlich auf Basis von Suchwörtern: Wo werden die gesuchten Keywords im Web gefunden, und wie ist die Konversation zu beurteilen? Das sind die zentralen Fragen der Social-Media-Monitoring-Tools.

3.2 Die richtigen Tools verwenden

Vorausschicken möchten wir eine persönliche Erfahrung: Verlassen Sie sich nicht auf das Ergebnis eines einzelnen Tools (egal, ob kostenpflichtig oder kostenlos), sondern nutzen Sie mehrere Tools parallel, und nehmen Sie so eine Überprüfung der Datenqualität anhand eines Vergleichs der Ergebnisse vor. So gehen Sie sicher, nichts Wichtiges übersehen zu haben. Am besten funktioniert unserer Meinung nach ein Mix aus kostenlosen und kostenpflichtigen Tools. Das bestätigen auch Branchenkollegen und Kunden.

Ein großes Manko war lange Zeit der Mangel an Tools in deutscher Sprache bzw. für deutsche Keywords. Denn es geht nicht nur darum, dass Sie als Nutzer sich leichter tun, wenn die Begriffe und Funktionen auf Deutsch verfügbar sind, sondern vor allem darum, dass das Tool die gefundenen und analysierten Konversationen ordnen und strukturieren soll. Und das gelingt nicht, wenn das Tool die deutsche Sprache nicht unterstützt. Nur wenige der kostenlosen Tools, aber auch der professionellen Tools können das derzeit. Auch deshalb sind Kennzahlen wie »Tonality«, d. h. die Tonalität der Beiträge, bei den meisten Tools nur bedingt aussagekräftig. Es hat sich allerdings in der letzten Zeit eine vorzeigbare Zahl an regionalen Anbietern von Monitoring-Tools etabliert, die gezielt den deutschsprachigen Markt bedienen möchten und auch können. Ein paar davon werden wir in diesem Kapitel ebenfalls vorstellen.

Die folgende Liste an Tools, die wir zusammengestellt haben, erhebt absolut keinen Anspruch auf Vollständigkeit, sondern ist ein vielfach erprobter und genutzter Einstieg in die Thematik. Manche der genannten Tools, vor allem die kostenlosen, sind hin und wieder nicht verfügbar oder könnten einmal vielleicht ganz von der Bildfläche verschwinden. Wir versuchen deshalb, immer auch eine Alternative zu erwähnen.

3.2.1 Einen ersten Überblick verschaffen

Am Beginn jeder Social-Media-Strategie steht die Erstanalyse relevanter Plattformen. Woher sollen Sie sonst wissen, in welchen Netzwerken und auf welchen Social-Media-Plattformen über Sie gesprochen wird?

Google Alerts

Ob Sie es glauben oder nicht, das altbekannte und bewährte Google Alerts ist ein tolles Monitoring-Tool. Es ist zwar kein Social-Media-spezifischer Dienst, erfüllt aber ein vergleichendes und umfassendes Monitoring-Setting.

Das kostenlose Google Alerts (siehe Abbildung 3.1) übernimmt für Sie die tägliche Suche nach bestimmten Begriffen im Web und liefert Ihnen das Suchergebnis per E-Mail. Das heißt, sobald im Web etwas über einen Ihrer Suchbegriffe (Name des Unternehmens, Produktname) veröffentlicht wird, erhalten Sie eine Benachrichtigung. Das ist sehr komfortabel und funktioniert zudem relativ zuverlässig.

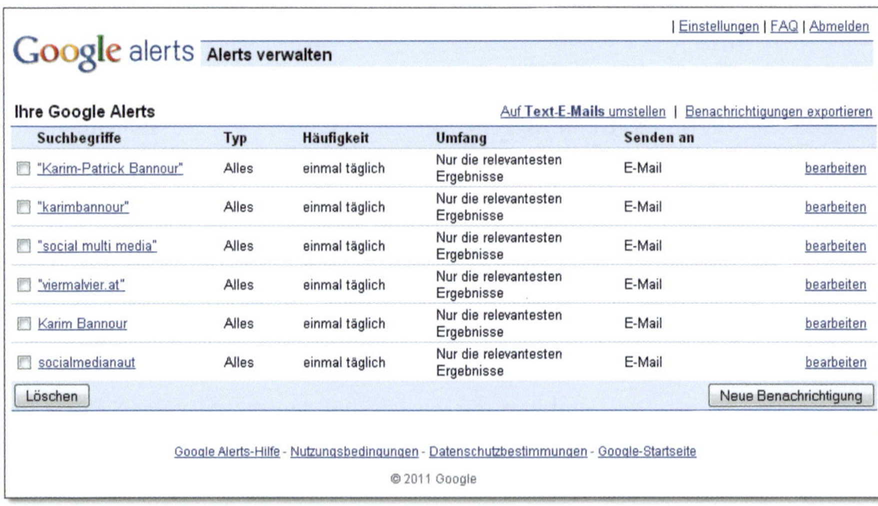

Abbildung 3.1 Mit Google Alerts regelmäßig informiert werden

Aktivieren Sie Google Alerts für Ihren Google Account, und geben Sie alle gewünschten Suchbegriffe der Reihe nach ein. Ab sofort wird Google Sie per E-Mail informieren, wenn ein Suchbegriff im Web (neu) von Google gefunden wurde.

Tipp: Die richtigen Google-Keywords wählen

Je genauer Sie die Suchbegriffe einschränken (es gelten die gleichen Filter und Funktionen wie im »normalen« Google), desto geringer ist die Zahl von unrelevanten Suchergebnissen. Sie können die Suchbegriffe laufend korrigieren, ergänzen oder minimieren.

Social Mention

Social Mention (siehe Abbildung 3.2) ist ebenfalls ein kostenloses Tool, geht aber einen Schritt weiter als Google Alerts, denn damit können Sie Social Media auch filtern. Es bietet wie Google Alerts die Möglichkeit, die Ergebnisse via E-Mail zu erhalten, und versucht zusätzlich, die gefundenen Beiträge in Social-Media-Kennzahlen einzuordnen. Diese Kennzahlen sind jedoch nur bedingt aussagekräftig, da das Tool nicht die deutsche Sprache unterstützt. Trotzdem kann es Ihnen dabei helfen, Grundtendenzen zu erkennen. Für eine erste Bestandsaufnahme und begleitendes Monitoring ist es gut einsetzbar. Sie können das gesamte Social Web nach dem Suchwort durchforsten lassen, nach Social-Media-Plattformen filtern oder eine bestimmte Kategorie von Plattformen (z. B. soziale Netzwerke) auswählen.

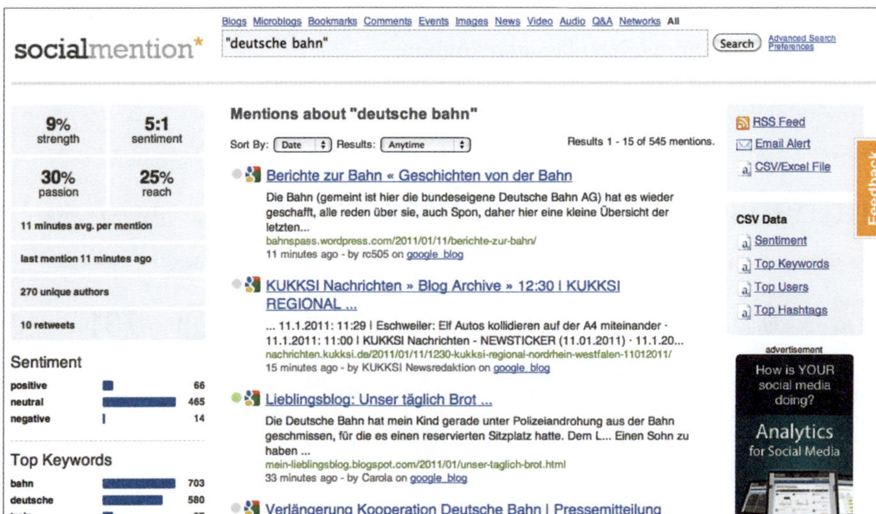

Abbildung 3.2 Social Mention

Im linken Bereich des Suchergebnisses finden Sie vier Kennzahlen, die Ihnen bei professionellen Tools immer wieder begegnen werden:

1. Strength
2. Sentiment
3. Passion
4. Reach

Darunter finden Sie eine Auflistung der häufigsten Keywords, der aktivsten User und weitere Statistiken. Auch diese Informationen sollten Sie nicht für bare Münze nehmen: Es handelt sich um eine Momentaufnahme von Social Mention, also kein überdauerndes Ergebnis, und ist deshalb nur bedingt aussagekräftig. Im rechten

Bereich haben Sie zudem die Möglichkeit, das Suchergebnis als CSV-Datei auf Ihren Computer herunterzuladen.

HowSociable.com

Ebenfalls gut für den schnellen Überblick ist die Plattform HowSociable.com (siehe Abbildung 3.3). Sie geben hier Ihren Markennamen, den Unternehmensnamen oder ein anderes Keyword ein und erhalten daraufhin anhand eines Scores die quantitative Einschätzung der Sichtbarkeit des Suchbegriffs. Sehr praktisch: Sie können sich das Ergebnis und die Veränderungen monatlich per E-Mail zusenden lassen.

Egal, ob der Score für Sie aussagekräftig ist oder nicht, hilft es Ihnen allein schon zu wissen, welche Plattformen für Sie besonders relevant sind und welche Sie im nächsten Schritt eher vernachlässigen können.

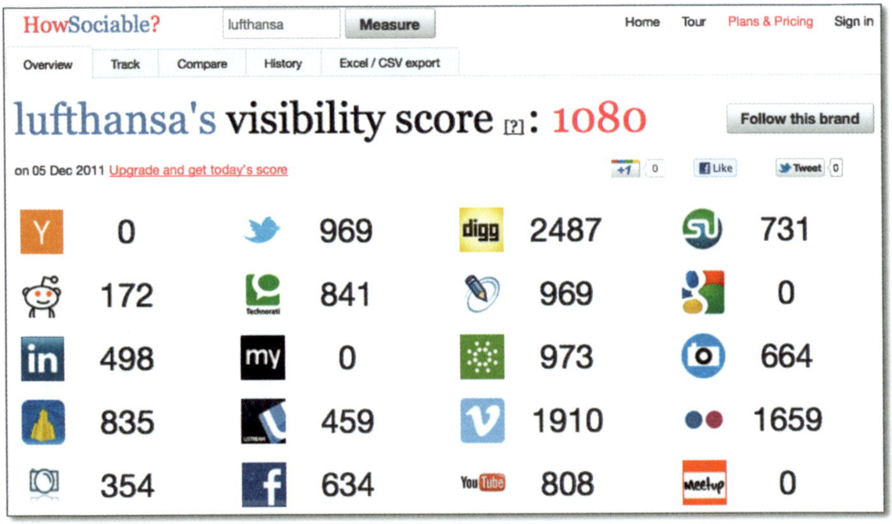

Abbildung 3.3 HowSociable

Icerocket

Die kostenlose Variante des Social-Media-Monitoring-Tools »Buzz« von Meltwater ist ebenfalls erwähnenswert, weil die Qualität der Aufbereitung sehr gut ist und die Möglichkeiten umfangreich sind. Neben der Funktionalität, einzelne Mentions auf Facebook, Twitter, Blogs oder Bilderplattformen zu filtern, gibt es unter »Big Buzz« eine Überblicksseite über alle Erwähnungen. Sie können das als Ihre Monitoring-Startseite einrichten und einen Auto-Refresh aktivieren, so hilft Ihnen icerocket ebenfalls, einen ersten Überblick zu wahren. Außerdem können Sie auf *www.icerocket.com* Ihre Suchanfrage speichern oder sogar ein Trendmonitoring betreiben.

Tipp: Durch Datenvergleich zu validen Ergebnissen gelangen

Es ist vor allem der Vergleich der Ergebnisse von HowSociable.com, Social Mention, icerocket und Google Alerts, der eine aussagekräftige Bilanz liefert. Gerade bei den kostenlosen Tools sollten Sie sich nicht auf eine einzige Datenquelle verlassen.

Googles neue Suche

Der Primus unter den Suchmaschinen in Europa erweitert seine Filter und Suchmöglichkeiten laufend. Sie können mittlerweile nicht nur klassische Websites durchsuchen lassen, sondern die Suche auf bestimmte Bereiche eingrenzen: Foren, Blogs, Beiträge in sozialen Netzwerken usw. Wenn Google Social Media so prominent in die Suche integriert, dann zeigt das auch, wie wichtig das Thema mittlerweile ist (siehe Abbildung 3.4).

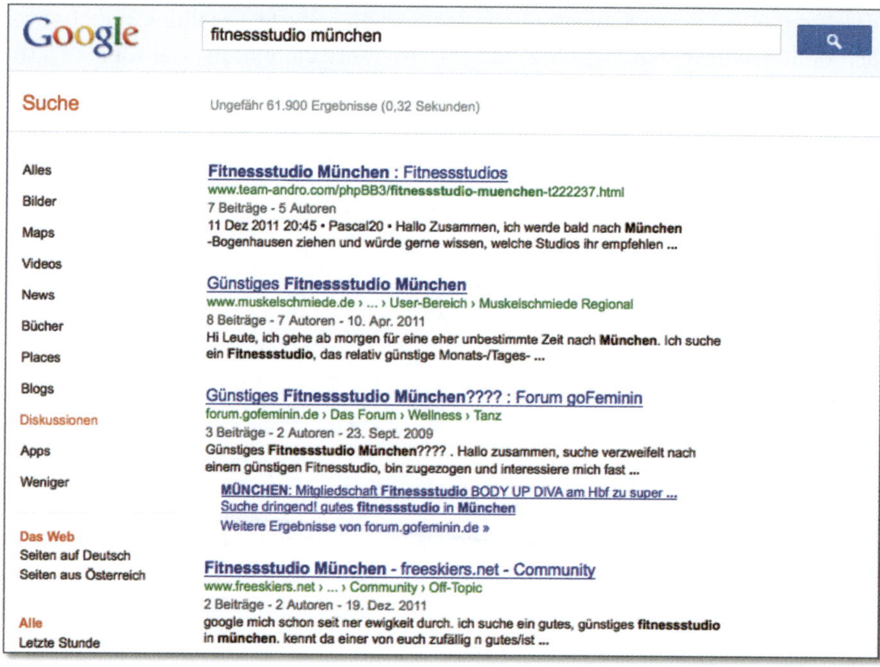

Abbildung 3.4 Googles neue Suche

Google hat seine Suchmaschine um Social Media erweitert und liefert jetzt auch Ergebnisse zu Fotos, Videos, Diskussionen, Blogs, Echtzeit (Twitter), Google+, Places. Wenn Sie in Google eine Suchanfrage stellen, können Sie im linken Bereich beispielsweise »Blogs« auswählen. Dann liefert Google ein rein auf Blogs beschränktes

Suchergebnis des gewünschten Keywords. Gleiches gilt für alle anderen Auswahlmöglichkeiten. Dies funktioniert relativ zuverlässig und bietet Ihnen einen ersten Überblick.

Twitter und Google+ durchsuchen mit Topsy

Die Suchmaschine Topsy, *www.topsy.com*, liefert ein Suchergebnis mit jenen Beiträgen aus Twitter und Google+, die das gesuchte Keyword enthalten. Strukturiert wird das Ganze nach den geteilten Links. Sie sehen auch, wie viele User denselben Link ebenfalls veröffentlicht haben. Topsy ist also ein gutes Tool, um Trends zu beobachten. Außerdem bietet es die Möglichkeit, die Suche als E-Mail zu abonnieren.

Kurrently

Der Name Kurrently (abgeleitet vom englischen Begriff *currently*, was so viel wie »augenblicklich«, »gegenwärtig« bedeutet), *www.kurrently.com*, ist bei diesem Tool Programm. Diese Echtzeit-Suchmaschine durchsucht Facebook und Twitter nach dem gewünschten Keyword. Als eine Art Vorstufe eines Social Media Dashboards können Sie damit die Suche auch »laufen« lassen, d. h., die Plattform aktualisiert sich in regelmäßigen Abständen selbst, und Sie bleiben so immer auf dem neuesten Stand. Mit einem einzigen Klick wird Ihnen das Suchergebnis des gewünschten Keywords auf Google oder Bing angezeigt.

Weitere kostenlose Monitoring-Tools

- Addict-o-matic – *www.addictomatic.com*
- Twazzup – *www.twazzup.com*
- SamePoint – *www.samepoint.com*
- SocialSeek – *www.socialseek.com*
- SocialPointer – *www.socialpointer.com*

Sie sollten die Wahl des Monitoring-Tools auch davon abhängig machen, ob Ihnen die Aufbereitung und grafische Darstellung sowie die Qualität des Ergebnisses zusagt. Probieren Sie einfach mal viele verschiedene Tools aus und entscheiden Sie sich dann für das für Sie optimale Setting.

Closed Data und Privatsphäre – die Grenzen des Monitorings

Ein grundsätzlicher Hinweis: Das Monitoring stößt da an seine Grenzen, wo Inhalte nicht öffentlich zugänglich sind. Das ist vor allem bei Profilen von Usern in sozialen Netzwerken der Fall, wenn die User die Sichtbarkeit ihres Profils durch Privatsphäreneinstellungen eingeschränkt haben.

Manche Anbieter versprechen zwar Lösungen, mit denen auch solche Daten gefiltert werden können, aber wenn Daten nicht zugänglich sind, kann es auch keine Ergebnisse geben. Genau hier ergibt sich auch die Frage nach dem Umgang mit Userinformationen und dem Datenschutz sowie dem Respekt der Privatsphäre: Nur weil ein Tool die Möglichkeit bietet, in die Social-Media-Profile der User hineinzusehen, Daten auszulesen, zu klassifizieren und verwertbar zu machen, heißt das noch lange nicht, dass der User das so gewollt hat. Viele Social-Media-Nutzer sind sich der allgemeinen Zugänglichkeit ihrer Profilinformationen nicht oder nur ungenügend bewusst. Die Debatte um die Rechtmäßigkeit der Datenverarbeitung von Google Analytics in Deutschland hat gezeigt: Nicht nur sollten länderspezifische Unterschiede in der Rechtssprechung und Wahrnehmung des Datenschutzes vorab berücksichtigt werden. Gestehen Sie den Internetnutzern generell das Recht auf Privatsphäre zu. Ob die Auswertung von nicht öffentlichen Inhalten rechtskonform ist, ist mehr als zweifelhaft. Beachten Sie deshalb unsere Rechtstipps in diesem Kapitel.

Wir haben Ihnen nun eine erste Auswahl an kostenlosen Tools vorgestellt. Es gibt in jedem Bereich natürlich noch einige mehr (zu den kostenpflichtigen kommen wir später). Probieren Sie sie einfach selbst einmal aus, dann sehen Sie, welches Ihnen persönlich am besten gefällt.

3.2.2 Das Social Media Dashboard

So, wie Sie jeden Tag einen Blick in die Zeitung werfen oder Ihren E-Mail-Account auf neue E-Mails hin checken, sollten Sie immer im Bilde sein, wie über Sie in Social Media gesprochen wird. Verschaffen Sie sich bereits am Morgen einen Überblick, und bleiben Sie dran. Dabei hilft Ihnen das sogenannte *Social Media Dashboard*. Im Prinzip ist das nichts anderes als ein individuell eingerichteter Startbildschirm, der relevante Inhalte auf einer Seite zusammenfasst. Vielleicht kennen Sie bereits die Services von Yahoo oder Google, mit denen Sie Ihre Startseite individuell einrichten können: Je nachdem, für welche News und Themen Sie sich interessieren, werden die Inhalte aufbereitet und gemeinsam mit dem Posteingang und der Wettervorhersage dargestellt.

Marketing-Take-away: Social Media auf einen Blick

Das Social Media Dashboard vereint alle Plattformen, auf denen Sie aktiv sind, sowie das Suchergebnis zu relevanten Themen und Keywords. Es hilft Ihnen, den Überblick zu behalten. Sie können es verschiedenen Personen im Unternehmen zugänglich machen: Vor allem die Skeptiker im Unternehmen können so besser verstehen, worum es in Social Media geht und warum Social Media für das Unternehmen so wichtig ist. Für die Führungsebene ist das Social Media Dashboard ein übersichtliches Tool, mit dem der allseits gewünschte »Überblick über alles« geschaffen werden kann.

Netvibes

Egal, ob Sie Social Media Monitoring selbst betreiben oder ob Sie von einem Kunden beauftragt worden sind, es gibt dafür ein sehr hilfreiches Tool: Netvibes (siehe *www.netvibes.com*).

Netvibes ist ein kostenloses und online geführtes Dashboard, eine Art Online-Startbildschirm mit allen relevanten Inhalten auf einen Blick: Egal, ob News, Websuche, RSS-Feeds, Facebook, Twitter oder Fotos und Videos, alle Quellen sind als Widget integrierbar. Dadurch ergibt sich eine geordnete und kategorisierte Ansicht der Quellen. Sie können die Anordnung selbst wählen und so eine übersichtliche Seite schaffen. Wenn Sie mehrere Unternehmen oder Themen betreuen, können Sie jeweils einen Tab (Reiter) dafür einrichten.

Wenn Sie zuvor mithilfe von Google Alerts oder Social Mention herausgefunden haben, wo (auf welchen Plattformen und Diensten) Ihr Unternehmen und Ihre relevanten Themen diskutiert werden, können Sie diese Plattformen mithilfe von Netvibes im Blick behalten. Richten Sie dazu Netvibes als Startseite Ihres Browsers ein, damit Sie sich bereits zu Beginn Ihrer Tätigkeiten am Computer einen Überblick verschaffen können.

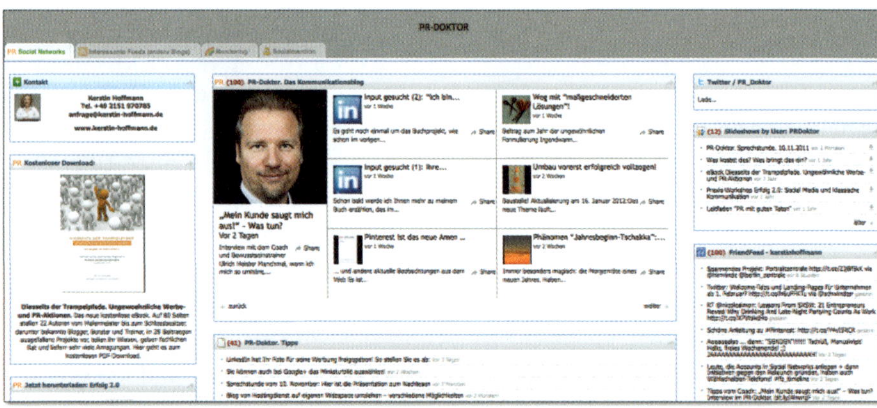

Abbildung 3.5 Netvibes als Social Media Newsroom

> **Tipp: Öffentlichen Netvibes-Tab einrichten**
>
> Wenn Sie für einen Kunden das Social Media Monitoring betreuen, ist es manchmal hilfreich, auch dem Kunden Zugang zur Fülle der Informationen zu verschaffen bzw. den Aufwand hinter dem Monitoring zu visualisieren, ohne dass Sie ihn mit den zum Teil unübersichtlichen Tools quälen müssen, mit denen Sie sonst das Monitoring-Tagesgeschäft bewältigen. Dazu können Sie dem Kunden ebenfalls einen Netvibes-Account einrichten und ihm sogar einen Ihrer Netvibes-Tabs zugänglich machen.

Die Funktionalitäten dieser Plattform gehen sogar so weit, dass Sie damit einen Social Media Newsroom umsetzen können. Ein gutes Beispiel dafür ist der Newsroom der PR-Expertin Kerstin Hoffmann, zu finden auf *www.netvibes.com/pr-doktor* (siehe Abbildung 3.5).

Das bedeutet, dass Sie beispielsweise eine öffentliche Seite mit einer Zusammenfassung aller Inhalte erstellen, die über Sie bzw. Ihr Unternehmen im Web existieren, und zusätzlich für sich einen oder mehrere Reiter privat, also nicht veröffentlicht, für das Monitoring nutzen.

Hootsuite

Unser absoluter Favorit ist dieser Webservice mit dem etwas gewöhnungsbedürftigen Namen, aber vielen Vorteilen. Ursprünglich als reines Twitter-Tool zum Verwalten eines oder mehrerer Twitter-Accounts konzipiert, bietet es mittlerweile zahlreiche interessante Funktionen und Zugänge zu vielen verschiedenen Plattformen (siehe Abbildung 3.6).

Alles in einem Tool

Wir empfehlen Ihnen Hootsuite, da Sie damit nicht nur Social-Media-Nachrichten in mehrere Kanäle (Twitter, Facebook) streuen, sondern gleichzeitig auch Keywords monitoren können. Ihre Social-Media-Profile werden auf einen Blick zusammengefasst und übersichtlich strukturiert. Neben Twitter können Sie unter anderem Facebook-Profile, -Seiten, Myspace, Foursquare, Ping.fm, Wordpress und LinkedIn integrieren. Sie können mehrere Spalten mit den Suchergebnissen zu unterschiedlichen Keywords anlegen und haben so Ihre Themen weitestgehend im Blick. Auch Google+ soll damit genutzt werden können.

In der Basisversion ist Hootsuite kostenlos nutzbar. Diese Version wird in den meisten Fällen auch ausreichen. Sie müssen keine Software herunterladen und installieren, sondern registrieren sich im Web unter *http://hootsuite.com*. Sie können mehrere Reiter (Streams) anlegen und diese wiederum individuell belegen. Legen Sie einen eigenen Reiter für Ihren persönlichen Twitter-Account an, in dem Sie zusätzlich noch Reiter mit einer Twitter-Suche nach bestimmten Keywords oder Hashtags integrieren.

Neben Hootsuite gibt es noch weitere vergleichbare Tools. Genannt seien vor allem TweetDeck, Seesmic, Conversocial oder MarketMeSuite, die einen ähnlichen Funktionsumfang haben und ebenfalls sehr beliebt sind. Welches Tool Sie am Ende verwenden, bleibt Ihnen überlassen. Sie können alle genannten Tools kostenlos und relativ unkompliziert testen. Die meisten von ihnen sind auch als Smartphone-Apps verfügbar.

Abbildung 3.6 Alle Social-Media-Profile auf einen Blick mit Hootsuite

3.3 Professionelle Social-Media-Monitoring-Tools

Trotz der Vielzahl an kostenlosen Tools, von denen wir Ihnen unsere Favoriten vorgestellt haben, ist es mitunter unumgänglich, auf professionelle Tools zurückzugreifen. Die Vorteile dieser Tools liegen meistens in der größeren Vielfalt an Filtern und Funktionalitäten, der besseren Aufbereitung der Daten und in umfangreicheren Statistiken. Dadurch können Themen und Meinungsführer besser identifiziert, die Online-Reputation von Personen im Unternehmen ermittelt und die Reichweite von Autoren genau gemessen werden.

Je nach der Größe Ihres Unternehmens, der Markenbekanntheit und der Bandbreite Ihrer Keywords, die Sie überwachen wollen, reicht möglicherweise ein gutes Setting aus jenen kostenlosen Tools, die wir Ihnen bereits vorgestellt haben. Sie genügen für die tägliche Analyse und zur Überwachung digitaler Reputation kleineren Umfangs. Kostenpflichtige Monitoring-Tools wurden früher bei großen Konzernen mit mehreren Produktlinien als Frühwarnsystem und zur Marktforschung eingesetzt. Mittlerweile setzen immer mehr kleine, in Social Media aktive Unternehmen auf professionelle Tools, da auch der Kostenaufwand für die Nutzung dieser Services gesunken ist.

3.3.1 Große Auswahl an Tools

Mittlerweile ist die Liste solcher Social-Media-Monitoring-Tools bereits relativ lang, und die einzelnen Dienste sind in ihrem Funktionsumfang am Anfang zum Teil auch schwer voneinander zu unterscheiden. Wir möchten Ihnen hier mit einer kleinen Auswahl an Diensten, die wir selbst getestet oder im Einsatz haben, einen Überblick verschaffen (jene mit * bieten einen kostenlosen Testaccount):

- Buzzstream* – *www.buzzstream.com*
- Brandwatch – *www.brandwatch.com*
- Engagor – *www.engagor.com*
- BrandsEye* – *www.brandseye.com*
- Viralheat* – *www.viralheat.com*
- UberVU* – *www.ubervu.com*
- Trendrr – *www.trendrr.com*
- Trackur* – *www.trackur.com*
- Radian6* – *www.radian6.com*
- Alterian SM2 – *www.alterian.com/socialmedia*
- Sysomos Heartbeat* – *www.sysomos.com*
- BuzzRank – *www.buzzrank.de*
- Lithium* – *www.lithium.com*
- Beevolve – *www.beevolve.com*
- StepRep – *www.steprep.com*

Testen Sie mit kostenlosem Demo-Zugang

Ein Großteil der vorgestellten Monitoring-Dienste bietet einen kostenlosen Demo-Zugang, auf den Sie zugreifen sollten. Der Umgang und die Zufriedenheit mit einem Tool unterliegen oft dem subjektiven Eindruck und Empfinden des Nutzers. Deshalb unsere Empfehlung: Probieren Sie mehrere Tools parallel aus. Da es bei manchen dieser Monitoring-Dienste schnell um mehrere 100 oder 1.000 US$ Nutzungsgebühren im Monat geht, sollte das nicht leichtfertig entschieden werden. Im Zweifel bietet das Social Web Erfahrungsberichte oder eine spezialisierte Monitoring-Agentur.

Beispiel: BuzzRank

Aus den zahlreichen von uns getesteten bzw. im Einsatz befindlichen kostenpflichtigen Monitoring-Tools möchten wir exemplarisch eines herausgreifen und dessen Funktionsweise genauer vorstellen. Denn BuzzRank (Abbildung 3.7) geht, wie immer mehr andere professionelle Monitoring-Tools, bei der Beurteilung der

Tonalität der Suchergebnisse einen neuen Weg: Nicht das Tool führt zunächst die Bewertung der Mentions durch, sondern Sie selbst. Erst durch die regelmäßige Einordnung der Beiträge (positiv/neutral/negativ, Schulnotensystem, Star-Rating) auf Basis menschlichen Einschätzungsvermögens kann ein Tool diese komplexe Aufgabe in Zukunft unterstützend übernehmen.

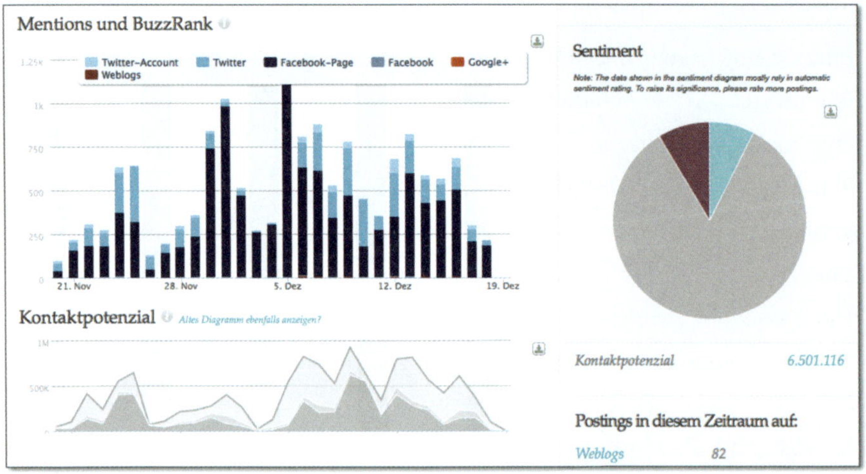

Abbildung 3.7 Analyse und Statistiken in BuzzRank

3.3.2 Professionelles Monitoring vs. Datenschutz?

Am Thema Monitoring entbrennt regelmäßig eine Diskussion rund um das Thema Datenschutz und Privatsphäre. Grund dafür ist, dass nicht wenige Monitoring-Tools versuchen, User in gewisse Schubladen einzuordnen und die gesammelten Daten weiterzuverarbeiten. Dies geschieht dann wiederum oft auf Servern im Ausland: Die meisten Anbieter kostenloser oder kostenpflichtiger Social-Media-Monitoring-Tools sitzen in den USA, so auch ihre Server. Dorthin werden die über die User gesammelten Daten übertragen. Kritik entsteht aber auch immer wieder an der Tatsache, dass einige Monitoring-Tools behaupten, auch in geschlossene Foren, Gruppen und Profile Einsicht zu haben. Wir empfehlen Ihnen, den Ruf des von Ihnen in die engere Wahl genommenen Monitoring-Tools im Web zu überprüfen und die AGB des Anbieters zu konsultieren, im Interesse aller Internetnutzer und genauso der von und für Ihr Unternehmen generierten, sensiblen Daten.

Rechtstipp von Peter Harlander: Achten Sie auf den Sitz des Anbieters

Das Tool BuzzRank beispielsweise stammt von einem Unternehmen mit Sitz in Deutschland und unterliegt somit den strengen deutschen Datenschutzvorschriften. Das kann von Vorteil sein.

3.4 Kennzahlen und Ergebnisse

Wenn Sie nun also Ihr perfektes Social-Media-Monitoring-Setting gefunden haben, dann sollten Sie auch wissen, wie Sie schlussendlich mit dem Ergebnis des Monitorings am besten umgehen. Für den Fall, dass Sie nicht Betreuer und Entscheider in einer Person sind, muss bereits im Vorfeld abgeklärt werden, wer im konkreten Problemfall (z. B. bei einer Eskalation negativer Kommentare) zu kontaktieren ist und die Entscheidungsbefugnis hat, entsprechende Maßnahmen zu treffen. Idealerweise wird das bereits im Rahmen der Erstellung des Redaktionsplans definiert. So oder so müssen die Wege kurz sein. Es darf nicht passieren, dass vom Auftreten eines negativen Beitrags bis zur Lösung mehrere Tage vergehen. Das Social Web verlangt eine schnelle und trotzdem überlegte und professionelle Reaktion. Ansonsten kann der Schuss nach hinten losgehen.

Social-Media-Beobachtungen

Das Monitoring von Social Media liefert verschiedene Informationen, die wiederum ganz unterschiedlich interpretiert und weiterverarbeitet werden können. Zum einen könnte es um die Beobachtung und Begleitung einer Social-Media-Kampagne oder um einzelne Beiträge gehen. Oder zum anderen könnte es um ein grundsätzliches Monitoring, also ein Hineinhören in die Weiten des Social-Media-Universums gehen, um das Grundrauschen wahrzunehmen, das es zu Ihren Themen gibt. Ersteres dient dazu, so früh wie möglich Userreaktionen zu ermitteln und im Bedarfsfall so rasch wie möglich reagieren zu können.

Social Media Monitoring hilft vor allem, langfristig zu messen und herauszufinden,

- was Ihre Kunden wirklich wollen,
- womit Ihre Kunden zufrieden waren,
- was Ihren Kunden grundsätzlich nicht gefallen hat,
- was die User über Ihre Konkurrenz denken und
- welche Trends und neuen Möglichkeiten sich in Ihrer Branche auftun.

3.4.1 Social-Media-Kennzahlen

Mit Kennzahlen messen Sie den Erfolg Ihres Engagements. Kennzahlen dienen auch der quantitativen und qualitativen Vergleichbarkeit Ihrer Position bzw. Reputation im Social Web. Zahlen, Daten und Fakten sind meist die Entscheidungsgrundlage, und der Trend geht im Social Media Monitoring auch in diese Richtung.

Wir wollen Sie nicht mit der Masse an Social-Media-Kennzahlen überfordern, sondern stellen Ihnen lieber ein paar der wichtigsten Kennzahlen vor, die von den meisten Tools auch analysiert werden:

- *Mentions:* Anzahl der gefundenen Beiträge (die das Keyword beinhalten)
- *Reach:* Anzahl möglicher erreichbarer Kontakte (Reichweite) und Anzahl der User, die das Keyword verwenden, dividiert durch die Gesamtzahl der Beiträge, in denen das Keyword vorkommt
- *Sentiment:* Damit ist die grundsätzliche Tonalität der Beiträge gemeint. Unterteilt in »positiv«, »neutral« und »negativ«, werden normalerweise die »grundsätzlich positiven« Beiträge den »grundsätzlich negativen« gegenübergestellt.
- *Share of Voice:* Anzahl eigener Beiträge im Vergleich zum Mitbewerber oder zum Gesamtmarkt
- *Passion:* Damit ist die Wahrscheinlichkeit gemeint, dass User mehrmals über die Marke schreiben bzw. dass das Keyword häufig verwendet wird.
- *Demografische Informationen:* Geschlecht, Alter, Standort, Sprache der User, die das Keyword erwähnen
- *Influencer:* Damit sind jene User gemeint, die in ihrem Netzwerk Meinungsführer sind, viele Freunde haben und als themenkompetent wahrgenommen werden.
- *Top-Themen und Top-Keywords:* Welche Themen und Keywords werden in Bezug auf das gesuchte Keyword häufig noch verwendet/diskutiert?

Das sollte für einen ersten Einblick genügen. Sie sehen, dass es hauptsächlich darum geht, vergleichbare Werte zu erhalten, die die eigene Position gegenüber jener der Gesamtheit oder der Konkurrenz darstellbar machen bzw. innerhalb der eigenen Gesamtergebnisse eine Beurteilung über die Qualität erlauben. Die Summe der qualitativen und quantitativen Kennzahlen und Erkenntnisse ergibt eine Aussage über die Online-Reputation Ihres Unternehmens oder einer unternehmensrelevanten Person.

3.5 Mit Social Media Monitoring zum guten Online-Ruf

Der (gute) Ruf Ihres Unternehmens ist offline wie online ein Erfolgskriterium. In welchen Tönen sprechen die Menschen über Ihr Unternehmen, Ihre Produkte und Leistungen, Ihren Service? Während es offline oft gar nicht so einfach ist, das über den bekannten Kundenkreis hinaus festzustellen, bietet das Internet durch das Monitoring einige Möglichkeiten hierzu. Nur so können Sie herausfinden, ob der Online-Ruf Ihres Unternehmens, Ihrer Marke, eines Produkts, genauso aber Ihrer eigenen Person gut ist. Das Erfassen, Beobachten, Bewerten und Verbessern dieses Rufs wird unter dem Begriff *Online Reputation Management* (ORM) zusammengefasst. Allerdings ist neben der Online-Reputation des Unternehmens (eigene Unternehmenspräsenzen, Erwähnungen des Unternehmens in einem Beitrag, einer Bewertung usw.) ein weiterer Faktor mindestens genauso wichtig: einzelne Mitarbeiter, die in Verbindung mit dem Unternehmen gesehen werden und aus der Sicht der Kunden, Geschäftspartner, Investoren und Lieferanten das Unternehmen nach außen vertreten. Das sind bei Weitem nicht mehr nur Geschäftsführer, Abteilungsleiter, Pressesprecher oder andere Personen in leitenden Positionen: Durch die Transparenz der Daten können Sie auf Facebook, XING und vielen anderen Plattformen durch eine einfache Suche feststellen, welcher User in seinem Profil Ihr Unternehmen als Arbeitgeber eingetragen hat und so eine Verbindung zu Ihrem Unternehmen herstellt.

3.5.1 Online Reputation Management für Unternehmen

Ziel ist es, dass sich im gesamten (Social) Web ein positives, aber realistisches Bild Ihres Unternehmens darstellt, und genau hier müssen wir auf einen wichtigen Punkt hinweisen: Online Reputation Management bedeutet nicht, negative Beiträge einfach durch Dienstleister löschen lassen zu wollen. Nicht nur, dass das sehr kostspielig wäre. Es ist in vielen Fällen gar nicht möglich (beispielsweise können Sie den eigenen Twitter-Beitrag eines Users nicht löschen, es sei denn, es stehen gesetzes- oder regelwidrige Inhalte darin) und in den meisten Fällen kontraproduktiv. Viele Reputationskrisen sind dadurch entstanden, dass Unternehmen die anfänglich vereinzelt auftretende, aber berechtigte Kritik an ihrem Unternehmen oder seinen Services oder Leistungen einfach gelöscht haben. Vielmehr geht es darum, mit aktiven Maßnahmen gegenzusteuern. Social Media bietet mit all seinen verschiedenen Tools und Inhalten viele Möglichkeiten, die positive Online-Reputation Ihres Unternehmens zu steigern. Im Grunde hat alles, was Sie in Social Media tun, Einfluss auf die Online-Reputation. Sie sollten deshalb alle Tools und Plattformen zu nutzen wissen. Wichtig ist es aber auch, im Rahmen eines laufenden Monitorings Veränderungen oder gar Krisenthemen festzustellen, die sich negativ auf die Online-Reputation auswirken könnten.

3.5.2 Online Reputation Management für Personen

Wir möchten zusätzlich zur Unternehmensreputation im Social Web auf den persönlichen Ruf von unternehmensrelevanten Personen im Netz eingehen und Ihnen zeigen, was Sie selbst aktiv dafür tun können. Für Unternehmer oder Personen in Führungspositionen ist es sehr wichtig, dass sie einen guten Ruf im Netz haben, da viele Bewerber, Mitarbeiter und Geschäftspartner auch nach der Chefetage des

Unternehmens googeln oder nach ihren möglichen zukünftigen Kollegen. Aber umgekehrt ist es genauso.

Fast alle tun es, obwohl es nur wenige wirklich zugeben: Personalverantwortliche googeln selbstverständlich nach Bewerbern. Das Ergebnis ist ihnen mindestens genauso wichtig wie deren Bewerbungsunterlagen. Investoren klopfen im Internet den potenziellen Geschäftspartner genau ab, bevor sie sich auf ein Geschäft mit ihm einlassen.

Umso schlimmer ist es, wenn Sie dann auf einem Partyfoto sehr unvorteilhaft, möglicherweise angetrunken und in eindeutiger Pose mit Kollegen einer anderen Abteilung zu sehen sind. Oder Google listet unter den ersten zehn Suchergebnissen immer noch die uralte Bewertung.

Wie Freunde und Bekannte Ihrer Online-Reputation schaden können

Das Ganze kann schneller passieren, als Sie glauben. Es müssen ja nicht einmal Sie persönlich gewesen sein, der das Foto von der Karnevalsparty online gestellt, auf dem Foto markiert und im Text erwähnt hat, sondern ein (vermeintlich) guter Freund oder irgendjemand, den Sie an diesem Abend kennengelernt haben. Online-Reputation ist das Bild, das Sie im Web abgeben, der Eindruck, den Sie über das Internet vermitteln. Um Rufschädigungen über sich selbst mitzubekommen, sollten Sie Social Media Monitoring für sich selbst betreiben.

Die Thematik der Online-Reputation wird die heranwachsende Jugend noch massiv einholen. Auch wenn die Digital Natives spielerisch mit Social Media umgehen können, wird ihnen ihr naiver und sorgloser Umgang mit Daten und der eigenen Privatsphäre in Zukunft auf den Kopf fallen. Auf ihre Arbeitssuche beispielsweise kann er schwerwiegende Auswirkungen haben. Wer von uns hat in seiner Jugend nicht die eine oder andere Jugendsünde begangen: Aber Gott sei Dank ist in den meisten Fällen außer einer Erinnerung nichts zurückgeblieben. Das ist heutzutage anders, denn das Internet vergisst nichts. Die Allgegenwärtigkeit von foto- und videotauglichen Handys und die ständige Internetverfügbarkeit sind die Ursache der permanenten Dokumentation. Deshalb ist es auch wichtig, im Rahmen der Vermittlung von Medienkompetenz darauf besonders viel Augenmerk zu legen. Ein Versuch, die Webuser dafür zu sensibilisieren, ist eine Kampagne von *www.netzdurchblick.de* bzw. der Medienanstalt Hamburg/Schleswig-Holstein mithilfe eines durchaus gelungenen Kinospots und Online-Videos (siehe Abbildung 3.8). Das Video zeigt einprägsam, wie schnell sich beispielsweise Posts oder Fotos von und über einen feuchtfröhlichen Partybesuch nachteilig auswirken können, z. B. bei einem Bewerbungsgespräch.

Abbildung 3.8 Videospot zur Sensibilisierung der Webuser für mehr Medienkompetenz

3.5.3 Ihr Ruf ist Ihr Kapital

Der Ruf, der Ihnen persönlich und Ihrem Unternehmen im Social Web vorauseilt, ist viel wert. Ein guter Ruf kann Ihnen im B2B- und B2C-Bereich viele Türen öffnen. Ein schlechter Ruf kann es Ihnen extrem schwer bis fast unmöglich machen, auch nur in die Nähe dieser Türen zu kommen: So schnell heutzutage gerade über das Social Web ein Ruf aufgebaut werden kann, so schnell kann er auch wieder zerstört werden.

Wer nach seinem Namen googelt, ist noch lange nicht eingebildet

Wie steht es um Ihren Ruf im Netz? Haben Sie schon einmal eine umfassende Websuche nach Ihrem Namen gemacht? »Ego-Googeln« ist die Hauptdisziplin für erfolgreiches Online Reputation Management für Personen und wird auch als Teil des Selbstmarketings gesehen. Das hat nichts mit Narzissmus oder Eitelkeit zu tun, sondern mit Professionalität. Möglicherweise können Sie ja gar nichts dafür, dass rufschädigende Inhalte über Sie im Web existieren. Doch indem Sie sie ignorieren oder tolerieren, gehen Sie das Risiko ein, Ihre berufliche Karriere nachhaltig zu beeinträchtigen. Vorsicht: Es geht nicht immer nur um die klassischen Fauxpas wie unvorteilhafte Bilder oder Videos von Partys. Es gibt viel banalere Inhalte, denen Sie vielleicht gar keine Relevanz beimessen.

Nehmen wir das Gegenbeispiel: Sie informieren sich im Web über einen Bewerber, der sich bei Ihnen bis dato schriftlich und mit guten Chancen auf ein weiteres Gespräch beworben hat. Im Web finden Sie u. a. sein Facebook-Profil, dessen Pinnwandeinträge offen lesbar für alle User sind. Dort lesen Sie folgenden Beitrag: »Heute ist es in der Arbeit wieder so langweilig. Der Chef und die Kunden nerven total.« Welches Bild erzeugt dieser Bewerber bei Ihnen? Laden Sie ihn immer noch zu einem persönlichen Bewerbungsgespräch ein?

Natürlich stellt sich hier die Frage, wo die Grenze zwischen privatem und beruflichem Leben der Menschen liegt. Im Zweifelsfall sollte jeder User die Grenze selbst sehr präzise ziehen, zumindest wenn er beispielsweise einen begehrten Job haben will. Denn dann kann das ein entscheidender Vorteil sein.

3.5.4 Vorbeugung ist der beste Schutz

Überlegen Sie bei jeder Information, die Sie veröffentlichen, egal, ob Foto, Video, Link oder Kommentar, ob sie zu dem Bild passt, das Sie von sich oder Ihrem Unternehmen vermitteln wollen, und ob Sie auch in zehn Jahren noch dazu stehen können.

Wenn Sie den konkreten Fall haben, dass bereits Inhalte über Sie im Web existieren, die nicht gerade Ihre Schokoladenseite zeigen bzw. ein falsches Bild von Ihrer Integrität und Professionalität zeichnen, sollten Sie schnell reagieren und diese Inhalte löschen bzw. löschen lassen. Vorausgeschickt sei jedoch, dass eine Löschung meist keine einfache Aufgabe ist. In den meisten Fällen haben Sie keinen direkten Zugriff auf diese unvorteilhaften Inhalte, weil Sie sie gar nicht selbst veröffentlicht haben, oder die Inhalte wurden automatisiert oder von anderen Usern übernommen und weiterverbreitet (beispielsweise ein Tweet, der von anderen Usern weitergeleitet wurde). Nichtsdestotrotz haben Sie auch Rechte, die Sie im Einzelfall geltend machen können und auf denen Sie in Ihrem eigenen Interesse auch beharren sollten.

Rechtstipp von Peter Harlander: Datensicherheit durch Datenvermeidung

Beherzigen Sie den Grundsatz der Datenvermeidung. Beachten Sie bei der Veröffentlichung von Daten, dass diese möglicherweise auch von Ihrem Chef, Ihren Geschäftspartnern, Ihrem Bankbetreuer und anderen für Sie extrem wichtigen Menschen eingesehen werden können. Daten, welche einmal im Internet veröffentlicht wurden, können in der Praxis oft nicht mehr vollständig gelöscht werden, da auf viele Speicherorte im Ausland weder faktisch, noch rechtlich zugegriffen werden kann. Die Einschaltung eines spezialisierten Anwalts kann die Sache oft beschleunigen, da diese in der Regel alle rechtlichen und technischen Möglichkeiten zur Erwirkung einer schnellen Löschung kennen. Das ist vor allem dann wichtig, wenn das Bild geeignet ist, Ihren Ruf zu beschädigen. Gerade in sozialen Netzwerken, in welchen sich die lächerlichen oder peinlichen Inhalte rasch viral verbreiten, ist eine sofortige Reaktion oft die einzige Möglichkeit. Wer in dieser Situation unnötig Zeit verschwendet, muss mit den Folgen oft dauerhaft leben.

3.6 Welche Rechte haben Sie im Social Web?

Egal, ob als Unternehmen oder als Einzelperson, auch im Internet gelten Rechte und Gesetze. Neben den Markenrechten für Unternehmen sind es noch eine ganze Reihe weiterer, gesetzlich verankerter Rechte, die den Missbrauch Ihrer Daten oder Ihres Eigentums verhindern oder dafür sorgen sollen, dass der aufgetretene Schaden gering gehalten oder wieder gut gemacht werden kann. Exemplarisch möchten wir nun auf eine in Bezug auf Social Media häufig aufkommende Thematik eingehen, auf das Bildrecht.

3.6.1 Das Recht am eigenen Bild

Wenn Sie nicht gefragt wurden, ob Sie mit der Veröffentlichung eines Bildes einverstanden sind, und somit das Recht an Ihrem eigenen Bild verletzt wurde, können Sie einen Anwalt mit der Löschung beauftragen, oder Sie nehmen die Sache selbst in die Hand: Finden Sie heraus, wer den Content online gestellt hat. Wenn es beispielsweise ein Foto auf einer Fotoplattform oder ein Video auf YouTube ist, dann sehen Sie nach, wie der Accountname lautet. Oft stecken Pseudonyme (Nicknames) dahinter, in manchen Fällen aber auch echte Namen und Kontaktdaten. Für den Fall, dass es Content innerhalb eines sozialen Netzwerks (z. B. Facebook) ist, wird es Ihnen in den meisten Fällen leichter fallen, den Urheber zu ermitteln. Wenn Sie den User ermittelt haben, bitten Sie ihn, die Inhalte zu löschen.

Wie Sie auf Bilder gelangen, ohne in einem Netzwerk angemeldet zu sein

In vielen sozialen Netzwerken à la Facebook gibt es die Möglichkeit, Personen auf Fotos zu markieren, die dort zu sehen sind, ohne dass diese gefragt werden oder zustimmen müssen. Das geht sogar so weit, dass sie in dem Netzwerk mit Namen und E-Mail-Adresse markiert werden. Sie erhalten dann eine Einladung per E-Mail, sich im Netzwerk zu registrieren, um das Foto zu betrachten (wenn die Privacy-Einstellungen es nicht anders erlauben).

Wenn Netzwerkfreunde Sie markieren und Sie damit nicht einverstanden sind, bitten Sie den Urheber, die Markierung zu löschen oder das Bild gänzlich zu entfernen. Man sollte meinen, dass das unter Freunden kein Problem sein sollte, aber auch hier stößt man unter Umständen auf Unverständnis oder negative Reaktionen. Falls der Urheber also nicht reagiert oder aber sich weigert, dann wenden Sie sich an den Betreiber der Plattform mit dem Hinweis, dass der Content Ihr Persönlichkeitsrecht verletzt, und bestehen Sie auf einer Löschung. Viele Plattformen bieten für solche Fälle eigene Formulare an, über die man einen diesbezüglichen Antrag einbringen kann. Das Thema wird seitens vieler Plattformen immer ernster genommen, und im Normalfall wird rasch reagiert.

Rechtstipp von Peter Harlander: Klären Sie die Kosten vorher ab

Wenn weder Urheber noch Plattform reagieren, können Sie entweder einen professionellen Reputationsservice oder einen Rechtsanwalt einschalten. Die Einschaltung eines Rechtsanwalts verursacht selbstverständlich Kosten. Der Anwalt wird immer versuchen, diese Kosten von Ihrem Gegner zu erlangen. Wenn dies jedoch nicht möglich ist, weil der Gegner anonym ist oder weil er sich nur schwer greifbar im Ausland aufhält, müssen Sie diese Kosten selbst tragen. Sollte der Rechtsanwalt das Kostenthema nicht ohnehin von selbst ansprechen, ist es daher jedenfalls sinnvoll, sich vorab über die ungefähr zu erwartenden Kosten zu erkundigen und eine entsprechende schriftliche Vereinbarung zu treffen.

3.7 Was tun Sie bei schlechter Online-Reputation?

Im Idealfall wird über Ihr Unternehmen, Ihre Marke oder relevante Themen nur positiv gesprochen, und es besteht kein akuter Handlungsbedarf. Das bedeutet aber noch lange nicht, dass Sie sich zurücklehnen und ausruhen können. Ihre Online-Reputation verlangt nach Kommunikation, Reaktion und Präsenz. Auch auf positive Beiträge sollten Sie reagieren und zeigen, dass Sie das Gegenüber ernst nehmen. Vor allem dann, wenn sich der User an Sie wendet und Ihnen das positive Feedback explizit zukommen lässt. Aber betrachten wir jetzt einmal die Reaktionsmöglichkeiten im Falle negativer Tonalitäten (Sentiments) von Beiträgen über Ihr Unternehmen. Diese können direkt auf einer Ihrer unternehmenseigenen Social-Media-Präsenzen aufscheinen oder aber auf einer Plattform, die Sie nicht jeden Tag selbst aktiv nutzen und überblicken.

3.7.1 Die richtige Reaktion ist entscheidend

Richtig oder falsch – das ist auf den ersten Blick und im jeweiligen Moment nicht immer leicht zu beurteilen. Im professionellen Umgang mit Kritik am eigenen Unternehmen oder der eigenen Leistung ist auf alle Fälle eines zu beachten: Falsch ist es immer dann, wenn es aus dem Bauch heraus kommt. Selbst wenn Sie überzeugt davon sind, dass die Kritik unberechtigt oder überzogen formuliert sei, so nehmen Sie sich die Zeit, tun Sie sich einen Gefallen und warten sie mit der Reaktion. Ein paar Stunden später sehen Sie vielleicht schon mit weitaus mehr Abstand und weniger persönlicher Angegriffenheit auf die Kritik. Genauso falsch wäre es, überhaupt nicht zu reagieren. Denn dann kann niemand wissen ob es sich bei der Kritik um einen Dauerzustand oder einen Einzelfall handelt.

Wie Sie mit Kritik in Facebook umgehen sollten

Auf Ihrer Facebook-Seite beschwert sich ein User über die Qualität eines Ihrer Produkte oder über die mangelnde Freundlichkeit des Personals? Wie sollten Sie darauf reagieren, bzw. sollten Sie überhaupt darauf reagieren? Ja, das sollten Sie. Eine Reaktion ist unbedingt notwendig. Es geht in diesem Fall nicht nur um den konkreten User, sondern um alle anderen, die jetzt oder in Zukunft über diese Beschwerde stolpern und sie lesen. Da der Beitrag öffentlich ist (und sogar für nicht in Facebook registrierte User über die gängigen Suchmaschinen gefunden werden kann), muss eine Reaktion ebenfalls öffentlich erfolgen.

3.7.2 Tipps für eine angemessene Stellungnahme

Um im Fall der Fälle angemessen reagieren zu können, haben wir einige Tipps für eine angemessene Stellungnahme zusammengetragen:

- Höflich für das Feedback danken: Selbst wenn Sie wissen, dass dieser spezielle User ein kategorischer Nörgler ist, andere wissen das meistens nicht.
- Kritik ernst nehmen: Auch wenn es nur der subjektive Eindruck eines Users ist, ein Fünkchen Wahrheit steckt meistens dahinter.
- Sachlich bleiben: Auch wenn der User eine unangebrachte Tonart wählt – bleiben Sie immer professionell, und halten Sie Ihr Niveau.
- Konkrete Verbesserungen ankündigen, umsetzen und dokumentieren: Orten Sie die Ursache des Problems, und kündigen Sie plausible Verbesserungen an. Somit ist für den Rest der Zielgruppe nachvollziehbar dokumentiert, dass das Problem in Zukunft nicht mehr auftreten sollte.
- Authentisch bleiben: Versprechen Sie nichts, was Sie nicht halten können. Das gilt nicht nur bei der Reaktion auf Kritik, sondern generell. Möglicherweise ist die Kritik eine Reaktion auf falsche Versprechen Ihrerseits. Wenn Sie jetzt schwindeln und die Probleme negieren, wird das nicht die letzte öffentliche Beschwerde gewesen sein.

Rechtstipp von Peter Harlander:
Durch professionelle Reaktion Rechtskosten vermeiden

Eine sinnvolle und angemessene Reaktion auf Lob und Kritik ist auch aus rechtlicher Sicht empfehlenswert. Gegenüber Unternehmen, welche erkennbar höflich und bemüht agieren, verhalten sich auch die Kunden und Kritiker deutlich kompromissbereiter. Das erleichtert die außergerichtliche Lösung von Problemfällen, was wiederum zu einer deutlichen Reduzierung von Rechtsstreitigkeiten vor Gericht und den damit verbundenen Kosten führt.

Riskieren Sie keinen Streisand-Effekt

Wenn der Beitrag des Users in irgendeiner Art und Weise Sie oder jemanden in Ihrem Unternehmen persönlich angreift (Beleidigung, Beschimpfung), gegen ein Gesetz verstößt oder, die Wortwahl betreffend, absolut die Gürtellinie unterschreitet, dann haben Sie auf den meisten Social-Media-Plattformen die Möglichkeit, diesen Beitrag löschen zu lassen oder selbst zu löschen. Das sollte aber wirklich der allerletzte Schritt sein. Versuchen Sie zuerst, auf den User einzugehen und ihn darauf hinzuweisen, dass er eine Grenze überschritten hat. Selbst wenn er nur Unwahrheiten von sich gibt: Lassen Sie sich nicht zu emotionalen Aussagen hinreißen. Gehen Sie lieber eine Runde um den Block, bevor Sie antworten. Wenn Sie berechtigte Kritik löschen, ist das in den meisten Fällen eine Aufforderung an den User, seine Kritik auf anderen Portalen erneut zu posten. Sein Netzwerk wird es zum Anlass nehmen, den Unmut über die Löschung kundzutun. Damit haben Sie eine einzelne Kritik multipliziert, was Sie durch eine einfache Stellungnahme hätten verhindern können (Streisand-Effekt). Die meisten Imageschäden großer Konzerne im Netz gehen auf solch ein Verhalten zurück.

Wie reagieren Sie bei Kritik unter den Usern?

Falls ein negativer Beitrag nicht direkt auf Ihrer Seite veröffentlicht wird, sondern beispielsweise einem Freund auf die Pinnwand gepostet wurde, sollten Sie vorsichtig sein mit einer direkten Reaktion: Der User hat nicht Ihnen diese Nachricht zukommen lassen, sondern einem Freund.

Sie sollten aber darauf reagieren, indem Sie die Kritik aufnehmen und den Fehler zu beheben und zu vermeiden versuchen. Außerdem können Sie in Ihrem Blog einen Artikel veröffentlichen, der die Thematik behandelt.

Und was ist mit positivem Feedback?

Auf positives Feedback sollten Sie natürlich auch reagieren: Dadurch zeigen Sie, dass Sie präsent sind und Ihnen die Meinung Ihrer Kunden wichtig ist. Meist genügen schon ein einfacher Satz wie »Vielen Dank für das tolle Feedback!« und ein freundlicher Gruß. Vermeiden Sie aber Standardantworten über Copy & Paste, das wäre kontraproduktiv. Genauso wie eine fehlende Reaktion, wäre es hier in etwa so, als ob Sie in einem persönlichen Gespräch zwar physisch anwesend wären, aber nicht zuhören würden.

Sie sehen also, es dreht sich vieles um soziale Interaktion, um Gespräche. Nur dass diese Gespräche online geführt werden. Ansonsten gelten dieselben Regeln, die Sie im »Offline«-Leben auch beachten (sollten).

Die Angst vieler Entscheider, man öffne durch Social Media negativer Kritik Tür und Tor, ist unbegründet. Kein Unternehmen, das gut wirtschaftet und in der Mehrheit zufriedene Kunden hat, muss sich davor fürchten. Im Gegenteil: Die Praxis hat bereits bewiesen, dass Kunden in vielen Fällen auf falsche oder unangebrachte Kritik einzelner User reagieren und die Kritik sogar öffentlich richtigstellen oder zurückweisen. Auf Ihre loyalen Kunden können Sie sich im Netz verlassen.

3.7.3 Negative Beiträge verschwinden lassen

Sie können negativen Beiträgen aber auch proaktiv entgegnen, indem Sie sie einfach »downranken«. Das heißt, Sie sorgen dafür, dass andere Inhalte im Suchergebnis besser, d. h. höher gelistet werden und der negative Beitrag so idealerweise mindestens auf Seite 2 in Google oder noch weiter nach hinten wandert. Dabei sollten Sie auf professionelle Hilfe zurückgreifen. Vor allem Experten aus dem SEO-Bereich bzw. auf ORM (Online Reputation Management) spezialisierte Agenturen und Firmen können hier um einiges mehr bewegen, als Sie allein schaffen würden – je nach Schwere Ihres Imageschadens natürlich. Sie sollten jedoch Abstand davon nehmen, kritische Beiträge löschen zu lassen. Jeder Kritiker, dem das auffällt, wird dafür sorgen, dass seine Kritik noch weitaus größere Kreise zieht und mehr Aufmerksamkeit erlangt. Am Ende könnte ein Shitstorm daraus resultieren.

3.8 Fazit

Im Grunde geht es im Sinne der Online-Reputation Ihres Unternehmens aber darum, alle Kanäle zu nutzen, auf denen Sie Ihre Marke und das »richtige« Bild von sich und Ihrem Unternehmen kommunizieren und manifestieren können. Das Gleiche gilt genauso auch für einzelne Personen. Das können SEO-optimierte Fotos auf Bilderplattformen sein, ein professionell eingerichtetes Facebook-Profil, eine eigene kleine suchmaschinenoptimierte Website, professionell überarbeitete XING- und LinkedIn-Profile usw.

Egal, ob Sie Online Reputation Management selbst betreiben oder es einem Profi überlassen: Hauptsache, Sie tun es. Nutzen Sie die Chance, mit wenig Aufwand viel für Ihre berufliche Zukunft und jene Ihres Unternehmens zu erreichen. So manches Geschäft ist nicht zustande gekommen, weil entsprechend negative Inhalte über den Geschäftsführer im Netz standen, und der eine oder andere Kunde hat den Kauf eines Ihrer Produkte dann doch nicht erwogen, weil zu viele ungeklärte negative Bewertungen darüber zu finden waren.

4 Foren und Bewertungsplattformen

Foren und Bewertungsplattformen werden im Social Media Marketing häufig vernachlässigt, dabei handelt es sich um die Anfänge von Social Media. Nach wie vor tauschen User sich zu Spezialthemen aus und bilden oft kleine Fach-Communitys mit starken Influencern. Verschaffen Sie sich Zugang zu echten Powerusern und authentischen Multiplikatoren.

4.1 Foren und Bewertungsplattformen – die Anfänge von Social Media

Viele Unternehmen und Agenturen vergessen beim medialen Hype rund um Facebook, Twitter und YouTube völlig das Urgestein von Social Media: Foren und Bewertungsplattformen. Entstanden Ende der 1970er-Jahre (damals als »Usenet«), erfreuen sich Foren nach wie vor großer Beliebtheit und bilden oft relativ kleine, aber höchstaktive und interessierte Communitys rund um ein bestimmtes Thema. Auch wenn die vielen kleinen Themenforen nicht die mediale Aufmerksamkeit erhalten und kein Massenphänomen à la Facebook sind, so vereinen sie in Summe doch eine beträchtliche Anzahl von relevanten Usern. Darunter finden sich auch wichtige Influencer, die möglicherweise zu Ihrem Thema viel zu sagen und die entsprechenden Kontakte haben. Foren- und Community-Arbeit ist sehr zeitaufwändig und verlangt viel Aufmerksamkeit und Know-how im Umgang mit den Forenmitgliedern, nicht nur auf sachlicher, sondern auch auf sozialer Ebene.

Marketing-Take-away: Foren sind gefragt

User besuchen Foren vor allem dann, wenn sie nach der Lösung eines bestimmten Problems in Google & Co suchen. Durch die Suchmaschine stolpern sie häufig eher zufällig über einen Foreneintrag, z. B. wenn sie sich über ein neues Handy informieren wollen und ins größte deutsche Fachforum für mobile Endgeräte und Mobilfunk, *www.telefon-treff.de*, gelangen. Auch wenn diese Foren optisch nichts hermachen (siehe Abbildung 4.1), bieten sie den Informationssuchenden nach wie vor einen enormen Mehrwert: neutrale Einschätzungen von Konsumenten und Semi-Experten. Foren haben viele Entwicklungen und Hypes überlebt, weil in vielen Foren gerade das »Unter sich sein«, das Treffen Gleichgesinnter und der Austausch mit ihnen so wichtig sind.

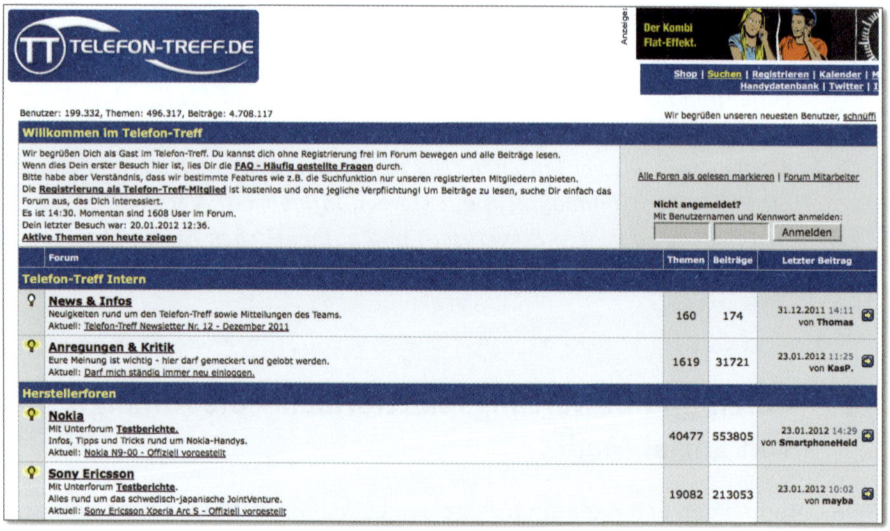

Abbildung 4.1 Im Fachforum für Mobiltelefone Telefon-Treff.de erhalten Modelle wie das Nokia E7 1.200 Einträge und werden unter den Kaufentscheidern diskutiert (Quelle: CluetrainPR).

4.1.1 Glauben Sie noch immer, dass über Ihr Produkt im Internet nicht gesprochen wird?

Da irren Sie sich aber. Machen Sie den Test, und googeln Sie nach Ihrem Namen, Unternehmen oder Ihrer Marke. Sie werden definitiv Einträge über sich und Ihre Produkte finden.

Veranschaulichen wir das Ganze anhand eines Beispiels. Nehmen wir einmal an, Sie wären ein Hersteller eines neu auf den Markt gekommenen Babypflegeprodukts. Es handelt sich also um ein erklärungsbedürftiges Produkt mit einer sehr sensiblen und informationsbedürftigen Zielgruppe: den Eltern. Sie möchten als Unternehmen wissen, ob und wie die Kunden mit dem Produkt zufrieden sind, welche Probleme und Fragen es diesbezüglich gibt und ob und wie Sie das Produkt verbessern könnten. Nun könnten Sie sich einerseits eine Marktforschungsumfrage leisten oder andererseits auf die Informationen zurückgreifen, die in Foren diesbezüglich vorhanden sind. Eltern wollen nur das Beste für ihre Kinder und schreiben unheimlich viele Beiträge und Fragen in Elternforen, z. B. in dem Forum *www.parents.at* (siehe Abbildung 4.2). Wenn Sie die relevanten Foren mittels Keyword-Suche gefunden oder über ein professionelles Monitoring-Tool (siehe Kapitel 3, »Social Media Monitoring und Online Reputation Management«) herausgefiltert haben, können Sie zu Beginn zuerst einmal beobachten, worüber und wie sich die Forenmitglieder miteinander unterhalten, und dann selbst aktiv werden. Das schaffen Sie, indem Sie auf konkrete Fragen antworten oder selbst Fragen stellen, dabei aber immer als offizieller Vertreter Ihres Unternehmens auftreten. Mit der Zeit werden Sie als kompetentes Mitglied wahrgenommen, können nicht nur bei konkreten Fragen weiterhelfen und das Image Ihres Unternehmens verbessern, sondern auch das Produkt weiterentwickeln und Traffic auf Ihre Website bringen.

Rechtstipp von Peter Harlander: Zuerst informieren, dann agieren

Die Aneignung von Wissen, wie in Foren kommuniziert wird, ist auch aus rechtlicher Sicht unbedingt empfehlenswert. Wenn eine Marketingaktion in einem Forum entgleist und die Forenbenutzer ihren Unmut über die Aktion äußern, kann man gegen derartige Unmutsäußerungen rechtlich in der Regel überhaupt nichts unternehmen. In Foren gilt daher ganz besonders: zuerst informieren, dann agieren.

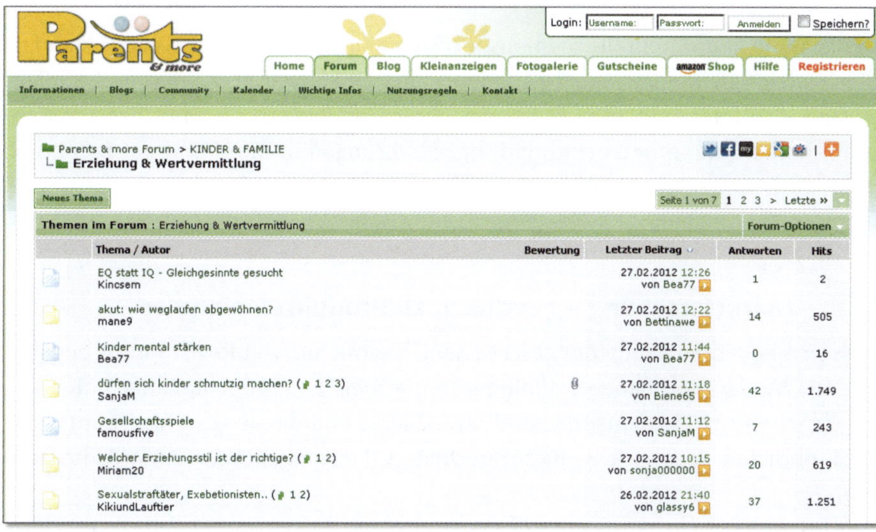

Abbildung 4.2 Das Elternforum parents.at ist die erste Anlaufstelle für Eltern, wenn es um Eltern-Kind-Fragen geht.

Marketing-Take-away: Wie Sie in Foren richtig kommunizieren

Auch wenn es Ihnen schon beim Lesen der Foreneinträge in den Fingern juckt, über Ihre tolle Marke, Produktqualität und vielleicht noch Testergebnisse zu schreiben, sollten Sie zunächst einmal durch Beobachtung lernen, wie die Forenuser miteinander kommunizieren. Erst dann können und sollten Sie aktiv werden, z. B. durch konkrete Hilfestellung bei bestimmten Fragen, aber nicht einfach durch das Eröffnen eines neuen Beitrags. Das würde zum schnellen Ausschluss aus der Community führen, und Sie könnten nur schwer wieder Zugang zu ihr finden.

Wenn Sie diese Punkte beachten und langfristig aktiv sind, können Sie sich einen Expertenstatus erarbeiten: Die User werden Sie aktiv um Ihre Meinung und Ihren Rat fragen. Fassen wir also einmal zusammen, was Ihnen die Forenarbeit bringen kann.

4.2 Was Foren Ihrem Unternehmen bringen können

Foren sind nicht nur marktforschungsrelevant, sondern eignen sich auch zur Identifikation von und Kontaktaufnahme mit Markeninfluencern. Nebenbei wirkt sich Engagement in Foren auch auf das Suchmaschinenranking aus und bringt neuen Traffic auf Ihre Website.

4.2.1 Brand Loyalty – Markenfans und Influencer erreichen

In Foren, die ja größtenteils themenspezifisch eingegrenzt sind, bewegen sich fast ausschließlich themenrelevante Mitglieder, die als solches erkennbar und erreichbar sind. Darunter sind auch Meinungsführer (Influencer), die über das konkrete Forum hinaus gut vernetzt sind und ihre Erfahrungen in Blogs und auf Facebook, Twitter usw. miteinander teilen. Somit können Sie viele relevante User aus Ihren Zielgruppen erreichen.

4.2.2 Marktforschung – Feedback zu Produkten einholen

Da es sich bei Foren häufig um geschlossene Räume (nur mit Registrierung zugänglich) mit Moderation handelt, fühlen sich die meisten Forenmitglieder unter sich und tauschen sich dementsprechend unverblümt und direkt aus. Das ist authentisches, ehrliches Feedback zu Ihren Produkten, Leistungen oder Ihrem Unternehmen.

4.2.3 Reputation Management – Expertenstatus aufbauen

Foren sind ideal zum Aufbau des eigenen Expertenstatus. Dass Sie ein Experte in Bezug auf Ihr Unternehmen, Ihr Produkt oder Ihre Dienstleistung sind, ist klar. Lassen Sie die Forenmitglieder das auch wissen, aber nicht von oben herab, sondern auf Augenhöhe, und gehen Sie dabei auf die User zu.

4.2.4 Zielgenauen Traffic für Ihre Website und Suchmaschinenoptimierung

Durch Foren bringen Sie ebenfalls zielgenauen Traffic auf Ihre Website. In Forenbeiträgen, in Ihr Profil und Ihre Signatur können Sie Links zu Ihrer Website und zu den diskutierten Produkten oder Leistungen setzen, was erfahrungsgemäß viel Traffic von Usern auf Ihre Website bringt, die auch ein konkretes Interesse daran haben.

Die Nutzung von Suchmaschinen ist nach wie vor eine der häufigsten Tätigkeiten der Onliner und der erste Schritt zu Informationen. Sie sind wahrscheinlich selbst schon einmal über einen Eintrag auf *http://www.wer-weiss-was.de* oder *http://www.gutefrage.net* gestolpert. Foren haben lange Bestand und werden deshalb gerne in der Google-Suche als seriöse Information bewertet. Foren sorgen deshalb für gutes Suchmaschinenranking Ihres Produkts/Ihrer Dienstleistung. In den meisten Fällen sind die Beiträge für Suchmaschinen zugänglich (nur das Erstellen oder Beantworten von Beiträgen ist fast immer registrierungspflichtig) und haben ein gutes Ranking, da Suchmaschinen diese Beiträge auch als besonders relevant einstufen (da es sich um Usermeinungen handelt, ähnliches Phänomen wie bei Blogs).

4.3 Wie können Sie Foren für Ihr Unternehmen nutzen?

Es gibt mehrere Ansätze, die sich ergänzen und die gerade dann, wenn Sie noch über wenig Erfahrung in der Forenarbeit verfügen, aufbauend zu verstehen sind:

1. *Beobachten und lernen:* Sie können die Kommunikation in Foren beobachten, um im Rahmen des Social Media Monitorings mehr über die Sichtweise Ihrer Kunden oder Zielgruppen hinsichtlich Ihres Produkts oder Ihres Unternehmens herauszufinden. Foren spielen im Social Media Monitoring eine wichtige Rolle, denn es sind Räume, in denen sich Fachexperten oder direkte Anwender bewegen und sich untereinander austauschen. Durch das Beobachten lernen Sie, wie sich die User untereinander verhalten, auf welcher Ebene und Basis die Kommunikation abläuft und wie Sie hier am besten einsteigen können.
2. *Aktiv werden:* Foren eignen sich in besonderem Maße auch dafür, interessierten und durchaus kritischen Usern aktiv Fragen zu stellen über Ihr Produkt oder Ihre Dienstleistungen oder ihnen eine Produktprobe anzubieten und sie um ehrliches und authentisches Feedback zum Produkt zu bitten.
3. *Selbst ein Forum/eine Community aufbauen:* Beide vorher genannten Möglichkeiten spielen sich hauptsächlich in fremden Foren ab. Sie können natürlich auch auf Ihrer Unternehmens- oder Produktwebsite ein eigenes Forum einrichten und so einen Raum für Diskussionen und Austausch unter den Usern schaffen. Die technischen Voraussetzungen dafür sind relativ gering, doch scheuen viele Unternehmen den administrativen Aufwand und mögliche Kritik am Produkt, die somit auf der eigenen Website geäußert werden würde. Auch hier

möchten wir Ihnen mit auf den Weg geben, dass User Kritik so oder so äußern, egal, ob dies auf Ihrer oder einer anderen Website geschieht. Besser ist es, Sie wissen über die Kritik Bescheid und können darauf mit Produktverbesserungen und aktiver Kommunikation reagieren. Ein Hauptproblem beim Aufbau einer eigenen Community ist neben dem großen Zeit-/Personalaufwand auch das schwierige Erreichen einer kritischen Masse: Damit eine Community funktioniert, müssen sich ausreichend viele aktive Mitglieder darin bewegen und miteinander kommunizieren, ansonsten wird das Forum nicht als relevant und aktiv wahrgenommen und schläft einen Dornröschenschlaf, aus dem es nur mit viel Aufwand und meist nur kurzfristig geweckt werden kann.

4. *Kleine, aber kritische Community:* In Foren gelten berechtigterweise strenge Regeln für die Nutzung und Kommunikation. Die User möchten nicht zugespammt werden, weder mit sich wiederholenden Fragen noch mit Werbung. Die Community ist klein und kritisch, aber wenn Sie offen und ehrlich kommunizieren und das Feedback und die Informationen aufnehmen, sind Foren eine tolle Quelle und Hilfe für Sie.

Rechtstipp von Peter Harlander: Prüfen Sie die AGB!

Wie auch bei anderen Plattformen gilt auch für Foren: Wer ein Forum für Marketingzwecke nutzt, muss nicht nur das Gesetz, sondern auch die AGB des Forums einhalten. Oft ist Werbung klar untersagt.

4.4 Wie funktionieren Foren?

In Foren geht es um Diskussionen. Jemand stellt eine Frage oder ein Thema zur Diskussion, und andere Forenmitglieder können auf diesen Beitrag oder auf eine der Antworten reagieren. Die Gesamtheit der Beiträge (Ursprungsbeitrag und die entsprechenden Antworten/Kommentare) bezeichnet man als *Thread*. Bei jedem Posting stehen der Autor, sein Profilbild (*Avatar* genannt) und das Datum sowie die Uhrzeit der Veröffentlichung. Die Threads sind ähnlich wie die Twitter-Timeline oder wie Blogs in chronologischer Form sortiert. Der Ursprungsbeitrag steht immer ganz oben, die Antworten folgen darunter. Manchmal ist es technisch auch möglich, ein Bild oder ein Foto mit zu veröffentlichen. Das ist beispielsweise in Grafikerforen absolut sinnvoll.

Eine besondere Rolle spielen die Administratoren bzw. Moderatoren im Forum. Sie sorgen dafür, dass das Klima unter den Diskussionsteilnehmern sachlich bleibt, dass keine unerwünschte Werbung und keine Spams veröffentlicht werden und dass sich einzelne Threads nicht zu chaotisch entwickeln. Man erkennt sie daran, dass in ihrem Profil bzw. bei jedem ihrer Beiträge das Wort »Administrator« oder »Moderator« angeführt wird. Mit diesen Personen sollten Sie es sich schon einmal auf gar keinen Fall verscherzen.

Rechtstipp von Peter Harlander: Vorsicht beim Anschreiben von Forenmitgliedern

Beim Anschreiben von Forennutzern gilt höchste Vorsicht. Das Verbot unverlangter Werbezusendungen gilt auch hier. Aus rechtlicher Sicht vermeidet man Probleme effizient, wenn man ehrlich berücksichtigt, dass kein Forenbenutzer Lust auf Werbung hat, und wenn man den Benutzern daher einen echten Mehrwert bietet. Überlegen Sie daher genau, wie Sie die Nutzer am besten ansprechen.

4.5 Suchen Sie nach relevanten Foren

Natürlich sollten Sie zunächst herausfinden, in welchen Foren über Ihre Themen diskutiert wird. Die Zahl der Foren ist riesig, da kann man schnell den Überblick verlieren. Deshalb können wir Ihnen die folgenden Tools empfehlen (siehe Abbildung 4.3).

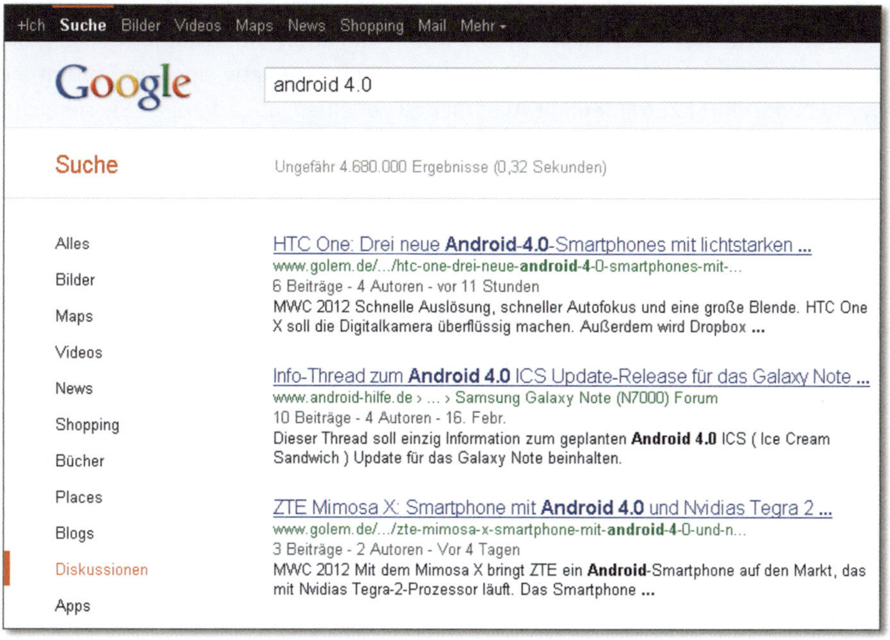

Abbildung 4.3 Über den Reiter»Diskussionen« nutzen Sie die Forensuche über Google.

1. **Google-Suche:** Der Branchenprimus bietet in der linken Leiste unter dem Logo die Möglichkeit, das Suchergebnis nach bestimmten Kategorien zu filtern: Websites, Blogs, Statusupdates (soziale Netzwerke), News und eben auch Diskussionsbeiträge. Damit können Sie nach Forenbeiträgen zum gewünschten Thema suchen. Sie erhalten zum Teil auch Beiträge aus Nichtforen, aber für den ersten Überblick ist dies auf alle Fälle sehr praktisch.
2. **Boardreader/Boardtracker:** Auf *www.boardreader.com* bzw. *www.boardtracker.com* bieten beide Services die Möglichkeit, nach deutschsprachigen Foreneinträgen zu suchen. Außerdem zeigen sie in Form eines Trend Graphs an, wann der gesuchte Begriff besonders oft verwendet wurde und welche Foren am meisten Einträge dazu bieten. Toll ist auch, dass es eine erweiterte Suche mit vielen Eingrenzungs- und Filtermöglichkeiten gibt (siehe Abbildung 4.4).
3. **Forumcheck.de:** Stöbern Sie auf *www.forumcheck.de* nach den eingetragenen Foren zu Ihren Themen, vielleicht finden Sie dort noch ein paar passende Foren. Wenn Sie in solchen Forenlisten nichts finden, sollten Sie woanders weitersuchen. Verlassen Sie sich nicht auf die Vollständigkeit solcher Listen. Die Qualität dieser Listen ist zum Teil recht unterschiedlich.

Dies war nur eine kleine Auswahl an Such- und Listendiensten, die im Web zu finden sind. Meistens müssen Sie sich auf eine längere Suche einstellen und viele Foren durchgrasen, um herauszufinden, welche für Sie relevant sind. Vergessen Sie nicht die dritte Säule der Social-Media-Kommunikation: Ihre Kunden. Fragen Sie Ihre zufriedenen Kunden, ob und in welchen Foren sie aktiv sind, und bitten Sie sie, auch dort ihrer Zufriedenheit Ausdruck zu verleihen, aber drängen Sie sie nicht.

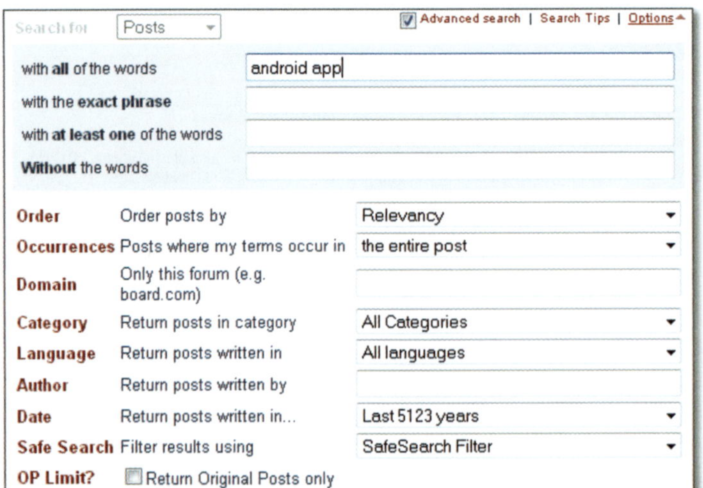

Abbildung 4.4 Über die Advanced search von Boardtracker.com können Sie nach Foren suchen und nach Sprache sortieren.

Wenn Sie die entsprechenden Foren gefunden haben, in denen Ihr Thema diskutiert wird, sollten Sie mit Bedacht den nächsten Schritt gehen. Wie werden Sie also in Foren aktiv?

4.5.1 Tipps für den richtigen Einstieg

Foren sind Räume für Menschen, nicht für Unternehmen: Deshalb sollten Sie sich auch als Person und nicht als Unternehmen registrieren. Damit fällt es Ihnen wesentlich leichter, mit den Forenmitgliedern ins Gespräch zu kommen.

4.5.2 Erstellen Sie ein authentisches Forenprofil

Wählen Sie einen seriösen Usernamen (Nickname). Versuchen Sie nicht, mit einer falschen Identität Privatheit vorzutäuschen. Geben Sie im Profil an, wo Sie arbeiten und was Sie in Ihrem Unternehmen tun. Sie sollten Ihr Profil vollständig ausfüllen. Verwenden Sie das gleiche Profilbild wie auf Facebook oder Twitter. Geben Sie eine Kurzbiografie an, setzen Sie Links auf Ihren Twitter- oder Facebook-Account. Nutzen Sie auch die Möglichkeit vieler Foren, Ihre Signatur zu individualisieren. Geben Sie z. B. den Link zu Ihrem Blog oder Ihrer Website an, gepaart mit einem ansprechenden Spruch. Verschwenden Sie allerdings nicht zu viel Platz, und halten Sie sich an die Nutzungsbedingungen des Forums.

4.5.3 Seien Sie geduldig

Die wichtigste Regel in Social Media gilt auch für Foren: zunächst einmal zuhören, dann erst aktiv werden. Dazu gehört gerade in Foren in erster Linie viel Geduld. Lernen Sie die Sprache der Community, bevor Sie beginnen, mitzudiskutieren. Ansonsten werden Sie als Spammer oder Marketer abgestempelt und fliegen direkt wieder raus oder verlieren zumindest jegliches Vertrauen der anderen Forenmitglieder.

Sie sollten sich unbedingt der Community vorstellen. Dafür gibt es eigens eingerichtete Bereiche in Foren. Das zeigt den anderen, dass Sie an einer transparenten und echten Kommunikation und Teilhabe an der Community interessiert sind. Ein Phänomen, das man in vielen Foren wiederfindet: Neue User erstellen einen ganz neuen Thread mit einer Frage, die bereits mehrfach zu einem früheren Zeitpunkt von anderen Usern gestellt und von der Community bereits beantwortet wurde. Im Normalfall werden die »Neuen« von den Administratoren, Moderatoren oder von besonders aktiven Usern darauf angesprochen (meist mit einem Link zum entsprechenden Thread). In der Regel wird höflich, aber bestimmt auf die Suchfunktion hingewiesen. Versuchen Sie diesen Anfängerfehler zu vermeiden, und stöbern Sie einmal durch das Forum, um dessen Struktur besser zu verstehen. Wenn Sie das Gefühl haben, sich sicher zu bewegen, sollten Sie regelmäßig aktiv sein und relevante Beiträge veröffentlichen. Manche Foren haben sogar ein Punktesystem eingeführt, damit besonders fleißige Mitglieder auch als solche sofort erkennbar sind.

4.5.4 Helfen Sie weiter

Helfen Sie den anderen weiter, wo Sie nur können. So werden Sie als Experte wahrgenommen und gewinnen das Vertrauen und die Sympathie der Community. Vermeiden Sie werbliche Inhalte. Ein Link zu relevanten, weiterführenden Inhalten darf natürlich auch auf Ihre Website oder Ihren Online-Shop führen. Lassen Sie sich nicht in emotionale, unsachliche Diskussionen verwickeln. Bleiben Sie beim Thema, und akzeptieren Sie auch konträre Meinungen. Selbst wenn Ihr Gegenüber das nicht schafft: Sie können sich dadurch ab- und hervorheben. In Foren gelten geschriebene wie ungeschriebene Gesetze und insbesondere der Forenknigge: Achten Sie auf die Einhaltung der Forennutzungsbedingungen genauso wie auf die Respektierung forenspezifischer Gepflogenheiten.

Für den seltenen Fall, dass es noch kein passendes Forum gibt, sollten Sie sich Rat bei Profis oder bei anderen Forenbetreibern holen und dabei keine Wunder erwarten. Die Mitglieder werden nicht gleich am ersten Tag zu Tausenden in Ihr Forum strömen. Das Erreichen der kritischen Masse ist ein langwieriger Prozess, an dem nicht wenige gescheitert sind. Denn selbst wenn Sie die kritische Masse erreicht haben, muss diese Community auch auf Dauer am Leben erhalten bleiben.

4.5.5 Angebote und Mitgliederwerbung haben in Foren nichts zu suchen

Seien Sie auch vorsichtig bei Angeboten bezüglich Marketings in Foren oder massenhafter Mitgliederwerbung, die im Web kursieren: In vielen Fällen handelt es sich um unseriöse Anbieter bzw. ineffektive und nicht nachhaltige Maßnahmen, die hier definiert werden. Sie gewinnen dadurch weder Reputation noch nachhaltigen Traffic. Konzentrieren Sie sich lieber darauf, langfristig eine positive Reputation aufzubauen und viele Erfahrungen und Feedback zu sammeln. Der Dialog mit Ihnen als Ansprechpartner wird für Qualitätssicherung, Produktentwicklung und Innovation entscheidende Informationen liefern.

Rechtstipp von Peter Harlander:
Forenmarketing mit unlauteren Mitteln ist wettbewerbswidrig

Wenn Foren systematisch mit Pseudoeinträgen zugemüllt werden, die nur den Sinn haben, die Benutzer auf die eigene Website zu leiten, ist dies illegales Spamming. Wenn sich bezahlte Agenturmitarbeiter als nette Konsumenten ausgeben und das Produkt ihres Kunden in den Himmel loben, ist dies illegale versteckte Werbung.

Wenn sie dabei auch noch die Produkte der Mitbewerber herabsetzen, ist dies eine illegale Herabsetzung fremder Unternehmen bzw. Produkte und möglicherweise eine illegale Form der vergleichenden Werbung. Forenmarketing mit unlauteren Mitteln ist daher höchst riskant.

4.6 Fazit Foren

Obwohl Foren größtenteils aus der Wahrnehmung der Medien und vieler User durch den Hype rund um Facebook und Twitter verdrängt wurden, spielen Foren nach wie vor eine wichtige Rolle bei der Informationssuche und der Diskussion von Fragestellungen zu speziellen Themen. Sie sollten sich auf alle Fälle einen Überblick verschaffen, ob es für Sie relevante Foren gibt, und in jeder Hinsicht ernsthaft überlegen, wie Sie sich in Foren engagieren. Als authentische und unverfälschte Quelle von Informationen, Meinungen und Erfahrungen aus Konsumentensicht können Foren sehr, sehr hilfreich für Ihr Unternehmen und dessen Online-Reputation sein.

4.7 Bewertungen – der Austausch von persönlichen Erfahrungen

Konsumenten suchen nach Entscheidungshilfen in der Unendlichkeit von Angeboten und der Produktvielfalt des Marktes. Bei Angeboten im Web kommt noch dazu, dass man viele Produkte nicht zuerst anfassen und ausprobieren kann, sondern erst nach Lieferung und Bezahlung überprüfen kann, ob das Gerät oder die Leistung auch wirklich das Richtige ist, die Bedürfnisse befriedigt und die Erwartungen erfüllt. Nebenbei: »Augmented Reality«-Shopping versucht, diese Kluft zu überwinden (siehe unsere Ausführungen über Augmented Reality in Kapitel 9, »Mobile Social Marketing«).

Da ist es nur die logische Konsequenz, dass viele Konsumenten nach Bewertungen und Erfahrungsberichten anderer Konsumenten suchen. Natürlich gab und gibt es viele Websites von Herstellern oder Händlern, die eine Bewertungsmöglichkeit bzw. Kommentarfunktion für User anbieten, doch scheint das für viele User den Zweifel an der Authentizität zu wecken: Auf der eigenen Website wird der Händler oder Hersteller doch sicher keine negativen Bewertungen zulassen, könnte man argumentieren. Auf unabhängigen Websites ist diese Gefahr zunächst weniger offensichtlich. Dazu gehören auch die Bewertungsplattformen. Sie ermöglichen zum einen Webusern, bestimmte Produkte oder Dienstleistungen zu bewerten, und zum anderen anderen Usern, Bewertungen für genau das gesuchte Produkt zu finden und als Kaufentscheidung zu nutzen. Hier setzt sich der Kreis fort, weil ein Teil jener User, die sich aufgrund der vorhandenen Bewertungen für ein Produkt entschieden haben, wiederum auf der Bewertungsplattform ihr Feedback geben und die bestehenden Bewertungen bestätigen oder relativieren.

4.7.1 Bewertungen sind ein alter Hut

Bewertungen gibt es im Web schon lange, die sogenannten Bewertungsplattformen standen am Beginn des User-Generated-Content-Zeitalters, doch haben sie nichts von ihrer Relevanz für die Konsumenten verloren. Ganz im Gegenteil, sie gewinnen an Einfluss im Informations- und Kaufentscheidungsprozess und werden durch die Weiterentwicklung der Internettechnik, wie z. B. die Smartphones, sogar noch weiter gepusht.

Nun gibt es einige, die behaupten, ihre Kunden würden die Bewertungsportale gar nicht mit Namen kennen, und deshalb wären diese Plattformen nicht relevant. Doch wer heute eine gängige Suchmaschine wie Google oder Bing nutzt und den Namen eines Produkts oder Unternehmens eingibt, erhält oft an ziemlich prominenter Stelle im Suchergebnis eine Bewertung auf einer solchen Plattform. Mittlerweile werden Bewertungen sogar in das Google-Maps-Ergebnis (siehe Abbildung 4.5) und in viele mobile Applikationen für Smartphones integriert. Sie sehen, die Relevanz von Bewertungen wird sogar noch stärker.

Abbildung 4.5 Das Widder Hotel in Zürich hat bereits 31 Bewertungen von Besuchern in Google erhalten.

Bewertet wird heutzutage alles, was aus Sicht der User eine Bewertung verdient: Hotels, Städte, Computer, Dienstleistungen und sogar Lehrer. Diejenigen, die bewertet werden, sind in manchen Fällen nicht so glücklich darüber, doch aus der Sicht der Konsumenten sind Bewertungen eine wichtige, weil authentische Informationsquelle.

Die ersten Branchen, die mit dem Phänomen der Bewertungsplattformen direkt konfrontiert waren, sind u. a. der Tourismus und die Unterhaltungselektronik. Während einige Akteure aus der Wirtschaft anfangs versuchten, die Plattformen bzw. die User mit rechtlichen Mitteln daran zu hindern, von ihrem Recht auf freie Meinungsäußerung Gebrauch zu machen, hat man heute aus diesen Fehlern gelernt und versucht, das Beste daraus zu machen. Denn das Problem liegt meistens nicht in der Bewertung selbst, sondern in der mangelhaften Qualität des Angebots, zumindest aus der Sicht des Konsumenten. Negative Bewertungen beinhalten meistens einen Funken Wahrheit und entspringen der subjektiven Wahrnehmung des Kunden, egal, ob der Unternehmer es so sieht, nachvollziehen kann oder es möchte. Deshalb hilft es nichts, die Bewertungen dort und da zu unterbinden: Der unzufriedene Kunde hat im Internet Tausende Möglichkeiten, seine Unzufriedenheit kundzutun. Besser er macht es dort, wo man es als bewertetes Unternehmen mitbekommt und darauf reagieren kann.

Auch bei den Bewertungsplattformen geht der Trend verständlicherweise hin zur Kommerzialisierung der Plattform. Dabei entsteht natürlich immer auch der Gedanke, dass damit die Authentizität der Bewertungen auf der Strecke bleiben kann. Alle Bewertungsportale sind bemüht, durch Information, Transparenz und Kontrolle zu zeigen, dass die »echten« Kundenbewertungen im Vordergrund stehen. Mittels verschiedener Prüfverfahren soll sichergestellt werden, dass wirklich nur Bewertungen von tatsächlichen Kunden online gehen. Der Bewertungsbetrug hat zwei Gesichter: Unternehmen, die selbst oder über Agenturen positive Bewertungen über sich schreiben (lassen), oder Unternehmen, die negative Bewertungen über einen Konkurrenten schreiben (lassen). Beides kann nie zu 100 % vermieden werden.

Doch so oder so haben gefälschte Bewertungen ein Grundproblem: Es kann mittel- und langfristig nicht funktionieren und muss zwangsläufig einen nachhaltigen und oft irreparablen Imageschaden mit sich bringen. Positive Bewertungen haben ja den Effekt, potenzielle Kunden dazu zu bewegen, sich für das Produkt oder die Dienstleistung zu entscheiden. Wenn Kunden das auf Basis dieser Bewertung tun und das Produkt bzw. die Dienstleistung nicht das hält, was die Bewertungen versprechen, dann kehrt der Kunde zu diesen Bewertungen zurück und gibt seine persönliche und ehrliche Meinung kund: In Form einer besonders negativen Bewertung, weil er nun sicher festgestellt hat, dass ein Teil der Bewertungen nicht echt ist. Das heißt also, dass gefälschte positive Bewertungen automatisch negative Bewertungen produzieren. Das kann doch nicht im Interesse des Unternehmens sein.

Rechtstipp von Peter Harlander: Fälschungen zahlen sich nicht aus

Zwei Formen unrichtiger Bewertungen erscheinen für Unternehmer besonders verlockend: Unternehmen, die sich selbst oder über Agenturen positive Bewertungen über sich schreiben (lassen), oder Unternehmen, die negative Bewertungen über einen Konkurrenten schreiben (lassen). Beides kann nie zu 100 % vermieden werden. Beides ist aber ganz klar wettbewerbswidrig und höchst riskant. Oft muss nur ein Mitarbeiter, der davon weiß, den Job wechseln und schon ist die Sache aufgeflogen und bei Gericht. Sie sollten daher derartige Methoden keinesfalls in Erwägung ziehen.

4.7.2 Warum Bewertungen für Sie wichtig sind

Bewertungen haben wichtige Eigenschaften, die sowohl für die User als auch für Sie als Unternehmen ausschlaggebend sind. Sie sind jederzeit, schnell und weltweit abrufbar, haben eine enorme Langlebigkeit und sind deshalb bei Suchmaschinen sehr beliebt (hohe Sichtbarkeit). Und Bewertungen zeugen von hoher Glaubwürdigkeit. Für die Informationssuchenden sind Bewertungen eine der schnellsten und zugleich verlässlichsten Informationsquellen. Für Sie sind Bewertungen eine Möglichkeit, unsichere Kunden schnell, einfach und nahezu kostenlos von Ihrem Produkt zu überzeugen.

Generell gilt: Die User greifen auf Bewertungen als relevante Informationsquelle für Ihre Konsum- und Kaufentscheidung zurück. Wenn sie zwei vergleichbare Unternehmen vor sich haben, das eine mit zahlreichen, hauptsächlich positiven Bewertungen, das andere mit wenig oder hauptsächlich negativen Bewertungen, dann wird die Entscheidung in den meisten Fällen klar ausfallen.

Auf den meisten Bewertungsplattformen können die User ein Unternehmen selbst eintragen, wenn es noch nicht vorhanden ist. Deshalb ist die Wahrscheinlichkeit groß, dass auch Ihr Unternehmen bereits existiert. Das sollten Sie überprüfen und darauf reagieren:

- Sie können den Eintrag in den meisten Fällen als »Geschäftsinhaber« übernehmen und damit eigene Inhalte (Text, Fotos) hinzufügen.
- Motivieren Sie Ihre Kunden zu Bewertungen, damit Sie eine ausreichende Basis an positiven Bewertungen haben, vor allem aktuell sollten sie sein.

4.8 Allgemeine Bewertungen

Bewertet wird heutzutage alles: Hotels, Restaurants und Unterhaltungselektronik sowieso, mittlerweile aber sogar Lehrer und Arbeitgeber, Ärzte und Handwerker.

Der Konsument macht von seinem Recht auf freie Meinungsäußerung Gebrauch und teilt Zufriedenheit wie Unzufriedenheit mit der Welt und hilft somit anderen Konsumenten, die richtige Wahl zu treffen. Zu dieser Wahl sollten auch Ihr Unternehmen bzw. Ihr Produkt gehören.

4.8.1 Amazon

Amazon ist der Primus unter den Bewertungsplattformen. Hier wird alles bewertet, was letztlich auch auf den Long Tail von Amazon (siehe Abschnitt 1.5.4, »Der Long Tail«) zurückzuführen ist. Wie sehr man von Amazon-Bewertungen profitieren kann, haben wir bei der ersten Auflage von Follow me! bemerkt. Mit jeder Bewertung stiegen auch die Verkaufszahlen. Nach einem Jahr hatten wir 43 Bewertungen in Amazon, mehr als jedes Konkurrenzwerk. Wenn wir positives Feedback via Facebook, Twitter oder in Form einer Blogrezension erhalten haben, haben wir diese Leser auch aktiv um Feedback in Amazon gebeten, was sie uns gerne zur Verfügung stellten. Das Gleiche gilt auch für Sie. Wenn Sie bereits zufriedene Kunden haben, die ihre Zufriedenheit schon einmal online oder offline geäußert haben, bitten Sie sie um eine Rezension in Amazon, insbesondere wenn es ein Produkt ist, welches besonders häufig über Amazon bestellt wird.

4.8.2 QYPE

Der Generalist QYPE (sprich »kwaip«) ist ein nach Orten und Branchen strukturiertes und nach eigenen Angaben Europas größtes Bewertungsportal. Es bietet quasi wie ein Branchenbuch, erweitert um Sehenswürdigkeiten und Freizeitaktivitäten, alles, was man als Point of Interest (POI) bezeichnen kann, bis hin zu Veranstaltungen. User finden allgemeine Informationen wie Adresse und Öffnungszeiten zusätzlich zu den Bewertungen durch andere User. Die 2005 gegründete Plattform ist vor allem in Deutschland, Frankreich und Großbritannien beliebt, mehr als 1,5 Mio. Empfehlungen wurden laut eigenen Angaben bis dato von Usern erstellt (7,2 Mio. Besucher pro Monat laut IVW 2010).

Für Smartphones gibt es eine eigene QYPE-Radar-App, mit der man interessante Orte in der Nähe finden und die dazugehörigen Bewertungen sichten kann. Diese App ist laut dem Gründer von QYPE, Stephan Uhrenbacher, bereits auf 21 % aller iPhones in Deutschland installiert. Das zeigt, wie relevant lokale Bewertungen und Tipps für die Smartphone-Nutzer sind. Dabei greift das Smartphone über GPS auf die aktuellen Standortdaten zu und stellt die POIs auf einer Karte dar. Das bedeutet natürlich, dass Spontanentscheider oder Ortsfremde viel Wert auf Bewertungen legen, wenn sie vor Ort wissen wollen, wo in der Nähe beispielsweise ein gutes Restaurant ist. Unternehmer können auf QYPE einen kostenlosen Eintrag erstellen oder einen bestehenden Eintrag kostenlos übernehmen und mit Zusatzinformationen (Foto, Öffnungszeiten, Website usw.) versehen. Wer das Ranking seines sogenannten lokalen Brancheneintrags heben möchte, kann mittels kostenpflichtigen Premium-Eintrags dafür sorgen, dass er im Suchergebnis über seinen Mitbewerbern zu finden ist. Wenn Sie beispielsweise einen Gastronomiebetrieb besitzen, sollten Sie unbedingt überprüfen, ob er bereits auf QYPE eingetragen ist. In diesem Fall können Sie den Eintrag als Geschäftsinhaber übernehmen und mit Inhalten aufwerten. Mit QYPE-Aufklebern an Restaurants und Bars wird auch der Transfer von Online-Bewertungen in die reale Welt geschafft, das dann als Qualitätssiegel wirkt und unsichere Gäste überzeugt, in das Lokal zu gehen (siehe Abbildung 4.6). Die Aufkleber können per Online-Formular unter *http://de.business.qype.com/tipps-tricks/der-qype-aufkleber* kostenlos bestellt werden.

Abbildung 4.6 Das Café & Bar Beakers in Berlin Prenzlauer Berg nutzt den QYPE-Aufkleber, um neue Gäste ins Café zu locken.

4.8.3 ciao.de

Die Betreiber der Plattform bezeichnen sich selbst als einen der größten Einkaufsberater im Internet, und ciao.de war auch eine der ersten Produktbewertungsplattformen im deutschsprachigen Raum. Es können so gut wie alle Produkte und Dienstleistungen bewertet werden, daneben werden auch Produkttests integriert und Preisvergleiche angeschlossener Online-Shops dargestellt. Die Plattform verdient ihr Geld einerseits mit Werbeanzeigen und Verlinkungen, andererseits mit Marktforschungsdaten, die erhoben und an Agenturen, Institute und andere kommerzielle Abnehmer oder Medien verkauft werden.

Obwohl mittlerweile sogar Hotels oder Finanzdienstleistungen bewertet werden können, geht es doch hauptsächlich um Konsumgüter wie Unterhaltungselektronik, Haushaltsgeräte und Freizeitartikel. Sie sollten auf alle Fälle beobachten, ob eines Ihrer Produkte bewertet wurde und wie es bei den Usern abschneidet. Ähnlich wie auf ciao.de können auch auf dooyoo.de Produkte und Dienstleistungen bewertet werden. Ein ähnliches Prinzip wie ciao.de verfolgen in Deutschland die Plattformen *http://www.yopi.de* und *http://www.dooyoo.de*. In der Schweiz ist *http://www.testeo.ch* die erste Anlaufstelle für Tests und Preisvergleiche.

4.8.4 Yelp

In Deutschland relativ neu, ist Yelp in den USA bereits seit 2004 online. Das Geschäftsmodell basiert auf dem Anzeigenverkauf für auf der Plattform registrierte lokale Geschäfte. Strukturiert ist Yelp nach Städten und Stadtteilen. Unternehmer können ein kostenloses Konto einrichten und zusätzliche Informationen zu ihrem Geschäft eintragen, dazu gehören auch Sonderangebote. Sie können auch auf Userbeiträge antworten. Es bleibt zu beobachten, wie es sich im deutschsprachigen Raum entwickeln wird.

4.8.5 kununu.de

Die Plattform mit dem seltsamen Namen hat doch einen für Unternehmen und Unternehmer relevanten Auftritt: Arbeitnehmer bewerten Arbeitgeber, und das öffentlich. Hier wird sozusagen der Spieß einmal umgedreht, und der Arbeitgeber erhält ein Zeugnis. Auch wenn nicht viele Internetuser diese Plattform kennen oder sich den Namen merken können: Wenn ein Kunde, Geschäftspartner, potenzieller Investor oder zukünftiger Traummitarbeiter auf der Suchmaschine seines Vertrauens Ihren Unternehmensnamen eingibt, könnte es sein, dass eine Bewertung von kununu.de auftaucht. Sie sollten deshalb unbedingt darauf achten, ob bereits ein Eintrag Ihres Unternehmens besteht, da dies für Ihre Online-Reputation sehr wohl ausschlaggebend sein kann, wie sich (ehemalige) Mitarbeiter über Ihr Unternehmen bzw. Ihren Führungsstil und Ihre Qualifikation als Chef äußern. Sie haben die Möglichkeit, als Unternehmen offiziell zu einer Bewertung Stellung zu nehmen oder können aus einer Liste von kostenpflichtigen Paketen auswählen, um den Unternehmenseintrag optisch und inhaltlich aufzuwerten.

Fast jeder kann bewertet werden

Weitere Bewertungsplattformen sind beispielsweise jene spezieller Berufsgruppen. Dazu gehören die durch die Medien bekannt gewordene Lehrerbewertungsplattform, *http://www.spickmich.de*, oder Ärztebewertungsportale wie *http://docinsider.de*.

4.9 Best Practice Tourismus – wie Reisebewertungen eine ganze Branche umkrempeln

Der Urlaub ist ein besonders zu behandelndes Thema für viele Konsumenten. Zum einen ist es für viele Menschen einer der wichtigsten Momente des Jahres, der zur Erholung, Regeneration und Unterhaltung dient. Urlaube sind meist eine kostspielige Angelegenheit und nehmen einen relevanten Teil des Freizeitbudgets in Anspruch. Zusätzlich verlangen Urlaube normalerweise ein gewisses Maß an Planung und kostbare Urlaubstage, die man nicht vergeuden möchte. Zum anderen gibt es im Gegensatz zu herkömmlichen Produkten wie Computer oder Fernseher kein Umtauschrecht im eigentlichen Sinn. Die Konsumenten müssen sich also doppelt und dreifach informieren und auf verschiedene Informationsquellen verlassen. Relevante Quellen waren und sind natürlich Freunde und Bekannte oder die Berater im Reisebüro. Wenn nun aber keiner der Freunde bisher in der Urlaubsregion war oder man keine kompetente Auskunft im Reisebüro bekommen hat, dann bleibt nur das Internet als Informationsquelle. Aber auch für Business-Reisende ist es wichtig, die wenigen Stunden Freizeit, die man hat, gut nutzen zu können oder auch ein Hotel zu finden, das von Lage und Ausstattung her den Anforderungen gerecht wird.

4.9.1 Holidaycheck

Eines der größten deutschsprachigen Urlaubsbewertungsportale ist Holidaycheck, dessen gleichnamiges Unternehmen in der Schweiz sitzt. 1999 als Plattform gegründet und 2003 in ein Unternehmen übergegangen, wurde es 2006 u. a. von der Tomorrow Focus AG übernommen, die heute die absolute Anteilsmehrheit an Holidaycheck hat. Zum Bewertungsportal gehört auch ein Online-Reisebüro. So versucht Holidaycheck seine Marktposition zu monetarisieren. Inwieweit damit die Unabhängigkeit gefährdet ist, kann man heute noch nicht sagen. Im Großen und Ganzen gilt die Plattform aber als zuverlässige und authentische Informationsquelle. Jedes Jahr wird der sogenannte HolidayCheck-Award an Hotels verliehen, die bei den Usern am beliebtesten sind, also die besten Bewertungen erhalten haben.

User können auf HolidayCheck mittlerweile so gut wie alle Urlaubsregionen und Reisearten bewerten bzw. Bewertungen darüber ansehen. Zentrale Elemente sind die Bewertungen von Hotels, Reisetipps und Schiffen (siehe Abbildung 4.7). Laut eigenen Angaben auf der Website verfügt die Plattform über aktuell mehr als 3 Mio. Bewertungen, Fotos und Videos. Dazu gibt es noch ein Reiseforum, in dem sich User untereinander austauschen können.

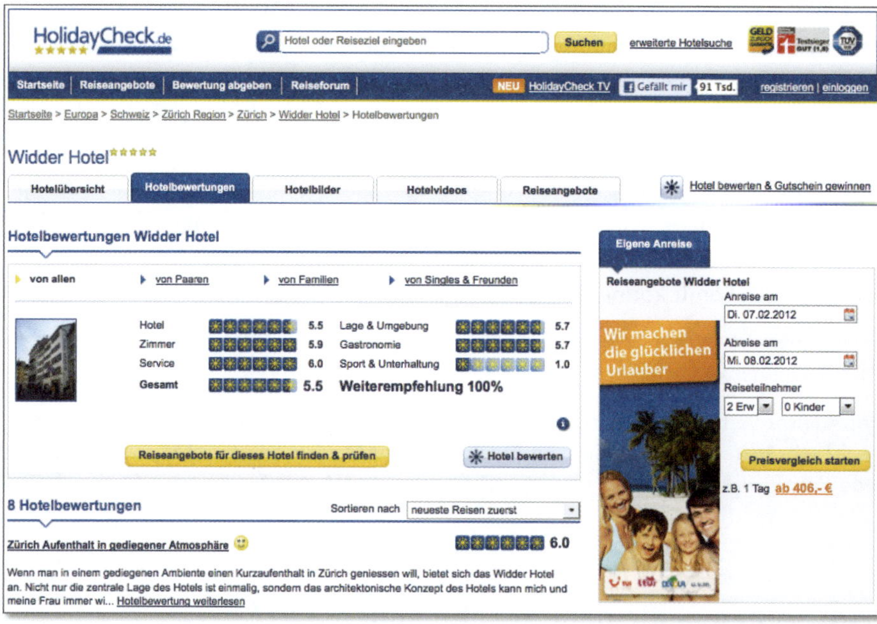

Abbildung 4.7 Das Widder Hotel in Zürich erzielt auch auf HolidayCheck.de Hotelbewertungen von ehemaligen Gästen.

Wenn Sie ein Hotel besitzen oder betreuen, dann sollten Sie unbedingt den sogenannten HotelManager nutzen. Darunter versteht man einen Zugang für Hoteliers, um den Eintrag des eigenen Hotels auf HolidayCheck zu managen. Dieser Zugang ist kostenlos und ermöglicht Ihnen,

- über neue Bewertungen automatisch informiert zu werden (per E-Mail),
- die Bewertungen des eigenen Hotels kommentieren/beantworten zu können,
- das Hotelprofil zu ergänzen (News, Infos, Bilder), die Bewertungen auf der eigenen Website einzubinden und
- Zugriff auf HolidayCheck-Seitenstatistiken rund um Ihr Hotel zu haben.

Mittlerweile gibt es diese Möglichkeiten auch für Tourismusdestinationen. Damit erhalten Sie die Chance, die Bewertungen im Blick zu haben und entsprechend reagieren zu können.

4.9.2 TripAdvisor

Das Portal TripAdvisor ist mit 35 Mio. Bewertungen und Erfahrungsberichten die größte internationale Reiseplattform der Welt. User finden Unterkünfte, Restaurants, Sehenswürdigkeiten und reiserelevante Informationen aus der ganzen Welt.

TripAdvisor gehört zum Reisekonzern Expedia und verdient sein Geld u. a. mit Werbeflächen auf der Plattform und mit Bezahleinträgen von gelisteten Unternehmen. Es gibt aber auch eine kostenlose Variante eines Eintrags. Sie können Ihr Unternehmen registrieren oder als offizieller Vertreter übernehmen (wenn es beispielsweise bereits von einem User angelegt und bewertet wurde) und zusätzliche Fotos und offizielle Informationen (Öffnungszeiten, Besonderheiten wie 24-Stunden-Rezeption usw.) hinzufügen. Außerdem können Sie über das Management-Antwort-Formular direkt auf eine Bewertung bzw. Kritik antworten und in Kontakt mit dem Bewerter treten. Somit können Sie auf jede Bewertung reagieren.

Applikationen von TripAdvisor

TripAdvisor verfügt auch über Applikationen für Smartphones und sogar über eine eigene, sehr beliebte Applikation auf Facebook namens »Cities I've visited«, auf der man jene Orte visualisieren kann, die man schon einmal bereist hat.

4.10 Amen. – die neue Art, Personen, Orte und Dinge zu bewerten

»Amen.« ist eine Meinungs- und Bewertungsplattform, die eine App entwickelt hat, mit der man Personen, Orte und Dinge bewerten kann. Mit vorgegebenen Textbausteinen »ist das beste« oder »ist das schlechteste« können die Meinungen über beliebig viele und verschiedene Orte, Plätze und Personen verbreitet werden, die durch Zustimmungen innerhalb des Netzwerks an Beliebtheit gewinnen.

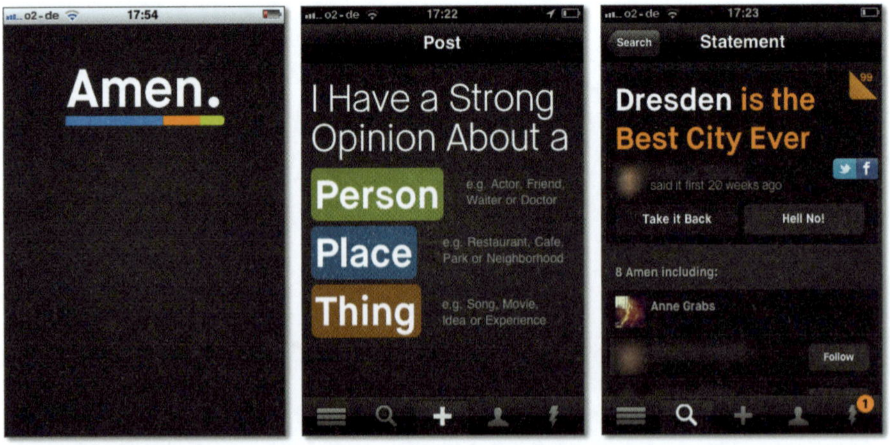

Abbildung 4.8 Amen. ist eine Bewertungsplattform für Personen, Orte und Dinge.

In der Abbildung 4.8 ist zu sehen, dass Anne Grabs dem Statement »Dresden is the Best City Ever« eines anderen Users ein »Amen« gegeben hat. Die Anwendung hat innerhalb kürzester Zeit für Aufmerksamkeit gesorgt, da TV-Star Ashton Kutcher (seines Zeichens engagierter Twitter-User) gemeinsam mit anderen Investoren 2 Mio. US$ in das Berliner Start-up investiert hat. Doch der Hype hat bisher nur Hitlisten hervorgebracht. Für Sie als Unternehmen ist es wichtig, als Person, Ort oder Sache in der App auffindbar zu sein. Das schaffen sie aber nur, indem Sie selbst in Amen aktiv werden und Ihre Statements posten und sich mit den Usern vernetzen.

4.11 Tipps im Umgang mit Bewertungen

Neben den genannten Urlaubsbewertungsplattformen gibt es noch viele weitere, z. B. tripsbytips.de, zoover.at, hotelkritiken.de und trivago.de. Auf vielen Buchungsportalen wie booking.com oder expedia.de können Kunden Bewertungen über die gebuchte Leistung abgeben, und Generalisten wie QYPE oder ciao.de bieten ebenfalls die Möglichkeit, Hotels und andere touristische Betriebe zu bewerten. Sie sollten also auch diese Portale im Blick haben. Nutzen Sie entsprechende Monitoring-Tools, wie in Kapitel 3, »Social Media Monitoring und Online Reputation Management«, beschrieben.

Sie sollten die Bewertungen über Ihr Unternehmen, Ihre Leistungen oder Ihre Produkte immer im Blick haben und entsprechend reagieren können. Wenn Sie ausschließlich positive Bewertungen erhalten, dann nehmen Sie das als tolle Bestätigung Ihres Erfolgs, und teilen Sie dies mit Ihren Mitarbeitern. Für den Fall, dass sich die eine oder andere negative Bewertung daruntermischt, dann wissen Sie wenigstens, wo es noch Verbesserungsbedarf gibt, und sollten darauf reagieren.

Die Reaktion auf eine negative Bewertung sollte immer mehrere Punkte beinhalten.

4.11.1 Reagieren Sie direkt auf die Bewertung

Danken Sie dem Kunden für das Feedback, entschuldigen Sie sich für Fehler. Versprechen Sie konkret Verbesserung bzw. Problembehebung, und sagen Sie vor allem, wie Sie den Fehler in Zukunft vermeiden möchten. Selbst wenn Sie wissen, um welchen Kunden es sich konkret handelt (weil der Bewerter sich mit dem richtigen Namen angemeldet und geäußert hat oder spezielle Fakten oder zeitlich eingrenzbares Wissen preisgibt), und Sie diesen als kategorischen Nörgler bloßstellen könnten, ist es wichtig, professionell und sachlich zu bleiben. Schließlich ist alles, was wir im Internet tun, öffentlich. Wenn wir schon nicht diesen einen Kunden zurückgewinnen können, dann können wir zumindest allen anderen und zukünftigen Besuchern dieses Portals zeigen, dass wir ernsthaft an der Zufriedenheit der Kunden interessiert sind. Irren ist menschlich, und die Kunden verzeihen den einen oder anderen Fehler, vor allem wenn sie das Gefühl haben, dass intensiv daran gearbeitet wird, aus vergangenen Fehlern zu lernen und sie zukünftig zu vermeiden.

Rechtstipp von Peter Harlander: Kunden dürfen ihre Meinung äußern

Das wichtigste zuerst, Kundenmeinung lässt sich am Rechtsweg kaum unterbinden. Wenn ein Sauberkeitsfanatiker postet, dass ein täglich mehrmals perfekt gereinigter und alle Hygienevorschriften erfüllender Pool eine Dreckkloake ist, weil er dort ein erst vor zwei Sekunden abgefallenes Haar entdeckt hat, können Sie am Rechtsweg rein gar nichts dagegen unternehmen. Dies geht nur bei unrichtigen Tatsachenbehauptungen, also wenn jemand behaupten würde, der eigentlich perfekt gereinigte Pool wäre eine dunkelbraune Suppe gewesen.

4.11.2 Verbessern Sie Ihre Qualität

Wenn Ihnen Ihre Kunden Feedback geben, dann sollten Sie das besonders ernst und wichtig nehmen. Ihre Kunden sind Ihr Kapital, und was Ihre aktuellen Kunden bemängeln, werden zukünftige Kunden auch nicht viel besser beurteilen. Die Kritik lässt sich sehr oft an konkreten Mängeln festmachen. Beheben Sie die Mängel, und kommunizieren Sie das auch.

Damit können Sie langfristig dafür sorgen, dass die Zahl der negativen Bewertungen abnimmt. Zusätzlich sollten Sie proaktiv dafür sorgen, dass die Zahl der positiven Bewertungen steigt. Fordern Sie Ihre Kunden auf, ihrer Zufriedenheit Ausdruck zu verleihen, und zeigen Sie ihnen explizit, wo sie die Bewertungen abgeben können (bzw. sollen). Integrieren Sie die Bewertungen in Ihre Website, oder verlinken Sie zumindest dorthin.

Was Sie unbedingt vermeiden sollten, haben wir im Folgenden zusammengefasst.

4.11.3 Finger weg von gefälschten Bewertungen

Schwindeln fliegt im Internet immer auf, es ist nicht die Frage ob, sondern nur wann. Was glauben Sie passiert, wenn Ihr Unternehmen oder Produkt tolle, aber unechte Bewertungen auf einer Plattform hat und die Kunden aufgrund dieser Bewertungen eine Kaufentscheidung treffen? Es wird eine falsche Erwartungshaltung geweckt. Die Kunden werden real nicht alles so vorfinden, wie erwartet, und viele negative Bewertungen schreiben. Dies gleicht einer Lawine, die, einmal losgetreten, nur noch schwer zu stoppen ist und einen langfristigen bis irreparablen Imageschaden nach sich zieht.

4.11.4 Nehmen Sie Kritik nicht persönlich

Wir wissen, wie schwer das ist, vor allem wenn es sich beim Unternehmen oder beim Produkt um das Ergebnis viel persönlichen Engagements handelt. Doch im Grunde ist der Kunde König, und wenn er nicht zufrieden ist, dann muss an der Qualitätsschraube gedreht und etwas optimiert werden.

4.11.5 Streiten Sie sich nicht mit Ihren Kunden

Was gibt das für ein Bild ab, wenn Sie einen Ihrer Kunden öffentlich beschimpfen oder ihn nicht ernst nehmen oder herabsetzen? Selbst wenn dieser konkrete Kunde es vielleicht verdient hätte, so bekommen doch alle anderen bestehenden und potenziellen Kunden mit, dass Sie im Ernstfall aus allen Rohren schießen und kein Pardon kennen. Das ist unprofessionell und verschreckt die Kunden.

4.11.6 Ignorieren Sie negative Bewertungen nicht

Selbst wenn Sie wissen, dass der Bewerter ein Berufsnörgler ist, die anderen User wissen das nicht. Wenn Sie die Bewertungen löschen (lassen) würden, könnten andere User denken, Sie würden damit versuchen, ihnen eine wichtige Information vorzuenthalten. Und wie bereits gesagt, steckt in den meisten Bewertungen mindestens ein Fünkchen Wahrheit. Zumindest ist es die Wahrheit des Kunden, und die müssen Sie ernst nehmen, auch wenn Sie das alles ganz anders sehen. Versuchen Sie also, die Bewertung so seriös wie möglich zu betrachten, und reagieren Sie professionell.

4.12 Fazit Bewertungsplattformen

Bewertungen sind das Zugpferd für erfolgreiches Empfehlungsmarketing, und es lohnt sich, zufriedene Kunden dazu einzuladen, Ihr Feedback online zu hinterlassen, wo es die Kaufentscheidung anderer Kunden positiv beeinflusst. Haben Sie keine Angst vor negativen Bewertungen, die meisten sind ohnehin positiver Natur. Negative Kommentare, von denen Sie sonst vielleicht nie erfahren hätten, werden wiederum direkt an Ihr Qualitätsmanagement kommuniziert und können so sinnvoll genutzt werden.

5 Blogs – Ihre Social-Media-Zentrale

Immer mehr Unternehmen setzen auf »PR off the records«, auf Hintergrundgeschichten aus dem Unternehmen, auf authentische Informationen und den Kundendialog. Ein Blog ist das perfekte Dialogmedium, um Kundenbeziehungen zu pflegen und neue Kunden zu gewinnen.

Ein Blog ist Ihre eigene Social-Media-Zentrale, die Sie für Ihre Online Relations jederzeit einsetzen können. Was früher auf der Website als Newsbereich oder Pressecorner geführt wurde, können Blogs viel besser. Mit Ihrem Blog können Sie täglich News, Infos, kurze Statements, Ankündigungen usw. an Ihre Leserschaft senden. Nur von der PR-Sprache (»Wir reden über uns, und ihr hört bitte nur zu!«) müssen Sie sich verabschieden, denn die interessiert so gut wie niemanden mehr.

Blogs – ein überholtes Tool?

Blogs gibt es schon seit über zehn Jahren. Sie haben aber in den letzten fünf Jahren eine rasante Entwicklung genommen. Mit dem Aufkommen sozialer Netzwerke wie Facebook glaubten einige, dass Blogs nicht mehr zeitgemäß wären und von der Bildfläche verschwinden würden. Doch das Blog hielt der Weiterentwicklung stand, und soziale Netzwerke förderten sogar die Verbreitung und Popularität von Blogs.

Mit einem Blog können Sie Ihre gesamten Social-Media-Aktivitäten zusammenführen. Dazu gehören Verlinkungen zu den Social-Media-Kanälen, das Einbinden von Videos und Bildern, das Anzeigen Ihrer Blogleser usw. Das Blog ist daher Ihre Social-Media-Zentrale, über die Sie Ihre Social-Media-Strategie steuern.

5.1 Blogger Relations – Beziehungen zu Bloggern pflegen

Online Relations, d.h. Public Relations im Internet, funktionieren heute nicht mehr, ohne die Beziehungen zu Bloggern zu pflegen. Sie müssen daher auch Blogger Relations betreiben. Mittlerweile gibt es Blogger, die eine respektable Anzahl von Lesern verzeichnen. Dementsprechend ist auch ihr Einfluss auf ihre Leserschaft überaus hoch. Wenn Blogger zu Fernsehdiskussionen eingeladen werden oder sogar eigene Sendezeiten bei diversen TV-Sendern bekommen, dann geschieht das nicht ohne Grund. Blogs und Microblogs (siehe Kapitel 6, »Twitter«) haben in der Medienlandschaft einen großen Stellenwert: Erste inoffizielle Informationen über neue Smartphones werden beispielsweise zuerst von Powerbloggern veröffentlicht. Aber das gilt nicht nur für Technologiethemen, sondern sicher auch für Ihre Branche. Haben Sie schon einmal geschaut, wo überall über Ihr Unternehmen, Ihre Produkte und Dienstleistungen oder unternehmensrelevante Themen berichtet wird? Wenn nicht, erfahren Sie in Kapitel 3, »Social Media Monitoring und Online Reputation Management«, mit welchen Social-Media-Tools Sie das herausfinden. Sicher hat auch schon das ein oder andere Blog über Sie berichtet. Und nun stellen Sie sich vor, da ist ein Powerblogger darunter, der eine große Leserschar hinter sich vereint, die auf sein authentisches und kompetentes Wort viel Wert legt. Private Blogger sind wichtige Multiplikatoren, die mit ihrem unabhängigen Blog und ihrer starken Vernetzung die öffentliche Meinung stark beeinflussen. Insbesondere bei Spezialthemen konnten sich in der Vergangenheit Experten mit ihren Blogs sehr gut positionieren. Sie sind mindestens genauso wichtig wie die Riege an Journalisten, die Sie mittels Pressearbeit und Lobbying dazu bringen wollen, positiv über Ihr Unternehmen oder Ihr neuestes Produkt zu schreiben. Die Lobby der Blogger ist jedoch die Blogosphäre. Lobbyarbeit betreiben Sie mit Ihrem eigenen Blog, durch Lesen und Kommentieren branchenrelevanter Blogbeiträge und durch intensiven persönlichen Austausch mit den Bloggern.

5.1.1 Wie die Blogosphäre die Medienlandschaft beeinflusst

Durch die Blogosphäre haben sich die klassischen Grenzen zwischen Medienproduzenten und Medienkonsumenten aufgelöst: Während bis dato klassische Medien wie Print, Radio und TV die Inhalte produzierten, die der Zuschauer, Zuhörer und Leser nur konsumieren konnte, können die Blogger eigenständig Inhalte veröffentlichen und einem weltweiten Publikum zugänglich machen. Kein Verlag oder Medienunternehmen kann diese Blogger mehr daran hindern, ihre Inhalte mit anderen Menschen zu teilen. Blogger werden daher als *Prosumenten* bezeichnet, da sie gleichzeitig Inhalte produzieren und konsumieren (andere Blogbeiträge lesen und kommentieren). Was zu Beginn als Journalismus von Amateuren abgetan wurde, ist heute eine gängige Alternative zu Mainstream-Medien. Neben sehr qualitativen Blogbeiträgen gibt es selbstverständlich auch weniger anspruchsvolle Beiträge. Fakt ist jedoch, dass die Blogosphäre den Journalismus stark beeinflusst hat und es weiterhin tut.

5.1.2 Warum Sie bloggen sollten

Viele Unternehmen, wie z. B. Daimler, T-Systems in Deutschland, Rewe Group Austria in Österreich und die Rolotec AG in der Schweiz, haben bereits ihr eigenes Blog gestartet. Manches Blog ist ein Experiment geblieben, aber zahlreiche Firmenblogs haben die Vorteile des Bloggens für sich erkannt und informieren die Öffentlichkeit über unternehmensrelevante Neuigkeiten. Andere Blogger greifen diese Informationen auf, analysieren, bewerten und kommentieren sie und verteilen sie weiter. Mit Blogs können Sie neue Kunden gewinnen und treue, interessierte Kunden ausführlich informieren. Durch Kommentarfunktionen können Sie wertvolles Feedback Ihrer Kunden sammeln. Oder Sie nutzen die Kommentarfunktion für ein Gewinnspiel und fordern Ihre Leser auf, einen Kommentar für die Teilnahme zu hinterlassen. So erfahren Sie nicht nur, wer Ihre Blogleser sind, sondern sammeln auch positive Rückmeldungen.

Blogs können ebenso für ein effizienteres Projektmanagement innerhalb Ihres Unternehmens eingesetzt werden, insbesondere um den Arbeitsprozess für alle Mitarbeiter transparenter zu machen. Die Firma IBM nutzt interne Blogs seit Jahren für ihr Wissensmanagement und hat damit sehr gute Erfahrungen gemacht. Da wir in diesem Buch hauptsächlich den Marketingaspekt von Blogs beleuchten möchten, gehen wir nicht weiter auf die firmeninternen Verwendungsmöglichkeiten ein. Wir zeigen auf, wie Sie mit Ihren relevanten Bloggern in Kontakt kommen und von potenziellen Kunden gefunden werden können. Und wir zeigen Ihnen, wie Sie ganz leicht Ihr eigenes Blog starten.

5.2 Was ist eigentlich ein Blog?

Ein Blog ist eine chronologisch strukturierte Website, die in Form eines Online-Tagebuches oder -Journals geführt wird (siehe Abbildung 5.1). Daher auch der Name »Blog«, als Kurzform für »Weblog«, also Webtagebuch. Es sind übrigens beide Formen erlaubt: der Blog und das Blog. Wir haben uns für das Blog entschieden. Der chronologische Aufbau hat zur Folge, dass der jüngste Beitrag ganz oben steht, der älteste ganz unten. Ursprünglich sind Blogs entstanden, um mit möglichst geringem technischem Aufwand eigene Inhalte im Web zu veröffentlichen. Was bis zu dem Zeitpunkt nur über ein Content-Management-System (kurz CMS) auf dem eigenen Server möglich war, wurde durch die Blogtechnologie enorm erleichtert. Denn die Bloganbieter stellen kostenlos eine eigene Website (meist als Subdomain) zur Verfügung. Über eine einfache Eingabemaske kann der User seine Beiträge veröffentlichen.

Das Blog kann privat, d. h. nur an ausgewählte Leser gerichtet, oder öffentlich geführt werden. Der große Vorteil der Blogtechnologie ist, dass der Blogger seine Inhalte selbst verwaltet und die Rechte nicht an ein Unternehmen (z. B. Verlag) abgibt. Die leichte Bedienbarkeit der Blogsoftware führte zu einer regelrechten Explosion an Blogs.

5.2.1 Die Blogosphäre

Die Blogosphäre ist die Gesamtheit aller Blogs, ihrer Autoren und deren Vernetzung. Im August 2010 wurden weltweit 143.890.000 Blogs gezählt (Flowtown, 2010), im Jahr 2012 sind es geschätzt 200 Mio. Blogs. Vor allem Männer nutzen mit 67 % dieses Medium. Fast ein Drittel dieser Blogger ist zwischen 35 und 44 Jahre alt (29 %), und 40 % haben einen akademischen Abschluss. Etwa zwei bis drei Beiträge werden pro Woche verfasst. Die Blogosphäre ist besonders stark in den USA (48 %), in Europa sind es 26 %. Im Durchschnitt ist ein Blog zwei bis drei Jahre online.

Abbildung 5.1 Ein Blog erkennt man am chronologischen Aufbau, an den Kommentar- und Sharingfunktionen und der Hervorhebung des Autors. Ein gelungenes Beispiel ist der Blog von Yello Strom.

Den Überblick behalten

Damit Sie in der Vielfalt der Blogs nicht untergehen, gibt es die Möglichkeit, sie per RSS-Feed zu abonnieren. RSS steht für »Really Simple Syndication«. Damit können Sie die Inhalte in einem standardisierten Format veröffentlichen, das der interessierte Leser mit einem »Feedreader«, wie etwa dem Google Reader, abonnieren kann. Das geht aber auch genauso gut mit E-Mail-Programmen (Microsoft Outlook) oder Ihrem Browser. Mit RSS-Feeds werden dem Abonnenten neue Beiträge automatisch geliefert, ähnlich einem Newsletter.

5.3 Welche Vorteile bietet ein Blog für Unternehmen?

- Sie haben eine eigene Plattform zur Verfügung, über die Sie direkt mit den Zielgruppen in Kontakt treten und kommunizieren können, unabhängig von Gatekeepern wie Journalisten, Medien und Werbetreibenden.
- Sie können Ihre Reichweite erhöhen, da Sie von Usern über Empfehlungen oder Suchmaschinen gefunden werden, die bis dato von Ihnen noch nichts wussten (und umgekehrt).
- Sie können Marktforschung betreiben: Stellen Sie Fragen, und Ihre Zielgruppe wird Sie beantworten. Über Ihr Blog werden Sie andere Blogger finden und kennenlernen, die bereits über Ihr Unternehmen oder eines Ihrer Produkte geschrieben haben. Auch so kommen Sie zu sehr relevantem Feedback und wichtigen Informationen über Kundenzufriedenheit, -bedürfnisse und das Konsumverhalten Ihrer Zielgruppen.
- Das direkte Feedback Ihrer Kunden hilft, die Qualität Ihrer Produkte und Leistungen zu verbessern: Kritik kann schmerzen, aber dafür haben Sie die Möglichkeit, direkt und öffentlich darauf zu reagieren und die Kritik zum Anlass zu nehmen, im konkreten Fall und für die Zukunft daran zu arbeiten, den Auslöser der Kritik zu vermeiden.
- Blogs helfen, menschlich zu wirken, authentisch zu sein. Das Buzzword »Authentizität« hört man überall, aber es hat auch seine verdiente Stellung: Die Konsumenten haben genug von der Hochglanzkommunikation und Strahlemann-Werbung der letzten Jahrzehnte. Sie wollen wissen, ob das Unternehmen bzw. seine Produkte das Richtige für sie sind und warum. Außerdem glauben Konsumenten vor allem der Meinung anderer Konsumenten und am allermeisten jener ihrer Freunde. Hier schließt sich der soziale Kreis wieder.
- Sie können Kompetenz und Autorität im Fachgebiet zeigen: Jedes Unternehmen verfügt über Expertenwissen. Mit einem Blog können Sie Ihr Know-how nach außen kommunizieren. Von den zufriedenen Stammkunden werden Sie als Experte wahrgenommen, sonst würden sie nicht wiederkommen und ihren Freunden von Ihnen erzählen. Das kann man mit einem Blog untermauern und langfristig verankern.
- Sie können sich vom Wettbewerb abheben: Durch die Möglichkeit, unbegrenzt viele Beiträge zu vielen verschiedenen Themen zu schreiben, haben Sie mit einem Blog das Tool, um sich von anderen abzuheben: nicht durch Diffamierung der Konkurrenz, sondern durch die Überzeugung mit Ihren Stärken.
- Ein Blog hilft Ihnen, bei den relevanten Zielgruppen an Einfluss zu gewinnen: Wenn Sie konsequent Ihren Themen treu bleiben und regelmäßig zu diesen Themen gute Beiträge schreiben, dann werden Sie immer mehr als Experte auf

diesem Gebiet wahrgenommen. Ihre Souveränität wird steigen. Es wird immer mehr Leute geben, die Ihren Beiträgen absolut vertrauen.

- Ein Blog hilft dabei, die Online-Reputation zu steigern: Sie haben negative Bewertungen über Ihr Unternehmen im Social Web entdeckt? Außerdem stehen diese Bewertungen ganz oben in Google? Keine Sorge. Nehmen Sie die Kritik ernst, und versuchen Sie zukünftig, den genannten Fehler zu vermeiden. Sprechen Sie das Problem aktiv im Blog an, und erklären Sie, wie Sie aus den Fehlern gelernt haben. Keiner ist perfekt, und das wissen die Menschen da draußen auch.

Suchmaschinen lieben Blogs

Ein Blog lebt davon, dass regelmäßig Beiträge (auch englisch *Posts* oder *Blogposts*) verfasst werden. Dadurch wird mittel- und langfristig die Menge an Blogbeiträgen immer größer. Damit wird nicht nur das Blog »gefüttert«, sondern es werden auch die Suchmaschinen, die auf Blogs gerne zurückgreifen, damit bestückt. Warum? Suchmaschinen beurteilen Websites mit unterschiedlichem und ständig aktualisiertem Inhalt (Content) und vielen Unterseiten (Links) höher als Websites mit wenigen (aktuellen) oder sich wiederholenden Inhalten. Vielleicht haben Sie es selbst schon einmal erlebt. Sie haben in Google oder Bing nach einem bestimmten Begriff gesucht und im Suchergebnis eine Website angeklickt, die sich bei genauerer Betrachtung als Blog herausgestellt hat. Vielleicht haben Sie aber auch gar nicht bemerkt, dass es sich dabei um ein Blog handelte. Tatsache ist, dass Blogs immer öfter auf sehr guten Plätzen im Suchergebnis auftauchen, insbesondere lösungsorientierte Beiträge, die unter den ersten Suchergebnissen gereiht werden. Sie erleichtern Ihren Kundensupport, denn die Kundenanfrage wird direkt im Blogpost beantwortet. Sie können mit einem Blog also auch Ihre FAQ (Frequently Asked Questions) abbilden. In Kapitel 1, »Social Media beginnt mit ›Du‹!«, haben wir Ihnen bereits den Long Tail der Social-Media-Kommunikation vorgestellt. Mit vielen unterschiedlichen Blogbeiträgen zu einem übergeordneten Thema lässt sich genau dieser Long Tail erzeugen.

5.4 Ein Blog ist ein Dialoginstrument

Auf Websites haben Besucher meist nur die Möglichkeit, ein Kontaktformular auszufüllen oder sich per E-Mail und Telefon an das Unternehmen zu wenden. Die Kundenanfragen werden aber niemals öffentlich, d. h. für andere Kunden sichtbar, dargestellt. Wenn überhaupt eine öffentliche Stellungnahme durch den User möglich ist, dann über das Gästebuch.

Blogs bieten von Beginn an mit der Kommentarfunktion die direkte und öffentliche Reaktionsmöglichkeit für die User. Die Kommentarfunktion lädt dazu ein, Feedback zu geben und seine Meinung zu äußern. Die bewusste und offene Auseinandersetzung mit Kritik ist auf einem Blog sehr wichtig und wurde durch die Verbreitung der Blogs gefördert. Auch wenn Sie diese Transparenz und Kritikfähigkeit irritieren mag, dürfen Sie die Kommentarfunktion nicht verbieten, sonst verkommt Ihr Blog automatisch zu einem reinen PR-Organ, an dem kein User wirklich Gefallen finden wird. Grundsätzlich sollte die Möglichkeit des Kommentierens immer gegeben sein, um Ihren Kunden zu signalisieren, dass Sie an einem Dialog interessiert sind. Das meiste Feedback wird ohnehin positiv ausfallen. Häufig werden gar keine Kommentare hinterlassen, was Sie jedoch nicht als Manko des Blogs zu werten brauchen. Aus eigener Erfahrung wissen wir, dass viele User die Blogbeiträge zwar lesen, aber keinen konkreten Anlass zum Kommentieren sehen.

5.4.1 Starten Sie ein Firmenblog – Corporate Blog

Für Unternehmen empfiehlt sich das sogenannte *Corporate Blog*, bei dem mehrere Autoren der Firma Beiträge schreiben. Es handelt sich um eine wünschenswerte und sinnvolle Beitragskonstellation, da jeder Mitarbeiter seine Sicht der Dinge darstellen und seine Kompetenz einbringen kann. Auch hier bietet die Blogsoftware eine ideale Lösung: Verschiedene Autoren können unabhängig voneinander unter ihrem eigenen Autorennamen (steht meistens unter dem Titel des Blogbeitrags) einen Beitrag veröffentlichen. Somit wird einerseits die einzelne Person gestärkt, in Summe aber auch das Blog durch die Vielfalt der Autoren und der Aspekte, die damit eingebracht werden können. Technisch gesehen, bieten die meisten Blogs auch die Möglichkeit, den Autoren unterschiedliche Rollen zuzuweisen. So gibt es in vielen Fällen einen oder zwei Administratoren, die sich um tiefer gehende technische bzw. inhaltliche Belange kümmern, Kommentare freischalten oder die Beiträge der einzelnen Autoren zur Revision bekommen und dann freigeben. Somit wird ein gewisser Qualitätsstandard gesichert, was wiederum der Thementreue des Blogs und der Wahrnehmung der einzelnen Autoren als kompetent zugutekommt.

5.4.2 Blogs können Ihre Geschichten erzählen

Blogs sind also in vielerlei Hinsicht nützlich und sinnvoll. Vor allem aber können Blogs Ihre Geschichten erzählen. Natürlich keine Märchen, sondern die Geschichten Ihres Firmenalltags. Blogs bieten uneingeschränkten Platz für Ihre Beiträge, während eine Website vom Platz her begrenzt ist. Dort stellen Sie üblicherweise Ihr Produkt- und Dienstleistungsspektrum dar. In einem Blog zeigen Sie Ihre Kompetenzen über die Beiträge selbst.

Blogbeiträge sollten daher persönlich und ehrlich formuliert sein und sich nicht wie Werbeanzeigen lesen. Alle Blogbeiträge zusammen reflektieren einen Teil des aktuellen Firmengeschehens, und nach ein paar Jahren schreiben Sie damit Firmengeschichte. Mit einem Firmenblog gewähren Sie kleine Einblicke in Ihren Firmenalltag, informieren und geben Tipps, schreiben darüber, was in der Firmenzentrale, im Vertrieb und im Außendienst los ist. Kurzum: Sie sind transparenter als jene Unternehmen, die ausschließlich über klassische Medien kommunizieren, und führen einen Dialog mit Ihren aufgeklärten und vernetzten Kunden. Die Geschichten, die Sie erzählen, sind so vielfältig wie Ihr Unternehmen selbst.

Welche Geschichten bloggen deutsche Unternehmen?

Auf dem Firmenblog von Vodafone, *http://blog.vodafone.de*, lesen Sie keine Beiträge über die neuesten Handymodelle oder Handytarife, sondern über die persönlichen Erfahrungen mit den Geräten. Das Schokoladenblog von Ritter Sport, *www.ritter-sport.de/blog*, informiert über Kooperationen, Projekte, Produkte rund um die Schokolade, ohne dass die Beiträge wie kühle Pressemitteilungen klingen.

5.4.3 Die besten Geschichten erzählt das Leben!

Die besten Geschichten schreibt das Leben. Das dachte sich auch das Tourismusamt des australischen Bundesstaates Queensland im Januar 2009 und schrieb den Traumjob »Reiseblogger« aus. Tourism Queensland suchte darin für sechs Monate einen sogenannten *Island Caretaker*, der über das Great Barrier Reef bloggen sollte. Die Erkundung der paradiesischen Inseln wurde mit einem paradiesischen Gehalt von 12.000 € pro Monat vergütet. Über 34.000 Personen aus der ganzen Welt haben sich unter *www.youtube.com/user/islandreefjob* mit einem 60-Sekunden-Video auf YouTube beworben. Das Tourismusbüro entschied sich für den sympathischen, offenen und vernetzten Ben Southall, der seitdem auf dem Blog *www.islandreefjob.com* über seine Reisen berichtet bzw. Nachberichte schreibt. Das Tourismusamt verfolgt damit das Ziel, das »Great Barrier Reef« aus der Sicht eines Entdeckers zu beschreiben und letztendlich wieder mehr Besucher zum Korallenriff zu locken. Abenteurer fühlen sich von Bens persönlichen Erfahrungen angesprochen. Zudem wird einem individuellen Reisebericht eher Glauben geschenkt als dem Reisekatalog. In Ihrem Unternehmen gibt es sicherlich solche Persönlichkeiten wie Ben Southall, die einerseits ein Schreibtalent besitzen und sich andererseits gerne mit anderen Menschen austauschen. Nutzen Sie das Potenzial Ihrer Mitarbeiter, und schreiben Sie gemeinsam ein Corporate Blog.

5.4.4 Wo das Produktportfolio viel Platz hat

Für ein erfolgreiches Blog braucht es also talentierte Autoren und außerdem eine Vielfalt an Themen, damit die Regelmäßigkeit der Beiträge gesichert ist. Ein Corporate Blog lebt von den Beiträgen seiner Mitarbeiter. Mit regelmäßig erscheinenden neuen Beiträgen in authentischer Sprache tragen die Mitarbeiter dazu bei, jede

Woche neu zu informieren. Die Themenvielfalt, die sonst auf Ihrer Website eingeschränkt ist, hat auf Ihrem Blog viel Platz.

Die VC Fitness GmbH betreibt in Österreich mehrere Fitnessstudios und Gesundheitszentren. Unter *http://blog.vitaclub.at* findet der Leser ein Blog, das das gesamte Dienstleistungsspektrum mittels Blogkategorien wie Balance, Ausdauer, Ernährung, Kraft, Gesundheit und Figur thematisch abbildet (siehe Abbildung 5.2). Die meisten Menschen im Einzugsgebiet des Unternehmens kennen den »vita club« als Fitnessstudio, wissen aber nicht, dass das Produktportfolio weit darüber hinausgeht.

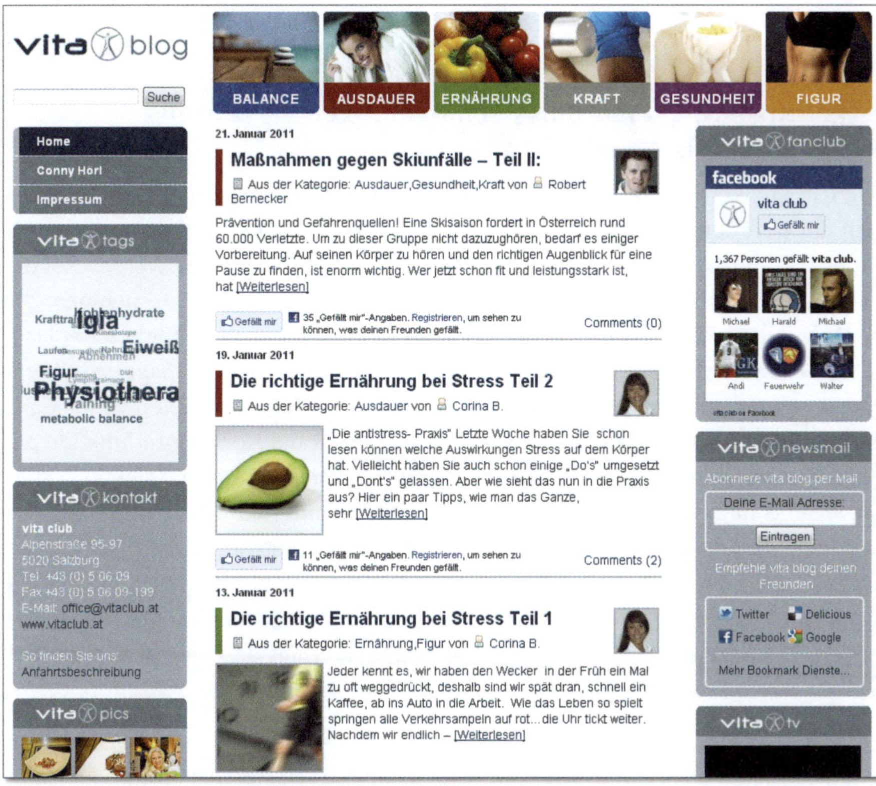

Abbildung 5.2 Das vita-Blog kommuniziert das umfangreiche Produktportfolio, die bloggenden Mitarbeiter ihre Kompetenz.

Das Ziel der VC Fitness GmbH war es, nicht nur den Fitnessaspekt zu kommunizieren und Trainingstipps zu geben, sondern auch über Gesundheit, Ernährung und Entspannungstechniken zu informieren. Vor allem können potenzielle neue Kunden über die Suchmaschinen auf einen Blogartikel stoßen, der ihre Anfrage behandelt. Auf diese Weise kann die VC Fitness GmbH interessierte Kunden auf die unterschiedlichen Angebote im Unternehmen aufmerksam machen. Wenn Kunden auf dem vita-Blog wichtige Ernährungstipps erfahren, werden sie sich in Zukunft bei konkreten Fragen zur Ernährung an das Unternehmen wenden, das sie zuvor ausschließlich als Fitnessstudio wahrgenommen haben. Die VC Fitness GmbH hat bereits erste Kunden nur über das Blog gewonnen.

Das vita-Blog ist als Corporate Blog angelegt. Mehrere Mitarbeiter bloggen speziell zu den Kategorien relevante Beiträge. Die Blogbeiträge werden daher abteilungsübergreifend verfasst, sodass sowohl der Fitnesstrainer, die Gesundheitsberaterin als auch der Yogalehrer zu Wort kommen. Das Ergebnis ist ein Blog, das von unterschiedlichen Schreibstilen, Erfahrungsberichten und Sichtweisen, aber vor allem von den Mitarbeitern des Unternehmens lebt.

5.4.5 Krisen-PR – mit Blogs kommunizieren Sie schnell, authentisch und relevant

Blogbeiträge werden von Suchmaschinen schnell indiziert, d. h. häufig unmittelbar nach der Veröffentlichung im Suchergebnis angezeigt. Blogs eignen sich daher für aktuelle Kommunikation und Nachrichten, die schnell verbreitet werden sollen. Das ist letztlich ein wichtiger Faktor für erfolgreiche Krisen-PR. Unternehmen, die um ihren guten Ruf im Netz fürchten, sollten ihre Stellungnahme (neben der klassischen Pressemitteilung und einem Eintrag auf der Firmen-Homepage) auf ihrem Blog veröffentlichen, damit sie sich auf schnellstem Wege verbreiten kann. Ganz entscheidend jedoch für die Krisenkommunikation ist die Kommentarfunktion auf Blogs. Bislang mussten Kunden und Geschäftspartner Pressemitteilungen stillschweigend hinnehmen. Ausschließlich die Medienunternehmen hatten ein Mitspracherecht. Social Media bietet jedoch jedem User die Möglichkeit, seine Meinung in Foren, als Facebook- oder Twitter-Status, auf dem eigenen Blog oder auf der Unternehmenswebsite, in einem Wiki oder wo auch immer im Internet zu verbreiten. Die Meinung eines aufgebrachten Kunden erhält dadurch die gleiche Bedeutung wie die des Chefredakteurs einer für Sie relevanten Fachzeitschrift.

Die gleichberechtigte Kommunikation mittels Blogs erlaubt es Ihnen, in Zeiten von Krisen-PR einen Dialog mit Ihren Kunden zu führen. Das Eingehen auf die Kommentare der Kunden mit einer persönlichen Stellungnahme wirkt sich auch auf den Leser aus. Authentische und ehrliche Beiträge von Firmenchefs und Mitarbeitern schaffen Vertrauen beim Leser, denn dann erst wird auf Augenhöhe diskutiert. Und während Sie wichtige Rückmeldungen und Meinungen erhalten, leisten Sie wertvolle Überzeugungsarbeit bei verunsicherten Kunden. Da die Kommentare immer sichtbar sind, können neu hinzugekommene Leser die bisherige Diskussion nachvollziehen und sich ihr eigenes Bild machen. Der Kunde findet direkt die relevanten Informationen.

Blogs, die thematisch eingegrenzt sind, insbesondere Firmenblogs, sind herausgefordert, einerseits unternehmensrelevante Blogbeiträge zu verfassen und andererseits auch über den Tellerrand des Unternehmens hinaus spannende Infos zu posten.

Best Practice – FRoSTA-Blog

Auf dem FRoSTA-Blog, *www.FRoSTAblog.de*, berichten die Mitarbeiter humorvoll vom Unternehmen und von den alltäglichen Geschehnissen. Neben neuen und bekannten FRoSTA-Produkten werden auch Infos aus dem Firmenalltag gebloggt, beispielsweise wie sich Druckkosten im Büro einsparen lassen.

Das bedeutet, Sie allein entscheiden, welche Informationen relevant sind. Die Beiträge sollten nach Möglichkeit einen Blick hinter die Kulissen des Unternehmens gewähren. »Informieren und unterhalten« sollte die Devise bei der Auswahl relevanter Blogbeiträge lauten.

5.5 Wer schreibt in einem Blog?

Zunächst klären wir einmal die Autorenbezeichnung: Der oder die Autoren eines Blogs sind die sogenannten *Blogger*. Sie verfassen sogenannte *Blogbeiträge* oder *Blogartikel*. Auf einem Blog schreibt entweder eine einzelne Person oder ein ganzes Autorenteam. Das Blog kann entweder persönliche oder berufliche/unternehmerische Aspekte behandeln.

Die meisten Blogs wurden und werden als Personen- oder Themenblogs geführt. Die Blogger schreiben darin über berufliche oder private Erlebnisse oder über ein Thema, das sie besonders interessiert. In vielen dieser Blogbeiträge steht die Meinung des Autors zum behandelten Thema oder Sachverhalt im Vordergrund. Es geht also verstärkt um die persönliche Sicht des Bloggers. Deshalb ist es auch legitim, dass häufig aus der Ich-Perspektive geschrieben wird. Wichtig dabei ist, dass der Autor im Artikel auch seine persönliche Meinung als solche erkennbar macht. Das hat sich im Laufe der Zeit als Standard etabliert und steht letztlich auch für die Authentizität des Beitrags. Viele bekannte Blogger tendieren mittlerweile dazu, ihr Verhältnis zum Produkt oder Unternehmen darzulegen, um nicht in ein falsches Licht gerückt zu werden (beispielsweise den Anschein zu erwecken, es handele sich um einen »bezahlten Blogartikel«, sprich Schleichwerbung).

Rechtstipp von Peter Harlander:
Bezahlte Werbung muss immer als solche erkennbar sein

Erkennt man bezahlte Werbung nicht schon anhand der grafischen Gestaltung, wie z. B. bei einem Werbebanner, muss anders darauf hingewiesen werden, z. B. durch den Vermerk »Werbung«. Wenn bezahlte Werbung als redaktioneller Beitrag getarnt ist, ist dies wettbewerbswidrig.

5.5.1 Mit Thementreue Kompetenz vermitteln

Bei persönlichen Blogs, in denen der Autor Aspekte seines Lebens darstellt, ist Thementreue weniger wichtig. Wenn aber schon der Titel des Blogs ein bestimmtes Themengebiet absteckt, dann ist es wichtig, seinem Thema halbwegs treu zu bleiben. Denn Blogs sind das perfekte Tool, um seine Themenkompetenz aufzubauen, zu stärken und vor allem nach außen zu vermitteln. Stellen Sie sich vor, Sie schreiben über einen langen Zeitraum hinweg nur zu einem bestimmten Themengebiet. Sie finden eine gewisse Zahl von Lesern und Abonnenten und werden immer stärker als Kompetenz auf diesem Gebiet wahrgenommen, da Sie fundierte und interessante Blogbeiträge schreiben. Würden Sie plötzlich auf ein komplett anderes, themenfremdes Gebiet umschwenken, würde das einen Großteil Ihrer Leser irritieren. Ihnen selbst würde es ja auch so gehen, wenn Ihr Lieblingsmagazin nicht mehr über die neuesten Trends aus dem Fachgebiet schreiben würde.

5.5.2 Rechtevergabe im Autorenteam

Technisch gesehen, können den einzelnen Autoren unterschiedliche Rechte gegeben werden, je nachdem, was ihnen im Einzelnen zugestanden wird: Vom »einfachen« Autor, der Beiträge verfassen und zur Revision einreichen kann, bis hin zum Administrator, der die Beiträge aller Autoren und alle Kommentare sieht, freigibt und nachträglich bearbeiten kann, gibt es mehrere Varianten. Es sollte zumindest vorher schon geklärt sein, wer Administratorenrechte bekommt. Idealerweise mehr als eine Person, damit im Notfall auch ein anderer User die notwendigen Tätigkeiten durchführen kann.

5.6 Corporate Blogs

Ein Corporate Blog ist ein Firmenblog. Corporate Blogs werden als Kommunikationsmedium genutzt, um u. a. Einblicke in das Unternehmen zu gewähren und die direkte Kommunikation zwischen Unternehmen und Kunden zu fördern. Das Corporate Blog fördert die Kommunikation zwischen Hersteller und Verbraucher.

Unternehmenskompetenzen können auf Ihrem Blog ausführlich beschrieben werden, denn auf Ihrer Website ist der Platz beschränkt. Beiträge, die nicht unmittelbar ein neues Produkt betreffen, sondern möglicherweise nur über den Produktionsprozess berichten, würden in der Fülle zur Unübersichtlichkeit der Website führen. Auf einem Blog ist Platz für alle Arten von Beiträgen. Es können grundsätzlich alle Themen behandelt werden, die im Zusammenhang mit dem Unternehmen und seinen Produkten stehen.

5.6.1 Lassen Sie Ihre Abteilungen zu Wort kommen

Häufig werden die Beiträge von der Marketingabteilung verfasst. Mitunter sind jedoch auch die Unternehmen so mutig, Mitarbeiter aus anderen Abteilungen, z. B. dem Außendienst, Beiträge schreiben zu lassen. Das hat einerseits den Vorteil, dass regelmäßig Beiträge auf dem Blog stehen, andererseits wird damit ein großes Spektrum an unternehmensrelevanten Themen abgebildet. Denn nichts ist langweiliger als eine Kopie der bisherigen Unternehmenskommunikation. Blogs bieten ja gerade die Möglichkeit, darüber hinaus zu informieren. Was bisher nicht wichtig genug für eine Pressemitteilung war oder strukturbedingt nicht auf die Website passte, hat jetzt Platz im Corporate Blog, egal, ob es kurze Meldungen oder ausführliche Blogbeiträge sind.

Warum Daimler bloggt

Was mag dann wohl ein aktiennotiertes Unternehmen wie die Daimler AG dazu bewogen haben, 2007 ein Corporate Blog zu starten, auf dem Mitarbeiter ganz selbstverständlich Beiträge veröffentlichen? Daimler schreibt dazu auf seinem Blog, *www.blog.daimler.de*:

»Auf der einen Seite gibt es natürlich eine offizielle Unternehmensmeinung, etwa bei Finanz-, Strategie- oder Kooperationsthemen. Auf der anderen Seite hat Daimler wiederum viele Inhalte, die den Weg in die klassischen Medien nicht finden. Diese Themen können vielfältig sein: vom technischem Hintergrundwissen angefangen über Berichte aus dem täglichen Arbeitsleben bis hin zur Vorstellung von sozialen Projekten.«

Die Spanne zwischen offiziellen Themen und Firmenalltag ist sehr groß, und auch in Ihrem Unternehmen wird es Themen geben, für die sich Ihre Markenfans brennend interessieren. Ob Sie, wie Daimler, zwischen B2C und B2B unterscheiden, bleibt letztlich Ihnen überlassen und hängt maßgeblich von Ihrer Firma ab.

5.6.2 Wie sich Corporate Blogs auf die Unternehmensstruktur auswirken

Ein Corporate Blog hat, ebenso wie Social Media im Allgemeinen, Auswirkungen auf Unternehmensstrukturen. Ein vormals unsichtbarer Mitarbeiter, der im stillen Kämmerlein seiner Arbeit nachging, wird jetzt nach außen hin transparent. Seine Beiträge sind kommentierbar, und er muss möglicherweise zu seiner persönlichen Sichtweise Stellung beziehen. Im positiven Sinne führt das zu einem Austausch mit Kunden, und viele Fragen lösen sich so von selbst. Blogs klären dort auf, wo Pressemitteilungen, Webseiten, TV-Spots zu kurz greifen. Die Unternehmenshierarchie (Chef – Mitarbeiter – Kunde) wird durch die Kommentarfunktion aufgeweicht, ermöglicht jedoch einen direkten Austausch. Corporate Blogs machen ein Unternehmen glaubwürdiger als je zuvor. Es setzt allerdings voraus, dass sich das Unternehmen gegenüber seinen Kunden öffnet und Unternehmensprozesse transparent macht. Nur mit Unternehmenstransparenz können Sie das Vertrauen Ihrer Kunden gewinnen. Transparenz bedeutet aber natürlich auch, bereit zu sein, seine besten Mitarbeiter zu Wort kommen zu lassen und sie so auch für den Mitbewerb und für Headhunter identifizierbarer zu machen. Doch die Gefahr der Abwerbung Ihrer Topmitarbeiter bestand auch schon vor Entstehung der Blogs, darf also in diesem Zusammenhang nicht überbewertet werden.

Generell sind die Mitarbeiter ein wichtiger Akteur im Zusammenhang mit einem Corporate Blog: Auch sie nutzen ein Blog, um sich zu informieren, auszutauschen und Feedback oder Kritik anzubringen.

Das Blog als Sprachrohr der Mitarbeiter

Die Unternehmerin Anita Freitag-Meyer, Geschäftsführerin vom Keks- und Waffelhersteller Hans Freitag, begann im März 2011, einen Unternehmensblog einzurichten. Doch dieser entwickelte sich ganz anders als erwartet: Nachdem die Geschäftsführung auf einer Betriebsversammlung der Belegschaft mitteilen musste, dass die damalige wirtschaftliche Lage keine Lohn- und Gehaltserhöhungen erlaubten, blieb es zunächst ruhig. Doch nach kurzer Zeit begannen mehrere User, auf dem Bloggästebuch sehr kritisch darüber zu schreiben. Das wiederum brachte andere Mitarbeiter dazu, das Unternehmen und die Entscheidung der Geschäftsführung zu verteidigen. Das passierte öffentlich. Eine Konsequenz daraus war, dass Frau Freitag-Meyer nun regelmäßig Infos und Berichte der Geschäftsführung auf das Blog stellte, um die Mitarbeiter besser zu informieren und mit einzubinden. Mittlerweile herrscht ein sehr positiver Austausch, der sich auch auf das Betriebsklima auswirkt.[1]

---

1 Quelle: *http://karrierebibel.de/sag-es-durchs-blog-wie-bloggen-die-unternehmenskommunikation-veranderte/*

5.6.3 Die Angst vor negativer Mundpropaganda

Das wohl häufigste Gegenargument für den Start eines Corporate Blogs ist die Angst der Unternehmen, man würde dadurch nur negative Mundpropanda zutage fördern. Dabei werden nicht nur die Meinungen der Kunden, sondern auch die der Mitarbeiter gefürchtet. Häufig werden Blogs gelauncht, bei denen die Kommentarfunktion gesperrt ist. Das ist jedoch einer der größten Fehler, den ein Unternehmen in Sachen Social Media machen kann. Dadurch verliert das Blog die Funktion eines Dialoginstruments. Das ist in etwa so, als würden Sie in Ihr Geschäft keine Kundschaft lassen, aus Angst, sie könnte etwas Negatives sagen. Die Bedenken der Unternehmer sind meistens auf Unsicherheiten im Umgang mit Blogs und Social Media zurückzuführen.

Die Angst vor einem negativen Kommentar überwinden

Neben Beschimpfungen haben Unternehmen vor allem Angst vor einem negativen Kommentar, einer negativen Rückmeldung zu einem Produkt, die dann für immer nach außen hin sichtbar ist. Darin liegt jedoch die eigentliche Chance eines Blogs: Mit den positiven und negativen Rückmeldungen der Käufer können Sie einen Dialog starten. Löschen Sie daher Kommentare nicht, wenn ein Kunde sich negativ zu einem Produkt äußert. Das würde Ihr Blog innerhalb der Blogosphäre nur in Verruf bringen. Fragen Sie Ihre Kunden stattdessen nach Verbesserungsvorschlägen und Alternativen. Wenn sich die Kritik auf einen Servicemangel bezieht, bieten Sie Ihre direkte Hilfe an. Bemühen Sie sich um skeptische Kunden gleichermaßen wie um Lieblingskunden.

Letztendlich ist die Kommentarfunktion das eigentliche Vehikel zum Kundendialog. Es wäre eher schädlich für Ihr Unternehmen, diese Funktion zu blockieren. Denn Ihre Kunden könnten auf andere Kommunikationskanäle wie Facebook, Twitter und YouTube ausweichen, um ihre Kritik zu verbreiten. Im schlimmsten Fall würden Sie von deren Unmut gar nichts erfahren oder mittels Social Media Monitoring erst zu spät darauf aufmerksam werden. Wenn der Kunde jedoch direkt auf Ihrem Blog seine Meinung postet, haben Sie die Möglichkeit, adäquat zu reagieren. Sie demonstrieren dadurch gleichzeitig anderen Kunden, wie serviceorientiert und kompetent Sie arbeiten. Langfristig verringern sich gerade durch diese Blogbeiträge Serviceanfragen, da der Kunde die Antwort direkt im Blog findet. Wenn Sie Ihre Kunden ernst nehmen, gewinnen Sie auch ihr Vertrauen und schaffen Sympathie.

Wenn ein Unternehmen negative Kommentare von Mitarbeitern auf dem Blog fürchtet, sollte es sich ohnehin fragen, ob es in Sachen Unternehmensphilosophie Nachholbedarf hat.

Rechtstipp von Peter Harlander: Beziehen Sie die Mitarbeiter mit ein

Zum Start des Blogs lohnt sich eine Auftaktveranstaltung, bei der jeder Mitarbeiter über diese neue Form der Kommunikation informiert wird. Dabei ist es auch wichtig, das Autorenteam auf die Netiquette und Kommentarrichtlinien hinzuweisen. Mitarbeiter, die nicht zur Abgabe von Kommentaren berechtigt sind, sollten über Social Media Guidelines aufgeklärt werden, warum und weshalb sich das Unternehmen für diese Struktur entschieden hat.

Sinnvoller ist es jedoch, eine Lösung zu finden, die alle Mitarbeiter berechtigt, Kommentare abzugeben, schließlich steckt das Firmen-Know-how nicht nur in der Marketingabteilung. Die Social Media Guidelines haben wir bereits in Kapitel 2, »Social-Media-Strategie«, behandelt.

Netiquette – mit Kommentarrichtlinien schützen

Beim näheren Betrachten der Blogosphäre und ihrer »Netiquette« (übersetzt Internet-Etiquette) fällt auf, dass sich bereits Kommentarrichtlinien etabliert haben. Andererseits hat das Unternehmen auch die Möglichkeit, eigene Kommentarrichtlinien bzw. eine Netiquette für das Blog zu definieren, wie es beispielsweise auch das Daimler-Blog gelöst hat: *www.blog.daimler.de/kommentar-richtlinien*. Natürlich können diese Richtlinien letztendlich nicht verhindern, dass ein User einen unangebrachten Kommentar schreibt oder andere User beschimpft. Sie können aber im Zweifelsfall mit Bezug auf die Netiquette entsprechend reagieren. Mitunter ergreifen sogar andere Leser Partei für das Unternehmen, sodass die Diskussion zum Selbstläufer unter den Markenfans und Markenkritikern wird. Das passiert jedoch nur dann, wenn es sich um eine lebendige Community handelt.

5.6.4 Der richtige Umgang mit Kritik

Bei einem kritischen Kommentar sollte das Unternehmen so schnell wie möglich mit einer offenen Stellungnahme via Kommentarfunktion reagieren. Die Antwort sollte durchdacht sein, damit Missverständnisse aufgeklärt werden können. Ernst gemeinte Kritik sollte generell willkommen sein, denn sie hilft, Fragen zu klären, die möglicherweise auch andere Kunden haben. Als Unternehmen müssen Sie mit negativen Rückmeldungen rechnen oder sie zumindest einmal in einem Krisenszenario durchgespielt haben. Damit stellen Sie sicher, dass im Falle eines Falles die richtigen Abteilungen und die verantwortliche Person benachrichtigt werden. Nur so können Sie im Zweifelsfall angemessen reagieren. Krisen-PR im Social Web muss vor allem schnell erfolgen. Verzögerungen bewirken nur, dass sich die Negativmeldungen weiter aufschaukeln. Schnell bedeutet aber nicht, dass die Antwort auf eine Kritik unüberlegt erfolgen sollte. Natürlich müssen die Antworten im Einklang mit der Firmenphilosophie verfasst werden. Von einer Bloggerabmahnung ist generell abzuraten. Die Vergangenheit hat gezeigt, dass die Blogosphäre auf Abmahnungen sehr empfindlich reagiert.

Der Fall JAKO – wie eine Bloggerabmahnung zur Reputationskrise des Unternehmens führte

Im Fall der JAKO AG, die den Sportblogger Frank Baade, *www.trainer-baade.de*, für seine Kritik am neuen JAKO-Logo verklagte, bekam das Unternehmen die Reichweite der Blogosphäre zu spüren. Frank Baade nahm die Inhalte aus dem Netz, doch ein paar Monate später wurde er erneut verklagt, da der Nachrichtenaggregator, *www.newstin.de*, die Logo-Verunglimpfung erneut dokumentierte. Newsaggregatoren sammelten Inhalte im Netz und veröffentlichten sie erneut, auch wenn die Beiträge bereits gelöscht worden waren. Der Vorwurf des Anwalts gegenüber Baade war für die Blogosphäre nicht rechtens. Es dauerte daher nicht lange, bis sich die gesamte Usergemeinde über die Vorgehensweise der Anwälte des Sportartikelherstellers mit Beiträgen wie »Wie JAKO anderen Leuten das letzte Trikot auszieht« echauffierte. Über 100 Blogs und Tausende Tweets (Twitter-Nachrichten) berichteten von dem unangemessenen Verhalten des Herstellers. Am Ende musste JAKO aufgrund der vehementen Kritik im Netz einlenken. Viel sinnvoller wäre es gewesen, wenn JAKO das direkte Gespräch mit dem Blogger gesucht hätte, dessen Logo-Kritik gerade einmal 400 User gelesen hatten. Auf Bloggerkritik sollten Sie auch mit einem eigenen Blogbeitrag auf Ihrem Firmenblog (oder wenn Sie bis dahin noch keines besitzen, setzen Sie einfach schnell ein Krisenblog auf) reagieren, der die Fakten und Sachlage erläutert. Das führt dazu, dass Sie mit den Beiträgen auch in Suchmaschinen auftauchen. Zugleich dient es als Grundlage für die Berichterstattung anderer Medien und Blogs.

Blogosphäre – A-, B- oder C-Blogger?

Kritik an Ihren Produkten kann nicht nur auf Ihrem eigenen Blog erfolgen, sondern auch auf anderen Blogs. Sobald Sie mittels Social Media Monitoring auf einen negativen Blogbeitrag aufmerksam werden, gilt es erst einmal, zu schauen, wer diesen Beitrag verfasst hat. Sie müssen die Relevanz des Bloggers in der Blogosphäre beurteilen. Sie müssen herausfinden, ob es sich um einen »A-Blogger« (auch »Alpha-Blogger«), einen B- oder C-Blogger handelt. A-Blogger haben einen besonderen Stellenwert in der Blogosphäre.

Alpha-Blogger sind die »Könige in der Blogger-Welt«. Ihre Blogs werden täglich von mehr als 1.000 Usern gelesen. A-Blogger in Deutschland sind beispielsweise Markus Beckedahl mit seinem Netzpolitikblog, *www.netzpolitik.org*, der PR-Blogger Klaus Eck, *www.pr-blogger.de*, oder auch Sascha Lobo, *www.saschalobo.com.* B-Blogger haben zwischen 100 und 1.000 Besucher pro Tag, C-Blogger bis zu 100.

B-Blogger machen den Großteil der Blogosphäre aus. Sie sind ebenso vernetzt wie A-Blogger, nur noch nicht so »berühmt«. Wenn die Kritik von einem A- oder B-Blogger stammt, sollten Sie möglichst schnell darauf reagieren. Diese Blogger haben eine große Leserschaft, und wenn Sie nicht sofort Stellung beziehen, werden weitere negative Kommentare anderer User folgen. Generell sei Ihnen empfohlen, jeden negativen Blogbeitrag zumindest zu beobachten.

5.6.5 Tippgemeinschaft – laden Sie zu Gastbeiträgen ein

Sie müssen nicht alles selbst schreiben. Wer kann authentischer über Ihr Produkt sprechen als Ihre Kunden selbst? Die Meinung Ihrer Kunden ist ein wertvolles Gut beim Social Media Marketing. Blogs bieten sich dazu an, diese Meinung abzubilden. Laden Sie Ihre Kunden dazu ein, Blogbeiträge auf Ihrem Firmenblog zu verfassen. Solche Beiträge werden Gastbeiträge genannt, da der Autor nicht direkt zum festen Autorenteam gehört.

Rechtstipp von Peter Harlander: Alle notwendigen Rechte vorab sichern

Sollten Sie die Gastbeiträge beispielsweise nicht nur im Blog, sondern auch in einem Printmagazin abdrucken wollen, sollten Sie sich die dazu notwendigen Rechte gleich von Anfang an bei Ihren Gastautoren sichern. Wenn lediglich ein Gastbeitrag im Blog abgesprochen wurde, wäre eine Verwendung des Beitrags an anderen Stellen ohne zusätzliche Rechteeinräumung rechtswidrig.

Achten Sie darauf, Ihr Blog regelmäßig mit Beiträgen zu befüllen, um bei der Leserschaft kontinuierlich das Interesse zu wecken. Gastbeiträge sichern Ihnen einerseits kostenlos Inhalte, andererseits unabhängige Kundenmeinungen. Kunden schreiben aus der Verbraucherperspektive und bringen ihre ganz persönliche Sichtweise zum Ausdruck. Stammleser bieten Gastbeiträge in einem neuen Schreibstil und mit der Fremdeinschätzung des Gastautors. Der Gastautor bringt frischen Wind in die Unterhaltung. Seine Perspektive ist einerseits neutral und unabhängig und spiegelt andererseits die Meinung anderer Kunden.

Best Practice – Ritter-Sport-Blog

Corporate Blogs müssen nicht ausschließlich von Chefs und Mitarbeitern geführt werden, auch Kunden können darin zu Wort kommen. Das Ritter-Sport-Blog beispielsweise lädt Kunden dazu ein, ihre Erfahrungsberichte auf *www.ritter-sport.de/blog* zu posten. Die Alfred Ritter GmbH & Co. KG stellt bestimmten Usern – den sogenannten *Ritter-Sport-Botschaftern* – Testschokolade zur Verfügung, die im Anschluss bewertet wird.

Auf diese Weise entsteht eine Community unter den Schokoladenfans. Ritter Sport nutzt die Meinungen seiner Kunden, um eine lebendige Plattform für den Austausch über Ritter-Sport-Produkte zu etablieren. Schokoladenfans werden aufgefordert, mitzumachen und sich als Botschafter einzubringen. Der Botschafteraufruf hat dem Unternehmen 200 Bewerbungen eingebracht, von denen schließlich 24 Ritter-Sport-Botschafter gewählt wurden, die auf dem Blog berichten. Die Botschafter wurden zudem zu einem Produktionsrundgang und einer exklusiven Schokoladenverkostung in die Firmenzentrale eingeladen. Das Unternehmen hat erkannt, dass seine Schokofans Lieblingskunden sind und macht sie zu Ritter-Sport-Botschaftern. Über den Reiter »Vorschläge« können die User sogar eigene Schokoladenwünsche posten (siehe Abbildung 5.3).

Abbildung 5.3 Mit den Lieblingskunden und durch sie kommunizieren: Corporate Blogs sind vielseitig einsetzbar und ein geniales Tool.

Ritter Sport sammelt dadurch Ideen für neue Schokoladenkreationen. In Kapitel 11, »Crowdsourcing«, gehen wir ausführlich auf Marktforschung und Ideengenerierung gemeinsam mit den Kunden ein.

Wo sind Ihre Markenfans, die Sie in Zukunft als Markenbotschafter bzw. als Gastautoren einsetzen können? Wenn Sie es noch nicht wissen, finden Sie es mit Social Media Monitoring ganz leicht heraus.

Autorenblogs

Im deutschsprachigen Raum haben sich in den letzten Jahren vor allem Autorenblogs etabliert. Mehrere Autoren und Blogger schreiben dabei gemeinsam zu einem bestimmten Thema. Ein sehr bekanntes deutsches Autorenblog ist *www.carta.info*. Dort schreiben verschiedene Autoren gemeinsam zum Thema Politik, Ökonomie und digitale Öffentlichkeit. Für das Blog bringt das den Vorteil, dass regelmäßig neue Blogbeiträge verfasst werden. Blogs, die über längere Zeit keine neuen Inhalte zur Verfügung stellen, verlieren in kürzester Zeit ihre Stammleserschaft. Carta.info lädt auch immer wieder zu Gastbeiträgen ein. Es finden sich immer wieder Autoren und Blogger aus verschiedenen Branchen zusammen, um gemeinsam an einem Thema zu schreiben. Die Autorenvielfalt bewirkt gleichzeitig abwechslungsreiche Beiträge. Auch für Ihre Branche ist es sinnvoll, ein Autorenblog in Betracht zu ziehen. Möglicherweise arbeiten Sie eng mit anderen Unternehmen zusammen, jedes mit seinem eigenen Schwerpunkt. Oder Sie stehen in direkter Kooperation mit einer anderen Branche (Beispiel Technik und Medizin) und wollen diese Kombination thematisch abbilden. Beide Unternehmen oder Branchen profitieren von diesem Autorenblog. Denn je mehr Beiträge Sie verfassen, desto mehr Besucher erhalten Sie und desto mehr Zielgruppen sprechen Sie an.

Rechtstipp von Peter Harlander: Impressum nicht vergessen

Egal, ob es sich um ein Autoren- oder ein Corporate Blog handelt: Vergessen Sie keinesfalls ein vollständiges, leicht und unmittelbar auffindbares Impressum. Am besten ist es, wenn das Impressum über einen Link in der Fußzeile des Blogs sowie zusätzlich über einen dafür geeigneten Menüpunkt, wie etwa KONTAKT oder ÜBER UNS, auffindbar ist.

5.6.6 Blogvernetzung – mit den richtigen Bloggern ins Gespräch kommen

Ein Blog darf nicht isoliert für sich stehen. Die Vernetzung mit anderen Bloggern bildet häufig die Grundlage für ein lebendiges Blog mit vielen Kommentaren. Finden Sie heraus, wer zu dem gleichen Thema bloggt. Hinterlassen Sie selbst Kommentare zu interessanten Beiträgen. Dabei hinterlassen Sie auch den Link zu Ihrem Blog und erhöhen die Aufmerksamkeit anderer Leser gegenüber Ihrem Blog. Wenn Sie zu einem Thema schreiben, das bereits auf anderen Blogs behandelt wurde, nehmen Sie darauf Bezug, und verlinken Sie den Blogbeitrag in Ihrem Text. Eine Erwähnung am Ende des Artikels ist ebenfalls möglich. Diese Erwähnungen werden auch als *Trackback* bezeichnet, da sie durch »Backlinks« auf den ursprünglichen Beitrag verweisen. Dieser automatische Benachrichtigungsdienst ermöglicht den einfachen Austausch der Blogger untereinander. In den meisten Fällen bedankt sich der Blogger dann sogar für die Erwähnung.

Die Blogroll – Blogger, vernetzt euch!

Eine andere Möglichkeit, sich mit Bloggern zu vernetzen, ist die Blogroll. In einer Blogroll stehen üblicherweise die Blogs, in die Sie Ihr Blog einreihen würden. Egal, ob bekannte oder unbekannte Blogs, Sie können dort alle Blogs eintragen, die Sie für relevant erachten. Bei Unternehmen betrifft das vor allem Branchenblogs oder Blogs, die zu dem gleichen Thema berichten.

Ein vernetztes und häufig kommentiertes Blog zeigt an, dass Sie in Ihrer Blogosphäre Fuß gefasst haben. Erst durch den Austausch mit anderen Bloggern gewinnt Ihr Blog an Eigendynamik und wird selbstverständlich an andere Leser weitergeleitet.

5.6.7 Können Sie einen Firmenblogger ersetzen?

Immer wieder kommt es vor, dass Mitarbeiter das Unternehmen verlassen. In der Vergangenheit war es nicht allzu problematisch, wenn Mitarbeiter aus dem Marketing oder der Pressesprecher das Unternehmen verließen. Mitarbeiter aus dem Marketing oder Pressebereich wurden bisher durch neue Mitarbeiter problemlos ersetzt, Presseverteiler übergeben und per Mitteilung angekündigt. Wenn jedoch ein Mitarbeiter das Unternehmen verlässt, der bisher für Ihr Blog geschrieben hat, muss die Community entsprechend sensibilisiert werden. Denn das ist in etwa so, als wenn Sie einen langjährigen Mitarbeiter des Kundensupports verabschieden. Solche Mitarbeiter stehen stellvertretend für die Unternehmenswerte und verleihen der Firma ein Gesicht.

Die Einzigartigkeit des Firmenbloggers

Blogger erzeugen aufgrund ihrer Persönlichkeit Sympathie bei den Lesern. Sie vermitteln mit persönlichen Beiträgen Authentizität und Glaubwürdigkeit. Generell ist es natürlich möglich, den Firmenblogger neu zu besetzen, als Person bleibt er dennoch unersetzlich.

Ein Bloggerwechsel ist eine schwierige Angelegenheit, selbst wenn sich Unternehmen und Mitarbeiter im Guten trennen. Sein Weggehen muss im Vorhinein unbedingt angekündigt werden. Die Leserschaft darf nicht mit dem neuen Blogger überrumpelt werden. Sie muss außerdem erfahren, warum der bisherige Blogger sich verabschiedet. Meistens sind es berufliche Gründe, da sich der Blogger auf andere Weise verwirklichen möchte, und die Community hat in meisten Fällen Verständnis dafür. Sollten Sie also einen Blogger verabschieden und ersetzen, ist es wichtig, den Wechsel zu thematisieren und den neuen Blogger vorzustellen. In der Regel bietet sich eine Übergangsphase von etwa einem Monat an, in der der alte Blogger noch da ist und der neue bereits eigene Beiträge schreibt. Wenn Sie einen neuen Blogger wählen, achten Sie auf den Grad seiner Vernetzung und darauf, ob er eine »Fangemeinde« mitbringen kann. Dann profitiert das Corporate Blog auch insofern von dem Wechsel, als dass sich die Reichweite des Blogs erhöht.

Rechtstipp von Peter Harlander: Vorsorge statt Nachsicht

Auch rechtlich sollte für diesen Fall unbedingt vorgesorgt werden. Stellen Sie in Form einer vertraglichen Vereinbarung sicher, dass Inhalt, Name und auch Foto des Autors auch nach dessen Ausscheiden aus dem Unternehmen weiterhin im Unternehmensblog erscheinen dürfen.

5.6.8 Was unterscheidet ein Corporate Blog von einer Website?

Zunächst ist es wichtig, den Unterschied zwischen Corporate Blog und Website hervorzuheben. Ein Blog ersetzt nie die Website, sondern ergänzt sie um einige wesentliche Funktionalitäten:

- Ein Blog ist ein aktuelleres Medium als eine Website. Man könnte das Blog auch als Ersatz für den Newsbereich der Website sehen, wobei sich die Inhalte sehr wohl unterscheiden (sollten). Im Newsbereich werden meist PR-Texte veröffentlicht. Pressemitteilungen sollten Sie aber nicht in Ihrem Blog eins zu eins übernehmen.
- Deshalb ist ein Blog ein authentischeres Medium. Der Autor eines Beitrags erzählt seine Sicht der Dinge, seine persönliche Meinung, seine persönliche Erfahrung.
- Auch deshalb werden Blogs gegenüber Websites von Suchmaschinen immer häufiger im Ranking bevorzugt. Nachdem die User verstärkt an authentischen und hilfreichen Inhalten interessiert sind, versuchen die Suchmaschinen, dem Rechnung zu tragen und heben Blogs und andere Social-Media-Inhalte im Suchergebnis nach oben.
- Im Gegensatz zur Website ist das Blog ein Dialoginstrument. Die Besucher/Leser des Blogs können und sollen kommentieren und Feedback geben. Somit findet ein Geben und Nehmen statt: Nicht nur der Blogautor sollte das Recht haben, seine Meinung zu äußern, sondern auch der Leser.

5.6.9 Was zeichnet ein gutes Blog aus?

Wie konzipieren Sie ein erfolgreiches Blog, das Sie umsetzen und führen können? Zunächst müssen Sie die technische Basis schaffen: Sie müssen das Rad nicht neu erfinden, sondern können auf eine Vielzahl von selbst- oder fremdgehosteten Bloglösungen zurückgreifen.

Tipp: Googeln Sie nach Erfahrungsberichten

Sollte Ihnen jemand eine Blogsoftware vorschlagen, dann schauen Sie einfach einmal im Internet nach, was andere User darüber sagen und welche Erfahrungen andere Blogger damit haben. Ganz im Sinne von Social Media.

Neben der technisch einwandfreien und praktikablen Umsetzung ist bereits am Beginn des Prozesses wichtig, die Rahmenbedingungen abzuklären: Ist Ihr Unternehmen schon so weit, diesen Schritt zu gehen? Akzeptiert die Geschäftsführung des Unternehmens jene Offenheit gegenüber den Bloglesern, die für erfolgreiche Blogs notwendig ist? Gibt es Mitarbeiter, die Sie schon in den Konzeptionsprozess integrieren können? Wer wird welche Rolle bei der Betreuung des Blogs spielen? Das ist nur ein Ausschnitt jener Fragen, die Sie sich im Vorfeld stellen müssen. Bei der Frage des Blogdesigns, das in vielen Fällen an das Design der Website angelehnt wird, gerät man gerade bei älteren Websites oft in den Zwiespalt, auch gleich eine neue Website haben zu wollen, frei nach dem Motto: »Wenn schon, dann gleich alles neu!« Oder sollten Sie vielleicht gleich ganz und gar auf Ihre Website verzichten?

5.6.10 Ist das Blog die neue Website?

Nachdem wir bisher schon so viele Lobeshymnen auf die Blogs dieser Welt geschrieben haben, liegt die Frage, ob ein Blog nicht die neue Website ist bzw. die Website als solche ablösen wird, natürlich auf der Hand. Und tatsächlich: So manche Website für kleinere Projekte bzw. kleine Unternehmen wird mittlerweile mit WordPress, einer Blogsoftware, umgesetzt, und zwar aus folgenden Gründen:

- WordPress ist ein mit den notwendigen und aktuellen Funktionalitäten ausgestattetes CMS. Unter CMS (Content-Management-System) versteht man, wie gesagt, eine Software für Websites, die der Kunde dadurch selbst mit Inhalten bestücken und aktualisieren kann. Viele Kunden wollen nicht jedes Mal ihre Agentur oder den Webdesigner bemühen und bezahlen, wenn es um das Austauschen eines einzelnen Fotos oder Textes geht. Mittels CMS kann der Kunde sich auf der Website einloggen und die gewünschten Änderungen selbst vornehmen.
- WordPress ist weitverbreitet: Wenn Sie der bisherige Programmierer im Stich lässt, werden Sie keine Schwierigkeiten haben, Ersatz zu finden. Viele Webdesigner/Programmierer kennen WordPress bzw. können sich in relativ kurzer

Zeit einarbeiten. Der relativ einfache Aufbau und die gute Dokumentation im Vergleich zu so manchem exotischen oder komplexen System nehmen diese doch in vielen Fällen berechtigte Sorge der Auftraggeber.

- WordPress wird extrem gut unterstützt: Es gibt nichts, was es nicht gibt, zumindest bei WordPress scheint das der Fall zu sein. Egal, ob Sie eine bestimmte Funktionalität benötigen oder es Probleme bei der Aktualisierung oder der WordPress-Installation gibt. Jeder Programmierer kann auf eine große WordPress-Community zurückgreifen, falls er das Problem nicht selbst lösen kann. Genauso einfach ist es, mit WordPress mit der Zeit zu gehen. Sie müssen für viele neue Features, die im Web auftauchen und für Ihre Website sinnvoll sind, keine Programmierung in Auftrag geben, sondern können auf den Pool an Plugins aus der Community zurückgreifen.
- Die WordPress-Bedienelemente wurden intuitiv und einfach gestaltet: Wer schon einmal ein WordPress »von innen« gesehen hat, sprich, wer das sogenannte *WordPress-Dashboard* kennt, auf dem man neue Blogbeiträge schreibt und das Blog verwaltet, weiß, wie einfach es zu bedienen ist. Sogar jene User, die eine angeborene Scheu vor Computern und komplexeren Content-Management-Systemen haben, können dafür begeistert werden.
- Dasselbe gilt auch für kleinere technische Änderungen, sei es das Tauschen von Bildern in einzelnen Artikeln, die Neuanlage von Kategorien, Tags oder statischen Seiten, die Änderung der Farbgebung oder das Aktivieren oder Deaktivieren einzelner Plugins (z. B. Fotointegration von Flickr): Vieles davon geht mit einem einzigen Mausklick. Das erlaubt es dem Administrator bzw. Betreuer im Unternehmen, inhaltlich und technisch schnell und komfortabel reagieren zu können.
- WordPress ist suchmaschinenoptimiert: Darauf bauen nach wie vor noch viele Blogs, wobei Google das langfristig nicht mehr so stark berücksichtigen wird, wie es derzeit der Fall ist. Aber egal, ob Google in Zukunft Blogs per se noch bevorzugt oder nicht, Suchmaschinen werden jene Websites, die optimierte Felder, Überschriften usw. verwenden, besser finden und im Suchergebnis darstellen können.

Die Website bleibt die Visitenkarte des Unternehmens

Wie wir bereits am Anfang dieses Buches erwähnt haben, ergänzen sich im Idealfall alle zusätzlichen Tools, anstatt sich zu ersetzen. Als die E-Mail für die Massenkommunikation populär wurde, hat man Telefon und Fax auch totgesagt. Beide leben heutzutage nach wie vor und haben ihre Daseinsberechtigung. Gleiches gilt für das Blog: Während die Website die Visitenkarte und das Verkaufsmedium ist, ist das Blog die Hintergrund- und Geschichtenplattform.

Hier finden die Gespräche statt, die vor, während und nach der Übergabe der Visitenkarte passieren. Facebook wiederum ersetzt, trotz ähnlichen chronologischen Aufbaus, auf keinen Fall das Blog. Und Twitter wiederum ersetzt nicht Facebook. Über jeden Kanal können Sie spezifische Zielgruppen erreichen, die Sie am anderen Kanal nicht erreichen können. Warum also die eine Zielgruppe durch die andere ersetzen?

Nun werden Sie sich fragen, warum jetzt nicht die ganze Welt auf WordPress umsteigt. Es gibt gute Gründe, warum wir hier von »Websites für kleinere Projekte bzw. Unternehmen« sprechen. WordPress stößt dann an seine Grenzen, wenn es um große Projekte mit beispielsweise einer Integration eines komplexen Online-Shops oder eines CRM-(Customer-Relationship-Management)-Systems geht. Hierfür gibt es dann »echte« CMS wie TYPO3, Joomla, Mambo, Drupal oder spezialisierte Anbieter für die jeweilige Branche. Im Idealfall haben Sie eine Webagentur, die Sie unvoreingenommen und bedarfsorientiert berät und Ihnen das für Sie ideale System empfiehlt. Ansonsten hilft sehr oft die Suche im Web nach Diskussionen und Empfehlungen rund um die Wahl des idealen Systems für Ihre Website.

5.7 Wo richtet man ein Blog am besten ein?

Wir haben in den vorangegangenen Kapiteln ausreichend gute Gründe geliefert, warum Sie sich für ein Blog entscheiden sollten. Wenn Sie nun ein Blog haben möchten, dann stellt sich die Frage, wie und wo Sie es einrichten.

Eigenhosting oder Fremdhosting?

Technisch gesehen gibt es zwei Varianten: ein Blog direkt bei einem der vielen Bloganbieter einrichten oder so wie die eigene Website auf einem von Ihnen angemieteten oder betriebenen Server. Wir möchten Ihnen nun beide Möglichkeiten vorstellen und die jeweiligen Vor- und Nachteile beleuchten.

5.7.1 Fremd gehostetes Blog

Die einfachste und schnellste Möglichkeit, zu einem eigenen Blog zu kommen, ist es, direkt bei einem der zahlreichen Bloganbieter ein Blog einzurichten. Mit wenigen Klicks können Sie alle notwendigen Einstellungen treffen und direkt loslegen. Die von uns vorgestellten Bloganbieter haben eine kostenlose Basisversion im Programm:

Vorteile

- Kostenlos und schnell einzurichten: Es dauert nur wenige Minuten, und das Blog ist online.
- Enthält für den Einsteiger bzw. persönlichen Gebrauch ausreichende Funktionalitäten.
- In vielen Fällen ist eine große Community (andere Blogautoren) vorhanden, mit der Sie sich austauschen können.
- Einige Bloganbieter verfügen über sogenannte *Top-Listen* bzw. stellen die einzelnen Blogs in Verzeichnissen vor.

Nachteile

- In der kostenlosen Variante ist keine eigene Domain, sondern nur eine Subdomain (z. B. ihrname.WordPress.com) möglich.
- Es gibt nur begrenzte Gestaltungsmöglichkeiten bei Design und Layout.
- Die Inhalte liegen nicht auf Ihrem Server, sondern auf einem fremden, der nicht Ihnen gehört. Das wird dann zum Nachteil, wenn der Bloganbieter in Konkurs geht, denn dann droht der komplette Datenverlust.

Im deutschsprachigen Raum gibt es eine Fülle an Anbietern, bei denen Sie ein Blog einrichten und führen können. Im Folgenden haben wir die bekanntesten davon herausgegriffen.

Blogger/Blogspot

Ursprünglich von einigen Jungunternehmern gestartet, wurde Blogger (wird manchmal auch als Blogspot geführt) im Jahr 2002 von Google aufgekauft und gehört zu den größten und bekanntesten Bloghostern weltweit, was als Mitglied der Google-Familie auch nicht sehr verwundert.

Das Anlegen eines Blogs ist sehr einfach (siehe Abbildung 5.4), vor allem wenn man bereits ein Google-Konto besitzt (ein solches ist auch Bedingung für das Einrichten eines Blogs auf Blogger). Sie können aus verschiedenen Designs auswählen, andere Social-Media-Elemente, wie z. B. Bilder auf Flickr (siehe Kapitel 8, »Social Sharing – Teilen bringt Freunde«), hinzufügen. In der Gratisvariante erhalten Sie eine Subdomain: *http://ihrname.blogspot.com*. Sie können aber auch eine eigene Domain direkt bei Blogger kostenpflichtig reservieren und das Blog weiterhin wie gewohnt nutzen. Auch bieten Drittanbieter zusätzliche kostenpflichtige Designs für Blogger an.

Bringt »Blogger« Vorteile für das Suchmaschinenranking?

Branchenexperten sind sich noch unschlüssig, ob es aus SEO-Gründen besser ist, ein Blog direkt bei »Blogger« einzurichten (als Google-Familienmitglied könnte das ja Rankingvorteile bieten) oder nicht. Wenn Sie unbedingt ein fremd gehostetes Blog nutzen möchten, dann sollten Sie unserer Meinung jenen Betreiber wählen, der entweder Ihrer Zielgruppe am besten entspricht oder der von Funktionalität und Betreuung her für Sie optimal ist.

Abbildung 5.4 Mit Blogspot können Sie in wenigen Schritten ein kostenloses Blog anlegen.

Weitere Anbieter im deutschsprachigen Raum sind beispielsweise:

- *www.blog.de*
- *www.blogger.de*
- *www.myblog.de*
- *www.typepad.com*
- *http://twoday.net*

Zu erwähnen ist daneben auch der Online-Dienst Tumblr: Der US-amerikanische Mikroblogging-Dienst *http://tumblr.com* erfreut sich steigender Beliebtheit. Im Grunde ist Tumblr eine Mischung aus Twitter und einem »echten« Blog. Es können weitaus mehr Text- und Bildinhalte auf Tumblr veröffentlicht werden als auf Twitter. Immerhin gibt es über 35 Mio. Tumblr-Blogs. Sie können eigene Inhalte online stellen oder interessante Inhalte anderer wiedergeben, sprich teilen. Das Prinzip des erneuten Teilens von Inhalten anderer ähnelt dem Retweeten bei Twitter, doch: Man übernimmt mit einem Klick die Inhalte in sein eigenes Tumblr-Blog und lässt sie fast wie seine eigenen erscheinen. Diese einfache Copy-&-Paste-Funktion stößt bei vielen Usern und Experten auf Urheberrechtsbedenken.

Ein weiterer Online-Dienst ist Posterous: Auf *http://posterous.com* gibt es zahlreiche Designs zur Auswahl, weitaus mehr Funktionalitäten als bei Tumblr, und es bietet viele Möglichkeiten, den Blogbeitrag auf vielen anderen Plattformen gleichzeitig mit zu veröffentlichen. Eine zentrale Funktionalität ist, dass man Beiträge via E-Mail an die eigene Posterous-Mail-Adresse schicken und im eigenen Posterous-Blog veröffentlichen kann.

Für Tumblr und Posterous gilt: Es sind ideale Tools für die Nutzung als Personenblog oder Themenblog, aus unserer Sicht aber nicht als Unternehmens- oder Markenblog. Vor allem müssen Unternehmen beachten, dass die AGB vieler Plattformen keine oder nur eingeschränkte kommerzielle Nutzung zulassen. Bitte gehen Sie immer auf Nummer sicher, und lesen Sie die AGB genau durch.

Die Möglichkeiten, bei diesen Anbietern das Blog an das Design Ihres Unternehmens bzw. die individuellen Anforderungen anzupassen, sind allerdings meistens sehr beschränkt. Für den privaten Gebrauch völlig ausreichend, empfehlen wir nicht, es als Unternehmensblog zu nutzen: Dafür bietet sich definitiv WordPress weitaus besser an, vor allem in der selbst gehosteten Variante. Der Vollständigkeit halber möchten wir Ihnen aber vorher noch die direkt bei WordPress gehosteten Pakete vorstellen.

WordPress

WordPress ist mittlerweile die am meisten genutzte Blogsoftware der Welt. Egal, ob direkt bei WordPress gehostet oder auf dem eigenen Server installiert, setzen private User und Unternehmen gleichermaßen auf die Open-Source-Software. Hinter WordPress steckt das Unternehmen Auttomatic.

WordPress' Baukastenprinzip

Die Stärke und der Erfolg von WordPress liegen zum großen Teil in der Open-Source-Software: Alle Codes sind frei zugänglich, und jeder Programmierer kann in seiner Installation ganz nach Belieben bestehende Codes verändern oder neue Bausteine programmieren. Viele dieser Bausteine werden wiederum im WordPress-Forum zum kostenlosen oder kostenpflichtigen Download angeboten, oft auch inklusive technischer Unterstützung. Daraus hat sich eine umfangreiche Fülle an Zusatzprogrammen entwickelt, die fast keine Wünsche mehr offenlassen.

Deshalb ist es in den meisten Fällen gar nicht mehr nötig, etwas Eigenes zu programmieren, sondern man kann auf den Pool an Programmen zurückgreifen. Die Community an Usern, die solche Programme umsetzen und veröffentlichen, ist gewaltig groß, immer am Ball und sehr flexibel. Man muss selten sehr lange auf ein neues Feature warten, wenn der Bedarf wirklich da ist: Irgendjemand wird im selben Moment schon daran tüfteln.

Kostenloses Blog auf WordPress.com

WordPress bietet auf seiner Website die Möglichkeit einer kostenlosen Einrichtung eines Blogs. Dieser ist unter der Adresse ihrname.WordPress.com erreichbar. Sie können aus zahlreichen Vorlagen ein Blogdesign auswählen und dieses auch leicht modifizieren, sei es in der Wahl der Farbgebung oder der Integration von Fotos und Videos von anderen Plattformen. Für das Blog selbst stehen maximal 3 GB zur Verfügung, was für die normale Nutzung ausreichend ist. Einfache Statistiken geben Auskunft darüber, wie viele Webuser Ihr Blog besucht haben und welche Websites auf Ihr Blog verlinken. Dies ist also für den privaten bzw. persönlichen Gebrauch eine komfortable und sinnvolle Variante. Eine Einschränkung gilt es zu erwähnen: WordPress behält sich bei der kostenlosen Variante vor, ab und an ein Werbebanner einzublenden.

Kostenpflichtiges Blog auf WordPress.com

Das kostenpflichtige Paket beinhaltet ein paar zusätzliche Features: Sie können eine eigene Domain, z. B. *http://www.ihrname.com*, dafür reservieren, haben mehr Speicherplatz zur Verfügung als bei der kostenlosen Variante und auch mehr Möglichkeiten, das Design und das Layout des Blogs zu individualisieren. Außerdem ist es werbefrei. Da dieses Paket schon für wenige US-Dollar im Monat erhältlich ist, zahlt es sich in den allermeisten Fällen aus.

5.7.2 Selbst gehostetes Blog

Die Vorteile eines selbst gehosteten Blogs liegen auf der Hand: Selbst wenn die Installationskosten etwas höher liegen, werden Sie langfristig damit besser fahren und zufriedener sein. Früher oder später würden Sie das Blog sowieso auf Ihrem eigenen Server installieren. Obwohl es neben WordPress noch einige andere Softwarelösungen gibt (Nucleus, b2evolution, Movable Type usw.), möchten wir Ihnen aus Gründen der Praktikabilität und der branchenweiten Erfahrungswerte hier besonders WordPress vorstellen: Es ist die beliebteste Blogsoftware am Markt und wird von vielen Profis genutzt und empfohlen. Wenn aber Ihre bestehende Infrastruktur eine andere Blogsoftware bevorzugt, dann nichts wie her damit: Hauptsache, Sie machen ein Blog.

Self-Hosting zahlt sich aus

Erfreulicherweise ist die Self-Hosting-Variante nicht mehr so teuer wie früher. Sie können bereits für wenige Euro im Monat ein WordPress-Hostingpaket reservieren, inklusive Domain und ausreichend Datentransfervolumen. Für Einsteiger und kleine Unternehmen mit überschaubarem Traffic ist dies eine perfekte Lösung. Wenn Sie ein Blog für ein großes Unternehmen oder eine bekannte Marke betreiben möchten, müssen Sie natürlich für eine dementsprechende Infrastruktur sorgen. Möglicherweise bietet jener Server, auf dem schon Ihre Website liegt, alle notwendigen Funktionalitäten für eine WordPress-Installation. Überprüfen Sie das am besten zusammen mit Ihrem Webmaster.

Die Spezifikationen finden Sie auf *http://codex.WordPress.org/Hosting_WordPress*, das aktuelle WordPress-Softwarepaket können Sie unter *http://de.WordPress.org* herunterladen.

Sobald die Installation des Pakets vollständig durchgeführt ist, können Sie sich der Anpassung von Design, Layout und Funktionalitäten widmen. Hier sind der Kreativität und dem Bedarf fast keine Grenzen gesetzt. Als Administrator können Sie so gut wie alle Arbeitsschritte über das Dashboard durchführen.

Blogdesign/-layout

Für WordPress gibt es unzählige Designvorlagen (siehe Abbildung 5.5), die mit wenigen Klicks auf das eigene Blog installiert werden können. Mit einer Vorlage bestimmen Sie das Aussehen und die Gestaltung Ihres Blogs (so z. B. auch die Aufteilung: Wie viele Spalten? Welche Inhalte in welcher Spalte?).

Achten Sie auf eine einfache Menüführung

Eine logische Menüführung ist wichtig: Vermeiden Sie zu viele Kategorien und Unterkategorien. Viele Webuser wissen gar nicht, dass sie gerade ein Blog besuchen, sondern möchten, wie gewohnt, eine horizontale Menüführung haben, die möglichst einfach bedienbar und selbsterklärend ist.

Viele dieser sogenannten *Themes* sind kostenlos erhältlich, einige bekommen Sie für einen meist sehr günstigen Preis. Sie bzw. Ihr Webmaster sollten sich zuerst Inspirationen oder konkrete Vorlagen holen, bevor Sie die komplette Neuprogrammierung eines solchen Themes in Auftrag geben, so können Sie einiges an unnötigen Kosten sparen. Sie finden zahlreiche Themes direkt auf WordPress.org, *http://WordPress.org/extend/themes*, oder bei einem der vielen Drittanbieter. Googeln Sie einfach nach »WordPress Themes« (siehe Abbildung 5.5), wir haben Ihnen aber auch eine Liste unserer beliebtesten WordPress-Template-Quellen auf *http://bit.ly/top10-wp-themes* zusammengestellt.

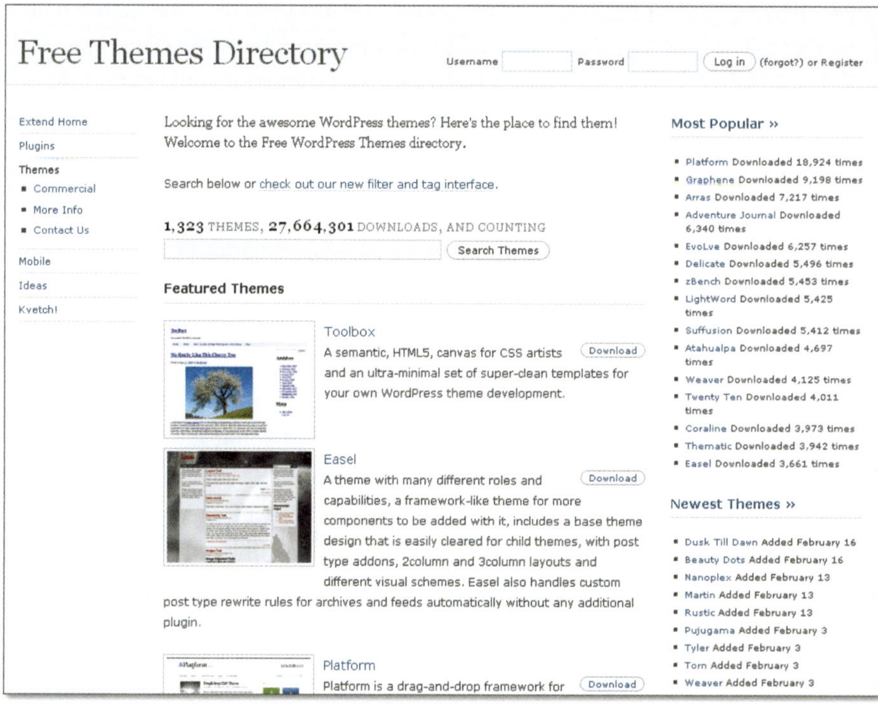

Abbildung 5.5 Für das Blogdesign können Sie kostenlose Vorlagen, sogenannte Blog-Themes, verwenden.

Funktionalitäten

Auch bei der Auswahl an Funktionalitäten ist die Liste an möglichen Features schier endlos. So gut wie alle Inhalte, die bereits irgendwo im Web existieren, können im Blog mit eingebunden werden: Fotos, Videos, andere Bloginhalte, Facebook, Twitter usw. Wie bereits eingangs erwähnt, werden viele dieser Tools gar nicht von WordPress direkt erstellt, sondern von anderen Blogbetreibern, die diese dann veröffentlichen und zum großen Teil kostenlos weitergeben.

Das Geben-und-Nehmen-Prinzip der WordPress-Community

Dieses »Geben-und-Nehmen-Prinzip« ist eine der großen Stärken der WordPress-Community und der Software. Wir möchten Ihnen hier ein paar Tools (sogenannte *WordPress-Plugins*) vorstellen, die auf vielen Blogs zum Einsatz kommen und nützlich sind.

Die Erweiterung der WordPress-Funktionalitäten geht über Plugins, die Sie schnell und einfach installieren können. Ein paar besonders hilfreiche sind:

- *Feedburner:* Das von Google angebotene und kostenlose Tool bietet nichts weniger als eine Art Newsletter-Funktion für Ihr Blog. Jeder Webuser kann sich mit seiner E-Mail-Adresse im vorgesehenen Feld anmelden und erhält automatisch jeden neuen Blogbeitrag Ihres Blogs per E-Mail zugesandt. Viele Webuser können mit den RSS-Feeds nichts anfangen und wissen deshalb auch nicht, ob und wie man diese abonnieren kann. Aber einen Newsletter per E-Mail zu bestellen, das kann nun wirklich jeder. Somit schaffen Sie die besten Voraussetzungen dafür, dass die Inhalte Ihres Blogs auch von diesen Usern regelmäßig gelesen werden (können).
- *Videos/Fotos:* In den jeweiligen Kapiteln hatten wir ja bereits darauf hingewiesen: Es ist aus Sicht der eigenen Reichweite besser, Fotos und Videos auf eigens dafür vorgesehenen Plattformen zu veröffentlichen, um für die User dort auch sichtbar zu sein. Damit Sie sich aber die Arbeit und somit das Leben leichter machen können, gibt es zahlreiche Plugins für die Einbindung von Fotos und Videos im Blog, die aber ganz woanders gespeichert sind. So können Sie beispielsweise alle Fotos, die Sie auf Flickr gespeichert haben, in Form von Minibildern in der Sidebar darstellen lassen. Die Möglichkeiten sind vielfältig und helfen dabei, das Blog einerseits optisch aufzulockern, und andererseits müssen Sie nicht immer und überall darauf achten, neue Fotos hochzuladen oder Links zu ersetzen: Die meisten Tools machen das automatisch.
- *»Share it«-Funktionen:* Nachdem wir in Social Media auf Mundpropaganda und das Empfehlungsmarketing durch die User setzen, müssen wir natürlich alle technischen Voraussetzungen treffen, damit die User das auch so einfach wie möglich machen können. Für WordPress gibt es zahlreiche Plugins, um beispielsweise in der Sidebar oder direkt bei jedem einzelnen Artikel eine Leiste mit den Symbolen der gängigsten Social-Media-Plattformen einzurichten, mit deren Hilfe der User mit nur ein bis zwei Klicks den Artikel beispielsweise seinen Freunden auf Facebook, Google+ oder Twitter weiterempfehlen kann. Das geht einerseits über die sogenannte Social-Bookmarking-Leiste, andererseits über die interaktiven Buttons wie den »Gefällt mir«-Button für Facebook, den »+1«-Button für Google+ oder den »Tweet«-Button für Twitter.
- *SEO (Suchmaschinenoptimierung):* WordPress ist per se schon ziemlich gut suchmaschinenoptimiert. Sie können aber mittels spezieller SEO-Tools durchaus versuchen, ein noch besseres Ranking für Ihr Blog und einzelne Blogbeiträge herauszuholen. Beispielsweise gibt es Tools, die es ermöglichen, dass Sie bei jedem Blogbeitrag den »Title« und die »Description« selbst mit Keywords befüllen können. Aber auch hier gilt natürlich: Alles mit Maß und Ziel. Zu viel des Guten ist nie gut.

Rechtstipp von Peter Harlander: Datenschutzrecht beachten

Vor allem die »Gefällt mir«- und »Teilen«-Buttons von Facebook werden zurzeit intensiv unter datenschutzrechtlichen Gesichtspunkten diskutiert. Prüfen Sie daher generell, bevor Sie derartige Funktionen von Fremdanbietern einbauen, immer die aktuelle Rechtslage, damit Sie sich mit dem Einbau dieser Funktionen keine Rechtsprobleme einhandeln.

Der Bedarf und die Anforderungen an WordPress-Plugins sind sehr dynamisch: Egal ob bei Social Bookmarking, Integration von Facebook und Google+, SEO oder Zusatzfeatures für Autorenblogs: Manche Plugins werden laufend weiterentwickelt, andere wiederum durch bessere ersetzt. Damit Sie immer eine aktuelle Liste unserer Lieblings-Plugins zur Verfügung haben, haben wir auf *bit.ly/top10-wp-plugins* unsere TOP 10 der WordPress-Plugins zusammengefasst.

Die Installation der jeweiligen Plugins ist sehr einfach und kann vom Administrator des Blogs mit wenigen Klicks durchgeführt werden. Sie sollten aber darauf achten, dass Sie nur getestete Plugins verwenden und nicht zu viele Plugins installieren, da sich dies sonst negativ auf die Ladezeiten des Blogs auswirken könnte. Das wäre für den User und für Suchmaschinen wie Google gleichermaßen negativ.

Tipp: Plugins sinnvoll einsetzen

Viele Blogs übertreiben es mit der Anzahl der installierten Plugins: Da blinken in jeder Ecke des Bildschirms dann Social-Media-Icons, laufen Slideshows und versuchen Werbebanner, die Aufmerksamkeit des Lesers zu gewinnen. Das geht jedoch zulasten der Leserbindung. Weniger ist deshalb mehr. Verwenden Sie keine grellen Farben, einen eher hellen Hintergrund und dunkelgraue Schriften. Stellen Sie den Content in den Mittelpunkt, und nutzen Sie nach Möglichkeit nur eine einzelne Sidebar. Verwenden Sie nicht zu viele Plugins, sondern nutzen Sie jene, die für den Blogbesucher wichtig sind (Feedburner, Tagcloud, Facebook, Twitter). Vermeiden Sie vor allem Plugins, die zu dynamisch sind und zu viel Aufmerksamkeit auf sich ziehen.

Blogsicherheit

Aus Sicherheitsgründen sollten Sie auch dafür sorgen, dass

- die Softwareversion Ihres WordPress-Blogs immer auf dem aktuellsten Stand ist,
- Sie keinen Standarduser und kein Standardpasswort verwenden (Beispiel: User »Admin« und Passwort »123«),

- Sie alle notwendigen Sicherheitsvorkehrungen am Server vornehmen und
- Sie mithilfe von WordPress-Plugins den Zugriff auf verschiedene Verzeichnisse so weit wie möglich einschränken.

Sie finden im Web zahlreiche Tutorials, also Anleitungen, wie Sie Ihr WordPress-Blog weiter optimieren können. Außerdem gibt es mittlerweile genug gute und professionelle Programmierer, die sich mit WordPress auskennen und Ihnen im Bedarfsfall weiterhelfen.

5.8 Wie machen Sie Ihr Blog bekannt?

Für Ihre Online Relations ist es wichtig, dass Sie Ihr Blog überall dort bekannt machen, wo Sie die Möglichkeit haben, Ihre bestehenden und potenziellen Kunden darauf hinzuweisen: offline und online.

Online

Online umfasst alle Bereiche, auf denen Sie präsent sind: Unternehmenswebsite, E-Mail-Signatur, Social Media usw.:

- Allgemeiner Link auf Ihrer Website, auf Ihrer Facebook-Seite, auf Twitter, Google+: Weisen Sie grundsätzlich auf Ihr Blog hin, mit einem Link auf die Blogstartseite.
- Link in Ihrer E-Mail-Signatur: Genauso, wie Sie die Adresse Ihrer Website und die URL Ihrer Facebook-Seite in die Signatur eintragen, sollten Sie das auch mit der Adresse Ihres Blogs tun.
- Link und Artikel im E-Mail-Newsletter: Schreiben Sie einen eigenen Artikel im Newsletter über das neue Blog und was den Leser dort erwartet. Übernehmen Sie den einen oder anderen Blogartikel in den Newsletter. Weisen Sie am Ende jedes Newsletters auch auf weiterführende Informationen hin, die der Leser auf Ihrem Blog erhält.
- Auf Facebook, Google+ und Twitter usw. regelmäßig einen einzelnen Blogbeitrag vorstellen und verlinken: Sie könnten das auch automatisiert machen, aber noch mehr empfiehlt es sich, jeden neuen Blogartikel auf Twitter, Google+ und auf Facebook eigenständig vorzustellen. So können Sie einen individuellen Ankündigungstext zum Link hinzufügen, der den User animieren soll, auf den Link zu klicken und den Blogartikel zu lesen.
- Damit Ihr Blog gefunden wird, tragen Sie ihn in entsprechende Blogverzeichnisse ein.

Tipp: Mit Quellenangaben mehr Vernetzung erreichen

Besonders wichtig ist die Verlinkung innerhalb der Blogosphäre mittels Blogroll. Außerdem sollten Sie nach Bedarf und Möglichkeit innerhalb eines Artikels auf andere Blogbeiträge verlinken, die Ihnen z. B. als Inspirationsquelle gedient haben oder die weiterführende Informationen beinhalten. Dabei kommt Ihnen die Technologie der Pingback/Trackback zugute: Wenn Sie ein Blog in einem Artikel oder in der Blogroll verlinken, wird im Normalfall das andere Blog darüber verständigt. Somit können Sie den anderen Blogbetreiber auf Ihr Blog dezent und freundlich hinweisen.

Wenn Sie inhaltlich zu einem Blogartikel eines anderen Blogs etwas zu sagen haben, dann können Sie einen Kommentar abgeben und bei der Kommentarerstellung die URL Ihres Blogs eintragen. Damit weisen Sie den Blogbetreiber und die anderen Blogleser auf Ihr Blog hin. Machen Sie das aber nur, wenn Ihr Beitrag für die anderen auch wirklich relevant ist.

Rechtstipp von Peter Harlander: Urheberrecht gilt auch für Blogs

Nur weil es technisch möglich ist, die Inhalte eines Blogs in Form eines RSS-Feeds zu abonnieren und diese anschließend einfach in das eigene Blog einzubauen, ist dies noch lange nicht legal. Sollten Sie fremde Inhalte in Ihr Blog integrieren wollen, müssen Sie dazu zuvor die Genehmigung des Urhebers bzw. Rechteinhabers einholen. Ebenfalls unter keinen Umständen sollten Sie fremde Blogbeiträge einfach ungefragt in einen eigenen Blogbeitrag kopieren.

Offline

Sie sollten auch all Ihre analogen Präsenzen (außerhalb des Internets) nutzen, um auf das Blog hinzuweisen:

- auf Ihrer Visitenkarte
- auf dem Brief-/Rechnungspapier
- auf Plakaten
- im Prospekt/Folder/auf dem Flyer
- im Schaufenster
- an der Kasse
- im persönlichen Gespräch mit den Kunden

Sie sollten alle Möglichkeiten nutzen, die Bekanntheit des Blogs zu stärken, damit sich der Aufwand so schnell wie möglich bezahlt macht.

5.9 Wie Sie in der Blogosphäre bekannt werden

Zuerst müssen Sie interessante Blogger finden, die zu einem oder mehreren Ihrer Themen schreiben. Abonnieren Sie deren Feeds (Beiträge), und versuchen Sie, aufmerksam wahrzunehmen, welche Inhalte wie aufbereitet und verpackt werden. Dadurch lernen Sie sehr viel darüber, wie Sie das eigene Blog führen sollten.

Sie können für Sie interessante Blogger finden, indem Sie direkt in der Suchmaschine eines Ihrer Themen eingeben und beispielsweise bei Google links im Suchfilter auf »Blogs« gehen. Wenn Sie ein relevantes Blog gefunden haben, dann sehen Sie sich die sogenannte *Blogroll* an. Das ist eine Liste von Blogs, auf die der Blogger verlinkt und die er als »gute Quelle« oder »Freunde« bezeichnet. Auch da werden sehr viele relevante Blogs darunter sein. Oder Sie suchen in einem der Blogverzeichnisse, die es zu Hunderten im Web gibt. Zwei der ganz großen sind »Technorati« und »PubSub«.

5.9.1 Durchforsten Sie die Blogosphäre

Versuchen Sie gerade am Anfang, alle relevanten Beiträge anderer Blogger zu lesen. Wenn Sie etwas Sinnvolles zu sagen haben, dann geben Sie einen Kommentar ab. Dadurch werden Sie von dem Blogger, aber auch von anderen Kommentatoren wahrgenommen, und es könnten ein paar neue Blogfeedabonnenten daraus resultieren. Machen Sie aber ja keine Kommentare nur um des Kommentars willen oder um einen Link auf Ihre Website oder Ihr Blog zu bekommen. In den allermeisten Fällen wird das ignoriert oder sogar öffentlich abgelehnt.

Rechtstipp von Peter Harlander: Spam ist wettbewerbswidrig

Kommentar-Spam schadet nicht nur Ihrem Ruf, sondern ist – vor allem wenn Kommentar-Spamming im großen Stil und systematisch betrieben wird – auch wettbewerbswidrig.

Schreiben Sie selbst relevante Beiträge informativer, unterhaltsamer oder skurriler Art, Hauptsache, sie stoßen bei Ihren Kunden auf Interesse. Natürlich müssen Stil und Thema zum Unternehmen passen und dürfen nicht wie ein Fremdkörper wirken.

5.10 Wie wird Ihr Blog gefunden?

Wenn Sie die Analysetools kennen und nutzen, die den Traffic auf Ihrer Website und dessen Herkunft messen (z. B. Google Analytics), dann wissen Sie, dass die Besucher Ihrer Website normalerweise aus verschiedenen Richtungen kommen:

1. *Direktzugriffe:* Diese User kennen die URL Ihrer Website und geben sie in die Adressleiste des Browsers ein.
2. *Verlinkte Seiten:* Ihre Website wurde auf anderen Websites als Link eingetragen, z. B. von Partnerunternehmen, in Medienberichten. Beispielsweise wird auf Unternehmenswebsites auf die Marketingagentur, die das Design und die Website umgesetzt hat, per Link verwiesen.
3. *Social Media:* Der Link wurde in Facebook, Google+ oder auf Twitter und in Bewertungsportalen veröffentlicht und geteilt.
4. *Über Suchmaschinen:* Der Webuser hat auf Google, Bing oder einer anderen Suchmaschine ein Suchwort eingegeben, und Ihre Website wurde im Suchergebnis auf einem halbwegs relevanten Platz ausgewiesen.

Für Sie sind besonders die Punkte 3 und 4 interessant. Während unter Punkt 1 und 2 sehr viele Stammkunden beteiligt sind bzw. User, die Ihr Unternehmen bereits kennen, wird unter Punkt 3 eine nicht unbeträchtliche Anzahl von potenziellen Kunden sein, die Ihr Unternehmen noch nicht oder noch nicht sehr gut kennen. Genau dabei helfen Blogs, und darauf möchten wir in diesem Kapitel den besonderen Fokus legen. Dennoch ist natürlich Ihre begeisterte Stammkundschaft der wichtigste Multiplikator im Social Web und im »nicht virtuellen« Raum, auf den wir ganz große Stücke setzen, wenn es um die digitale Mundpropaganda in Social Media geht.

5.10.1 Blog-SEO – Suchmaschinenoptimierung

Mithilfe von SEO können Sie neue Kunden auf Ihr Blog leiten. Wie auch bei Ihrer Website, werden die Blogartikel auch für die Suchmaschine geschrieben. Blogs haben aber gegenüber der Website einen entscheidenden Vorteil: Während Sie auf Ihrer Website aus designtechnischen oder inhaltlichen Gründen in der Menge der Seiten und der Texte beschränkt sind, sind Sie es auf einem Blog in keiner Weise. Dort können Sie so viele Beiträge zu einem Thema schreiben, wie Sie möchten, und es aus unterschiedlichen Sichtweisen beleuchten. Und bei jedem Artikel können Sie andere relevante Keywords mit einfließen lassen, ohne sich zu wiederholen. Durch diese Keywords gelangt Ihr Kunde auf Ihr Blog.

Von potenziellen Kunden gefunden werden

Nun gilt es also, festzustellen: Wonach suchen Ihre bestehenden und Ihre potenziellen Kunden? Was geben sie in Google ein? Welche Suchwörter verwenden sie? Machen Sie sich einmal die Arbeit, und begeben Sie sich auf die Suche nach den Antworten. Ihr gesamter Webauftritt, egal, ob Website, Blog, Facebook, Google+, Twitter oder alle anderen Plattformen, werden es Ihnen mit Traffic und Zielerreichung danken.

Die Anzahl der Keywords, die zu Ihrem Unternehmen, Ihren Produkten bzw. der Produktpalette und den Bedürfnissen der Kunden passen, wird auch in Ihrem Fall enorm groß sein. Woher wissen Sie, welches Keyword wichtig ist und welches nicht? Google bietet mit dem Google-Adwords-Keyword-Tool eine Möglichkeit, herauszufinden, welche relevanten Suchwörter besonders oft verwendet werden.

5.10.2 Keywords definieren

Gehen Sie dazu ins Google-Adwords-Keyword-Tool *http://bit.ly/adwordskt*. Dieses Tool zeigt Ihnen, welche Suchbegriffe auf Google in welchem Umfang (Suchvolumen) gesucht werden. Sie können einzelne Worte, Wortgruppen oder sogar ganze Websites auswerten lassen. Das ist sehr informativ und wichtig, weil Ihnen selbst möglicherweise nicht alle Keywords einfallen, nach denen die Lieblingskunden, sprich Ihre Zielgruppen, auf Suchmaschinen wie Google suchen. Achten Sie darauf, dass Sie unter ERWEITERTE OPTIONEN den richtigen Standort und die richtige Sprache für die Keyword-Suche ausgewählt haben (siehe Abbildung 5.6).

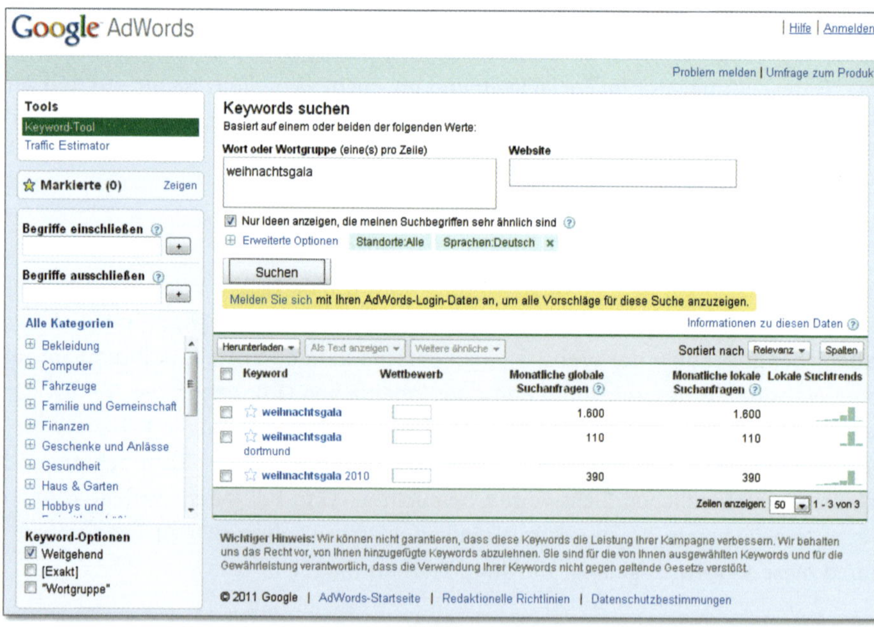

Abbildung 5.6 Google-Adwords-Keyword-Tool: Welche Keywords werden wie häufig gesucht?

Stellen Sie eine Liste von Themen zusammen (siehe Redaktionsplan in Kapitel 2, »Social-Media-Strategie«), und erfassen Sie zu jedem Thema die relevanten Keywords. Diese Liste hat Allgemeingültigkeit für alle Blogautoren. Beim SEO-Texten des Blogartikels dient sie als »roter Faden«, welche Keywords hineingetextet werden müssen. Die Autoren sollten sich dadurch aber nicht in ihrer Kreativität und im freien Schreiben behindert fühlen: Im Zweifelsfall lassen Sie einzelne Keywords weg bzw. die ganze Liste einmal beiseite, wenn der Blogbeitrag ein ganz neues Themengebiet behandelt. Sie schreiben nach wie vor für Ihre Leserschaft und nicht für Suchmaschinen. Trotzdem sollten Sie immer im Hinterkopf behalten, dass Ihre potenzielle Leserschaft Sie noch gar nicht kennt, sondern erst über Google zu Ihnen finden muss.

5.10.3 Suchmaschinenrelevante Texte schreiben

Wie bauen Sie nun aber die Keywords in den Text so ein, dass sie für den Leser unauffällig und für die Suchmaschinen relevant sind?

Überschriften

Suchmaschinen werten vor allem Überschriften (H1, H2, H3) und Links sowie fett geschriebene Wörter als besonders informativ und relevant. Verwenden Sie z. B. in jedem Blogbeitrag eine H1-Überschrift (oder beispielsweise auch »Überschrift 1« in WordPress, sozusagen die Hauptüberschrift innerhalb des Textes) und für die Zwischenüberschriften H2- oder noch besser H3-Überschriften. Wichtig dabei ist, dass in den Überschriften ebenfalls einige relevante Keywords enthalten sind, wobei sie inhaltlich natürlich Sinn ergeben müssen.

Links

Bei Links ist es wichtig, dass der Link das hält, was er verspricht. Links werden grundsätzlich nicht mehr mit »Klicken Sie hier« verlinkt, sondern in den Text an der relevanten Stelle, auf der die verlinkte Seite erwähnt wird. Wenn die verlinkte Seite inhaltlich zum Link selbst passt, dann ist aus Sicht der Suchmaschine alles richtig gemacht worden.

Fettschreibung

Das Hervorheben von einzelnen Wörtern mittels Fettschreibweise ist ebenfalls eine Methode, um Keywords besonders sichtbar zu machen. Versuchen Sie, für den Leser relevante Textpassagen oder Begriffe so hervorzuheben, dass ein geübter und gestresster Leser sich mittels Screening einen Überblick über den Text verschaffen kann. Somit tun Sie nicht nur sich (und der Suchmaschine) einen Gefallen, sondern auch allen Lesern. Zu viel des Guten wäre hier schon wieder schlecht.

Wortvariation

Denken Sie auch an Wortvariationen, und verwenden Sie nach Möglichkeit verschiedene gängige Varianten eines Wortes. In Österreich, Deutschland und der

Schweiz gibt es oft sogar innerhalb des Landes unterschiedliche Bezeichnungen für ein und dieselbe Tätigkeit, beispielsweise »Skifahren« und »Schifahren«.

Neben den besonders wichtigen inhaltlichen Elementen gibt es noch weitere Möglichkeiten, wie Sie Ihr Blog für die Suchmaschine optimieren können:

- Blog-URL: Jeder einzelne Beitrag bekommt eine individuelle und permanente URL. Sie können bei den meisten Blogportalen und -softwaresystemen einstellen, dass die URL den Titel des Blogbeitrags enthält. Wenn Sie die vorangegangenen inhaltlichen Tipps befolgt haben, enthält der Beitragstitel einige der relevanten Keywords. Somit trägt auch die URL diese Keywords, und das hilft dabei, gefunden zu werden.
- Überladen Sie Ihr Blog nicht mit Plugins. Jedes aktive Plugin verlängert die Ladezeiten des Blogs. Das ist nicht nur für die Besucher Ihres Blogs lästig, sondern wird auch von Google negativ bewertet: Je schneller eine Seite lädt, desto besser ist dies aus Suchmaschinensicht.

Erfolg messen mittels Tracking-Tool

Ein Tracking-Tool bzw. Trafficanalyse-Tool, wie beispielsweise Google Analytics, zeigt Ihnen bei einem sehr gut geführten Blog, wie sich SEO und Keywords in Beiträgen positiv auf die Besucherströme auswirken. Die Zahl jener Besucher, die über ein bestimmtes Keyword von der Suchmaschine auf Ihr Blog kommen, steigt. Idealerweise finden mehr User Ihr Blog über Suchmaschinen als über den direkten Aufruf Ihres Blogs.

Interessant ist auch, dass in so manchen Fällen nicht die Startseite des Blogs am häufigsten aufgerufen wird, sondern einzelne Beiträge. Das liegt wiederum daran, dass jene User, die von einer Suchmaschine wie Google oder Bing auf Ihr Blog kommen, im Suchergebnis einen bestimmten Blogartikel gesehen und angeklickt hatten. So soll es auch sein: User, die Ihr Unternehmen oder zumindest den im Blogartikel beschriebenen Aspekt noch nicht kennen, finden so auf Ihr Blog.

Rechtstipp von Peter Harlander: Datenschutz beachten

Bei der Auswertung der Benutzerströme ist darauf zu achten, dass es zu keinen Verletzungen von Datenschutzrechten kommt. Erkundigen Sie sich daher immer, wie das von Ihnen verwendete Tracking-Tool entsprechend den Datenschutzbestimmungen Ihres Landes konfiguriert werden kann.

5.11 Wie können Sie ein Blog lesen?

Aus dem eigenen Nutzungsverhalten und der eigenen Erfahrung heraus sind wir froh und dankbar, dass es heutzutage nicht mehr notwendig ist, alle interessanten Websites aktiv zu besuchen, um sie auf neue oder die gesuchten Inhalte hin zu überprüfen. So ist es auch und vor allem bei Blogs. Wenn Sie auf ein interessantes Blog stoßen, können Sie sich natürlich in altbekannter Weise den Namen oder die Webadresse (URL) merken und dieses dann regelmäßig besuchen. Sie werden das nicht mehr tun, wenn Sie wissen, wie Sie Blogs abonnieren. So geht's mittlerweile immer mehr Bloglesern.

Es gibt mehrere Möglichkeiten, Bloginhalte zu abonnieren: Technisch gesehen basieren alle auf den RSS-Feeds. Dahinter steckt ein standardisiertes Format, in dem die Blogbeiträge für Programme angeboten werden, die diese Feeds abonnieren.

Blog im Browser abonnieren

Die meisten gängigen Browser wie Internet Explorer, Firefox, Chrome und Opera bieten die Möglichkeit, den RSS-Feed als »dynamische Lesezeichen« zu abonnieren. Genauso wie Sie normale Websites als Lesezeichen/Favoriten ablegen können, können Sie das mit dem RSS-Feed machen. Wird ein neuer Blogbeitrag veröffentlicht, erscheint ein Hinweis in der Lesezeichenleiste, und der Beitrag lässt sich öffnen und lesen.

Blog im Mailprogramm abonnieren

Eine gerade im Business-Bereich am Arbeitsplatz viel genutzte Variante ist das Abonnieren von RSS-Feeds in das Mailprogramm, z. B. Microsoft Outlook. Der Vorteil dabei ist: Jeder von uns ist es gewohnt, sein Mailprogramm auf neue, ungelesene Mails hin zu checken. Somit muss man kein zusätzliches Programm öffnen, sondern hat alles auf einen Blick.

Blog in einem Feedreader abonnieren

Es gibt für das Abonnieren, Lesen und Verwalten von RSS-Feeds natürlich auch eigene Webdienste: Die bekanntesten Feedreader sind Google Reader und My Yahoo. In Google Reader können Sie unterschiedliche Ordner anlegen und die abonnierten Feeds/Blogs thematisch sortieren. Außerdem bieten die Feedreader eine sehr hilfreiche Funktion, vor allem dann, wenn Sie bereits mehrere Blogs abonniert haben: Auf Basis der bestehenden Abonnements schlägt Ihnen beispielsweise der Google Reader weitere interessante Blogs vor. Somit können Sie die Liste relevanter Blogs Schritt für Schritt erweitern bzw. verbessern.

Blog als E-Mail abonnieren

Die meisten Webuser kennen und nutzen die Funktion, Newsletter per E-Mail zu abonnieren. Für Blogs gibt es auch diese Möglichkeit: Über Tools wie Feedburner wird der RSS-Feed in eine E-Mail umgewandelt und dem Abonnenten zugesandt. Diese Funktion ist absolut sinnvoll, weil Sie damit jene User erreichen können, die mit RSS-Feeds nicht umgehen können. Doch das hat auch einen Nachteil: Ihr Blogbeitrag als E-Mail konkurriert im Posteingang möglicherweise mit vielen Spam-E-Mails und anderen Newslettern, die um die Aufmerksamkeit des Empfängers werben, und kann dabei auch untergehen. Nachdem bei den Feed-Abonnement-Möglichkeiten aber kein Entweder-oder-Prinzip gilt, d. h., Sie müssen sich als Blogbetreiber nicht für E-Mail-Abo oder Feedreader entscheiden, sollten Sie alle Abo-Funktionen zur Verfügung stellen, aus denen der User dann auswählen kann.

Rechtstipp von Peter Harlander: Rechtliche Bestimmungen für E-Mail-Newsletter beachten

Wenn Sie sich dafür entscheiden, Ihre Blogbeiträge als E-Mail-Newsletter zu versenden, müssen Sie darauf achten, dass die E-Mails alle rechtlichen Bestimmungen für E-Mail-Newsletter erfüllen.

Das waren nun alle Arten des Sender-Prinzips, das bedeutet, Sie informieren aktiv Ihre Leser über neue Beiträge. Worauf wir aber schon im vorigen Kapitel eingegangen sind und was wir als die langfristig wichtigste und unternehmerisch spannendste Möglichkeit sehen, neue Leserschaften zu erreichen, ist das Gefundenwerden über die Suchmaschinen. Wenn Sie ein Blog länger und erfolgreich betreiben, sprich mit aktuellen, authentischen und relevanten Beiträgen versehen, dann werden Sie eine immer größere Zahl von neuen Besuchern haben, die Ihr Blog über bestimmte Keywords finden werden und die Sie nun versuchen sollten, über relevante Inhalte zu binden, d. h., sie in Abonnenten zu verwandeln.

5.12 Worüber schreiben?

Die Liste an Themen ist länger, als Ihnen vielleicht spontan einfallen würde. Erstellen Sie deshalb einen Redaktionsplan, der Ihnen nicht nur dabei hilft, die relevanten Themen zu dokumentieren, sondern auch die Zuständigkeiten und Verantwortlichkeiten innerhalb des Unternehmens wiederzugeben. Außerdem ermöglicht der Redaktionsplan es Ihnen, Aufgaben zu delegieren. Im Folgenden schildern wir Ihnen einige Aspekte, die wir Ihnen besonders ans Herz legen möchten, was die Inhalte Ihres Blogs betrifft.

5.12.1 Perspektivenwechsel – schreiben Sie aus der Sicht des Kunden

Erstens sollten Sie bedenken, dass es nicht immer darum gehen muss, dass Sie persönlich alles als relevant empfinden, was auf dem Blog veröffentlicht wird. Was Ihrer Meinung nach zu banal oder zu oberflächlich wäre, wäre für Ihre Kunden und Leser aber vielleicht relevant und interessant: Versuchen Sie deshalb immer, die Perspektive zu wechseln und aus der Sicht des Kunden zu handeln. Hilfreich dabei ist es immer, die Erfahrungen jener Mitarbeiter mit einfließen zu lassen, die in direktem Kontakt mit den Kunden stehen, z. B. des Kundensupports. Diese Kollegen werden Ihnen bestätigen, dass es oft banale und wiederkehrende Fragen und Themen sind, die die Kunden beschäftigen. Und diese Kollegen werden es Ihnen danken, wenn langfristig die Anzahl der sich wiederholenden Fragen sinkt, weil viele User ihre offenen Fragen bereits über das Blog vorweg beantwortet bekommen. Wir haben schon darauf hingewiesen. Mit dem Blog lassen sich auch FAQs wunderbar abbilden. Die Stärke von Blog-FAQs: Über Beispielgeschichten können Problem und Lösung näher am Kunden erarbeitet werden.

Tipp: Lernen Sie von der Konkurrenz

Wie bei der Produktentwicklung, können Sie auch bei der Konzeption des Blogs und zur Inspiration für Blogbeiträge einen Blick auf die Konkurrenz werfen. Worüber schreibt der Wettbewerber? Wie schreiben sie, und wie ist die Resonanz der Leser? Welche Beiträge kommen besonders gut an, welche weniger gut? Was schreiben andere Blogger regelmäßig? Viele Themen werden Ihnen auf dem Silbertablett serviert.

5.12.2 Unternehmensrelevante Themen

Die Breite der Themen hängt natürlich ganz stark von Ihrer Branche, Ihrer Produktpalette und Ihrer Unternehmensstruktur ab. Was aber auf alle Fälle auf Ihrem Unternehmensblog einen Platz finden sollte:

- Hintergrundgeschichten aus dem Unternehmen
- Informationen über die Entwicklung neuer Produkte
- Umfragen
- Erfahrungsberichte von Mitarbeitern, Kunden, Partnerunternehmen in Form von Gastbeiträgen
- Personalentwicklung, Vorstellen neuer Mitarbeiter
- lustige Anekdoten
- Bracheninfos
- Neuigkeiten generell

- unterhaltsame Inhalte wie Gewinnspiele, Quiz, Spiele usw.
- Interviews mit Experten, die besondere Hintergrundinformationen liefern. Diese können als Text, Podcast oder Video gebloggt werden.

5.13 Selbst schreiben oder schreiben lassen?

Social Media ist mit Zeitaufwand verbunden. Entweder Sie stellen jemanden dafür ein, oder Sie verlagern den bisherigen Personaleinsatz hin zu Social Media Marketing. Das ist bei Blogs nicht anders, sogar noch etwas verstärkt. Blogbeiträge wollen wohlüberlegt, gut recherchiert, strukturiert und ansprechend geschrieben sein. Im Schnitt können Sie mit einem Aufwand von mindestens 45 Minuten pro Blogbeitrag rechnen. Kaum ein Unternehmen wird über Zeitüberschuss in der Führungsebene oder bei Mitarbeitern klagen. Wie ist das Zeitproblem also zu lösen?

Investieren Sie in Personal

Versuchen wir einmal, das Ganze aus einem anderen Blickwinkel zu betrachten: Wie viel Geld geben Sie monatlich oder jährlich für Werbung aus? Können Sie sich vorstellen, einen Teil davon in Personal für Social Media zu investieren, wenn Ihr Social-Media-Engagement erste Früchte trägt? Ein unternehmerisches Risiko tragen Sie bei jeder Maßnahme, die Sie treffen: Warum also bei Social Media eine Ausnahme machen?

Eine externe Agentur beauftragen

Unsere Erfahrungen haben gezeigt, dass Blogs immer dann erfolgreich sind, wenn sie direkt im Unternehmen geführt und betreut werden. Sie haben natürlich auch die Möglichkeit, mangels personeller Ressourcen eine externe Agentur mit der Erstellung von Blogbeiträgen zu beauftragen. Das kann funktionieren, wenn folgende Punkte sichergestellt werden:

- Alle relevanten Personen in Ihrem Unternehmen müssen Bescheid wissen, was und worüber auf dem Blog geschrieben wird. Nichts ist peinlicher, als wenn der Chef des Unternehmens während einer Veranstaltung auf aktuelle Blogbeiträge angesprochen wird und er keine Ahnung hat, worum es überhaupt geht.
- Es müssen ausreichend Befugnisse bei den Personen liegen, die die Kommentare beantworten und auf Fragen, Lob oder Kritik reagieren sollen.

Die Gefahr ist groß, dass eine externe redaktionelle Betreuung immer auch als solche wirkt und kommuniziert. Damit würde der Nutzen des Blogs geschmälert oder sogar infrage gestellt, denn es geht ja um authentische Meldungen. Eine externe

Agentur kann das nur mit einem sehr genauen Briefing bewerkstelligen. Sie sollten also im Falle einer Auslagerung der Autorenschaft nur auf jemanden zurückgreifen, der das Unternehmen sehr gut kennt und in dessen Namen sprechen kann.

Entdecken Sie Autoren

Versuchen Sie sich einmal mit dem Gedanken, die Blogbetreuung im eigenen Unternehmen zu bestreiten, anzufreunden. Sie wissen ja noch gar nicht, in wie vielen Ihrer Mitarbeiter das Potenzial zum Blogautor steckt. Und vergessen Sie ja nicht die Power der Gastautoren, von Ihren Stammkunden und Lieferanten bis hin zu Ihren Kooperationspartnern: Scheuen Sie sich nicht, diese authentischen Quellen mit einzubeziehen.

Die Mitarbeiter mit einbeziehen

Bevor Sie mit dem Blog starten, sollten Sie sich grundsätzlich überlegen, welche Mitarbeiter dafür geeignet sind und welche Befugnisse sie erhalten müssen. Eine zentrale Stelle in Ihrem Unternehmen sollte sich um die Koordination kümmern (siehe Social-Media-Koordinator in Kapitel 2, »Social-Media-Strategie«). In vielen Fällen ist diese Person auch gleichzeitig »Moderator«: Als Administrator des Blogs erhält er alle Blogbeiträge vorab und kann etwaige Fehler in Form und Inhalt korrigieren. Doch schränken Sie die Kreativität der Mitarbeiter nicht zu sehr ein.

Machen Sie einen Workshop mit den Mitarbeitern, und zeigen Sie, welche Möglichkeiten ein Blog für das Unternehmen und die einzelnen Mitarbeiter bietet. Die Blogger müssen es mit Spaß und Interesse tun, ansonsten funktioniert es nicht: Die Beiträge würden nur spärlich eintrudeln und sowohl inhaltlich als auch vom Ton her nicht die gewünschte Kundenansprache erzielen. Nutzen Sie das Blog nicht nur gegenüber den Kunden, um ihnen die Kompetenz Ihres Unternehmens zu vermitteln, sondern vermitteln Sie auch den Mitarbeitern, dass das Bloggen ihnen hilft, ihre Kompetenz nach außen transparenter zu machen. Nicht zuletzt werden sie dadurch noch wertvoller für die Firma.

Dazu muss sichergestellt sein, dass die bloggenden Mitarbeiter wissen,

- über welche Themen sie bis zu welchem Detailgrad schreiben dürfen, ohne etwaige Betriebsgeheimnisse zu lüften,
- wen sie fragen sollen, wenn Letzteres oder ein anderer Punkt unklar ist.

All diese Fragen rund um Ihr Blog sollten in den Social Media Guidelines geklärt werden. Wenn die aktuelle Unternehmenskultur noch nicht so weit ist, die Türen etwas weiter zu öffnen als bisher, sollten zuerst die Rahmenbedingungen geschaffen werden, die das authentische und offene Bloggen überhaupt ermöglichen.

5.14 Wie verfassen Sie gute Blogbeiträge?

Gerade am Beginn des Bloggens werden Sie sich immer wieder fragen, in welchem Umfang und Stil Sie einen Beitrag verfassen sollen. Sie sollten versuchen, frei heraus zu schreiben und Ihre Gedanken auf Papier zu bringen. Schreiben Sie die Geschichte so, als ob Sie jemandem davon erzählen würden. Überwinden Sie die Hürden und zu hohen Ansprüche im Kopf, und denken Sie daran, dass es gerade um die persönliche Ansprache des Lesers geht, nicht um eine Pressemeldung.

Tipp: Zuhören und Beobachten

Auch bei Blogs gilt die alte Social-Media-Regel: Lernen Sie durch Zuhören und Beobachten. Blogs sind ein etabliertes Medium, und zu jedem Thema gibt es zahlreiche Blogs. Schauen Sie einfach, wie es andere machen, und lernen Sie davon. Beobachten Sie aus der Kundenperspektive. Damit werden Sie schnell merken, worauf es ankommt und was Ihren Lesern gefallen wird.

Für Länge und Aufbau eines Blogartikels gibt es keine fixen Regeln, jedoch lassen sich ein paar Tipps geben:

- Versuchen Sie auf alle Fälle, regelmäßig neue Beiträge zu veröffentlichen. Für die Leser und die Suchmaschinen ist es gleichermaßen negativ, wenn sich monatelang nichts tut auf Ihrem Blog. Es stellt sich gerade am Anfang die Frage, was das Minimum ist. Versuchen Sie nicht, krampfhaft Beiträge zu verfassen: Wenn Sie eine Geschichte zu erzählen haben, dann tun Sie es einfach.
- Sprechen Sie den Leser an. Damit ist nicht nur die direkte Ansprache gemeint, sondern auch ein ansprechender Text. Verzichten Sie lieber auf zu förmliche Phrasen und Schreibweisen, und gehen Sie mit dem Leser in eine Art Dialog bzw. bahnen Sie diesen an. Stellen Sie konkrete Fragen an die Leserschaft. Vor allem am Ende eines Blogbeitrags können Sie nach den eigenen Erfahrungen der Leser fragen und zu Kommentaren einladen.
- Schreiben Sie kurz und prägnant. Verlieren Sie sich nicht in dreizeiligen Sätzen. Sie müssen niemandem etwas beweisen. Gerade am Computer ist es noch viel mühsamer, verschachtelte Sätze zu lesen. Man hat wenig Zeit, ist schnell abgelenkt und verliert gerne einmal den Faden, wenn der Satz zu lang ist.
- Sorgen Sie für ein ansprechendes Blogdesign und eine gute Usability (Nutzerfreundlichkeit). Damit ist gemeint, dass sich der interessierte User halbwegs intuitiv zurechtfindet, die Farben nicht zu grell sind und die Aufteilung des Blogs sinnvoll ist. Übertreiben Sie es nicht mit den Widgets und bunten Funktionalitäten. Lehnen Sie die Farbgebung an die Website an, das sorgt für Wiedererkennungswert.

- Grundsätzlich gilt aber auch: Für den, den es interessiert, kann es im Prinzip nie lang genug sein. Wenn Sie also relevant und fundiert über ein Thema schreiben können, dann tun sie es. Wenn Sie das Gefühl haben, dass es doch zu lang wird, machen Sie eine mehrteilige Serie daraus. Vermeiden Sie Wiederholungen im selben Blogbeitrag.
- Achten Sie auf eine gute Beitragsstruktur. Machen Sie Absätze, schreiben Sie auch einmal Wörter fett, und bauen Sie Zwischenüberschriften ein. Das unterstützt den Leser dabei, in seinem Lesefluss zu bleiben. Außerdem ist Fettschreibung auch für Suchmaschinen relevant.
- Nutzen Sie Multimedia wie Fotos und Videos. Fassen Sie den Inhalt in ein paar Sätzen zusammen, bzw. erklären Sie kurz, worum es im Video geht. Die Qualität des Bildes rückt in den Hintergrund, die Qualität der Inhalte in den Vordergrund. Ein interessantes Handyvideo bringt mehr als ein langweiliger Hochglanz-Imagefilm. Multimedia hilft Ihnen, den Text aufzulockern, den Inhalt interessanter zu gestalten und ansprechender zu machen. Wenn Sie Zahlen und Daten verwenden, unterstützen Grafiken und Statistiken die Visualisierung.
- Besonders beliebt sind bei Blogautoren und Lesern gleichermaßen die sogenannten *Hitlisten* (z. B. »Die zehn beliebtesten Social-Media-Monitoring-Tools«), wie man sie auch aus Zeitschriften kennt. Dem Leser wird damit ein Vorschlag geliefert und ein Teil der Recherche und Mühen abgenommen.
- Regelmäßigkeit und Aktualität sind das A und O: Aus eigener Erfahrung wissen wir, wie schwierig es ist, regelmäßig Blogbeiträge zu schreiben. Entweder es fehlt die Zeit, oder es ist kein wirklich passendes Thema parat. Nichtsdestotrotz beurteilen User und Suchmaschinen Blogs auch nach Aktualität und Regelmäßigkeit. Wenn monatelang gar kein Beitrag veröffentlicht wird, nutzen auch nicht drei Artikel auf einen Streich. Dann verschießen Sie Ihr Pulver nur unnütz: Verwenden Sie am besten die »Schedule«-Funktion Ihres Blogs. Damit können Sie Blogbeiträge im Vorhinein schreiben und eine automatische Veröffentlichung zum passenden Datum einstellen.

Rechtstipp von Peter Harlander: Urheberrecht klar einhalten

Das Urheberrecht ist ganz einfach einzuhalten, wenn man eine einfache Regel beherzigt: Entweder man erstellt die Inhalte selbst, oder man erwirbt die zur Verwendung von fremden Inhalten notwendigen Rechte. Wer Inhalte wie Texte oder Fotos nicht selbst gestalten kann oder will, sollte zusätzlich darauf achten, dass er die Rechte von einer vertrauenswürdigen Quelle bezieht. Holt man sich beispielsweise die Erlaubnis zur Nutzung eines Fotos von einer Website ein, die das Foto selbst rechtswidrig verwendet hat, bringt dies nichts, da die Erlaubnis von einem Nichtberechtigten wertlos ist.

Sorgfalt ist auch anzuwenden, wenn man Inhalte verwendet, die unter einer liberalen Open-Source-Lizenz wie den Creative-Commons-Lizenzen veröffentlicht wurden. Viele dieser Lizenzen gibt es in unterschiedlichen Ausgestaltungen. Sind Inhalte für ein Unternehmensblog gedacht, müssen Sie darauf achten, dass eine kommerzielle Nutzung erlaubt ist.

Reagieren Sie rasch auf Kommentare und Feedback. Stellen Sie sicher, dass ein Administrator automatisch E-Mails zugesandt bekommt, wenn ein Kommentar abgegeben wurde. Im Normalfall wird die Kommentarfunktion moderiert, d. h., jeder Kommentar muss vom Admin erst freigeschaltet werden, bevor er veröffentlicht wird.

5.15 Social Media Newsroom = Pressebereich 2.0

News- und Pressebereich gibt es schon lange als fixen Bestandteil von Websites. Der Pressebereich dient vordergründig als Informationsquelle für Journalisten, die sich über das Unternehmen informieren wollen. Häufig ist der Zugang sogar passwortgeschützt, also für die Kunden gesperrt. Mit dem Newsbereich gelangte zwar etwas mehr Dynamik in den Pressebereich, aber es wurde nach wie vor in der klassischen PR-Sprache kommuniziert. Pressebereich und Newsbereich entsprechen der lang gepflegten Kommunikationspraxis, bei der das Unternehmen entscheidet, wer wann wo welche Inhalte vorgesetzt bekommt.

Reading, Writing, Sharing

Die Inhalte in Ihrem Social Media Newsroom stehen für das Teilen im Social Web bereit: Das Teilen der Informationen mit anderen Usern sollte über »Share it«-Funktionen möglich sein. Dazu gehört auch das einfache Abonnieren der Inhalte mittels RSS-Feed. Die Qualität der Informationen kann vom Webuser sofort und direkt im Newsroom mittels »Kommentar«-Funktion beurteilt werden. Das Feedback können Sie nutzen, um die Inhalte besser aufzubereiten und darzustellen. Das bedeutet, dass die Qualität der Inhalte von Haus aus hoch genug sein sollte.

Mit Social Media hat sich nun vieles geändert: Die Kommunikation ist bidirektional, nicht mehr unidirektional: Konsumenten unterhalten sich mit anderen Konsumenten über das Unternehmen, und das Unternehmen kommuniziert im Idealfall sogar mit. User Generated Content und die Meinungen von Webusern sind auch für Journalisten valide Informationen geworden. Diese Entwicklung hat auch vor den News- und Pressebereichen der Websites nicht haltgemacht. Deshalb muss der Pressebereich 2.0 auch die Meinungen der Kunden beinhalten, die im Social Web ausgetauscht werden. Der Social Media Newsroom ist daher das Abbild der Online Relations, der Kundenbeziehungen im Social Web (siehe Abbildung 5.7).

Abbildung 5.7 Der Social Media Newsroom von Coca Cola Deutschland bietet einen guten Überblick, ist aber mehr ein Mix aus klassischer PR-Kommunikation und Web 2.0-Inhalten (*http://newsroom.coca-cola-gmbh.de.*).

5.15.1 Freier Zugang

Es gibt nicht mehr nur einen geschlossenen, passwortgeschützten Kreis von Menschen mit Zugang zu den Informationen, sondern jeder Webuser hat Zugang. Die Informationen richten sich nicht mehr ausschließlich an Journalisten oder Branchenexperten, sondern sollen vom »neuen« Experten, dem Meinungsführer im Social Web, gefunden und genutzt werden. Bieten Sie deshalb so viele Informationen wie möglich, und überlassen Sie die Selektion den Lesern selbst.

5.15.2 Social-Media-Aggregator

Ein Social Media Newsroom holt die Inhalte heim, die über das Unternehmen im ganzen Social Web verstreut sind: Fotos auf Fotoplattformen, Videos auf Videoplattformen, verschiedene Social-Media-Profile (Facebook-, Twitter-, Google+, XING-, LinkedIn-Accounts) relevanter Mitarbeiter des Unternehmens, Blogbeiträge über das Unternehmen usw. Dadurch wird dem interessierten User die Suche nach relevanten Informationen über das Unternehmen erleichtert. Er findet alles auf einer Website und die entsprechenden Ansprechpartner gleich dazu. Meist ist das der Marketing- oder PR-Verantwortliche des Unternehmens. Neben dem Namen sind auch die Social-Media-Profile aufgeführt, über die man diese Person erreichen kann.

Risiken beim Aggregieren von User Generated Content

Die Fortsetzung des Gedankens wäre ja, nicht nur eigene Inhalte auf dem Social Media Newsroom darzustellen, sondern auch fremde Inhalte, also die von Usern. Das sollte allerdings aus zwei Gründen wohlüberlegt und konzipiert sein: Einerseits ist es in den meisten Fällen nicht gestattet, fremde Inhalte (beispielsweise die RSS-Feeds von fremden Blogs) auf der eigenen Website darzustellen. Andererseits riskieren Sie damit, dass imageschädigende Inhalte den Weg zu Ihrem Social Media Newsroom finden, der ja zur Imageförderung gedacht ist.

Wählen Sie die RSS-Feeds sorgfältig aus

Wenn Sie beispielsweise alle Twitter-Beiträge einbinden, die ein bestimmtes Keyword beinhalten (also nicht ausschließlich von Ihrem Unternehmens-Twitter-Account stammen), dann könnten Twitter-User, die es darauf anlegen, genau dieses Keyword verwenden und unpassende oder eben sogar imageschädigende Twitter-Beiträge zu diesem Keyword verfassen, die dann in Ihrem Social Media Newsroom auftauchen.

Dieser Worst Case ist bereits in der Praxis aufgetreten. Eines der bekanntesten Beispiele ist jenes von »Skittles«. Das Unternehmen hatte eine Art Newsroom veröffentlicht, der sich fast ausschließlich aus User Generated Content zusammensetzte. Das hatten einige User erkannt und die Website inhaltlich übernommen und gespammt. Deshalb spricht man auch vom Skittles-Effekt, wenn die User den Newsroom mit negativen Nachrichten übersäen.

5.15.3 Aufbau eines Social Media Newsrooms

Es gibt mittlerweile verschiedene Praxisbeispiele, wie ein Social Media Newsroom aussehen kann: Natürlich hängt es vom Corporate Design des Unternehmens ab und von den Inhalten, die dargestellt werden sollen. Wir möchten Ihnen hier ein paar gute Beispiele vorstellen, die uns besonders gefallen (siehe Abbildung 5.8).

Die technische Basis ist in vielen Fällen die Blogsoftware WordPress, die sich optimal für einen Social Media Newsroom eignet, da dies ja eigentlich nichts anderes als ein etwas anders gestalteter Blog ist. Es gibt aber auch andere, vom Unternehmen selbst erstellte Softwarelösungen, die sich auf Social Media Newsrooms spezialisiert haben. Außerdem setzen manche auf den Webservice netvibes.com, den wir Ihnen bereits in Kapitel 3, »Social Media Monitoring und Online Reputation Management«, vorgestellt haben.

Abbildung 5.8 Das Softwareunternehmen »sage« hat einen sehr gelungenen und übersichtlichen Social Media Newsroom mit Integration und Zusammenführung aller Gespräche im Social Web.

Die Aufteilung der Inhalte wiederum wird davon beeinflusst, welche Inhalte welchen Stellenwert haben. Wenn viele gute bzw. aussagekräftige Fotos oder Videos zur Verfügung stehen, dann werden diese einen größeren Stellenwert eingeräumt bekommen als sonst. Zentrales Element sollten aber vor allem die Newsbeiträge sein. Sie bieten dem User einen Überblick über die aktuellen Themen. Rundherum werden die anderen Inhalte platziert, die über das Unternehmen im Web existieren.

Ein aus unserer Sicht ebenfalls erwähnenswertes, weil gelungenes Beispiel eines Social Media Newsrooms ist der der Lufthansa. Auf *http://newsroom.lufthansa. com* werden neben den üblichen Elementen News, Facebook, Twitter, YouTube, Fotos und Pressemeldungen, auch Lufthansa-Publikationen zum Download angeboten, und ein expliziter Hinweis auf die Creative-Commons-Lizenz, und Linkangebote für Medien, Investoren oder zum Thema »Nachhaltigkeit« runden das Ganze schön ab. Außerdem empfehlenswert: Der Newsroom von Mercedes-Benz Classic (*http:// newsroom.mercedes-benz-classic.com*) und von Adidas Deutschland (*http://news. adidas.com/DE*).

Abbildung 5.9 Auch und gerade für Events und Projekte eignen sich Social Media Newsrooms ideal, so wie auch für die »Darmstädter Tage der Fotografie«.

5.16 Fazit – warum sich Bloggen für Sie lohnt

Das Blog ist die zentrale Anlaufstelle für interessierte Kunden. Ihre Kunden sollten Ihr Feedback nicht irgendwo im Social Web veröffentlichen, sondern direkt auf Ihrem Blog. Dort ist es auch für andere Kunden sichtbar. Mit der »Kommentar«-Funktion sammeln Sie wertvolles Feedback. Blogs lassen sich nicht nur als erweitertes Presseorgan einsetzen, sondern auch als internes Wiki oder zur Produktentwicklung in der Community (siehe Kapitel 11, »Crowdsourcing«).

Mit Blogs können Sie aber vor allem Kundenakquise betreiben. Das funktioniert beinahe wie von selbst, wenn Sie Ihre Blogartikel suchmaschinenrelevant schreiben. Die Fülle an Beiträgen erzeugt langfristig einen Long Tail, der Ihren Kundensupport erleichtert, da die Fragen der Konsumenten bereits im Blog beantwortet werden.

Das Firmenblog gehört zum proaktiven Social-Media-Einstieg (siehe Kapitel 2, »Social-Media-Strategie«). Wenn Sie sich für den passiven oder reaktiven Einstieg entschieden haben, können Sie die Gespräche über Ihr Unternehmen, Ihre Produkte oder Dienstleistung im Social Web mit einem Social Media Newsroom sichtbarer machen.

6 Twitter

Twitter ist weder Blog noch soziales Netzwerk, sondern Echtzeitmedium aufgrund seiner Dynamik und Aktualität, und das mit nur 140 Zeichen. Richtig verstanden und genutzt, ist es ein perfektes Tool, um mit Kunden und Journalisten in Dialog zu treten, Feedback zu bekommen oder es als Vertriebsmedium zu nutzen.

Was haben Präsident Barack Obama, Sängerin Britney Spears und Schauspieler Ashton Kutcher gemeinsam? Genau: Sie alle twittern. Sie müssen aber nicht erst reich und berühmt werden, bevor Sie twittern dürfen. In Twitter zwitschern Sie gleichberechtigt mit anderen Persönlichkeiten um die Wette. Die große Stärke von Twitter ist die Kommunikation »in Echtzeit«. Auf Twitter erfahren Sie mitunter noch eher von Weltgeschehnissen, bevor Zeitungsverlage und Medienhäuser davon in Kenntnis gesetzt werden. Internetnutzer und Smartsurfer (siehe Kapitel 9, »Mobile Social Marketing«) betreiben auf diese Art echten Bürgerjournalismus. Das wohl bekannteste Beispiel dafür ist die Landung des Flugzeugs im Hudson River im Januar 2009, *http://twitpic.com/135xa*. Davon machte der New Yorker Janis Krums am 15. Januar 2009 mit seinem Handy ein Foto und lud es direkt in Twitter mit der Kurznachricht: »There's a plane in the Hudson. I'm on the ferry going to pick up the people. Crazy.« hoch. Da er so zeitnah von der Landung berichtete, kam das Foto innerhalb kürzester Zeit in klassische Medien und Janis Krums wurde zum Aushängeschild für modernen Bürgerjournalismus in Echtzeit.

6.1 Über Twitter und das Twitterversum

Twitter wurde im Jahr 2006 gegründet, um seinen Nutzern die Möglichkeit zu bieten, auf einer öffentlich zugänglichen Website eine spontane Statusmeldung zu veröffentlichen, ganz nach dem Motto »Was machst du gerade?«. Twitter wird heute fälschlicherweise noch oft vorgeworfen, dass viele User genau diese Frage mit einer banalen Antwort versehen und die Inhalte auf Twitter somit völlig belangloser Natur seien. Dem ist heute längst nicht mehr so. Medienhäuser wie der Spiegel oder die FAZ sind nicht mit einem Corporate Account in Twitter vertreten, sondern über zahlreiche Journalisten mit jeweils eigenem Profil.

Twitter hat weltweit etwa 400 Mio. Nutzer (zum Vergleich: Facebook hat knapp 850 Mio. Nutzer, Stand Januar 2012). Twitter wird im deutschsprachigen Raum nicht so intensiv genutzt wie beispielsweise in Nordamerika. Laut den Webevangelisten twittern 550.000 User aktiv in deutscher Sprache, d. h. in Deutschland, Österreich, Liechtenstein und der Schweiz.[1] In Österreich gibt es etwa 70.000 Twitter-Accounts und mehr als 30.000 aktive Twitter-User (siehe Abbildung 6.1). Zum Vergleich: In der ersten Auflage berichteten wir von nur 35.000 Twitterer-Accounts in Österreich. Die Zahl hat sich also verdoppelt. Dennoch werden viele Twitter-Accounts nach kurzer Zeit zu Karteileichen. Unsere Kunden fragen meist, warum sie Twitter überhaupt verwenden sollen, wenn doch die Zahl der aktiven Twitterer in Deutschland, Österreich und in der Schweiz relativ gering ist. Für die PR-Arbeit und Investor Relations ist Twitter heute aber unverzichtbar, denn nur so erreichen Sie Redakteure und Journalisten heute direkt und schnell.

Marketing-Take-away: Programmierer, Agenturchefs und Chefredakteure – wen erreichen Sie in Twitter?

Die Hälfte der deutschsprachigen Twitterer arbeitet mit Schwerpunkt Programmierung, Marketing oder in den Medien. Der Handel und Vertrieb ist bisher nur mit 3,9 % vertreten. Hier liegt also ein noch großes Potenzial, Twitter neben dem Einsatz für Kommunikationszwecke (Dialogaufbau und PR) für den Handel zu nutzen, denn 43,9 % der Twitterer folgen einer Marke, um exklusive Produktangebote zu erhalten.

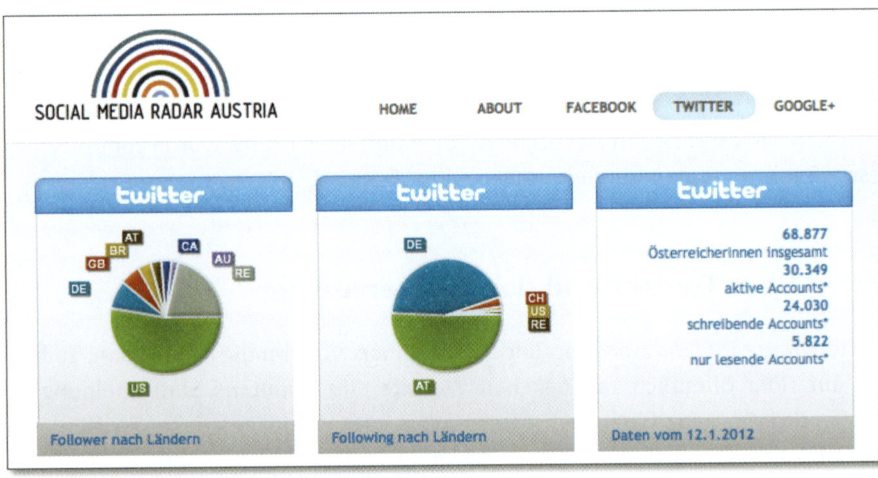

Abbildung 6.1 Der Social Media Radar Austria informiert über aktuelle Nutzerzahlen in Facebook, Twitter und bald auch Google.

1 *http://webevangelisten.de/kategorie/analysen*

6.2 Was Unternehmen mit Twitter erreichen können

Die Kommunikation in Twitter ist öffentlich und ohne Hierarchie. Jeder kann mit jedem auf Augenhöhe kommunizieren. Es ist kein Problem, mit einem Firmenchef oder einer leitenden Person ins Gespräch zu kommen. Twitter ist unkonventionell und bietet seinen Nutzern offenen Austausch und direkten Kontakt. Das ermöglicht Kunden, Journalisten und Firmen auf direktem Wege anzuschreiben.

6.2.1 Regionale und internationale Kundenbindung

Für Unternehmen ist Twitter die Chance, eine persönliche Kundenbeziehung durch direkten Kontakt aufzubauen. Der Kunde erfährt hier anstelle einer kühlen Beratung per Telefon-Hotline oder E-Mail authentischen Service von Personen, die wirklich erreichbar sind. Der Vorteil besteht darin, dass die Twitter-Kommunikation öffentlich und transparent erfolgt: Das hat einerseits positive Auswirkung auf das Image des Unternehmens, kann aber auch helfen, langfristig den Supportaufwand zu verringern, da Tweets von Suchmaschinen gefunden werden. Somit ist ein öffentlicher Frage-Antwort-Bereich über Twitter möglich, der den Kundensupport wesentlich verbessert, für die Kunden wie auch für das Unternehmen.

Best Practice – Allianz

Dass auch konservative Branchen, wie etwa die Versicherungsdienstleister, den Schritt in die unkonventionelle Echtzeitkommunikation wagen sollten, zeigt das Beispiel Allianz. Social Media Manager Markus Walter begann 2009 mit dem Twitter-Channel (siehe Abbildung 6.2). Mit Twitter lassen sich laut Markus Walter für die Allianz folgende Ziele verfolgen und verwirklichen: 1. Monitoring, Dialog und Krisenkommunikation, 2. Imagebuilding, Networking und Trendscouting, 3. klassische Unternehmenskommunikation. Das gelinge, indem man neben dem aktiven Zuhören auch schnell sei, beweglich und immer up to date. Seiner Ansicht nach hat sich die Corporate-Kommunikationskultur bei der Allinaz ganz maßgeblich aufgelockert.[2] Das Beispiel zeigt, auch Finanzdienstleister können den Dialog mit Kunden via Twitter suchen.

6.2.2 Krisenkommunikation – Informationen schnell und einfach verbreiten

Twitter ist ein Echtzeitmedium. Nachrichten, Inhalte und Links werden innerhalb kürzester Zeit breit gestreut – vorausgesetzt, es handelt sich um eine Information, die für die breite Masse interessant ist. Das ist insbesondere für Ihre Krisenkommunikation wichtig, wenn es gilt, schnell, direkt und konkret zu einem Vorwurf, Stel-

2 PR Blogger, 2011, *http://pr-blogger.de/2011/02/07/markus-walter-8-social-media-management-by-allianz*

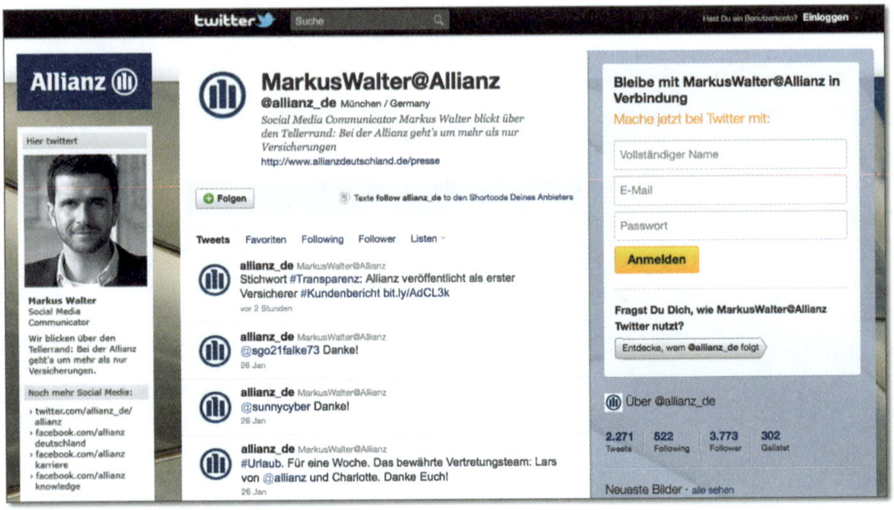

Abbildung 6.2 Finanz- und Versicherungsdienstleister wie die Allianz nutzen die Echtzeitkommunikation.

lung zu beziehen. Auf Twitter werden viele Inhalte mittels *Retweet* einfach weitergeleitet. Relevante Informationen können auf Twitter viral werden.

Echtzeitjournalismus bei Wiesenhof

Dies machte sich beispielsweise Wiesenhof zunutze, als das Unternehmen im August 2011 eine Gegenkampagne zu einem ARD-Beitrag über Wiesenhof startete (siehe Abbildung 6.3). Via Twitter, Facebook und YouTube verbreitete Wiesenhof seine offizielle Stellungnahme im Wiesenhof-Blog, *http://www.wiesenhof-news.de/2011/08/30/faire-recherche-ard-exclusiv-reportage-uber-wiesenhof*. So konnte sich die Nachricht schnell verbreiten und für Aufklärung sorgen. Wiesenhof erhielt von den Lesern sowohl Zustimmung zur Gegenkampagne als auch kritische Stellungnahmen.

Abbildung 6.3 Wiesenhof nutzte Twitter, um seine Stellungnahme schnell zu verbreiten.

Rechtstipp von Peter Harlander: Ignorieren Sie Twitter nicht

Unternehmen, die das von ihren Kunden öffentlich im Internet publizierte Feedback lange ignorieren, müssen dann oft feststellen, dass eine große Anzahl von negativen Beiträgen über ihr Unternehmen auffindbar ist. Wenn diese Unternehmen dann rechtlichen Rat suchen, erfahren sie, dass es in den allermeisten Fällen unmöglich ist, etwas gegen öffentlich publizierte Kritik zu unternehmen. Je früher man daher die Sache proaktiv und mit professioneller Marketingunterstützung angeht, desto besser ist es.

6.2.3 Besseres Ranking im Suchergebnis

Generell erhält Social-Media-Content immer mehr Stellenwert von und in Suchmaschinen. Wenn Sie also einen Twitter-Account betreiben, ist das eine zusätzliche Möglichkeit, im relevanten Suchergebnis gelistet zu werden. Häufig geklickte Tweets sind auch langlebig. Wenn Sie beispielsweise nach »Hudson Airplane Landing« in Google suchen, wird der Link mit dem Twitter-Bild von Janis Krums, *http://twitpic.com/135xa*, immer noch auf der ersten Seite in Google gelistet, obwohl die Landung nun schon über drei Jahre her ist. In Zukunft gilt: Je öfter Links in Social Media geteilt werden, desto besser ist das Ranking der Website, die hinter dem Link steht. Außerdem wird auch immer stärker zählen, ob der User, der den Link teilt, gut vernetzt ist, also einen Multiplikator darstellt.

6.2.4 Wertvolles Feedback zu Produkten

Durch die Beschränkung auf 140 Zeichen sind Twitter-Beiträge kurz und prägnant, und so sind auch die Beiträge und Kommentare der User. Durchaus unverblümt und direkt werden positive wie negative Erlebnisse, Erfahrungen und Meinungen kommuniziert. Twitter verhilft Ihnen zu einem schnellen und breiten Überblick über das Feedback zu bestimmten Produkten oder zu Ihrem Unternehmen. Sie müssen nur die Scheu davor verlieren, sich dem Feedback zu stellen. Es passiert so oder so, auch wenn Sie es nicht möchten oder versuchen, es zu ignorieren. Besser ist es, wenn Sie es proaktiv einfordern und nutzen.

Best Practice – dm alverde auf Twitter

alverde ist die Eigenmarke des Drogeriemarkts »dm« für den Bereich Naturkosmetik. Unter *www.twitter.com/dm_alverde* kommuniziert alverde »direkt aus der dm-Zentrale« (siehe Abbildung 6.4). Der Corporate-Twitter-Account wird von Produktmanagerin »Helena« betreut. Es werden hier u. a. Gewinnspiele durchgeführt, Kundenwünsche aufgenommen und diskutiert, über neue Produkte informiert, Inhalte der Facebook-Seite kommuniziert und Veranstaltungen angekündigt.

Die Meinungen sind nicht immer positiv. Manchmal sind Kunden enttäuscht, weil Produkte aus dem Sortiment genommen wurden. alverde bietet in diesem Fall alternative Produkte an oder verweist auf Produktinnovationen.

Abbildung 6.4 Der Twitter-Kanal von dm alverde

6.2.5 Den neuesten Wissensstand zu einem Themengebiet erfahren

Wenn Sie sich in ein neues Thema einlesen möchten, dann ist Twitter das ideale Medium dafür. Sie müssen nur den richtigen Twitter-Usern folgen, die viel zum gewünschten Thema kommunizieren und sich selbst als Experten zu diesem Thema profilieren möchten. Diese User versuchen, so viele relevante Informationen und Links wie möglich zu twittern. So können Sie es sich in Zukunft sparen, lange Wege zu Veranstaltungen aufzunehmen, vorausgesetzt, das Publikum vor Ort twittert. Beispielsweise wird jedes Jahr breit und ausgiebig von der »DLD Conference« getwittert. An diesem Event können Besucher nur durch Einladung (»by invitation only«) teilnehmen. Neben der Exklusivität ist es auch eine kostspielige Veranstaltung. Aber Sie müssen gar nicht vor Ort dabei sein. Über die Twitter-Suche können Sie sich ganz einfach alle aktuellen Nachrichten über die Konferenz mit dem Hashtag #DLD anzeigen lassen und so einerseits das tagesaktuelle Geschehen mitverfolgen und am Ende sogar Zusammenfassungen lesen.

6.2.6 Kundensupport durch Expertenstatus

Der Kundensupport wird üblicherweise via E-Mail und Telefon gewährleistet. In Twitter ist Support und Beratung öffentlich. Das hilft Ihnen, Ihr Expertenwissen zu kommunizieren. Das ist im Social Web wichtig, denn Sie konkurrieren hier nicht nur mit Ihren Wettbewerbern, sondern auch mit den Meinungsführern und Influencern, die Ihre Produkte im Social Web bewerten und weiterempfehlen. Nur durch einen ausgezeichneten Kundensupport und News vom Experten können Sie dem entgegenwirken. Dafür müssen Sie aber in einen wertschätzenden und aufmerksamen Kontakt mit Ihren Kunden treten.

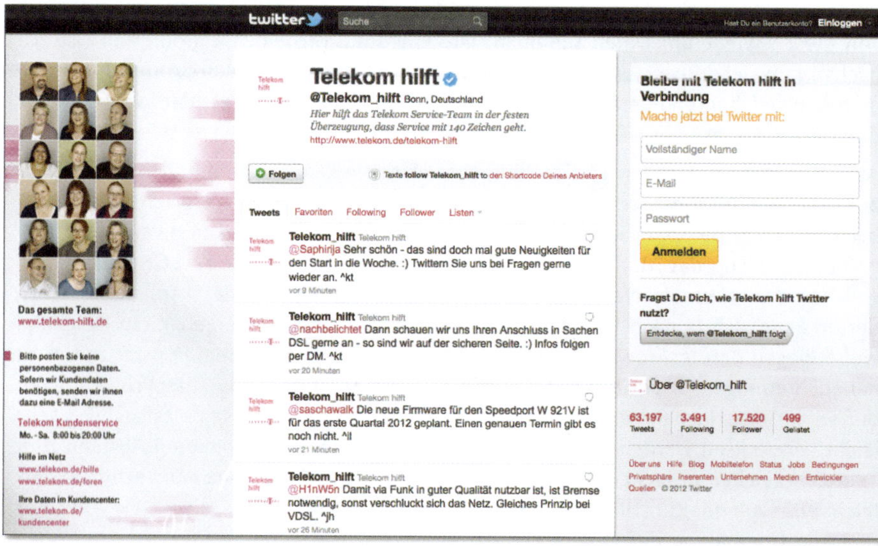

Abbildung 6.5 Die Telekom hilft via Twitter.

Mit ihrem Twitter-Support versucht auch die Deutsche Telekom Hilfestellung für ein breites Produktspektrum zu geben und Fragen der Kunden in Echtzeit zu beantworten (siehe Abbildung 6.5). Im Minutentakt twittern die Telekom-Mitarbeiter via @telekom_hilft, *http://twitter.com/telekom_hilft*, und beantworten Fragen zu DSL-Geschwindigkeiten & WLAN-Empfang sowie Telekom-Tarifen & Verträgen.

Twitter-Fake @telekom_hiIft

Trotz seiner Twitter-Hilfe muss die Telekom mit Kritik zurechtkommen. Ein User hat sich vergangenes Jahr den Spaß gemacht, über den Account @telekom_hiIft Servicelücken der Telekom zu parodieren. Entdecken Sie den »Schönheitsfehler« dieses Accounts? Anstelle des kleinen »l« in »hilft« setzte der User ein großes »I«, und schon war der Fake-Account perfekt. Auf die Frage eines Kunden: »Kann man in ihrem Shop auch W-Lan-Kabel kaufen?«, antwortete der Fake-Account beispielsweise: »Sind Sie bescheuert? ^nm.« Das Namenskürzel »nm« gab dem Fake-Account noch zusätzliche Autorität. Lange hat der Spaß natürlich nicht angehalten. Die Telekom ließ den Account sperren.

Rechtsipp von Sven Hörnich:
Was können Sie tun, wenn Ihr Twitter-Account »gefakt« wird?

Im Falle von Fake-Accounts sind nach deutschem Recht einerseits die originären Namens- und/oder Markeninhaber betroffen und andererseits auch Dritte, welche das Angebot für echt halten. Die Fallgestaltungen gehen über das Telekombeispiel weit hinaus. So sind in meiner beruflichen Praxis auch Fake-Accounts von Schauspielern, Musikstars- und -sternchen in diversen Social Communities ein Thema, welche dort fleißig Fans und von diesen wiederum Daten sammeln. Die Frage aus Sicht der »Parodierten« ist zunächst, in welche Rechtsposition eingegriffen wird. Markenrechte und/oder Unternehmenskennzeichen greifen zwar regelmäßig nur bei Handeln im geschäftlichen Verkehr und bei Verwechslungsgefahr (§ 14 MarkenG).

Aber Vorsicht an Nachahmer: Geschäftliches Handeln kann schon durch ein paar Werbebanner auf der sonst »ach so privaten Website« vorliegen. Einer Verwechslungsgefahr bedarf es nicht bei sogenannten bekannten Marken (z. B. die Marken diverser Koffeingetränke). Wenn das Markenrecht nicht greift, so ist vielleicht § 12 BGB einschlägig, welcher die unbefugte Namensanmaßung verbietet. Aus Sicht der »Abnehmer« wiederum kann sich je nach Fallgestaltung ebenfalls ein Anspruch ergeben, so beispielsweise wegen Betrugs, soweit der Adressat im Glauben, es mit einem Popstar zu tun zu haben, Vermögensdispositionen traf. Im vorstehenden Beispiel lag das Problem bzw. der Fehler des Nachahmers übrigens vor allem darin, dass der Name tatsächlich sehr leicht verwechselt werden konnte. Hätte der Nachahmer einen stärkeren Abstand zum Telekom-Zeichen gesucht, so wäre sein Handeln marken- bzw. namensrechtlich vielleicht eher von der Kunstfreiheit gedeckt und damit »unantastbar« geworden. Von einer direkten Übernahme der Originaltexte bzw. deren Bearbeitung wäre dann aber noch immer im Hinblick auf ein mögliches Urheberrecht an dem Text abzuraten gewesen.

6.2.7 Best Practice – Twitter-Support von Microsoft

Microsoft betreibt über Twitter einen erfolgreichen Supportchannel für die Spielkonsole »Xbox« (siehe Abbildung 6.6). Ein eigenes Team scannt das Web und vor allem Twitter mittels Monitoring-Tools auf Erwähnungen diverser Keywords rund um das Produkt ab. Sie reagieren proaktiv, wenn ein User ein Problem oder eine Frage in seinem eigenen Profil postet, sprechen den User direkt auf Twitter an und bieten Hilfe. Die User reagieren positiv überrascht und sind zufrieden mit diesem Support. Auf *http://twitter.com/xboxsupport* vereint das Team mittlerweile über 160.000 Follower (Stand Januar 2012) und schreibt über 5.000 Tweets in der Woche. Microsoft ist sich sicher, dass Supportanfragen via Telefon oder E-Mail damit proaktiv vorweggenommen und verhindert werden können und dass die Zufriedenheit dieser Kunden besonders hoch ist.

Abbildung 6.6 Bei Fragen rund um das Produkt Xbox ist @XboxSupport die erste Anlaufstelle für Twitter-affine Kunden.

6.2.8 Die Konkurrenz beobachten

Sie sind auf Twitter transparent, und so ist es auch Ihre Konkurrenz. Über Twitter können Sie schneller neue Branchentrends mitbekommen. Sie können das Kundenfeedback verfolgen, das Ihre Konkurrenz erhält, und dadurch auch Ihre eigene Produktentwicklung vorantreiben und auf konkrete Wünsche in Ihrer Branche reagieren.

6.3 Was passiert, wenn Sie Twitter ignorieren? Das Beispiel ZDF

Ebenso wie in Facebook werden auch in Twitter immer wieder Markenpräsenzen von Markenfans initiiert. In Kapitel 2, »Social-Media-Strategie«, haben wir bereits vom FC Schalke berichtet. Dasselbe haben Marco Bereth und Michael Umlandt mit einem Twitter-Account für das ZDF im Juni 2009 gemacht. Der damalige Account @zdfonline, wurde von den beiden Hobby-Journalisten mit News gefüttert und galt fast zwei Jahre als offizieller Twitter-Auftritt des Fernsehsenders. Durch ihren offiziellen Status konnten Sie sich sogar das Twitter-Konto @zdfneo sichern, das lange Zeit ebenfalls von einem »Fake-Twitterer« befüllt worden war. Mit wachsender Follower-Anzahl stieg aber auch das Risiko, das ZDF könnte dahinterkommen und sie abmahnen. Deshalb informierten die beiden die Fernsehzentrale, und im April 2011 kam es zu einem Treffen, bei dem das ZDF ausgesprochen entspannt reagierte und den beiden Botschaftern direkt einen Job in der Firmenzentrale in Mainz anbot. Seit Januar 2012 twittern nun beide offiziell unter @ZDF, *http://twitter.com/ZDF* (siehe Abbildung 6.7). Das ZDF hat in dieser Sache vorbildlich reagiert und sofort erkannt, dass es sich lohnt, das Engagement von Markenfans zu belohnen, denn eines ist sicher: Dadurch hat das ZDF die besten Markenbotschafter, die es in Deutschland für den Sender gibt, gewonnen. Kleiner Tipp von uns: Der neue Twitter-Account können eine Hintergrundgrafik und eine ausführliche »Bio« mit den Namen der Twitterer vertragen, aber vielleicht wartet das ZDF ja auch nur auf das neue Twitter-Design.

Abbildung 6.7 Das ZDF lässt seine Markenfans twittern.

Rechtstipp von Sven Hörnich:
Wer ist hier im Recht? Nach deutschem Recht das ZDF!

Es lag nach hier vertretener Auffassung sogar ein Handeln im geschäftlichen Verkehr vor, was zur Anwendbarkeit des Markenrechts führte. Unabhängig davon, dass »ZDF« als Marke bekannt ist (§ 14 Abs. 2 Ziffer 3 MarkenG) lag zudem zwischen den Dienstleistungen Verwechslungsgefahr vor (§ 14 Abs. 2 Ziffer 2 MarkenG). Dieses Vorgehen ist damit keinesfalls zur Nachahmung empfohlen, da je nach Fallgestaltung auch eine Strafbarkeit im Raum steht (§ 143 MarkenG). Selbst bei rein »privaten« Accounts bzw. privater Nutzung derartiger Zeichen, wäre das ZDF durch das Namensrecht gemäß § 12 BGB geschützt.

Die Journalisten hatten damit in rechtlicher Hinsicht eine gehörige Portion Glück und reihen sich ein in Überlieferungen der Medienwelt wie diejenige hinsichtlich eines vormaligen Chefs eines holländischen Piratenfunks, dessen Programm schlicht so gut war, dass man ihn – statt einer Verfolgung – sofort einstellte.

6.4 Die Funktionsweise von Twitter

Twitter ist also ein Microblogging-Dienst. Statt eines Blogs bzw. eines Blogbeitrags werden in Twitter nur Kurznachrichten mit 140 Zeichen verfasst. Sie können die Kurznachrichten anderer Personen abonnieren, die öffentlich sichtbar sind. Twitter ist eigentlich kein klassisches soziales Netzwerk und bezeichnet sich auch nicht als solches, aber es entwickelt sich in diese Richtung. Das zeigen auch das neue Design und die erweiterten Funktionalitäten.

Rechtstipp von Peter Harlander: Die Funktionsweise von Twitter ist aus rechtlicher Sicht sehr vorteilhaft

Aufgrund des Umstandes, dass man anderen Benutzern folgen muss, um deren Nachrichten zu erhalten, ist das Problem unverlangter Werbezusendungen eigentlich ausgeschlossen. Unbedingt vermeiden sollte man jedoch, andere Menschen in Tweets nur deshalb zu erwähnen, um diese Menschen auf sich selbst aufmerksam zu machen. Das wird ebenfalls als Belästigung wahrgenommen.

Stream/Timeline

Als *Stream* bezeichnet man den Nachrichtenstrom eines Twitter-Users. In Ihrem Stream werden alle Ihre Statusmeldungen veröffentlicht. Den Stream eines Users (Name des Twitter-Accounts) erreichen Sie immer unter der URL *http://twitter.com/USERNAME*, z. B. Karim-Patrick Bannour unter *http://twitter.com/karimbannour* (siehe Abbildung 6.8).

Bio (Biografie)

In der *Bio* erläutern Sie, worüber Sie schreiben und wer schreibt. Bei Corporate Twitter-Accounts werden die Namen abgekürzt. Als Kürzel verwendet man z. B. »^AG«, #AG oder »/AG« für Anne Grabs. Bei der deutschen Bahn, *https://twitter.com/#!/db_bahn*, nutzt man die ersten beiden Buchstaben des Vornamens und kürzt z. B. Simon »/si« ab (siehe Abbildung 6.9).

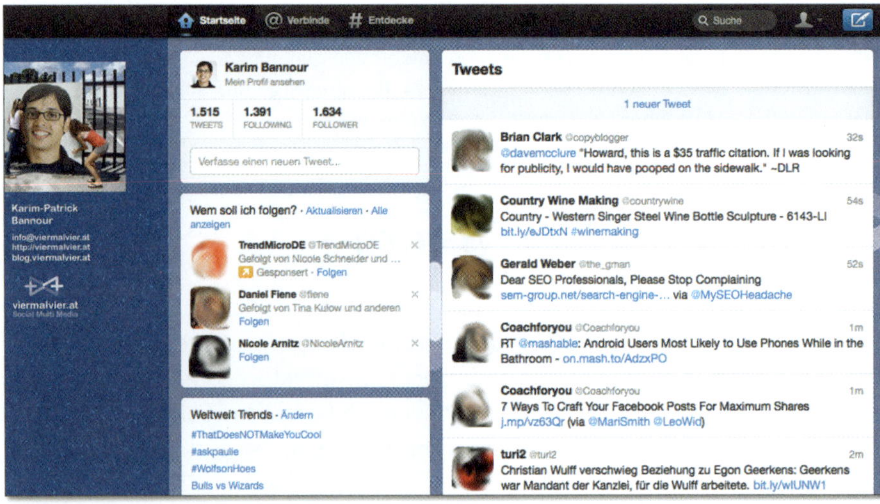

Abbildung 6.8 So sieht beispielsweise die eigene Twitter-Startseite aus – mit den Tweets der Personen, denen Sie folgen.

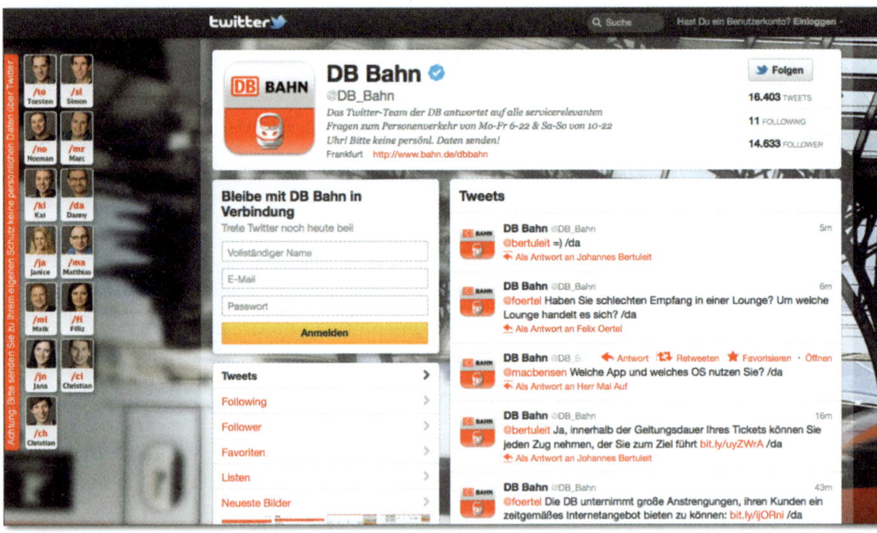

Abbildung 6.9 Bei der Deutschen Bahn zählt Twitter zum festen Bestandteil der Kundenkommunikation.

Follower

Follower sind die Personen, die Ihre Nachrichten (Ihren Twitter-Account) abonniert haben. Wenn Sie etwas auf Twitter veröffentlichen, sehen das Ihre Follower auf ihrem Stream.

Following

Unter *Following* sind die Personen angegeben, denen Sie folgen, d. h. deren Nachrichten Sie abonniert haben. Indem Sie unter dem Profilbild eines Users auf »Follow« klicken, folgen Sie dem Nachrichtenstrom des Nutzers.

Tweet

Tweet ist die Bezeichnung für eine Nachricht auf Twitter. Sie haben 140 Zeichen für eine Nachricht. Die Zahl 140 geht auf die Zeichengröße einer SMS (Handy) zurück. Häufig wird in Twitter die eigentliche Information nur »angekündigt« und mit einem verkürzten Link zur eigentlichen Seite (Blogposting, Newsseite) verlinkt.

Linkverkürzung

Da lange Links den wertvollen Platz auf Twitter schmälern, werden die Links verkürzt. Als Link- oder URL-Verkürzer bietet sich bit.ly an (siehe Abbildung 6.10). Denn bit.ly bietet Ihnen Klickstatistiken (siehe Abschnitt 6.10.3, »Kostenlose Twitter-Monitoring-Tools«). Alternativ können Sie über Hootsuite den URL-Verkürzer *http://ow.ly* nutzen, der ebenfalls Statistiken anbietet.

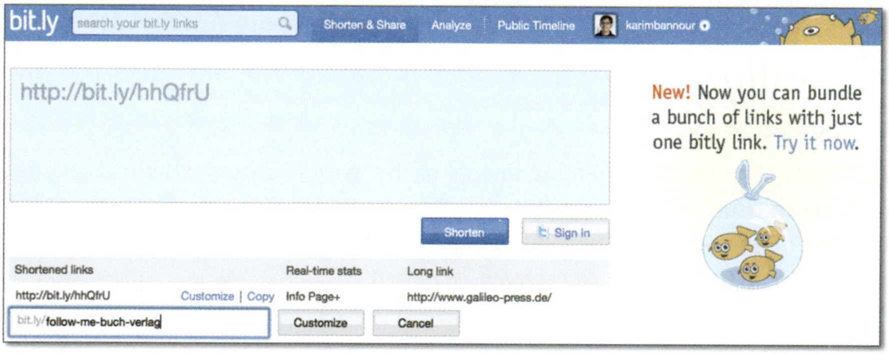

Abbildung 6.10 bit.ly ist einer der bekanntesten URL-Verkürzer und bietet sogar individualisierbare URLs.

Direct Message (private Nachrichten)

Mit der Funktion Direct Message (DM) können Sie Nachrichten privat an einen Follower senden. Direct Messages sind nicht öffentlich einsehbar (im Gegensatz zu @Replies).

Retweet (RT)

Retweeten bedeutet, eine Twitter-Meldung zu zitieren. Sie twittern die Meldung eines anderen Users mit Quellenangabe noch einmal, d. h., Sie geben sie weiter an Ihre Follower.

@ Verbinde/Mentions (Erwähnungen)

Wenn Sie von einem Twitterer öffentlich mittels @-Funktion angeschrieben werden, zeigt Ihnen Twitter das unter den »Erwähnungen« an. Wenn einer Ihrer Tweets zitiert bzw. retweetet wurde, zeigt Ihnen das Twitter ebenfalls in dieser Liste an. *Mentions* werden auch als Erfolgskriterium genutzt, um herauszufinden, ob die eigenen Tweets es wert waren, erneut gesendet zu werden.

Entdecke/Hashtag

Hashtags werden mit dem Rautezeichen (#) kenntlich gemacht. Häufig sind gewisse Hashtags bereits etabliert, wie beispielsweise der Hashtag #fail für Fehler an einem Produkt, beim Service usw.

Listen

Mittels Listen können Sie Ihre Follower Gruppen zuordnen. Sie können selbst Listen erstellen oder anderen Listen folgen. Von vielen Twitterern werden Listen dazu genutzt, die für sie nicht relevanten Follows herauszufiltern. Listen können entweder privat oder öffentlich zugänglich sein. Sie können beispielsweise eine Liste empfehlenswerter Twitterer zu einem bestimmten Thema zusammenstellen. Eine gute Übersicht über Twitter-Listen finden Sie beispielsweise auf *http://listorious.com*.

Twitter-Suche

Mit der Suchfunktion können Sie sowohl nach Twitter-Accounts (thematisch oder direkt nach User) als auch nach Themen, Branchen oder Konkurrenten suchen. Mit der erweiterten Suche können Sie auch nach Sentiments (positiv/negativ) zu Begriffen suchen, *https://twitter.com/search-advanced.*

FollowFriday (#ff)

In Twitter haben sich die User angewöhnt, jeden Freitag eine Empfehlung Ihrer interessantesten Twitterer herauszugeben. Unter dem Stichwort »FollowFriday« schreiben die Nutzer einen Tweet mit den entsprechenden Twitter-Accounts und kennzeichnen diesen Tweet mit #ff. Der FollowFriday ist eine Art Dankeschön an Ihre Follower.

6.5 Wie kommt man ins Gespräch mit 140 Zeichen?

Die Kommunikation in Twitter ist so unterschiedlich wie die Menschen selbst. Einige nutzen es zum Plaudern mit Gleichgesinnten. Die meisten beziehen hier ihre Nachrichten, da auf Twitter immer die neuesten Nachrichten stehen. Damit Sie die neuesten Nachrichten erhalten, müssen Sie den richtigen Twitterern folgen. Die Twitter-Meldungen gelangen immer ungefiltert in Ihren Nachrichtenstrom. Das mag auch einer der Gründe sein, warum Twitter zu Beginn etwas unübersichtlich wirkt. Jeder User folgt unterschiedlichen Accounts und schafft sich so seine eigene Sprechblase.

6.5.1 Folgen Sie den richtigen Twitterern

Twitter ist erst ab 80 bis 100 abonnierten Twitter-Accounts sinnvoll. Und es macht nur Spaß, wenn Sie den richtigen Twitterern folgen. Auf *https://twitter.com/who_to_follow* werden Ihnen ein paar Twitterer empfohlen. Sie können nach Interessen und Themen (Musik, Unterhaltung, Sport, Lustiges) wählen. Twitter listet die bekanntesten Twitterer in diesen Kategorien. Neben den Vorschlägen von Twitter können Sie aber auch bei anderen Twitter-Usern nachsehen, wem diese folgen. Gerade wenn Sie einem wichtigen Journalisten folgen, finden sich in seiner Follower-Liste bestimmte weitere interessante Persönlichkeiten.

Wenn Ihnen gefolgt wird, d. h. Sie neue Follower haben, prüfen Sie, ob der Twitter-Account Interessantes für Sie bereithält. Meistens sind es die gleichen Themen oder ist es die gleiche Branche, die Sie mit einem anderen Twitterer verbindet. Bedanken Sie sich gerade zu Beginn bei neuen Followern.

Twitter-Trends und Twitter-Charts eignen sich auch, um zu erfahren, welche Twitterer und welche Tweets besonders gern gelesen werden. Twitter-Trends in Deutschland finden Sie unter:

- *www.twitterthemen.de* zeigt aktuelle Themen als Hashtags in einer Tagcloud (Stichwortwolke) an.
- *www.twitter-trends.de* listet die häufigsten Hashtags in einer Liste.
- *www.favcharts.de* listet Twitter-User nach der Anzahl der Tweets, die von anderen Usern favorisiert werden.
- *http://www.stefan-borchert.de/index.php?section=service_twittermarken_follower* bietet ein Ranking Deutscher Marken in Twitter.

Neben diesen Möglichkeiten gibt es noch eine Vielzahl an Tools und Websites, die sich explizit mit dem Suchen und Finden von Twitterern beschäftigen. Die meisten dieser Websites werden allerdings vor allem im englischsprachigen Raum genutzt:

- *www.twazzup.com* ermöglicht Echtzeitsuche.
- *www.tweepz.com* ermöglicht auch lokale Suche, englisch.
- *www.wefollow.com* zeigt Personen nach bestimmten Kategorien, englisch.
- *www.twellow.com* beinhaltet die »Gelben Seiten« von Twitter, englisch.

- *www.refollow.com* zeigt, ob Ihre Twitterer auch Ihnen folgen.
- *www.whatthetrend.com* zeigt Twitter-Trends nach Hashtags.

6.5.2 Twitter ist unverbindlich

Twitter ist unverbindlicher als Facebook, was die Beziehung zwischen den Usern angeht. Sie können heute jemandem folgen (»followen«, seine Inhalte abonnieren) und morgen seine Twitter-Inhalte wieder abbestellen (»entfolgen« oder »unfollow«). Sie folgen meist unbekannten Personen, weshalb sie erst testen müssen, ob die Informationen des Users Sie wirklich interessieren. Jeder User hat eigene Themen und eine eigene Schreibweise. Deshalb eignet sich Twitter besonders, die eigene Expertise auf einem Gebiet darzustellen. Pro Statusmeldung müssen Sie sich auf 140 Zeichen beschränken. Da bleibt nicht viel Platz. In Sachen Unternehmenskommunikation stellt das eine große Herausforderung dar.

6.5.3 Twitter ist keine Zeitverschwendung

Nun können Sie als Unternehmer argumentieren, dass Sie ohnehin schon mit zu vielen Informationen überflutet werden und froh darüber sind, keinen zusätzlichen Informationskanal nutzen zu müssen. Oder Sie lesen eine Studie, die besagt: Twitter schmälert die Produktivität, da sich Angestellte im »Twitterversum« 40 Minuten pro Tag verlieren. Nun kommt es bei Twitter natürlich darauf an, wie es genutzt wird. Wenn die Angestellten in diesen 40 Minuten mit Kunden im Dialog stehen, die Aktivitäten der Konkurrenz aufspüren und spannende Hinweise über Ihr Unternehmen mitteilen, ist das bei Weitem kein Produktivitätsverlust.

Fakt ist aber auch, dass es nahezu unmöglich ist, alle Tweets, die pro Tag, pro Stunde, pro Minute eingehen, zu lesen. In dem sich ständig wechselnden Nachrichtenstrom sind es die User gewohnt, Nachrichten kurz zu überfliegen.

6.5.4 Seien Sie Experte, und helfen Sie weiter

Twitter eignet sich jedoch nicht nur zur Informationsgewinnung bezüglich des Tagesgeschehens oder der aktuellen Politik. Auch Informationsangebote und Services zu Themen wie Reisen, Bildung, Kunst und Kultur, Sport, Mode, Technik usw. sind hier vertreten. Ihren Themenschwerpunkt definieren Sie entlang Ihrer Produktpositionierung und/oder Ihrer Dienstleistungen. Ihre Abonnenten müssen dieses Expertenwissen mit den richtigen Tweets immer wieder nachlesen können. Wenn Sie wiederholt Beiträge zum gleichen Thema schreiben, werden Sie bzw. Ihr Twitter-Account langfristig als kompetenter Experte auf diesem Themengebiet wahrgenommen. Schreiben Sie über Ihre tägliche Arbeit als Macher der Firma. Teilen Sie den Kunden mit, was in Ihrem Unternehmen geschieht. Von der Personalentwicklung über Kooperationen, Produktentwicklungen, Branchentrends bis hin zur Planung von Firmen-Events ist alles für den User interessant, was ihm ermöglicht, einen Blick hinter die Kulissen des Unternehmens zu werfen. Dabei ist es auch wichtig, angemessen zu kommunizieren. Kühle Pressemeldungen werden selten neue Follower generieren, eher einige Follower vertreiben. Persönliche Formulierungen in Ihrem speziellen Schreibstil kommen dagegen besonders gut an. Der Leser muss immer das Gefühl haben, dass er gerade ein nettes, interessantes Themenangebot erhält, dabei aber frei entscheidet, ob er Ihnen folgt oder sich näher informiert. Kleiner Tipp: Nutzen Sie Hashtags, um Themenschwerpunkte kenntlich zu machen, beispielsweise wenn Sie über mehrere Tage über ein Firmen-Event twittern.

6.5.5 Was twittern? Best Practices deutschsprachiger Twitter-Accounts

Sollen Sie persönliche Befindlichkeiten oder seriöse Statusmeldungen twittern? Es ist weder das eine noch das andere 100 %ig richtig. Twitter lebt von interessanten Nachrichten in Echtzeit und Inhalten von Mensch zu Mensch, nicht von Medienmachern produzierten Inhalten. Twitter ist der richtige Ort, um seine persönliche Meinung zu Politik, Wirtschaft usw. kundzutun, aber das muss natürlich in einem gewissen Rahmen passieren, ohne zu beleidigen o.Ä. Emotionale und zu private Tweets, wie z. B. Äußerungen über Mitarbeiter, sind natürlich nicht angebracht und schaden allenfalls Ihrem Online-Ruf.

Gleichzeitig ist Twitter nicht die Verlängerung Ihrer PR-Abteilung. Mit ausschließlich kühlen PR-Antworten werden Sie bei den Usern nicht landen können, denn Ihre Kunden setzen voraus, dass Sie in Twitter individuell behandelt werden. Erzählen Sie von Ihrem Alltag als Geschäftsführer, Marketing- oder Produktionsleiter. Lassen Sie die User teilhaben an den Geschehnissen in Ihrem Unternehmen. Antworten Sie anderen Usern auf deren Meldungen. Zitieren Sie spannende Beiträge anderer User (Retweet). Posten Sie Links zu Themen, über die Sie sich gerade informieren. Kündigen Sie auf Twitter Facebook-Einträge, Blogbeiträge, Pressemitteilungen und Neuigkeiten über Ihre Website mit dem entsprechenden Link an. Wenn Sie ein neues Video oder Foto hochgeladen haben, schicken Sie einen Link auf Twitter raus (Facebook, YouTube, Flickr usw. ermöglichen automatische Verknüpfungen zu Twitter).

Teilen Sie Ihre Tipps und Tricks zu Produkten mit. Stellen Sie Fragen, oder machen Sie direkt eine Umfrage mit »Twitpoll«. Das Gleiche gilt für Ihre Mitarbeiter. Geben Sie Ihren Angestellten die Möglichkeit, Geschichten aus dem Alltag des Unternehmens zu erzählen. Beispielsweise könnte der Praktikant von seinen ersten Erfahrungen im Unternehmen berichten. Oder der Marketingassistent schreibt, dass er auf dem Weg zum Fototermin für die neue Produktkampagne ist. Wichtig ist immer, den Usern etwas Spannendes mitzuteilen, was sie dazu einlädt, Ihren Stream weiterzuverfolgen und Ihre Tweets weiterzuleiten (retweeten). Natürlich müssen alle Nachrichten immer im Einklang mit der Wahrung von Firmengeheimnissen, insbesondere im Hinblick auf die Konkurrenz, veröffentlicht werden. Auch das muss vorab in der Twitter-Schulung und im Redaktionsplan geregelt sein.

Best Practice – Deutsche Bahn

Die Deutsche Bahn betreibt unter *http://twitter.com/dbkarriere* einen eigenen Twitter-Jobaccount (siehe Abbildung 6.11). Hier kann das interessierte Publikum spezielle Jobangebote der Deutschen Bahn verfolgen. Sie spricht dadurch einen Teil ihrer Zielpersonen (und solche, von denen sie noch gar nicht wusste, dass sie zur Zielgruppe gehören) adäquat an. Neben eigenen Jobangeboten retweetet die Deutsche Bahn auch Jobangebote von anderen Unternehmen. Follower erfahren Infos über die Azubis, Awards und Veranstaltungen im DB-Konzern. Kleine Gewinnspiele und vor allem der direkte Kontakt mit Usern fallen besonders positiv auf.

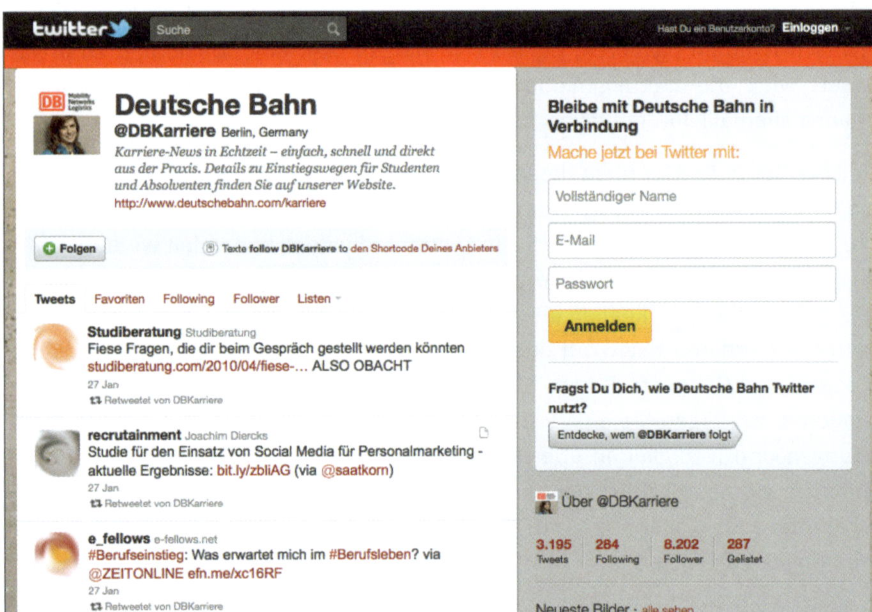

Abbildung 6.11 Die Deutsche Bahn ist auf Twitter auch für potenzielle neue Mitarbeiter da.

Best Practice – Spar Österreich

SPAR Österreich twittert seit Februar 2009 unter *http://twitter.com/SPARoesterreich* (siehe Abbildung 6.12). Hinzugekommen ist in der Zwischenzeit noch ein reiner Jobaccount unter @SPARJobsAT. Die Themen variieren von Gewinnspielen, SPAR-Eröffnungen, Preisen und Auszeichnungen der SPAR-Filialen über neue Mitarbeiter, Produkte und Angebote bis hin zu Events, speziellen Projekten und Initiativen usw. Mittlerweile folgen dem @SPARoesterreich etwa 1.500 Twitterer (zum Vergleich: REWE Deutschland hat ca. 500 Follower, Stand Februar 2012).

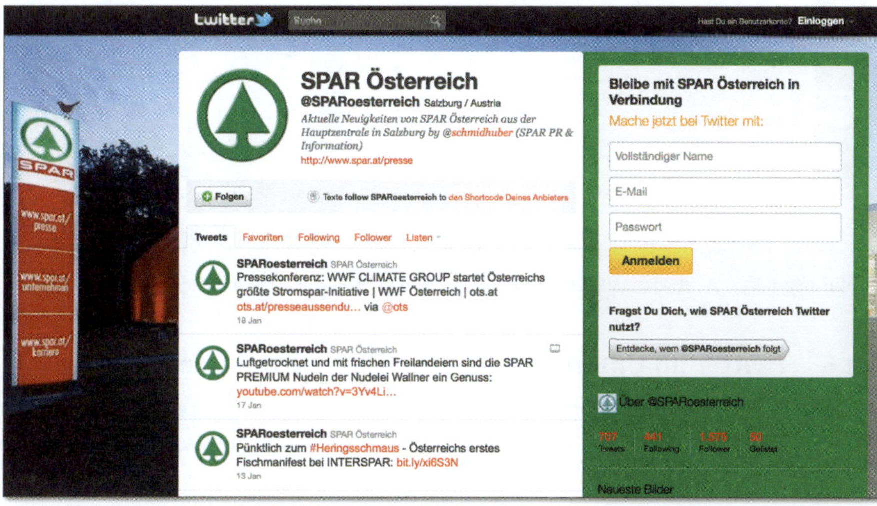

Abbildung 6.12 SPAR Österreich nutzt Twitter für viele verschiedene Themen und Infos aus dem Konzern.

Best Practice – World Economic Forum

Ein gutes Beispiel, wie man Twitter als Team kontinuierlich als Themen-Channel und zur Öffentlichkeitsarbeit nutzen kann, ist der Twitter-Account des World Economic Forums (WEF) in Davos (Schweiz). Auf *http://twitter.com/DAVOS* stehen insgesamt fünf Mitarbeiter zur Verfügung, um Fragen zu beantworten, interessante Tweets weiterzuleiten und einen Überblick über relevante Themen und Diskussionen zu bieten (siehe Abbildung 6.13). Mit immerhin 1,5 Mio. Followern ein breites Publikum und eine beachtliche Reichweite für das Pressebüro des WEF.

Abbildung 6.13 Auch das WEF hat einen eigenen Twitter-Account mit 1,5 Mio. Followern.

6.5.6 Twitter im Unternehmen – wer darf twittern und wer nicht?

Im Grunde ist das keine Frage des Dürfens, denn mitunter tun es Ihre Mitarbeiter längst. Aber wenn alle Ihre Angestellten, außer Ihnen, privat wie auch beruflich twittern, gehen Sie als Chef unter. Die achte goldene Regel der Social-Media-Kommunikation – Authentizität – gilt besonders in Twitter. Sie überzeugen in Twitter, wenn Sie als Chef selbst kommunizieren und dabei auch Ihre Mitarbeiter zu Wort kommen lassen. Dafür eignet sich besonders das *Corporate Twitter*. Dass Twitter zwar als Spielerei daherkommt, im wirtschaftlichen Sinne aber purer Ernst ist, haben unsere Beispiele von Reputationsschäden eingangs schon gezeigt. Damit Twitter professionell genutzt wird, müssen alle im Unternehmen betroffenen Mitarbeiter entsprechend geschult werden. Dabei können folgende Fragen auftauchen:

- Was schreibe ich wann und in welcher Art und Weise?
- Wie verhalte ich mich bei einem negativen Kommentar?
- Wie gehe ich mit einer Serviceanfrage um, wenn ich sie nicht direkt beantworten kann?
- Wie generiere ich Follower?
- Wie trete ich mit potenziellen Kunden in Kontakt?

Mit einer Twitter-Schulung können Sie unterschiedliche Szenarien durchspielen und Lösungen für Kompetenzprobleme finden. Es ist wichtig, das gesamte Unternehmen über die Social-Media-Aktivitäten in Twitter aufzuklären. Da Sie immer wieder Inhalte von verschiedenen Abteilungen benötigen, genügt es nicht, nur das Marketing einzubinden, sondern alle Abteilungen müssen mit einbezogen werden. Ein fundierter Redaktionsplan nimmt für Sie die gröbsten Hürden in Twitter. Da es hier um hochaktuelle Echtzeitkommunikation geht, müssen Sie bereits im Vorhinein die internen Kommunikationswege klären und das Krisenverhalten definieren.

Rechtstipp von Peter Harlander: Regeln Sie die Twitter-Kommunikation der Mitarbeiter in Social Media Guidelines

Wie immer, wenn Mitarbeiter in Social-Media-Marketingkampagnen mit einbezogen werden, empfiehlt es sich, auch bei Twitter die Rechte und Pflichten der Mitarbeiter über Social Media Guidelines, siehe Kapitel 2, »Social-Media-Strategie«, zu regeln.

6.5.7 Unterwegs twittern

Echtzeitkommunikation funktioniert am leichtesten, wenn Sie gerade unterwegs sind. Sie fahren gerade Taxi oder sitzen in der U-Bahn? Sie warten auf den nächsten Flieger? Sie befinden sich auf der Fahrt zu einer Konferenz? In den Momenten, wo Sie gerade warten oder nichts zu tun haben, können Sie Twitter sinnvoll nutzen. Teilen Sie anderen Twitterern mit, was Ihnen unterwegs auffällt. Retweeten Sie interessante Tweets, die Sie gelesen haben.

Die Twitter-App selbst ist sowohl auf dem iPhone, Android, Blackberry und Windows Phone 7 als auch auf dem iPad verfügbar. Ansonsten sind die meisten Twitter-Apps wie Hootsuite, Echofon, Tweetdeck auf dem iPhone und auf Android-Handys verfügbar. Wenn all das nicht geht, können Sie immer noch unter *http://m.twitter.com* von unterwegs twittern.

6.6 Wie Sie Ihren Twitter-Account gestalten

Sie können Ihren Twitter-Account grafisch an Ihr Firmendesign anpassen. Das gewährleistet einen hohen Wiedererkennungswert Ihrer Website auf dem Twitter-Konto und verhindert etwaige Verwechslungen. Mit einem Hintergrundbild (Mindestauflösung 1.900 x 1.000 Pixel) können Sie Ihre Kontaktdaten, Ihre Hotline, Ihre Website, Links zu weiteren Social-Media-Plattformen usw. sichtbar machen. Vodafone Deutschland hat beispielsweise seine Co-Autoren mit Porträtfoto und mit ihren Funktionen im Hintergrundbild kenntlich gemacht (siehe Abbildung 6.14).

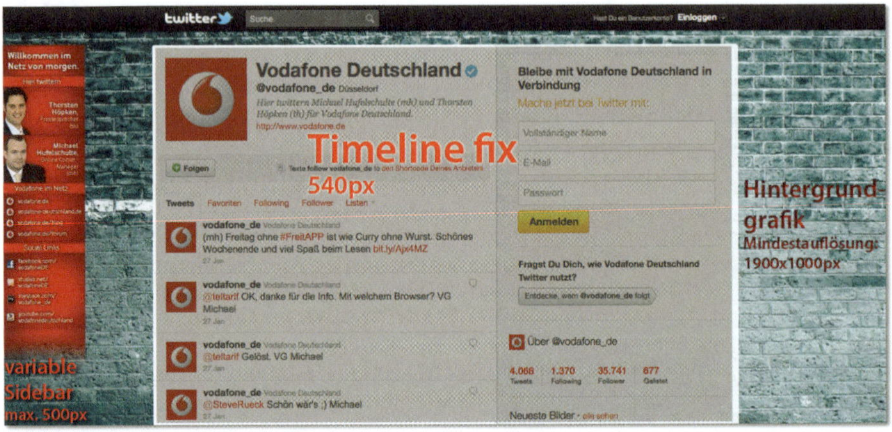

Abbildung 6.14 Twitter-Designspezifika

Das Twitter-Layout ist ein sogenanntes *flüssiges Layout*. Das bedeutet, dass sich die Sichtbarkeit des Hintergrunds an die Größe des Browserfensters anpasst. Je größer das Fenster (hängt auch von der Größe des Bildschirms ab), desto sichtbarer wird der Hintergrund. Die *Timeline* – also der Nachrichtenstrom in der Mitte hat eine fixe Breite von 540 Pixel; die *Sidebar* eine variable Breite von maximal 500 Pixel. Timeline und Sidebar überdecken das Hintergrundbild. Da viele Nutzer über Smartphones und Laptops ins Internet gehen, sollten Sie auf einen relativ kleinen Bildausschnitt optimieren. Laden Sie auch ein aussagekräftiges Profilbild (maximal 110 Pixel) hoch, und achten Sie darauf, dass es nicht verpixelt ist.

Tipp: Gewünschter Twitter-Account schon vergeben?

Für den Fall, dass der gewünschte Twitter-Name schon vergeben ist, weil eine andere Person diesen bereits reserviert hat, ihn aber brachliegen lässt: Twitter hat bereits mehrfach angekündigt, Accounts mit mehr als sechs Monaten Inaktivität auf Anfrage wieder zur Registrierung freizugeben. Sie können über das Supportformular auch Markenrechtsansprüche geltend machen: *http://support.twitter.com/forms*. Gehen Sie diesen Weg allerdings erst dann, wenn Kontaktversuche oder Übernahmegespräche mit dem bisherigen Inhaber des Twitter-Accounts erfolglos waren.

6.6.1 Neues Twitter-Design

Twitter plant ein neues Design für Marken- und Unternehmensprofile in Twitter. Ähnlich wie Welcome-Tabs und Landingpages in Facebook sollen Unternehmen die Möglichkeit erhalten, ein ansprechendes dynamisches Profil mit integrierter Headergrafik sowie multimedialen Inhalten (Bilder und Videos) aufzusetzen. Dabei wird der Stream in zwei Spalten aufgeteilt, siehe Coca-Cola in Abbildung 6.15. Ein Slogan zu Beginn der Timeline soll ebenfalls integrierbar sein. Die Änderungen sind für Februar 2012 geplant. Wir werden über Neuerungen in unserem Blog berichten.

Abbildung 6.15 Unternehmen wie hier Coca Cola können sich in Zukunft optisch ansprechender in Twitter präsentieren.

6.7 Richtig twittern

Ihren ersten Tweet sollten Sie am besten jetzt senden. Jetzt. Wirklich jetzt. Manche Unternehmen tun sich schwer damit. Aber scheuen Sie sich nicht davor. Schon bald werden Sie das Echo Ihrer Follower vernehmen, und es wird Ihnen richtig Freude bereiten!

6.7.1 Ein paar Twitter-Tipps, wie Sie richtig twittern

- Formulieren Sie die ersten Wörter aussagekräftig.
- Verwenden Sie kurze, prägnante Infos (keine Füllworter).
- Schreiben Sie neue Follower direkt und persönlich an.
- Senden Sie, wenn möglich, einen direkten Link zum Artikel.

- Retweeten Sie interessante Infos anderer User, Branchenmeldungen und News, aber nicht in Dauerschleife.
- Verwenden Sie Hashtags, das erleichtert die Kategorisierung.

6.7.2 Sechs Tipps, wie Sie zu mehr Klicks kommen[3]

1. Schreiben Sie Twitternachrichten zwischen 120 und 130 Zeichen.
2. Angenommen, Sie vierteln einen Tweet, dann setzen Sie Links an die zweite Stelle.
3. Twittern Sie Links ein- bis maximal zweimal pro Stunde, nicht öfter.
4. Nutzen Sie Verweise wie via »@Username« und Aufforderungen wie »RT«, »Please RT«.
5. Twittern Sie am Wochenende und eher am Abend (20 Uhr).
6. Nutzen Sie Adverben und Verben, wie »schnell fahren« und weniger Adjektive und Substantive

6.8 Filtern und organisieren – so können Sie als Unternehmen Twitter effizient nutzen

Um Twitter sinnvoll nutzen zu können, empfiehlt es sich, mit Listen zu arbeiten, aber noch viel besser ist es, eine geeignete Software zu verwenden. Insbesondere benötigen Sie eine Software, die es ermöglicht, Filter für bestimmte Keywords (eigener Firmen- oder Produktname, Konkurrenz, Branche) anzulegen. Dann werden Ihnen Tweets von den Usern angezeigt, die zu dem gesuchten Keyword geschrieben haben. Sie können zwar auch über *www.twitter.com* Suchen speichern und aufrufen, allerdings ist dies weniger übersichtlich. Viel einfacher ist es für Sie, wenn Ihnen die Filter nebeneinander aufgelistet werden. Twitter-Filter sind sehr nützlich, um Zeit zu sparen. Sie lesen dann einfach nur die Tweets unter dem entsprechenden Keyword und ersparen es sich, alle Tweets der Accounts zu durchsuchen, denen Sie folgen. Dann wird Twitter nicht zur Überforderung, sondern Sie können sich ganz einfach und zielgerichtet mit Twitter beschäftigen. Drei Twitter-Anwendungen, die sowohl Filter, zeitversetztes Twittern, Linkverkürzungen und die Verknüpfung mehrerer Social-Media-Konten (Facebook, Blog, LinkedIn) ermöglichen, seien an dieser Stelle erwähnt: Hootsuite, TweetDeck und Cotweet. Uns persönlich und vielen unserer Kollegen gefällt Hootsuite am besten, deshalb möchten wir Ihnen nun die unternehmerische Nutzung von Hootsuite im Detail veranschaulichen.

3 *http://danzarrella.com/infographic-how-to-get-more-clicks-on-twitter.html*

6.8.1 Hootsuite

Hootsuite ist eine webbasierte Anwendung. Das bedeutet, Sie müssen nur die Website *www.hootsuite.com* aufrufen, sich anmelden und können die Anwendung von jedem Computer aus nutzen. Ein großer Vorteil von Hootsuite ist, dass Sie darüber nicht nur das Twitter-Konto, sondern auch Ihr Facebook-Profil, Ihre Facebook-Seite, Ihren LinkedIn-Account, Ihr Wordpress-Blog und einige Profile mehr verwalten können. Hootsuite ist Ihre Nachrichtenzentrale, von der aus Sie Informationen in die sozialen Netzwerke streuen (siehe Abbildung 6.16). Sie können mehrere Twitter- und Social-Media-Konten gleichzeitig mit Hootsuite verwalten. In der kostenlosen Version ist die Zahl der betreuten Accounts auf fünf beschränkt. Im Bedarfsfall können Sie beispielsweise mehrere Accounts mit demselben Inhalt befüllen, indem Sie sie per Mausklick einfach »hinzuschalten«.

Abbildung 6.16 Das Social Media Dashboard von Hootsuite

Themen verfolgen

Mit Hootsuite können Sie mittels Filter Ihre individuelle Twitter-Timeline zusammenstellen. Dazu nutzen Sie einfach die Funktion Add Stream/Search. Sie können zehn Streams pro Social-Media-Konto anlegen. Wählen Sie also die wichtigsten Keywords aus, und schauen Sie regelmäßig nach, was dazu geschrieben wird. So können Sie Konkurrenzkäufer, die gerade etwas über ein Konkurrenzprodukt twittern, finden. Beobachten Sie Ihren direkten Konkurrenten in seiner Twitter-Kommunikation. Bedanken Sie sich bei Twitterern, die sich lobend über Ihr Produkt geäußert haben, oder helfen Sie bei Fragen weiter, wenn Sie etwas Relevantes dazu beitragen können.

Twitter-Beiträge zeitlich versetzt posten

Bei vielen unserer Kunden kommt ein Hootsuite-Feature besonders gut an: Sie können Beiträge zeitversetzt senden oder als Entwurf speichern. Wenn Sie also zufälligerweise gerade Zeit finden, sich ein paar Tweets oder Facebook-Seitenbeiträge zu überlegen, können Sie diese in Hootsuite verfassen und jeweils ein Veröffentlichungsdatum in der Zukunft definieren. Erst zu diesem Zeitpunkt wird der Beitrag von Hootsuite veröffentlicht. Damit sind Sie aber nach wie vor dafür verantwortlich, den Beitrag nach dem Zeitpunkt seiner Veröffentlichung auf Feedback, Fragen und Kommentare hin zu checken.

Warum Hootsuite unserer Meinung nach so empfehlenswert für Unternehmen ist und sich sehr gut als Corporate-Tweet-Anwendung eignet? Sie können damit verschiedenen anderen Hootsuite-Usern Zugang zu einem oder mehreren Ihrer Social-Media-Accounts in Ihrem Hootsuite freigeben (siehe Abbildung 6.17). Alles in allem ein absolut praktisches Tool, das in der Teamversion kostenpflichtig ist. Es gibt auch eine Version für Apple iPhone und Android-Smartphones, die in der Basisversion ebenfalls kostenlos ist und gegen Aufpreis zusätzliche Features enthält. Außerdem eignet sich Hootsuite als Monitoring- und Controlling-Tool siehe Abschnitt 6.10.2, »Twitter-Monitoring und Twitter-Controlling«.

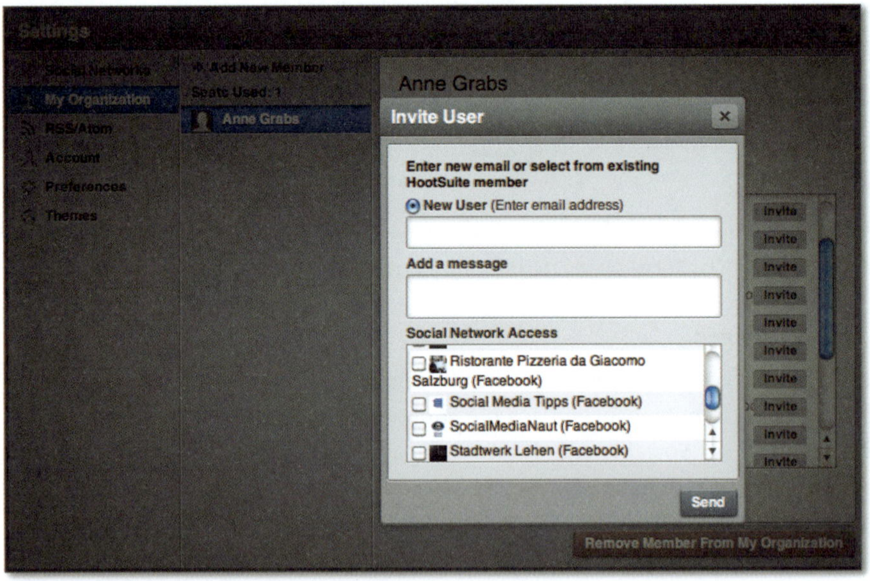

Abbildung 6.17 Das Tolle an Hootsuite ist die Möglichkeit, mit verschiedenen Usern bestimmte Accounts gemeinsam zu betreuen.

6.8.2 TweetDeck

TweetDeck wird ebenfalls sehr gern von der Twitter-Gemeinde genutzt. Im Gegensatz zu Hootsuite ist es eine Software, die Sie auf Ihren Rechner laden und dort installieren müssen. Ergänzend dazu gibt es auch eine Version für iPhones und Android-Smartphones. TweetDeck ist sowohl für Windows- als auch für Mac-Rechner verfügbar. TweetDeck bietet ebenfalls Filterfunktionen und zusätzlich die Möglichkeit, Twitterer in Gruppen einzuteilen. Das hilft Ihnen, Ihre abonnierten Twitter-Konten z. B. nach Branchen einzuteilen und Themen zuzuordnen. Außerdem können Sie über TweetDeck ebenfalls andere Plattformen wie Facebook verwalten. Ein weiteres beliebtes desktopbasiertes Tool ist Seesmic.

6.8.3 Cotweet

Cotweet ist eine Webanwendung (also über den Browser, ohne Programminstallation auf dem Computer) und eignet sich ebenfalls besonders für den Unternehmenseinsatz. Sie können per E-Mail-Einladung an Ihre Mitarbeiter bestimmen, wer an dem Twitter-Account mitschreibt. Tweets können auch mit diesem Tool zeitversetzt geschrieben und veröffentlicht werden (so wie mit Hootsuite). Einige Statistiken werden durch die Verwendung von bit.ly-Linkverkürzungen ausgewiesen.

6.8.4 Twitter mit anderen Social-Media-Diensten verbinden

Twitter mit anderen Diensten, wie z. B. Facebook, Blog & Co, zu verbinden, will durchdacht sein: Überlegen Sie vorher, wo Sie den Hauptteil des Traffics und der Aufmerksamkeit hinlenken wollen. Ist Ihr Blog das Zentrum aller Social-Media-Aktivitäten, und möchten Sie vor allem mehr Facebook-Fans aktivieren? Möchten Sie spannende Twitter-Links archivieren oder besondere Tweets in ausgewählte Communitys einspielen? Ein Tool, welches fast alle diese Wünsche umsetzen kann, nennt sich »ifttt« und steht für »**if** **t**his **t**han **t**hat«, also eine Wenn-Dann-Bedingung (siehe Abbildung 6.18).

Rechtstipp von Peter Harlander: Wenn Sie Tweets im Blog einbinden, benötigen Sie die Einverständniserklärung der User

Wer fremde Tweets in die eigene Website einbindet, kann damit unter Umständen eine Urheberrechtsverletzung begehen. Wenn man fremde Inhalte in die eigene Website integrieren will, sollte man daher immer vorab die Zustimmung einholen.

Marketing-Take-away: Vermeiden Sie automatisierte Nachrichten

Auch wenn es praktisch und zeitersparend erscheint, Facebook-Updates in Twitter zu exportieren (Tool: *http://www.facebook.com/twitter)* oder vice versa von Twitter in Facebook zu posten, hat es sich mittlerweile bewährt, je nach Netzwerk oder Plattform eine entsprechende Nachricht zu formulieren. Der Vorteil von individualisierten Postings ist, dass Sie Personen im Beitrag hervorheben können (»Taggen« in Facebook) und ansprechende Vorschaubilder generieren können. Das erhöht die Aufmerksamkeit und führt zu mehr Klicks.

Mit ifttt sinnvolle Verknüpfungen zu allen Social-Media-Diensten schaffen

Ein Beispiel: Sie haben in Twitter eine interessante Nachricht gelesen und schnell als Favorit markiert, damit sie im Nachrichtenstrom nicht verloren geht. Mit ifttt ist es nun möglich, dass dieser Favorit automatisch in Ihr Social-Bookmarking-Konto wandert. Oder sie twittern etwa einmal am Tag zu einem ganz bestimmten Thema, z. B. Studien zum Thema »Nachhaltigkeit«. Diesen Tweet können Sie mit ifttt und dem Hashtag »#Nachhaltigkeit« automatisiert in Facebook, LinkedIn und XING etc. posten. Achten Sie aber darauf, dass Sie diesen Hashtag nur einmal am Tag verwenden und zur richtigen Zeit twittern (siehe Abschnitt 6.6, »Richtig twittern«). Autorin Anne Grabs hat beispielsweise eine Wenn-Dann-Bedingung für folgenden Fall erstellt: Sobald Sie einen Tweet mit dem Hashtag #Neuauflage schreibt, wird diese Nachricht automatisch unter *https://www.facebook.com/social.media.marketing.buch*, der Facebook-Seite von Follow me! gepostet (allerdings ohne den Hashtag, der möglichweise Facebook-Leser irritiert, da es eine typische Twitter-Schreibweise ist).

Abbildung 6.18 ifttt bedeutet »Wenn dies, dann das« und hilft Ihnen beim Social Media Management.

Nutzen Sie »Read it later« für Ihr Wissensmanagement

Eine noch einfachere Variante, wie Sie spannende Tweets schnell und einfach organisieren, lautet »Read it later«. Wenn Twitter eine wichtige Informationsquelle für Sie ist, wo Sie viel Zeit verbringen und permanent interessante Links finden, dann sollten Sie unbedingt Read it later nutzen. Mit der Anwendung (für Browser, iPhone/iPad, Android, Kindle Fire) können Sie Links mit »später lesen« markieren. In Ihrem Konto *http://readitlaterlist.com* werden diese Links gesammelt, und Sie können sie später in Ruhe durchlesen.

Mit Paper.li Ihre individuelle Online-Tageszeitung erstellen

Im Abschnitt »Listen« in Abschnitt 6.3 haben wir bereits auf die Funktion der Listen hingewiesen, mit der Sie Twitter zu bestimmten Themen zusammenfassen können. Mit dieser Liste und dem Tool Paper.li können Sie sich die Tweets, kategorisiert nach Themen, Hashtags und Medien, in einer Online-Tageszeitung anzeigen lassen, siehe Abbildung 6.19.

Abbildung 6.19 Mit Paper.li werden Tweets visualisiert (Quelle: *http://paper.li/annellchen/socialmedia*).

Marketing-Take-away: Höhere Klickraten mit Paper.li

In Paper.li können Sie einstellen, ob nach der Aktualisierung der Zeitung auch eine Nachricht in Twitter rausgehen soll. Diese Nachricht enthält dann auch die Namen der Twitter-Konten, die Topthemen beigesteuert haben. So eine Nachricht lautet dann: »The Anne Grabs Daily wurde gerade veröffentlicht! Link Topthemen heute von @Twitter-User1, @Twitter-User2 @Twitter-User3«. Dadurch werden andere Twitterer darauf aufmerksam, dass Sie in Anne Grabs Newspaper vertreten sind (und auch in Ihrer Liste). Es handelt sich dabei um ein proaktives Tool, das sich auszahlt. Tweets mit Paper.li-Hinweisen erzielen eine CTR (Klickrate) von über 30 %.

6.8.5 Sollte man Tweets löschen?

Gerade bei den ersten Gehversuchen in Twitter taucht immer wieder die Frage auf, inwieweit Tweets gelöscht werden können. Grundsätzlich ist das immer möglich. Tweets zu löschen, ist aber im Sinne der Authentizität ungern gesehen. Wenn Sie tatsächlich kurz nach Absenden der Nachricht feststellen, dass Sie etwas falsch geschrieben haben, können Sie den Tweet löschen. Insbesondere wenn der Tweet unangenehme oder rechtliche Konsequenzen nach sich ziehen könnte, sollte er schnellstens gelöscht werden. Dabei kommt es auf Ihre Schnelligkeit an. Google indiziert Tweets sehr schnell, in der Regel in Echtzeit, und so kann es sein, dass es fünf Minuten nach Versenden des Tweets schon zu spät ist. Tweets sollten also nur in seltenen Fällen unmittelbar gelöscht werden.

6.9 Twitter als Verkaufs-Channel?

Ist es möglich, Twitter als reines Verkaufsinstrument zu nutzen? Ja, natürlich! Ein Twitter-Verkaufs-Channel ist möglich, wenn er als solches gekennzeichnet wird. Der PC-Hersteller Dell hat uns gezeigt, wie Verkauf in Twitter funktioniert. Unter *http://twitter.com/delloutlet* hat der Computerhersteller einen reinen Verkaufs-Channel eingerichtet. Dell hat über 1,5 Mio. Follower und spricht sein Publikum mit Neuigkeiten über Dell, mit neuen Dell-Produkten und -Angeboten sowie speziellen Aktionen an. Mit seinen Tweets konnte Dell nach eigenen Angaben Millionenumsätze in Höhe von 6,5 Mio. US$ allein durch Twitter generieren. Damit hat der Dell-Account Marketinggeschichte in Twitter geschrieben. Es lohnt sich, neben dem Verkaufs-Channel zusätzlich einen Twitter-Support anzulegen, an den sich die User auch bei technischen Problemen wenden können.

Dazu bietet sich so wie bei Dell die Nutzung von Gutscheincodes an, wenn Ihr Online-Shop über solch eine Funktion verfügt. Alternativ können Sie mit bit.ly oder ow.ly eine spezielle Tracking-URL einrichten und diese über Ihren Twitter-Account in Verbindung mit einem speziellen Angebot verschicken. Wenn Sie diese URL ausschließlich über Twitter und für dieses Angebot verwenden, können Sie halbwegs zuverlässig nachverfolgen, wie viel Ihre Twitter-Aktionen bringen.

Viele Twitter-Accounts werden gemischt genutzt. Das funktioniert, wenn der Verkaufs- bzw. Vertriebsgedanke nicht überhandnimmt. Ein gutes Beispiel im deutschsprachigen Raum ist der OTTO-Versand, der auf *http://twitter.com/otto_de* Kundendienst, Angebote und Informationen über das Unternehmen bzw. relevante Themen verträglich miteinander mischt (siehe Abbildung 6.20).

Abbildung 6.20 Der Twitter-Account des deutschen OTTO-Versands

6.9.1 Mit Gewinnspielen Aufmerksamkeit erregen

Neben dem Verkaufs-Channel können Sie in Twitter auch Gewinnspiele ankündigen oder umsetzen. Um neue Follower zu generieren, können Sie beispielsweise als Teilnahmebedingung für das Gewinnspiel verlangen, dass Ihrem Account gefolgt wird. Kennzeichnen Sie das Gewinnspiel mit dem Hashtag »#gewinnspiel«, damit es in Twitter gefunden werden kann. Beachten Sie jedoch zuvor die jeweils gültigen Twitter-AGBs und die dort enthaltenen Hinweise zu Gewinnspielen.

6.10 Werbung in Twitter

Mittlerweile ist es möglich, Werbung in Twitter zu schalten. Unter der Adresse *http://business.twitter.com/advertise/start* können Sie zwischen

- Promoted Accounts
- Promoted Tweets
- Promoted Trends

wählen. Sie können also Ihren Twitter-Account, einen speziellen Tweet oder ein Thema (mittels Hashtag) bewerben. Warum sollte es sinnvoll sein, einen einzelnen

Tweet zu promoten? Stellen Sie sich vor, Ihr Unternehmen wurde Opfer eines Shitstorms. Da kann ein prominent platzierter Tweet schon Wunder wirken.

Marketing-Take-away: Mit Promoted Accounts mehr Follower

Die Veranstalter »Cirque de Soleil« haben mit Promoted Accounts direkt 360 Follower pro Tag generiert und zusätzlich im gleichen Kampagnenzeitraum 340 Follower pro Tag organisch über Twitter.

6.11 Erfolg in Twitter messen

Der Erfolg in Twitter ist abhängig von Ihrer Zielvorgabe. Twitter eignet sich insbesondere für die Social-Media-Kommunikation und den Service in Echtzeit, sodass der Dialog ausschlaggebend für den Erfolg ist. Ihren Twitter-Erfolg messen Sie daher anhand der Unterhaltung mit Kunden, die Sie durch Twitter gewonnen haben.

6.11.1 Twitter-Metriken

Zweit der wichtigsten Twitter-Metriken für die Erfolgsmessung von Werbung in Twitter lauten *Cost per Follower* und *Cost per Engagement*. Der Cost per Follower (Kosten pro Follower) liegt bei durchschnittlich 2,50 bis 4,00 US$. Wenn Sie in Twitter-Anzeigen investieren, um neue Follower zu gewinnen, können Sie sich an dieser Metrik orientieren. Cost per Engagement ist eine Metrik, um die Kosten für das Userengagement zu messen. Den Cost per Engagement messen Sie durch Klicks + Favoriten + Retweets + @Replies/Impressions. In der Regel liegt der Cost per Engagement (CPE) zwischen 0,75 und 2,50 US$.

Eine positive Markenreputation und einen guten Kundenservice danken Ihnen die Twitterer in der Regel mit positiven Tweets. Prüfen Sie das *Sentiment* (positiv/negativ/neutral) aller Tweets, die mit Ihrer Marke in Verbindung stehen. Die *Retweets* dienen der Berechnung des *Share of Voice* (KPI) in Twitter. Die Anzahl der Link-Klicks ist die Grundlage für die Berechnung von Klickraten, wenn Sie Twitter als Verkaufs-Channel oder für bestimmte Marketingaktionen einsetzen.

6.11.2 Twitter-Monitoring und Twitter-Controlling

Das bereits vorgestellte Tool Hootsuite (siebe Abschnitt 6.7.1, »Hootsuite«) eignet sich auch zum Monitoring bzw. Controlling Ihrer Twitter-Aktivitäten. Ein einfaches Monitoring, das die Anzahl der Klicks nach Region und die Top-Seiten und Top-Links aufführt, stellt Hootsuite zur Verfügung (siehe Abbildung 6.21). Dabei wird auf den URL-Kürzer ow.ly von Hootsuite zurückgegriffen. Allerdings ist dieser Report immer nur für die letzten 14 Tage einsehbar. Daten über diesen Zeitraum hinaus sowie ausführliche Profildaten (Erwähnungen durch Influencer, Follower-Wachstum, Twitter Sentiment usw.), Facebook-Insights, Google Analytics sind nur mit der Version Hootsuite Pro für 5,99 US$ pro Monat verfügbar.

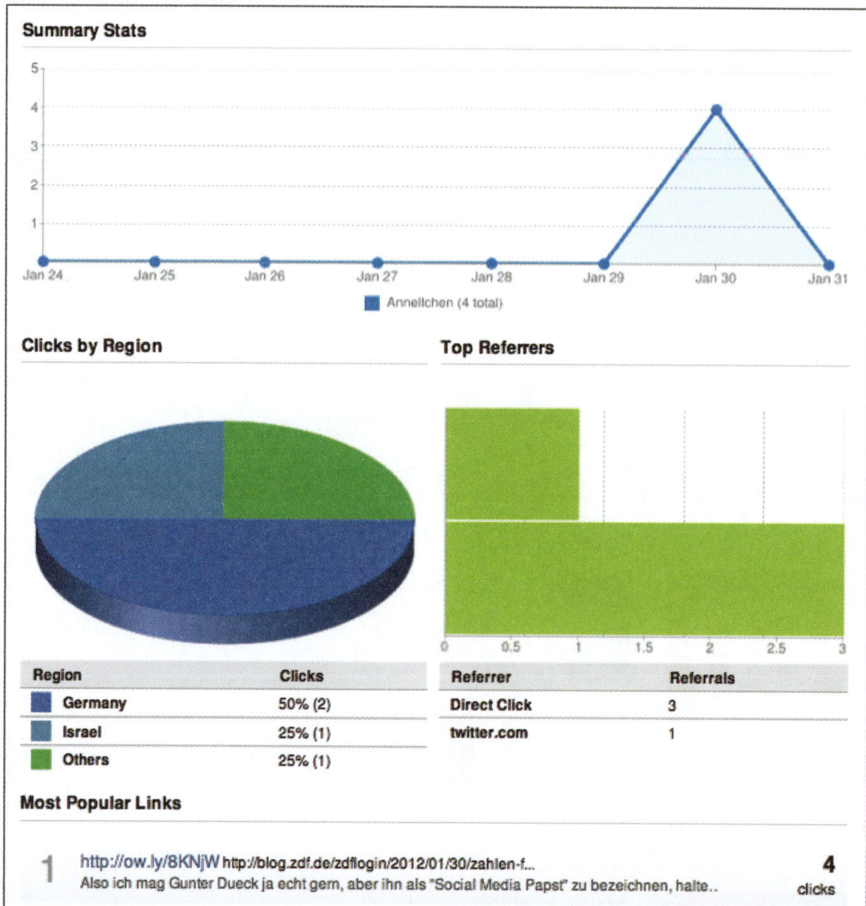

Abbildung 6.21 Diesen Einblick in Ihre Twitter-Stats gewährt Hootsuite kostenlos.

Weitere Infos unter *http://hootsuite.com/pro?upgrade*. Statistiken über Google+ Pages, die Hootsuite ebenfalls anbietet, sind nur in der Variante Hootsuite Enterprise derzeit ab 1.499 US$ pro Monat zu haben. Der preisliche Unterschied von Hootsuite Pro zu Hootsuite Enterprise ist derzeit eklatant und lohnt sich aus unserer Sicht nicht. Alternativ empfehlen wir, Hootsuite Pro zu verwenden und Google+ mit Google Analytics zu monitoren. Das Tolle an den Hootsuite-Statistiken ist, dass Sie PDF- und CSV-Export ermöglichen.

6.11.3 Kostenlose Twitter-Monitoring-Tools

Bit.ly

Bit.ly, *https://bitly.com*, können Sie als Link-Verkürzer nutzen und damit Klicks monitoren. Vorteil: Links können, als »Bundle« zusammengefasst, monitort werden. Nachteil: Es ist kein Export der Statistiken als PDF möglich, sondert der Report ist nur online einsehbar.

Refollow

Refollow, *http://refollow.com/refollow/index.html*, können Sie nutzen, um zu überprüfen, ob wichtige Twitter-Accounts, denen Sie folgen (Influencer, Markenfans, Blogger, Journalisten, Kunden), auch Ihnen folgen und umgekehrt.

Klout

Mit Klout, *http://klout.com*, können Sie die Reichweite Ihres Twitter-Accounts messen und Influencer ablesen. Klout misst anhand Ihrer Social-Media-Aktivitäten einen Wert zwischen 1 und 100 (siehe Abbildung 6.22). Je höher der Wert, desto höher sollen die Reichweite und der Netzwerkeinfluss sein.

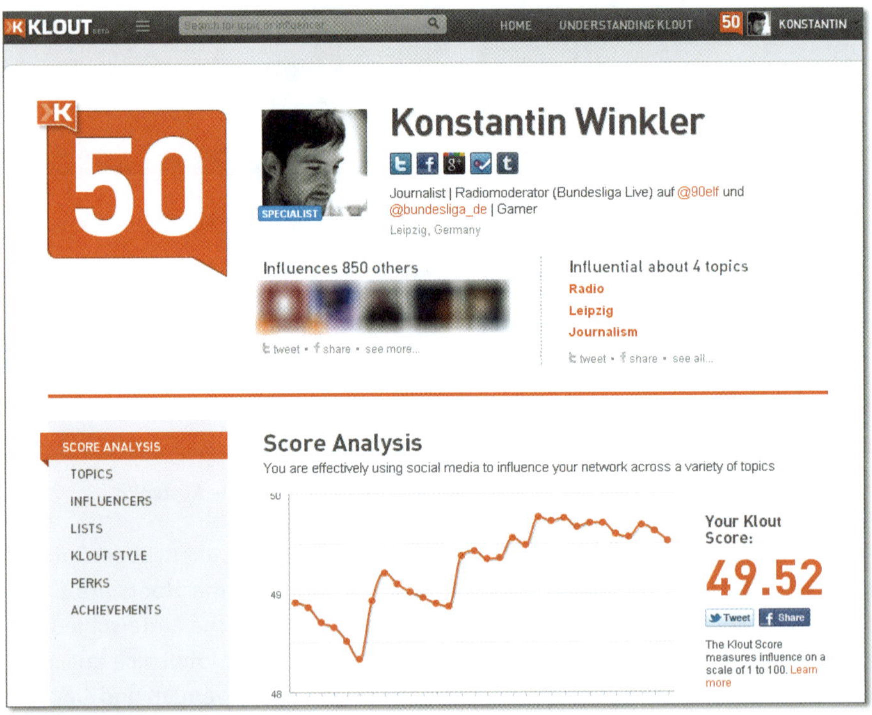

Abbildung 6.22 Dieser Influencer hat bereits 50 von 100 Klout-Punkten (Fotocredit: Konstantin Winkler, *konni.org*).

Kritik an Klout

Leider macht Klout nicht transparent, welche Daten es für den Klout-Score verwendet, woher diese Daten kommen und wie sie in Zusammenhang zueinander stehen. Beispielsweise ist es auch möglich, Klout-Punkte zu erhalten, ohne dass man in Klout angemeldet ist. Klout darf unterstellt werden, dass Datenschutzaspekte vernachlässigt werden und aus den Netzwerken alle möglichen Daten gezogen werden.

6.12 Fazit

Auch wenn Twitter etwas Eingewöhnungszeit benötigt, ist es ein tolles Tool, um Kundenwünsche herauszufinden, wertvolles Feedback zu Produkten zu erhalten, Service in Echtzeit zu bieten und die Konkurrenz zu beobachten. Wenn Sie es nicht als Teil Ihrer Social-Media-Kommunikation nutzen, riskieren Sie, dass unzufriedene Kunden Ihrem guten Ruf im Netz schaden. Da die Suchmaschinen alle Twitter-Inhalte sofort indizieren, sind sowohl Ihre Nachrichten als auch alle an Sie adressierten Nachrichten sichtbar. Wenn Sie Twitter nicht aktiv nutzen wollen, da Ihnen der Platz zu gering scheint oder die Funktionsweise für Sie zu kompliziert ist, sollten Sie jemanden in Ihrem Unternehmen suchen, der für die kurze und prägnante Kommunikation und den Dialog auf Twitter geeignet ist. Verwenden Sie Twitter als Sprachrohr nach außen, und schulen Sie Ihre Mitarbeiter in Presse und Marketing in diesem Tool. Alternativ haben Sie die Möglichkeit, Twitter zum Monitoring von Kunden und Konkurrenz einzusetzen. Dann können Sie wenigstens sofort reagieren, wenn positive oder negative Nachrichten über Sie verbreitet werden.

Tipp: Treffen Sie Ihre Twitter-Gemeinde!

Treffen Sie Ihre Twitter-Gemeinde im realen Leben, um die 140-Zeichen-Diskussion auf ein unbegrenztes Gespräch auszudehnen. Solche Treffen können Sie über *Twittwoch* – ein Treffen an einem Mittwoch –, *www.twittwoch.de*, das *Twittagessen* – ein gemeinsames Mittag- oder Abendesssen –, *www.twittagessen.de*, oder *Follower-Partys* organisieren.

7 Soziale Netzwerke

Freunde, Fans und Follower sind die neuen Begriffe für virtuelle Beziehungen zwischen Menschen. Soziale Netzwerke sind in den letzten Jahren zum zentralen Ort des Informationsaustauschs geworden. Für Unternehmen gilt deshalb, in jenen Räumen Platz zu nehmen, in denen sich die (potenziellen) Kunden bewegen.

Keinem anderen Thema rund ums Web wird in den letzten Jahren so viel Aufmerksamkeit geschenkt wie den sozialen Netzwerken, allen voran Facebook. Im Abstand von nur wenigen Monaten erscheinen neue Rekordzahlen in den Medien, was Mitgliederzahlen, Werbeausgaben und Userinteraktivität des Branchenprimus Facebook betrifft. Manche sprechen von der Entwicklung einer neuen Dotcom-Blase, andere wiederum von einer Kommunikations- und Informationsrevolution, die gerade stattfindet. Doch warum ist das eigentlich so, und ist das wirklich etwas Neues? Und was bedeutet diese Entwicklung für Unternehmen? Das alles möchten wir in diesem Kapitel klären.

7.1 Freunde, Fans und Follower – die ganze Welt vernetzt sich

Die Zahl der Nutzer sozialer Netzwerke ist bereits riesig und wächst beständig. Egal, wie diese Netzwerke heißen, sie erfüllen einen wesentlichen Zweck: Menschen vernetzen sich über geografische, politische und sprachliche Grenzen hinweg, manchmal aber auch nur regional. Wird die ganze Welt nun ein Dorf? Vielleicht nicht gerade in nächster Zeit. Aber Tatsache ist, dass es viele Marktplätze gibt, auf denen sich die Menschen unterhalten, über Privates wie Berufliches. Dazu gehören ziemlich sicher auch Ihre Branche, Ihre Leistungen oder sogar Ihr Unternehmen.

Dass der Stellenwert von sozialen Netzwerken im Internet steigt, zeigt auch der Fakt, dass die großen Suchmaschinen bemüht sind, die soziale Interaktion in das Suchergebnis zu integrieren. Der sogenannte *Social Graph* wird eine immer größere Rolle spielen. Google zeigt im Suchergebnis unter jedem dargestellten Weblink, wer von den eigenen Kontakten auf Google+, Friendfeed und einigen anderen Diensten, diesen Link jetzt oder früher bereits geteilt hat. Und jeder Google+-User kann direkt im herkömmlichen Google-Suchergebnis ein »+1« für einen Weblink vergeben. Dadurch soll die Suche personalisierter und das Suchergebnis wesentlich relevanter werden. Natürlich soll das der Verbreitung des sozialen Netzwerks mindestens im selben Umfang dienen.

Social Search

Quantität und Qualität geteilter Links in sozialen Netzwerken werden immer stärker das Suchergebnis beeinflussen, und zwar für alle Internetnutzer. Wird der Link zu einer Website besonders oft in Facebook und Co. geteilt, dann hebt das auch das Ranking dieser Website. Aber auch die Qualität wird zunehmend wichtiger: Wenn der Link von Usern geteilt wird, die besonders gut und zahlreich vernetzt sind, steigert das ebenfalls das Ranking der Website.

Immerhin nutzen über 45 % der Unternehmen im deutschsprachigen Raum bereits soziale Netzwerke. Betrachtet man eine Umfrage unter börsennotierten Konzernen in Deutschland, Österreich und der Schweiz, so liegt dieser Wert sogar bei über 60 %. Rund neun von zehn befragten Unternehmen glauben an eine steigende Bedeutung von Social Media und vor allem von sozialen Netzwerken in den nächsten Jahren. Und immer mehr Unternehmen können bereits eine positive Auswirkung auf das Geschäft durch soziale Netzwerke feststellen.

Marketing-Take-away: Dort aktiv sein, wo die Nutzer es sind

Soziale Netzwerke nehmen viel Raum und Zeit der Internetnutzer ein. Laut einer aktuellen Bitkom-Umfrage vom Januar 2012 sind 74 % der deutschen Internetnutzer in mindestens einem sozialen Netzwerk angemeldet. Von den 14- bis 29-Jährigen sind es sogar 92 %.[1] Es gibt jedoch gravierende Änderungen, in welchen Netzwerken sich die User verstärkt bewegen. Eine Entwicklung ist ganz klar erkennbar: Facebook gewinnt User und Traffic/Visits, so gut wie alle anderen in Deutschland relevanten sozialen Netzwerke verlieren dagegen. Das belegen mehrere Studien und Quellen, unter anderem die Zahlen des IVW: Besonders dramatisch bei den VZ-Netzwerken mit fast 80 % Rückgang, ebenso bei lokalisten.de, wer-kennt-wen.de oder XING. Ein ähnliches Bild zeigt eine GfK-Erhebung.[2]

Ähnlich verhält es sich auch mit dem Engagement von Unternehmen in sozialen Netzwerken. Über 70 % der in einer Umfrage vom März 2011 befragten österreichischen Unternehmen, die in Social Media aktiv sind, tun dies auf Facebook. Doch regional und thematisch ist die Liste beliebter Networks weitaus länger. Für jeden sollte bei einer Auswahl von mehreren hundert sozialen Netzwerken heutzutage das richtige dabei sein. Doch wo soll man da anfangen? Trotz der umfangrei-

1 Quelle: *http://www.bitkom.org/de/publikationen/38338_70897.aspx*

2 Quelle: *http://www.ishpc.de/2011/10/07/gfk-media-efficiency-panel/*

chen Auswahl ist es durch eine professionelle Definition und Einschränkung der Zielgruppen und umfassende Recherche möglich, die für das Unternehmen relevanten Netzwerke zu finden. Wer also ausreichend Zeit und Energie in die Definition der Zielgruppen und die darauffolgende Recherche investiert, wird später dafür belohnt. Denn in jeder Region gibt es nach wie vor regionale Platzhirsche, an denen dann kein Weg vorbeiführt, wenn Ihre Zielgruppe dort daheim bzw. unterwegs ist.

Am Beginn steht das Monitoring

In Kapitel 3, »Social Media Monitoring und Online Reputation Management«, haben wir bereits ausgeführt, wie Sie herausfinden, wo über Sie, Ihre Produkte, Ihre Branche oder Kundeninteressen gesprochen wird.

Das sollte die Entscheidungsbasis für Sie sein, in welchen sozialen Netzwerken Sie aktiv werden. Denn die großen Player wie Facebook sind keine Pauschallösung: In vielen Regionen gibt es einen lokalen Player, der durchaus interessant für Sie sein könnte.

7.2 Das digitale Ich – die Geschichte der sozialen Netzwerke

Nachdem jeder davon spricht, wollen wir zunächst einmal klären, was mit »sozialen Netzwerken« eigentlich gemeint ist. Darunter versteht man Portale oder Web 2.0-Dienste, die eine Gemeinschaft von Webusern beherbergen. Die Idee dahinter ist gar nicht so neu: User, die sich mehr oder weniger bereits aus dem realen Leben kennen oder sich über diese oder eine andere Plattform kennenlernen, vernetzen sich miteinander. Schon das sogenannte Usenet, die frühe Form der Foren bzw. Boards, auf dem sich User zu einem bestimmten Thema (Hardware, Programmierung usw.) vernetzt und ausgetauscht haben, waren eine Art von sozialem Netzwerk. Wobei bei den Foren weniger das persönliche Profil im Vordergrund stand, sondern eher das spezifische Interesse an einem Thema und die dazugehörige Themenkompetenz bzw. der Austausch spezieller Daten und Informationen. Der soziale Aspekt durch die virtuelle Abbildung real existierender Netzwerke und die Alltagskomponente sind aber eine Besonderheit von sozialen Netzwerken, die die frühen Webforen in dieser Form nicht hatten.

Zentrales Kennzeichen eines sozialen Netzwerks sind die Profile der einzelnen User, die mit vielen persönlichen Informationen bestückt werden: Alter, Geschlecht, Ausbildung, Hobbys, eigene private Fotos und Videos, aber auch Inhalte von anderen Usern oder Plattformen. Das Profil ist die Eigendarstellung eines Users. Man zeigt hier, wer man ist oder wie man sein bzw. gesehen werden möchte. Damit andere am eigenen virtuellen Leben teilhaben und man überhaupt wahrgenommen wird, braucht man Kontakte. Wenn sich zwei und mehr User über ihre Profile miteinander vernetzen, sprich in Kontakt treten, entsteht ein Netzwerk. Diese Verbindungen sind in den meisten Fällen zumindest mittelfristiger Natur, das bedeutet: Egal, ob man in Zukunft mehr oder weniger miteinander zu tun hat, bleibt man normalerweise miteinander verbunden und hält somit zumindest indirekten Kontakt, ohne dass man sich persönlich und explizit Nachrichten zukommen lassen muss. Der eine nimmt durch die öffentlichen Nachrichten und Informationen, die über das Profil geteilt werden, am Leben des anderen teil. Viele soziale Netzwerke bieten aber auch die klassischen E-Mail-Funktionalitäten: Man kann innerhalb des Netzwerks eine Art E-Mail verschicken oder zum Teil auch von außen erhalten bzw. nach außen senden.

Spannend dabei ist, dass diese kleinen und persönlichen Netzwerke keine Inseln sind, die jeder User über sein Profil bildet, sondern eine große virtuelle Welt, die mit Menschen bevölkert ist, die alle über eine oder mehrere Ecken miteinander verbunden sind: Jeder kennt irgendwie jeden, übertrieben gesagt.

Netzwerken ist (fast) alles

Auf der B2B-Plattform XING beispielsweise können Sie explizit sehen, wen Sie über welchen Kontakt kennen bzw. mit wem Sie welchen Kontakt teilen. Das hilft Ihnen, den Überblick zu behalten. Außerdem können Sie in fast allen sozialen Netzwerken nachsehen, mit wem einer Ihrer Kontakte noch befreundet ist bzw. in Kontakt steht. Das hilft Ihnen auch bei der Erweiterung Ihres Netzwerks, denn vielleicht kennen Sie den einen oder anderen auch und können den Kontakt wiederherstellen.

7.3 Warum soziale Netzwerke bei Usern so beliebt sind

Soziale Netzwerke sind für Menschen die einfachste Möglichkeit, mit vielen anderen Usern aus unterschiedlichen Regionen oder Ländern in Kontakt zu bleiben und mit ihnen Informationen auszutauschen. Während die Menschen sich früher überlegt haben, wem sie aus dem Urlaub eine Postkarte schreiben und an wen sie welche Urlaubsfotos per E-Mail schicken, organisieren sie das heute viel einfacher und ganz zentral über jenes Profil, über das sie mit ihren Freunden verbunden sind. Die umgekehrte Perspektive ist natürlich genauso wichtig: Wenn die Social-Media-User wissen wollen, was ihre Freunde so den ganzen Tag im Urlaub oder während der Arbeit machen, dann sind die sozialen Netzwerke jene zentrale Plattform, wo sie sich einklinken, nachsehen und informieren können. Soziale Netzwerke sind sozusagen der virtuelle Verteiler, bei dem man viel leichter dazugehört, als es früher vielleicht möglich war. Dabei sein ist also (fast) alles. Dadurch, dass sich hauptsächlich User miteinander vernetzen, die sich zumindest ansatzweise kennen, entsteht ein virtueller Raum mit einer viel höheren Vertrauensbasis, als es sonst im Internet möglich ist, mit Betonung auf »Internet«. Viele soziale Netzwerke haben ein Limit für das Hinzufügen von neuen Kontakten bzw. Kontaktanfragen eingebaut, was den Spammern Einhalt gebieten soll. Das wiederum sorgt dafür, dass Inhalten, die unter Freunden ausgetauscht werden, mehr vertraut wird, als es auf anonymen Websites oder Portalen der Fall wäre. Genauso verhält es sich auch, wenn es um das Vertrauen der User gegenüber kommerziellen Inhalten geht.

Marketing-Take-away: User vertrauen Freunden/fremden Usern mehr als herkömmlicher Werbung

Eine bekannte Studie von Nielsen aus dem Jahr 2009[3] belegt, dass über 90 % der User Inhalten und Empfehlungen von Freunden und rund 70 % den Empfehlungen fremder User vertrauen, während nur etwas mehr als 30 % der User das klassische Online-Banner für glaubwürdig halten.

Das Vertrauen in diese »Online-Räume« kann allerdings trügerisch sein, denn viele der mit Freunden geteilten Informationen sind auch öffentlich, also auch für Nichtfreunde einsehbar (je nach Privatsphäreneinstellung durch den User selbst). Und niemand weiß heute, was diese Plattformen mit diesen Inhalten zukünftig vorhaben. Die Themen Privatsphäre und Eigentum an Informationen werden die Gesellschaft noch viel mehr beschäftigen, als sie es heute bereits tun.

Mit der Nutzung sozialer Netzwerke ging und geht für die User ein Wandel an Mediennutzung, -kompetenz und Privatsphäre einher, der immer wieder für Diskussionen und die Infragestellung dieser Entwicklungen sorgt. Letztlich obliegt es aber jedem Einzelnen, sich Gedanken darüber zu machen, welche und wie viele Informationen er/sie im Web möglicherweise für die Ewigkeit veröffentlichen möchte. Denn eines ist ganz klar: Das Internet hat ein unendliches Gedächtnis, und die Garantie, dass Inhalte selbst nach aktivem Löschen durch den User auch wirklich überall gelöscht werden, gibt es nicht.

Rechtstipp von Peter Harlander: Lieber vorsichtig sein anstatt das Nachsehen zu haben

Zählen Sie nicht darauf, dass Sie Informationen später wieder löschen können. Sobald Sie eine Information ins Web stellen, wird diese unter Umständen an andere Webapplikationen weitergereicht, von Suchmaschinen eingelesen und permanent in Webarchiven gespeichert.

3 Quelle: *http://blog.nielsen.com/nielsenwire/consumer/global-advertising-consumers-trust-real-friends-and-virtual-strangers-the-most/*

Der beste Löschungsanspruch nutzt Ihnen überhaupt nichts, wenn die Daten mittlerweile an Stellen liegen, an die man über den Rechtsweg schlicht und einfach nicht herankommt, oder wenn diese ihre Marktmacht und ihre prall gefüllte Kriegskasse dazu missbrauchen, Ansprüche einfach abprallen zu lassen.

Verhalten Sie sich im Internet und vor allem in sozialen Netzwerken so, als ob Ihre Mutter alles mitbekommen könnte, also z. B. mit Ihnen auf Facebook befreundet wäre (wenn sie es nicht sowieso bereits ist). Veröffentlichen Sie nichts, was Sie in zehn Jahren nicht mehr vertreten könnten. Das gilt für Sie als Privatperson in Social Media genauso wie als beruflicher Social-Media-Nutzer. Jeder Geschäftspartner, Ihre Bank oder andere für Sie wichtige Kontakte können die Inhalte im Web irgendwann zu Gesicht bekommen.

Wichtig ist auch zu erwähnen, dass viele der heute beliebten Netzwerke auch technisch keine geschlossenen Räume sind. Mittels API (Application Programming Interface), einer Schnittstelle, mit der Daten von einem Programm ins Netzwerk eingespielt oder aus dem Netzwerk in ein Programm übertragen werden können, ergänzen viele Softwareentwicklungen die Inhalte oder Funktionalitäten der Portale. Gleiches gilt auch für die sogenannten Apps (Applikationen): Das sind Programme, die im sozialen Netzwerk von Usern genutzt werden können und mehr oder weniger nützliche Funktionen bereitstellen. Dazu gehören auch die beliebten Social Games wie Farmville oder MafiaWars in Facebook. Auch hier stehen in vielen Fällen nicht die Portalbetreiber, sondern externe und unabhängige Unternehmen dahinter.

7.4 Soziale Netzwerke beinhalten Online-Mundpropaganda

Soziale Netzwerke als ein wichtiger Teil von Social Media sind wie Mundpropaganda, nur online. Zufriedene Kunden sind die besten Multiplikatoren, offline wie online. Nur sind die Reichweite und die Sichtbarkeit online einfach viel, viel höher. Social Media ist also nichts anderes als Empfehlungsmarketing. Wenn Sie mit Ihrem Unternehmen in sozialen Netzwerken präsent sind, können Sie Ansprechpartner sein, bei Fragen weiterhelfen, Ihre Kompetenz zeigen und einen Ort anbieten, an dem Ihre zufriedenen Kunden ihrer Zufriedenheit Ausdruck verleihen können. Speziell an sozialen Netzwerken ist, dass die Verweildauer der User darin viel größer ist als auf herkömmlichen Websites und es um den Austausch von persönlichen Informationen und Empfehlungen geht. Besonders spannende, unterhaltsame oder dramatische Informationen verbreiten sich wie ein Lauffeuer. Das können Sie sich als Unternehmen ebenfalls zunutze machen.

7.5 Schneeball, Buschbrand und Co. – wenn Inhalte viral werden

Jeder von uns, der schon lange über einen E-Mail-Account verfügt, kennt das: Rundmails von Freunden, Bekannten oder Kollegen, mit witzigen Cartoons, sich selbst öffnenden Dateien, die zum Teil anrüchige Inhalte haben, Links zu schrägen oder lustigen Videos, Rätseln oder komischen Fotos im Anhang. Meistens wurden diese E-Mails schon mehrere Male vom jeweiligen Empfänger an dessen Freunde weitergeleitet (zu erkennen am Betreff Re: AW: Re: Re: Re: AW: AW: AW usw.) Diese E-Mails verbreiteten sich schnell, und genauso schnell ist es damit auch wieder vorbei. Im Prinzip ist das eine Art von viralem Effekt: Inhalte verbreiten sich quasi wie von selbst, und mit jedem Verbreitungsschritt und Kontakt erweitert und multipliziert sich die Zahl der Empfänger.

Dieses System hat aber auch wesentliche Nachteile:

- Die Geschlossenheit gegenüber Nichtempfängern: Nur wer als Empfänger einer solchen E-Mail eingetragen ist, kann die Nachricht auch erhalten. E-Mails sind bekannterweise ja nicht öffentlich zugänglich und im Normalfall nicht über Google auffindbar.
- Die hohe Anzahl diverser Filter (z. B. Spamfilter): Viele solcher Nachrichten scheitern mit der Zeit immer öfter an den sich stets verbessernden Spamfiltern der Provider.
- Das relativ kurze Aufmerksamkeitsfenster: Zwar liegt die E-Mail häufig lokal auf einem PC in einem Mailprogramm, trotzdem vergessen viele User, sich die Inhalte gleich anzusehen bzw. können es nicht, weil sie am Arbeitsplatz kein Risiko eingehen wollen (Virusgefahr, Gefahr des Entdecktwerdens beim Konsum privater Inhalte am Arbeitsplatz usw.).
- Der maximale Kreis der Empfänger solcher Nachrichten ist überschaubar.

Sie sehen also, viele Hürden, die es zu überwinden gilt und an denen eine wirklich virale Verbreitung häufig scheitert. In sozialen Netzwerken ist das etwas anders gelagert. Dass Videos auf YouTube innerhalb von wenigen Tagen die Millionengrenze an Views überschreiten, ist das beste Beispiel dafür, wie schnell sich Inhalte in Social Media verbreiten können. Auf Facebook werden täglich Unmengen an Videos oder an Links zu Videos geteilt und sorgen so für die massenhafte Verbreitung dieser Inhalte. Wenn Sie es also schaffen, Inhalte zu veröffentlichen, die es aus Sicht der User wert sind, »empfohlen«, sprich weitergeleitet/mit den Freunden geteilt zu werden, haben Sie den kostengünstigsten Weg gefunden, Ihre Reichweite zu maximieren.

Virale Verbreitung allein bringt nichts

Viele der besonders erfolgreichen viralen Kampagnen bauen auf dem Entertainmentfaktor auf. Unterhaltsame Inhalte werden im Web tatsächlich besonders häufig verbreitet und sind sehr beliebt. Das Wichtigste dabei ist, nicht das Ziel aus den Augen zu verlieren: Soll die Reputation bzw. das Image des Unternehmens damit verändert/verbessert werden? Soll der User Fan werden oder Ihren Online-Shop besuchen? Dann müssen Sie Ihre Marke platzieren oder die richtigen Links setzen.

7.6 Wozu Unternehmen soziale Netzwerke nutzen können

Ein Hype sollte nie ausschlaggebend für ein Engagement eines Unternehmens sein, deshalb möchten wir Ihnen die wesentlichsten Gründe vorstellen, warum es sich für Unternehmen auszahlt, in sozialen Netzwerken aktiv zu sein.

7.6.1 Mehr über den Kunden und sein Verhalten herausfinden

Viele Aktivitäten börsennotierter Unternehmen in sozialen Netzwerken sind zunächst auf die Marktforschung ausgerichtet: Sie versuchen vor allem durch das Monitoring herauszufinden, wie sich die Meinung der Kunden zu ihrem Unternehmen und den Produkten darstellt, wie also die Online-Reputation beschaffen ist. Das ist für alle Unternehmen wichtig, egal, ob groß oder klein. Sie sollten es nicht nur passiv, also beobachtend betreiben, sondern auch Feedback einfordern und akzeptieren.

7.6.2 Kundenbeziehung stärken und direkten Kontakt fördern

In sozialen Netzwerken sind Sie da anwesend, wo es auch ein Teil Ihrer Kunden ist. Immer mehr Zeit verbringen die Menschen in diesen Netzwerken, und sie widmen viel Zeit der Kommunikation mit Freunden und Bekannten, aber auch über und mit Unternehmen. Direkter Kontakt, egal, ob mit bestehenden oder potenziellen Kunden, mit Journalisten oder mit zukünftigen Mitarbeitern, ist über die sozialen Netzwerke wesentlich komfortabler, aber auch öffentlicher geworden. Es geht also irgendwie um Öffentlichkeitsarbeit.

7.6.3 Personalsuche (Recruiting)

Fast 30 % der deutschen Unternehmen schreiben laut einer BITKOM-Studie freie Stellen in sozialen Netzwerken wie Facebook oder XING aus.[4] Zwar gelten spezielle

---

4 Quelle: *http://www.bitkom.org/66566_66561.aspx*

Jobbörsen noch als Hauptplattformen für Stellenangebote und -gesuche, doch sind soziale Netzwerke auch hier auf dem Vormarsch. Der Vorteil für Unternehmen liegt in der Vernetzung der User untereinander: Interessante Inhalte, und dazu gehören natürlich auch Stellenangebote, werden von Usern aktiv weiterempfohlen. Außerdem bieten soziale Netzwerke Unternehmen und Jobinteressenten die Möglichkeit, in direkten Kontakt miteinander zu treten.

7.6.4 Produktwerbung

Natürlich können Sie Ihren Markenfans auch Produktneuheiten vorstellen. Doch nehmen Sie dies mit Maß und Ziel vor, denn Ihre Fans erhalten diese Informationen sicher schon über andere Kanäle wie Newsletter, Website oder Werbung in den traditionellen Medien. Sie werden es beobachten, dass vor allem persönliche Beiträge und Kommentare gut bei den Fans ankommen und PR- oder Werbeinhalte eher weniger.

Durch das Ausfüllen von Profildaten, aber auch das Teilen von Informationen, Bildern und Videos sowie Links hinterlassen alle Nutzer sozialer Netzwerke Spuren. Diese werden von den Portalen systematisiert und für das Targeting von Werbeanzeigen aufbereitet. Somit ist es möglich, die Zielgruppen weitaus genauer und mit weniger Streuverlust zu bewerben, als es über andere Medien möglich wäre. Andererseits steigt die Anforderung an die Konzeption der Werbekampagnen stetig: Die Konkurrenz um Aufmerksamkeit steigt innerhalb der Netzwerke, aber auch durch andere Anwendungen. Außerdem muss die jeweilige Kampagne den User besonders emotional oder monetär ansprechen, um ihn zur gewünschten Handlung zu bewegen.

7.6.5 Reichweite

Viele soziale Netzwerke verfügen über Mitgliederzahlen im Millionenbereich. Der Durchschnittsuser ist mit weit mehr anderen Usern befreundet, als er es im Offline-Leben mit »echten« Freunden zu tun hat. Jeder zufriedene Kunde ist ein wichtiger und einflussreicher Multiplikator in diesen Netzwerken. Somit können Sie Ihre Reichweite um ein Vielfaches erhöhen, wenn Sie in sozialen Netzwerken präsent sind, Inhalte streuen und mit anderen kommunizieren.

7.7 Was Ihre relevanten sozialen Netzwerke sind

Die Antwort auf die Frage nach dem/den relevanten Netzwerk(en) kann nur so beantwortet werden: Es hängt einzig und allein von Ihren Zielgruppen, Ihrem Publikum, das Sie ansprechen möchten, ab. Blinder Aktionismus oder einem Hype zu erliegen sind keine gute Grundlage für ein Social-Media-Engagement. Dazu gibt es zu viele soziale Netzwerke, die oft ein ganz unterschiedliches Publikum vereinen. Myspace und Friendster waren die ersten wirklich weltweit bekannten sozialen Netzwerke.

Im Laufe der Zeit schossen Dutzende solcher Plattformen aus dem Boden, und ein paar davon konnten sich am Markt behaupten. Einige davon sind regionale Player, andere haben es international geschafft. Manche decken Spezialthemen oder -inhalte ab (Fotos, Videos, Mode, Schule usw.), wieder andere sind Generalisten und bieten eine dementsprechende Breite an Funktionalitäten und Themen an, so wie Facebook. Es gibt für jeden das passende Netzwerk. Nicht jeder ist auf Facebook registriert, aber viele. Trotzdem ist Facebook nicht die einzig relevante Plattform. Um das herauszufinden, sollten Sie sich mittels Monitoring auf die Suche nach der virtuellen Heimat Ihrer Zielgruppen machen. In Kapitel 3, »Social Media Monitoring und Online Reputation Management«, finden Sie eine ausführliche Information, wie Sie mit professionellem Monitoring Ihre Zielgruppen finden können.

Ein Tool für den ersten Überblick speziell für soziale Netzwerke kann beispielsweise der Social Media Planner von Inpromo sein (siehe Abbildung 7.1). Mit wenigen Klicks können Sie auf *www.socialmediaplanner.de* durch Auswahl von Alter, Geschlecht und Interessengebiete herausfinden, auf welchen Plattformen sich Ihr Social-Media-Publikum befindet. Das Ergebnis ist allerdings eher oberflächlich und bietet nur einen ersten Überblick, und es bedarf daher einer genaueren, weiterführenden Analyse im nächsten Schritt mittels Social Media Monitoring, um ein zuverlässiges Ergebnis zu erhalten.

Abbildung 7.1 Social Media Planner von Inpromo

Es gibt viele Plattformen, die auf den ersten Blick ähnliche Zielgruppen ansprechen oder Funktionen anbieten. Deshalb ist ein professionelles und umfangreiches Monitoring so wichtig. Ein paar Hauptakteure gibt es aber natürlich. Im Folgenden möchten wir Ihnen einen Überblick über die wichtigsten sozialen Netzwerke bieten, die im Moment für Unternehmen im deutschsprachigen Raum relevant sind.

7.8 Facebook – das Jahrgangsbuch der Welt

Warum wir Facebook einen derart großen Platz in diesem Kapitel einräumen, hat zwei wichtige Gründe: Einerseits hat Facebook in so kurzer Zeit schon eine unglaubliche Marktposition und Medienpräsenz erreicht. Andererseits lassen die Visionen und Neuerungen, die von Facebook ausgehen, noch einiges vermuten. Deshalb wird unserer Meinung nach Facebook zumindest in den nächsten zwei bis drei Jahren eine wichtige Rolle bei den Überlegungen von Unternehmen spielen, wo und wie man in Social Media aktiv werden möchte.

Das mit über 850 Mio. registrierten Usern mittlerweile größte internationale soziale Netzwerk der Welt hat ein beispielloses Wachstum an den Tag gelegt, was Userzahlen, Traffic auf Websites, Funktionalitäten und mediale Aufmerksamkeit betrifft. Seit seiner Gründung im Jahre 2004 wurde Facebook zu einem der ganz großen Portale, das selbst vor Googles Kerngeschäften nicht haltmacht und sich zu einem ernsthaften Player im hart umkämpften Markt des Online-Marketings entwickelt hat. Nicht ohne Grund fürchtet Google um seine Vormachtstellung: Während Besucher einer klassischen Webseite ca. sechs Seitenaufrufe tätigen, sind es bei Facebook rund 15 Seiten. Die User bewegen sich also verstärkt innerhalb des Netzwerks.[5] Das bedeutet auch, dass Facebook-Nutzer viel Zeit in Facebook verbringen, viele Inhalte konsumieren und dass sie interaktiv sind. Gute Voraussetzungen für Unternehmen, um sich in diesem beliebten und stark frequentierten Raum zu engagieren (Abbildung 7.2).

Der mediale Hype um Facebook ist enorm, auch was die negative Berichterstattung betrifft. Kein anderes soziales Netzwerk wird in den Medien so häufig in Bezug auf Themen wie »der gläserne Mensch«, »Privatsphäre im Internet« oder »Stalking« behandelt. Doch Facebook selbst ist mehr als nur ein Hype: Die Betreiber haben es bis dato geschafft, durch ständige Weiterentwicklung und Integration neuer Trends, den Usern eine Plattform zu bieten, die sie täglich nutzen können und wollen. Und die Zahlen sprechen eine deutliche Sprache: Mehr als die Hälfte der User ist mindestens einmal täglich online. Mehr als 350 Mio. Facebook-User greifen mobil auf Facebook zu (z. B. über das Apple iPhone oder Android-Smartphones).

---

5 Quelle: *http://www.heise.de/ct/artikel/Megacommunities-948944.html*

Gerade das Mobile-Marketing-Thema wird die Marketingwelt und die Unternehmen in der nächsten Zeit beschäftigen, mehr dazu finden Sie auch in Kapitel 9, »Mobile Social Marketing«. Facebook ist eine lebendige Plattform, die absolute Mehrheit der User nutzt diese Plattform regelmäßig. Das bedeutet natürlich für Sie als Unternehmen, dass Sie sich wie im nichtdigitalen Leben dort präsentieren sollten, wo die Kunden sind: Facebook ist ein virtueller Marktplatz, und ein besonders belebter noch dazu.

Abbildung 7.2 Facebook ist für alle User kostenlos und wird es auch immer bleiben.

7.8.1 Die Geschichte von Facebook

2004 gründete der Harvard-Student Mark Zuckerberg gemeinsam mit drei weiteren Studenten die Plattform thefacebook.com. Zu Beginn war die Plattform ausschließlich Harvard-Studenten zugänglich. Bald darauf wurde die Plattform für alle universitären Einrichtungen und deren Studenten in den USA geöffnet, und später auch für Nichtstudenten und User außerhalb der USA, was den Grundstein für den Erfolg von Facebook legte. Heute steht Facebook in etwa 80 Sprachversionen zur Verfügung und gewinnt User in fast allen Gebieten der Welt.

Facebook ist eine Plattform, auf der sich Internetuser in der überwiegenden Mehrheit mit ihrem echten Vor- und Nachnamen registrieren und ein Profil einrichten, um sich mit anderen Usern zu vernetzen und an deren virtuell abgebildetem Leben teilzuhaben. Meistens sind es andere Familienmitglieder, Freunde, Bekannte, Studien- oder Arbeitskollegen, also Menschen, mit denen man im realen Leben mehr oder weniger intensiv Kontakt pflegt. So bildet Facebook sehr oft ein erweitertes und virtuelles Abbild der reellen sozialen Beziehungsstruktur eines Users ab. Erweitert deshalb, weil sich über Facebook häufig Menschen wiederfinden, die zuvor den Kontakt zueinander verloren oder vernachlässigt hatten.

Der große Vorteil für den User ist die Zentralität der Funktionen und mittlerweile auch die Marktdurchdringung. Egal, ob es um Fotos, Videos oder ganz einfach nur um eine kurze Textinfo geht: Über eine einzige Plattform werden viele Empfänger erreicht. Und viele der Freunde und Kollegen sind auf Facebook zu finden. Das gilt zu einem gewissen Teil auch für Ihre Kunden.

7.8.2 Facebook-Userzahlen

Facebook hat eine imposante Entwicklung der Mitgliederzahlen auch im deutschsprachigen Raum hingelegt. Die vorliegenden Zahlen wurden im Januar 2012 erhoben. In Deutschland sind knapp 22 Mio. User auf Facebook angemeldet, das sind über 25 % der Gesamtbevölkerung und über 35 % aller deutschen Internetnutzer.

In Österreich sind rund 2,68 Mio. User registriert, das entspricht knapp einem Drittel der Gesamtbevölkerung und etwa 40 % der Internetnutzer dieses Landes. Die Schweiz liegt im relativen Vergleich sogar ganz vorn: 2,72 Mio. Schweizer sind in Facebook registriert: Das sind über 35 % der Gesamtbevölkerung und über 40 % der Onliner des Landes.

Besonders hervorzuheben ist, dass in allen drei Ländern die Altersgruppen immer ausgeglichener vertreten sind. Es ist also nicht, wie aus der Entstehungsgeschichte heraus immer wieder behauptet wird, eine reine Plattform für Studenten oder Jugendliche, sondern mittlerweile wirklich ein Netzwerk mit einer breiten Abdeckung.

Marketing-Take-away: Zahlen, Daten, Fakten zu Facebook

Aktuelle Zahlen und Statistiken können Sie jederzeit und vor allem in Echtzeit auf *www.socialbakers.com* oder direkt im Facebook-Werbeanzeigen-Tool auf *www.facebook.com/ads/create/* ermitteln. Weitere gute Quellen sind die Blogs von Thomas Hutter (*www.thomashutter.com*), Annette Schwindt (*www.schwindt-pr.com*) und AllFacebook Deutschland (vormals Facebookmarketing.de, heute *www.allfacebook.de*).

7.8.3 Warum Facebook für Unternehmen relevant ist

Wie bereits erwähnt, ist die reine Tatsache, dass ein Hype um eine Plattform oder ein Thema besteht, kein Grund, als Unternehmen diesem Hype blind zu folgen. Bei

Facebook verhält sich die ganze Sache etwas anders. Es gibt durchaus gute Gründe, warum Unternehmen in Facebook aktiv sein sollten:

- Über 850 Mio. User sind in Facebook registriert: In so kurzer Zeit (die Gründung von Facebook erfolgte im Jahr 2004) hatte es zuvor keine andere Plattform geschafft, so viele Mitglieder willkommen zu heißen. Wenn Sie Kunden auch im internationalen Bereich haben, ist Facebook für Sie auf alle Fälle wichtig. Die Zahlen für Deutschland, Österreich und die Schweiz belegen, dass Facebook auch für den nationalen Markt eine hohe Durchdringungsrate bietet. Das allein reicht aber noch nicht, um Facebook als ideales Marketingtool zu bezeichnen, denn es ist ja immer auch eine Frage der Nutzung durch die jeweils relevante Zielgruppe. Doch die Wahrscheinlichkeit, dass auch ein Teil Ihrer (potenziellen) Kunden auf Facebook anzutreffen ist, ist groß.
- Facebook-User geben, mehr oder weniger bewusst, viele Informationen über sich und das eigene Informations-, Konsum- und Freizeitverhalten auf Facebook preis. Das bedeutet für Unternehmen, dass es noch nie leichter war, die relevanten Zielgruppen exakt zu orten, wie es in Facebook möglich ist. Spätestens wenn Sie einmal das Facebook-Werbeanzeigen-Tool ausprobieren, werden Sie das feststellen. Alter, Geschlecht, Hobbys und Interessen: Es sind viele Daten, die für die Erstellung zielgruppengerechter Werbeanzeigen zur Verfügung stehen.
- Mehr als die Hälfte der User ist einmal täglich online: Egal, was die eigenen Beobachtungen vielleicht vermitteln mögen, die Mehrheit der Facebook-User ist tatsächlich auch in Facebook aktiv. Die einen posten und kommentieren besonders viel, die anderen lesen eher und beobachten nur. Facebook ist ein virtueller Raum mit viel Interaktivität und Dynamik, die User verbringen viel und gerne Zeit darin. Einen kleinen Teil dieser Aufmerksamkeit könnten die User auch Ihrem Unternehmen schenken.
- Mehr als 350 Mio. User verwenden Facebook von mobilen Endgeräten aus: Die tägliche Verweildauer in Facebook steigt besonders, wenn User über Smartphones oder andere internetfähige Mobilgeräte ins Internet gehen und Facebook nutzen.
- Mehr als 10 Mio. User pro Tag sagen »Gefällt mir« zu Facebook-Seiten (früher Fanseiten). Das sind jene Profile, die für Unternehmen zur Verfügung stehen und auch verstärkt von diesen genutzt werden. User sind an Inhalten von und der Kommunikation mit Unternehmen und Marken interessiert. Das belegen auch die vielen Beispiele von beliebten Facebook-Seiten wie Coca-Cola oder Adidas. Der Erfolg solcher Facebook-Seiten hängt entweder vom starken Markenimage ab oder von der Qualität der Inhalte der jeweiligen Facebook-Seite. Das heißt: Sie müssen keine große Marke sein, um in Facebook erfolgreich eine relevante Schar von Anhängern zu finden. Einzige Bedingung ist: Die Mehrheit

Ihrer Kunden ist mit Ihnen zufrieden, und Sie schaffen es, auch auf Facebook interessant bzw. relevant zu sein. Mit einem »Gefällt mir« binden Sie den Facebook-User an sich, auch seine Freunde werden darüber informiert, und Sie können ihn daraufhin proaktiv mit Infos versorgen. Wobei es hier ein paar Filter gibt (Edgerank), doch dazu kommen wir später.

- Facebook macht recht gute Umsätze mit Werbeeinnahmen und möchte dieses einträgliche Geschäft natürlich verstärken. Deshalb tut es viel dafür, den idealen Rahmen zu schaffen, dass so viele Unternehmen wie möglich auf Facebook präsent und aktiv sind. Die Facebook-Entwicklungsabteilung arbeitet laufend an der Erweiterung des Leistungsspektrums an Applikationen und Funktionen für Facebook-Seiten, die es Unternehmen erleichtern, mit den relevanten Zielgruppen in Kontakt zu treten.

Nun haben wir also einige wichtige Gründe aufgelistet und Sie hoffentlich davon überzeugt, warum Sie als Unternehmen auf Facebook aktiv sein sollten. Der nächste Schritt ist nun, sich in Facebook zu registrieren. Da gibt es ein paar wichtige Informationen und Tipps, die Sie zuvor wissen und anschließend beachten sollten, damit Sie von Anfang an auf dem richtigen Weg sind.

7.8.4 Gruppe, Profil, Seite oder Gemeinschaftsseite – was ist das Richtige für mein Unternehmen?

Aus der Historie heraus hat Facebook unterschiedliche Profilarten definiert, die zum Teil heute noch für Verwirrung sorgen. Profile, Gruppen, Seiten, was ist was? Ist eine Facebook-Seite dasselbe wie eine Facebook-Page? Da sich die Wahl des richtigen Accounts auf den Erfolg des Facebook-Engagements elementar auswirkt, möchten wir zuerst einmal Aufklärung in den Begriffswirrwarr bringen. Beginnen wir zunächst mit dem Facebook-Profil.

7.8.5 Profil

Basis von Facebook sind die Profile der User (siehe Abbildung 7.3). Ein Profil ist die Voraussetzung, um auf Facebook aktiv zu sein, das bedeutet, eigene Beiträge sowie Fotos und Videos zu veröffentlichen, Inhalte von anderen zu sehen und zu kommentieren und beispielsweise Gruppen beitreten zu können oder bei einer Facebook-Seite »Gefällt mir« zu sagen. Das eigene Profil enthält unterschiedliche Informationen über die eigene Person. Angefangen von Geburtsdatum, Wohnort und Telefonnummer über Ausbildung und aktuellen Arbeitgeber bis hin zu Hobbys, Lieblingsfilmen, -musik und -büchern, um nur ein paar Beispiele zu nennen. Facebook möchte natürlich, dass die User so viel wie möglich von sich preisgeben, da die immer treffsicherer werdende personalisierte Werbung ein einträgliches

Geschäft ist. Was aus der Sicht der User nicht nur auf Gegenliebe stößt, freut die Unternehmer und Werber natürlich in besonderem Maße.

Abbildung 7.3 Im eigenen Facebook-Profil (Chronik) gibt der User persönliche Informationen über sich preis.

Seit Anfang 2012 wurde die Mehrheit der Facebook-Nutzer auf die neue Profildarstellung, die sogenannte »Chronik« (Timeline) umgestellt: Alle Aktivitäten und Informationen werden an einer Zeitlinie umgekehrt chronologisch dargestellt, oben beginnend also mit der aktuellsten Aktivität. Facebook-Startseite jedes Users nach seiner Anmeldung ist die sogenannte Homepage, die den User über Neuigkeiten informiert, die in seinem sozialen Netzwerk passiert sind bzw. gerade passieren. Für die kostenlose Anmeldung benötigen User nur wenige Schritte und Informationen: Eine gültige E-Mail-Adresse, später einmal auch eine gültige Handynummer zur Verifizierung des Facebook-Profils. Auch für die Anlage und Betreuung einer Facebook-Seite wird letztendlich ein Profil benötigt, auch wenn Facebook als Zwischenschritt das sogenannte Unternehmenskonto (vergleichbar mit Profilen für Unternehmen) eingeführt hat.

Es können jederzeit weitere bestehende Profile von anderen Usern als Facebook-Seitenadministratoren hinzugefügt oder entfernt werden. Im Gegensatz zu früher ist es heute auch möglich, den »Gründeradministrator« von der Seite zu entfernen. Es besteht also nicht mehr die Notwendigkeit, nur für das Erstellen einer Seite ein eigenes Profil anzulegen.

Was ist ein Unternehmenskonto?

Das ist eine abgespeckte Version eines Profils, das nicht an eine Person gekoppelt ist, sondern für das eine E-Mail-Adresse reicht. Wir raten Ihnen aber von der Nutzung solcher Unternehmenskonten ab: Diese haben den wesentlichen Nachteil, dass man über sie keine Applikationen auf Facebook-Seiten installieren kann. Deshalb empfiehlt es sich, eine Facebook-Seite von einem Profil aus anzulegen.

7.8.6 Gruppe

Zusätzlich zur direkten Vernetzung mit anderen Usern in Form von Facebook-Freundschaften bietet Facebook die Möglichkeit, Gruppen zu gründen oder einer bestehenden Gruppe beizutreten. Facebook-Gruppen sind für User mit gemeinsamen Interessen geeignet. Hier vernetzen sich User, die beispielsweise gerne Mountainbike-Touren machen und nach Gleichgesinnten für die nächste Tour suchen, sich über neues Material oder besonders tolle Strecken austauschen u.v.m. Unternehmen haben aktiv grundsätzlich in Gruppen nichts verloren. Was für Unternehmen jedoch interessant sein kann: Was bewegt meine Zielgruppe? Wonach suchen meine potenziellen Kunden? Gruppen sind also eine gute Möglichkeit, mehr über die Bedürfnisse der Kunden herauszufinden.

Beispiel für Gruppenmonitoring

Wenn Sie eine Tourismusregion repräsentieren und erstmals ein Mountainbike-Event veranstalten, sollten Sie entsprechende Gruppen auf Facebook suchen, ihnen beitreten und die Diskussionen und geteilten Informationen mitverfolgen. Somit lernen Sie, was die Mountainbiker generell von Veranstaltungen erwarten, was ihnen bei anderen Veranstaltungen gut und was ihnen weniger gut gefallen hat, und können so viele Fehler vermeiden. Sofern Sie nicht zu werblich auftreten, können Sie auch Fragen stellen, auch konkret in Bezug auf Ihre eigene Veranstaltung.

Im Rahmen eines professionellen Monitorings sollten Gruppen eine nicht unwesentliche Rolle spielen. Suchen Sie in Facebook nach Gruppen, die Ihre Region, Ihre Branche, Ihr Unternehmen oder Ihr(e) Produkt(e) behandeln, treten Sie den Gruppen bei, und hören Sie aufmerksam zu, aber vermeiden Sie jegliche Verkaufsintention, die User würden das nicht gutheißen. Nutzen Sie für die Suche nach Gruppen ganz einfach die Facebook-Suche im blauen Balken. Sie können aber auch selbst eine Gruppe gründen, um für eine von Ihnen organisierte Veranstaltung einen offenen oder geschlossenen Raum zur Verfügung zu haben oder um einzelne Abteilungen miteinander zu vernetzen. Die Anwendungsgebiete sind vielseitig.

Tipp: Eine Gruppe für Ihr Redaktionsteam

Wenn eine Facebook-Seite von vielen verschiedenen Administratoren betreut wird, macht es Sinn, eine geheime Gruppe anzulegen und alle Administratoren einzuladen, dort Links, redaktionelle Fragen und Themen auszutauschen und zu diskutieren. Das kommt in der Praxis immer häufiger vor und funktioniert erfahrungsgemäß sehr gut. Somit liegen alle Informationen im selben Medium vor und können einfach und schnell untereinander getauscht und diskutiert werden (siehe Abbildung 7.4).

Abbildung 7.4 In geschlossenen oder offenen Gruppen können sich User mit anderen Usern organisieren und über Themen diskutieren, Infos austauschen oder sogar Dokumente teilen.

7.8.7 Facebook-Seite (früher Fanseite)

Facebook hat für Unternehmen eine eigene Art von Präsenz geschaffen: die Facebook-Seiten. Diese sind für Unternehmen, Organisationen und berühmte Persönlichkeiten gedacht. Im April 2010 wurden seitens Facebook einige Änderungen umgesetzt: Aus den »Facebook-Seiten« wurden »Seiten«, aus »Fan werden« wurde »Gefällt mir«. Um dem Begriffswirrwarr ein Ende zu machen: Egal, ob von Facebook-Seiten, FB-Seiten, Fanpages, Pages oder Unternehmensseiten die Rede ist, es handelt sich immer um genau dieselbe Form von Seiten, die einem Unternehmensauftritt in Facebook dienen. Das gilt nicht nur, weil Facebook das auch in den eigenen Facebook-Richtlinien so definiert, sondern weil es zahlreiche Vorteile gibt, die Facebook-Seiten für Unternehmen zur idealen Kommunikations- und Interaktionsfläche machen.

Einer der unserer Meinung nach besonders großen Vorteile (gegenüber Gruppen und Profilen) ist, dass Facebook-Seiten komplett offen für Suchmaschinen und für nicht registrierte bzw. angemeldete User sind (siehe Abbildung 7.5). Damit gehen die Reichweite und Sichtbarkeit der Seite über die sowieso schon riesige Anzahl von Facebook-Benutzern hinaus: Jeder Internetuser ist ein potenzieller Besucher Ihrer Facebook-Seite, wenn er entweder die URL kennt oder auf Google ein Suchwort eingibt, das sich auf Ihrer Facebook-Seite wiederfindet. Verstärkt wird die Suchmaschinenrelevanz Ihrer Seite noch dadurch, dass die Suchmaschinen Google und Bing bestimmte soziale Netzwerke wie Facebook und Twitter in ihre *Realtime Search* aufgenommen haben. Das heißt, dass die Inhalte Ihrer Seite die Chance haben, quasi in Echtzeit gefunden und indiziert zu werden, also bereits nach wenigen Minuten oder sogar Sekunden auf Google und Co. zu finden sind.

Abbildung 7.5 Alle Inhalte Ihrer Facebook-Seite, egal, ob Pinnwand oder ein anderer Tab, sind für Suchmaschinen und für nicht angemeldete User offen und nutzbar.

Ein weiterer wesentlicher Vorteil der Facebook-Seiten ist die große Menge an Applikationen und Widgets, die dem Seitenbetreiber zur Verfügung stehen. Applikationen sind Anwendungen/Programme, die entweder von Facebook selbst oder von Drittanbietern programmiert wurden, um beispielsweise Inhalte von anderen Plattformen oder Spiele in Facebook zu integrieren. Die Fülle an Anwendungen ist groß, wächst ständig und wird von Facebook bewusst unterstützt. Dazu gehören sogar Integrationen von Online-Shops, Umfragen oder aufwändige Games und Gewinnspiele.

Apps sind nicht alles

Auch wenn Applikationen die Interaktivität Ihrer Facebook-Seite steigern, neue Fans bringen und Ihre Community unterhalten können, sollte Ihr Hauptaugenmerk auf der Qualität der Inhalte auf der Pinnwand liegen. Apps sollten Sie unterstützend da einsetzen, wo die Facebook-Richtlinien bzw. die Funktionalitäten der Pinnwand Ihnen Grenzen setzen: Gewinnspiele, Foto-Contests, Umfragen usw. können über Apps sehr gut umgesetzt werden.

Eine hilfreiche Applikation ist die von Twitter: Mit dieser Anwendung können Sie alle Beiträge Ihrer Seite automatisch auf einen Twitter-Account exportieren (siehe Abbildung 7.6). Sie müssen nur auf *www.facebook.com/twitter* mit wenigen Klicks den Twitter-Account mit Ihrer Facebook-Seite verbinden. Dies ist vor allem dann sinnvoll, wenn Sie Ihre Facebook-Seite als zentrale Social-Media-Plattform und als Traffic-Ziel definiert haben und Sie den Twitter-Account nicht nur automatisch befüllen lassen, sondern sicherstellen wollen, dass auch interpersoneller Informationsaustausch stattfindet. Warum sollte ein Twitter-User Ihrem Twitter-Account folgen, wenn nur Roboterbeiträge aus Facebook getwittert werden?

Abbildung 7.6 Die Beiträge der Facebook-Seite auf den Twitter-Account exportieren

Den umgekehrten Weg gibt es natürlich auch: Sie können jeglichen RSS-Feed in Ihre Facebook-Seite importieren, egal, ob Tweets oder Blogbeiträge.

Rechtstipp von Peter Harlander: Auch bei RSS-Feeds das Urheberrecht beachten

Technisch gesehen, funktioniert eine RSS-Feed-Einbindung meist recht einfach, doch dürfen Sie nicht vergessen, dass Sie für den Import und die Darstellung fremder RSS-Feeds das Einverständnis des Urhebers einholen müssen.

Häufig genutzte Applikationen dafür sind NetworkedBlogs und die Notizanwendung von Facebook (Notes). Wir raten Ihnen aber eher davon ab, denn gerade Twitter-Beiträge beinhalten eine ganz eigene Sprache und Sonderzeichen, die viele Facebook-Nutzer nicht verstehen. So würden Sie Ihre Fans eher verschrecken als informieren.

Die Qual der Wahl bei Facebook-Apps

Sie müssen heutzutage nicht mehr jede App individuell programmieren lassen: Es gibt mittlerweile zahlreiche Drittanbieter von Applikationen für Facebook. Eine umfangreiche Liste von Facebook-Anwendungen finden Sie auf *www.applosive.de* und auf *www.appbistro.com*, und einige Beispiele folgen in diesem Kapitel.

7.8.8 Facebook-Gemeinschaftsseiten

2010 hat Facebook die sogenannten Gemeinschaftsseiten eingeführt. Diese sollen Themen oder Begriffen von allgemeinem Interesse, beispielsweise einem guten Zweck, dienen. Grund für diese Einführung war, dass einige Facebook-User diverse Facebook-Seiten rund um Naturkatastrophen oder mit dem Namen bekannter Marken oder Persönlichkeiten angelegt und diese Facebook-Seiten dann für ihre eigenen Zwecke missbraucht haben (hauptsächlich zu Werbezwecken). Das sollen in Zukunft die Gemeinschaftsseiten unterbinden. Seitens Facebook wurden und werden allerdings auch Gemeinschaftsseiten zu einem bestimmten Thema/Begriff automatisch angelegt, wenn beispielsweise Mitarbeiter eines Unternehmens in ihrem Facebook-Profil unter »Arbeitgeber« einfach den Namen des Unternehmens eintippen und speichern. Facebook kam mit dieser Neuerung bei vielen Marketern in die Kritik, weil bei sehr beliebten und bekannten Marken so oft mehrere hundert Gemeinschaftsseiten entstanden. Mittlerweile gibt es für Marken eine Möglichkeit, solche Gemeinschaftsseiten bei Facebook zu beanspruchen. Sie können diese Seite als Duplikat an Facebook melden (über den Link »Seite melden« auf der betroffenen Gemeinschaftsseite) und dann mit Ihrer offiziellen Facebook-Seite zusammenführen lassen.

Woran Sie Gemeinschaftsseiten erkennen

Gemeinschaftsseiten erkennen Sie häufig daran, dass sie keine »normale« Pinnwand besitzen, sondern Texte aus Wikipedia integriert haben und darunter alle öffentlich zugänglichen Facebook-Beiträge zeigen, die den Namen der Gemeinschaftsseite beinhalten. Außerdem beinhalten viele Gemeinschaftsseiten kein Profilbild sondern ein von Facebook generiertes Platzhaltersymbol.

7.8.9 Auf los geht's los – aber bitte mit Konzept!

Zuhören, zuhören, zuhören: Eine der wesentlichen Grundregeln für Social Media gilt natürlich auch für Facebook und sollte Grundlage für jedes Social-Media-Engagement von Unternehmen sein. Durch Zuhören, sprich Beobachten, lernen Sie, wie die User miteinander kommunizieren, was sie bewegt und interessiert, welche Inhalte sie besonders begeistern und was sie stört. Nicht nur am Beginn ist ein Perspektivenwechsel sinnvoll: Sie sollten regelmäßig »User spielen«. Abonnieren Sie die Seiten Ihrer Marktbegleiter, und beobachten Sie, was wie gut bei deren Fans ankommt, und wie Sie es selbst aus Usersicht empfinden. Auf die Frage, wie wenig genug und wie viel zu viel ist, gibt es keine Pauschalantwort. Je nach Thema, Unternehmen und Zielgruppe kann die ideale Updatedichte von Facebook-Seiten stark variieren. Wenn Sie beispielsweise einen großen Online-Shop für Computerhardware betreiben, dann wird zumindest phasenweise beim Erscheinen neuer

Produkte die Häufigkeit der Beiträge höher sein als bei der Facebook-Seite eines kleinen Hotels oder Gastronomiebetriebs. Zudem sollten Sie ein oder mehrere Ziele definieren, die Sie mit der Facebook-Seite erreichen möchten. Das klingt banal und logisch, in Wahrheit mangelt es aber nicht wenigen Seiten genau daran.

Was ist Ihr Ziel?

Es ist ein großer Unterschied, ob Sie Traffic in den Online-Shop bringen und so den Umsatz steigern wollen oder ob Sie Image- und Reputationspflege betreiben möchten: Die Frage der Umsetzung und der Messbarkeit ist jeweils eine ganz andere. Wir empfehlen Ihnen auch, sich dringend einen Redaktionsplan zu überlegen, um nicht den Fehler zu begehen, zum konkreten Zeitpunkt nicht zu wissen, worüber Sie nun eigentlich schreiben sollen. Darunter könnten Relevanz und Qualität der Beiträge beträchtlich leiden.

7.8.10 Gemeinsam sind Sie stärker

Versuchen Sie, alle relevanten Personen Ihres Unternehmens in diesen Prozess mit einzubinden. Die Wahrscheinlichkeit, dass einige oder viele Ihrer Kollegen und Mitarbeiter bereits auf Facebook registriert sind und einen gewissen Erfahrungswert als User erworben haben, ist groß. Sie können damit so manchen Fehler im Vorfeld zu vermeiden versuchen. Außerdem ist jeder Mitarbeiter ein potenzieller Multiplikator und Botschafter Ihres Unternehmens und der Message, die Sie streuen möchten. Und Ihre Mitarbeiter haben das Gefühl, aktiv in den Prozess integriert und damit wertgeschätzt zu werden. Beachten Sie allerdings, dass man sie nicht zur Mitarbeit und zu diversen Facebook-Aktivitäten verpflichten kann und sollte. Es funktioniert nur, wenn es freiwillig und aus Überzeugung gemacht wird. Eine Portion Spaß an Social Media hilft ebenfalls. Ansonsten hätte das Ganze eher einen negativen Effekt. Sie können die jeweiligen Mitarbeiter natürlich mit monetärem Vorteil motivieren, doch viel besser ist es, wenn Sie dem Mitarbeiter eine Bühne für seine Expertise und seine Person bieten. Sie können einen eigenen Reiter auf Ihrer Facebook-Seite einrichten, auf der das Redaktionsteam oder die Experten mit Foto, Namen, Funktion und kurzem Lebenslauf vorgestellt werden. Das wertet die Personen auf und nimmt sie natürlich auch in die Verantwortung: Jeder der Beteiligten steht nun mit seinem Namen für die Qualität der Inhalte und der Betreuung der Facebook-Seite ein.

Klären Sie bereits im Vorfeld mündlich oder schriftlich ab, welche Inhalte kommuniziert werden dürfen und welche nicht und wer im Zweifelsfall der Ansprechpartner im Haus ist, der die Entscheidungsbefugnis innehat. Das gibt Ihnen und dem einzelnen Mitarbeiter die Sicherheit für die tägliche Arbeit, nicht nur in Facebook, sondern in Social Media generell.

Tipp: Schaffen Sie Rahmenbedingungen

In diesem Rahmen ist es wichtig, sogenannte *Guidelines* zu definieren, zumindest mündlich, besser noch schriftlich, um Unklarheiten zu beseitigen und Struktur und Kommunikationswege festzulegen. Diese sollten weniger in Form von Verboten, sondern als Empfehlungen und gemeinsame Wegweiser formuliert sein. Sie finden Beispiele von Social Media Guidelines sowie weiterführende Informationen auf *www.social-media-guidelines.com*.

Wenn Sie also alle Rahmenbedingungen geklärt und alle Voraussetzungen erfüllt haben, können Sie starten und eine Facebook-Seite anlegen.

7.8.11 Worauf Sie bei der Anlage einer Facebook-Seite achten müssen

Wir sind tagtäglich mit Anfragen von Kunden konfrontiert, die in löblicher Eigenregie und mit großer Motivation selbst eine Facebook-Seite angelegt haben und nach einer gewissen Zeit auf Einsteigerfehler gestoßen sind, die leider nicht mehr rückgängig zu machen sind. Deshalb ist es uns wichtig, Ihnen hier eine Aufstellung der wichtigsten Punkte zu geben, damit Sie gleich von Beginn an richtig loslegen:

- Überlegen Sie sich vorher den richtigen Seitennamen: Unter 100 Fans können Sie im Admin-Bereich den Seitennamen ändern, danach nicht mehr. Geben Sie Ihrer Facebook-Seite den Namen, unter dem Ihr Unternehmen/Produkt bei Ihren Kunden bekannt ist und die Seite gefunden werden soll. Die Auswahl der richtigen Kategorie entscheidet darüber, welche und wie viele Eingabefelder Sie im Inforeiter auf der Seite zur Verfügung haben. Wenn Sie eine Facebook-Seite für ein Restaurant führen möchten, dann sind für die User vor allem Adresse, Telefonnummer, Öffnungszeiten und Zahlungsmöglichkeiten wichtige Informationen, die schnell auffindbar sein sollten. Die Kategorie LOKALES GESCHÄFT bietet eine Unterkategorie RESTAURANT, die genau diese Felder anbietet.
- Befüllen Sie den Inforeiter mit allen relevanten Informationen, die den Besucher Ihrer Seite davon überzeugen können, dass er hier richtig ist. Wählen Sie ein aussagekräftiges Profillogo aus, geben Sie die Unternehmensadresse an, und bieten Sie so viele Kontaktinformationen wie möglich. Die Maximalmaße für das Profillogo sind 180 Pixel Breite und 540 Pixel Höhe.

Eine Facebook-Seite können Sie am einfachsten anlegen, indem Sie auf irgendeine beliebige fremde Facebook-Seite gehen und links unten auf den Link »Seite erstellen« klicken (siehe Abbildung 7.7).

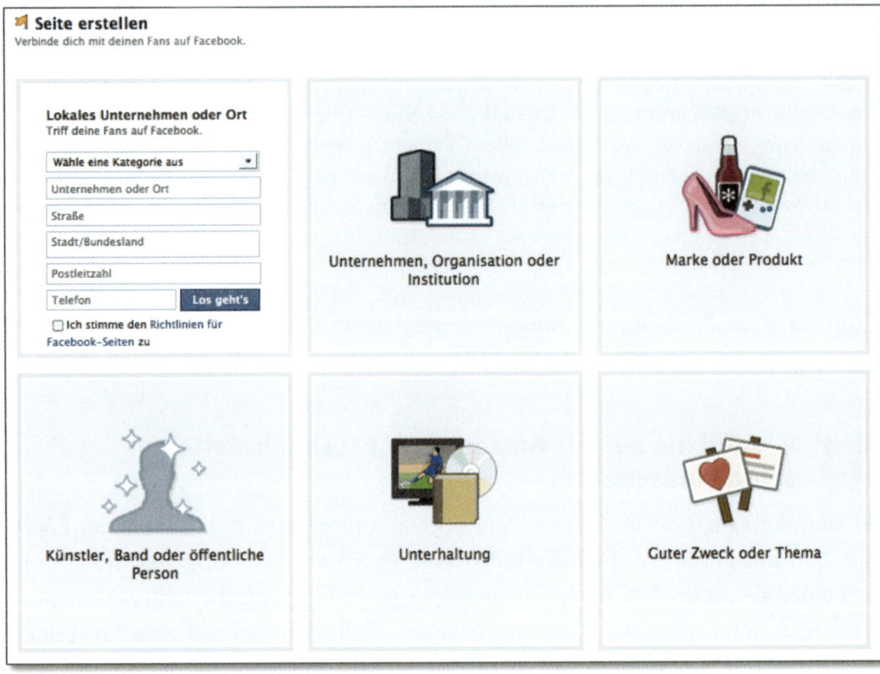

Abbildung 7.7 Wenn Sie eine Facebook-Seite anlegen, sollten Sie vorher den richtigen Namen und die richtige Kategorie wählen.

Nun haben Sie alle technischen Grundvoraussetzungen erfüllt, um mit Ihrer eigenen Facebook-Seite zu starten.

7.8.12 Wie Sie zu Fans kommen

Grundsätzlich sei hier erwähnt, dass Fanzahlen kein alleiniger Maßstab für den Social-Media-Erfolg Ihres Unternehmens sein können. Nicht die Quantität an Fans ist entscheidend, sondern die Qualität der Fans. Was nützen Ihnen Tausende von Fans, wenn diese nicht an Ihrem Unternehmen, Ihren Produkten oder Ihren Informationen interessiert sind? Doch brauchen Sie natürlich relevante Fans, die Ihre Message mit ihren Freunden teilen, damit Sie so zu neuen Fans und Kunden kommen können. Am Beginn steht natürlich immer der engere Umkreis des Unternehmens: die Mitarbeiter und die Kunden. Deren Freunde auf Facebook sollen wiederum im nächsten Schritt erreicht werden und so weiter und so fort.

Folgende Schritte sind dazu notwendig:

- Alle in Facebook aktiven Mitarbeiter sollten Fan werden und ihre Freunde einladen, Fan zu werden. Hier werden Sie merken, dass es sehr nützlich war, die Mitarbeiter schon möglichst früh in den Prozess mit einzubinden.

- Machen Sie Ihre Facebook-Seite offline bekannt. Überall dort, wo Kunden sehen können, dass Sie auch auf Facebook vertreten sind, sollten Sie darauf hinweisen. Die Wahrscheinlichkeit, dass sich bei über 850 Mio. registrierten Facebook-Usern der eine oder andere auch unter Ihren Kunden befindet, ist je nach Zielgruppe durchaus hoch.

  Zögern Sie deshalb nicht, die Facebook-URL (siehe übernächster Aufzählungspunkt) oder einen anderen grafischen oder textlichen Hinweis in allen Ihren Printprodukten oder auf relevanten Plätzen in Ihrem Unternehmen zu positionieren. Als Website und E-Mail-Adresse noch etwas ganz Neues waren, haben die einen oder anderen vielleicht auch gezögert. Heute ist es eine Selbstverständlichkeit, die eigene Website und die persönliche E-Mail-Adresse überall zu kommunizieren. So sollte es mit Ihren Social-Media-Präsenzen auch sein.

  Beispiel: Visitenkarten, Prospekte, Flyer, Schaufenster, Empfangs- oder Kassenbereich Ihres Geschäftslokals, Info-Terminals oder LCD-Screens, oder sogar auf Bierdeckel oder die Produktverpackung. Bedienen Sie sich im Bedarfsfall der Social-Media-Icons, die es zum Teil kostenlos im Web zu finden gibt. Viele der Icons sind für die jeweilige Zielgruppe selbsterklärend und oft eine optische Anreicherung für so manches Printprodukt.

- Machen Sie Ihre Facebook-Seite online bekannt: Besonders wichtig ist es natürlich, jedem Internetuser zu zeigen, dass Sie auch eine Facebook-Seite haben und warum er diese besuchen und abonnieren sollte. Integrieren Sie die Facebook-URL Ihrer Seite in die E-Mail-Signatur, schreiben Sie einen aktuellen Beitrag im E-Mail-Newsletter oder Blog, setzen Sie auf allen Ihren Websites einen Link auf die Facebook-Seite, integrieren Sie die Like-Box.

- Sie sollten eine sogenannte Vanity-URL reservieren. Facebook bietet jedem User und Seitenbetreiber an, eine individuelle URL einzurichten, die man sich im Gegensatz zur standardmäßig vergebenen URL leicht merken kann, Beispiel: *http://www.facebook.com/viermalvier*. Verwenden Sie bei der Reservierung dieser URL am besten denselben Namen, den Sie auch für die URL Ihrer Website verwendet haben. Die Reservierung der URL erfolgt über den Link *http://www.facebook.com/username* (siehe Abbildung 7.8).

Tipp: Achtung bei der Nutzung von Logos und Icons

Nicht jedes im Web frei zugängliche Logo oder Social-Media-Icon ist auch frei verwendbar: Beachten Sie immer die jeweiligen Informationen des Markeninhabers oder des Urhebers. So dürfen Sie das Facebook-Logo mit dem ausgeschriebenen Wort »Facebook« nicht so einfach für Ihre Printprodukte verwenden. Und bei vielen Social-Media-Icons, die als »kostenlos« im Internet angeboten werden, ist eine kommerzielle Nutzung nicht erlaubt.

Abbildung 7.8 Sie können für Ihr Profil und für Ihre Seite(n) eine eindeutige Facebook-URL reservieren.

Nun kennen Sie die wichtigsten Schritte zur Einrichtung einer Facebook-Seite aus technischer Sicht. Widmen wir uns jetzt deren Inhalt.

7.8.13 Was Ihren Fans wichtig ist

In einer Studie[6] wurde festgestellt, dass die wichtigsten Faktoren für das Weiterempfehlen einer Facebook-Seite

- laufend aktuelle Inhalte und Neuigkeiten (81 %),
- eine lebendige Community (66 %) und
- die persönliche Ansprache (66 %)

sind. Hauptgründe, warum Fans eine Seite nicht mehr gefällt (sie also aus der Fangemeinde austreten), sind »Ein Großteil der Postings sind Werbung« und »Ignoranz bei Anliegen und Fragen«. Genau das zeigt, worauf es bei einer Facebook-Seite ankommt, wenn man erfolgreich sein möchte: die Community ernst nehmen, die einzelnen User als Menschen und nicht als zu bewerbende Objekte betrachten, sie stets auf Augenhöhe behandeln und für sie ein aufmerksamer Ansprechpartner sein.

7.8.14 Welche Inhalte bei den Fans gut ankommen

Auf Facebook dreht sich alles um Content, egal, ob als Text, Bild, Video oder Link zu externen Inhalten. Ihre Community erwartet Inhalte, die ihr in irgendeiner Art und Weise einen Mehrwert bieten.

---

6 Quelle: *http://blog.werbeplanung.at/stories/8392578/*

Information

Helfen Sie dem User mit Tipps und Tricks, Hintergrundgeschichten, Beispielen, Erfahrungen und Meinungen weiter. Diese Infos müssen nicht nur Ihre eigenen aus dem Unternehmen sein: Genauso gibt es Userrelevantes aus der Branche, aus der Region, artverwandte Themen und vieles mehr. Nutzen Sie Ihre Partner, Lieferanten und Kunden als Informationsquelle oder sogar als Co-Autoren. Verlinken Sie im Beitrag mittels Mention-Funktion auf eine andere Facebook-Seite, das hilft dabei, von potenziellen neuen Fans gefunden zu werden.

Mention-Funktion auf Facebook

Die Mention-Funktion geht ganz einfach: Schreiben Sie den Klammeraffen (@) innerhalb eines Pinnwandeintrags, und hängen Sie direkt den Namen der zu verlinkenden Facebook-Seite (von der Sie mit Ihrem Profil vorher Fan geworden sein müssen) an. Dann wählen Sie die Seite aus, und schon steht sie im Text als verlinkter blauer Text. Dieser Beitrag erscheint nach Veröffentlichung nicht nur auf Ihrer Facebook-Seite, sondern auch auf der verlinkten Seite, aber mit dem Namen und Logo Ihrer Seite. Zwischen Profilen geht diese Mention-Funktion mittlerweile automatisch bei der Eingabe des Namens einer mit Ihnen auf Facebook befreundeten Person.

Sie haben die Möglichkeit, die Identität in Facebook zwischen dem eigenen Profil und den Seiten, die man als Admin betreut, hin- und herzuwechseln. Sie können ab sofort auch »als Seite« in Facebook Kommentare abgeben oder Beiträge auf fremden Pinnwänden posten. Gehen Sie damit aber sorgsam um, Sie könnten sonst schnell als Spammer wahrgenommen werden.

Unterhaltung

Etwas Lustiges, Unterhaltsames, Schräges kommt immer gut an. Ein kleines Hopsala aus dem Arbeitsalltag kann, wenn es nicht zu peinlich ist, das Unternehmen gleich menschlicher darstellen. Besonders gut kommen dabei Videos bei den Usern an. Sie können auch hier auf den riesigen Pool an externen Inhalten wie YouTube-Videos zurückgreifen, indem Sie darauf verlinken. Oder haben Sie eine witzige Geschichte, ein lustiges Erlebnis mit einem Ihrer Kunden erlebt? Dann schreiben Sie doch einen Blogbeitrag und veröffentlichen den Link dazu mit einem einleitenden Satz auf Ihrer Pinnwand. Achten Sie aber in jedem Fall darauf, dass die Unterhaltung nicht zulasten eines anderen, sei es ein Mitarbeiter oder Kunde, geht.

Persönlich, aber nicht zu privat

Persönlich, aber nicht zu privat: Dies ist ein wichtiger Grundsatz, mit dem Sie die Grenze gut ziehen können sollten. Überspitzt dargestellt:

Die erfolgreich bestandene Abschlussprüfung Ihres Azubis/Lehrlings ist auf alle Fälle einen Beitrag wert. Dass er mit seiner Freundin Schluss gemacht hat und warum, hat nichts auf Ihrer Facebook-Seite verloren.

Materieller Vorteil

Auch auf Facebook freuen sich die User besonders, wenn Sie etwas gewinnen oder Geld sparen können. Gerade über Applikationen haben Sie viele unterschiedliche Tools zur Verfügung, um potenzielle Fans zu tatsächlichen Fans zu machen. Es sollte aber nicht Ihre einzige Strategie sein, um Fans zu gewinnen, genauso wenig ist es ja für Ihr Business langfristig tragbar, ständig Rabattschlachten zu betreiben.

Es gibt also viele Möglichkeiten, sich positiv bei den Fans zu verankern und sie zur Interaktion und Auseinandersetzung mit Ihrer Facebook Seite und Ihrem Unternehmen/Ihrer Marke zu bewegen. Das ist sehr wichtig, wie der nächste Punkt zeigen wird.

7.8.15 Facebook Edgerank

Was in den Anfangszeiten von Facebook noch nicht so ein großes Problem war, würde jetzt viele Facebook-User überfordern: In der Summe der Beiträge von Freunden, Gruppen und Seiten, die jede Minute auf die Facebook-User einprasseln, würde die einzelne Information untergehen und der User würde komplett überfordert zurückbleiben.

Deshalb hat Facebook eine Art Filter eingeführt, den sogenannten Edgerank. Dieser Filter entscheidet nun, welche Inhalte an den einzelnen Facebook-User auch wirklich ausgeliefert, sprich angezeigt werden. Facebook entscheidet also in gewisser Weise, was für uns interessant ist. Dieser Filter tritt nicht nur, aber vor allem dann in Kraft, wenn gerade besonders viel auf Facebook los ist. Hinter dem Edgerank steckt eine mathematische Formel, die wir Ihnen im Detail ersparen möchten. Er funktioniert sinngemäß und vereinfacht an einem Beispiel dargestellt wie folgt:

Wenn eine Facebook-Seite einen Pinnwandeintrag veröffentlicht, dann wird dieser Pinnwandeintrag nur jenen Fans gezeigt, die

- schon bisher viel mit der Facebook-Seite interagiert haben (»Gefällt mir«, Kommentare, Teilen) oder
- viele Freunde haben, die mit der Facebook-Seite regelmäßig interagieren, oder
- wenn dieser Pinnwandeintrag von vielen anderen Fans geliked, geteilt oder kommentiert wird.

Das ist eine verkürzte Darstellung des Edgeranks, sollte aber ausreichen, um Ihnen zu zeigen, worauf es in Facebook ankommt: Inhalte, die bei den Fans gut ankommen, erhalten dementsprechende Verbreitung und somit Chance auf höhere Streuung und neue Fans. Facebook visualisiert die Interaktionsrate immer stärker, z. B. durch den Wert »sprechen darüber«, der sich aus der Interaktion von Fans in den letzten sieben Tagen zusammensetzt.

Tipp: Checken Sie Ihre Insights

Mit den Facebook-eigenen Seiten-Statistiken können und sollten Sie regelmäßig beobachten, wie sich die Interaktion Ihrer Fans mit Ihrer Seite entwickelt. Es gibt aber auch schon Drittanbieter-Tools wie EdgeRankChecker, *www.edgerankchecker.com*, oder Socialbakers, *www.socialbakers.com*, die sich genau um diese Thematik kümmern und teilweise sehr gute zusätzliche Daten liefern.

7.8.16 Welcome- und Landingtabs

Wie bereits angeführt, bietet Facebook nur wenig optische Gestaltungsmöglichkeiten im Vergleich zu vielen anderen sozialen Netzwerken. Für Facebook-Seiten gibt es aber eine Möglichkeit, die von immer mehr Unternehmen genutzt wird: sogenannte Welcome- oder Landingtabs oder -pages. Der Einfachheit halber bezeichnen wir sie hier in der Folge immer als Tabs.

Diese Tabs erfüllen unter anderem folgende Funktionen:

- Unternehmen, die auf Facebook eine Werbeanzeigenkampagne durchführen, oder über andere Medien auf ihre Facebook-Seite aufmerksam machen, schalten oft einen kampagnenbezogenen Landingtab auf ihrer Facebook-Seite, um dem Besucher einen gewissen Wiedererkennungswert zu bieten.
- Gewinnspiele jeglicher Art dürfen nicht auf der Pinnwand, sondern nur in eigenen Tabs oder auf externen Websites durchgeführt werden. Vor allem hierfür werden solche Tabs gerne genutzt.
- Immer mehr Unternehmen entscheiden sich, das eigene Facebook-Redaktionsteam mit Namen und Foto vorzustellen, dafür eignet sich ein Landingtab sehr gut.
- Netiquette und Impressum sind ebenfalls am besten in einem eigenen Landingtab unterzubringen.

Es gibt mittlerweile zahlreiche Anbieter kostenloser Facebook-Tabs, z. B. für Welcome, Bildergalerie oder kleine Gewinnspiele. Hier eine kleine Auswahl deutschsprachiger Anbieter:

- *www.facebook.com/247GRAD*
- *www.facebook.com/iFrameWrapper*

- *www.facebook.com/HikeSocialApps*
- *www.facebook.com/WerbebotenB2B*

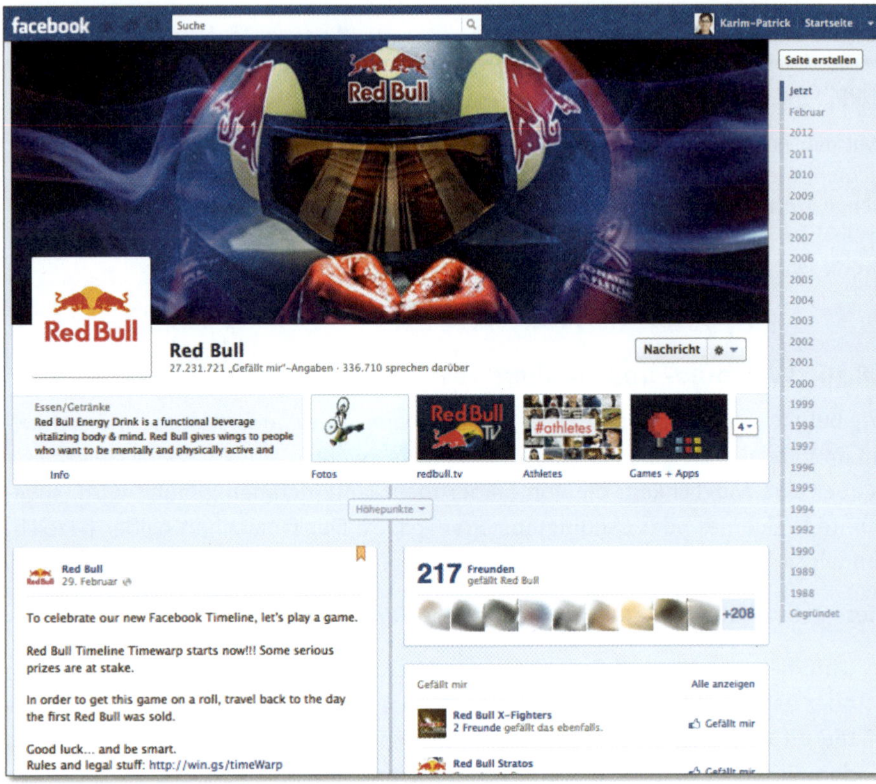

Abbildung 7.9 Neue Seiten-Besucher werden auf die Timeline geleitet.

Mit der Umstellung von Facebook-Seiten auf das neue Layout, die sogenannte Chronik (Timeline), rücken die Welcome- und Landingtabs in den Hintergrund. Es können nur 3 Tabs für den Schnellzugriff direkt unter dem neuen Coverbild dargestellt werden. Außerdem ändert sich die Breite auf 810 Pixel. Ein Standard-Tab für Nicht-Fans kann aktuell nicht mehr definiert werden, alle neuen Seiten-Besucher kommen direkt auf die Chronik. Somit werden Ihre potenziellen Fans Sie noch mehr anhand der Aktualität und Relevanz Ihrer Beiträge messen. Sie haben aber die Möglichkeit, bestimmte Postings ganz oben zu halten, um die Sichtbarkeit eines Beitrages zu erhöhen.

Wenn die Standardfunktionalitäten der kostenlosen Tabs für Sie nicht mehr ausreichen, können Sie bei oben genannten oder einer Vielzahl weiterer Facebook-CMS-Anbieter kostenpflichtige, aber meist sehr günstige Pakete buchen. Die Vorteile der meisten kostenpflichtigen Pakete:

- Es gibt keine oder weniger Beschränkungen in der Menge der installierten Tabs oder der verwaltbaren Facebook-Seiten pro Account
- Viele dieser Dienste verfügen über ein komfortables Drag-&-Drop-System: Je nach Bedarf können so mit wenigen Klicks Bilder und Texte hinzugefügt werden
- Die Anbieter verfügen meist über vorgefertigte Templates, beispielsweise für ein Foto-Voting-Gewinnspiel, ein Registrierungsformular, One-Product-Specials, Coupons usw.
- Sie beinhalten in manchen Fällen persönlichen Support bei Fragen oder individuellem Template-Bedarf.

So bietet beispielsweise der Facebook CMS-Anbieter atipso.com mit seinem Tab-Builder die Möglichkeit, Gutscheine (Coupons) mit individuellem Bar- und Gutscheincode zu versehen (siehe Abbildung 7.10). Die Codes können via CSV-Datei auch mit anderen Systemen ausgetauscht werden.

Abbildung 7.10 Gutschein-Tab erstellen mit *atipso.com*

Eine umfangreiche Liste von Facebook-CMS-Anbietern (oft auch als Tab- oder Pagebuilder bezeichnet) finden Sie auf *www.applosive.de* oder *www.appbistro.com*.

Die Möglichkeiten solcher Facebook-CMS-Anbieter werden immer umfangreicher. Wo früher eine Facebook-App notwendig war, beispielsweise bei einem Fotogewinnspiel, können Sie heute auf viele verschiedene CMS-Anbieter zurückgreifen. Wenn es jedoch um eine individuellere Umsetzung oder komplett neue Anforderungen geht, bedarf es vielleicht der Programmierung einer neuen Facebook-Applikation.

Rechtstipp von Peter Harlander: Impressumpflicht für Facebook-Seiten

In Deutschland, in Österreich und in der Schweiz besteht für Facebook-Seiten mit kommerziellem Hintergrund eine Impressumpflicht. In Deutschland und Österreich gilt zusätzlich eine Impressumpflicht für Facebook-Seiten, die über die reine Darstellung des Seiteninhabers hinausgehen. Je nach Land und je nach Grundlage der Impressumpflicht sind unterschiedliche Informationen in das Impressum aufzunehmen. Wichtig ist auch die richtige Positionierung des Impressums. Im Gesetz kommt der landläufige Begriff »Impressum« überhaupt nicht vor, stattdessen wird dort von Informationspflichten gesprochen. Es erschiene daher mehr als logisch, das Impressum einfach im Info-Tab, welcher praktischerweise auf jeder Facebook-Seite vorhanden und nicht entfernbar ist, unterzubringen. Leider gibt es jedoch in Deutschland eine sehr unglückliche Gerichtsentscheidung, welche besagt, dass dies nicht ausreichend ist. Ob diese Gerichtsentscheidung Bestand hat, ist noch vollkommen unklar. Wer kein Risiko eingehen will, sollte daher das Impressum entsprechend dieser Gerichtsentscheidung in einem eigenen Impressum-Tab einbauen. Dazu gibt es zahlreiche kostenlose Impressum-Generatoren, die Sie auf Ihrer Facebook-Seite installieren und dann die notwendigen Felder ausfüllen können. Einen Impressum-Generator für Deutschland, Österreich und die Schweiz finden Sie z. B. auf *www.facebook.com/IMPRESSUM.GENERATOR*.

7.8.17 Facebook-Applikationen (Apps)

Ein nach wie vor wichtiges Thema sind die sogenannten Facebook-Apps. Darunter versteht man kleine Programme und Anwendungen, die in die Facebook-Seite integriert werden können. Jedem Programmierer stehen verschiedene Anwendungs- und Entwicklungsmöglichkeiten zur Verfügung, um in Facebook Programme oder Spiele einzubinden, die bei Bedarf über die Facebook-API auch auf Facebook- und Userdaten zurückgreifen können.

Ein Grund für die stark steigende Zahl der Facebook-Applikationen ist die Tatsache, dass Facebook keine Gewinnspiele auf der bzw. über die Pinnwand erlaubt und viele Seitenbetreiber deshalb Applikationen integrieren müssen, über die das Gewinnspiel abläuft. Außerdem gibt es über die Apps die Möglichkeit, noch mehr und zudem spezifischere Daten von den Fans zu sammeln. Applikationen integrieren zudem Funktionen und Interaktionen in die Facebook-Seite, die seitens Facebook nicht angeboten werden. Vor allem Spiele kommen bei vielen Usern gut an. Beispiele wie Farmville oder MafiaWars, die Millionen von Spielern begeistern und den Unternehmen dahinter Millionengewinne bescheren, eröffnen auch ganz neue Perspektiven: Denn viele der Farmville-Spieler sind keine klassischen Computer-Gamer oder Konsolenspieler.

Aber nun zurück zu den Applikationen für Unternehmen. Ein gelungenes Beispiel für eine Applikation ist »My Austrian Jet«. Dabei ging es um ein Gewinnspiel, bei dem Fans der österreichischen Fluglinie Austrian Airlines die Möglichkeit hatten, einen virtuellen Flieger zu chartern und bis zu 99 Facebook-Freunde einzuladen, im Flieger Platz zu nehmen (über die Applikation). Dann nahm man mit allen teilnehmenden Freunden an der Verlosung eines echten Fliegers nach Wien teil. Damit motivierte man viele User, einen eigenen Flieger zu gründen und möglichst viele Freunde einzuladen, die wiederum ihre Freunde einluden, damit der Flieger auch voll wurde.

Eine weitere gelungene Integration von Produkten in eine Applikation ist jene des Schmuckherstellers Pandora. Mit der Facebook-App »Pandora Bracelet Designer«, die man einmalig für sein Profil installieren muss, kann jeder User aus einer Herstellerauswahl von Armbändern wählen (siehe Abbildung 7.11). Viel spannender ist aber, dass man auch die von Usern individuell zusammengestellten Stücke ansehen und mittels Kommentar oder eines Klicks auf »Gefällt mir« bewerten kann. Und wer sich selbst als Designer betätigen will, stellt seine eigene Kreation zusammen und kann sie von anderen Usern bewerten und kommentieren lassen. Außerdem kann man seinen Freunden auf Facebook und Twitter jedes Armband (egal, ob das eigene oder fremde) weiterempfehlen. Es gibt sogar Gruppen, mit denen man verschiedene Designs oder Themen mit anderen App-Nutzern diskutieren kann. Die Applikation nennt zudem auch den aktuellen Preis des jeweiligen Armbands. Man kann ein solches Armband allerdings nur offline in einem der Pandora-Stores vor Ort so, wie gewünscht, zusammenstellen lassen und kaufen.

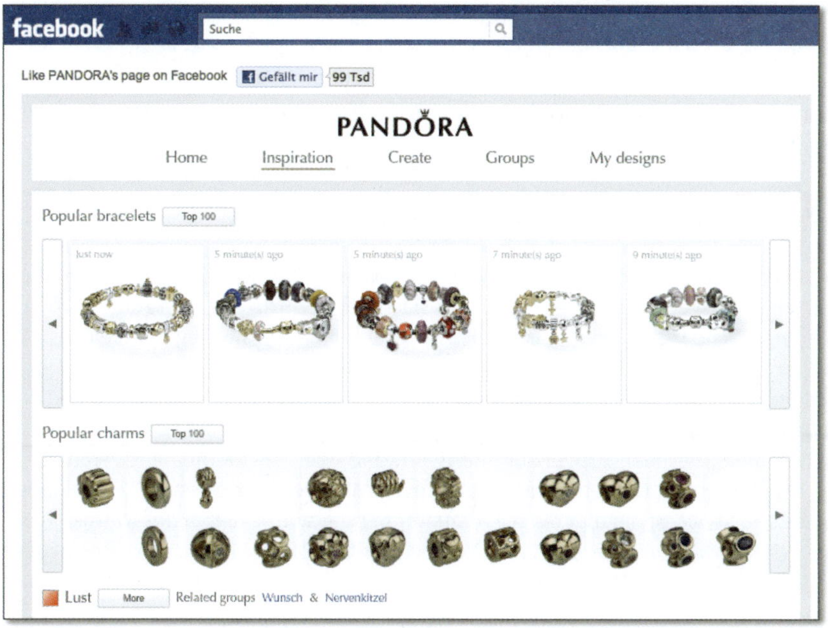

Abbildung 7.11 Die Applikation von Pandora stellt beliebte Artikel vor und lässt jeden User direkt in Facebook sein individuelles Armband gestalten.

7.8.18 Facebook Open Graph

Zunächst war der Open Graph »nur« eine Erweiterung des Social Graph, um sich nicht mehr nur mit Menschen, sondern auch mit physikalischen Objekten vernetzen bzw. verbinden zu können, z. B. Orten, Firmen, Websites usw. Durch den Like-Button wird so beispielsweise eine Verbindung zwischen einem User und einem Produkt in einem Online-Shop hergestellt. Die Graph-API ermöglicht es, Daten und ihre Verbindungen zueinander abzufragen und damit ein ganz individuelles Nutzererlebnis zu generieren. Ein tolles Beispiel ist das »Museum of Me«, ein virtueller Museumsrundgang mit Inhalten aus dem Facebook-Profil des Betrachters (natürlich nur nach vorhergehender Abfrage und Zustimmung durch den User selbst).

Mittlerweile sind wir aber noch einen Schritt weiter: Bei der f8-Konferenz im September 2011 stellte Facebook eine Weiterentwicklung des Open Graph vor. Mit dessen Hilfe kann eine Aktion zwischen einer Person und einem Objekt definiert werden, z. B. »Karim kocht Wiener Schnitzel«. So können App-Entwickler individuelle App-Nutzungen und daraus generierte Meldungen erstellen, die der konkreten Nutzung mehr entsprechen und so möglicherweise die Freunde des Nutzers besser ansprechen. Mittlerweile ist eine ganze Reihe von Anwendungen mit dem neuen Open Graph auf dem Markt, unter anderem Spotify (»Karim hört Coldplay«), Washington Post Social Reader (»Karim liest den Artikel Wahlen in den USA«), die sich einer weiteren Funktion bedienen: dem sogenannten »Frictionless Sharing«, grob übersetzt »reibungsloses Teilen«. Dahinter verbirgt sich die Idee, Nutzerverhalten, nach einmaliger Zustimmung durch den Nutzer, automatisch in dessen Profil zu teilen. Beispiel: Jedes Mal, wenn Sie als Spotify-Nutzer ein Musikstück auf Spotify hören, wird das in Ihrem Facebook-Profil automatisch geteilt, ohne dass Sie etwas dazu beitragen müssen.

Frictionless Sharing – die neue Form des Teilens?

Seit Kurzem ist es möglich, Apps und Websites gewisse Aktionen zuzuordnen, die über das »Like« hinausgehen. Der Betreiber kann nach dem Prinzip User – Aktion – Objekt definieren, welche Handlung hinter seiner App oder seiner Website liegt, und daraus automatisierte Posts entwickeln. Facebook nennt das *Frictionless Sharing*, also reibungsloses Teilen. Wenn Sie beispielsweise die Website der Washington Post besuchen und die Facebook-Applikation »WP Post Reader« aktiviert haben, veröffentlicht diese App jeden von Ihnen dort gelesenen Artikel auf Ihrer Pinnwand, wie z. B. »Karim liest gerade den Artikel Wahlen in den USA auf Washington Post«. Mittlerweile gibt es zahlreiche Apps, Websites und Services, die dies nutzen, darunter beispielsweise der Online-Musikdienst Spotify (»Karim hört gerade den Song Yellow von Coldplay«). Kritik an dieser neuen Form des Teilens wurde laut, da der User nicht mehr aktiv einen Link oder eine Information teilt, sondern alles automatisch passiert.

Außerdem möchte man vielleicht nicht jeden gehörten Titel oder gelesenen Artikel mit seinem Netzwerk teilen. Manche sprechen schon vom Ende oder dem Ruin des Sharings.

Kommen wir nun zu den beiden bekanntesten Open-Graph-Elementen: dem Like-Button für Websites und der Like-Box, die wir zunächst als eine Auswahl aus den Open-Graph-Features vorstellen möchten. Die vollständige Liste der Social Plugins in Facebook finden Sie auf *http://developers.facebook.com/plugins*.

Like-Box

Früher als Fanseiten-Widget bekannt, ist die Like-Box eigentlich nichts anderes als ein kleiner Ausschnitt Ihrer Facebook-Seite, den Sie auf jeder Ihrer Websites integrieren können (siehe Abbildung 7.12). Sie können dabei entscheiden, ob Sie nur die kleine Variante (nur den Namen der Seite und den »Gefällt mir«-Button) oder die volle Informationsbreite, sprich inklusive des Streams (die letzten Beiträge Ihrer Facebook-Seite) und eines Fotoausschnitts Ihrer Fans, auf Ihrer Website zeigen möchten.

Abbildung 7.12 Mit der Like-Box und dem Like-Button holen Sie Facebook auf Ihre Website.

Im Gegensatz zum einfachen Integrieren eines Facebook-Logos, bei dessen Klick ein neues Fenster im Browser aufgeht und der Traffic von der Website zur Facebook-Seite weggeführt wird, ist die Integration der Like-Box besser: Der Websitebesucher wird, sofern er Facebook-User ist, mit einem einzigen Klick zum Fan bzw. abonniert Ihre Inhalte, ohne dass der Traffic von der Website weggeführt wird und der Websitebesucher möglicherweise vergisst, was er auf Ihrer Website eigentlich vorhatte. Mit diesem einen Klick wird der Websitebesucher viel stärker an Sie gebunden, da er in Zukunft die Beiträge Ihrer Facebook-Seite erhält und so stets über Ihr Unternehmen informiert bleibt.

Like-Button

Im Gegensatz zur Like-Box, bei der der User mit Klick auf »Gefällt mir« die Inhalte der Facebook-Seite abonniert (früher »Fan werden«), ist der Like-Button unabhängig davon zu sehen, ob es eine Facebook-Seite gibt oder nicht.

Mit der richtigen Integration des Open Graph Protocols und des Like-Buttons kann auf jeder Website in jede Unterseite ein »Gefällt mir«- oder »Empfehlen«-Button integriert werden, der Folgendes auslöst:

Wenn ein registrierter und angemeldeter User auf den »Gefällt mir«-Button klickt, wechselt der Button sein Erscheinungsbild, und der Name des Users erscheint neben dem Button am Beginn des Satzes »... gefällt das«.

Parallel dazu erscheint im Facebook-Profil des Users (und im Newsstream mancher seiner Freunde) der Hinweis »User XY gefällt die Seite YZ auf Website XYZ«. Wenn vorher oder in Zukunft einer der Facebook-Freunde des genannten Users auf dieselbe Webseite (sprich Unterseite einer Website) geht, sieht er, dass der genannte User bereits einmal auf »Gefällt mir« geklickt hat. Mittlerweile haben viele Millionen Websites einen integrierten Like-Button. Neben dieser klassischen Variante besteht auch die Möglichkeit, den »Gefällt mir«-Button in ein Online-Banner zu integrieren (in Kooperation mit Facebook).

Rechtstipp von Peter Harlander:
Behalten Sie die Datenschutzdiskussion zum Like-Button im Auge

Der Like-Button ist datenschutzrechtlich sehr umstritten. Wer den Like-Button einsetzt (was aus Marketingsicht absolut Sinn macht), sollte unbedingt die datenschutzrechtliche Diskussion im Auge behalten, um nicht plötzlich mit Abmahnungen eingedeckt zu werden (dieses Risiko ist bereits jetzt nicht ganz ausschließbar).

Weitere Plugins und Entwicklungen

Ebenfalls erwähnenswert ist das Plugin Facebook Comment, dass es Ihnen ermöglicht, eine Kommentarfunktion für Facebook-User zu Ihrer Website hinzuzufügen.

Noch relativ neu ist der Subscribe-Button: Mit der Umstellung auf das neue Facebook-Profildesign, die sogenannte Timeline bzw. Chronik, ermöglicht Facebook jedem registrierten Nutzer, die öffentlichen Inhalte von anderen Facebook-Nutzern zu abonnieren, ohne dass beide Nutzer miteinander befreundet sein müssen. Diese Funktion ähnelt sehr dem »Follow«-Prinzip von Twitter.

Eine vollständige und vor allem saubere Integration des Open Graph Protocols sorgt übrigens auch dafür, dass die Website sogar in der Facebook-Suche auftaucht, was früher nur Seiten, Gruppen und Profilen vorbehalten war.

7.8.19 Facebook-Werbeanzeigen

Neben den allgemeinen Angaben über Anzahl der Mitglieder in Facebook und deren Nutzungsverhalten, die sich ja auch laufend verändern, gibt es für Marketer und Unternehmen ein noch viel spannenderes Tool, um herauszufinden, ob und wie stark die Zielgruppen in Facebook vertreten sind, und zwar das Facebook-Werbeanzeigen-Tool. Werbeanzeigen sollten auf keinen Fall Ihre einzige Strategie sein, um neue Fans zu gewinnen. Das wäre auch nicht nachhaltig. Doch Sie können Facebook-Werbeanzeigen sinnvoll in Ihre Marketingaktivitäten mit einbeziehen.

Facebook macht bereits sehr gute Umsätze über die auf Facebook geschalteten Werbeanzeigen und schafft laufend bessere Rahmenbedingungen für Unternehmen, die auf Facebook kommerzielle Werbung schalten möchten. Der große Vorteil von Facebook ist: Keine Plattform bietet über ein Self-Service-Tool mehr aktuelle demografische Daten von Usern als Facebook in seinem Werbeanzeigen-Tool. Somit kann bei geschickter und überlegter Eingrenzung der Zielgruppen der Streuverlust wesentlich reduziert werden.

Beispiel: Sie möchten ein bestimmtes Produkt, Ihre Facebook-Seite oder eine Kampagne über Facebook-Werbung unterstützend kommunizieren und haben eine genaue Vorstellung bzw. exakte Informationen über die Zielgruppe(n)? Auf Facebook können Sie u. a. folgende Einschränkungen der Empfänger Ihrer Werbeanzeige vornehmen:

- *Ort:* Hier können Sie auf ein Land oder mehrere Länder einschränken. Bei vielen Ländern ist es sogar möglich, auf bestimmte Städte und deren Umkreis einzugrenzen. Doch beachten Sie: Bei einer zu detaillierten geografischen Einschränkung besteht die Gefahr, dass zu viele jener User, die eigentlich zur Zielgruppe gehören, damit durch den Filter ausgeklammert würden.
- *Demografie:* Sie können diese besonders wichtigen Targeting-Informationen gezielt und genau einschränken: Alter von ... bis ..., Geschlecht, Beziehungsstatus, Sprachen oder beispielsweise sogar Geburtstag. Diese Auswahl ergibt beispielsweise dann Sinn, wenn Sie einen Online-Shop haben und alle Geburtstagskinder über die Werbeanzeige einen 10 €-Gutschein bekommen sollen.

- *»Gefällt mir« und Interessen:* Das ist jener Bereich, auf den Facebook und die Werbewirtschaft ein besonderes Augenmerk legen. Je genauer die Facebook-User in ihrem Profil die Interessen den entsprechenden Facebook-Kategorien zugeordnet haben, desto leichter wird das Targeting auf Facebook. Der Trend geht ganz klar in diese Richtung. Immer stärker wird in der Zukunft auch die Verwendung von Keywords in Posts und Messages der User für das Targeting genutzt werden. Hier dürfte auch das Targeting auf »Themengruppen« ansetzen.
- *Ausbildung und Arbeitsstätten:* Dieser Bereich wird derzeit noch von vielen Facebook-Usern vernachlässigt und sollte deshalb nur in seltenen Fällen als Filterkriterium verwendet werden.
- *Verbindungen:* Hier können Sie auf jene User einschränken, die bereits mit einer Ihrer Facebook-Seiten verbunden sind oder eben noch nicht. Beachten Sie, dass diese Einschränkungen nur auf Facebook-Seiten möglich sind, bei denen Sie selbst Administrator sind. Eine besonders gut funktionierende Auswahl ist in vielen Fällen die Möglichkeit, Freunde von Fans zu bewerben.

Ob Sie die Möglichkeiten, die Werbeanzeigen bieten, wahrnehmen, sei dahingestellt. Ihr Augenmerk sollte immer auf der Qualität der Inhalte Ihrer Facebook-Seite liegen. Werbeanzeigen sollten immer nur unterstützend mitwirken, beispielsweise bei Kampagnen oder Gewinnspielen. Aber es gibt noch einen sehr interessanten Zweitnutzen des Werbeanzeigen-Tools: Sie können bereits im Vorfeld einer Kampagne oder eines Gewinnspiels oder ganz einfach für die Marktforschung herausfinden, wie stark eine bestimmte Zielgruppe in Facebook vertreten ist. Facebook berechnet in Echtzeit, wie die ungefähre Reichweite Ihrer Zielgruppeneinschränkung in Facebook aussehen würde. Wichtig vor der Erstellung einer Werbeanzeige ist es, sich zu überlegen, wo der Traffic die beste Conversion Rate bringt. Dabei spielen zwei Überlegungen eine große Rolle:

- Wenn Sie den Traffic beispielsweise von Facebook weg direkt auf eine Landingpage, z. B. das beworbene Produkt im Online-Shop, führen, generieren Sie idealerweise direkten Umsatz. Der User wird zwar einerseits aus dem virtuellen Raum »Facebook« herausgeführt, andererseits aber nicht nachhaltig an die Marke bzw. das Unternehmen gebunden.
- Wenn Sie den Traffic auf Ihre Facebook-Seite führen und den User mit relevanten Inhalten davon überzeugen, auf »Gefällt mir« zu klicken, wird er nachhaltig an die Marke bzw. das Unternehmen gebunden und informiert. Es könnte aber auch passieren, dass seine Intention, ein bestimmtes Produkt zu kaufen, verloren geht. Möglicherweise holt er dies nach oder auch nicht. Das hängt wiederum stark von den Inhalten der Facebook-Seite ab.

Tipp: Auf Facebook bleiben

Erfahrungsgemäß ist es besser, Ihre Facebook-Seite oder dortige Informationen oder Kampagnen zu bewerben, sprich den User innerhalb von Facebook zu halten. Der User kann in der Werbeanzeige direkt auf »Gefällt mir« klicken und Fan Ihrer Facebook-Seite werden. Sie können und sollten mehrere Varianten probieren und können dazu eine interne und externe Verlinkung austesten.

Wenn Sie auf Facebook eine Werbeanzeige schalten möchten, haben Sie zwei Möglichkeiten: Sie können Werbeanzeigen selbst schalten oder über das Facebook Sales Team eine Werbekampagne buchen, ein Budget > 10.000 € vorausgesetzt.

Self-Service-Ads

Wie der Name schon sagt, bietet Facebook die Möglichkeit, selbst Werbeanzeigen zu gestalten und zu verwalten. Dazu benötigt man, technisch gesehen, nur ein Facebook-Profil und inhaltlich natürlich etwas Webmarketing-Know-how. Diese Self-Service-Ads können von verschiedenen Punkten in Facebook aus mit einem Klick auf »Werbeanzeige erstellen« relativ zügig gestaltet werden (siehe Abbildung 7.13).

Abbildung 7.13 Self-Service-Ads werden im rechten Werbebereich dargestellt.

Innerhalb der Self-Service-Ads bietet Facebook verschiedene Formate:

- Gesponserte Meldungen (Sponsored Posts/Stories): Hiermit können Sie beispielsweise Freunde von Fans bewerben. Diese sehen dann im Werbeanzeigenbereich einen Hinweis à la »Karim gefällt die Seite XY«. Sie können aber auch einen einzelnen Pinnwandpost Ihrer Facebook-Seite bewerben, die Nutzung Ihrer App oder den Check-in auf Ihrem Facebook Place durch einen Facebook-User.

- Werbeanzeigen: Das ist die klassische Werbeanzeige mit Bild und Text, wobei auch hier die Möglichkeit besteht, einen Pinnwandpost Ihrer Facebook-Seite zu bewerben.

Premium Ads

Premium Ads (oft auch Engagement Ads genannt) können nicht selbst in Facebook erstellt und verwaltet werden, sondern man muss dazu das Sales-Team von Facebook Deutschland kontaktieren und ein entsprechendes Ad-Budget zur Verfügung haben. Diese Ads bieten die Möglichkeit, direkt im einzelnen Ad ein Video abspielen zu lassen oder die User an einem Voting teilnehmen zu lassen.

Werbeanzeigen im Newsfeed

Facebook experimentierte bereits mehrmals in den letzten Jahren mit Werbeanzeigen innerhalb des Newsfeeds der User. Die Entwicklung geht in diese Richtung, Twitter hat diesen Weg mit seinen »Sponsored Tweets« bereits beschritten. Ob und wie genau Facebook diese Werbemöglichkeit einführen und nutzbar machen wird, steht zum Zeitpunkt der Fertigstellung dieses Buches noch nicht fest.

7.8.20 Gewinnspiele auf Facebook

Was spricht dagegen, dass man auf seiner Facebook-Seite ein Gewinnspiel veranstaltet, bei dem man die Fans aufruft, beispielsweise ein Foto von sich mit einem Ihrer Produkte in der Hand hochzuladen, und das Foto mit den meisten »Gefällt mir«-Klicks und/oder Kommentaren gewinnt den Hauptpreis? Das würde doch alle Teilnehmer motivieren, ihre Freunde einzuladen, auch Fan dieser Facebook-Seite zu werden, um für das Foto zu voten. So könnte die Zahl der Fans massiv erhöht werden, und Sie hätten nebenbei massig Content und Interaktion. Dagegen sprechen leider die Facebook-Richtlinien für Gewinnspiele. Facebook hat in den letzten Monaten klar anklingen lassen, dass die Einhaltung dieser Richtlinien zwingend notwendig ist, da ansonsten mit Sanktionen gegen die Facebook-Seite zu rechnen wäre.

Einige wichtige Punkte, die Sie beachten müssen:

- Gewinnspiele dürfen nicht über die Pinnwand abgewickelt werden (Sie können natürlich über ein Gewinnspiel informieren oder zu einem Gewinnspiel auffordern, aber die Pinnwand selbst darf nicht Schauplatz eines Gewinnspiels werden). Ein Gewinnspiel auf Basis von »Gefällt mir« oder Kommentaren ist also nicht erlaubt.
- Auch das Hochladen eines Fotos oder Videos durch Fans auf die Pinnwand oder in einen der Reiter darf nicht Grundlage des Gewinnspiels sein.

- Hingegen erlaubt sind Gewinnspiele, die in entsprechenden Apps bzw. iFrame-Tabs laufen. Eine Auswahl an Apps finden Sie auf *www.applosive.de* und *www.appbistro.com*.

Rechtstipp von Peter Harlander: Beachten Sie die Gewinnspielrichtlinien

Auch wenn sich einige Ihrer Mitbewerber der verschiedensten Gewinnspielmethoden bedienen, sollten Sie trotzdem auf Nummer sicher gehen. Informieren Sie sich lieber vorher, ob und wie Sie ein Gewinnspiel umsetzen können. Facebook hat die Gewinnspielrichtlinien in der Vergangenheit auch bereits mehrmals abgeändert. Wer über Facebook Gewinnspiele veranstaltet, sollte sich daher regelmäßig vergewissern, dass sich die Gewinnspielregeln nicht unerwartet geändert haben. Eine gute Quelle dafür sind die offiziellen Richtlinien von Facebook auf *http://www.facebook.com/promotions_guidelines.php*, aber auch Infoblogs wie *www.allfacebook.de* oder *www.futurebiz.de* sowie die Seiten unserer geschätzten Kollegen Annette Schwindt (*www.schwindt-pr.com*) und Thomas Hutter (*www.thomashutter.com*).

7.8.21 Marktforschung selbst gemacht – fragen Sie doch einfach mal nach!

Warum sollten Sie nicht Ihre eigene Facebook-Seite, die so viele Ihrer Kunden vereint, nutzen, um mehr über die Kundenwünsche und -zufriedenheit herauszufinden? Sie können einerseits direkt in einem Pinnwandeintrag eine konkrete Frage stellen oder andererseits eines der zur Verfügung stehenden Tools nutzen. Dazu bietet Facebook eine entsprechende Möglichkeit: die sogenannten »Fragen«, die Sie direkt auf Ihrer Facebook-Seite mittels gleichnamiger Funktion an Ihre Fans stellen können. Unternehmen wie Vitrue (*www.vitrue.com*) bieten erweiterte Funktionalitäten und die Möglichkeit, eigene Designs zu nutzen, dies natürlich kostenpflichtig.

7.8.22 Ihre Fans sprechen viele Sprachen? Das können Sie auch!

Die Frage, in wie vielen Sprachen man die eigene Website anbietet, stellt sich bei international tätigen Unternehmen oder in Branchen mit internationaler Klientel (z. B. im Tourismus) relativ rasch und muss oft mit Einschränkungen beantwortet und umgesetzt werden.

Facebook bietet die Möglichkeit, Pinnwandbeiträge zielgruppengerecht zu veröffentlichen (siehe Abbildung 7.14). Sie können bei jedem einzelnen Beitrag einstellen, wer ihn sehen darf. Die Einschränkung erfolgt nach Land, Stadt (wenn verfügbar) und nach Sprache. Es ist empfehlenswert, sich auf die Einschränkung »Sprache« zu konzentrieren, da diese Auswahl am häufigsten der Realität entspricht: Die absolute Mehrheit der User nutzt Facebook in der ihm geläufigsten Sprache.

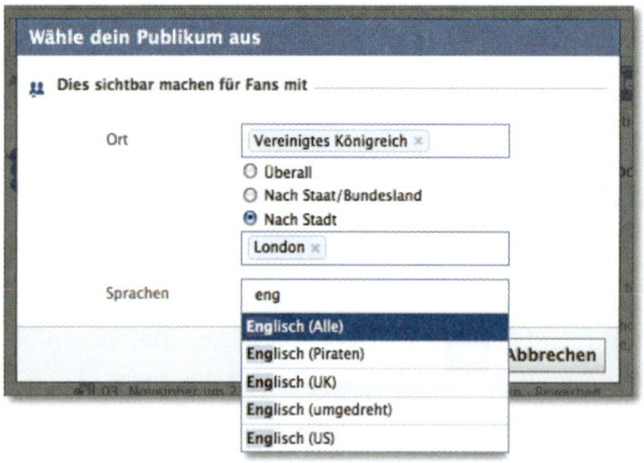

Abbildung 7.14 Zielgruppengerechte Pinnwandbeiträge nach Region und/oder Sprache

7.8.23 Facebook-Seitenstatistiken

Facebook bietet den Seitenadministratoren relativ aussagekräftige Statistiken über die Zusammensetzung der Fangemeinde und die Interaktion auf und mit der Facebook-Seite. Die Zahlen werden natürlich erst ab einer gewissen Anzahl an Nutzern (sprich Fans) aussagekräftig. Die Statistiken sollen Ihnen vor allem helfen, langfristig an der Qualität der Beiträge zu arbeiten und so die Performance Ihrer Facebook-Seite noch weiter zu steigern. Die Statistiken gliedern sich in mehrere Bereiche, die wir kurz erläutern möchten.

Auf der Übersichtsseite zeigt Facebook zunächst für einen bestimmten Zeitraum anhand der Gesamtzahl der Fans, der Reichweite (Freunde von Fans) und der Interaktion (»sprechen darüber«), wie sich die Performance der Seite entwickelt hat. Außerdem können Sie zu jedem einzelnen Beitrag der Seite die wichtigsten Kennzahlen wie Reichweite, eingebundene Nutzer und Viralität nachlesen.

»Gefällt mir«-Angaben

Hier sehen Sie die Demografie (Alter, Geschlecht) sowie Herkunft und Sprache der Fans, und die Zahl der »Gefällt mir« sowie »Gefällt mir nicht mehr« pro Tag und Quelle (siehe Abbildung 7.15).

Reichweite

Wie der Name schon sagt, zeigt Facebook hier, welche Usergruppe über welchen Weg auf Ihre Facebook-Seite bzw. zu einem Ihrer Pinnwandeinträge gefunden hat (siehe Abbildung 7.16).

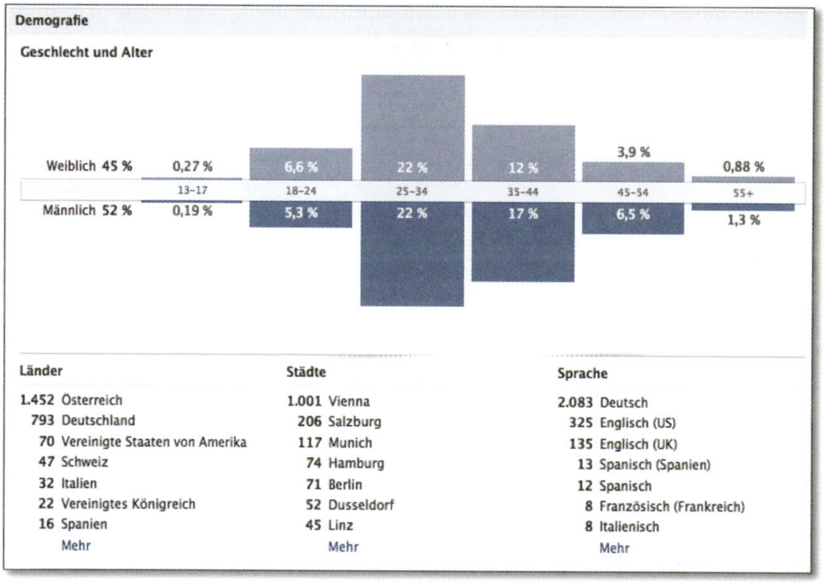

Abbildung 7.15 Facebook bietet mit den Seitenstatistiken einen schönen Überblick darüber, welche Sprache Ihre Fangemeinde spricht und woher die einzelnen Fans kommen.

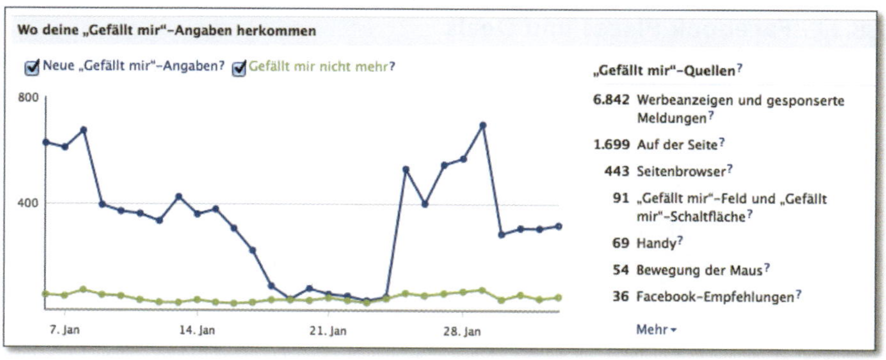

Abbildung 7.16 Entwicklung der Fanzahlen und Fanquellen

Personen, die darüber sprechen

Es genügt ja nicht, zu wissen, wie sich die Fangemeinde zusammensetzt, viel spannender ist, wer aus dieser Gemeinde tatsächlich besonders aktiv ist und mit Ihrer Facebook-Seite interagiert. Dabei, das herauszufinden, hilft diese Statistik ebenfalls.

Sie sollten sich angewöhnen, die Facebook-Statistiken regelmäßig zu konsultieren. Wenn Sie beispielsweise sehen, dass der Prozentsatz jener Fans, die Englisch sprechen, einen gewissen (von Ihnen zu definierenden) Grad überschreitet, Sie aber

Ihre Facebook-Seite bis dato nur auf Deutsch geführt haben, sollten Sie sich überlegen, ob es nicht sinnvoll wäre, beide Zielgruppen in ihrer jeweiligen Muttersprache (oder Profilsprache) zu bedienen.

Tipp: Pinnwandbeiträge auf Sprachzielgruppen einschränken

Sie sollten es sich gut überlegen, ob und wie Sie diese Möglichkeit der Zielgruppenkommunikation nutzen. Denn: Wenn Sie die englischsprachigen Fans explizit mit englischen Beiträgen ansprechen und die deutschsprachigen User auf Deutsch, dann bleiben alle anderen Sprachzielgruppen davon ausgeschlossen. Andererseits sollten Sie Ihren Fans doppelte oder gar dreifache Beiträge ersparen.

Eine andere für Sie relevante Information wäre beispielsweise, dass ab einem bestimmten Datum die Zahl jener Fans, die die Beiträge Ihrer Facebook-Seite in ihren Neuigkeiten verborgen haben oder auf »Gefällt mir nicht mehr« geklickt haben, stark ansteigt. Das würde bedeuten, dass ab diesem Zeitpunkt einige Fans Ihre Beiträge als »zu viel«, zu irrelevant bzw. als Spam wahrnehmen. Darauf sollten Sie dringend reagieren und die Qualität und Häufigkeit der veröffentlichten Beiträge überdenken.

7.8.24 Facebook Places und Deals

Mit Facebook Places (Orte) ist es dem sozialen Netzwerk gelungen, den Anschluss an eine völlig neue, für das Marketing aber hochinteressante Form der Kundengewinnung und -bindung zu schaffen, die durch Tools wie Foursquare und Gowalla erstmals größere Aufmerksamkeit erlangte.

Vom Prinzip her geht es um Folgendes: Alle gängigen Smartphones haben einen GPS-Empfänger integriert, es ist also eine relativ exakte Standortbestimmung möglich. Warum also nicht seinen Social-Media-Freunden sagen, wo man sich gerade befindet? Werfen Sie jetzt mal alle Privacy-Bedenken über Bord, sehen Sie es aus der Sicht Ihres Unternehmens (sofern Sie Laufkundschaft haben): Jeder Facebook-User hat im Schnitt 130 Freunde. Wenn Sie eine Pizzeria betreiben und dieser User jetzt seinen Freunden mitteilt, dass er gerade bei Ihnen ist und was er da genau tut, verbreitet er den Namen Ihres Unternehmens, und das mit nur ein bis zwei Klicks. Dies steigert also die Reichweite Ihrer Marke, Ihres Unternehmensnamens. Zusätzlich kann der User beim Check-in einen individuellen Text dazuschreiben wie »Bestell mir gerade eine leckere Pizza Calzone«, oder er versieht den Check-in mit einer anderen Art von Bewertung. Das sind die kaufbeeinflussenden Informationen für zukünftige Kunden, die sich in Social Media informieren.

Abbildung 7.17 Sogar die gemeinsame Darstellung der Places aller Filialen ist möglich.

Wie funktioniert Facebook Places?

Sie verfügen entweder über ein Smartphone (Apple iPhone, Android usw.) oder können Facebook Places am eigenen Computer nutzen. Wir möchten Ihnen Facebook Places anhand der iPhone-Applikation zeigen (siehe Abbildung 7.18).

Zentrale Elemente sind Orte, also Places. Das kann ein Restaurant, eine Bar, Ihr Büro, ein Store oder beispielsweise auch ein ganzes Einkaufszentrum oder eine Sehenswürdigkeit sein. Wenn ein Smartphone-Besitzer das GPS aktiviert hat, zeigt die Facebook-Applikation alle Orte in der Nähe. Der User kann an diesem Ort »einchecken« und so seinen Facebook-Freunden mitteilen, dass er sich hier an diesem Ort befindet. Er kann aber auch auf einen Blick sehen, wer von seinen Freunden auch hier eingecheckt hat oder welche Personen sonst/früher hier eingecheckt haben. Wenn es in Facebook Places diesen Ort noch nicht gibt, kann er von jedem User selbstständig angelegt werden, er muss nicht Geschäftsinhaber sein oder bereits die dazugehörige Facebook-Seite besitzen. Deshalb ist es für Sie als Unternehmen wichtig, rasch zu überprüfen ob es Ihr Unternehmen schon als Place gibt und ob dieser Place bereits Check-ins oder Kommentare beinhaltet. Gehen Sie dazu einfach in die Facebook-Suche, und geben Sie den Namen Ihres Unternehmens ein.

Ein Facebook Place beinhaltet eine integrierte Map (siehe Abbildung 7.17), dadurch können Sie Facebook Place von einer normalen Facebook-Seite unterscheiden. Gibt es Ihr Unternehmen bereits als Place, können Sie diesen bestehenden Ort als Geschäftsinhaber beanspruchen. Ansonsten sollten Sie jetzt diesen Ort anlegen. In beiden Fällen sollten Sie den Eintrag mit relevanten Informationen bestücken. Es besteht auch die Möglichkeit, Ihre Facebook-Seite mit dem Facebook-Ort (Place) zusammenzuführen. Das kann in manchen Fällen Sinn ergeben, in anderen wiederum nicht, das muss im Einzelfall entschieden werden.

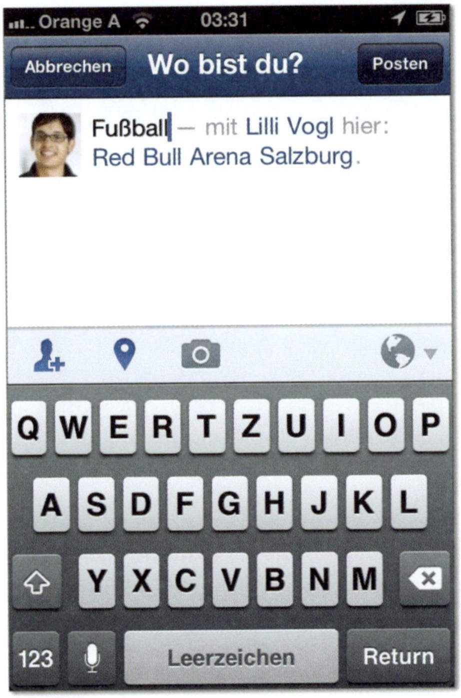

Abbildung 7.18 Facebook Places auf dem Apple iPhone

Jetzt werden Sie sich fragen, warum ein User das tun sollte, aller Welt sagen, wo er gerade ist? Tatsächlich ist diese Form der eigenen geografischen, halböffentlichen Verortung noch nicht sehr verbreitet, aber es haben sich bereits einige Anhänger, vor allem technikaffine User, gefunden. Für den Durchschnittsuser müssen natürlich Anreize geschaffen werden, den sogenannten Check-in auch auszuführen.

Erste Praxisbeispiele zu Facebook Places für die kommerzielle Nutzung gibt es bereits: So bekamen alle Besucher der Release-Party des neuen Albums von James Blunt nach ihrem Check-in via Facebook Places exklusiv drei Songs zum kostenlosen Download geschenkt. Ein anderes gelungenes Beispiel ist die Verknüpfung von Check-ins mit einem Gewinnspiel. So forderte die britische Tourismusbehörde alle

Besucher der Facebook-Seite auf, auf »Gefällt mir« zu klicken. Wer mindestens an zwei Orten via Facebook eincheckte, der nahm an der Verlosung einer Reise für zwei teil. Mittlerweile ist das Gewinnspiel längst vorbei. An dessen Stelle findet sich nun ein Ranking der TOP 50 Places, gereiht nach der Anzahl der Check-ins (siehe Abbildung 7.19).

Abbildung 7.19 Die beliebtesten Facebook Places in Großbritannien, auf Basis der Check-ins

Facebook ging ursprünglich aber noch einen Schritt weiter (und damit näher an die Konkurrenten wie Foursquare heran), und zwar mit Facebook Deals. Das ist eine Erweiterung und Monetarisierung von und über Facebook Places. Damit konnte man User belohnen, die, ähnlich wie bei Foursquare, in einem Unternehmen einchecken: Mit Vergünstigungen, kostenlosen Give-aways oder einfach nur ein bisschen Ruhm (als Kunde des Tages beispielsweise). Facebook testete die Akzeptanz dieses Services anhand einiger Preferred Partner (auch in Deutschland) und schaltete es in den USA weitgehend frei, in Europa lässt es aber noch auf sich warten. Ob und wann die Deals-Funktionalität für Facebook-Seitenbetreiber in Europa kommt, ist zum Zeitpunkt der Recherche für dieses Buch noch nicht bekannt.

7.8.25 Noch ein paar wichtige Facebook-Benimmregeln

Folgende Regeln gelten grundsätzlich nicht nur für Facebook, sondern für alle sozialen Netzwerke. Zum Teil beziehen sie sich aber auf Facebook-spezifische Funktionalitäten:

- Spammen Sie nicht: Vermeiden Sie plumpe Werbung, egal, ob über Ihr Profil oder auf der Facebook-Seite. Versuchen Sie nicht, so zu tun, als ob es sich um eine persönliche Empfehlung handeln würde, wenn berufliches Interesse oder eben Werbung dahinterstecken. Ihre Facebook-Freunde würden es merken und sich schrittweise von Ihnen zurückziehen bzw. die Beiträge der Facebook-Seite ausblenden.
- Halten Sie sich mit Seiten- oder Gruppeneinladungen zurück. Wenn Sie Ihre Facebook-Freunde über ein normales Maß hinaus ständig mit solchen Einladungen bombardieren, machen Sie sich unbeliebt. Mittel- und langfristig ergibt es auch überhaupt keinen Sinn: Jemand, der nicht an Ihnen, Ihrem Unternehmen oder Ihren Produkten interessiert ist, wird auch kein guter Multiplikator und Botschafter sein. Deshalb schränkt Facebook bereits schrittweise die Verfügbarkeit der Seitenempfehlungs-Funktion ein.
- Seien Sie authentisch: Geben Sie sich nicht als jemand aus, der Sie nicht sind. Deshalb: Ihr Profil soll Ihren persönlichen Namen tragen, und die Facebook-Seite soll als offizieller Auftritt Ihres Unternehmens erkennbar sein. Die User möchten wissen, mit wem sie es zu tun haben.
- Denken Sie immer daran: Alles, was Sie auf der Pinnwand schreiben, jeder Link und jedes Foto oder Video, das Sie veröffentlichen, jeder Kommentar, den Sie abgeben, wird von allen im beruflichen Kontext wahrgenommen und kann für immer im Internet gespeichert sein und somit gefunden werden.
- Wenn ein User mit dem Namen Ihres Unternehmens, Ihrer Marke oder eines Ihrer Produkte ein Profil, eine Gruppe oder eine Seite eingerichtet hat, sollten Sie nicht sofort mit der Anwaltskeule drohen oder rechtliche Schritte einleiten. Suchen Sie den Kontakt, bleiben Sie freundlich, und versuchen Sie, eine gemeinsame Lösung zu finden. Bei zu rohem Vorgehen könnte es sich zu einem Image-Supergau für Sie entwickeln, der irreparable Reputationsschäden zur Folge hätte. Deshalb: Behandeln Sie den User stets auf Augenhöhe, professionell und korrekt. Für den Fall, dass die Kontaktversuche Ihrerseits unbeantwortet bleiben oder kein Kooperationswille vom User signalisiert wird, bietet Facebook entsprechende Kontaktformulare an, um beispielsweise Ansprüche auf Basis von Marken- oder Urheberrecht geltend zu machen.

Facebook bietet eine breite Palette an Möglichkeiten, mit den Kunden in Kontakt zu treten und auch zu bleiben. Doch wie eingangs erwähnt, ist Facebook nicht das einzige soziale Netzwerk, das im deutschsprachigen Raum beliebt ist und genutzt wird. Wir möchten Ihnen nun die wichtigsten anderen überregionalen Netzwerke vorstellen.

7.9 Google+

Google, der Suchmaschinengigant, ist auch im Social Web schon lange unterwegs: Durch die Akquise von YouTube wurde Google zum Global Player im Uservideo-Bereich. Das lange Zeit in Brasilien so beliebte soziale Netzwerk Orkut gehört ebenfalls zur Google-Familie. Doch durch Facebook hat Google einen ernstzunehmenden Konkurrenten erhalten: Die Internetuser verbringen immer mehr Zeit in sozialen Netzwerken, informieren sich dort, und sind dort für Werbung durchaus auch empfänglich. Die Plattformbetreiber wiederum haben durch den Zugriff auf die Profildaten und das Nutzungsverhalten der User wesentlich hochwertigere und genauere Targetinginformationen zur Verfügung und werden so für Werber viel interessanter. Und in den USA bringt bereits heute Facebook mehr Besucher auf Websites als Google.

Die Antwort darauf heißt Google+ (Google Plus). Im Juni 2011 wurde das soziale Netzwerk der Öffentlichkeit vorgestellt und in einer Beta-Version einem gewissen Userkreis zugänglich gemacht (über Einladungen). Google stand und steht hier unter Erfolgsdruck: Nachdem Google Buzz und Google Waves gescheitert sind, muss Google+ auf alle Fälle funktionieren, sprich eine kritische Masse erreichen und sie auch halten können.

Google+ wird zwar oft direkt mit Facebook verglichen, doch dieser Vergleich hinkt: In vielen Punkten ist Google+ eigentlich viel näher an Twitter als an Facebook, darauf gehen wir im Folgenden noch mehrmals ein. Schauen wir uns nun an, wie Google+ funktioniert.

Die Anmeldung auf Google+ erfolgt über einen bereits bestehenden Google-Account aus einer früheren Anmeldung, beispielsweise für Picasa, YouTube, Google Analytics oder eine der vielen weiteren Google-Plattformen und -Services. Google-Account heißt aber nicht, dass Sie verpflichtet sind, eine Gmail-Adresse anzumelden. Sie können auch jede andere E-Mail-Adresse für die Registrierung eines Google-Kontos verwenden. Achten Sie aber darauf, dass die E-Mail-Adresse einen direkten Zusammenhang mit Ihrem Personenprofil auf Google+ erlaubt.

7.9.1 Das Google+-Profil

Nach der Registrierung Ihres Google+-Accounts sollten Sie Ihr Profil befüllen. Neben einem aussagekräftigen Profilbild sollten Sie besonderes Augenmerk auf den Infobereich im Profil legen, vor allem auf folgende Felder:

- Intro: Dieses Feld soll Sie in wenigen Worten beschreiben, Sie können auch Links zu Ihrer Website, Ihrem Blog oder anderen Profilen setzen.
- Beruf: Die Befüllung dieses Feldes ist besonders wichtig, da der darin befindliche Text als Vorschautext direkt unter Ihrem Namen auftaucht, beispielsweise in der Suche oder wenn jemand Ihr Profil auf Google+ teilt.
- Kontakt: Hier können Sie verschiedene Kontaktinformationen wie Telefon, E-Mail-Adresse usw. eintragen. Sie sollten die angegebene E-Mail-Adresse verifizieren, indem Sie sich einen Bestätigungslink schicken lassen.
- Profil finden: Hier können Sie einstellen, ob Ihr Profil für die Google+-Suche zugänglich ist.
- Außerdem finden Sie im rechten Bereich noch die Möglichkeit, eine Art Linkliste einzugeben. Tragen Sie unter Weitere Profile Ihr Blog, Ihren Twitter-Account, Ihr Facebook-Profil und alle weiteren, aussagekräftigen Profile ein. Das ist insofern auch mittel- und langfristig wichtig, da Google so eine Verbindung zwischen Ihrem Google+-Profil und den anderen Profilen herstellen kann. Wenn im Google-Suchergebnis später einmal bei jedem von Ihnen geschriebenen Blogartikel Ihr Google+-Profilfoto und ein Link zum Profil erscheinen, kann das nur ein Vorteil sein.

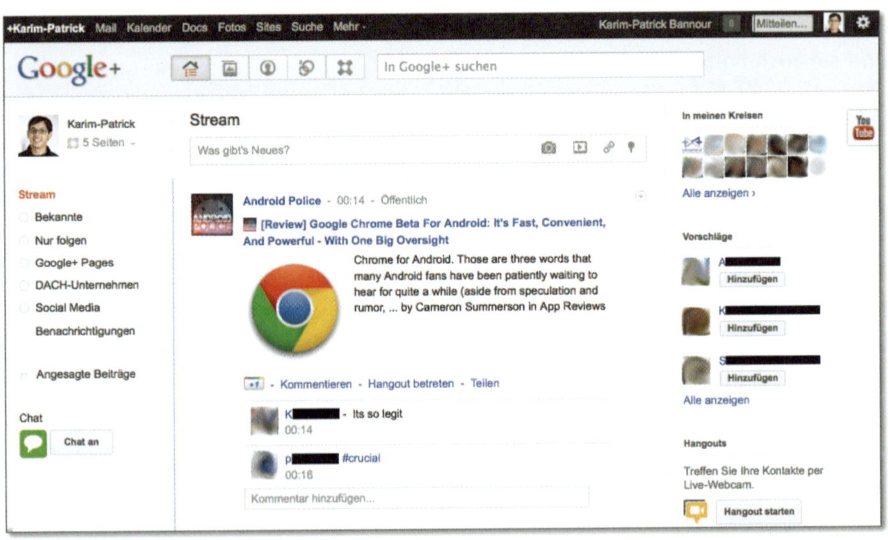

Abbildung 7.20 Google+-Startseite mit dem Stream

7.9.2 Die Google+-Startseite

Nun kommen wir zur Google+-Startseite, die jeder Google+-User nach dem Einstieg automatisch angezeigt bekommt (siehe Abbildung 7.20). Die Startseite ähnelt in Aufbau und Funktionalität sehr der Startseite der Facebook-User. In der Mitte befindet sich der sogenannte Stream, in dem alle Beiträge von jenen Usern und Unternehmensseiten gezeigt werden, denen Sie folgen, von denen Sie also Follower sind. Im sogenannten Publisher können Sie, ähnlich Facebook, einen Beitrag schreiben und ein Foto, ein Video, einen Weblink und Ihren Standort hinzufügen. Besonders prominent ist die Auswahl der Empfänger positioniert. Google+ geht hier neue Wege und stellt als Bindeglied die sogenannten Kreise zur Verfügung. Genau hier unterscheidet sich Google+ stark von Facebook und ähnelt Twitter, was das Prinzip des Kontaktaufbaus und der Kontaktpflege betrifft.

7.9.3 Google+ Circles: Der Kreis der Auserwählten

Auf Google+ dreht sich sprichwörtlich alles um Kreise. Die Kreise (Circles) sind ähnlich zu sehen wie Listen auf Twitter oder auf Facebook. Sie sind die Kontaktverwaltung. Jeder Google+-Nutzer kann eine anderen Google+-Nutzer in einen seiner Kreise ziehen, ohne dass dieser zustimmen muss. Die Einordnung in Kreise bestimmt nicht nur, wer grundsätzlich welche Inhalte zu sehen bekommt, sondern ermöglicht auch, einen Filter zu setzen, von welchem Kreis, also welcher Google+-Nutzergruppe, man die Inhalte im Stream lesen möchte.

Beispiel der Kontaktverwaltung mittels Kreisen

Wenn Google+-User Karim beispielsweise Google+-User Anne zu seinen Kontakten hinzufügen will, weil ihn interessiert, was Anne schreibt, so ordnet er Anne einem oder mehreren seiner Kreise zu, beispielsweise dem selbst erstellten Kreis »Social-Media-Kollegen«. Anne bekommt eine Information, dass sie von Karim in einen Kreis (sprich als Kontakt) hinzugefügt wurde, aber nicht, in welchen. Sie muss dem nicht zustimmen und kann es auch nicht wirklich verhindern. Nun kann Anne wiederum Karim ebenfalls einem oder mehreren ihrer Google+-Kreise hinzufügen, muss es aber nicht. Wenn Karim beispielsweise explizit nur jene Beiträge lesen möchte, die die in diesem Kreis befindlichen Google+-User geschrieben haben, so kann er auf seiner Startseite rechts neben dem Stream den Kreis »Social-Media-Kollegen« als Filter auswählen. Karim kann beispielsweise aber auch einen Google+-Beitrag zum Thema Social Media Marketing schreiben und nur für jene User zugänglich machen, die im Kreis »Social-Media-Kollegen« drin sind. Diesen Beitrag bekommen aber selbstverständlich nur jene Google+-User auf deren Stream zu sehen, die Karim wiederum ihrem/n Kreis(en) hinzugefügt haben – im Grunde dasselbe Follower- und Listen-Prinzip wie auf Twitter.

Natürlich müssen Sie nicht zwangsweise immer Kreise auswählen, Sie können auch einzelnen Google+-Usern einen Beitrag zugänglich machen. Es ist natürlich jederzeit möglich, Personen aus Kreisen zu entfernen oder anderen Kreisen zuzuordnen. Sie sollten schon von Beginn an versuchen, Ihre Kontakte konsequent in die richtigen Kreise zu ziehen, um den Überblick zu behalten und den vollen Vorteil dieser Filtermöglichkeit ausnutzen zu können.

Obwohl das System auf den ersten Blick etwas verwirrend scheint, ist es in der alltäglichen Nutzung doch sehr praktisch und nachvollziehbar. Google+ wirbt mit einer einfachen und transparenten Handhabung der Privatsphäre um die User, vor allem jene, die eine solche Transparenz und Übersichtlichkeit lange Zeit vermisst haben. Nur kurz nach Einführung von Google+ hat Facebook seine Privatsphäreneinstellungen radikal überarbeitet und vereinfacht, was nicht zuletzt auch auf Google+ zurückgeführt werden darf.

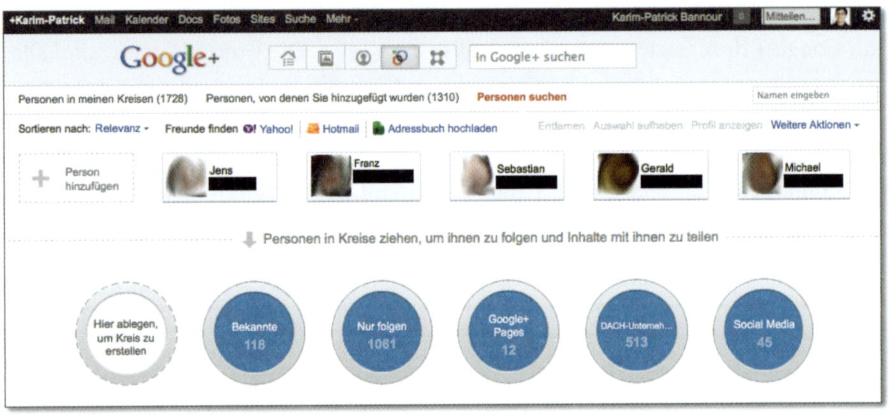

Abbildung 7.21 Kontaktverwaltung mittels Kreisen (Circles)

Facebook bietet ja seit Einführung der Chronik (Timeline) ebenfalls einen Zwischenweg zwischen Freundschaft (über eine bestätigte Freundschaftsanfrage) und Nichtfreundschaft (also keiner aktiven Zustellung von Beiträgen dieser Person). Sie können die öffentlichen Beiträge von anderen Facebook-Usern abonnieren, mit denen Sie nicht befreundet sind (und die wiederum diese Abo-Funktion aktiviert haben).

7.9.4 Der +1-Button

Eine weitere, Facebook-ähnliche Funktion ist der +1-Button. So können Sie einerseits einer Google+-Seite eine +1 geben (damit werden Sie aber nicht automatisch ein Follower), andererseits einen Beitrag von anderen Google+-Usern oder Seiten »liken«, also ähnlich dem »Gefällt mir«-Button (Like-Button) aus Facebook eine Art

Statement abgeben, dass Sie diesen Beitrag gut finden. Die +1 findet sich aber auch direkt auf der Google-Suchmaschine wieder und zeigt somit, wie ernst und wichtig Google diese Sharing- und Ranking-Funktionalität nimmt. Sie sehen übrigens als eingeloggter Google+-User auf der Google-Suchmaschine im Normalfall unter jedem Link im Suchergebnis, ob und welcher Ihrer Google+-Kontakte diesen Link schon einmal geteilt hat.

7.9.5 Google+-Unternehmensseiten

Seit November 2011 können, vergleichbar mit den Facebook-Seiten, auch Unternehmensseiten auf Google+ registriert werden. Die Einrichtung ist relativ rasch erledigt. Die Wahl der richtigen Kategorie (z. B. wählen Sie die Kategorie Lokales Geschäft, um ein Restaurant auf Google+ anzulegen) entscheidet so wie auf Facebook über die Anzahl und Ausprägung der zu befüllenden Felder. Deshalb sollten Sie auch hier genau darauf achten, was Sie auswählen und eingeben. Ein großer Vorteil: Seit Dezember 2011 können Sie auch noch zusätzliche Administratoren ernennen.

Im Vergleich zu Facebook bietet Google+ noch sehr wenige Möglichkeiten, über die News-Beiträge hinaus die Unternehmensseite aufzupeppen. Gestalten Sie die Unternehmensseite so aussagekräftig wie möglich. Neben dem Profilbild können Sie beispielsweise die Fotoleiste individuell befüllen (siehe Abbildung 7.22). Hier sind sogar animierte Bilder möglich (z. B. animierte GIF-Dateien).

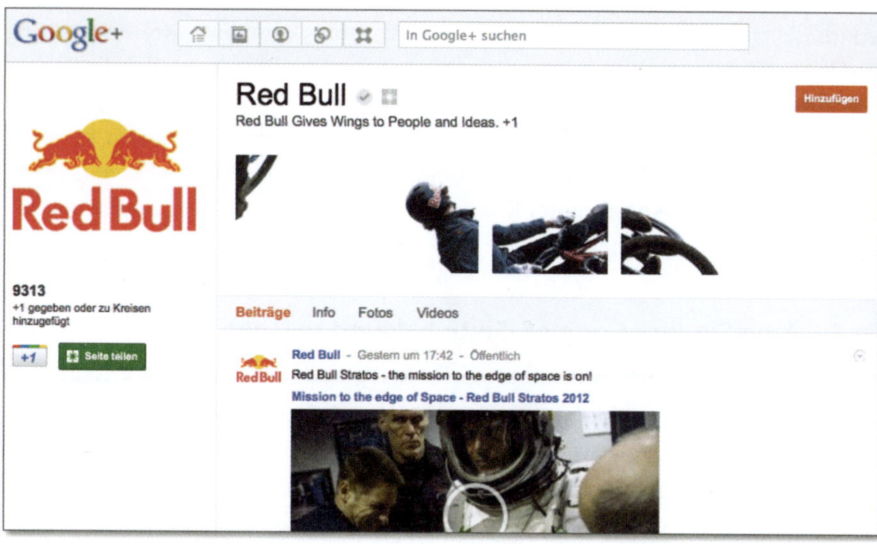

Abbildung 7.22 Google+-Unternehmensseite am Beispiel von Red Bull mit einer animierten Fotoleiste

Worauf Sie bei der Neuanlage einer Google+-Unternehmensseite achten sollten:

- Wählen Sie einen aussagekräftigen Sub-Titel (unterhalb des Seiten-Namens zu finden).
- Verifizieren Sie die E-Mail-Adresse, und geben Sie so Ihrer Google+-Seite ein offizielles Kennzeichen.
- Füllen Sie das Feld INFO vollständig aus (Intro, Kontakt, Website).
- Geben Sie relevante Links ein (EMPFOHLENE LINKS): Verlinken Sie zur Website, und bauen Sie auf Ihrer Website das Google+-Widget ein. Das hilft dem Ranking Ihrer Website und Ihrer Google+-Unternehmensseite auf der Suchmaschine Google.
- Verlinken Sie unter EMPFOHLENE LINKS auch auf das Impressum Ihrer Website.

Die Verwaltung der Kreise

Standardmäßig haben Unternehmensseiten die Kreise NUR FOLGEN, KUNDEN, VIPs und TEAMMITGLIEDER vorinstalliert. Diese Aufteilung zeigt schön, wie Google+ die Nutzung von Unternehmensseiten vorsieht. Kreise können beliebig angelegt, verändert oder gelöscht werden. Als Unternehmen können Sie Ihren Kreisen nur Personen hinzufügen, die zuerst Ihr Unternehmen schon deren Kreisen hinzugefügt haben. Andere Seiten, beispielsweise von Agenturen, Kunden oder Lieferanten, können Sie sehr wohl selbstständig hinzufügen, auch wenn diese Ihnen noch nicht folgen (also Ihre Google+-Unternehmensseite noch nicht in deren Kreisen steckt).

Grundsätzlich müssen Sie als Unternehmen keine komplexe Kreisverwaltung betreiben. Sie können alles »öffentlich« posten, und es kann von allen Followern gesehen werden, auch von den Suchmaschinen. Wenn Sie aber eine zielgruppengenaue Ansprache haben wollen, beispielsweise mit einem bestimmten Kundenkreis, dann macht die Einteilung in bestimmte Kreise Sinn. Umgekehrt hilft Ihnen das auch, die Beiträge bestimmter Kundenkreise aktiv und selektiv zu lesen und die Beiträge anderer auszublenden.

7.9.6 Wie Sie Ihre Google+-Seite bekannt machen

Da es auf Google+ selbst noch keine Möglichkeit gibt, Ihre Unternehmensseite mittels Ads zu bewerben, gibt es nur eine eingeschränkte Auswahl an Verbreitungsmaßnahmen:

- Nutzen Sie alle anderen Social-Media-Kanäle, um auf Ihre Google+-Unternehmensseite hinzuweisen, aber übertreiben Sie es nicht.
- Bauen Sie auf Ihrer Website und anderen Webpräsenzen den Google+-Button oder das Widget ein, genauso auch den +1-Button bei Presse- oder Blogartikeln.

- Schreiben Sie einen Newsletter-Artikel über Ihre Google+-Seite, und erzählen Sie, warum es sich auszahlt, Follower zu werden.
- Nutzen Sie Ihre persönlichen Google+-Profilkontakte, um auf die Seite hinzuweisen.

Leider ist aktuell noch keine Vanity-URL möglich (so wie auf Facebook beispielsweise *http://www.facebook.com/viermalvier*), aber hier muss und wird Google den Usern und Unternehmen entgegenkommen. Erst dann ist es einfach und schnell möglich, das Google+-Profil oder die Google+-Seite beispielsweise auf Printprodukten zu bewerben. Bis dahin können Sie sich mit Drittanbietern wie gplus.to behelfen, die über deren Service (unabhängig von Google) solche Vanity-URLs anbieten.

7.9.7 Wie Sie mit Ihren Followern kommunizieren können

So wie auf allen anderen aktiven Social-Media-Plattformen hängt der Erfolg Ihrer Unternehmensseite auf Google+ davon ab, wie authentisch, regelmäßig und relevant Sie kommunizieren, in diesem Fall über die Pinnwand (Stream). Verfassen Sie also Beiträge, die die Leser ansprechen, unterhalten, informieren und zur Weiterleitung an deren Follower animieren. Veröffentlichen Sie Inhalte, die die Follower am besten ausschließlich auf Google+ von Ihnen bekommen, vermeiden Sie simples Copy & Paste von Inhalten aus Facebook oder Twitter. Sie werden dann mit einer höheren Interaktionsrate (+1, Kommentare, Teilen) belohnt. Das wiederum führt zu einer höheren Streuung Ihrer Unternehmensseite.

Follower können auf der Seite selbst keinen Pinnwandeintrag hinterlassen, sondern nur auf der eigenen Pinnwand einen Eintrag ans Unternehmen richten. Der zentrale Weiterverbreitungseffekt kann hauptsächlich durch das aktive Klicken des Followers auf »Teilen« unter dem Beitrag ausgelöst werden.

7.9.8 Hangouts

Aktuell noch mit einer beschränkten Teilnehmerzahl sind diese Videokonferenzen oder -chats ein großer Vorteil von Google+, den im Januar 2012 auch der US-amerikanische Präsident Barack Obama für eine virtuelle Fragestunde nutzte. Sie können als Seitenbetreiber ein Hangout starten und so Ihre Follower zu einem Videochat einladen. So hat beispielsweise Red Bull schon mehrere Hangouts mit Sport- und Musikstars für seine Follower organisiert, und die Drogeriekette »dm Österreich« hat via Videochat Frisuren- und Styling-Tipps von professionellen Stylisten zeigen lassen, mit Zwischenfragen der anderen Hangout-Teilnehmer. Das Tolle an den Hangouts ist, dass der Videochat auch via Smartphone möglich ist.

7.9.9 Insights/Ripples

Für Google+-Unternehmensseiten stehen zum Zeitpunkt der Erstellung dieses Buches noch keine Insights zur Verfügung, wie z. B. für Facebook-Seiten. Eine durchaus gelungene Informationsquelle ist Ripples, eine Darstellung der Viralität eines Beitrags anhand einer dynamischen Grafik (siehe Abbildung 7.23). Die Größe eines Kreises sagt aus, wie stark dieser User zur Weiterverbreitung des Posts beigetragen hat. Die Pfeile und die dahinter befindlichen Kreise wiederum zeigen, von wem dieser Beitrag aufgegriffen und weiterverbreitet wurde. Das Ganze wird darunter noch einmal in Textform aufgelistet.

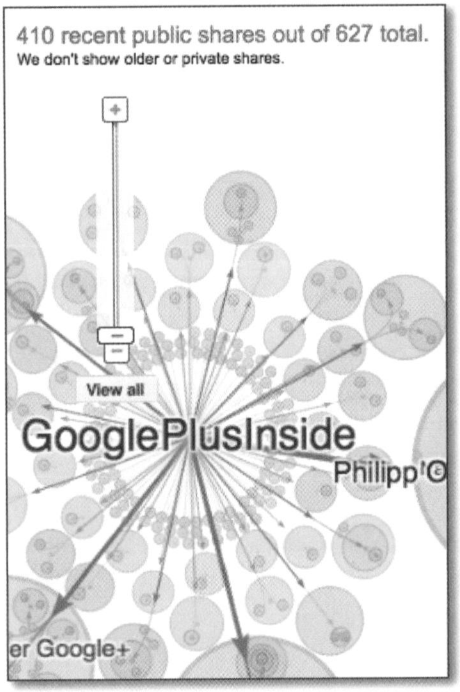

Abbildung 7.23 Mit Ripples sehen Sie, wer einen Beitrag geteilt hat und wen er damit erreicht hat.

Wie eingangs schon erwähnt, steht für Google viel auf dem Spiel. Deshalb wird Google sich auch besonders bemühen, weiterhin viele neue und vor allem aktive User zu gewinnen und sie dazu zu bewegen, Zeit auf Google+ zu verbringen, viele Inhalte zu teilen und natürlich auch die Google-Datenbanken zu füttern. Aktuelle Statistiken und Zahlen über Nutzer und deren Verteilung finden Sie auf einem der zahlreichen Google+-Blogs und beispielsweise auf *www.plusdemographics.com*.

Zu viel Google+ im Google-Suchergebnis?

Kritik wurde über die Social-Media-Kreise hinaus laut, als Google das sogenannte »Search, plus Your World« vorstellte. Damit gemeint ist ein Filter, der auf der klassischen Google-Suchmaschine automatisch nach Inhalten von anderen Google+-Usern sucht und diese auch entsprechend hervorhebt. Facebook, Twitter und einige andere Plattformbetreiber kritisieren dies als sehr subjektive Darstellung und Bevorzugung von Google+-Inhalten. Nur wenige Tage darauf wurde von einem Konsortium von Google+-Konkurrenten die Plattform *www.focusontheuser.org* vorgestellt, die auf diese Einseitigkeit hinweisen möchte.

Neben den Global Playern Facebook und Google+ kommen wir nun zu den lokalen Netzwerken, die mittlerweile einen harten Kampf gegen die Großen führen und in vielen Fällen hohe Rückgänge bei den Besucherzahlen erleben. Das betrifft auch einstige Platzhirsche wie StudiVZ, die wir nun vorstellen möchten.

7.10 Das VZ-Netzwerk – StudiVZ und Co.

Das heute zur Holzbrinck-Gruppe gehörende VZ-Netzwerk besteht aus StudiVZ, SchülerVZ und meinVZ. StudiVZ war lange Zeit direkter und großer Facebook-Konkurrent im deutschsprachigen Raum. Das ging sogar so weit, dass Facebook die Betreiber von (damals nur) StudiVZ verklagte, weil es Quellcode-Diebstahl vermutete, da sich beide Plattformen in Aussehen und Funktion am Anfang ähnelten. Mittlerweile hat Facebook im gesamten deutschsprachigen Raum die Führungsposition übernommen, und das gesamte VZ-Netzwerk erlebt einen starken Rückgang der Besucherzahlen. Dagegen dürften das Redesign und der Relaunch der Plattform langfristig auch nicht helfen.

Laut eigenen Angaben sind im VZ-Netzwerk rund 16 Mio. User registriert (Stand November 2011). Es wurde 2006 in Berlin als kleines Start-up gegründet und entwickelte sich schnell zu einem beliebten Studentennetzwerk im deutschsprachigen Raum. Das Netzwerk finanziert sich hauptsächlich durch Werbung und Partnerschaften. Das VZ-Netzwerk bietet für drei verschiedene Zielgruppen jeweils eine eigene Plattform:

- StudiVZ.net für Studenten ist die größte Plattform im VZ-Netzwerk.
- meinVZ.net ist für ehemalige Studenten bzw. StudiVZ-Mitglieder/Nicht-Studenten konzipiert.
- SchuelerVZ.net richtet sich ausschließlich an Schüler.

Exemplarisch für diese drei Modelle möchten wir Ihnen StudiVZ näherbringen, auch wenn sich StudiVZ, meinVZ und SchülerVZ in manchen Funktionalitäten unterscheiden.

Die User auf StudiVZ können sich kostenlos registrieren und ein Profil anlegen, das neben den klassischen Informationen über die Person (Name, Alter, Geschlecht) auch zielgruppenspezifische Felder wie Hochschule, Status, Studiengang, Studienrichtung, Lehrveranstaltungen usw. beinhaltet. Der eigene Campus bzw. Studienort ist auf StudiVZ auch das zentrale Element.

7.10.1 Edelprofile und Apps

Im Gegensatz zu Facebook, auf dem nur Einzelpersonen ein Profil haben dürfen, können Unternehmen auf StudiVZ (zumindest im alten Design) sogenannte Edelprofile führen. Von der Funktionalität her ähneln die Edelprofile etwas den Facebook-Seiten. Im neuen Design stehen allerdings eher die Spiele und Apps im Vordergrund. Applikationen dienen Unternehmen meist als Anwendungsbasis für Gewinnspiele oder Games, damit sich die User mit dem Unternehmen/der Marke auseinandersetzen.

7.10.2 Gruppen – Austausch von Gleichgesinnten

Es gibt sehr unterschiedliche Arten von Gruppen bzw. Themen, die in den Gruppen behandelt werden: von ganz seriös über lustig bis zu intim bzw. peinlich. Hier verbinden sich User mit gleichen und gemeinsamen Interessen. Ähnlich wie auf Facebook empfiehlt es sich für Unternehmen, jene privaten Gruppen (also von Usern geführte Gruppen), die das Unternehmen, die Branche, ein Produkt, die Region oder die Zielgruppe behandeln, zu beobachten und dabei genau zuzuhören, was die Zielgruppen bewegt, interessiert, was sie wünschen und was sie stört. Man sollte keinesfalls diese Gruppen, in denen User sich unter ihresgleichen wähnen und auch ausschließlich mit Usern kommunizieren, für Werbebotschaften missbrauchen.

7.10.3 Werbung auf StudiVZ

Ähnlich wie in Facebook haben Sie im VZ-Netzwerk die Möglichkeit, Werbeanzeigen selbst zu gestalten. In der sogenannten VZwerbefabrik gibt es Bild-Text-Anzeigen zum Selbermachen, erreichbar auf *www.studivz.net/l/advertising/2*. Ansonsten bleibt Ihnen noch die Möglichkeit der klassischen Online-Werbung: Dabei haben Sie die Wahl zwischen einem Wallpaper, einem Rectangle, einem Button oder den sogenannten Textlinks. Mehr Infos finden Sie auf *www.studivz.net/l/advertising/1*.

7.11 wer-kennt-wen.de – regional eine große Nummer

wer-kennt-wen.de (WKW) ist mit etwa 9 Mio. Usern eines der großen sozialen Netzwerke in Deutschland. Neben gängigen Funktionen, wie Freundschaften pflegen, Bilder hochladen und kommentieren, in Gruppen und Foren diskutieren, Chatten usw., haben die Betreiber die Community auch mit WKW-Partys bekannt gemacht. Das Ziel der Gründer war es, ein Netzwerk zu gründen, das das reale Leben abbildet. Bei wer-kennt-wen.de ist es nur möglich, sich mit seinem echten, realen Namen anzumelden. Durch die Integration diverser kostenpflichtiger Dienste (Musik, Partnersuche usw.) versuchen die Portalbetreiber zusätzliche Einnahmequellen und Aufmerksamkeitsbindung zu erreichen. WKW ist regional unterschiedlich beliebt, besonders stark genutzt wird es beispielsweise in Rheinland-Pfalz. wer-kennt-wen.de gehört zu 100 % der RTL interactive GmbH. Bannerwerbung können Sie über den Vermarkter IP-Deutschland buchen oder selbst Lokalanzeigen schalten, die beispielsweise auf Postleitzahlen eingegrenzt werden können.

Diese Plattform hilft Ihnen also auf regionaler Ebene, mehr über Ihre Kunden herauszufinden. Sie sollten die Mühe nicht scheuen und als Person in diesem Netzwerk registriert sein, wenn Ihre (potenziellen) Kunden dort vertreten sind. Verbinden Sie sich mit Freunden, Kollegen und Kunden. Sie können viel über die Kunden und ihre Wünsche herausfinden, wenn Sie aufmerksam beobachten und zuhören.

7.12 netlog – Treffpunkt der Jugend

Laut eigenen Angaben ist netlog Europas größtes soziales Netzwerk mit über 90 Mio. registrierten Usern. Es ist, ähnlich wie Facebook, eine Plattform zur Vernetzung von Usern, die sie zum Austausch von Informationen und Inhalten nutzen, vor allem von Jugendlichen. Über 80 % der registrierten Nutzer sind zwischen 14 und 25 Jahre alt. Es gibt mehrere Möglichkeiten, in netlog aktiv zu sein. Sie können natürlich ein Userprofil anlegen, um Monitoring zu betreiben und eine Gruppe anzulegen. Zudem können Sie Werbeanzeigen schalten. Außerdem gibt es die Möglichkeit, ein Markenprofil anzulegen.

Gerade wenn Jugendliche zu Ihrer Zielgruppe zählen, sollten Sie über ein Engagement in netlog nachdenken: Über das Markenprofil können Sie informieren und kommunizieren und die Entscheider von morgen an Ihre Marke binden.

7.13 Musik-Communitys

Musik ist die universelle Sprache der Welt, sagt man. Auch in der Online-Welt dreht sich vieles um dieses Thema. Doch einstige Größen wie Myspace verlieren immer mehr an Gewicht, und neue Plattformen und Dienste erobern die Aufmerksamkeit der Musikliebhaber und dürfen den Ton angeben. Da sich der Musikmarkt nach wie vor sehr dynamisch verhält, möchten wir Ihnen in diesem Kapitel einige Player vorstellen, darunter auch ganz neue.

7.13.1 Myspace.com – Musik aus besseren Tagen

Einst das größte soziale Netzwerk der Welt, wurde Myspace bereits im Jahr 2008 von Facebook überholt und kämpft mittlerweile in vielen Ländern mit zunehmendem Mitgliederschwund. Aktuell dürfte es etwas mehr als 200 Mio. registrierte User haben. Gegründet bereits im Jahr 2003 in den USA, entwickelte sich Myspace schnell zu einem großen Netzwerk, in dem sich Einzelpersonen, aber nach und nach vor allem Künstler und andere Personen aus dem Musikbereich miteinander vernetzten. 2005 wurde Myspace durch die News Corp. von Rupert Murdoch aufgekauft und 2011 angeblich zu einem sehr niedrigen Preis an Specific Media verkauft. Auch wenn Myspace kürzlich ein großes Redesign erhielt, hat die Plattform viel an Relevanz verloren.

In manchen Medien wird Myspace bereits als Randgruppennetzwerk bezeichnet. Es wird behauptet, dass in den USA hauptsächlich Menschen aus der Unterschicht bei Myspace aktiv sind. Sicherlich ist es kein globales soziales Netzwerk wie Facebook, möglicherweise war es das auch nie so richtig. Man versucht nun, über einen noch stärkeren Fokus auf Musik und Video und eine intensive Integration von Facebook-Funktionalitäten wie Login mit Facebook und den Einbau des eigenen Myspace-Accounts via App in die Facebook-Seite die Kräfte zu bündeln.

Einzelne User bzw. Bands können ein Profil anlegen und dieses mit Hintergrundinformationen über sich oder eben die Band, über kommende Konzerte, Album-Releases und Veranstaltungen mithilfe eines eigenen Terminkalenders, Hörproben und einer Art Blog befüllen. Ähnlich wie bei einem Facebook-Profil bzw. einer Facebook-Seite kann man eine eigene Myspace-URL reservieren.

Wenn Sie ein Unternehmen haben, das direkt oder indirekt mit der Musik-, Video- oder Veranstaltungsbranche zu tun hat, ist Myspace als Plattform für Sie nach wie vor überlegenswert. Viele Bands besitzen ein Profil auf Myspace. Sie können sich also auf Myspace auf die Suche nach interessanten und relevanten Bands und Einzelkünstlern machen und mit ihnen Freundschaft schließen. Damit halten Sie den Kontakt und bekommen vielleicht relevante Informationen. Außerdem gibt es natürlich die Möglichkeit, auf Myspace zu werben. Wenn sich also Ihre Zielgruppe mit der Community auf Myspace ansatzweise deckt, können Sie diese mittels Ads oder einer eigenen größeren Kampagne bewerben.

Unserer Meinung nach wird es Myspace schwer haben, den Abwärtstrend an Besuchern und Nutzern zu stoppen. Die letzte verbliebene, wirklich stark vertretene Nutzergruppe der Musiker wird auf Facebook immer mehr nützliche Funktionalitäten vorfinden, und vor allem: Die Mehrheit der für sie relevanten Hörer.

7.13.2 Last.fm – Social Listening

Wenn Sie eine Band, ein neues Album oder eine Veranstaltung promoten möchten oder Ihre Zielgruppe generell musikaffin ist, dann ist neben Myspace auch noch Last.fm für Sie interessant. Es ist ein soziales Netzwerk, in dem sich alles um Musik dreht. Auf Basis der Lieder, die der registrierte User hört, werden ihm passende andere Lieder und Bands vorgeschlagen. Die Relevanz der Vorschläge wird umso höher, je mehr Musikstücke das eigene Profil bzw. die Historie gespielter Lieder beinhaltet. Dadurch ist es möglich, die Zielgruppen ziemlich exakt bewerben zu können. Last.fm bietet neben der Möglichkeit, ein Profil für einen Künstler oder eine Band anzulegen, auch die Möglichkeit, auf der Plattform zu werben.

7.13.3 Soundcloud

Eines der Startups der letzten Jahre im Musikbereich ist Soundcloud. Gegründet im Jahr 2007 wurde es schnell eine beliebte Plattform von und für Musiker, um Audiodateien miteinander auszutauschen, daran gemeinsam zu arbeiten, die eigene Musik zu verbreiten und mit den Fans zu kommunizieren. Laut eigenen Angaben hat das Portal im Januar 2012 die magische Grenze von 10 Mio. Mitgliedern überschritten.

Eine der Hauptfunktionen von Soundcloud ist die einfache Möglichkeit, Musikdateien in Facebook einzubinden oder auf Twitter zu teilen und zum Download anzubieten. Fans oder andere Musiker, die beispielsweise am Musikstück mitarbeiten oder eine Frage zu einer bestimmten Sequenz haben, können direkt bei der entsprechenden Sequenz einen Kommentar abgeben. Über eine eigene Smartphone-App können Sounds aufgenommen und hochgeladen werden, es existieren auch zahlreiche Apps und Schnittstellen mit anderen Plattformen.

Diese neue und einfache Art der Zusammenarbeit ist sicher eine der Stärken von Soundcloud und wird viele Musiker und deren Fans anziehen und so weitere Aufmerksamkeit und Mitglieder gewinnen können. Aus unserer Sicht schon jetzt ein Muss für jeden Musiker und jede Band oder andere musikalische Formation.

7.13.4 tape.tv

Einen besonders interaktiven Weg geht der Musik-Internet-Fernsehsender tape.tv. 2008 gegründet, erfreut sich dieser Dienst wachsender Beliebtheit. Wie von den klassischen Fernsehsendern gewohnt, kann man ein bestimmtes Programm konsumieren und nach Genres selektieren, der User stellt aber durch sein Sehverhalten sein individuelles Programm laufend neu ein: Wenn man beispielsweise ein Video wegklickt, wird das im Hintergrund gespeichert und für die Zukunft mitberücksichtigt und nicht mehr vorgeschlagen. So entsteht mit der Zeit eine individuelle Videoplaylist. Die Kooperation mit wichtigen Plattenlabels, dem ZDF und die Veranstaltung einiger Live-Konzerte bekannter Bands tragen das ihre dazu bei, dass tape.tv immer beliebter wird. Einnahmen erzielt das Portal durch Werbung in Form eines kurzen Clips nach jedem Video sowie Bannerwerbung rund um das dargestellte Video.

7.13.5 Spotify, Rdio & Co

Die neue Generation der Musikdienste beinhaltet eine enge Vernetzung mit Facebook. Allen voran hat Spotify mit seiner Frictionless-Sharing-Anbindung einen komplett neuen Schritt gewagt. Nicht nur dass man innerhalb des Dienstes sieht, welche Musik die Facebook-Freunde oder Kontakte aus anderen Plattformen gerade hören oder gehört haben, sondern bei deaktiviertem »Privat-Modus« wird jedes Musikstück während des Anhörens auf der Pinnwand dieses Users geteilt. Eines zeigt dieser Trend der Vernetzung ganz deutlich: Die Netzwerke und Services der Zukunft sind keine geschlossenen Kreise oder Inseln mehr, sondern Systeme mit vielen Schnittstellen und Andockpunkten.

Die Qual der Wahl, aber wer fragt, gewinnt!

Es gäbe noch Hunderte weiterer sozialer Netzwerke, die zum Teil regional begrenzt sehr beliebt und stark frequentiert sind. Am besten erkundigen Sie sich in Ihrem Freundes- und Bekanntenkreis, welche Netzwerke sie nutzen, und fragen ganz einfach Ihre Kunden. Nutzen Sie eines der Social-Media-Monitoring-Tools, um herauszufinden, wo über Ihr Unternehmen, Ihre Produkte und Leistungen oder über Ihre Region gesprochen wird. Dann wissen Sie, in welchen sozialen Netzwerken Ihr Publikum anwesend ist und wo Sie sich engagieren sollten.

Widmen wir uns nun den Business-Netzwerken, die innerhalb der Landschaft der sozialen Netzwerke für Unternehmen eine sehr wichtige Rolle spielen. Laut einer Regus-Studie nutzen 70 % der deutschen Unternehmen Business-Netzwerke wie XING oder LinkedIn. Insbesondere kleinere Unternehmen sind stark vertreten und nutzen diese Netzwerke zur Kontaktpflege mit Kollegen, Kunden, Geschäftspartnern und Interessenten. Es scheint also, als ob sich diese Business-Netzwerke bei Unternehmen etabliert haben. Natürlich sind viele Unternehmer und leitende Mitarbeiter auf Facebook und Twitter anzutreffen, aber es gibt spezielle Internetplattformen, auf denen diese Personen explizit und in ihrer beruflichen Funktion aktiv sind. Das schafft eine seriösere Umgebung (abhängig von den jeweiligen Personen natürlich). Sich mit anderen Menschen zu vernetzen war und ist im »echten« Privat- wie Berufsleben schon immer wichtig gewesen. Was liegt also näher, eine Plattform zu nutzen, um sich mit Kunden, Freunden usw. auch virtuell zu verbinden? Noch dazu, wo die Kontaktpflege über solche Plattformen vor allem auf überregionaler Basis wesentlich komfortabler ist, als es im persönlichen Kontakt möglich wäre. Was aber nicht heißen soll, dass das virtuelle »Netzwerken« die Kontaktpflege in der Realität ersetzen sollte oder kann.

7.14 XING

Das Business-Netzwerk XING wurde 2003 als OpenBC (d.h. »Open Business Club«) in Deutschland gestartet. XING steht auch für Crossing, und das bezieht sich beispielsweise auf eine der Hauptfunktionen von XING: Über wen ist man mit wem verbunden, sprich, über wie viele »Ecken« kennt man einen anderen User? Nach eigenen Angaben hatte XING Ende 2011 rund 11,5 Mio. registrierte User, davon allein im deutschsprachigen Raum mehr als 4 Mio. Mittlerweile steigt auch die Zahl der User aus nicht deutschsprachigen Ländern wie Spanien, wobei XING international zunehmend Konkurrenz von LinkedIn, dem direkten Konkurrenten aus den USA, bekommt. Auch rückt Facebook immer mehr in den Fokus der Personaler und Bewerber, vor allem seit Facebook-Applikationen wie Jobvite oder BeKnown diverse HR-Funktionalitäten integrieren. Im deutschsprachigen Raum ist XING derzeit noch die Nummer 1, deshalb legen wir den Fokus bei den Business-Netzwerken in diesem Buch auch auf dieses Netzwerk.

7.14.1 Wozu Unternehmen XING nutzen können

Nun war bereits mehrmals die Rede davon, dass XING ein Business-Netzwerk ist. Heißt das, dass man es als reinen Vertriebskanal nutzen kann oder sollte? Keineswegs! Die Social-Media-Grundsätze gelten auch für diese Netzwerke, aber es gibt zahlreiche Möglichkeiten, wie Sie XING für Ihr Unternehmen einsetzen können. Beachten Sie, dass die Arbeit mit und in XING langfristig angelegt sein sollte. Erwarten Sie nicht, dass zwei Wochen nach Ihrem Beitritt zu XING die Aufträge oder die passenden Bewerber nur so hereinsprudeln. Aber wenn Sie professionell und zielstrebig mit XING arbeiten, können Sie langsam, aber sicher mit spürbaren Effekten rechnen.

Zunächst möchten wir Ihnen zeigen, welche Arten von Profilen es auf XING gibt: das Personenprofil und das Unternehmensprofil.

7.14.2 Ihr persönliches Profil ist Ihr Kapital

Beim Personenprofil gibt es eine kostenlose und eine kostenpflichtige Registrierungsvariante. In beiden Varianten ist Ihr eigenes Profil eines der zentralen Elemente auf XING. Der User registriert sich mit seinem Namen, lädt ein aussagekräftiges Profilbild hoch und füllt alle Felder aus, die ihn, seine Ausbildung und seinen beruflichen Werdegang darstellen. Zusätzlich gibt er an, welche Leistungen er anbietet und nach welchen Leistungen er möglicherweise sucht. Je besser die Felder ausgefüllt sind, desto leichter kann sich ein Außenstehender ein Bild von dem jeweiligen User machen (siehe Abbildung 7.24).

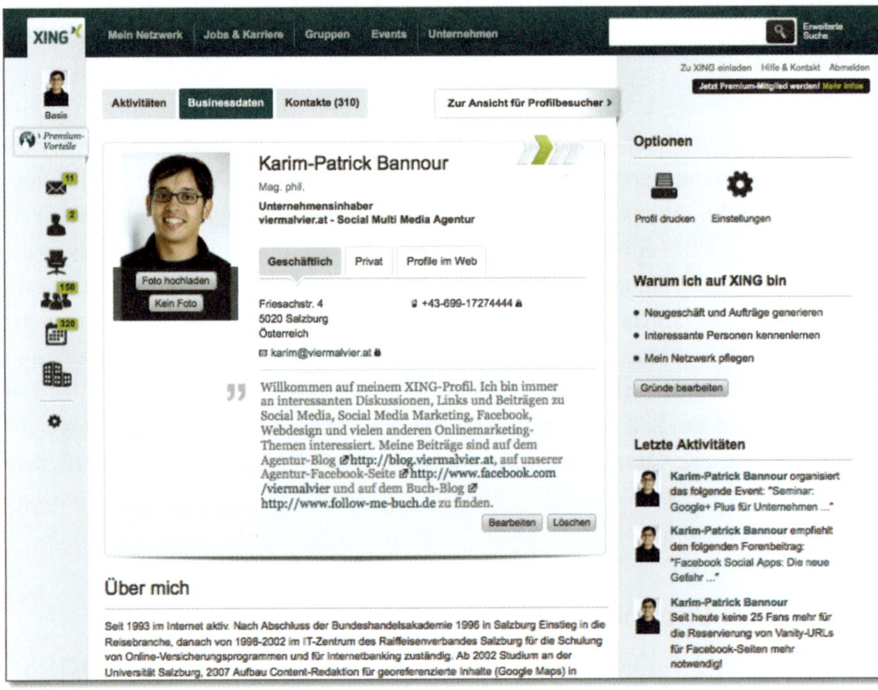

Abbildung 7.24 In XING dreht sich alles um Ihre Kontakte, Ihre Qualifikationen, Ihre berufliche Erfahrung und um das, was Sie suchen/bieten.

Damit Ihr Profil ein gutes Ranking auf XING selbst und auf den gängigen Suchmaschinen erzielt und die wesentlichen Informationen enthält, sollten Sie alle folgenden relevanten Bereiche vollständig ausfüllen. Vor allem die Bereiche bei

PERSÖNLICHES sind einzeln verlinkte Schlagwörter, Sie sollten sich deshalb anschauen, welche Stichwörter Ihnen XING bei der Eingabe vorschlägt.

Persönliches

- ICH SUCHE: Hier geben Sie an, nach welchen (Dienst-)Leistungen und Informationen bzw. Kontakten Sie suchen. Versuchen Sie hier anzugeben, nach welcher Art von Aufträgen Sie suchen. Je genauer Sie das formulieren, desto eher und besser können Sie von einem potenziellen Kunden gefunden werden.
- ICH BIETE: Das Gleiche gilt für dieses Eingabefeld. Wählen Sie jene Suchbegriffe, die Ihre Stärken und besonderen Leistungen hervorheben und worin Sie sich als besonders gut bezeichnen würden.
- INTERESSEN: Dieses Feld kann mit beruflichen wie privaten Interessen gefüllt werden. Beides ist sinnvoll, solange Sie nicht zu private und intime Details angeben.

Berufserfahrung

- Damit gemeint sind alle bisherigen Tätigkeiten und Unternehmen, bei denen Sie gearbeitet haben. Dieses Feld dient u. a. dazu, dass ehemalige Arbeitskollegen aus früheren Tagen Sie wiederfinden können bzw. um Ihre Erfahrung und das Know-how zu untermauern.
- Tragen Sie natürlich auch das Unternehmen ein, in dem Sie aktuell tätig sind, inklusive aller bisherigen Positionen und Ihrer aktuellen Tätigkeit.

Referenzen & Auszeichnungen

- Dieser Bereich ist Premium-Mitgliedern vorbehalten. Es kann hilfreich sein, beispielsweise seine Arbeitszeugnisse oder andere Dokumente hier hochzuladen. Außerdem können Sie sogenannte Referenzen, also Empfehlungen von anderen XING-Mitgliedern erhalten.

Ausbildung

- SCHULEN: Geben Sie Ihre vollständige (Hoch-)Schulausbildung inklusive Bildungsstätten an. Das hilft dabei, dass Sie von ehemaligen Mitschülern bzw. Studienkollegen gefunden werden. Das kann einen wichtigen und relevanten Teil Ihres beruflichen sozialen Netzwerks ausmachen.
- QUALIFIKATION: Wenn Sie über Zeugnisse, Zertifikate oder Bestätigungen diverser Ausbildungen, Seminare und Lehrgänge verfügen, sollten Sie diese angeben, sofern sie aussagekräftig und vorzeigbar sind. Hier können Sie sich von der Masse abheben und Ihren individuellen Vorteil herausarbeiten.

- SPRACHEN: Die Welt wächst zusammen, und deshalb werden zusätzliche Sprachkenntnisse neben der eigenen Muttersprache immer wichtiger. Doch seien Sie ehrlich, und geben Sie nur Sprachen an, die Sie auch wirklich in Wort und Schrift halbwegs beherrschen.

Web

- Weitere Profile im Web, die Informationen zu Ihrer Person enthalten (Facebook, Twitter usw.), gehören hierher. Das hilft, Ihre Person umfassender und ganzheitlicher vorzustellen. Sie sparen Ihrem Gegenüber wertvolle Zeit, weil die einzelnen Accounts nicht mehr gegoogelt werden müssen. Außerdem unterstützen Links beispielsweise auf Ihre Website Ihr Ranking auf den gängigen Suchmaschinen.

Kontaktdaten

- Telefon, Fax, E-Mail, Website usw.: Doch seien Sie hier besonders sorgsam mit der Weitergabe dieser Informationen an andere User. Vor allem dann, wenn Sie die Person nicht kennen, wäre es ratsam, so wenig private und berufliche Kontaktdaten wie möglich preiszugeben. Ansonsten könnten Sie daraufhin sehr viele Spam-Mails erhalten.

Nach dem Einloggen erscheint Ihre Startseite mit einer Zusammenfassung der Aktivitäten Ihrer Kontakte (NEUES AUS IHREM NETZWERK) und einer Vorstellung neuer Mitglieder, mit Mitgliedern, die Sie kennen könnten, Kontakten Ihrer Kontakte, Jobangeboten (die zu Ihrem Profil passen) und Besuchern Ihres Profils. Letzteres sehen Sie nur, wenn Sie Premium-Mitglied sind, also eine monatliche Gebühr für den Vollzugang zu XING bezahlen.

Am Beginn sollten Sie sich, wie gesagt, auf die Suche nach Ihnen bekannten Personen machen. Wenn Sie eine Person zu Ihrem Kontaktnetzwerk hinzufügen wollen, müssen Sie zunächst eine Kontaktanfrage an diese Person senden. Diese muss dieser dann zustimmen, bevor Sie deren vollständiges Profil sehen und mit ihr in richtigen Kontakt treten können. Umgekehrt natürlich auch. Das soll vor Spammern und solchen Usern schützen, die nur auf plumpe Werbung und egozentrische Ich-Platzierung setzen. Wenn Sie mit einem neuen XING-User Kontakt aufnehmen möchten, stellen Sie sich in einem kurzen Text, der der Kontaktanfrage angehängt wird, vor und erläutern Sie den Grund für Ihre Anfrage. XING selbst stellt Ihnen eine Liste potenziell interessanter Kontakte vor, die Sie kennen könnten. Diese Liste wird mit Kontakten angereichert, mit denen einer oder vor allem mehrere Ihrer bestehenden XING-Kontakte bereits verbunden sind.

Woher Sie jemanden kennen

Sie können zu jeder Person individuelle Tags (Schlagwörter) speichern. Beispiel: In Stichwörtern können Sie beschreiben, woher Sie die Person kennen: »Paris, Ausstellung 2012«. Zusätzlich können Sie bei jedem XING-Kontakt einzeln definieren, welche Informationen Sie mit dieser Person teilen und welche nicht.

Die Suche nach Personen ist das eine. Sie können aber genauso gut auch nach Begriffen suchen, die sich auf Ihre Branche, Ihren Beruf, Ihr Unternehmen oder Ihre Produkte beziehen, und einen automatischen Suchauftrag ausführen, der dafür sorgt, dass Ihnen täglich oder wöchentlich eine E-Mail mit dem Suchergebnis derjenigen neuen Mitglieder geschickt wird, die diesen Suchbegriff in ihrem Profil angegeben haben.

Vergessen Sie nicht, Ihr Profil auf der Website, in der E-Mail-Signatur, auf der Visitenkarte und auch sonst überall dort bekannt zu geben, wo potenzielle Interessenten darauf stoßen könnten. Wenn Sie als Unternehmen möchten, dass Ihre Außendienstmitarbeiter auch auf XING für Ihre Kunden erreichbar sein sollen, dann können Sie die Links oder die Profilbanner mit Link auf Ihrer Website mit einbinden. Das bedeutet aber auch, dass diese Mitarbeiter für die Konkurrenz sichtbarer werden, aber diese Transparenz ist Teil und Bedingung von Social Media. Daran müssen wir uns alle gewöhnen.

7.14.3 Unternehmensprofil

Für das Unternehmen selbst gibt es auch mehrere Möglichkeiten, auf XING eine Präsenz einzurichten: das sogenannte Unternehmensprofil. Neben dem kostenlosen Basisprofil gibt es noch ein jeweils kostenpflichtiges Standard- und ein Plusprofil. Die Bezahlvarianten erweitern die Features um die Eingabe von Schlagwörtern, die Integration von Arbeitgeberbewertungen via kununu.com, eine Abo-Funktion für Firmennews und ein PLUS-Paket mit zusätzlichen Gestaltungsmöglichkeiten. Sie können zunächst einmal die kostenlose BASIS-Variante wählen und im Bedarfsfall dann noch upgraden. Mit dem Unternehmensprofil können Sie das Unternehmen inklusive Logo und Unternehmensbeschreibung noch besser präsentieren, und alle Mitarbeiter können auf dieses Unternehmensprofil verlinken (siehe Abbildung 7.25).

Es gibt also verschiedene Möglichkeiten, sich auf XING einzurichten. Kommen wir nun zur Beantwortung der Frage, was Sie mit XING erreichen können.

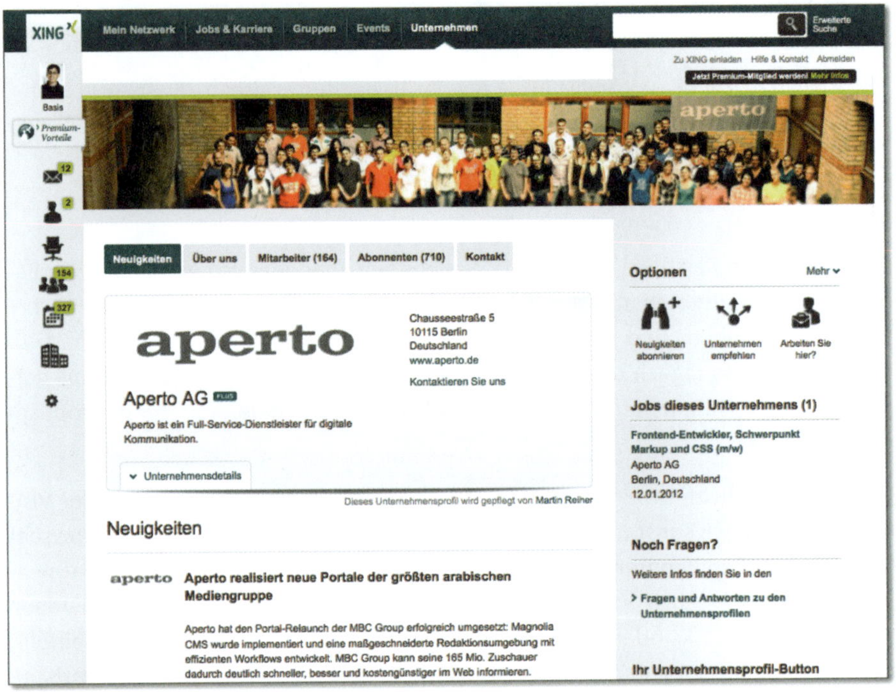

Abbildung 7.25 XING-Unternehmensprofil, unter dem sich das Unternehmen vorstellen und die Mitarbeiter sich versammeln können.

Bestehende Kontakte pflegen

Über XING können Sie sich mit Kollegen aus dem Unternehmen, aus der Branche, aus Zeiten früherer gemeinsamer Tätigkeiten und aus der Studienzeit vernetzen. Machen Sie sich die Mühe, und suchen Sie einmal auf XING nach allen Bekannten, Geschäftspartnern und Personen, die Sie beruflich wie privat vielleicht aus den Augen verloren haben. Gerade bei Letzteren gibt es oft die eine oder andere Überraschung, welchen beruflichen Weg so mancher einer eingeschlagen hat. Mitunter ist derjenige nun in einer für Sie interessanten Position. Vernetzen Sie sich mit all jenen, die Sie finden, indem Sie eine Kontaktanfrage senden. Aber stellen Sie sich im Zweifelsfall kurz vor, damit das Gegenüber auch die Chance hat, nachzuvollziehen, woher Sie sich kennen. Sie können XING auch als Online-Adressbuch nutzen und so viele Kontakte wie möglich dorthin vermitteln. Das hat einen großen Vorteil: Die Kontakte aktualisieren im Normalfall ihre Daten selbst, und Sie haben immer die aktuelle Telefonnummer oder E-Mail-Adresse zur Hand. Das gilt umgekehrt natürlich auch: Wenn sich bei Ihnen etwas ändert, können Sie es im Profil aktualisieren, und alle Ihre Kontakte haben direkt Zugriff darauf (sofern Sie Ihr Profil dafür freigegeben haben). XING hilft Ihnen also, eine große Anzahl an verstreuten Kontakten einfacher zu verwalten, was in der heutigen Zeit der Globalisierung sehr hilfreich sein kann.

Neue Kontakte knüpfen

Sehr hilfreich und effizient ist es, wenn Sie sich von einem XING-User an dessen Kontakte weiterempfehlen lassen. Das passiert vor allem dann, wenn Ihr Kontakt Sie als besonders interessant oder hilfreich einschätzt oder es um ein konkretes Projekt geht, für das Sie bestimmte Kompetenzen liefern könnten.

Über die bestehenden Kontakte können Sie aber auch auf die Suche nach neuen Kontakten gehen, die für Sie interessant sein könnten. So finden Sie mögliche neue Geschäftspartner, Lieferanten oder Kunden. Je nachdem, ob die potenziell neuen Kontakte in ihren Feldern ICH BIETE das von Ihnen eingegebene Suchwort eingetragen haben. Oder Sie suchen in Gruppen zu relevanten Themen nach Usern, die für Sie interessant sein könnten. Das gilt nicht nur für berufliche Themen, sondern auch für private. Im Feld INTERESSEN tragen XING-User berufliche wie private Interessen ein. Wenn Sie also beispielsweise ein leidenschaftlicher Mountainbiker sind, können Sie User suchen, die diese private Leidenschaft mit Ihnen teilen. Im Gespräch und beim Kennenlernen stellen Sie dann vielleicht fest, dass Sie auch beruflich voneinander profitieren könnten. Entweder Sie suchen direkt über die XING-Suche, oder Sie stöbern durch die Kategorien, die es für XING-Gruppen gibt. Aber dazu gleich mehr.

Anderen helfen und eigene Kompetenz zeigen

Obwohl es danach klingt, ist es keine hohle Phrase: In Social Media geht es um das Geben und Nehmen, ums Prinzip der Gegenseitigkeit. Seien Sie sozial, und helfen Sie anderen zuerst, bevor Sie Hilfe für sich selbst erwarten oder überhaupt gleich mit »spammiger Kaltakquise« die User massenweise verschrecken. Das gilt in Gruppen genauso wie im direkten Kontakt mit anderen XING-Usern. Stellen Sie hilfreiche Informationen aus der Branche, zu relevanten Produkten, Studien oder Neuigkeiten vor. Das ist der einfachste und sicherste Weg, um eigene Kompetenz zu zeigen, und Sie können sich damit positiv bei Ihren XING-Kontakten verankern. Die wissen dann nämlich bereits, an wen Sie sich im Bedarfsfall wenden müssen. Geduld ist auf alle Fälle gefragt: In den seltensten Fällen führt der Erstkontakt gleich zur Auftragserteilung, sondern Sie bauen Schritt für Schritt eine Beziehung mit den Usern auf. Oftmals sind es die Kontakte von Kontakten, die die ersten Umsätze bringen.

Jeder freut sich über positives Feedback

Zeigen Sie auch, dass Sie die Hilfe anderer wertschätzen. Wenn Ihnen ein Artikel oder ein Gruppeneintrag gut gefällt oder konkret weitergeholfen hat, dann sagen und zeigen Sie das auch. Sie würden sich ja auch darüber freuen.

Virtuelle Visitenkarte und digitaler Lebenslauf

Auch für Nichtmitglieder ist Ihr XING-Profil je nach Einstellungen sichtbar, so auch für Google und andere (Personen-)Suchmaschinen. XING hat auf den gängigen Suchmaschinen meist ein gutes Ranking, und Ihr Profil wird deshalb im Suchergebnis hoch gereiht und gefunden. Sie können also XING als virtuelle Visitenkarte für andere XING-User nutzen. Sie erreichen damit aber auch Internetnutzer, die selbst gar nicht auf XING sind und sich im Web über Sie informieren möchten. Mit einem topaktuellen Lebenslauf können Sie Ihre Qualifikationen und Stärken, Ihre berufliche Laufbahn und vieles mehr kommunizieren. Damit haben Sie eine zentrale Anlaufstelle für alle beruflichen Fragen rund um Ihre Person. Sie bekommen von XING eine individuelle URL direkt verlinkt auf Ihr Profil, z. B. *https://www.xing.com/profile/Anne_Grabs*. Diese können Sie auf Ihre Printsorten drucken lassen, in die E-Mail-Signatur übernehmen usw. Außerdem bietet XING ein Widget zur Einbindung des Profils in die eigene Website.

Recruiting – Mitarbeiter finden oder Job suchen

Viele der auf XING aktiven Unternehmen bzw. deren Personalverantwortliche nutzen XING, um auf die Suche nach potenziellen neuen Mitarbeitern zu gehen. Und natürlich wird XING auch dafür verwendet, um sich über Bewerber zu informieren, auch wenn das der eine oder andere nicht zugeben will. Aber auch umgekehrt ist XING ein guter virtueller Platz, um sich selbst nach lukrativen Jobangeboten umzusehen. Als Unternehmen können Sie auch kostenpflichtige Stellenanzeigen als solche auf XING veröffentlichen. Die Überlegung, ob das sinnvoll ist, sollte u. a. davon abhängig gemacht werden, ob viele Kollegen aus Ihrer Branche auf XING aktiv sind.

Zusatzpaket für Personaler: Recruiter-Mitgliedschaft

Für Personaler und HR-Manager bietet XING außerdem noch eine sogenannte Recruiter-Mitgliedschaft an. Für eine zusätzliche Monatsgebühr können Sie mit einem zusätzlichen Suchfilter potenzielle Kandidaten besser finden, deren Informationen direkt einsehen und die Kandidaten einfacher verwalten.

Veranstaltungen promoten

Eine sinnvolle Möglichkeit, eigene Veranstaltungen zu promoten, ist das Anlegen eines XING-Events. Sie können alle Ihre XING-Kontakte einladen und haben eine vollständige Event-Verwaltung zur Verfügung. Es gibt übrigens auch offizielle XING-Events und sogenannte XING-Treffen, bei denen man entweder mehr über XING kennenlernt oder sich virtuelle Gruppen zu realen Gesprächen treffen. Nach der Übernahme des Event-Management-Portals Amiando durch XING wird sich diesbezüglich sicher noch einiges tun in der nächsten Zeit, auch auf XING selbst.

7.14.4 XING-Gruppen erfolgreich nutzen

Den Gruppen kommt auf XING eine zentrale Bedeutung zu, ähnlich den Foren, wie wir sie in Kapitel 4, »Foren und Bewertungsplattformen«, beschrieben haben. Während das eigene XING-Profil bzw. die XING-Startseite nach wie vor relativ statisch wirkt und nichts ist, wo man täglich stundenlang aktiv sein kann so wie auf der Pinnwand auf Facebook oder im Twitter-Stream, spielt sich das eigentliche virtuelle Leben in den XING-Gruppen ab. Sie finden die für Sie relevanten Gruppen entweder über die Suchfunktion oder über die Gruppenkategorien. Eine weitere Möglichkeit ist, die eigenen Kontakte zu durchstöbern und zu checken, in welchen Gruppen Ihre Kontakte Mitglied sind. Es gibt mittlerweile über 50.000 Gruppen auf XING (Stand Dezember 2011). Manche Gruppen sind öffentlich zugänglich, bei anderen Gruppen müssen Sie erst eine Anfrage stellen, die vom Moderator der Gruppe bestätigt werden muss, bevor Sie Mitglied der Gruppe werden können. Am Beginn sollten Sie sich der Gruppe vorstellen und zeigen, wer Sie sind, was Sie machen und warum Sie gerade dieser Gruppe beigetreten sind. In diesen Gruppen können Sie sich mit anderen interessierten Usern austauschen, beobachten, worüber die Branche diskutiert, oder im konkreten Fall bei Fragen weiterhelfen. Sie sollten auf keinen Fall beginnen, wie wild Kontaktanfragen an andere Gruppenmitglieder zu stellen oder ständig über Ihr Können und Ihre Leistungen zu sprechen: Auch wenn XING ein berufliches Netzwerk ist, heißt das noch lange nicht, dass die User dort jede Verkaufs- und Vertriebsmentalität tolerieren. Versuchen Sie stattdessen, die Sympathie der Leute zu gewinnen und durch Ihre Kompetenz zu überzeugen. Bereits seit einigen Jahren werden im gesamten deutschsprachigen Raum erfolgreich XING-Treffen veranstaltet, bei denen sich Mitglieder bestimmter Gruppen regelmäßig treffen, persönlich kennenlernen und austauschen können.

Wofür Sie Gruppen nutzen können

Ein paar wichtige Punkte wurden ja bereits genannt. In Gruppen können Sie neue Kontakte knüpfen, die wiederum langfristig in Informationsaustausch und Auftragsgenerierung münden können. Sie können Ihre Veranstaltungen ankündigen, sofern die Zielgruppen übereinstimmen, oder Ihre Kompetenz vermitteln, indem Sie anderen Usern bei Fragen weiterhelfen.

Wenn Sie z. B. Berater für EU-Förderungen sind und in einer Gruppe zum Thema »Förderungen« eine konkrete Frage zu Modalitäten von bestimmten Förderanträgen qualifiziert und verständlich beantworten, können Sie sicher sein, dass die Teilnehmer der Diskussion, aber auch alle anderen Gruppenmitglieder Sie als kompetenten Ansprechpartner wahrnehmen. Sie müssen dann nicht ständig darauf hinweisen, dass es bei Ihnen diese oder jene Beratungspakete gibt. Wenn der Bedarf bei einem der Gruppenmitglieder konkret wird, wird derjenige auf Sie zukommen. Noch viel wichtiger ist, dass Sie auch außerhalb der Gruppe, ja sogar außerhalb von XING weiterempfohlen werden.

Natürlich können Sie aber auch einzelne Produkte promoten, wenn es zum Thema der Gruppe passt. Bleiben wir beim konkreten Beispiel: Wenn es eine neue EU-Förderung gibt und Sie ein kostenpflichtiges Seminar dazu anbieten, können Sie gleich ein XING-Event dafür anlegen und diesen in der Gruppe vorstellen.

Eine Frage in die Runde stellen

Wenn Sie ein neues Produkt planen und nicht wissen, ob und wie gut es am Markt ankommen wird, sollten Sie zunächst einmal herauszufinden versuchen, ob es dazu schon Diskussionen oder Stimmungsbilder in entsprechenden XING-Gruppen gibt. Sie können aber auch konkret eine Umfrage starten und die Fachmeinung anderer Gruppenmitglieder einholen. Auch wenn die direkte Kritik hart ausfallen kann, hilft das dennoch ungemein bei der Weiterentwicklung und Fehlervermeidung.

Als Nächstes möchten wir Ihnen noch den Hauptkonkurrenten von XING aus den USA vorstellen, der kurz vor dem Börsengang steht und auf den deutschen Markt drängt: die B2B-Plattform LinkedIn.

7.15 LinkedIn

Neben XING, das im deutschsprachigen Raum Marktführer ist, gibt es einen zweiten, dem europäischen Pendant sehr ähnlichen Mitbewerber namens LinkedIn (siehe Abbildung 7.26). Funktion, Aufbau und Nutzen sind quasi identisch mit jenen von XING, deshalb möchten wir eine reine Wiederholung an dieser Stelle vermeiden und empfehlen Ihnen die Lektüre von Abschnitt 7.14, »XING«, für den Fall, dass Sie ihn noch nicht gelesen haben. Ursprünglich aus den USA stammend, hat LinkedIn mittlerweile auch in Europa Fuß gefasst. Von den über 135 Mio. Mitgliedern sind nach eigenen Angaben über 30 Mio. in Europa beheimatet, rund 2 Mio. davon in der DACH-Region (Stand November 2011).

Sie können sich mit Kollegen aus der eigenen Firma, aus der Branche, aus Studienzeiten und mit Kunden vernetzen, um als Ansprechpartner für Fragen, Diskussionen, aber auch neue Projekte, Ideen und Aufträge präsent zu sein.

Was ist LinkedIn?

Einen guten Überblick über LinkedIn bekommen Sie über das unternehmenseigene Video »Was ist LinkedIn?« auf YouTube unter *www.youtube.com/watch?v=QoXFZijwbyE*.

Wie ist LinkedIn aufgebaut?

Zentrales Element sind die Personenprofile. Jedem Internetuser stehen eine kostenlose und mehrere kostenpflichtige Profilanmeldungen zur Verfügung. Die kostenpflichtigen Pakete unterscheiden sich durch die Anzahl an Zusatzfunktionen und Tools. Nur ein vollständig ausgefülltes Profil wird professionell wahrgenommen und ist optimal vorbereitet, um von den relevanten Usern gefunden zu werden. Neben den Personenprofilen gibt es auch Unternehmensprofile. Sie sind ähnlich aufgebaut, sind aber die Seite für und über ein Unternehmen. Idealerweise legen Sie für Ihr Unternehmen ein solches Profil an, füllen es ebenfalls vollständig aus und verbinden Ihr Personenprofil mit dem Ihres Unternehmens.

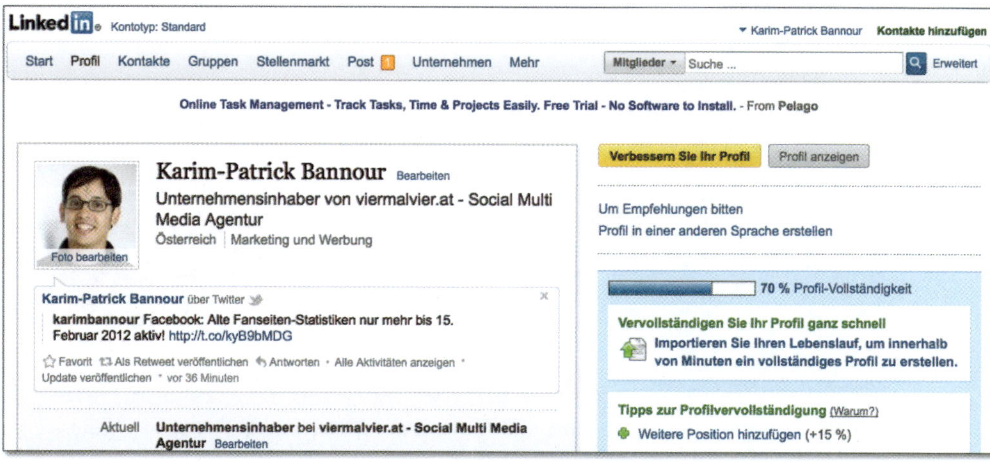

Abbildung 7.26 LinkedIn und XING ähneln sich in Funktionalitäten, Nutzen und Aufbau.

Großer Vorteil gegenüber XING: Sie können LinkedIn mit Ihrem Blog, Twitter und Slideshare verbinden. Damit geben Sie Ihrem LinkedIn-Profil mehr Dynamik und Aktualität. Interessierte Besucher Ihres Profils können sich somit auch gleich ein umfangreicheres Bild von Ihnen machen.

Eine ebenso wichtige Rolle wie in XING spielen Gruppen in LinkedIn. Um Ihre Kompetenz zu untermauern und den Usern weiterzuhelfen, können Sie in Gruppenbeiträgen die sogenannte Antworten-Funktion nutzen. Dabei können Sie Fragen von anderen Usern beantworten und sich so ins Gespräch bringen. Wenn Ihre Antwort als relevant angesehen wird, kann sie von den Usern bewertet werden, was Ihrem Profil den Expertenstatus verleiht (indem Sie für hilfreiche Antworten Punkte erhalten, vergibt LinkedIn diesen Status).

LinkedIn hat mit LinkedInMaps ein Visualisierungs-Tool gestartet, mit dem der LinkedIn-Nutzer sieht, wie sein Vernetzungsgeflecht und das seiner Kontakte aussieht und welche Cluster sich daraus ergeben. Es soll zeigen, dass Sie auch Personen 2. und 3. Grades mit Ihrer Message erreichen können, durch die Weiterempfehlung Ihrer direkten Kontakte. Sie finden die Anwendung auf *http://inmaps.linkedinlabs.com*.

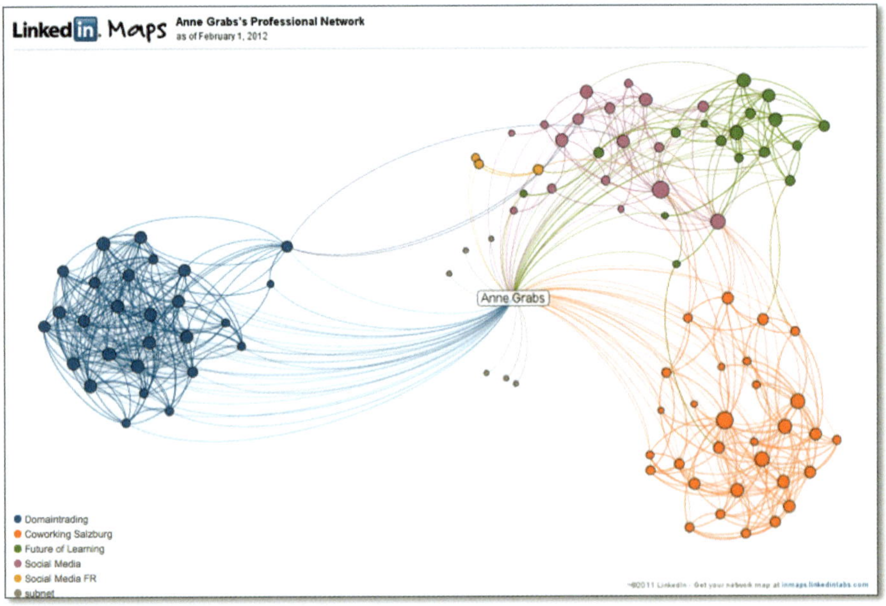

Abbildung 7.27 Die Visualisierung des eigenen LinkedIn-Netzwerkes mittels LinkedInMaps

Ähnlich wie in XING können Sie in LinkedIn eigene Veranstaltungen (Events) anlegen und Einladungen dazu verschicken, Sie können Jobangebote veröffentlichen oder Werbeanzeigen schalten. Ob sich LinkedIn auf dem deutschsprachigen Markt so gut etablieren kann wie XING, sei dahingestellt. Es schadet aber auf keinen Fall, hier ein Profil einzurichten, wenn Sie es schaffen, es im Blick zu haben und aktuell zu halten.

Nur dabei zu sein, reicht nicht aus

Wenn Sie Profile auf mehreren unterschiedlichen Plattformen führen, sollten Sie dafür sorgen, dass überall dieselben und vor allem aktuellen Informationen veröffentlicht werden. Widersprüchlichkeiten über Ihre Person können potenzielle Arbeitgeber, Geschäftspartner oder Kunden schnell abschrecken. Achten Sie auch auf Rechtschreibung und Grammatik: Nur weil das Internet zum Teil eine eigene Sprache entwickelt hat und im Vergleich zu anderen Medien als freizügigerer Raum wahrgenommen wird, heißt das nicht, dass Sie auf Form und Richtigkeit verzichten können. Das könnte Ihrem Image schaden und potenzielle Kontakte abschrecken.

7.16 Fazit

Schon stehen neue Tools und Netzwerke parat: Pinterest ist ein Service, mit dem man Fotos, Grafiken und Videos auf die eigene, thematisch sortierte Online-Pinnwand spickt oder Inhalte von Freunden »repinnt«. Damit stellt man die aus eigener Sicht relevantesten Inhalte zusammen. Schemer von Google wiederum ist ein Dienst, mit dessen Hilfe man »To-Dos«, also noch zu erledigende Aktivitäten online mit seinem Netzwerk teilen, dessen Erledigung streuen oder sogar neue Aktivitäten »entdecken« kann.

Die Auswahl an sozialen Netzwerken ist riesig, deshalb ist es umso wichtiger, strategisch vorzugehen und dem Ganzen eine professionelle Recherche und Konzeptionierung voranzustellen. Wenn Sie beispielsweise einen Online-Shop für Outdoor-Mode führen, mit Endkonsumenten aus dem gesamten deutschsprachigen Raum, werden das Monitoring und die Recherche mit ziemlicher Sicherheit ergeben, dass Sie sich in Facebook engagieren sollten. Besitzen Sie ein Hotel mitten in Hamburg, mit internationalem Publikum, wird dafür das Gleiche gelten. Wenn Sie jedoch ein beliebtes Studentenlokal in Wien betreiben, würden sicher gleich mehrere Plattformen infrage kommen: Facebook, StudiVZ und einige regional starke Player. Wenn Sie sich für das eine oder andere Netzwerk entschieden haben, sollten Sie sich gut überlegen, wie Ihr Engagement genau aussehen sollte: eine offizielle Unternehmenspräsenz, eine informelle Gruppe, Werbeanzeigen? In jedem Fall zahlt es sich aus, als privater User aktiv zu sein, um mehr über die Communitys und deren Kommunikations- und Konsumverhalten herauszufinden. Nur wer selbst in Social Media aktiv ist, kann Social Media wirklich verstehen.

Finden Sie heraus, wie die User kommunizieren, wie sie Inhalte miteinander teilen. Reden Sie mit Ihren Kunden darüber, und entwickeln Sie ein Gespür dafür, was sie wirklich wollen. Dadurch lernen Sie, welche Inhalte Sie wie oft posten sollten und was gut bei den Usern ankommt. Seien Sie offen und kreativ. Und lernen Sie auch von der Konkurrenz. Dann haben Sie einen guten Grundstein für Ihr erfolgreiches Social-Media-Engagement gelegt.

Soziale Netzwerke werden uns auch die nächsten Jahre beschäftigen, auch wenn sich die eine oder andere Plattform verabschieden wird und sich der Ort der Nutzung immer weiter weg von den Privatwohnungen und vom Home-Computer hin zur mobilen Nutzung am Smartphone verlagert. Facebook ist auf dem besten Weg, auch bei der mobilen Internetnutzung viel Aufmerksamkeit von den Usern zu erhalten, von den Ambitionen in Richtung Suchmaschinenmarkt ganz zu schweigen. Doch wenn Sie unsere Tipps bereits am Anfang dieses Buches gelesen haben, wissen Sie, dass nicht das Tool oder die Technik entscheidet, sondern die Frage, in welchen sozialen Netzwerken im Web Ihre Zielgruppen daheim sind. Das ist die wichtigste Entscheidungsgrundlage für Ihr Engagement in sozialen Netzwerken. Auch wenn wir uns in diesem Buch auf die wichtigsten und größten Plattformen beschränkt haben: Sie werden bei Ihrer Recherche möglicherweise auf soziale Netzwerke und Portale stoßen, die Sie vielleicht vorher noch nicht einmal namentlich gekannt haben. Nehmen Sie sich die Zeit für eine ausführliche und umfassende Recherche, und identifizieren und verorten Sie Ihre Zielgruppen/Ihr Publikum. Gehen Sie strategisch vor, und – besonders wichtig – lernen Sie durch Zuhören. Dann steht Ihrem unternehmerischen Erfolg in sozialen Netzwerken nichts mehr im Wege.

8 Social Sharing – Teilen bringt Freunde

Teilen macht Freude, und es bringt neue Freunde: In Ihrem Fall soll es neue Kunden bringen, die bis dato noch nichts von Ihrem Unternehmen oder Ihren Leistungen wissen. Und das Teilen war noch nie so einfach wie heute: Egal, ob Sie Fotos, Videos, News, Websites oder andere Informationen im Web mit und vor allem durch Ihre Kunden empfehlen und verbreiten lassen möchten, stehen Ihnen immer die entsprechenden Plattformen zur Verfügung. Warum YouTube und Co. so beliebt und für Sie bzw. Ihr Unternehmen sinnvoll sind, erfahren Sie in diesem Kapitel.

Täglich werden im Social Web Hunderte Millionen von Informationen geteilt: Das können Links, Videos, Fotos, Podcasts, PDFs usw. sein. Allein auf Facebook werden täglich über 4 Mrd. Informationen geteilt (von Statusupdates bis zu Links, Fotos und Videos). Facebook-CEO Mark Zuckerberg bezeichnet die Tatsache, dass sich die Anzahl der Inhalte, die von einem User geteilt werden, von Jahr zu Jahr verdoppelt, als »Law of Social Sharing«.[1] Ein bisschen gilt das Prinzip: »Wir sind, was wir teilen!« Vieles davon, was die User untereinander an Informationen und Inhalten teilen, sagt wiederum viel über denjenigen aus, der es teilt. Das gilt für die User wie auch für Unternehmen. Dieses Prinzip müssen Sie auch bei Ihren eigenen Unternehmensinformationen verfolgen. Je mehr Sie zeigen können, was Sie bzw. Ihr Unternehmen wirklich auszeichnet, desto eher kann es potenzielle Kunden überzeugen, dass Sie das richtige Unternehmen für sie sind. Und die Internetnutzer verlangen immer stärker nach multimedialen Inhalten und nach der Vielfalt an authentischen Informationsmöglichkeiten. Social Sharing ist auch Öffentlichkeitsarbeit im Web. Wir zeigen Ihnen in diesem Kapitel, welche Portale für Ihre Informationen wichtig sind und wann Sie wo welche Inhalte vervielfältigen bzw. zur Weiterverbreitung bereitstellen sollten.

8.1 Was bedeutet Social Sharing eigentlich?

Damit ist gemeint, dass User Inhalte (Content) unterschiedlichster Art miteinander teilen bzw. Informationen darüber austauschen. Social Sharing passiert im weiteren Sinne natürlich auch per E-Mail, aber immer stärker in sozialen Netzwerken wie Facebook und eben auf Content-Portalen wie YouTube, Flickr und Co. Diese Services

1 *http://techcrunch.com/2011/07/06/mark-zuckerberg-explains-his-law-of-social-sharing-video*

sind sowohl für die User als auch für Unternehmen zum überwiegenden Teil kostenlos. Jeder kann beispielsweise ein Video auf YouTube laden, und jeder kann das Video auf YouTube ansehen (sofern es wie in den allermeisten Fällen öffentlich zugänglich ist). Auch Suchmaschinen finden diese Inhalte leichter und geben sie in den Suchergebnissen aus. Gleiches gilt für Fotoseiten, Bookmarking-Dienste und viele andere Services. Während früher eine kosten- und wartungsintensive Infrastruktur notwendig war, um eigene Videos einem breiten Internetpublikum zugänglich zu machen, geht das heute ganz einfach und kostenlos über die Videoportale. Sie können auf die bestehende Technologie von YouTube und Co. zurückgreifen und die Inhalte in Ihre Webpräsenzen einbinden (»embedden«).

Es geht also um das Veröffentlichen eigener Inhalte wie Fotos oder Videos, aber genauso um das Teilen von Inhalten anderer. Gemäß einer Studie[2] der Universität Wien passiert das Teilen eher zufällig, indem man über Inhalte »stolpert«, die einem zusagen, und sie an Freunde und Follower weiterempfiehlt. Laut Studie empfinden die Sharer den Prozess des Teilens nicht als Aufwand, deshalb wird es auch gemacht. Die Content-Plattformen kommen dem mit immer einfacheren Ein-Klick-Empfehlungsbuttons und Integrationen wie Facebook Connect sehr entgegen, in ihrem eigenen Interesse natürlich.

Auch wenn YouTube und Flickr oft in einem Atemzug mit Facebook, und anderen sozialen Netzwerken genannt werden, sind sie das nicht im herkömmlichen Sinn. Während Facebook vor allem dazu dient, Menschen miteinander zu vernetzen, die in Beziehung zueinander stehen, dienen Content-Portale dazu, Multimedia-Inhalte zugänglich zu machen. Bei Content-Portalen ist es eher der Inhalt, der die User zusammenbringt. Diese Plattformen bieten den Mitgliedern zwar wie in Netzwerken die Möglichkeit, sich untereinander zu vernetzen, aber das wird nur von einem geringen Teil der User wirklich wahrgenommen. Viele Plattformbesucher und -nutzer haben gar keinen registrierten Account, da die Inhalte auch ohne Registrierung zugänglich sind, d. h. zum Anschauen eines YouTube-Videos brauchen Sie kein Kundenkonto, zum Kommentieren und Bewerten aber schon. Erst wenn Sie eigenen Content hochladen wollen, müssen Sie einen Account registrieren. Das bedeutet, dass die Einstiegshürde sehr niedrig und der Zugang zu den Plattformen sehr einfach ist.

Hier findet allerdings gerade auf den zur Google-Familie gehörenden Plattformen YouTube und Picasa eine Neustrukturierung statt: Google+ hält auf diesen Plattformen Einzug, und die Verbindungen zueinander werden enger. YouTube beispielsweise wird um Google+-Funktionalitäten und Elemente angereichert, Picasa möglicherweise überhaupt ganz in Google+ aufgehen, wir werden es sehen. Doch

2 *http://www.univie.ac.at/internetforschung/2011/12/sharing-in-sozialen-medien_zentrale-ergebnisse/*

zunächst betrachten wir einmal, wozu Unternehmen überhaupt Social Sharing nutzen können.

8.2 Was Social Sharing für Unternehmen bringt

Sie werden sich nun die Frage stellen, warum Sie alle Ihre Inhalte auf öffentlich zugänglichen Plattformen und nicht mehr (nur) auf Ihrer eigenen Website veröffentlichen sollen. Was bringt es Ihnen also?

8.2.1 Reichweite

Sie können damit Ihre Reichweite erhöhen. Ein Video, das nur auf Ihrer Website zu finden ist, kann auch nur von den Besuchern Ihrer Website gesehen und mit deren Freunden geteilt werden. Dasselbe Video auf einer Content-Plattform wie YouTube oder Flickr kann von Millionen von Usern gefunden werden, die sich täglich auf diesen Content-Plattformen bewegen. Diese User kennen Sie oder Ihr Unternehmen (noch) nicht, aber finden das Video über ein bestimmtes Keyword, über eine Empfehlung durch die Content-Plattform oder über eine Kategorie, in denen sich das Video befindet. Es sind also viele Wege, die zu Ihrem Video und somit auch zu Ihrem Unternehmen führen, sofern Sie alle SEO-Tipps im jeweiligen Kapitel dieses Buches beachten. Sie machen es diesen Usern aber auch leichter, Ihre Inhalte weiterzuempfehlen: Der User muss nur auf den »Share it«-Button klicken und kann beispielsweise das Video mittels Klick an seine Freunde auf Facebook, Twitter oder eine der vielen anderen Social-Media-Plattformen weiterschicken. Das ist gerade für Videos wichtig, die sich viral verbreiten können sollen.

Das Lieblingskundenprinzip

Wenn zufriedene Kunden diese Inhalte mit ihren Freunden teilen, dann wird der eine oder andere dieser Freunde bald Ihr Kunde sein, denn er ist möglicherweise auch Teil der Zielgruppe und erfährt gerade von Ihrem Unternehmen und Ihren Leistungen. Das können Sie auch und besonders mit Fotos und Videos erreichen. Mehr über das Lieblingskundenprinzip erfahren Sie in Abschnitt 2.4.4, »Das Lieblingskundenprinzip«.

8.2.2 Besseres Ranking auf Suchmaschinen (SEO)

Die Inhalte auf den Content-Plattformen erreichen nicht nur deren direkte Nutzer, sondern im Prinzip alle Internetnutzer. Sie kennen sicher auch schon die sogenannte Google Universal Search: Neben den Links als klassischem Suchergebnis finden sich immer öfter auch eine Leiste mit relevanten Videos, Fotos, dazu Google-

Maps-Einträgen und Newsbeiträgen oder sogar manchmal Twitter- oder Facebook-Statusmeldungen. Während Sie also früher nur mit Ihrer Website die Chance hatten, unter die ersten zehn Treffer zu gelangen, können Sie es jetzt beispielsweise zusätzlich mit einem YouTube-Video, Foto, Social-Newsbeitrag oder Tweet schaffen. Social Sharing hilft also auch beim Ranking auf Google und Co. Verlinkungen vom Content auf Ihre Website helfen wiederum, das Ranking der Website im Suchergebnis zu verbessern.

8.2.3 Mehr Traffic auf Ihre Website

Durch die höhere Reichweite auf den Content-Plattformen können Sie mehr Traffic (Besucher) auf Ihre Website bringen. Dazu müssen Sie natürlich die dementsprechenden technischen Voraussetzungen schaffen: im Video, in der Fotobeschreibung, in der Präsentation usw. einen Link auf die Website einblenden, idealerweise gleich anklickbar. Wenn Sie bei der Erstellung Ihrer individuellen Social-Media-Strategie Traffic als eines der Ziele definiert haben, dann sollten Sie das Linksetzen besonders beachten.

8.2.4 Günstige Technik

Wie eingangs erwähnt, können Sie sich Ihren eigenen Videoserver sparen: Laden Sie alle Videos, die Sie auf Ihrer Website zeigen möchten, auf eine der Videoplattformen hoch. Dann können Sie das Video per Link teilen oder in Ihre Website einbetten. Fotoplattformen bieten Diashows, ganze Dokumente können Sie zum Online-Lesen in Ihre Website integrieren. Und das Allerbeste ist: Ein Großteil der Plattformen ist, zumindest in der Basisvariante, kostenlos. Die reicht in vielen Fällen aus. Doch selbst die Premiumpakete kosten nicht die Welt, sie sind immer noch wesentlich günstiger, als eine eigene Infrastruktur zu kaufen oder zu mieten.

8.2.5 Tools für Ihre Website

Sie können mit wenigen Klicks und ohne großen Kostenaufwand Ihre Website aufpeppen: Ein Großteil der Plattformen bietet verschiedene, einfach anzuwendende Möglichkeiten an, um die Inhalte in die eigene Website zu integrieren: YouTube-Videos können genauso einfach und in verschiedenen Ausschnittgrößen eingebaut werden wie selbststartende Diashows Ihres Fotoalbums auf Flickr oder eine Auswahl an Powerpoint-Präsentationen, die Sie auf Slideshare angelegt haben. Sie müssen sich nicht um irgendwelche Videoformate oder komplizierte Programmierung kümmern.

Rechtstipp von Peter Harlander: Rechtliche Grenzen des technisch Machbaren

Nur weil es technisch leicht möglich ist, etwas in Ihre Website einzubauen, ist es noch lange nicht erlaubt. Wenn beispielsweise ein User, ohne dazu berechtigt zu sein, illegal ein Video auf YouTube hochlädt und Sie anschließend dieses Video in dem Glauben, dass sich dieses Video rechtmäßig auf YouTube befindet, in Ihre Website einbauen, ziehen Sie im Zweifelsfalls trotzdem den Kürzeren. Der Rechteinhaber kann nicht nur gegen den User, der das Video hochgeladen hat, und gegen die Plattform, wenn diese das Video nicht sofort nach Aufforderung entfernt, vorgehen. Sondern er kann auch direkt gegen denjenigen, der das Video gutgläubig auf seiner Website eingebunden hat, Ansprüche stellen. Werden gegen denjenigen, der das Video auf seiner Website eingebunden hat, dann Ansprüche gestellt, kann sich dieser unter Umständen an dem User, der das Video hochgeladen hat, schadlos halten. Ganz abgesehen davon, dass dies in vielen Konstellationen bereits rechtlich fraglich ist, scheitert die Schadloshaltung in der Praxis zumeist daran, dass man schlicht und einfach nicht an die realen Daten des oft anonymen Users kommt oder dass sich dieser im rechtlich nur schwer erreichbaren Ausland aufhält.

Damit Sie die optimale Reichweite, ein besseres Ranking, mehr Traffic und die praktischen Tools für Ihre Website auch erreichen und nutzen können, ist eine gute und sinnvolle Auswahl der Plattformen wichtig. Wie in Kapitel 2, »Social-Media-Strategie« betont, ist nicht das Tool, sondern das Ziel entscheidend: Wer ist Ihr Publikum, und wo können Sie es erreichen? Das Monitoring wird Ihnen ebenfalls einige Antworten liefern. Wir haben Ihnen nun eine für den deutschsprachigen Raum relevante Auswahl an Plattformen zusammengestellt und zeigen Ihnen, welche Nutzungsmöglichkeiten Sie jeweils haben.

8.3 Videoplattformen – wie sich Online-Videos bezahlt machen

Hohe Bandbreiten zu niedrigen Gebühren, gesunkene Kosten bei der Anschaffung von Videokameras sowie die massenhafte Verbreitung von videotauglichen Handys und Smartphones haben den Siegeszug von Online-Videos und den dazugehörigen Videoplattformen eingeläutet. YouTube ist jedem Internetnutzer ein Begriff. Doch wie können Sie diese Plattformen für Ihr Unternehmen einsetzen? Nicht nur Millionen von Internetnutzern sehen sich täglich Videos im Internet an, lassen sich unterhalten und genießen die riesige Auswahl, die die zahlreichen Plattformen bieten. Immer mehr Unternehmen erkennen den Nutzen von Videoplattformen und den vielseitigen Möglichkeiten, die sie bieten.

8.3.1 Wie Sie mit Videos die Massen erreichen

Videoplattformen sind bei Usern sehr beliebt und werden oft frequentiert. 65 % der deutschen Onliner sind auf Videoplattformen unterwegs. Sie verweilen dort durchschnittlich etwa 15 Minuten. Das bedeutet, Sie können hier mit einem interessanten Video weit mehr User erreichen, als es dasselbe Video allein auf Ihrer Website schaffen würde. All diese Plattformuser sind wiederum mit Usern in Netzwerken wie Facebook und Co. vernetzt und können Ihr Video dort weiterempfehlen und die Reichweite nochmals multiplizieren. Hier geht's also um das klassische Empfehlungsmarketing. Wie können Sie die höhere Reichweite messen? Zunächst einmal in Views (also in Übersichten, die zeigen, wie oft das Video angesehen wurde). Das ergibt vor allem dann Sinn, wenn Ihr Video keine direkte Handlungsaufforderung beinhaltet oder auf unterhaltsame Weise Ihre Marke kommunizieren und viral verbreiten soll. Aber auch der Traffic kann und soll kanalisiert, genutzt und gemessen werden.

8.3.2 Bringen Sie mehr Besucher auf Ihre Website

Durch die höhere Reichweite haben Sie die Möglichkeit, mehr Traffic auf Ihre Website zu bringen. Dazu sollten Sie im Video einen Link auf die Website einblenden, im Abspann auf die Website hinweisen, im Videobegleittext einen Link einbauen usw. Wenn Sie im Video eine coole Veranstaltung promoten und den User überzeugen, dann sollten Sie ihm auch zeigen, wo er Tickets für die Veranstaltung reservieren kann: beispielsweise mit einem Link auf Ihren Online-Shop, direkt zu dieser Veranstaltung.

Günstige Technik

Registrierung und Videoupload sind nicht nur für die User kostenlos, sondern auch vielfach für Unternehmen. Mittlerweile sogar in HD-Qualität (High Definition = hochauflösende Bildqualität). Somit stellen die Videoplattformen kostenlos eine hochwertige und ausgereifte Infrastruktur zur Verfügung. Die Videos können Sie wiederum in die eigene Website oder auf Ihrer Facebook-Seite einbinden. Zusätzlich bieten YouTube und Co. verschiedene Voting-Systeme an, die Sie beispielsweise für eine Kampagne oder ein Gewinnspiel nutzen können.

Rechtstipp von Peter Harlander: Beachten Sie die AGB

Nur weil manche Plattformen über eine Voting-Möglichkeit verfügen, heißt das nicht, dass damit automatisch auch ein Gewinnspiel erlaubt ist. Es gelten auch viele andere Regeln bezüglich Freizügigkeit oder Jugendschutz, was die Inhalte selbst angeht. Konsultieren Sie zuerst die AGB des jeweiligen Plattformbetreibers, um ganz sicherzugehen.

Besseres Ranking auf Google und Co.

Vor allem Videos werden im normalen Google-Suchergebnis immer prominenter dargestellt. Wenn Ihr Video also das entsprechende Suchwort beinhaltet, können Sie eine hohe Position im Suchergebnis erhalten, was Ihnen vielleicht mit Ihrer Website bis dato noch nicht gelungen ist. Schließlich kommt es vor allem auf die ersten zehn Suchtreffer und die erste Seite im Suchergebnis an.

Video ist allerdings nicht gleich Video. Es gibt ein paar wichtige Faktoren, die den Erfolg eines Online-Videos beeinflussen.

8.3.3 Das Besondere an Online-Videos

Videos vereinen viele Vorteile: Durch ihre Bewegtheit und Dynamik ziehen sie die Aufmerksamkeit besser auf sich als Fotos, Text oder reines Audio. Sie können dadurch in relativ kurzer Zeit viel Inhalt und eine deutliche Botschaft transportieren. Und genau daran scheitern viele Online-Videos: Denn was mit einem Imagefilm, der auf Ausstellungen und Messen gezeigt wird, auch eher dürftig funktioniert, hat im Web überhaupt keine Chance. Die Aufmerksamkeitsspanne, die der User einem Video im Web schenkt, ist noch viel geringer als im TV oder Kino. Ständig droht Ablenkung. Deshalb gilt bei Online-Videos ein Grundsatz: Sie sollten es in den ersten 10 bis 15 Sekunden schaffen, das Interesse des Zuschauers zu gewinnen. Die Gesamtdauer eines Online-Videos sollte 90 Sekunden nicht überschreiten, es sei denn, Sie schaffen es durch eine überlegte, spannende Dramaturgie und einen gekonnten Schnitt, den Zuschauer länger bei Laune zu halten.

Der Großteil der Videos im Web ist semiprofessionell. Virale Videos müssen nicht zwangsweise verwackelt sein, aber TV-Qualität ist ebenfalls nicht unbedingt notwendig. Es kommt darauf an, an welche Zielgruppe sich das Video richtet und welche Botschaft Sie vermitteln möchten. Da auf YouTube alle Qualitätsstufen möglich sind, können Sie bei Ihrer Videoproduktion je nach Zielpublikum abwägen, wie viel Sie in die Qualität investieren möchten.

Videoportale werden zur Unterhaltung, ähnlich wie das Fernsehen, genutzt. Der große Unterschied ist dabei, dass sich der User sein Programm selbst zusammenstellt. Die User widmen einen Teil ihrer Freizeit und Aufmerksamkeit diesen Videoplattformen. In der Zielgruppe der 14- bis 19-Jährigen gehören Videoplattformen zum Alltag. Sie nutzen sie zu 90 % täglich. Die Nutzung ist dennoch von kurzer Dauer. Webvideos dienen der kurzen Ablenkung. Auf Videoplattformen gibt man sich den Inhalten weniger hin als beispielsweise bei einem zeitintensiven zweistündigen Kinobesuch. Es geht um die kurze Unterhaltung für zwischendurch. Der User klickt sich spontan und schnell durch das Angebot, bis er etwas gefunden hat, das ihn interessiert.

Das Video in der Hosentasche

Beim Videokonsum spielen insbesondere die Endgeräte eine Rolle, auf denen die Videos angeschaut werden. Smartphones, wie z. B. das iPhone von Apple, ermöglichen es den Menschen, die Inhalte jederzeit und an jedem Ort anzuschauen. U-Bahn, Pausenhof und Parkbank sind die neuen »Wohnzimmer«, von denen aus die Videoplattformen angesteuert werden. Mit Smartphones und deren integrierter Videokamera ist es außerdem leichter geworden, eigene Videoinhalte schnell und einfach auf Videoplattformen hochzuladen.

8.3.4 Virale Kampagnen – wie sich Viren verbreiten

90 % der Videos auf YouTube verbreiten sich durch gegenseitige Empfehlung der User. Die Videos werden an Freunde und Bekannte per E-Mail gesendet oder im eigenen Social-Networking-Profil gepostet, und die Freunde teilen das Video wiederum mit ihren Freunden usw. Diesen Weiterempfehlungseffekt nennt man *virale Verbreitung*. Das Video verbreitet sich durch (digitale) Mundpropaganda. Wenn man ein Video viral verbreiten möchte, sind einige wichtige Regeln zu beachten, denn sie unterscheiden sich von klassischen TV-Kampagnen. Online-Videos sind in der Regel 1 bis maximal 3 Minuten lang. Besonders viral sind häufig auch sehr kurze Videos mit 10 oder 20 Sekunden. Virale Videos weisen außerdem sehr viele Kommentare auf. An der Anzahl der Kommentare erkennen Sie häufig, ob sich ein Video »natürlich« viral verbreitet hat oder ob eine Firma beauftragt wurde, Views (Übersicht über die Anzahl der Personen, die das Video angesehen haben) zu generieren. Malcolm Gladwell leitet in seinem Buch »Tipping Point« die Erfolgsfaktoren Virus, Vermittler und Nährboden ab.

Das Virus

Das »Virus« ist die Videobotschaft, eine Geschichte, ein Interview usw. Das Virus muss so interessant sein, dass sich der Betrachter dazu aufgefordert fühlt, das Video weiterzuempfehlen. Der Inhalt des Videos kann entweder überraschend, humoristisch, sinnstiftend, bedeutungsvoll, erschreckend, vergleichend, inspirierend usw. sein. Wenn das Video die Zuschauer überzeugt, erzeugt es einen sogenannten Stickiness-Faktor, d. h., die User bleiben gewissermaßen an dem Video kleben, schauen es sich mehrmals an und leiten es an ihre Freunde weiter.

Die Vermittler

Die »Vermittler« dienen als Verstärker und sorgen dafür, dass sich das Video verbreitet. Die Vermittler sind sehr gut in unterschiedlichsten sozialen Gruppen vernetzt. Durch ihre Interessen und ausgeprägte Kommunikationsfähigkeit schaffen

Sie es, Informationen innerhalb kürzester Zeit an die richtigen Personen zu kommunizieren.

Der Nährboden

Den »Nährboden« bilden die User. Sie bestimmen letztlich, ob sich das Video viral verbreitet oder nicht. Jede noch so gute Geschichte kann trotz Weiterempfehlungen und Video-Seedings sein Zielpublikum verfehlen, wenn dieses den Inhalt des Videos ablehnt. Wenn Sie ein Video viral verbreiten wollen, sollten Sie diese drei Faktoren beachten: Inhalt, Zielpublikum und Weiterempfehlungen, d. h., sie sollten genügend Möglichkeiten zur Teilhabe bieten.

8.3.5 Best Practice – Microsofts virale Videobotschaft

Betrachten wir ein sehr erfolgreiches virales Video. Unter dem Titel »MEGAWOOSH – Bruno Kammerl jumps« veröffentlichte Bruno Kammerl am 3. August 2009 seinen Stunt auf einer Wasserrutschbahn ins entfernte Planschbecken (siehe Abbildung 8.1). Der 44-Sekünder generierte innerhalb von drei Tagen über 300.000 Views und konnte bisher insgesamt mehr als 6 Mio. Klicks einspielen. In den ersten Tagen nach der Veröffentlichung wurde gerätselt, wer Bruno Kammerl wirklich ist. Eine Erfindung oder tatsächlich ein Ingenieur? Am 7. August outete sich Microsoft als Macher des Videos. Mit der dezenten Werbebotschaft »Mach es machbar« diente das Video als Zugpferd für die Kampagne »Microsoft Project«. Durch den inszenierten Überraschungseffekt wurde die Botschaft von Microsoft gekonnt verbreitet.

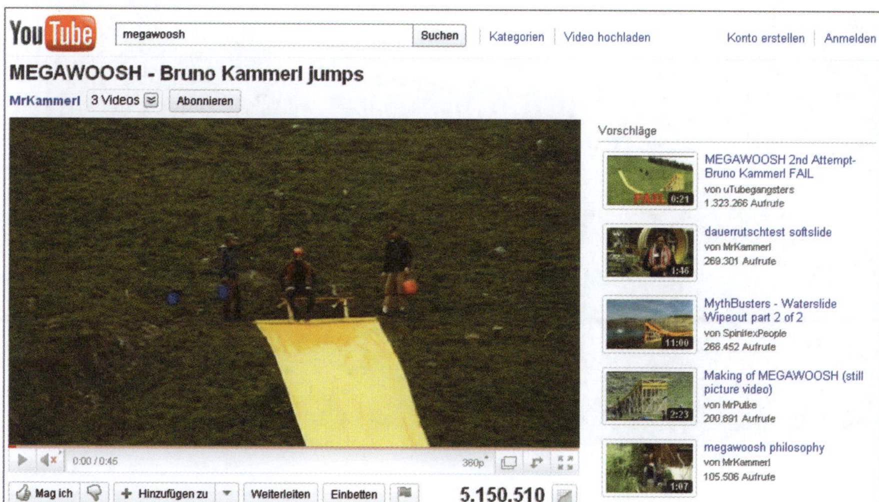

Abbildung 8.1 Das Video »MEGAWOOSH« auf YouTube

Bei einem viralen Markenvideo ist die Marke häufig nicht sofort für den Nutzer erkennbar, sondern klärt sich erst im Abspann des Videos auf, mitunter wird die Marke gar nicht genannt, und der Betrachter kann nur raten, wer hinter dem Video steckt, so wie in unserem Beispiel.

Was zählt, ist die Idee des Videos. Wenn sich der Inhalt wie ein Virus im Netz verbreitet, sprechen wir von einem viralen Effekt. Solche Effekte können auch Sie mit unterhaltsamen Videos, Bildern und Sprüchen auslösen. Der große Vorteil ist, dass die Inhalte im Internet nicht verschwinden. Sie können von den Usern immer wieder aufgerufen werden. Dadurch findet eine permanente Auseinandersetzung mit Ihrer Marke statt. Erwarten Sie aber nicht, dass Ihr letzter Werbespot wirklich einen viralen Effekt auslösen wird, es sei denn, er ist so beliebt, dass die User ihn von selbst ins Netz stellen und verbreiten.

8.3.6 Idea is King

Wie man mit einer humoristischen und einfachen Idee Erfolg haben kann, zeigt der »Plane Mob« von Germanwings. In Anlehnung an den Begriff *Flash Mob* (kurzer, spontaner Menschenauflauf, mit dem Ziel, eine Botschaft zu verkünden) erstellte die beauftragte Agentur ein Video, in der sie die Schwächen der Konkurrenz-Airline auf die Schippe nahm (siehe Abbildung 8.2).

Abbildung 8.2 Ein viraler Erfolg: Germanwings »Planemob«

Die beauftragte Agentur LLR hat auf Video-Seeding (Streuung des Videos und Bekanntgabe auf Social-Media-Plattformen) verzichtet und konnte dennoch für das Originalvideo über 420.000 Views generieren (Stand Januar 2012). Mit einer witzigen Idee wie dieser können Sie spielerisch Ihre Zielgruppe erreichen.

Bei viralem Marketing geht es vor allem darum, eine gute Idee zu finden. Manchmal kommt aber auch jede noch so gute Idee nicht bei den Usern an. Ein bisschen Glück gehört dazu, denn die Netzwerkeffekte sind nur schwer vorhersehbar und planbar. Wichtig ist, dass die Idee stimmt und Sie dafür sorgen, dass sich das Video im Netz verbreiten kann. Das geht am einfachsten über die beliebten Videoplattformen, die das Teilen des Videos erlauben.

Rechtstipp von Peter Harlander: Wettbewerbsrecht beachten

Wichtig ist auch, dass die Idee rechtlich abgesichert ist. Immer dann, wenn man sich über andere lustig macht oder Schwächen des Mitbewerbers aufzeigt, bewegt man sich auf dünnem Eis. Vergleiche mit Mitbewerbern bzw. mit deren Waren und Dienstleistungen sind zwar unter gewissen Umständen rechtlich zulässig. Der Rahmen des Zulässigen ist aber sehr eng abgesteckt.

8.4 Videomarketing

Um Videos zu verbreiten, müssen Sie mehrere Dinge beachten. Erstens müssen Sie das Video auf die richtigen Videoplattformen (z. B. YouTube, MyVideo, Clipfish oder Sevenload) hochladen. Beim Upload werden suchmaschinenrelevante Überschriften und Schlagwörter vergeben, damit Ihr Video in Google besser gefunden werden kann (Video-SEO). Um die Aufmerksamkeit für das Video auf den Videoportalen zu schärfen, müssen Sie möglicherweise Werbung für das Video buchen. Zweitens müssen die Meinungsführer gefunden werden, die über das Video berichten und es damit verbreiten. Das alles mündet in das sogenannte Video-Seeding, damit sich das Video sowohl auf allen Videoplattformen als auch in sozialen Netzwerken, der Blogosphäre und Twitter verbreitet.

8.4.1 Storytelling mit interaktiven Videos

Der Vorteil von Webvideos gegenüber klassischen TV-Spots ist die Interaktivität, die dieses Medium bietet. Webvideos werden nicht nur in einem interaktiven Kontext – dem sozialen Netzwerk von YouTube und Co. geschaut, sondern können auch selbst interaktiv sein. Eine YouTube-Kampagne von Junkers macht dies vor. Auf der Kampagnenseite in YouTube, *http://www.youtube.com/merryjunkers*, sieht der User ein Video im gewohnten YouTube-Look-&-Feel. Doch er kann das

Video nur dann stoppen, wenn er an dem integrierten Wärmeregler dreht (siehe Abbildung 8.3). Dann erscheint ein neues Video, dass zur Temperatur passt: Bei 30° tanzt der Protagonist mit einer Samba-Tänzerin, bei 60° findet er sich in einer finnischen Sauna wieder und bei 99° macht er sich ein BBQ am Wegesrand. Der Zuschauer wird dadurch zum aktiven Gestalter der Kampagne. In der Regel verweilt er auch länger auf der Seite und setzt sich auf diese Weile spielerisch und humorvoll mit der Marke Junkers auseinander.

Abbildung 8.3 Junkers lässt die Zuschauer am Wärmeregler drehen und dadurch die Geschichte neu erzählen.

8.4.2 Video-SEO – das Video soll gefunden werden können

Suchmaschinenoptimierung ist vom Grundsatz »Content is King« geprägt. Man geht davon aus, dass mit vielen Inhalten die User im Web abgefangen werden können. Um Websites besser positionieren zu können, werden entsprechende Inhalte mit den relevanten Keywords des Produkts oder der Dienstleistung veröffentlicht. Ziel ist es, im Google-Ranking unter den Stichwörtern möglichst weit vorn zu stehen. Aus diesem Grund erstellt man spezielle Landingpages, die den User direkt zur Angebotsseite führen sollen. Für eine wirksame Suchmaschinenoptimierung sind die richtig verfassten Inhalte (Contents) von fundamentaler Bedeutung.

Video-SEO ist die Verknüpfung von Videoinhalten und Suchmaschinenoptimierung (kurz SEO für Search Engine Optimization). Video-SEO hat zum Ziel, dass die Videos in Google hoch gereiht werden. Die Suchmaschinen haben bereits erkannt, dass Videoinhalte für die User interessant und relevant sind. Deshalb gibt es standardmäßig in Suchmaschinen die Option, sich die Bilder- und Videoergebnisse anzeigen zu lassen. Zusätzlich listet beispielsweise Google Bilder und Videos auf der ersten Suchergebnisseite als Vorschaubild. Solche Suchergebnisse werden häufiger geklickt, da sie mehr Aufmerksamkeit auf sich ziehen als die reinen Textlinks. Damit Videos in Google gut gereiht sind, müssen die Regeln der SEO bei Videoplattformen angewendet werden. Google kann bisher nur Textinhalte lesen und wiedergeben. Deshalb müssen Bilder und Bewegtbilder so beschrieben werden, dass Google die nötigen Informationen erhält.

Dafür müssen Sie

- einen Titel
- eine Beschreibung und
- Tags (Schlagwörter, Keywords)

vergeben.

Damit im Titel und in der Beschreibung die richtigen Schlagwörter vorkommen, werden die relevanten Stichwörter in einer Keyword-Recherche ermittelt. Sie werden nachher als Tags übernommen. Diese Recherche dient im Anschluss Videoeinträgen in Social-Bookmarking-Diensten (persönliche Linklisten). Dort werden ebenfalls Titel, Beschreibung und Tags für den Eintrag vergeben. Ziel der Video-SEO ist es, das Video in Google unter den wichtigen Schlagwörtern auffindbar und für den Nutzer sichtbar zu machen. Bei mehreren Videos empfiehlt es sich, eine Video-Sitemap anzulegen.

8.4.3 YouTube – eine der größten Suchmaschinen der Welt

Die größte, bekannteste und weltweit beliebteste Videoplattform ist YouTube. Es wurde 2005 gegründet und im November 2006 von Google übernommen. Ein paar Zahlen zur Verdeutlichung der Menge an Videoinhalten und an Interaktion. YouTube ist in 25 Ländern und in 43 Sprachen verfügbar. 480 Mio. Unique Users erreicht die Plattform. Im internationalen Schnitt verbringt jeder YouTube-Nutzer ungefähr 15 Minuten auf der Plattform. Bei YouTube sind User im Alter zwischen 18 und 34 Jahren mit 37 % am aktivsten. Täglich werden bis zu vier Milliarden

Videos angesehen. Im Januar 2012 wurden pro Minute rund 60 Stunden Videomaterial hochgeladen (im Vergleich dazu: Im Mai 2011 waren es noch 48 Stunden). Es steigt also nicht nur die Konsumation von Videos, sondern auch die Produktion. Ein Grund dafür ist definitiv die einfache Möglichkeit, Videos mittels Smartphone in ausreichender Qualität herzustellen und direkt auf YouTube hochzuladen.

Hohe Reichweite und viele Funktionalitäten

Immer mehr User gehen direkt auf YouTube und nicht den Umweg über eine »normale« Suchmaschine, um das gesuchte Video zu finden. Damit ist YouTube selbst zu einer der fünf größten Suchmaschinen der Welt geworden. Außerdem können Sie das YouTube-Video bequem in Ihre Website, in Ihr Blog und in Ihre Facebook-Seite integrieren (»embedden«). Damit können Sie an vielen verschiedenen Stellen die Sichtbarkeit des Videos erhöhen. Besonders praktisch ist die Möglichkeit, im Video Text einzublenden und so beispielsweise auf Ihre Website oder weiterführende Informationen hinzuweisen. YouTube bietet umfangreiche Statistiken zur Auswertung der Zusammensetzung Ihres Publikums.

Tipp: Registrierung auf YouTube

Wenn Sie sich auf YouTube registrieren, können Sie das mit Ihrem bestehenden Google-Konto tun. So müssen Sie sich nicht noch einen weiteren Usernamen und ein Passwort merken. Beachten Sie aber, dass damit auch automatisch der Name des Google-Kontos zum YouTube-Kontennamen wird. Das ist vor allem dann relevant, wenn Sie auf YouTube einen eigenen Channel nutzen möchten.

8.4.4 YouTube-Channel – Ihre Videozentrale

Der YouTube-Channel ist das zentrale Element und wird im Prinzip automatisch mit Ihrer ersten Registrierung auf YouTube angelegt. Damit erhalten Sie auch eine individuelle URL, z. B. *www.youtube.com/cocacola*. Auf einem Channel werden alle Videos gesammelt dargestellt, die von diesem User bzw. Channel-Betreiber hochgeladen wurden. Einen solchen »Branded Channel« führt Coca-Cola, mit besonderen Designelementen und Funktionalitäten, speziell für große Marken von YouTube zur Verfügung gestellt (siehe Abbildung 8.4).

YouTube-Channel langfristig nutzen

Es zahlt sich langfristig aus, einen erfolgreichen Channel zu etablieren. Besonders erfolgreiche YouTube-Channels haben viele Abonnenten. Jeder Channel kann von anderen Usern abonniert werden, die bei Interaktionen und Upload automatisch informiert werden. Somit sorgen Sie für automatische Verbreitung Ihrer Inhalte.

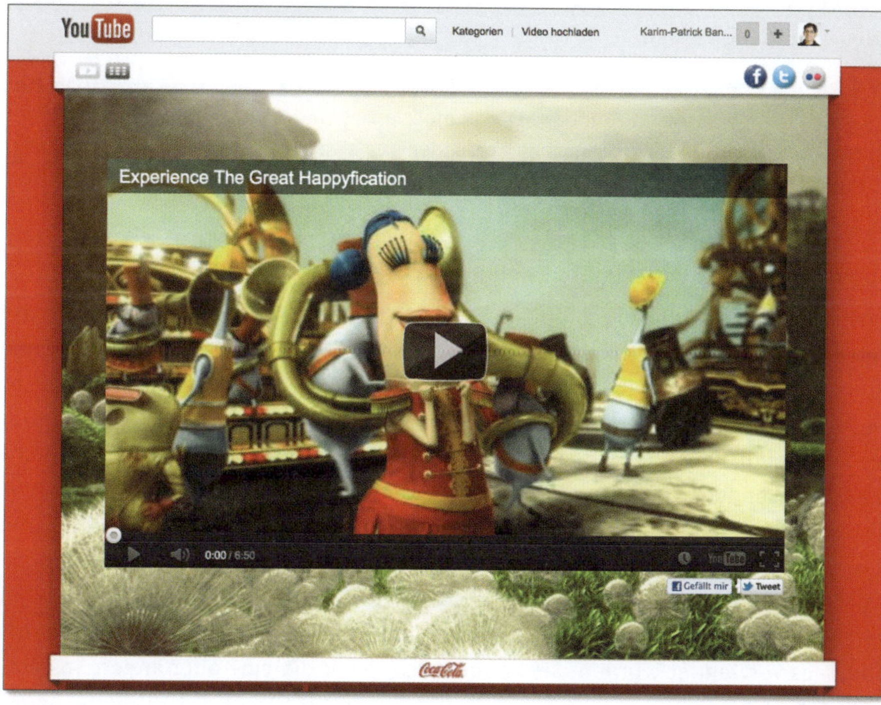

Abbildung 8.4 YouTube-Channel von Coca-Cola

Das Einrichten eines eigenen YouTube-Channels ist für Privatpersonen und Unternehmen grundsätzlich kostenfrei (ausgenommen Premiumvarianten wie beispielsweise jene für Coca-Cola). Das Tolle an den kostenlosen YouTube-Channels ist, dass Sie diese nach eigenen Designvorgaben individuell gestalten und auf Ihre Marke oder Ihr Unternehmen optisch abstimmen können. Füllen Sie das Profil, entweder sofort bei der Anmeldung Ihres YouTube-Kontos oder später in den KONTOEINSTELLUNGEN, vollständig aus. Besonders wichtig sind der Profilname, die Website, die Kanalbeschreibung und der Unternehmensname sowie -standort. Zudem können Sie in den Kanaleinstellungen die *Kanaltags* – beschreibende Schlagwörter für Ihren YouTube-Channel – hinzufügen. Eine Liste der beliebtesten YouTube-Channels finden Sie auf *www.youtube.com/channels*. In Deutschland erzielt der Channel »Die Aussenseiter« die meisten Abos (> 750.000 Abonnements) und Aufrufe. Der Channel wird von Alexander und Dimitri Koslowski betrieben, die auf unterhaltsame Weise und in russischer Nonchalance ihrer Fantasie freien Lauf lassen und gerne auch einmal Vorurteile gegenüber Migranten parodieren. Aber Sie können auch ohne russische Herkunft einen erfolgreichen YouTube-Channel führen. Einfallsreichtum, hohe Technikaffinität und Humor sind dennoch wichtige Voraussetzungen dafür.

Neues YouTube-Design

YouTube hat im Dezember sein eigenes Design überarbeitet. Damit ist aber auch ein neues Channel-Design verbunden. Die komplizierten Designeinstellungen fallen weg, dafür können Sie ein Hintergrundbild hochladen und zwischen vier verschiedenen Channel-Vorlagen: »Videokünstler«, »Blogger«, »Produzenten«, »Alles« auswählen.

Suggest – kostenlose Videoempfehlungen durch YouTube

Wenn Sie ein YouTube-Video direkt auf der Plattform ansehen (oder oft auch in der eingebetteten Version nach dem Ende des Videos), dann empfiehlt Ihnen YouTube »ähnliche Videos«. Die Basis dieser Empfehlungen (Suggests) ist u. a. die Ähnlichkeit zwischen Videotitel, Beschreibung und Tags des gesehenen Videos und anderer Videos auf YouTube. Es wäre doch toll, wenn Ihr Video als Empfehlung zu anderen passenden, besonders beliebten Videos als Empfehlung erschiene? Die Betonung liegt dabei auch auf inhaltlich passend: Sie sollten nicht wahllos Tags und Keywords zu Ihrem Video packen, die dem Inhalt des Videos nicht entsprechen. So würden Sie nur enttäuschte Seher erzeugen. Aber nehmen Sie sich ein Beispiel an vergleichbaren, besonders beliebten Videos, und sehen Sie nach, welche Keywords und Tags verwendet wurden. Sie können sich sicher die eine oder andere Inspiration dadurch holen. Garantieren kann Ihnen natürlich niemand, dass Ihr neues Video als Empfehlung nach einem beliebten und viralen Video mit Millionen Views tatsächlich erscheint. Aber einen Versuch ist es wert. Vor allem hilft es Ihnen auch bei der YouTube-Suche. Für den Fall, dass Ihr Video tatsächlich einschlägt, schafft es das Video auch auf die YouTube-Startseite unter die beliebtesten Videos, aber da brauchen Sie schon einen wirklich viralen Knaller.

8.4.5 YouTube-Werbung – wie Sie eigene Videos bekannt machen oder im dynamischen Umfeld von YouTube werben

YouTube ist mit weltweit fast einer halben Milliarde Nutzern ein beliebtes Medium, dass täglich angesteuert wird. Werbung in YouTube ist nur bedingt mit Werbung im Fernsehen vergleichbar, da der User viel mehr Steuerungsmöglichkeiten hat. Aber auch die Werbetreibenden und Agenturen können die Werbung gezielter streuen. Diese Steuerung wird als *Targeting* oder *Behavioral Targeting* bezeichnet.

Da die User soziodemografische Daten wie Alter, Geschlecht und Interessen hinterlassen, kann YouTube die Werbung danach einstellen. Dies bewirkt einen geringeren Streuverlust, der bei klassischer TV-Werbung im Vergleich dazu besonders hoch ist. Im Fernsehen richten sich die Inhalte an eine fast undefinierbare Masse. Auf YouTube können Sie die Zielgruppen direkt nach deren Interessen und Vorlieben ansprechen. YouTube ist aber auch dazu übergangen direkt im Video zu werben (Video Ads/Display Ads) und seine Plattform als Werbefläche zu vermarkten (Reach Ads), siehe Abbildung 8.5. Infos zu den Werbemöglichkeiten in YouTube finden Sie unter *http://www.youtube.com/advertise*.

Abbildung 8.5 Der YouTube-Nutzer wird mehrmals auf die Kampagne von mobile.de aufmerksam gemacht: durch Reach Ad auf der YouTube-Starseite (oben) und Targeting mit Video Ads (unten).

8.4.6 Mitmachvideo – die Königsklasse des Videomarketing

Ein kongenialer viraler Spot ist der französischen Agentur Buzzmann mit »A hunter shoots a bear« gelungen. Der Zuschauer sieht die bekannte Szene des Jägers in Gesellschaft eines Bären. Bevor der Jäger schießt, wird der User am Ende des Videos dazu aufgerufen, zwischen Schuss oder keinem Schuss zu wählen. Das Video wird verlängert und mit einem Trick versehen: Der Jäger greift aus dem Video auf das rechte Werbefeld zum Tipp-Ex und löscht das Wort »erschießt« in der Videoüberschrift (siehe Abbildung 8.6). Nun kann der User frei entscheiden, ob es »Ein Jäger liebt einen Bären« oder was auch immer heißen soll. Je nachdem, welches Wort vom User eingegeben wurde, folgt zum Abschluss ein entsprechendes Video, in dem beispielsweise der Jäger dem Bären einen Heiratsantrag macht. Das Video hat innerhalb eines Monats (25.08. bis 21.09.2010) über 8,3 Mio. Views eingespielt. Die User sind überaus begeistert von diesem Video, das gerade durch das aktive Eingreifen des Users so erfolgreich ist.

Abbildung 8.6 Interaktive und virale YouTube-Kampagne von Tipp-Ex

Marketing-Take-away: Längere Verweildauer bei Mitmachvideos

Durchschnittlich verweilt der YouTuber 2 Minuten bei einem Video, bei dem Tipp-Ex-Video waren es im Durchschnitt 6 Minuten. Klar, sie hatten ja auch Spaß dabei, die unterschiedlichen Videoausgänge zu erproben. Interaktive Werbespots erzeugen eine weitaus höhere Verweildauer und Customer Involvement als Videos ohne Mitmach-option.

Videostatistiken

Für jedes Video bietet YouTube eigene Statistiken, die sogenannten YouTube-Insights (siehe Abbildung 8.7). Dieses Tool liefert Ihnen wichtige Informationen über die Entwicklung der Performance des Videos: die Zahl der Videoaufrufe über einen bestimmten Zeitraum oder auf eine bestimmte Region eingegrenzt, außerdem jene Links, die auf das Video verweisen bzw. den Ort (YouTube, externe Website usw.), an dem das Video konsumiert wurde, dazu noch demografische Durchschnittsdaten über die User, die das Video gesehen haben, und noch ein paar Community-Infos, wie z. B. die Herkunftsländer der Videoseher. Mit all diesen Infos können Sie viel über das Publikum des jeweiligen Videos herausfinden und möglicherweise noch die Streuung optimieren, also das Video dort platzieren, wo es noch mehr von den gewünschten Usern sehen können und sollen.

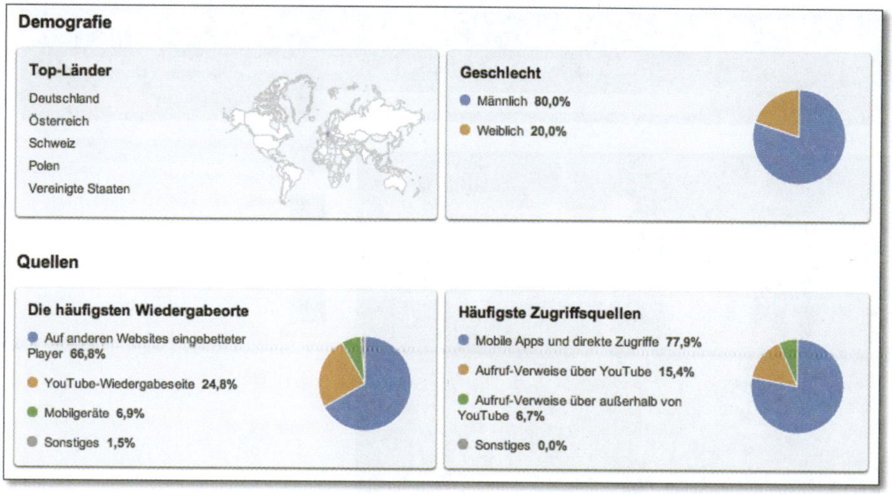

Abbildung 8.7 YouTube-Insights pro Video

YouTube ist die unangefochtene Nummer 1 auf dem internationalen Online-Videosektor. Dennoch gibt es einige lokal starke Videoplattformen im deutschsprachigen Raum, die vor allem bei den jungen Internetnutzern besonders beliebt sind. Die wichtigsten davon möchten wir Ihnen nun vorstellen.

8.4.7 MyVideo – hohe Reichweite bei jungen Webusern

MyVideo ist mit 8,62 Mio. Unique-Usern (einmalig gezählte Besucher) das zweitbeliebteste Videoportal im deutschsprachigen Raum. Bei MyVideo ist mehr als die Hälfte der User 14 bis 29 Jahre alt. MyVideo ist in Deutschland, Österreich und der Schweiz mit jeweils eigenen Länderplattformen verfügbar. Die Besucher können zwischen nutzergenerierten Inhalten (User Generated Content) und Premium-Content (Fernsehserien) wählen (siehe Abbildung 8.8). MyVideo bietet Werbetreibenden die Optionen Werbung in den Videos, Branded Channels, Video-des-Tages-Empfehlungen und Newsletter-Varianten an.

Für die Streuung Ihres Webvideos eignet sich MyVideo besonders, um die junge Zielgruppe der 14- bis 19-Jährigen zu erreichen. Wenn Sie Ihr Video in Deutschland, Österreich und der Schweiz verbreiten wollen, laden Sie es auf allen drei Plattformen hoch (*.de*/*.at*/*.ch*). Kombiniert mit der Video-des-Tages-Empfehlung, die mit Kampagnen in MyVideo verknüpft werden, können Sie genügend Aufmerksamkeit erzeugen. Mehr Infos finden Sie unter *http://www.myvideo.de/Werbung*.

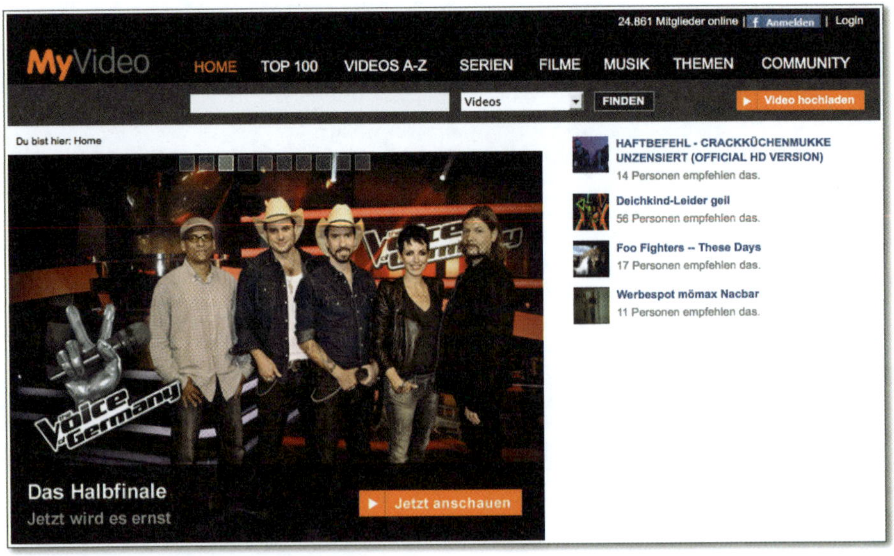

Abbildung 8.8 TV-Serien und Casting-Shows auf MyVideo neben User Generated Videos

Werbung auf MyVideo

Werbung in den Videos ist in drei Varianten (PreRoll, MidRoll, Overlay) buchbar. Häufig sind es Produkte der Verbrauchsgüterindustrie, die in den Videoanzeigen beworben werden. Die besondere Stärke gegenüber TV-Werbung liegt darin, dass InVideo-Werbung direkt im Video klickbar ist. InVideo-Anzeigen werden außerdem deutlich öfter angeklickt als Bannerwerbung im Internet. Mittels Targeting wird die Werbung zudem im richtigen Interessenumfeld des Users eingeblendet und weniger als störend empfunden. Letztlich nehmen die User die Werbung gerne für das kostenlose Konsumieren von Premiuminhalten in Kauf.

Targeting auf MyVideo

Als Targeting-Optionen listet MyVideo Alter, Geschlecht, Haushaltsführende, Kinder im Haushalt, Produktinteressen, Haushaltseinkommen usw. Eine noch genauere Streuung der Anzeigen ist mittels Produktinteressen möglich. MyVideo bzw. der Vermarkter SevenOne Media GmbH unterscheidet eine Vielzahl von Produktinteressen wie Telekommunikationstarife, Autos, Unterhaltungselektronik, Lebensmittel, Mode und Bekleidung usw. Dadurch können Sie sehr gezielt Ihre Werbung schalten. Probieren Sie es einfach aus, und sparen Sie lieber bei klassischer Bannerwerbung, die ohnehin nur weggeklickt wird.

8.4.8 Clipfish – ein Platz für Marken und Serien

Clipfish ist mit rund 3 Mio. Usern in Deutschland das drittbeliebteste Videoportal. Bei Clipfish halten sich überwiegend männliche User auf. Die Kernzielgruppe sind Männer und Frauen zwischen 14 und 29 Jahren. Die 30- bis 39-Jährigen sind auf Clipfish sogar stärker vertreten als auf MyVideo. Clipfish bietet sowohl User Generated Content als auch professionelle Inhalte vom TV-Sender RTL. Auf Clipfish werden Serien wie DSDS und BigBrother eingestellt. Diese Inhalte sind bei den Usern sehr beliebt. 70 % der Videoaufrufe werden durch Premiuminhalte erzielt. Diese Plattform ist durchaus ein guter Rahmen, um als Marke präsent zu sein, vor allem wenn Ihre Marke gut zu den auf Clipfish angebotenen Premiuminhalten passt. Dazu bietet sich ein sogenannter Branded Channel auf Clipfish an.

Branded Channel

Clipfish bietet im Gegensatz zu MyVideo für alle Videos einen »Branded Channel« an. Der Channel kann nach Ihren Vorstellungen gestaltet werden. In der Gestaltung und inhaltlich ist Ihnen freie Hand gelassen, solange es mit den Richtlinien von Clipfish einhergeht. Einen Branded Channel sollten Sie nur buchen, wenn Sie eine Online-Videokampagne planen.

Video-Contests – gewinnen Sie Ihr Publikum

Der Video-Contest wird auf der Clipfish-Startseite beworben. Die User werden dazu aufgefordert, an dem Gewinnspiel teilzunehmen, und müssen dazu ihr eigenes Video auf Clipfish hochladen. Das Video wird entweder von der Community bewertet oder von einer eigenen Jury gewählt. Damit können Sie einerseits die Sichtbarkeit und Reichweite Ihrer Marke erhöhen, andererseits auch die Auseinandersetzung der User mit Ihrer Marke fördern und Traffic auf Ihre Website oder Ihren Branded Channel bringen.

Interactive Video Ad und Premium Ad-Package

Der Clipfish-Vermarkter IP-Deutschland bietet zusätzlich eine neue Form der Videowerbung, das sogenannte Interactive Video Ad. Diese interaktive Werbeform interagiert mit den Zuschauern. Die Videowerbung wird für 8 bis 10 Sekunden unterbrochen und fordert den User beispielsweise dazu auf, ein Produkt oder einen Gegenstand im Spot anzuklicken oder eine Gewinnspielfrage zu beantworten. Auch das fördert die Auseinandersetzung der User mit Ihren Inhalten. Mit dem Premium Ad-Package können großflächige Banner ähnlich wie das Reach Ad in YouTube gebucht werden. Weitere Informationen erhalten Sie unter *www.ip-deutschland.de/clipfish_de_lp*.

8.4.9 Sevenload – crossmediale Videokampagnen

Sevenload hat mit 1,96 Mio. Unique-Usern zwar die geringste Reichweite unter den genannten Videoportalen, der Community-Gedanke ist bei dieser Plattform jedoch besonders stark ausgeprägt. Wir können aus eigener Erfahrung berichten, dass ein witziger Werbespot, der auf YouTube an einem Tag 1.000 Views erzeugt hat, im selben Zeitraum auf Sevenload 700 Views eingespielt hat, weil er sehr gut zu dieser Community passte. Wie auf Clipfish und MyVideo, suchen auch hier die User vor allem nach unterhaltsamen Videos von anderen Usern oder nach bekannten TV-Serien. Wenn Ihr Unternehmen, Ihre Marke oder Ihr Video gut zu dieser Nachbarschaft passt, kann Sevenload Ihnen Aufmerksamkeit und Traffic bringen. Die Plattform bietet sehr viele Werbemöglichkeiten, eignet sich aber besonders für Crossmedia-Kampagnen. Alle anderen typischen Videowerbeformen werden ebenfalls angeboten.

Crossmedia – offline und online kombinieren

Bei Crossmedia wird Außenwerbung (Plakate, Citylights) mit Printanzeigen und einer Microsite auf Sevenload kombiniert. Plakate und Printanzeigen verweisen dabei direkt auf die Microsite. Der Leser wird offline auf ein Online-Angebot aufmerksam gemacht. Die Deutschlandpremiere der fünften Staffel von LOST (amerikanische Serie) wurde über eine Crossmedia-Kampagne von Sevenload bekannt gemacht. Die Besonderheit daran war, dass LOST-Fans die Serie nicht im Fernsehen, sondern auf Sevenload sehen konnten.

InVideo-Werbung und InVideo-Shopping

Sevenload bietet neben den bekannten InVideo-Werbeformen wie Pre-, Mid- und PostRoll auch InVideo-Shopping. Mittels Overlay ist es möglich, die Produkte direkt im Video anzuklicken. Diese Werbung wird passend zum Inhalt des Videos geschaltet, sodass die Werbung zum medialen Umfeld des Users passt.

Mittels Microsite Videogewinnspiele organisieren

Mit einer werblichen Microsite auf Sevenload sind sowohl Gewinnspiele als auch Video- und Foto-Contests realisierbar. Mit einer eigenen Uploadfunktion für Video und Foto können die User sehr einfach ihre Inhalte hochladen. Die Videos werden in einem HD-Player von Sevenload abgespielt und können mittels »Teilen«-Funktion (Sharing) ganz einfach auf Twitter und Facebook weitergeleitet werden. Damit bietet Sevenload eine komfortable Möglichkeit, User Generated Content auf einer mit Ihrer Marke gebrandeten Präsenz zu bündeln. Mehr Informationen erhalten Sie unter *http://corporate.sevenload.com/de/media/overview*.

8.4.10 Vimeo – da sind die Profis zu finden

Vimeo ist keine Plattform zur reinen Streuung von Videos oder für klassische Marketingkampagnen, sondern ein zentrales Netzwerk für qualitativ hochwertige Inhalte. Das machen sich Videokünstler und Videoprofis aus dem Video- und Filmbereich zunutze. Vimeo bietet also einen professionellen Rahmen für Filme und Videos mit einem hohen künstlerischen und qualitativen Anspruch (siehe Abbildung 8.9).

Keine kommerziellen Inhalte

In den Richtlinien ist ausdrücklich vermerkt, dass keine kommerziellen oder kommerziell genutzten Inhalte veröffentlicht werden dürfen: Ausnahmen können allerdings mit Vimeo direkt im Rahmen einer Kooperation vereinbart werden, was Honda mit einer Kampagne rund um sein Hybrid-Auto »Insight« genutzt hat. Es gibt aber auch andere Anwendungsmöglichkeiten für Unternehmen. Wenn Sie beispielsweise eine Kunstausstellung, einen Workshop oder einen Wettbewerb einer Film- oder Kunstuniversität sponsern, können Sie die Ergebnisse auf Vimeo durch die Teilnehmer direkt veröffentlichen lassen, und im Abspann oder im Begleittext zum Video kann der Name Ihres Unternehmens erscheinen. Wichtig bei all diesen Anwendungsmöglichkeiten ist, dass Sie die Vimeo-Richtlinien einhalten: Sie müssen selbst einen wichtigen, kreativen Teil zum Video beigetragen haben (dafür gezahlt zu haben, reicht definitiv nicht).

Abbildung 8.9 Eines der meist gesehenen Vimeo-Videos: »Optimist« von Brian Thomson über das Farbenfestival in Utah

Marketing-Take-away: Nutzen Sie Vimeo für hochqualitative Video-Contests

Der Konzern Olympus PEN hat zur Feier des 50-Jahr-Jubiläums der Marke PEN die Internetuser über seine Website aufgerufen, eigene Videobeiträge zum Jubiläum zu produzieren und entweder auf der offiziellen Website oder auf eine der gängigen Videoplattformen hochzuladen, darunter auch Vimeo (siehe Abbildung 8.10). Da es sich bei den Videos um von Usern selbst erstellte und hochgeladene Beiträge handelte, ging das mit den Vimeo-Richtlinien konform.

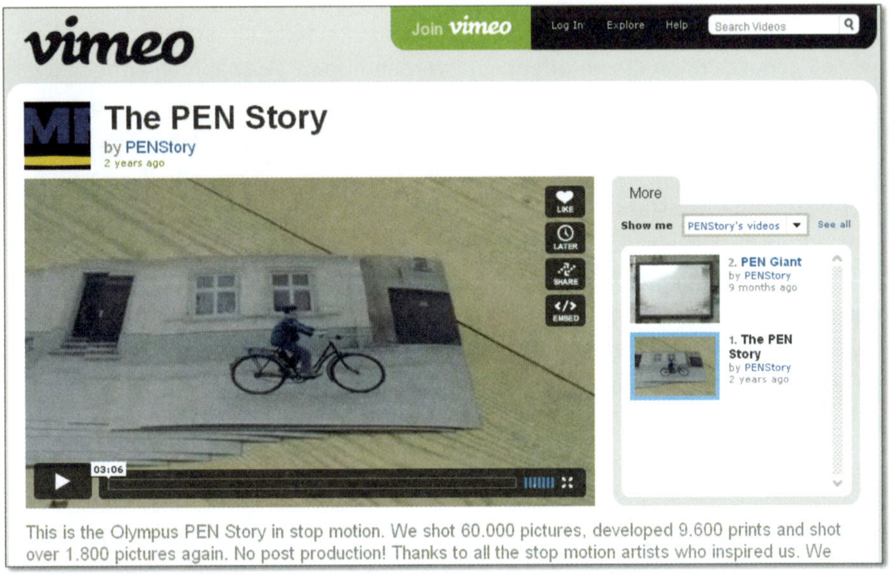

Abbildung 8.10 The PEN Story auf Vimeo

8.5 Fotoplattformen – Bilder hinterlassen einen bleibenden Eindruck

Neben der gedruckten Schrift und dem gesprochenen Wort sind Fotos ebenfalls relativ alte Informationsträger, vor allem wenn man im Vergleich dazu Fernsehen, Video und die digitalen Datenträger betrachtet. Gerade in den letzten Jahren haben Fotos vor allem im digitalen Sektor extrem viel Verbreitung erlangt. Während die analoge Fotografie immer weiter abnimmt, wurde durch die Verbesserung der digitalen Bildaufnahme und den günstigen Zugang für Konsumenten zu Apparaten sogar im digitalen Spiegelreflexbereich ein wahrer Boom ausgelöst. Durch das Vorhandensein digitalen Materials sind natürlich auch die Notwendigkeit und der Weg, diese Bilder auch digital zu verbreiten, zu dokumentieren und zu archivieren, nicht weit. Fotoplattformen erfüllen genau diesen Zweck: Sie stellen dem einzelnen User einen Account (in der Basisversion meist kostenlos) mit einer beschränkten Menge an Datenspeicher zur Verfügung. Der User kann die Fotos hochladen, weiterverarbeiten, beschriften, ordnen und entweder öffentlich oder privat machen und so den Zugang für andere freigeben oder beschränken. Deshalb werden diese Plattformen auch als Foto-Sharing-Plattformen bezeichnet.

Generalisten vs. Spezialisten

Konkurrenz erwächst diesen Plattformen in der letzten Zeit immer mehr durch soziale Netzwerke wie Facebook, in denen User ebenfalls Fotos hochladen und ihren Freunden zeigen können. Somit sind diese Inhalte noch näher an der »Zielgruppe« und vor allem im selben Netzwerk bzw. auf ein und derselben Plattform. Die Frage, ob die Universalisten wie Facebook und Google+ oder die Spezialisten wie Flickr langfristig gewinnen, können wir hier nicht beantworten. Auch wenn aktuell Facebook im massiven Aufwind ist, heißt das noch lange nicht, dass wir auf all die Vorteile verzichten müssen, die uns Fotoplattformen bieten.

8.5.1 Warum Sie Fotoplattformen nutzen sollten

Im Grunde könnten Sie Ihre Bilder ja auch auf der Website veröffentlichen und haben es wahrscheinlich in der Vergangenheit auch so gemacht. Doch es gibt gute Gründe, die Bilder nicht mehr nur auf der Website zu »verstecken«.

Suchmaschinenrelevanz

Fotoplattformen sind suchmaschinenrelevant. Wenn Ihre Fotos mit den richtigen Schlagwörtern und Beschriftungen versehen und öffentlich zugänglich sind, können sie über Google, Bing oder Yahoo gefunden werden. Alle großen Suchmaschinen haben einerseits eigene Bildersuchen, andererseits werden Bilder (Fotos, Grafiken usw.) als ein Teil der allgemeinen Websuche in das Suchergebnis neben Websites usw. integriert. Fotoplattformen sind ebenfalls Suchmaschinen. Nicht wenige User gehen direkt auf die jeweilige Plattform und suchen nach speziellen Inhalten, weil sie glauben oder erfahrungsgemäß wissen, dass die Plattform die relevanteste Quelle für ihre Informationssuche ist.

Höhere Reichweite und Sichtbarkeit Ihrer Bilder

Wenn Ihre Fotos auf einer CD/DVD in der Schublade liegen, können sie von Ihren potenziellen Kunden nicht gefunden werden (und Sie selbst tun sich vielleicht auch schwer). Fotoplattformen bieten zahlreiche nützliche Funktionen (Suche, Alben, Kategorien, Schlagworte usw.), um die Fotos zu ordnen und leichter auffindbar zu machen.

Kostenlose Basisprofile mit tollen Funktionalitäten

Die Basisvarianten der großen Fotoplattformen sind kostenlos. Sie müssen sich nur registrieren und können sofort mit dem Upload starten. Im Profil können Sie einen Link auf Ihre Website und meistens eine kurze Biografie hinterlegen, somit weiß jeder User sofort, von wem die Bilder stammen. Viele Plattformen bieten komfortable, optisch gut gelöste und einfach zu integrierende Lösungen, um die Fotos wiederum in Ihre Website, in Ihr Blog einzubetten oder per Link in jedem sozialen Netzwerk zu veröffentlichen und mit den Freunden zu teilen.

8.5.2 Foto-SEO – Ihre Fotos wollen gefunden werden

Fotos transportieren Emotionen und Eindrücke einfacher, als es reiner Text vermag. Damit die Bilder auf der Fotoplattform ihren Zweck erfüllen, ist es wichtig, dass Sie die relevanten Keywords sinnvoll dem Bild hinzufügen. Suchmaschinen wie Google können (noch) keine Bilder lesen, sie wissen nicht, worum es im Bild geht. Deshalb müssen wir nachhelfen, damit die potenziellen Kunden wiederum die Bilder über die Suche finden und wir so Aufmerksamkeit und Anreiz schaffen können. Denn wie schon bei der Website, beim Blog und allen anderen Präsenzen: Wir wollen jene erreichen, die uns noch nicht kennen. Entweder über das Empfehlungsmarketing à la Social Media oder über das Gefundenwerden über Google, Bing und Yahoo.

Rechtstipp von Peter Harlander:
Weisen Sie bei Bildern deutlich auf Ihr Copyright hin

Die Erfahrung zeigt, je besser Ihre Bilder im Web aufgefunden werden, desto häufiger werden Ihre Bilder von anderen Nutzern – auch illegal – kopiert. Selbst wenn Sie großzügig sind und die private Nutzung Ihres Bildmaterials erlauben oder dabei zumindest ein Auge zudrücken, wird es spätestens dann zum Problem, wenn Mitbewerber Gefallen an Ihrem Bildmaterial finden und dieses zur Bewerbung ihrer eigenen Waren und Dienstleistung benutzen. Ihre Werbelinie verliert damit schlagartig an Einzigartigkeit. Wenn Sie daher Bildmaterial veröffentlichen, welches andere zwar betrachten, aber nicht nutzen sollen, tun Sie gut daran, deutlich auf Ihr Copyright hinzuweisen. Ferner sollten Sie in diesem Fall regelmäßig eine Recherche mit spezialisierten Bildersuchmaschinen vornehmen, um so zu kontrollieren, ob sich Ihr Bildmaterial auf anderen Websites illegal verselbstständigt hat.

Es gibt bei Bildern fürs Web generell fünf wichtige Bereiche, in denen Sie Keywords positionieren können, die wir Ihnen nun genauer vorstellen möchten.

Dateiname

Ja, Sie haben richtig gelesen: Sogar der Dateiname eines Bildes ist suchmaschinenrelevant. Normalerweise tragen Bilddateien so kryptische Dateinamen wie z. B. 29823429.jpg oder DCIM-23384.jpg, je nachdem, welches Fabrikat der Fotoapparat oder Scanner hat, über den die Bilder gespeichert wurden. Sie sollten vor dem Upload der Fotos darauf achten, dass Sie den Fotos individuelle Dateinamen mit relevanten Keywords verpassen, das hilft beim Gefundenwerden.

Beispiel

Machen Sie aus dem Dateinamen 29823429.jpg einfach gasthaus_xy_ortsangabe_gastgarten.jpg, und schon haben Sie für jemanden, der ein Gasthaus an einem bestimmten Ort mit Gastgarten sucht, die richtigen Keywords verpackt.

Bildtitel (Bildüberschrift)

Der Bildtitel (bzw. die Bildüberschrift) ist ein zentrales Element. Er taucht bereits in der Übersicht des Suchergebnisses auf und soll kurz und prägnant aussagen, worum es in diesem Bild geht.

Bildbegleittext (Bildunterschrift)

Die Bildunterschrift erläutert in einer längeren Form die Entstehungsgeschichte, den Ort, die Motive und die Handlung des Bildes. Hier kann man ruhig ausführlicher werden, solange man auf übermäßige Wiederholungen verzichtet: Die stören User und Suchmaschinen gleichermaßen.

Bildtags (Schlagwörter)

Die Tags wiederum helfen dem User, einen Überblick über die Bildinhalte zu bekommen – und vor allem beim Gefundenwerden über die Suche. Hier können Sie alle passenden Keywords als Tags hinzufügen.

Profilbeschreibung

Damit der User weiß, wo er weiterführende Informationen bekommt und idealerweise sein Konsumbedürfnis befriedigen kann, ist es wichtig, bei den Profilinformationen des Fotoaccounts Text und Links zu und über Ihr Unternehmen einzufügen. Am besten trägt der Account auch den Namen des Unternehmens.

Weitere Tipps für Ihre Bilder im Web

Die schönsten Bilder bringen nichts, wenn Sie nicht gesehen werden. Deshalb sollten Sie folgende Tipps beachten, damit Ihre Bilder über die gängigen Suchmaschinen besser gefunden werden:

- Beschreiben Sie das Bild so genau und so authentisch wie möglich. Dann fällt es Ihnen leichter, die relevanten Keywords im Text so zu verpacken, dass der Leser sich nicht daran stört.
- Nutzen Sie, wenn möglich und sinnvoll, die Popularität bestimmter Themen oder Orte in Ihrer Umgebung, um auf sich aufmerksam zu machen. Aber versuchen Sie nicht, »auf Teufel komm raus« alle Bilder mit beliebten Schlagwörtern zu versehen, wenn die Bilder partout nichts damit zu tun haben und nichts davon abbilden, was in den Schlagwörtern vorkommt. Weder werden Sie darüber User und neue Kunden generieren noch wird die Fotoplattform das langfristig tolerieren. Keyword-Stuffing bzw. Keyword-Spamming (also das maßlos übertriebene Verwenden von Schlagwörtern in einem Text) wird generell von Suchmaschinen und Usern gleichermaßen geringgeschätzt. Vermeiden Sie Wiederholungen innerhalb der Bildunterschriften und auch das mehrfache Verwenden desselben Textes bei mehreren Bildern.
- Geben Sie nach Möglichkeit eine Ortsangabe des Fotos an. Meist ist beim einzelnen Foto oder beim Account eine interaktive Landkarte (Google Maps o. Ä.) integriert, und Sie können den Ort der Aufnahme markieren.
- Es gibt auf den meisten Plattformen verschiedene Veröffentlichungs- und Fotolizenzierungsmöglichkeiten für Ihre Bilder: Warum nicht einige der Bilder, die einen Wiedererkennungswert über das Motiv und vielleicht ein kleines Logo im Hintergrund haben, als Creative Commons für die nicht kommerzielle Nutzung durch andere freigeben? Was könnte Ihnen Besseres passieren, als dass Ihr Foto mit Quellenangabe für einen interessanten Blogartikel verwendet wird, der indirekt Werbung für Sie macht? Denken Sie deshalb schon beim Erstellen der Fotos daran. Über die Lizenz können Sie auch festlegen, dass der Nutzer beim Bild eine Namensangabe (Ihren Namen) machen muss.

Der Trend in Social Media geht eher in die Richtung »authentisch und dafür weniger aufwändig«, was die Qualität der Bilder angeht. Hierbei kommt Ihnen auch die Technik entgegen: Mittlerweile hat jedes Handy eine integrierte Fotofunktion, und viele davon ermöglichen sogar eine passable Auflösung. Wenn Sie das alles beachten, können Sie die Sichtbarkeit Ihres Unternehmens im Web erhöhen und Traffic dort erzeugen, wo Sie ihn haben möchten. Sie sehen also, es gibt genug Gründe, um sich die großen Plattformen einmal genauer anzusehen und die CDs und DVDs aus dem Schreibtisch hervorzukramen. Wir möchten Ihnen nun die drei Global Player im Foto-Sharing-Bereich vorstellen.

8.5.3 Flickr – die beliebteste Bilderplattform der Welt

Branchenprimus ist die Yahoo-Tochter Flickr. Die ursprünglich von einer eigenständigen Firma (Ludicorp) entwickelte Plattform ging in etwa zur selben Zeit wie Facebook online, also Anfang 2004. Mittlerweile wurden über 4 Mrd. Dateien (inklusive Videos) hochgeladen. Die Reichweite ist groß, und Flickr ist selbst zur Suchmaschine avanciert: Viele User, die auf der Suche nach hochwertigen Bildern sind, gehen direkt zu Flickr.

Marketing-Take-away: Mit Creative Commons Bilder aus der Community nutzen

Flickr bietet den Nutzern die Möglichkeit, Ihre Bilder mit einer Creative-Commons-Lizenz zu versehen. Dadurch können Bilder unter Namensnennung und Quellenangabe verwendet werden. Auch wir nutzen Flickr zur Suche nach Creative-Commons-Inhalten und schreiben die Urheber anschließend an, ob wir das Bild in Follow me! verwenden dürfen. Nutzen Sie dafür die erweiterte Suche von Flickr, und filtern Sie dabei nach Bildern mit CC-Lizenz: *http://www.flickr.com/search/advanced.*

Hochwertige Bilder für alle Zielgruppen

Flickr tut sich vor allem dadurch hervor, dass viele User ihre qualitativ hochwertigen Bilder hochladen und andere User wiederum genau nach solch hochwertigen Bildern suchen. Deshalb ist es die richtige Umgebung für Sie, um Ihre besten Seiten bzw. Bilder zu zeigen. Wenn Sie einen Flickr-Account in der kostenlosen Variante registrieren (dazu wird eine Yahoo-ID benötigt), dann können Sie maximal 100 MB pro Monat bzw. Bilder mit jeweils maximal 10 MB raufladen, und insgesamt werden höchstens 200 Ihrer Fotos dargestellt. Beim Pro-Account (kostenpflichtig) liegen diese Limits weitaus höher, und Sie verfügen über Zusatzfunktionen wie den Zugriff auf die Originaldateien (Fotos in Originalqualität). Wenn Sie allerdings, wie vorhin erläutert, Flickr als Schaufenster mit besonders guten und exemplarischen Bildern über Ihr Unternehmen nutzen, sollten Sie normalerweise mit dem einfachen Konto auskommen. Sie können ja im Bedarfsfall auch noch später erweitern.

In der Bildunterschrift (Beschreibung) können auch HTML-Tags verwendet werden: Somit können Sie sogar mehrere Links auf die Website oder weiterführende Informationen setzen. Das hilft, Traffic, sprich Besucher, dorthin zu lenken, wo Sie sie haben möchten: auf Ihre Website, auf Ihr Blog usw. (siehe Abbildung 8.11).

Abbildung 8.11 Bildtitel, Bildunterschrift, Tags und Profildaten auf Flickr ausfüllen

Foto-Alben – Bilder nach Themen sortieren

Sortieren Sie Ihre Bilder nach Alben, aber geben Sie jedem Bild eine passende Beschreibung, denn: Die meisten User werden nicht über Ihren Flickr-Account oder über das Album auf das Bild stoßen, sondern es über einen Link oder die Bildersuche direkt anklicken und sehen. Der Vorteil der Alben: Sie können den Link zum Album auf Ihrer Website einbauen oder per E-Mail verschicken und so dem interessierten User mit dem Album einen guten Überblick bieten. Sie können die Bilder auch innerhalb des Albums oder zwischen den Alben hin- und herschieben. Unter ORGANISIEREN bietet Flickr eine Drag-&-Drop-Oberfläche dafür. Damit können Sie auch Schlagwörter (Tags) zusätzlich auf alle oder bestimmte Fotos verteilen.

Diashow – peppen Sie Ihre Website auf

Eine tolle Sache ist die Möglichkeit, eine Diashow zu erstellen und in Ihre Website oder Ihr Blog zu integrieren (siehe Abbildung 8.12). Damit werden die Fotos eines kompletten Albums automatisch durchgewechselt und sorgen so für eine optische Abwechslung und Dynamik. Außerdem können Sie mittels Embed-Code jedes einzelne Foto beispielsweise in einem Blogbeitrag einbetten, ohne dass Sie das Foto erneut im Blog direkt hochladen müssen. Sie können die Diashow auch nutzen, um im Rahmen einer Kampagne alle von Usern erstellten Bilder, die mit einem bestimmten Schlagwort versehen wurden, gesammelt darzustellen.

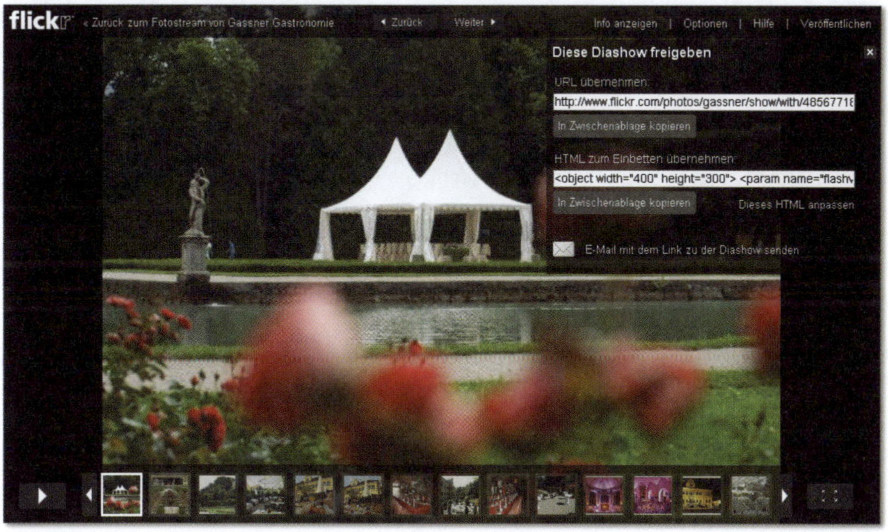

Abbildung 8.12 Eine Flickr-Diashow verschönert Ihre Webseite und ist einfach zu integrieren.

Rechtstipp von Peter Harlander: Vorsicht bei User-Generated-Content-Kampagnen

So interaktiv und spannend solche Kampagnen auch sind, bei denen User ihr Foto einreichen und an einem Gewinnspiel teilnehmen können: Es besteht immer die Gefahr, dass User ein Foto einreichen, das sie nicht selbst gemacht und für das sie auch kein entsprechendes Nutzungsrecht haben. Es gibt bereits mehrere Beispiele aus der Praxis, bei denen ein solches Bild gewonnen hatte und es nachträglich zu kostspieligen Prozessen kam, weil der eigentliche Urheber und Rechteinhaber seine Ansprüche geltend gemacht hatte.

Vernetzen Sie sich mit der Foto-Community

Auch bei Flickr geht es um die Vernetzung zwischen Usern. Erkundigen Sie sich in Ihrem Umfeld, wer einen Flickr-Account besitzt, und fügen Sie diese Personen als Freunde hinzu. Sie können sie auch auf Fotos markieren und so zur Verbreitung Ihrer Fotos beitragen, wenn die Personen tatsächlich auf dem Foto zu sehen sind und diese es auch erlauben. Wenn Sie zu einem Foto eines anderen Flickr-Nutzers etwas inhaltlich beitragen können, dann können Sie das ebenfalls tun. Damit stellen Sie sich quasi bei diesem Nutzer vor, und er wird Ihre Bilder auch einmal ansehen.

In Gruppen aktiv werden

Es gibt in Flickr zahlreiche Gruppen zu spezifischen Themen. Vielleicht finden Sie die eine oder andere Gruppe, die sich mit einem Thema beschäftigt, zu dem auch Fotos von Ihnen passen. So können Sie sich und Ihr Unternehmen bzw. Ihre Leistungen ins Gespräch bringen. Aber auch hier gilt vor allem: Sie sollten Kompetenz in der Sache und nicht im Verkauf zeigen.

Account- und Profileinstellungen – zeigen Sie, wer Sie sind

Hier können Sie das sogenannte Buddy-Icon (ein Miniaturbild bzw. Ihr Logo) auswählen, finden hier Ihre Flickr-Webadressen (Ihre Flickr-URLs) und können eine umfangreiche Beschreibung und Ortsangabe Ihres Unternehmens abgeben. Außerdem können Sie einstellen, ob Ihre Fotos frei zugänglich oder nur privat (also für bestimmte Personen) verfügbar sind: Da Sie Flickr ja als Schaufenster nutzen sollten, kommt nur der öffentliche Zugang infrage.

Rechtstipp von Peter Harlander:
Nutzen Sie Creative Commons auch für Ihre eigenen Bilder

Es gibt im Internet viele verschiedene Varianten, die Nutzung von Bildern einzuschränken oder zu erlauben. Dazu gehört auch die Möglichkeit, einzelne Ihrer Bilder für eine Weiterverwendung durch andere Nutzer freizugeben. Als »Creative Commons« werden die Lizenzmodelle bezeichnet, die es unter verschiedenen Bedingungen anderen Usern ermöglichen, die Bilder z. B. auf der eigenen Website einzubinden oder sogar zu bearbeiten. Damit können Sie die Reichweite und Sichtbarkeit Ihres Accounts und Ihrer Bilder erhöhen.

Auch für Flickr gibt es viele Zusatzprogramme und Applikationen, die den Upload, die Bearbeitung oder Darstellung Ihrer Fotos und Alben erleichtern. Eine umfangreiche Liste finden Sie beispielsweise auf *http://www.flickrbits.com*.

8.5.4 Picasa – die Bilderplattform von Google

Der zweite Große im Bunde ist Picasa, eine Fotoplattform im Besitz von Google (siehe Abbildung 8.13). Vielen Usern ist sie nicht bekannt und wird von wenigen deshalb direkt für die Suche nach Bildern genutzt. Zumindest können Sie sich mit dem Google-Konto einloggen und ganz einfach einen Picasa-Account einrichten, das ist praktisch und sehr komfortabel. Mittlerweile wird Picasa aktiv in Google+ integriert, und Fotos, die von Google+-Usern in deren Google+-Profil hochgeladen wurden, können in Picasa-Webalben sortiert und zugänglich gemacht werden.

Ob es aus Google-SEO-Sicht besser ist, die Fotos auf die Google-Tochter Picasa statt auf Flickr zu laden, kann von uns nicht ausreichend fundiert beantwortet werden. Warum überhaupt zwischen den beiden Plattformen entscheiden? Nutzen Sie doch einfache beide: Flickr als Präsentationsseite und Picasa als Online-Bilderfestplatte.

Picasa – nützliches Tool fürs Web und für Ihren Computer

Zum sogenannten Picasa-Webalbum (*http://picasaweb.google.com*), also der Möglichkeit, Fotos in Online-Alben abzulegen, gibt es zusätzlich noch die Picasa-Software, eine Software zum Upload der Fotos direkt von der Festplatte in Ihr Picasa-Webalbum. Zusätzlich bietet das Programm noch ein paar Bildbearbeitungsfunktionen für die kleinen Ansprüche. Das hat vor allem dann Vorteile, wenn man gleich mehrere Dutzend Fotos hochladen oder überarbeiten möchte. Zusätzlich ist das Datenvolumen bei Picasaweb mit 1 GB für den kostenlosen Account sehr großzügig bemessen. Die Plattform selbst wirkt weit weniger einladend als Flickr, verfügt aber über dieselben Funktionen und Eingabemöglichkeiten: Bildtitel, Bildunterschrift, Tags, Ortsangabe, Lizenz, Profilinfos usw. Sie können ebenfalls relativ unkompliziert eine Dia- bzw. Slideshow erstellen und in Ihre Websites einbinden.

Viele der Picasa-Software-Funktionen wie Filter, Zuschneiden, Effekte, usw. sind jetzt auch direkt auf Google+ verfügbar. Hier spielt Google sein Know-how aus und macht sein soziales Netzwerk damit attraktiver.

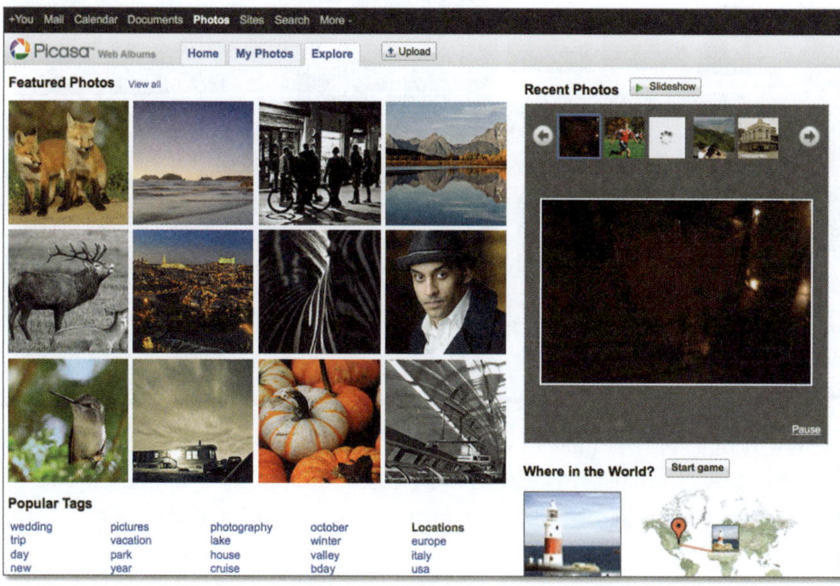

Abbildung 8.13 Über Picasa können Sie ebenfalls Fotos öffentlich zugänglich machen oder sich inspirieren lassen.

8.5.5 Panoramio – geben Sie Ihren Bildern einen Ort

Die dritte große Foto-Sharing-Plattform ist Panoramio, ebenfalls im Besitz von Google. Hier werden Fotos, die über GPS-Daten verfügen (also mit Längen- und Breitengradangabe georeferenziert sind), hochgeladen und so für verschiedene Kartenapplikationen wie Google Earth oder Google Maps zur Verfügung gestellt (siehe Abbildung 8.14). Genau hier liegt auch der Vorteil. Selbst wenn die meisten User Panoramio nicht namentlich kennen, so stolpern sie doch bei der Suche auf Google über das eine oder andere Foto auf Google Maps, das ja wiederum in das normale Google-Suchergebnis integriert ist. So schließt sich der Kreis. Auf Panoramio direkt werden die lokalisierten Fotos jeweils auf den Kartenausschnitt angepasst: Je näher man zu einem bestimmten Ort zoomt, desto genauer wird die Bildansicht links. Damit können Sie ganz gezielt die Reichweite Ihrer Bilder erhöhen. Nachdem Sie ja idealerweise bereits über einen Google-Account für Google+, Google Alerts oder Picasa verfügen, können Sie sich mit demselben Account auch bei Panoramio einloggen.

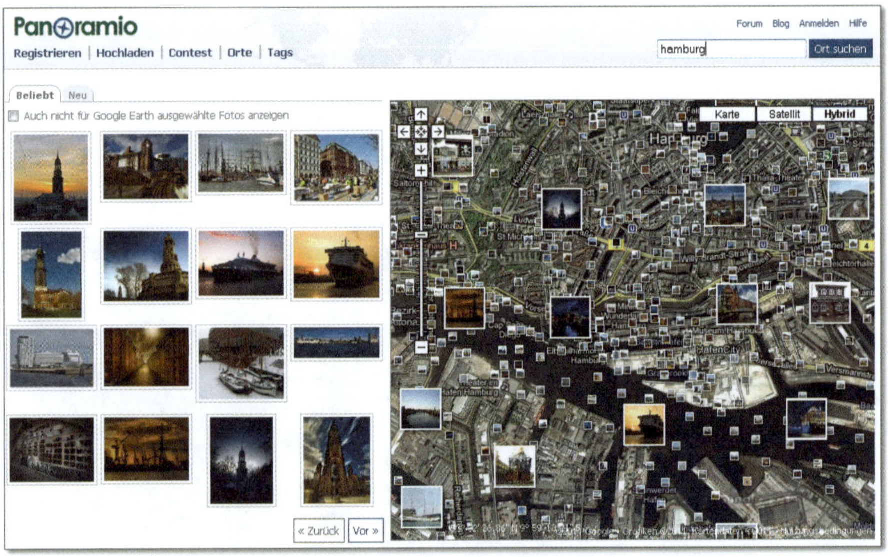

Abbildung 8.14 Panoramio holt sich die entsprechenden Bilder zum jeweiligen Bildausschnitt und gleicht die Fotos auch mit Google Earth ab.

Das war jetzt nur ein Überblick über die ganz Großen. Daneben gibt es noch Hunderte kleine bzw. spezialisierte Plattformen, die im konkreten Fall ebenso wichtig sein können. Je nachdem, ob Sie Grafiker bzw. Fotograf sind und Ihr Können visualisieren und einem breiteren Publikum zugänglich machen wollen oder ob Sie regelmäßig Partyfotos von Ihren Veranstaltungen online stellen möchten: Für jeden Bedarf gibt es mittlerweile die richtige Plattform. Schauen Sie einfach, welche

Bilder aus welcher Quelle das Suchergebnis Ihrer bevorzugten Suchmaschine beim jeweiligen Suchbegriff auswirft. Einen der noch kleineren Services möchten wir Ihnen aber nicht vorenthalten: Instagram ist eine neue Art von Foto-Sharing. Nur via Smartphone (iPhone, Android) zu nutzen, werden Fotos mit einem schönen Filter versehen und mit anderen Instagram-Freunden (Followern) geteilt. Mittlerweile gibt es auch eine direkte Anbindung an Facebook (das auf Facebook geteilte Foto wird direkt in einem eigenen Album im Facebook-Profil abgelegt).

Rechtstipp von Peter Harlander: Achtung bei Veranstaltungsfotos

Bei der Veröffentlichung von Party- und Veranstaltungsfotos stellt sich oft die Frage nach dem Recht am eigenen Bild. Um sicherzustellen, dass Sie das Einverständnis aller im Bildmittelpunkt stehender Personen haben, und um dies auch nachweisen zu können, sollten Sie sich an eine ganz einfache Regel halten. Nehmen Sie beim Fotografieren immer einen großen Satz Visitenkarten mit, auf welchen ungefähr Folgendes steht: »Alle Fotos zu unserem Event finden Sie ab morgen auf der Plattform *XY*. Zusätzlich werden ausgesuchte Fotos auch anderweitig veröffentlicht.« Wenn Sie diese Vorgehensweise ausnahmslos durchziehen, ist nachweisbar sichergestellt, dass alle fotografierten Personen über die Veröffentlichung Bescheid wissen und in diese eingewilligt haben. Als erfreulicher Nebeneffekt werden viele der Fotografierten am nächsten Tag die angegebene Plattform besuchen, dort Kommentare hinterlassen oder die Fotos sogar über andere soziale Netzwerke mit ihren Freunden teilen. Diese Vorgehensweise nützt daher auch Ihrem Marketing.

8.6 Guestsourcing – die Gästeperspektive macht das Foto oder Video relevanter

Weil es hier gerade so gut passt: Es wäre doch interessant, zu wissen, wie Ihre Kunden Ihr Unternehmen oder Ihre Produkte sehen, oder etwa nicht? Bleiben wir beim Beispiel eines Hotels. Wenn Sie die Fotos in die Hände bekommen würden, die Ihre Gäste während des gesamten Urlaubsaufenthalts schießen, dann würden Sie ja exakt wissen, was den Gästen so gut gefallen hat oder, im gegenteiligen Fall, welche gröberen Mängel ihnen aufgefallen sind. So oder so sind das für Sie sehr relevante Informationen. Es gibt keine authentischeren Inhalte als jene der Kunden selbst. Das Tolle ist: Sie müssen nicht die Kamera Ihres Kunden heimlich stehlen und den Chip auslesen, sondern Sie haben folgende Möglichkeiten:

- Sie können den Gast fragen, ob er Lust hat, sich mit einer Kamera von Ihnen einen Tag lang ausstatten zu lassen und alles zu fotografieren, was ihm auffällt und gefällt. Gehen Sie mit ihm die Fotos gemeinsam durch, wenn er Ihnen am Abend die Kamera wieder zurückbringt. Selbst wenn Sie aufgrund mangelnder

Bildqualität keines der Fotos kommerziell (sprich für Prospekt oder Website) direkt nutzen könnten, beinhaltet jedes Foto doch eine ganz wertvolle Information: die Kundenperspektive. Er hat das fotografiert, was ihm aufgefallen ist. Mit diesen Fotos können Sie einen professionellen Fotografen beauftragen, sie nachzuempfinden.

- Suchen Sie auf Suchmaschinen und direkt auf Fotoplattformen nach Fotos zu Ihrem Unternehmen oder Ihrer Konkurrenz, Ihren oder vergleichbaren Produkten, Ihrer Region, Ihrer Branche usw. Auch hier werden Sie viele Fotos von Usern aus der persönlichen Sicht des Users finden. Wenn dann manche Fotos sogar noch eine Bildbeschreibung haben und dort für Sie relevante Informationen stehen, dann haben Sie wertvollste Informationen völlig kostenlos erhalten. Toll, nicht wahr?

Das Ganze fällt in die Kategorie User Generated Content (UGC). Darunter versteht man Inhalte, die von Usern selbst erzeugt werden, wie eben Fotos oder Videos. Dass der Anteil an User Generated Content im Web zunimmt, liegt vor allem daran, dass es mittlerweile für jeden ungeübten User möglich ist, ein kleines Video mit seinem Smartphone zu drehen und zu schneiden und ganz passable Fotos selbst mit dem einfachsten Handy zu machen. Und für die kostenlose Veröffentlichung der Fotos und Videos stehen zahlreiche Plattformen zur Verfügung: Von Facebook über Twitter bis Flickr – überall dort können Sie Fotos hochladen und Freunden oder der gesamten Webgemeinschaft zeigen. Und wie wir mittlerweile wissen, wird das von den Usern auch massiv und umfassend genutzt.

Fördern Sie den Content Ihrer Kunden

Das können wir uns als Unternehmen zunutze machen: Der vielleicht einfachste Weg ist es, ein Gewinnspiel zu organisieren, das an die Erstellung und den Upload beispielsweise eines Videos durch die User geknüpft ist. Beispiel: Sie schreiben ein Gewinnspiel aus, bei dem jeder User zu einem bestimmten Thema ein kleines, einminütiges Video drehen kann. Dieses Video soll der User dann auf seinen YouTube-Account hochladen bzw. Ihnen über eine eigene »Videoupload«-Funktion auf Ihrer Website (oder z. B. im Rahmen einer bezahlten Kampagne auf einer Sevenload-Microsite) zukommen lassen. Wichtig im Fall von YouTube ist, dass Sie in die Teilnahmebedingungen aufnehmen, dass der User das Video mit bestimmten Keywords, Titel und Videobeschreibung versieht oder Sie diesen Teil übernehmen. Somit haben Sie viel eigenständigen Content, der in Zukunft von vielen anderen Webusern über Google oder direkt auf YouTube gefunden werden kann. Achten Sie darauf, sich die Nutzungsrechte dafür zu sichern, ansonsten kann das teuer für Sie werden. Stellen Sie auch sicher, dass sich die User verpflichten, nur eigene Inhalte zu verwenden und nicht auf urheberrechtlich geschütztes Material von anderen zurückzugreifen. Falls Sie auf einer Fotoplattform auf ein Foto stoßen, das Ihnen besonders gut gefällt, und Sie es für Ihre Website oder Ihren Prospekt verwenden möchten: Kontaktieren Sie den User, und versuchen Sie herauszufinden, ob er das Foto wirklich selbst gemacht hat.

Rechtstipp von Peter Harlander: Bildrechte – ein heikles Thema

Es soll auch schon vorgekommen sein, dass ein User ein Foto wiederum von einer anderen Plattform geklaut und auf seinen Account hochgeladen hat. Dann hilft es wenig, wenn Sie die Nutzungsrechte von diesem User kaufen, er aber gar keine Rechte an diesem Bild hat und der echte Urheber dann sein Recht bei Ihnen geltend macht.

8.7 Social-Bookmarking- und Social-News-Dienste

Noch immer speichert die Mehrheit der Internetuser interessante Links als Bookmark bzw. Lesezeichen im Browser auf dem lokalen Computer ab. Mit solch einem Lesezeichen kann man den Schnellzugriff auf eine Website anlegen oder verhindern, dass man eine relevante Seite später nicht mehr wiederfindet. Dass die Lesezeichen (Firefox) oder Favoriten (Internet Explorer) nur auf dem jeweiligen Computer gespeichert sind, hat ein paar wesentliche Nachteile für Sie als User:

- Wenn der Computer kaputtgeht oder neu installiert werden muss und der User keine Sicherung der gespeicherten Links vorgenommen hat, dann sind alle Lesezeichen unwiederbringlich weg.
- Mobilität ist heute keine Ausnahme, sondern die Regel. Das bedingt auch, dass die User nicht mehr nur von einem bestimmten Computer aus auf das Internet zugreifen, sondern im Büro, daheim und unterwegs unterschiedliche Geräte nutzen, aber trotzdem auch wichtige Links zur Verfügung haben möchten.
- Je mehr Lesezeichen man gesammelt und im Browser gespeichert hat, desto unübersichtlicher wird es. Man kann zwar Lesezeichen in Ordner und Unterordner sortieren und eigene Namen vergeben, trotzdem ist es sehr schwierig, den Überblick zu behalten.
- Sie haben sich sicher bei jedem Link, den Sie gespeichert haben, Gedanken dabei gemacht: Entweder möchten Sie diese Seite später noch genauer anschauen oder diese immer wieder aufrufen oder für zukünftige Projekte in weiser Voraussicht ablegen. Es gibt aber sicher noch viele andere Menschen, die mit derselben Fragestellung auf der Suche nach genau diesem Link sind und froh wären, wenn ihnen jemand einen Hinweis darauf gäbe.

- Das gilt umgekehrt auch für Sie: Wenn jemand einen für Sie relevanten Link gefunden und ihn nicht online geteilt hat, kann es leicht passieren, dass Sie selbst die verlinkte Seite nie zu Gesicht bekommen werden. Das Wissen und die Erfahrung, die der Suchprozess und die Bewertung der gefundenen Informationen mit sich bringen, gehen so jedes Mal verloren.

Das ist ein Verlust von relevantem Know-how, von Informationsbewertung, die anderen und durch andere auch Ihnen zugutekommen sollte. Genau hier setzen die sogenannten Social-Bookmarking-Dienste an. Anstatt einen relevanten Link einfach nur auf dem eigenen Computer zu speichern, legt man den Link inklusive einer Beschreibung und ein paar guter Stichwörter online ab. So können nicht nur Sie selbst diesen Link bequem und sicher wiederfinden, sondern auch andere Webuser profitieren davon. Nun könnte man argumentieren, dass so viel Transparenz sich auch nachteilig auswirken kann: Keiner (beispielsweise auch nicht die Konkurrenz) muss sich von Anfang bis zum Ende durch endlose und unergiebige Suchergebnisse durchwühlen und Zeit vergeuden, sondern kann auf eine perfekte Informationsbasis zurückgreifen. So sparen sich die anderen die Arbeit. Das ist richtig. Das gilt für Sie genauso wie für die Konkurrenz oder andere Akteure. Auch wir profitieren davon, dass andere ihre wertvoll gewonnenen oder erarbeiteten Informationen ohne konkreten Geldnutzen immer öfter online stellen, einfach so. Jeden Tag freuen sich Computerbesitzer darüber, dass es genug User gibt, die dasselbe Hard- oder Softwareproblem gehabt und das in einem Forum auch gepostet haben, inklusive der Problemlösung. Social Media ist ein Geben und Nehmen, wobei bewusst das Geben im Vordergrund steht. Nur wenn ich wirklich bereit bin, etwas zu geben, dann habe ich es auch verdient, etwas zu nehmen.

Mit Social-News-Diensten ist es ähnlich. Hier werden nicht normale Websites als Link öffentlich bzw. online gespeichert, sondern Nachrichten bzw. Inhalte mit Informations- oder Unterhaltungswert. Wenn Sie sich für ein bestimmtes Themengebiet interessieren, dann hilft es, solche Seiten zu besuchen und zu schauen, welche Informationen bei den Usern mit den gleichen Interessen wie den Ihren besonders gut ankommen.

Nichts fürs klassische Marketing

So oder so sei eines vorweggesagt: Weder Social-Bookmarking- noch Social-News-Dienste eignen sich wirklich für das direkte Marketing. Vielmehr helfen sie, relevante und interessante Inhalte sichtbarer zu machen (auch in Form von SEO) und schneller zu verbreiten. Und für Sie persönlich sind es hilfreiche Filter in der Unendlichkeit und Flut an Informationen, die im Web existiert.

8.7.1 Social Bookmarking

Die erste wirkliche Social-Bookmarking-Site war SlashDot, eine Website, auf der hauptsächlich sogenannte Nerds Links zu für sie interessanten Artikeln rund um technische Themen veröffentlichten. Sie ist auch der Namensgeber des sogenannten SlashDot-Effekts: Server stürzten ab, weil ein veröffentlichter Link auf der hochfrequentierten SlashDot-Site zu viel Traffic auf die verlinkte Website brachte. Richtig los mit dem Thema Social Bookmarking ging es erst nach der DotCom-Krise 2003 mit der Gründung von del.icio.us.

Wie funktioniert Social Bookmarking?

Basis jedes Social-Bookmarking-Services ist ein Profil, das mittels Registrierung eingerichtet wird. Um die bereits gespeicherten Links zu sehen, benötigen Sie normalerweise kein Passwort, sondern das Profil ist über eine URL oder den Usernamen erreichbar. Nur private Lesezeichen sind passwortgeschützt und dann auch nur für Sie sichtbar. Wenn Sie ein Social Bookmark speichern wollen, müssen Sie sich einloggen. Das Speichern kann folgendermaßen erfolgen:

- Sie gehen direkt auf das Social-Bookmarking-Portal und speichern den Link inklusive Tags und Beschreibung ab.
- Sie nutzen sogenannte Plugins oder Add-ons, die es für die gängigen Browser gibt. Das sind kleine Programme, die den Direktzugriff des Browsers auf Ihren Social-Bookmarking-Account ermöglichen. Sie müssen nur einmal den Usernamen und das Passwort eingeben und dann speichern. Wenn Sie sich auf einer Webseite befinden, die Sie speichern möchten, können Sie im Browser auf den entsprechenden Button klicken und die relevanten Tags und die Beschreibung hinzufügen, fertig! So zum Beispiel das Delicious-Plugin für Firefox.

Nicht alles muss öffentlich sein

Das Ganze bedeutet nicht, dass alle Ihre Links jetzt öffentlich sichtbar und für alle ungebetenen User mit Ihrem Namen in Verbindung gebracht werden können oder müssen. Alle Social-Bookmarking-Dienste bieten die Möglichkeit, jeden einzelnen Link »privat« zu speichern, also nicht öffentlich abzulegen. Doch wie viele Ihrer Links benötigen das in Wirklichkeit? Im Normalfall nur ganz, ganz wenige: den direkten Link zum Login fürs Internetbanking oder Firmenintranet beispielsweise. Die Mehrzahl der Links verweist auf öffentliche Seiten und kann ohne Bedenken auch öffentlich gespeichert werden.

8.7.2 Warum Sie Social-Bookmarking-Dienste nutzen sollten

Für Sie persönlich und für die Arbeitseffizienz sind Social-Bookmarking-Tools ein absolutes Muss und extrem praktisch. Wenn Sie sie zusätzlich als Marketinginstrument nutzen möchten, dann haben Sie die im Folgenden beschriebenen Möglichkeiten.

Zeigen Sie Kompetenz, und seien Sie sozial

Ihre Freunde oder andere interessierte User können mittels RSS-Feed nun Ihre Neuentdeckungen abonnieren, umgekehrt können Sie die Social Bookmarks von Usern, von denen Sie glauben oder wissen, dass sie regelmäßig über für Sie relevante Seiten stolpern, ebenfalls abonnieren und bleiben so am Ball. Damit können Sie eine Art Bookmarking-Newsletter führen. Relevante und interessante Inhalte sorgen dafür, dass Ihr Social-Bookmarking-Account von vielen Usern abonniert wird und Sie Ihre Kompetenz z. B. zu einem bestimmten Thema oder Ihrer Region vermitteln können.

Lassen Sie sich und Ihre Inhalte finden

Verwenden Sie populäre Tags (Popular Tags), wenn Sie Bookmarks setzen: Damit können User, die an Ihrem Thema interessiert sind, auch auf Ihre Bookmarks stoßen. Aber achten Sie darauf, dass die vergebenen Tags auch mit den Inhalten der Seiten übereinstimmen, ansonsten ernten Sie Enttäuschung und Missfallen. Mit Maß und Ziel können Sie auch Ihre eigene Website mit relevanten Keywords eintragen.

Eine weitere und grundsätzliche Funktion von Social-Bookmarking-Diensten ist es, auf der Startseite besonders beliebte (sprich populäre), aktuell oft gespeicherte Links vorzustellen und so über neue Trends oder relevante Themen zu informieren. Eine zentrale Rolle bei allen Diensten spielen Tags und Kategorien: Durch die Vereinheitlichung der Begriffe wird es den Usern erleichtert, für sie relevante Links zu finden. Nachdem Sie sich offensichtlich für Social Media Marketing interessieren, können Sie auf Delicious und Co. unter dem Tag bzw. der Kategorie jene Lesezeichen ansehen, die andere User dazu gespeichert haben, und Sie sehen, welche davon besonders oft bzw. von besonders vielen Usern gespeichert wurden. Das hilft Ihnen bereits bei der Bewertung der Inhalte, bevor Sie jeden einzelnen Link öffnen müssen. Das geht mittlerweile so weit, dass User eine Art »öffentliche Linksammlung« unter einem bestimmten Schlagwort veröffentlichen, eine Best-of-Liste zu einem bestimmten Thema. Dazu gleich mehr bei Delicious.

Das Netzwerk nutzen

Natürlich können Sie im Einzelfall auch Ihr Netzwerk bemühen und fragen, ob die Delicious-Nutzer unter ihnen mithelfen, indem sie Ihre Seite unter bestimmten Tags ablegen. Das erhöht die Sichtbarkeit der gespeicherten Seite wesentlich. Sie sollten das aber nicht übertreiben und schon gar kein Geschäftsmodell daraus machen. Ihr Netzwerk wird es früher oder später negativ aufnehmen.

8.7.3 Delicious – der Favorit unter den Bookmarking-Diensten

Der weltweit beliebteste und nach wie vor kostenlose Social-Bookmarking-Dienst wurde 2003 als del.icio.us gegründet und im Jahr 2006 von Yahoo gekauft. Kurzfristig drohte 2010/2011 das Aus, nach einem umstrittenen Redesign und Neustart ist Delicious wieder verfügbar. Der Pionier und Klassiker unter den Social-Bookmarking-Services ermöglicht es registrierten Webusern, Lesezeichen anzulegen und mit Schlagwörtern (Tags) und einer Beschreibung zu versehen. Standardmäßig sind diese Bookmarks öffentlich. Im Bedarfsfall können einzelne Lesezeichen auch privat gespeichert werden, somit sind sie für andere nicht mehr auf Ihrem Account sichtbar. Die Nutzung ist relativ unkompliziert: entweder über die Website *delicious.com* oder über ein Add-on für Ihren Browser (empfehlenswert).

Nutzen Sie das Firefox-Plugin

Mittlerweile gibt es bei Mozilla Firefox ein Plugin, mit dem alle Lesezeichen auf Delicious ausgelagert und im Browser nur noch zwischengespeichert werden. Außerdem können Sie alle bisher im Browser gespeicherten Lesezeichen auf Delicious importieren. Das ist sehr praktisch, um den Datenverlust und Doppelwartung zukünftig zu vermeiden. Das spart Zeit und Ärger.

Wie funktioniert Delicious?

Im Normalfall tritt Delicious erst dann in Erscheinung, wenn Sie ein neues Lesezeichen anlegen oder ein bereits gespeichertes Lesezeichen aufrufen möchten. Wenn Sie ein Lesezeichen speichern möchten, gehen Sie entweder auf die Website *delicious.com*, oder Sie nutzen das installierte Plugin. Mit einem Klick auf das Delicious-Symbol in der Browser-Symbolleiste können Sie die aktuelle Website als Lesezeichen speichern und dieses mit einer Beschreibung und den Tags (Schlagwörtern) versehen (siehe Abbildung 8.15).

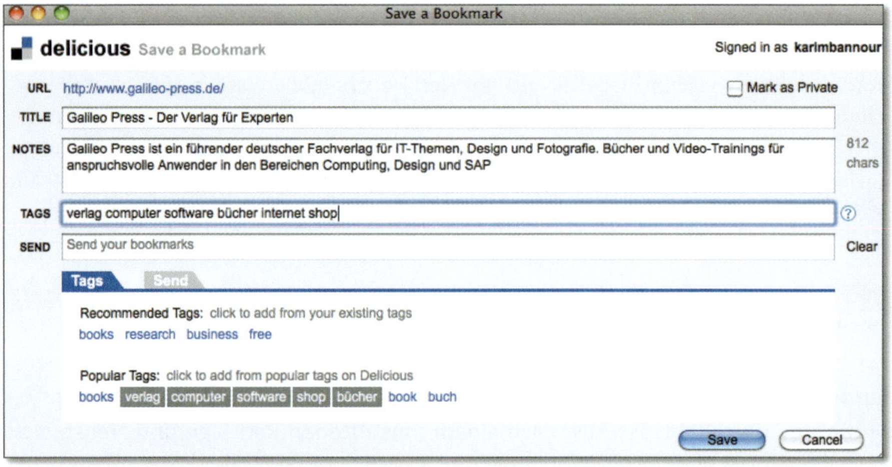

Abbildung 8.15 Ein Lesezeichen auf Delicious speichern

Bei den Tags sollten Sie aus mehreren Gründen immer auf eine durchdachte und einheitliche Schreibweise achten:

- Damit Sie das Lesezeichen rasch wiederfinden, sollten Sie Tags verwenden, die Sie sich leicht merken können und die den Inhalt oder das Thema der Seite präzise beschreiben.
- Genauso wichtig ist es, immer dieselbe Schreibweise zu verwenden, damit die Links auch wirklich nur unter dem einen passenden Tag zusammengefasst werden. Beispiel: Wenn Sie Seiten zum Thema Public Relations ablegen möchten, dann sollten Sie nicht »publicrelations« und »public-relations« parallel verwenden. Das würde die Links auf zwei Listen aufteilen und zusätzliche Arbeit verursachen, vor allem beim Wiederfinden eines Links. Entscheiden Sie sich gleich von Beginn an für eine einzige Schreibweise.

Sehr hilfreich ist die Funktion »Recommended Tags« und »Popular Tags«. Unter »Popular Tags« schlägt Ihnen Delicious jene Tags vor, die andere User für diese Webseite verwendet haben. Sie können sogar den Titel des Lesezeichens ändern, denn bei Weitem nicht jede Website liefert einen intelligenten und selbsterklärenden Titel. Außerdem bietet Ihnen das Notizenfeld die Möglichkeit, Anmerkungen zum Lesezeichen hinzuzufügen.

Ähnlich wie ein Blog ist das öffentliche Profil jedes Users aufgebaut: Es werden die letzten öffentlich gespeicherten Links dargestellt, inklusive Tags und Beschreibung. Es bietet also einen Überblick über Ihre Interessen. Umgekehrt sollten Sie einmal schauen, mit welchen Schlagwörtern (Tags) Ihre Website oder einzelne Seiten (z. B. Produktseiten) von anderen Usern versehen wurde. Dadurch lernen Sie, wie andere

Ihre Seite(n) sehen und worunter sie sie einordnen. Stimmt das mit Ihrer eigenen Wahrnehmung oder mit dem gewünschten Ziel überein? Sehr praktisch ist auch, dass Sie eine Webseite nicht mehrfach speichern, sondern im Bedarfsfall jederzeit Tags oder eine Beschreibung hinzufügen können. Dabei bleibt es trotzdem immer nur ein einziges Bookmark pro Seite (sprich pro individueller URL). Außerdem können Sie einen RSS-Feed für einen bestimmten Tag (Schlagwort) abonnieren: Damit können Sie Delicious im Rahmen des Monitorings nutzen, um neue Trends mitzubekommen und zu beobachten, wie über Sie und Ihre Themen im Web »gesprochen« wird. Das ist ein ähnliches Prinzip wie das Einrichten einer Twitter-Search zu einem bestimmten Keyword oder Hashtag.

Beispiel: Freizeitempfehlungen mit Delicious Stacks

Es gibt schon einige gute Anwendungsbeispiele von Unternehmen, die Delicious aktiv nutzen. So hat der deutsche Hotelier Alexander von Halem für die Gäste seines Hotels Schloss Zeilitzheim, aber auch für alle anderen Besucher seiner Region eine Linkliste mit Freizeitempfehlungen auf Delicious angelegt (siehe Abbildung 8.16). Mit sogenannten *Stacks* (früher *Tag Bundles* genannt) wurden Interessensbereiche gebündelt: Kunst, Kultur, Essen und Trinken usw. So muss er jenen Gästen, die sich etwas mit dem Internet auskennen, nur die entsprechende URL geben: *http://www.delicious.com/mainschleife*. Diese können sich dann ausführlich über das Freizeitangebot informieren.

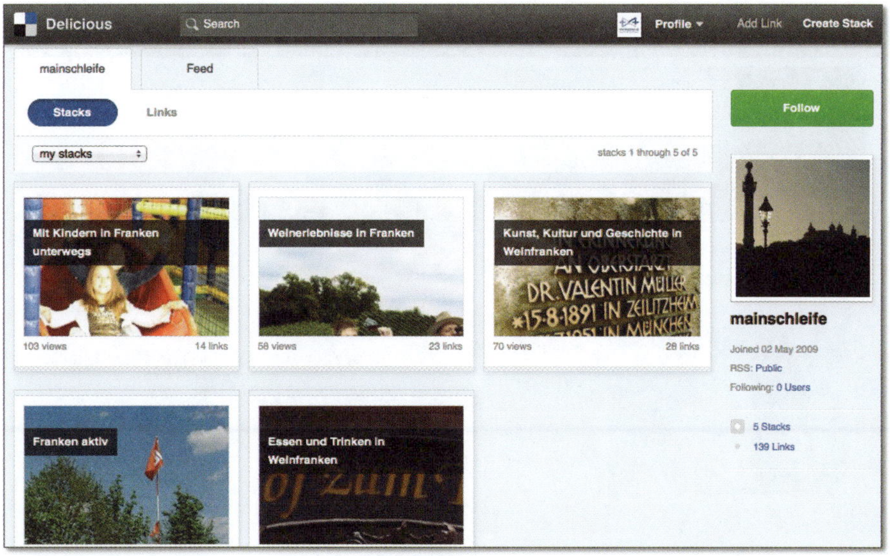

Abbildung 8.16 Das Hotel Schloss Zeilitzheim hat für seine Gäste und andere interessierte User zahlreiche Linklisten in Form von »Stacks« (früher Tag Bundles) zusammengefasst.

8.7.4 Mister Wong

Das Portal Mister Wong wurde 2006 in Deutschland gegründet und war im deutschsprachigen Raum neben Delicious der beliebteste und am meisten verbreitete Social-Bookmarking-Dienst. Mittlerweile hat sich der Service in Richtung Dokumente-Portal und Online-Bibliothek weiterentwickelt.

Im Oktober 2010 fand ein Relaunch statt, der einige interessante Zusatzfunktionen bietet, für User und für Unternehmen:

- In einer »Freien Bibliothek digitaler Dokumente« können User selbst Dokumente hochladen (Präsentationen, Prospekte, Word-Dokumente usw.) oder die Bibliothek durchstöbern.
- Profile können nun stärker individualisiert werden: eigenes Hintergrundbild, eigene Farben usw.
- Ähnlich wie in Twitter können Profile von Usern und von Unternehmen abonniert werden. Man erhält dann die Aktivitäten der abonnierten Profile auf seiner Timeline: neue Uploads in die Bibliothek, neue Bookmarks usw.
- Besonders interessant für Unternehmen und auch sehr gelungen ist die Möglichkeit, eine Unternehmensseite einzurichten und neben Linktipps, Dokumenten und einem Lesetipp auch eigene Websites vorzustellen. Interessierte User können die Aktivitäten des Unternehmens auch abonnieren (siehe Abbildung 8.17).

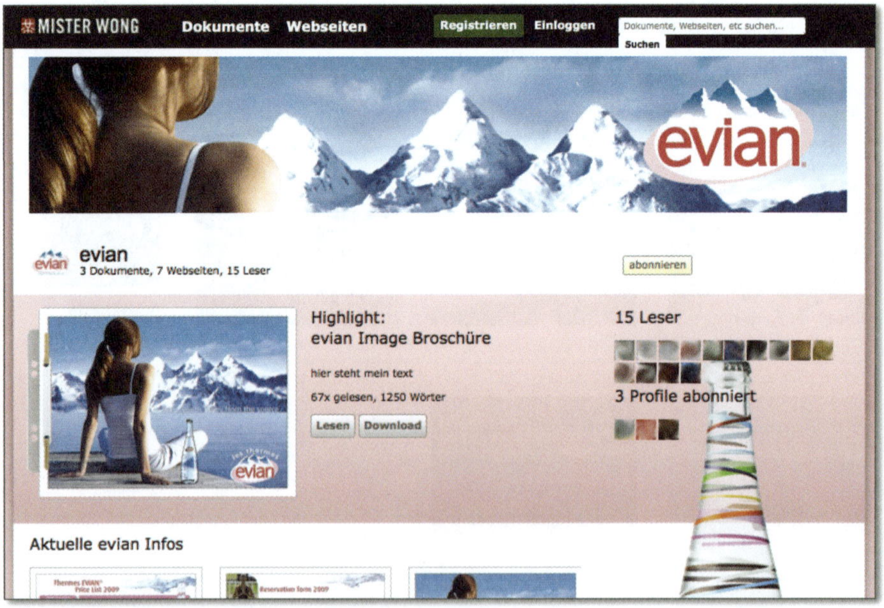

Abbildung 8.17 Mit einer Unternehmensseite können Unternehmen auf Mister Wong präsent sein und eine Art digitaler Pressemappe führen.

8.7.5 StumbleUpon

Dieser im deutschsprachigen Raum noch relativ wenig genutzte Service ist kein eigentlicher Social-Bookmarking-Dienst, sondern eine Art Social-Link-Service. Übersetzt aus dem Englischen bedeutet StumbleUpon so etwas wie »über etwas stolpern«, und genauso verhält es sich auch. Das kostenlose StumbleUpon wird über eine eigene Symbolleiste im Browser genutzt. Mittels Klick auf eine Schaltfläche wird eine Seite geladen, die den Interessen des Users (bei der Installation aus einer Liste ausgewählt) und seinen bisherigen Präferenzen (bisherige Seiten und StumbleUpons, die ihm gefallen haben, mit »Daumen hoch« oder die, die ihm nicht gefallen haben, mit »Daumen runter« gekennzeichnet) entspricht. Zugeordnet wird das auf Basis von Bewertungen und Kategorisierungen anderer Webuser. Jeder User kann aber auch jede beliebige andere Webseite selbst bewerten und so ins StumbleUpon-Netzwerk übernehmen. Je mehr Seiten ein User bewertet, desto treffsicherer kann StumbleUpon für ihn und für andere werden. Es gibt also einen klassischen Social-Media-Effekt: Geben und Nehmen. Sie können nur wirklich relevante Informationen erhalten, wenn Sie selbst zur Relevanz beitragen und nicht zuerst nur an sich denken.

StumbleUpon funktioniert mit den gängigen Browsern wie Internet Explorer und Firefox. Nachdem Sie das kleine Softwarepaket heruntergeladen und installiert haben, können Sie sich registrieren. Zuerst vergeben Sie einen Benutzernamen, der auch in eine eigene URL übernommen wird (z. B. *http://karimbannour.stumbleupon.com*). Damit ist Ihr Profil auch für alle anderen Internetuser sichtbar, egal, ob sie StumbleUpon nutzen oder nicht. Besonders wichtig für die Relevanz der vorgeschlagenen Seiten ist die anschließende Auswahl der richtigen Themen und Kategorien. Füllen Sie das so genau wie möglich aus, Sie können beispielsweise so viele Interessen auswählen, wie Ihrer Meinung nach zutreffend sind. Das ist die Basis dafür, welche Seiten StumbleUpon Ihnen zeigen wird.

Abbildung 8.18 Um StumbleUpon zu nutzen, brauchen Sie nur die Symbolleiste für Ihren Browser zu installieren und sich zu registrieren.

Zentrales Element ist die Symbolleiste im Browser (siehe Abbildung 8.18). Wir wollen hier nicht zu sehr ins Detail gehen, deshalb stellen wir Ihnen nur die wichtigsten Funktionalitäten vor, die Sie auf dieser Symbolleiste finden können (je nach Einstellungen gibt es noch mehr Funktionen, als auf diesem Screenshot zu sehen sind):

- **Stumble!:** Ähnlich einer Art Zufallsgenerator wird mit Klick auf diesen Button eine Webseite geladen, die auf Basis der Kategorisierung durch andere StumbleUpon-Nutzer Ihren Interessen (bei der Installation angegeben) und dem bisherigen Bewertungsverhalten (Daumen hoch/runter) entsprechen.

- **Daumen hoch/runter:** Das kennen viele Internetuser ja mittlerweile bestens aus Facebook. Die einfachste Art, seine Zustimmung oder Ablehnung auszudrücken. Damit wird die Seite auch in Ihren Favoriten gespeichert.
- **Tags:** Damit können Sie so wie beispielsweise in Delicious sogenannte Schlagwörter, die die Webseite am besten beschreiben und kategorisieren, angeben.

Wie Sie StumbleUpon für Ihr Unternehmen nutzen können

Ähnlich wie in Twitter können andere StumbleUpon-User Ihre Seiten abonnieren und umgekehrt. In Einzelfällen können Sie sich ein Netzwerk aufbauen und in Interaktion mit anderen StumbleUpon-Nutzern treten: Wenn Ihre Zielgruppen im US-amerikanischen Raum zu Hause sind, ist es sicher eine Überlegung wert. Selbst wenn das bei Ihnen nicht der Fall ist, gibt es einen guten Grund, warum wir StumbleUpon als relevant empfinden: Es kann für Sie persönlich bzw. für die berufliche Recherche sehr informativ sein, auf Content zu stoßen, den Sie anders vielleicht nie gefunden hätten. Das wiederum steigert Ihr Know-how und kann helfen, Ihre Marketingmaßnahmen zu unterstützen. Außerdem haben Sie so eine viel größere Chance, neue Trends oder viel diskutierte Themen mitzubekommen, als darauf zu warten, bis sie von den traditionellen Medien aufgegriffen werden. Dazu sollten Sie sehr wohl versuchen, ein mehr oder weniger großes Netzwerk mit anderen aktiven Usern aufzubauen und StumbleUpon regelmäßig zu nutzen: Jeden Tag eine gute Tat, d. h., je mehr Seiten Sie bewerten und ins StumbleUpon-Netzwerk einbringen, desto relevantere Vorschläge bekommen Sie und desto besser sind Sie vernetzt. Vermeiden Sie aber, ständig Ihre eigenen Webseiten zu promoten, das kommt auch hier nicht gut an.

8.7.6 Pinterest – das neue Social Bookmarking?

Bei der neuen Social-Media-Plattform Pinterest, die seit Beginn 2012 einen regelrechten Hype erlebt, geht es um das virtuelle »Pinnen« von Grafiken, Fotos und Videos auf eigene, nach Themen sortierte Pinnwände. Andere Pinterest-User können einzelnen Pinnwänden »folgen«, sie also abonnieren, und werden so über jeden dieser Pinnwand neu hinzugefügten Inhalt informiert. Pinterest verfügt auch über eine tiefe Integration von und in Facebook: Jedes »Pinnen« kann automatisch auf der eigenen Facebook-Wall wiederum gepostet werden. So mancher spricht schon von einem Revival des Social Bookmarkings.

Im Gegensatz zu den Social-Bookmarking-Diensten, bei denen es um das öffentliche Ablegen und Kategorisieren von Links geht, sind Social-News-Sites auf Nachrichten und deren Bewertung ausgerichtet. Das möchten wir Ihnen im folgenden Abschnitt genauer erklären.

8.7.7 Social-News-Dienste – was das Publikum empfiehlt

Stellen Sie sich vor, es gäbe Zeitungen, deren Inhalte von den Lesern komplett selbst bestimmt würden. Sie schlagen Artikel vor, und die Bewertung aller Leser entscheidet, was am nächsten Tag gedruckt wird. Das Ganze hat schon was von einem Bürgerjournalismus. So oder so ähnlich sind Social-News-Sites zu verstehen. Dabei geht es um Informationen, die durch User bewertet werden und es so auf die News-Startseite schaffen: Social News oder auch soziale Nachrichten eben. Das Phänomen ist ja nicht ganz neu: Sie haben doch sicher früher auch immer wieder E-Mails mit lustigen oder bizarren Geschichten, Links zu YouTube-Videos oder sogar ganze Powerpoint-Präsentationen erhalten, die in Ihrem Freundes- und Bekanntenkreis, aber auch darüber hinaus ihre Kreise zogen. Mitunter erhielten Sie innerhalb von wenigen Wochen denselben Inhalt von ganz unterschiedlichen Quellen empfohlen. Heute bilden wir das verstärkt in sozialen Netzwerken wie Facebook oder ganz öffentlich auf Social-News-Sites ab.

Social News sind im deutschsprachigen Raum nicht so stark verbreitet wie in den USA und eignen sich nur indirekt für Social Media Marketing. Spamartiges Vorschlagen eigener Websites ohne Relevanz für die anderen User ist ein absolutes No-go. Aber sie sind die ideale Plattform für Informationen, die sich bei großer Beliebtheit oder bei Relevanz für die User über diese Plattformen schnell verbreiten lassen und Ihrer Reputation dienen können – entweder direkt auf der Plattform für Ihr Profil oder indirekt über die größere Reichweite Ihrer von Ihnen vorgeschlagenen Inhalte.

Beispiel: Streuen Sie Vorabinfos

Veranschaulichen wir das anhand eines Beispiels: Ihr Unternehmen vertreibt exklusiv eine neue Computerhardware (z. B. iPhone-Dockingstation) in Deutschland. Sie können Vorabinfos, technische Features oder Fotos des Prototyps, die auf Ihrer Website als Erstes veröffentlicht werden, auch auf Social-News-Sites anmelden, da diese Informationen für die User von Interesse sein könnten.

Wie funktionieren Social-News-Sites?

Grundsätzlich kann jeder User (meist mit Registrierung) Content, also Inhalte jeglicher Art, vorschlagen bzw. einreichen, und mit einem Kommentar oder einer Bewertung versehen. Besonders wichtig sind auch Tags (Schlagwörter) so wie in vielen anderen sozialen Medien. Inhalte können Nachrichten, Blogartikel oder

Webseiten sein, die aus der Sicht des vorschlagenden Users interessant für andere User sein könnten. Der Begriff »News« darf nicht allzu wörtlich genommen werden: Es geht nicht mehr nur um tatsächliche Nachrichten, sondern um Inhalte jeglicher Art, die es aus Usersicht wert sind, empfohlen zu werden. Durch die Bewertung und Kategorisierung kann der Inhalt von anderen am Thema interessierten Usern besser und schneller gefunden werden. In etwa so, als ob Sie einen interessanten Artikel in der Zeitung rot einrahmen und in der Bürokantine liegen lassen würden, weil Sie wissen, dass ein paar Ihrer Kollegen das Thema und somit den Artikel interessant finden werden.

Steigern Sie Ihre Reichweite

Alle anderen User können wiederum die sozialen Nachrichten positiv oder negativ bewerten. Die gängigste Variante ist das »Daumen rauf/runter«-Prinzip. Dabei werden unterschiedliche Gewichtungen verwendet, um Missbrauch zu vermeiden und valide Bewertungsergebnisse anzubieten: Wenn ein Newsartikel in kurzer Zeit besonders viele positive Bewertungen von besonders aktiven Usern erhält, dann hat das eine verstärkende Wirkung. Auch kann es eine Rolle spielen, wie viele Stimmen ein Artikel im Verhältnis zum aktuellen Durchschnitt aller Artikel hat oder ob es immer dieselben User sind, die Ihre Inhalte positiv bewerten. Zur Bewertung müssen die User aber heutzutage nicht mehr auf die Social-News-Site gehen, sondern können unabhängig davon auf einen interessanten Artikel stoßen. Dazu muss auf dieser Website bzw. bei diesem Artikel einer der zahlreichen Buttons integriert werden, die ein Voting direkt auf dieser externen Website ermöglichen. Besonders beliebte Social News schaffen es durch einen hohen positiven Bewertungsgrad auf die Startseite der Social-News-Plattform und werden wiederum von noch mehr Usern wahrgenommen und bewertet usw. Und schon kann ein Schneeballeffekt eintreten. Ziel sollte sein, dass auf der Social-News-Site selbst viele User für Ihren Inhalt voten und diesen gleichzeitig in anderen Netzwerken mit Ihren Kontakten teilen. Sie können also mit für das Publikum relevanten Informationen eine extrem hohe Reichweite für Ihre Inhalte erzielen.

Worauf Sie achten müssen, wenn Sie Social News vorschlagen

- Vermeiden Sie Links auf eindeutig vertriebliche Inhalte: Am besten nutzen Sie Ihr eigenes Blog, um dort einen Artikel als Landingpage einzurichten. Ansonsten riskieren Sie möglicherweise, dass Ihr Newsbeitrag als Spam markiert und gelöscht wird oder gleich Ihre ganze Website auf die Spam-Blacklist kommt.
- Wählen Sie immer eine aussagekräftige Überschrift. Das ist eine Grundregel, die beispielsweise für das Schreiben von Blogbeiträgen genauso gilt. Bei Social News kommt aber dazu, dass viele User aus Zeit- und Aufmerksamkeitsmangel

die vielen News nur überfliegen, da muss die Überschrift ansprechend sein und ins Auge springen, bleiben Sie aber bei der Wahrheit.

- Wie auf Blogs funktionieren auch auf Social-News-Sites bestimmte Inhalte besser als andere: Fotos und Videos beispielsweise. Besonders Fotos sind, wenn gut gemacht, schnell erfassbar und aufmerksamkeitserregend. Gleiches gilt für die allseits beliebten Top-Listen (Top 10 der wichtigsten Programme, Top 5 der beliebtesten Wanderrouten usw.).

Auch die Uhrzeit hat Einfluss

Achten Sie auch darauf, zu welcher Uhrzeit und an welchem Tag Sie Ihre Inhalte eintragen: Davon hängt ab, ob Ihre Inhalte überhaupt von den relevanten Usern gesehen und gevotet werden können. Aber das gilt für Facebook genauso, und der beste Tipp ist: Beobachten Sie, wann und wie es vergleichbar andere machen, und stellen Sie sich auf Ihr Publikum ein.

8.7.8 Bauen Sie eine positive Online-Reputation auf

Sie können mit der Veröffentlichung und aktiver Bewertung von relevanten Inhalten eine positive Reputation für Ihr Profil und Ihren Namen aufbauen. Wenn viele User Ihren Input als wertvoll und interessant wahrnehmen, färbt das auch auf Sie ab. Sie werden somit als kompetent und hilfreich wahrgenommen, und genau das möchte und sollte man ja in und über Social Media erreichen.

In diesem Fall sollten Sie sich mit vielen anderen Usern vernetzen. Suchen Sie nach »alten« Bekannten aus sozialen Netzwerken wie Facebook. Bauen Sie ein vertrauenswürdiges Profil auf. Dazu gehört auch wie für jedes andere Profil, das Sie im Social Web anlegen, die Verwendung eines aussagekräftigen Profilfotos und eines vollständigen Profils mit entsprechender Biografie und Kontaktdaten.

8.7.9 Höhere Sichtbarkeit und Reichweite Ihrer Inhalte

Sie können Schritt für Schritt Ihre Online-Reputation aufbauen und einen Social-News-Leserkreis um sich scharen. Für den Fall, dass Ihnen das zu mühsam ist oder es Ihnen nicht gelingt: Nehmen Sie mit den sogenannten Influencern Kontakt auf. Das sind User mit besonders hoher Aktivität, vielen beliebten Vorschlägen und vielen Freunden/Abonnenten auf der Social-News-Site. Sie haben ein treues und interessiertes Publikum und könnten somit für eine höhere Sichtbarkeit und Reichweite Ihrer Inhalte sorgen.

8.7.10 Digg – Social Bookmarking und Social News in einem

Der weltweit bekannteste Social-News-Service ist Digg. Im Sommer 2010 wurde ein Redesign des Services vorgenommen, was bei etlichen Usern und Foren auf Missfallen gestoßen ist. Leider ist es nur auf Englisch verfügbar, und der US-amerikanische Dienst wird auch hauptsächlich von englischsprachigen Usern genutzt. Wenn das Ihr Publikum ist, dann kann Digg ein hilfreiches Tool sein. Das neue Digg ähnelt dem neuen Twitter. Sie haben oben eine Statusleiste für die Hauptnavigation und eine Timeline im Zentrum, auf der aktuell besonders beliebte Inhalte erscheinen. Sie können Inhalte bewerten (»digg«) oder selbst eintragen. Durch den chronologischen Aufbau können die Inhalte relativ rasch wieder aus dem Wahrnehmungsbereich der User verschwinden, es sei denn, Sie erhalten laufend positive Bewertungen. Neben der Suche nach Inhalten können Sie auch andere User suchen. Im Rahmen der Marktforschung ist es sinnvoll, themenrelevanten Usern (Profilen) zu folgen, ähnlich wie auf Twitter. Außerdem können Sie einzelne Links speichern, um sie später wiederzufinden, eigentlich eine klassische Social-Bookmarking-Funktion.

Aufwind verspricht sich Digg in der Nutzung der neuen Facebook-Funktionalitäten rund um das *Frictionless Sharing*: Der Social Reader von Digg veröffentlicht nach erstmaliger Zustimmung durch den User, alle vom User geklickten Digg-Links automatisch im Facebook-Profil des Users, genauer gesagt in der neuen Chronik.

Bezahlte Social News

Neben dem natürlichen Eintragen von Links können Sie auch Bezahleinträge nutzen, um in der Timeline der Zielgruppe zu erscheinen. Dann müssen Sie nicht warten und hoffen, dass viele andere Ihre Inhalte relevant bzw. interessant finden und positiv bewerten.

8.7.11 Reddit

Im Rahmen des Redesigns von Digg ist Reddit kurzzeitig aus dem Schatten des Marktführers getreten und hat an Bekanntheit gewonnen. Obwohl auf Deutsch verfügbar, sind auch hier die meisten User außerhalb des deutschsprachigen Raums zu finden. Die Übersichtlichkeit lässt etwas zu wünschen übrig, aber das Prinzip ist schnell verstanden: Mittels Pfeil nach oben bzw. unten kann ein Beitrag bewertet werden. Dazu muss man bei Reddit registriert sein, genauso auch für das Einreichen eines Links.

Reddit kann Ihnen helfen, interessante Inhalte zu finden (Marktforschung) oder die Sichtbarkeit und Reichweite Ihrer eigenen Inhalte zu erhöhen, indem Sie eigene

News eintragen. Gehen Sie sorgsam mit dem »Pushen« eigener Inhalte um, das könnte von der Community schnell negativ aufgenommen werden.

8.7.12 YiGG

Einer der bekanntesten Social-News-Services im deutschsprachigen Raum ist YiGG, namentlich an das große amerikanische Vorbild digg angelehnt. Der deutsche Social-News-Dienst bietet News und Diskussionen zu allen Themenbereichen. Registrierte User können News vorschlagen und thematischen Gruppen beitreten, um News zu einem bestimmten Thema zu filtern und zu diskutieren. Im Rahmen des Social Media Monitorings kann YiGG hilfreich für Sie sein, um herauszufinden, ob und wie die Mitglieder dieser Community über Ihr Unternehmen, Ihre Marke oder Ihre Produkte denken. Zur Streuung eigener Inhalte kann es ebenfalls beitragen.

8.7.13 Webnews.de

Der professionalisierte Social-News-Dienst gehört zum deutschen sozialen Netzwerk Lokalisten.de, das wiederum der Mediengruppe Pro7Sat1 zuzuordnen ist. Der optisch sicher gelungenste Dienst (mit Ausnahme von Digg) bietet die Möglichkeit, Beiträge aus ganz unterschiedlichen Themenbereichen zu finden oder selbst zu verlinken (sprich einzutragen). Zentrales Element auf der Startseite ist eine Liste von populären Themen, die in einer Art Tagcloud (Schlagwortwolke) dargestellt werden und so die Übersicht über aktuelle Themen vereinfacht. Allerdings gleicht Webnews.de eher einer normalen Nachrichtenseite als den anderen Social-News-Sites: Der Community-Faktor ist, mit Ausnahme der oft regen Kommentartätigkeit der User, eher gering. Sie können Ihre Inhalte (Website, Video usw.) dort eintragen und so zu deren Verbreitung beitragen.

Weitere Social-News-Dienste

Auch StumbleUpon kann im weiteren Sinne als Social-News-Service bezeichnet werden. Ein anderer deutschsprachiger Dienst ist Shortnews.de.

8.8 Slideshare und Co. – teilen Sie Ihre Kompetenz mit

Gerade im Bereich Unternehmensberatung, Marketing und PR spielen Präsentationen via Powerpoint oder Keynote eine große Rolle: Sind sie doch der erste Eindruck von Professionalität und Kompetenz, die der Präsentator hinterlassen kann. Normalerweise steckt deshalb viel Energie in solchen Präsentationen. Warum sie also nicht öffentlich sichtbar und suchbar machen? Ein Gegenargument ist häufig, dass sich somit alle anderen viel Arbeit ersparen und vom Aufwand, den der Urheber gehabt hat, profitieren: Meistens handelt es sich noch dazu um die direkten Konkurrenten, denen man damit sozusagen kostenlos das Material liefern würde. Das ist insofern richtig, wenn Sie Ihr Material nicht selektieren und sortieren. Sie müssen nicht den vollen Umfang Ihrer Präsentationen hochladen, sondern können abgespeckte Versionen nutzen. Selbst wenn Sie grundsätzlich keine Powerpoint- oder PDF-Dateien führen, ist es überlegenswert, die Vorteile Ihrer Produkte oder Dienstleistungen in Form einer Zehn-Punkte-Liste darzustellen. Dazu müssen Sie kein Profi sein oder hochaufwändige Slideshows zusammenstellen.

8.8.1 Hohe Sichtbarkeit und Reichweite

Plattformen wie Slideshare oder Scribd werden auf den gängigen Suchmaschinen sehr gut gereiht: Wenn Sie also ein Berater sind und gerne Ihren Kundenkreis erweitern möchten, dann sind diese Plattformen genau richtig für Sie. Damit erhöhen Sie die Sichtbarkeit und Reichweite Ihrer Kompetenz und Ihres Know-hows. Es hilft Ihnen dabei, von potenziellen neuen Kunden gefunden und als der kompetente und richtige Ansprechpartner eingestuft zu werden. Denn wenn der Kunde bereits im Groben weiß, was ihn erwartet, können unnötige Überraschungen, aber vor allem Enttäuschungen vermieden werden.

Sie können Slideshare, Scribd und Docstoc nutzen, um häufig genutzte Dokumente jederzeit im Web zur Verfügung zu haben oder einzelnen Usern oder dem gesamten Internetpublikum zum Download anzubieten. Allen Plattformen ist eine »Follow«-Funktion gemein: Sie können ein Profil abonnieren und werden automatisch verständigt, wenn über dieses Profil eine neue Präsentation hochgeladen und veröffentlicht wird.

Funktion und Funktionalitäten sind bei allen Plattformen ähnlich, deshalb möchten wir es Ihnen anhand von Slideshare vorstellen.

8.8.2 Slideshare

Es ist die populärste Plattform zum Upload und Veröffentlichen von Dokumenten, Präsentationen und PDF-Dateien. Slideshare wird von über 25 Mio. Usern jeden Monat besucht. Über das normale Zurverfügungstellen von Präsentationen hinaus gibt es zahlreiche praktische und marketingtechnisch hilfreiche Funktionalitäten. Die Basisversion ist kostenlos und fürs Erste ausreichend.

Nachdem Sie Ihren Account registriert und das Profil mit den Basisinformationen über Ihre Person oder Ihr Unternehmen befüllt haben, können Sie Ihre Dateien hochladen (siehe Abbildung 8.19). Beachten Sie diesbezüglich folgende Schritte:

1. Optimieren Sie Ihre Präsentationen: Besonders wichtig ist die Verwendung wichtiger Keywords in der Überschrift der Datei und in der Beschreibung, die Sie zum Upload hinzufügen können. Außerdem können Sie zahlreiche Tags (Schlagwörter) hinzufügen, die den Inhalt Ihrer Präsentation aussagekräftig beschreiben. Auch zu Ihrem Profil können Sie Tags vergeben. Damit können Ihre Inhalte überhaupt erst gefunden werden.
2. Nicht nur klassische Präsentationen sind gefragt, sondern auch Handbücher, Anleitungen, Slides mit Zahlen und Statistiken, Tippslisten usw.
3. Integrieren Sie anschließend Ihre Slideshare-Präsentationen in Ihre Website, in Ihren LinkedIn-Account und überall dort, wo es technisch möglich und erlaubt ist. Wenn Sie eine neue Präsentation hochgeladen und fertig bearbeitet haben, können Sie auf Facebook, Twitter und anderen Social-Media-Plattformen einen kurzen Hinweis dazu schreiben. Sie können übrigens selbst entscheiden, ob Ihre Präsentation zum Download freigegeben wird oder nicht.
4. Ganz neu ist die Möglichkeit, Videos hochzuladen oder beispielsweise Videos in die Präsentation zu integrieren. Außerdem können Sie eine Präsentation mit einer Audiodatei anreichern.

Abbildung 8.19 Ihre Präsentation auf Slideshare erreicht ein viel größeres Publikum, als es Ihnen persönlich möglich wäre.

Große und kleine Unternehmen und Marken nutzen Slideshare auch, um einen eigenen Channel einzurichten. Dieser verfügt über spezielle Funktionalitäten und ein stärkeres Branding. Das ist kostenpflichtig und in den meisten Fällen nicht unbedingt notwendig. Unter *http://www.slideshare.net/channels* finden Sie eine aktuelle Aufstellung von Channels. Wenn Sie Statistiken über Zugriffe und weitere Zahlen zu Ihrem Profil und den einzelnen Präsentationen haben möchten, müssen Sie auf die kostenpflichtige SlideShare-Pro-Variante wechseln.

Rechtstipp von Peter Harlander: Zeigen Sie, von wem die Präsentation stammt

Weisen Sie dezent auf sich als Urheber hin: Entweder in der Fußzeile jeder Folie mit Logo und Namen oder am Ende jeder Präsentation mit einem Extra-Slide mit Kontaktdaten und weiterführenden Links beispielsweise. Damit machen Sie andere Internetnutzer nochmals deutlich sichtbar auf Ihr Urheberrecht aufmerksam. Wenn Sie auf der letzten Folie zusätzlich noch einmal deutlich darauf hinweisen, dass eine Weiterverwendung der Präsentation nicht gestattet ist, wird dies die Zahl der illegalen Kopien nochmals deutlich senken.

Die Plattform Scribd wird vor allem für Dokumente wie Studien, Handbücher, Tutorials und andere »Skripte« genutzt, und erfreut sich wachsender Beliebtheit. Die Integration in die eigene Website ist relativ einfach und komfortabel. Auch im Fall von Slideshare und Scribd gilt die Devise: Nicht entweder – oder, sondern sinnvoll beide Plattformen nutzen.

8.9 Podcasts

Neben Blogs und Videos eignen sich auch Podcasts, um Ihren Kunden Informationen bereitzustellen. Podcasts sind Audiobeiträge, die ohne großen technischen Aufwand erstellt werden können. Beispielsweise verfügen die meisten Handys heutzutage über eine Sprachmemo-Funktion, mit denen Podcasts einfach produziert werden können. Das Wort »Podcast« ist zusammengesetzt aus »iPod« (Apples MP3-Player) und »Broadcasting« (englisch für »Sendung«).

Der große Vorteil von Podcasts gegenüber Videoerstellung ist der geringe technische Aufwand und, dadurch bedingt, die relativ geringen Produktionskosten. Dafür benötigen Sie nur einen Sprecher und ein Aufnahmegerät. Podcasts sind vergleichbar mit Radiosendungen, nur dass sie nicht »live« senden, sondern regelmäßig, d. h. wöchentlich oder monatlich, aufgenommen und anschließend als MP3 online gestellt werden. Publiziert wird über Ihre eigene Website, den Apple-iTunes-Store oder eine Podcasting-Plattform wie *http://podster.de* oder *http://podcast.de*. Dort können sich die Nutzer den Podcast direkt anhören oder herunterladen. Das interessierte Zielpublikum kann sich die Dateien wie Musik auf den eigenen Rechner oder mobile Devices (MP3-Player, iPod, iPhone) ziehen und so auch unterwegs darauf zugreifen. Eine andere Möglichkeit ist, die Beiträge als RSS-Feed ähnlich wie bei Blogbeiträgen in einem Feedreader, hier Podcatcher genannt, zu abonnieren.

Sehr beliebt ist jedoch das Abo via iTunes, da der User die Beiträge selektiv herunterladen kann. Ein weiterer Vorteil von Apple iTunes liegt darin, dass iTunes direkt mit dem iPhone oder iPod synchronisiert wird. Der Anwender spart es sich also, die MP3-Files extra noch aufs Handy zu laden. Das ist besonders bequem, wenn man einen Podcast unterwegs hören möchte.

8.9.1 Podcast-Nutzung

Allerdings greifen unter den Onlinern relativ wenig Nutzer auf Podcasts zurück. Laut ARD/ZDF-Online-Studie 2011 nutzen nur 4 % Audiopodcasts. Zum Vergleich nutzen 58 % der User Videoportale. Eine weitere Form des Podcastings sind die Videopodcasts oder auch *Vodcasts*. Vodcasts werden laut der ARD/ZDF-Online-Studie 2011 nur von 4 % der Onliner genutzt. Was unterscheidet einen Vodcast von einer Videoveröffentlichung in YouTube und Co.? Bei einem Vodcast werden in regelmäßigen Abständen Videobeiträge veröffentlicht. Die Videos sollten sich in ein Programm einreihen, während ein einzelnes Video in YouTube losgelöst von einem thematischen Rahmen hochgeladen wird.

Die Dauer eines Podcasts ist in der Regel wesentlich länger als bei Videoinhalten. Die Sättigung bei Videos tritt bereits nach 3 Minuten ein, während Podcasts meistens 20 bis 30 Minuten lang sind, häufig sogar eine Stunde und länger. Podcasts lohnen sich, wenn Sie ausführlich über Themen berichten möchten. Für einen Podcast nimmt sich der User Zeit, ähnlich wie bei einem Spielfilm. Bei Werbespots und Webvideos erwartet der Empfänger schnelle, kurzweilige Unterhaltung.

8.9.2 Corporate Podcast

Ähnlich wie bei Corporate Blogs, möchten wir für Firmen-Podcasts die Bezeichnung Corporate Podcast verwenden. Ein weiteres Beispiel eines Corporate Podcasts ist neben BMW der Computerkonzern IBM. Er veröffentlicht unter *http://www-05.ibm.com/de/podcast/index.html* ausführliche Beiträge. Häufig sind es Interviews mit Experten oder Zusammenfassungen von Veranstaltungen. Die Beiträge werden mit einer kurzen Beschreibung des Moderators und des Experten versehen, sodass der Zuhörer auch weiß, wer am anderen Ende spricht.

Ein Corporate Podcast verbreitet sich, indem er von interessierten Kunden abonniert wird. Wer einen Podcast abonniert, erwartet aber auch, dass regelmäßig neue Sendungen veröffentlicht werden. Wichtig für den Erfolg eines Corporate Podcasts ist daher die Regelmäßigkeit Ihrer Beiträge. Dafür benötigen Sie ein Sendeprogramm, um Themen und Studiogäste zu planen. Die Themenvielfalt ist eine wichtige Voraussetzung, um einen Benefit für den Nutzer zu generieren, den Podcast zu abonnieren.

8.9.3 Videocast

Einer der bekanntesten Video-Podcasts in Deutschland ist der Vodcast der Firma BMW unter *http://bmw.tv/de* (siehe Abbildung 8.20). BMW informiert regelmäßig über BMW-affine Themen, d. h. Autoinnovationen, technische Neuheiten, Veranstaltungen der BMW-Welt usw. BMW hat unter *http://podcast.bmw.com* bis 2005 einen Podcast geführt. Jetzt sind diese Inhalte jedoch ausschließlich über iTunes verfügbar.

Abbildung 8.20 Video-Podcast von BMW: BMW-TV

Podcast-Produktion und Veröffentlichung

Um einen eigenen Podcast zu erstellen, benötigen Sie kein eigenes Tonstudio. Es genügt bereits, wenn Sie an Ihren Laptop oder Rechner ein Mikrofon (Headset genügt) anschließen und mit einer geeigneten Software, wie z. B. Audacity, aufnehmen. Für Besitzer eines Mac Books empfiehlt sich die Audio-Software Audio Recorder 3.2. Videocasts sind aufwändiger in der Produktion. Sie müssen eine gewisse Videoqualität bieten und benötigen Videokamera, Beleuchtung und einen abschließenden Videoschnitt. iTunes ist das größte Podcasting-Portal mit einer Vielzahl an Podcasts. Dort werden Podcasts aus allen gesellschaftlichen Bereichen angeboten: Wissen, Kultur, Medien, Politik usw. Unter *www.podcharts.de* sehen Sie die 100 beliebtesten Podcasts im deutschsprachigen Raum. Der WDR-Podcast der gleichnamigen Sendung »Quarks & Co« wird laut Podcharts.de am häufigsten heruntergeladen. Der bekannteste deutsche Vodcast dürfte das politische Videoblog von Angela Merkel sein. Für die Anwender ist der iTunes-Download ein sehr bequemer Service, da die iTunes-Dateien direkt mit dem Handy (iPhone) oder iPod synchronisiert werden. Wenn Sie also einen Podcast machen, ist es sinnvoll, ihn in iTunes einzustellen.

Neue Podcast-Services: yasssu und Audioboo

Einige neue Podcast-Services buhlen um Mitglieder, darunter *www.yasssu.com* oder *www.audioboo.com*. Audioboo ist eine Plattform für die Aufnahme und Veröffentlichung von Audiodateien (also auch Podcasts) via Smartphone oder Browser. Schauen Sie sich diese und andere Plattformen an, und informieren Sie sich über das vorhandene Angebot, auch das hilft, den Markt besser einschätzen zu können.

Wichtig für Podcasts und Vodcasts ist die Regelmäßigkeit Ihrer Beiträge. Wer einen Podcast abonniert, erwartet auch, dass in gewissen Abständen neue Sendungen eingestellt werden. Diese Sendungen funktionieren natürlich nicht ohne ein Sendeprogramm. Die Themen müssen konzeptionell geplant, Studiogäste definiert und eingeladen werden. Bei einem wöchentlichen Podcast ist das mitunter ein relativ hoher Aufwand. Es lohnt sich eine Verknüpfung von Inhalten, wie z. B. Pressemitteilungen, die mittels Podcast ausführlicher behandelt werden können. Diese inhaltliche Herausforderung sollte nicht unterschätzt werden, da vielen Podcastern bereits in der Anfangsphase die Themen ausgehen. Für einen regelmäßigen Podcast braucht es also auch einen engagierten, motivierten und kreativen Podcaster.

Rechtstipp von Peter Harlander: Die notwendigen Rechte einholen

Wenn Sie im Podcast fremde Musik- oder Videoinhalte verwenden, müssen Sie unbedingt die dazu notwendigen Rechte einholen. Für Musikinhalte geht dies relativ einfach bei der deutschen GEMA, der österreichischen AKM oder der Schweizer SUISA. Für Videoinhalte müssen Sie sich direkt an den Rechteinhaber wenden.

Vorteile von Podcasts

Podcasts eignen sich für lange und ausführliche Beiträge, die über andere Medien nicht realisierbar sind. Podcasts haben für den Hörer den Vorteil der mobilen Verfügbarkeit. Für den Podcast-Produzenten ist vor allem der geringe technische Aufwand ein großer Vorteil.

Den Erfolg Ihres Podcasts messen Sie über die Anzahl der Downloads in iTunes. Allerdings geben diese Downloads keine Auskunft über die Abonnenten, und Sie können nur schwer prüfen, ob der Podcast auch von der anvisierten Zielgruppe angehört wird. Sie können allerdings die Nutzer direkt im Podcast dazu auffordern, auf einer Webseite, Fanpage o. Ä. Feedback zu geben. Sie können auch Ihren Podcast in Form eines Blogs online stellen, sodass direkt eine Kommentarfunktion eingebaut ist. Bei Vodcasts geben die Anzahl der Views Auskunft über die Zuschauerzahlen.

8.10 Fazit

Egal, welche Inhalte Sie zur Verfügung haben, das Web bietet mittlerweile alle Plattformen und die notwendigen Technologien, um diese Inhalte zu streuen und Ihrem Publikum zugänglich zu machen. Sie müssen nicht die virale Kampagne des Jahrtausends entwickeln (auch wenn das natürlich toll wäre), um Ihren Inhalten eine entsprechende Verbreitung zukommen zu lassen. Sorgen Sie lieber dafür, dass Ihre Fotos, Videos und andere Inhalte von den Zielgruppen gefunden werden können. Geben Sie dem Content die richtigen und relevanten Keywords mit. Streuen Sie die Inhalte überall da, wo Ihre (potenziellen) Kunden im Web unterwegs sind. Damit können Sie die Reichweite der Inhalte und Ihrer Message wesentlich steigern.

9 Mobile Social Marketing

Handys haben sich zu multifunktionalen Alleskönnern entwickelt, zu Computern im Westentaschenformat: hochauflösende Fotos und Videos machen, mobil surfen, Videotelefonie, sich navigieren lassen oder einfach nur in Facebook, Twitter oder auf Bewertungsplattformen unterwegs sein – Mobile Marketing und Mobile Commerce bieten Ihnen ganz neue Möglichkeiten für die Kundenansprache.

In Ihrem Freundes- und Bekanntenkreis besitzt sicher jeder – außer ein paar wenigen Verweigerern – ein Handy (und in Kürze ein Smartphone). Es ist das wichtigste Kommunikationsmedium und wird schon bald den PC ablösen. Denn im Jahr 2015 werden mehr Menschen über das Mobiltelefon ins Internet gehen als über den stationären PC oder Laptop. Früher haben wir mit unseren Handys nur telefoniert und SMS geschrieben. Heute sind Smartphones Minicomputer, Spielkonsole, Organizer und Fernseher zugleich. Mit Smartphones können sich die Nutzer leichter durch das Mobile Web klicken und spielerisch eigene Fotos und Videos hochladen. Die Breitbandverfügbarkeit erleichtert den einfachen und schnellen Zugang, und günstige Datentarife sorgen dafür, dass das mobile Surfen erschwinglich ist. Aber nicht nur das Social Web wird mobil angesteuert, sondern es wird auch Ausschau nach lokalen Angeboten gehalten und immer mehr mobil geshoppt. Deshalb berichten wir in diesem Kapitel sowohl über die Möglichkeiten der mobilen Kundenansprache in sozialen Medien als auch speziell über Location Based Services und über den mobilen Abverkauf von Produkten (in Abschnitt 9.11, »Mobile Commerce«).

9.1 Mobile Social Web

Jetzt, wo es mobile Alleskönner wie das iPhone von Apple gibt, ist es möglich, Social Media komfortabel auf dem Handy zu nutzen. Die Facebook-App für Smartphones wird bereits von 250 Mio. Usern genutzt, das sind etwa 1/3 aller Facebook-Nutzer (inklusive Überschneidungen). Das Social Web verlagert sich dadurch ins Mobile Web und wird zum Mobile Social & Local Web. Nebenbei sind Smartphones und Tablet-PCs (iPad) die entscheidende Technologie, um die Massen ins Internet zu bringen. 64,5 % der Smartphone-Besitzer haben ein Haushaltseinkommen von unter 40.000 €.[1] Smartphones sind also nicht nur für Gutverdiener ein absolutes Must-have.

Neben Social Media nutzen die User auch neue Funktionen wie Location Based Services, siehe Abschnitt 9.10, »Location Based Marketing«, um sich ortsbezogen zu vernetzen. Spiele sind immer noch die beliebtesten Anwendungen auf dem Handy, wie z. B. das Rollenspiel »Infinity Blade«, das bereits sechs Monate nach der Veröffentlichung 10 Mio. US$ eingebracht hat, gefolgt von Wetteranwendungen und Social-Networking-Apps (siehe Abbildung 9.1). Nebenbei: iPhone-Nutzer sind besonders Gaming-affin. Daher müssen Unternehmen unterhaltsame mobile Anwendungen kreieren und von der reinen Textdarstellung Abstand nehmen.

Abbildung 9.1 Die Facebook-App ist eine der beliebtesten Anwendungen auf Smartphones (Fotocredit: Sonja Loidl).

9.1.1 Wie sich das Mobile Social Web auf Unternehmen auswirkt

Was passiert, wenn Ihre Kunden zu jeder Zeit, an jedem Ort mobil surfen können? Aus »Connected Europe« geht ebenfalls hervor, dass bereits 22 % aller europäischen Smartsurfer (d. h. Smartphone-Besitzer in den EU5-Ländern, also Deutschland, Großbritannien, Frankreich, Spanien, Italien) Fotos von Produkten im allge-

1 Connected Europe, 2012, comScore & Telefónica, *http://www.comscore.com/Press_Events/Presentations_Whitepapers/2012/Connected_Europe*, nachfolgend zitiert als »Connected Europe«.

meinen Handel machen und mehr als ein Zehntel diese Bilder verschickt (siehe Abbildung 9.2). Etwa 15 % schreiben SMS an Freunde und Familienmitglieder wegen des Produkts oder rufen direkt an. Genau an dieser Stelle werden kaufrelevante Entscheidungen gefällt. Das kennen Sie wahrscheinlich von sich selbst, wenn Sie sich vor dem Kauf noch schnell beim besten Freund absichern wollen oder einer Freundin ein Bild schicken (siehe dazu auch Abschnitt 10.4.1, »Sicherheit – warum wir uns bei Freunden absichern«).

Abbildung 9.2 Smartsurfer machen gerne Produktfotos und -vergleiche, häufig direkt im Shop (Fotocredit: Nico Benedickt).

9.1.2 Permanente Preis- und Produktvergleiche

Smartphone-Besitzer können permanent Preis- und Produktvergleiche mobil durchführen, auch dann, wenn sie sich gerade in Ihrem Geschäft befinden. Bewertungen und Erfahrungsberichte werden nicht mehr zeitversetzt (z. B. nach dem Urlaub) online eingetragen, sondern direkt nach oder sogar noch während der Serviceleistung geschrieben. Der Markt wird für den Kunden transparenter. Produkte werden dann direkt im Handel getestet, aber mobil bei einem günstigeren Online-Händler bestellt. Diesen ROPO-Effekten (Online-/Offline-Vergleich & Online-/Offline-Kauf) können Sie nur durch besondere Beratungsleistungen, bei denen Sie proaktiv auf den Kunden zugehen, entgegenwirken. Oder sie installieren direkt einen Infoscreen mit Bewertungen anderer Kunden, die Sie durch Social Media Monitoring filtern können, siehe Kapitel 3, »Social Media Monitoring und Online Reputation Management«).

Marketing-Take-away: Fast jeder Zweite vergleicht mobil im Shop

16 % aller Suchanfragen in Google werden bereits von mobilen Endgeräten ausgeführt. Die Tendenz ist steigend, denn gerade bei lokalen Suchanfragen wird das Smartphone zurate gezogen. Besonders interessant: 47 % der Konsumenten lesen Produktbewertungen direkt im Handel. Das Mobile Web ist die Fortsetzung des Social Web auf Handys und spielt eine wichtige Rolle für den Mobile Commerce, denn es bietet Ihnen die Möglichkeit, Ihre Kunden *social*, *local* und *mobile* anzusprechen.[2]

Unternehmen müssen sich mobil präsentieren, um die mobilen Shopper in Zukunft adäquat anzusprechen. Doch wie erreichen Sie Ihre Kunden mobil? Für das Mobile Marketing gelten andere Regeln als für Social Media Marketing, da die User vor allem über Anwendungen (kurz Apps) und Mobile Communitys angesprochen werden müssen. Darauf müssen Sie sich vorbereiten (siehe Abschnitt 9.7, »Apps, Apps, Apps«).

9.1.3 Feedback in Echtzeit

Die Kunden können jederzeit das Feedback ihrer Freunde oder die Meinung eines befreundeten Experten einholen. Mit dem Handy werden Bilder und Videos der Produkte gemacht, schnell in den sozialen Netzwerken hochgeladen, um auf dieser Basis eine ehrliche Rückmeldung zu bekommen. Die Modemarke »Diesel« hat den Feedbackbedarf seiner Kunden erkannt und ein Terminal (»Diesel-Cam«) eingerichtet, mit dem die Kunden Bilder von sich machen und diese Facebook-Freunden zeigen können.

9.1.4 Mobiler Kundenservice

Das Mobile Internet wird im Alltag ganz gezielt und serviceorientiert eingesetzt. Die Verbraucher nutzen die bequeme mobile Servicesuche im Alltag. Sorgen Sie dafür, dass Ihre Services mobil auffindbar sind und eine direkte Anruf-Option bieten (siehe Abbildung 9.3).

Marketing-Take-away: 95 % nutzen Ihr Handy für die lokale Suche

Die meisten Suchanfragen in Google haben einen lokalen Bezug. Bei der mobilen Suche verstärkt sich das, weil die Smartsurfer ihr Handy immer bei sich haben. 95 % der Smartphone-Besitzer nutzen laut »Connected Europe« ihr Handy, um lokale Informationen zu finden.

2 F-Commerce, Syzygy, 2011, *www.syzygy.de/nl/syzygy_f-commerce-white-paper.pdf*, nachfolgend zitiert als »F-Commerce«.

9.1.5 Ortsbezogene Angebote auf dem Handy

Durch die Lokalisierbarkeit der Smartphones können Sie Ihre Kunden mit ortsbezogenen Angeboten und Services versorgen. Mit mobilen Anwendungen, sogenannten Location Based Services, wie Foursquare und Facebook Places können Angebote, Rabatte und Vergünstigungen gleichzeitig digital und ortsbezogen beworben werden. Bisher musste sich der Konsument selbst zum Geschäft begeben, Flyer lesen oder die Website des Unternehmens aufrufen, um aktuelle Angebote zu finden. Jetzt kann der Konsument vor Ort vom Verkäufer mit Coupons darauf aufmerksam gemacht werden. Stellen Sie sich vor, Sie haben ein Schuhgeschäft und jemand sitzt wenige Meter von Ihrem Geschäft entfernt in einem Café. Über einen Tipp in Foursquare erhält er die Nachricht: »Im Schuhladen XY gibt es erstklassige Lederwaren und Schuhe.« Mit der richtigen Strategie können Sie diese Nachricht auf sein Handy »pushen« (Abschnitt 9.10, »Location Based Marketing«).

Abbildung 9.3 Mit einer mobilen Anruf-Funktion holen Sie Ihren potenziellen Kunden direkt zu sich.

9.2 Mobile Marketing

Mobile Marketing ist bereits ein alter Hut. Schon vor Jahren hat man sich über die mobile Kundenansprache Gedanken gemacht. Allerdings blieben die Überlegungen bei SMS/MMS und später bei Bluetooth stecken. Die Konzepte erleben jetzt, wo es Smartphones gibt, eine Renaissance. Lohnt es sich also gerade jetzt für Sie, ins Mobile Marketing einzusteigen? Und wenn ja, womit fangen Sie an? Das hängt sowohl von Ihrer Zielgruppe, Ihrer Zielsetzung als auch von Ihrem Budget ab. Anhand der unterschiedlichen Einsatzfelder von Mobile Marketing zeigen wir Ihnen, wann, wo und wie Sie mobile Kunden gewinnen können.

9.2.1 Der mobile und vernetzte Konsument

Smartphones bieten entscheidende Vorteile für die mobile Kundenakquise, denn:

1. Der Kunde hat es permanent bei sich.
2. Das Handy ist (fast) immer an.
3. Das Handy ist immer in Reichweite.
4. Das Handy wird bei einem kreativen Impuls verwendet.
5. Der Handynutzer ist lokalisierbar.
6. Handys erweitern die Realität.

Marketing-Take-away: Der vernetzte Konsument ist weiblich und durchschnittlich 40 Jahre alt

Laut einer Studie von »Zmags« ist der typische vernetzte Konsument in den USA eine etwa 40-Jährige, die mittels Smartphone oder Tablet Online-Shopping betreibt und Kataloge studiert, auf Facebook stark vernetzt ist und am Shoppen große Freude hat (siehe Abbildung 9.4).[3]

Ihre Produkte können also dem Kunden ohne Zeitverzögerung, geolokalisiert und bei konkretem Kaufinteresse direkt angeboten werden. Wie Sie das machen, zeigen wir Ihnen mit den mobilen Tools.

9.2.2 Mobile Marketing als Wettbewerbsvorteil

Zwar schätzen 74,5 % der deutschen Unternehmen die Entwicklung mobiler Endgeräte als Werbeträger für zukunftsweisend ein und gehen von einer starken Zunahme aus (siehe Abbildung 9.5), aber bisher sind die Medienbudgets für Mobile Marketing (und auch für Social Media) sehr gering. Nur sehr wenige Unternehmen gehen das Thema wirklich strategisch an. Mit einer durchdachten und konsequenten Mobile-Media-Strategie sind Sie als Erster am Markt und können Kunden den Service bieten, den die Konkurrenz durch fehlenden mobilen Auftritt bislang versäumt hat. Diesen Wettbewerbsvorteil sollten Sie sich zunutze machen.

3 *http://www.zmags.com/blog/?p=1080*

Abbildung 9.4 Der vernetzte Konsument ist weiblich, ca. 40, aktiv in Facebook, produktaffin und »hyperconnected« (Quelle: *zmags.com*).

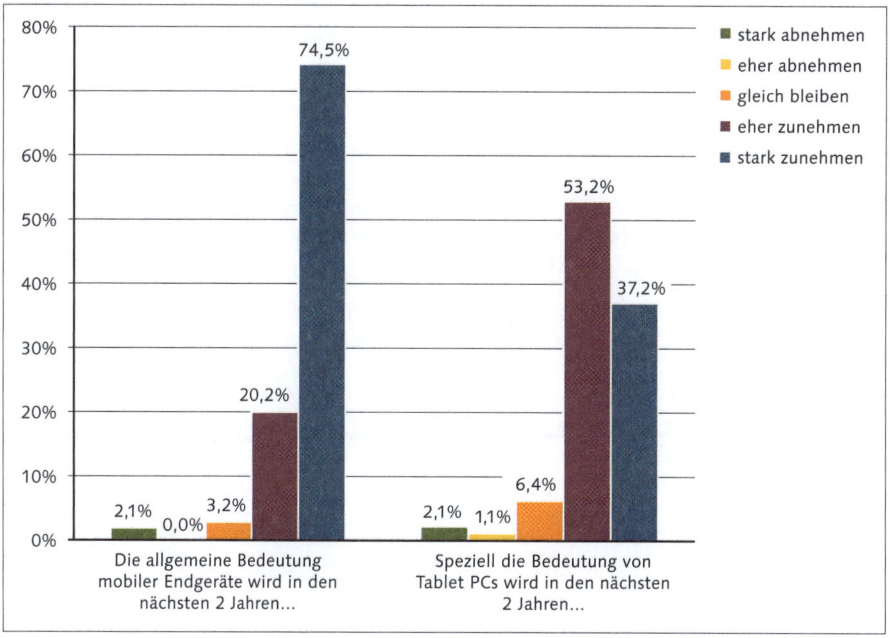

Abbildung 9.5 Die Bedeutung mobiler Endgeräte wird stark zunehmen (Quelle: BVDW e. V.).

Viele Unternehmen springen gerade auf den mobilen Trend auf und lassen eine wenig durchdachte App entwickeln. Einige Apps werden nur mit dem Ziel online gestellt, schnell im App Store vertreten zu sein. Diesen Anwendungen fehlt dann jedoch der lange Atem. Sie sollten diesen Trend auf keinen Fall verschlafen, aber auch nicht Ihre App oder andere mobile Aktionen im Schnellschussverfahren entwickeln. Bevor Unternehmen also eine Anwendung auf den Markt bringen, müssen sie den Nutzen für den Kunden definieren, sonst floppt die App, in die in der Regel sehr viel Zeit und Programmieraufwand gesteckt wurde.

Aber es muss ohnehin nicht immer eine teure App sein. Sie können Ihre Zielgruppe auch kostengünstig über SMS-/MMS-Werbung, Bluetooth-Marketing, Location Based Services oder Mobile Ads ansprechen, wie wir im Einzelnen noch ausführlich erläutern werden. Schaffen Sie Angebote, mit denen Sie Ihre Kunden in Ihre mobile, interaktive Welt einladen können.

9.3 Mobile-Marketing-Strategie

Die Strategie soll Ihnen zeigen, wie Sie Mobile-Media-Tools im Mobile Web für sich nutzen können. Wir gehen außerdem der Frage nach, wie Sie eigene mobile Anwendungen (Apps) »mit langem Atem« für Ihre Kunden etablieren können. Das setzt zunächst eine Zielgruppenanalyse voraus. Finden Sie heraus, ob Ihre Zielgruppe besonders handyaffin ist oder sogar schon mobil surft. Wenn das nicht der Fall ist, verschleudern Sie nur unnötig Marketinggelder.

9.3.1 Smartsurfer – sind Ihre Kunden im Mobile Web?

Früher waren Handys nur unter Geschäftsleuten verbreitet. Sie waren die Early Adopters (mehr Informationen über Early Adopters in Abschnitt 1.6.5, »Meinungsführer«) von Mobiltelefonen, die erst Mitte der 1990er-Jahre massentauglich wurden. Der Markt für mobile Endgeräte boomt. Deutschland verzeichnet einen Anstieg von 64 % in der Verbreitung von Smartphones. Im Oktober 2011 besaßen bereits 34,2 % der Deutschen ein Smartphone.

Mobile Internetnutzung: Aus einer digitalen Avantgarde werden mehrheitlich Smart-Natives

In der GO-Smart-Studie von 2010 wurden die aktiven Smartphone-Nutzer noch als »Digitale Avantgarde« bezeichnet. Zu diesem Zeitpunkt zählte nur eine kleine Gruppe zu den sogenannten »Smart-Natives«. Smart-Natives (Wortkombination aus »Smartphone«-Nutzern und »Digital Natives«) sind aktive Smartsurfer, die sich durch eine hohe Internetaffinität, Technikaffinität und Always-on-Mentalität auszeichnen.

Für sie ist das Smartphone ständiger Begleiter und unersetzlich, wenn es um lokale Angebote, Suche nach Inhalten und den Zugang zu sozialen Netzwerken geht. In Großbritannien kommen 7,7 % des gesamten Internet-Traffic bereits von mobilen Endgeräten. Deutschland liegt zwar noch mit 2,7 % dahinter, konnte aber stark aufholen (siehe »Connected Europe«).

In allen Altersschichten wird laut Verbraucheranalyse mobil gesurft, d. h., sowohl von Jugendlichen als auch von älteren Surfern bis 54 Jahre wird das Internet mobil aufgerufen.[4] Mobiles Surfen ist bei den unter 30-Jährigen dennoch um einiges stärker verbreitet. Jeder Sechste unter 30 Jahren surft bereits mobil.[5] Dabei handelt es sich vor allem um Personen, die mit dem Handy groß geworden sind oder es bereits in ihrer Jugend genutzt haben. Personen unter 30 Jahren mit einem hohen Bedürfnis nach Kommunikation und Interesse an Technik können Sie mobil leichter erreichen als ältere Personen, die gegenüber neuer Technik eher konservativ eingestellt sind. Bedenken Sie, dass es beispielsweise unter den iPhone-Nutzern sehr viele gibt, die nur die »nötigsten« Anwendungen (Facebook, Spiele, Wetter) installieren.

9.3.2 Wonach suchen die Smartsurfer?

Deutsche Smartsurfer suchen laut »Connected Europe« über den mobilen Browser am häufigsten nach Infos zur Karriere (14,1 %, z. B. Stepstone, Monster), gefolgt von Lifestyle-Themen (6,4 %), Gesundheit (4,4 %), Eltern-/Familienseiten (4,1 %), gefolgt von Nachrichten & Informationen (4 %).

9.3.3 Wie sehr nutzen Smartsurfer Social Media?

Die Hälfte der mobilen Surfer nutzt das Smartphone als Zugang zu den sozialen Netzwerken. Nach eigenen Angaben von Facebook nutzen mehr als 250 Mio. aller Facebook-User, also etwa ein Drittel, das Netzwerk mobil. Sie sind doppelt so aktiv wie Nutzer, die Facebook nur über stationäres Internet nutzen und verbringen mobil mehr Zeit in Facebook als über den normalen Webzugang. Besonders häufig werden Bilder und Schnappschüsse von unterwegs hochgeladen, denn mit dem Smartphone können (lokale) Informationen sofort, schnell und effizient mit Freunden geteilt werden. In Großbritannien ist Facebook das beliebteste mobile soziale Netwerk vor Twitter, LinkedIn, Myspace und Tumblr (siehe »Connected Europe«).

4 VA, 2010, *http://www.verbraucheranalyse.de/fakten/studie*

5 BITKOM, 2010, *http://www.bitkom.org/de/themen/54894_65506.aspx*

9.3.4 Zieldefinition

Im nächsten Schritt müssen Sie prüfen, was Sie mit dem Einsatz von Mobile Media erreichen möchten. Geht es Ihnen um Aufmerksamkeit? Möchten Sie Ihre Zielgruppe mit etwas Neuem überraschen? Dann ist vielleicht ein Plakatflight mit Bluetooth- oder Augmented-Reality-Elementen das Richtige. Möchten Sie einfach nur Ihre Kampagnen ins Mobile Web streuen? Dann sollten Sie in Mobile Advertising investieren. Sie möchten Kunden je Aufenthaltsort entsprechende Angebote unterbreiten? Dann schauen Sie sich Location Based Marketing an. Wenn Sie das Erreichen Ihrer mobilen Kunden als langfristige Unternehmensstrategie definieren, sollten Sie dafür einen Mitarbeiter einstellen, der das Mobile Web in allen Bereichen für Sie auslotet. Prüfen Sie vorab, ob Sie mit Mobile Commerce Käufer erreichen können.

Wenn Sie mit Mobile Media erst einmal experimentieren und dabei Kosten sparen wollen, lohnt es sich, SMS, QR-Codes und Location Based Services auszuprobieren. Mit Mobile Ads können Sie Ihr Online-Marketing erweitern und testen, wie Ihre Zielgruppe Werbung auf dem Handy annimmt.

Marketing-Take-away: Umfragen per Handy beliebt

70 % der österreichischen Smartsurfer sind bereit, per Handy an Umfragen teilzunehmen, und erstaunliche 63 % der Österreicher würden gerne an Werbe- und Marketingmaßnahmen teilnehmen. 13 % haben bereits Mobile Couponing genutzt. Allerdings empfinden 50 % Handywerbung als lästig.[6]

9.4 SMS-/MMS-Werbung

Lange Zeit konnte mobile Werbung nur über Textnachrichten erfolgen. Später folgte auch MMS-Werbung, also Textnachrichten mit Bildern, die jedoch häufig nicht korrekt auf dem Endgerät angezeigt wurden. Diesen Nachteil können die mobilen Apps jetzt wettmachen. Lohnt sich also SMS-Werbung überhaupt noch? Und können damit überhaupt Communitys angesprochen werden? Ja, sagen wir, immerhin nutzt der Großteil das Handy nach wie vor zum Versenden von SMS.

Laut Mobile Communitys Report hat bereits ein Fünftel der Handynutzer (21 %) schon einmal an einem SMS-Gewinnspiel teilgenommen. Mit SMS erreichen Sie immer noch mehr Kunden, da erstens nicht alle Handybesitzer auf das Mobile Web

6 Mobile Communications Report, 2011, *http://www.mma-austria.org/presse/mobile-werbung-wird-zunehmend-beliebter-mma-austria-publiziert-den-leitfaden-mobiler-trends-i*, nachfolgend zitiert als »Mobile Communications Report«.

zugreifen und sie zweitens auch keine Apps installieren können. Und bei einer SMS können Sie sicher sein, dass sie beim Empfänger ankommt.

Marketing-Take-away: Mit SMS erreichen Sie Jugendliche

Unter den Jugendlichen von 12 bis 17 Jahren senden 11 % der Teens mehr als 200 SMS pro Tag. In keiner anderen Generation ist SMS-Schreiben so beliebt wie unter Jugendlichen. Bei den älteren Handybesitzern müssen Mobiltelefone vor allem ihren Zweck des mobilen Telefonierens erfüllen. Spielereien sind daher eher unerwünscht, auf das SMS-Schreiben wird meistens gänzlich verzichtet. SMS-Werbung eignet sich daher eher, um jüngere Zielgruppen zu erreichen.[7]

9.4.1 Mit MMS Kunden gewinnen – das Beispiel BMW

Mit einer MMS-Aussendung an bestehende Kunden erreichte BMW eine Conversion Rate von 30 %. BMW Deutschland hat per MMS eine Aussendung an 2.006 Kunden gemacht, um sie an die Winterreifen zu erinnern. Ein Drittel der Empfänger hat auf die MMS reagiert und ist bei ihrem BMW-Händler erschienen. Die Gesamtkosten der Kampagne betrugen 120.000 US$ und führten zu Einnahmen in Höhe von 45 Mio. US$.

Rechtstipp von Peter Harlander: Zustimmung bei SMS-/MMS-Werbung einholen

SMS- und MMS-Werbung ist nur mit Zustimmung des Empfängers zulässig. Ohne Zustimmung des Empfängers handelt es sich um rechtswidrigen Spam.

SMS-Werbung per Massenaussendung, d. h. ohne das Einverständnis der Empfänger, ist ein absolutes No-go. Neben dem rechtlichen Aspekt erzielt diese Werbeform enorme Streuverluste, und andererseits empfinden das die Empfänger als Spam. Dafür ist eine SMS dann doch zu privat.

9.4.2 Der Vorteil von SMS-/MMS-Werbung

Zusammenfassend kann man sagen, dass sich SMS insbesondere für Rabatte, Gutscheine und Preisvorteile eignen. Wenn Ihnen also die Kontaktdaten Ihrer Kunden vorliegen und Sie über die Zustimmung Ihrer Kunden für mobile Angebotszustellung aufs Handy verfügen, können Sie damit auf Angebote aufmerksam machen oder das Feedback Ihrer Kunden einholen. Beispielsweise schicken Telekommunikationsunternehmen SMS an Neukunden und fragen, ob sie mit dem Service und der Abwicklung zufrieden waren. Gerade die Kunden, die noch kein Smartphone

7 JIM-Studie, *http://www.mpfs.de/index.php?id=11*

haben oder noch nicht mobil surfen, erreichen Sie damit nach wie vor sehr passend. Markenaufbau und Markenimage können aufgrund des Platzmangels (nur 160 Zeichen) und des Formats nicht betrieben werden.

9.5 Bluetooth-Werbung

Bluetooth hat seine Stärke bei der Übertragung von Daten. Bisher konnten Sie mit Werbung nur Bilder und Text kommunizieren, jetzt können Sie auch Dateien (Audio, Video) mit Bluetooth übermitteln. Gerade im Bereich der Plakatwerbung wurde Bluetooth bereits vielfach eingesetzt, denn damit lassen sich Kampagnen sinnvoll erweitern und bieten die Möglichkeit, den Kunden noch stärker zu involvieren. Bluetooth ist ein Funkübertragungsstandard, der mittlerweile bei nahezu allen Handys installiert ist. Der Handynutzer muss Bluetooth einschalten, um Daten kostenlos zu empfangen oder zu senden. Auf diese Weise können Daten einfach, kostenlos und schnell übertragen werden.

9.5.1 Mit Bluetooth-Werbung zu mehr Involvement – das Beispiel mp3.de

Die Betreiber des Portals *www.mp3.de* nutzten im März 2007 Kölner Plakatwände, um das damals neue Album der Sängerin Nelly Furtado zu promoten. Über das Plakat konnten sich die Passanten einen Song kostenlos per Bluetooth downloaden. Nach Angaben des Vermarkters Ströer Out-of-Home Media AG wurden mit der Crossmedia-Aktion 4.000 Downloads generiert. Die Stärke dieser Werbeform liegt vor allem in der Verknüpfung von Außenwerbung mit Zusatzfeatures, die mobil abrufbar sind. Besonders erfolgreich sind solche Aktionen an stark frequentierten Orten wie Bahnhöfen oder Haltestellen, wo die wartenden Personen zwar nur kurz Zeit haben, sich dafür aber zugunsten eines interessanten Angebots umso lieber ablenken lassen. Der Spieleanbieter Fox Mobile Distribution ließ sein Spiel »Chuzzle« 2009 auf 40 Berliner Plakatwänden (Citylight-Poster) bewerben und erzielte damit immerhin 11.000 Downloads.

Rechtstipp von Peter Harlander: Bei virtuellen Give-aways Urheberrechte beachten

Wenn Sie per Bluetooth urheberrechtlich geschützte Werke wie Songs verteilen, müssen Sie zur Verteilung dieser Werke zuerst beim Rechteinhaber die Berechtigung dazu einholen. Beim Song-Beispiel reicht es keinesfalls aus, wenn Sie sich die CD gekauft haben. Der CD-Kauf allein berechtigt nicht zur Verteilung des Songs.

9.5.2 Der Vorteil von Bluetooth-Werbung

Unternehmen können mit Bluetooth-Interaktionen vor allem junge, mobile Menschen zwischen 14 und 29 Jahren in Großstädten erreichen. Generell eignet sich Bluetooth für die Verbreitung von digitalem Content wie Fotos, Videos oder Audiodateien. Da die Bluetooth-Übertragung auch ohne Internetanbindung funktioniert, können Sie damit auch Kunden erreichen, die noch nicht zu den Smart-Natives gehören. Setzen Sie Bluetooth in der Außenwerbung oder bei Ambient Media ein, um zusätzliche, interessante Inhalte an die Zielgruppe weiterzugeben.

Tipp: Bluetooth-Werbung mit Social Media verknüpfen

Damit sich die Kampagne noch besser verbreitet, integrieren Sie zusätzlich zum Download auch Social Media: »Dir gefällt diese Aktion? Dann teile Sie mit deinen Freunden!« Die Smartsurfer, die Sie ohnehin mit der Aktion ansprechen, können davon in ihrem Netzwerk berichten.

9.6 QR-Codes – Produktscanner für Konsumenten

Haben Sie sich schon einmal einen Link im Vorbeigehen gemerkt? Dank QR-Codes können Sie ihn jetzt direkt speichern. QR-Codes sind schwarz-weiße Strichcodes, die der schnellen Übermittlung von Informationen dienen. QR steht für »Quick Response«, also »schnelle Antwort«. Viele Handys können mittlerweile QR-Codes lesen, weil sie mit einer Kamera ausgestattet sind. Smartphone-Nutzer können mit einer App Barcodes und QR-Codes scannen. Damit können Sie zusätzliche Informationen zu Produkten und Events zur Verfügung stellen.

Konsumenten oder vorbeigehende Passanten können QR-Codes als Produktscanner, Eventscanner, Linkscanner usw. einsetzen. Jede Information, die auch als Link im Web verfügbar ist, kann als QR-Code verschlüsselt werden. QR-Codes sind besonders bei Smart-Natives beliebt, weil sie mobiles Surfen effektiv bei Leerlaufzeiten einsetzen.

Best Practice – die QR-Code-Kampagne von Mercedes-Benz

Mercedes-Benz hat für den Launch seiner neuen A-Klasse im März 2012 ein Modell komplett mit QR-Codes beklebt. Aber nicht nur auf der Straße, auch im Netz und in der Presse wurden diese QR-Codes gedruckt und die Challenge lautete, die drei »Erlkönige« zu finden (siehe Abbildung 9.6). Den Gewinner erwartete eine Reise zur Premiere der A-Klasse nach Genf.

Abbildung 9.6 Mercedes-Benz' Gewinnspiel mit QR-Codes

9.6.1 Eventmarketing mit QR-Codes

QR-Codes eignen sich, ebenso wie Bluetooth-Werbung, als Verknüpfung zum klassischen Marketing. Besonders in der Außenwerbung und in Printanzeigen sowie im Eventmarketing lassen sie sich sinnvoll einsetzen. Durch QR-Codes können Sie Events mit einem Anmeldeformular erweitern. Sie können genauso gut einen Link zum Ticketshop als QR-Code verschlüsseln. Gerade wenn es besonders lange Links sind, was bei einem Link zum Ticketshop häufig der Fall ist, lohnt sich diese Verkürzung. Die Deutsche Bahn verschlüsselt beispielsweise ihre Online-Tickets als QR-Codes.

9.6.2 Mit QR-Codes Informationen verbreiten

QR-Codes eignen sich auch für die Verbreitung von Informationen. Die Berliner Verkehrsbetriebe stellen über QR-Codes Fahrpläne zur Verfügung. Die BVG kann dadurch diejenigen Kunden erreichen, die gern Informationen auf ihr Handy ziehen und jederzeit nutzen wollen. Solche Services sind in vielen öffentlichen Einrichtungen, seien es Museen, öffentliche Verkehrsmittel und Vereinen denkbar. Öffnungszeiten, Programmhefte oder weiterführende Informationen könnten somit für Passanten sichtbar gemacht werden. Auch für Unternehmen bietet das die Möglichkeit, auf Angebote hinzuweisen (siehe Abbildung 9.7). Oder Sie verschlüsseln mit dem QR-Code ein Gewinnspiel in Social Media, auf das Sie mit einem Plakat hinweisen. Mit dem QR-Code kommt der User dann direkt zur Gewinnspielanmeldung, anstatt sich auf Ihrer Facebook-Seite zu verirren.

Abbildung 9.7 Mit dem QR-Code konnten sich Passanten direkt den Media-Markt-Film im Web anschauen.

9.6.3 Wie Sie einen QR-Code erstellen

Sie haben jetzt sicher einige Ideen, welche Informationen Sie demnächst als QR-Code anzeigen lassen wollen. Aber wie erstellt man einen QR-Code? Sie können für jede Information, die im Web als Link verfügbar ist, einen QR-Code erstellen. Mit dem QR-Code Generator, *http://qrcode.kaywa.com*, können Sie Ihre Website, Ihren Shop, Ihre Veranstaltung usw. verschlüsseln.

Marketing-Take-away: QR-Codes mit Firmenlogo werden sechsmal häufiger gescannt

Für den Veranstaltungshinweis mittels QR-Code nutzte die LBB/Berliner Sparkasse die Logo-Integration und nach Angaben der Agentur wurden diese QR-Codes beim zweiten Plakat-Flight sechsmal häufiger von Passanten gescannt (siehe Abbildung 9.8). Firmenlogos können ohne Bedenken eingesetzt werden, da der Strichcode auch dann noch lesbar ist, wenn 30 % davon mit dem Logo versehen sind.

Unternehmen mit geringem Werbebudget können QR-Codes als kostengünstige Werbemaßnahme einsetzen. Sie können sogar Plakate ausschließlich mit QR-Codes

Abbildung 9.8 Der QR-Code mit Sparkassen-Branding wurde wesentlich öfter gescannt (Fotocredit: Marvin Hegen, Quelle: *tagnition.de*).

erstellen. Das wäre dann zwar nicht besonders kreativ, aber dafür wären die Druckkosten extrem niedrig. Der Vorteil der QR-Codes liegt darin, Kunden direkt die Möglichkeit zu geben, ein Ticket oder Produkt zu bestellen. Interessierte Kunden können direkt ihrem Kaufimpuls folgen und müssen sich z. B. nicht die Website oder den Shop merken, bis sie wieder am Rechner sind. Oder Sie verweisen auf Ihren Plakaten per QR-Code auf eine oder mehrere Ihrer Community-Aktivitäten wie ein Facebook-Event, eine Twitter-Umfrage oder einen Video-Link, anstatt nur den Link Ihrer Website abzudrucken.

9.7 Apps, Apps, Apps

Mobile Anwendungen sind für zwischendurch. Gerade bei Überbrückungs- und Leerlaufzeiten (z. B. Warten auf den Bus, U-Bahn-Fahrten) gesellt sich zur »Zigarette für zwischendurch«, das »mobile Surfen für zwischendurch«. Deshalb sind besonders Spiele auf Smartphones beliebt. Es sind kurze WebSessions, die der User in dieser Zeit nutzt. Ihre mobile Anwendung muss daher auf eine kurzweilige Interaktion ausgerichtet sein.

Das Apple iPhone hat mit seinen mobilen Anwendungen die Handynutzung nachhaltig beeinflusst. Apps sind Anwendungen, die für Spiel, Spaß, Unterhaltung am Handy sorgen. Zu den beliebtesten Apps für Smartphones zählen vor allem Spiele, wie z. B. »Angry Bird«. Auch praktische Anwendungen, wie etwa Wetter-Apps oder die Apps der öffentlichen Verkehrsmittel (z. B. Deutsche Bahn), werden gerne heruntergeladen.

9.7.1 Mit der eigenen Unternehmens-App Kunden verbinden

Eine eigene App für Ihr Unternehmen kann sehr sinnvoll sein, wenn Sie regelmäßig Informationen, News, Veranstaltungen usw. weitergeben wollen. Das hat den Vorteil, dass Sie Ihre Kunden über die spielerische Auseinandersetzung mit der App für Ihr Unternehmen begeistern können. Damit sich der User intensiv mit der Marke bzw. dem Produkt in der App auseinandersetzt, muss die Anwendung für den Nutzer wie geschaffen sein und einen hohen persönlichen Mehrwert für ihn bieten. Nur so können Sie mit einer Anwendung Kundenbindung betreiben. Wie Sie Ihre App konzipieren müssen, zeigt Ihnen Abschnitt 9.7.4, »App-Strategie«.

Tipp: Machen Sie Ihre Website mobil

Neben der App ist es auch wichtig, eine funktionierende mobile Website aufzusetzen, damit User, die mobil surfen, eine entsprechend optimierte Website vorfinden. Nebenbei: Durch HTML5 werden in Zukunft die Smartphone-Nutzer wieder verstärkt auf den mobilen Browser zurückgreifen und möglicherweise wird HMTL5 Apps verdrängen.

9.7.2 Mobiles Markenbranding mit Mobile Games

Spiele werden am häufigsten von den Smartphone-Nutzern heruntergeladen. Aus diesem Grund entwickeln einige Unternehmen ein Spiel für Smartphones, anstatt eine Unternehmens-App herauszubringen, wie z. B. der Kreditkartenanbieter Barclaycard mit seiner Spiel-App »Waterslide extreme« (siehe Abbildung 9.9). Das erinnert Sie vielleicht auch an den Gamification-Ansatz, den wir in Kapitel 1, »Social Media beginnt mit »Du«!«, erklärt haben.

Abbildung 9.9 Mit einer App spielerisch die Marke kennenlernen

Mit dieser App können die Nutzer Punkte sammeln, indem sie auf einer Wasserrutsche gekonnt herunterfahren. Das Spiel wurde am 16. Juli 2009 gelauncht und konnte bis Januar 2010 ca. 10 Mio. Downloads generieren. Das Spiel war an den Waterslide-TV-Spot von Barclaycard angelehnt. Barclaycard wollte an diesen Spot anknüpfen und brachte deshalb dieses einfache und kostenlose Spiel heraus. Es gehört zu den erfolgreichsten Werbespielen für Smartphones und wurde international von Smartphone-Nutzern nachgefragt.

9.7.3 Instagram – beliebte App und mobile Foto-Community

Vielleicht sind Ihnen in letzter Zeit überbelichtete Bilder oder Fotos mit besonderen Filtern aufgefallen? Das liegt an Foto-Apps, wie z. B. »Instagram«, »Leme« oder »Hipstamatic«. Instragram ist neben der Foto-App, mit der man Fotos in Kürze bearbeiten, teilen und in sozialen Netzwerken (Facebook, Twitter, Flickr, Tumblr, Posterous und Foursquare) posten kann, aber auch eine eigene Foto-Community. Den Instagram-Nutzern kann man ähnlich wie in Twitter folgen und sie entfolgen, und natürlich können die Bilder geliket und kommentiert werden.

Warum Sie in Instagram aktiv werden sollten

Beliebte Nutzer in Instagram sammeln viele Follower, die die Bilder kommentieren. Bilder erzeugen außerdem eine höhere Aufmerksamkeit als Nachrichten, und besonders Bilder von Instagram, weil sie optisch ansprechend sind. Das hat auch Vorteile für Unternehmen. »Levi's Brazil«, *http://web.stagram.com/n/levisbrasil*, hat bereits einen eigenen Instagram-Account (siehe Abbildung 9.10), und der Sänger Moby nutzte Instagram, um sein neues Album »destroyed« zu bewerben. Die Nutzer wurden dazu aufgefordert, Fotos von Ihrer Stadt um 2 Uhr Nachts zu schießen und sie mit dem Hashtag #destroyed und dem Ort/Straße, wo es aufgenommen wurde, zu versehen. Unter *http://destroyed.moby.com* entstand so eine interaktive Landkarte, wo die Bilder angeschaut werden können.

Ford Fiesta startete eine Instagram-Kampagne mit dem Namen »Fiestagram«, *https://www.facebook.com/fordfiesta?sk=app_114120472024228*. Dabei mussten die User über den gesamten Kampagnenzeitraum sechs Aufgaben lösen, z. B. Bilder über Musik hochladen und die USB- und Bluetooth-Schnittstelle des neuen Ford Fiesta bewerben. Nach jeder Challenge wurde unter den Teilnehmern das beste Foto gekürt und belohnt. Wichtig war natürlich, das Foto mit #Fiestagram und #Musik zu taggen, um die Aktion Fiestagram zu kennzeichnen und noch mehr Teilnehmer zu aktivieren. Insgesamt gingen 15.723 Bilder ein.

Wenn Sie also mit Bildern etwas anfangen können oder jemand in Ihrem Unternehmen bereits Instagram nutzt, scheuen Sie sich nicht, selbst darin aktiv zu werden. Instagram macht Spaß, und Sie sammeln tolle Fotos.

Abbildung 9.10 Levi's Brazil stellt seine neue Kollektion auch über Instagram dar (Quelle: *http://web.stagram.com/n/levisbrasil)*.

9.7.4 App-Strategie

Ebenso wie bei den Social-Media-Aktivitäten genügt es nicht, mal schnell eine App auf den Markt zu bringen. Sie benötigen schrittweise immer wieder neue Angebote und müssen die Anwender Stück für Stück an den Service heranführen. Viele Unternehmen schätzen Apps als wichtiges, zukunftsträchtiges und innovatives Geschäftsfeld ein und zögern dennoch, eigene Anwendungen anzubieten.

Die beliebtesten App-Stores

Jedes Smartphone verfügt über einen eigenen App-Store. Dort können User die Anwendungen herunterladen. Anfangs war man skeptisch, ob die kleinen Spielereien wirklich die Masse begeistern werden. Doch die Zahlen beweisen, dass Apps bei den Handynutzern sehr beliebt sind.

Der Apple App Store ist mit mehr als 18 Mrd. Downloads und über eine halbe Mio. Apps der größte Anbieter. Jede Woche werden über 2.000 neue Apps eingestellt. Seit Apple seinen App-Store im Juli 2008 gestartet hat, haben andere Smartphone-Anbieter nachgezogen. Für Smartphones, die mit dem Google Android laufen, können die User im Google Android Marketplace (siehe Abbildung 9.11) aus etwa 600.000 Apps auswählen. Für das Blackberry gibt es die Blackberry App World. In Deutschland und Österreich werden vorwiegend Nokia Smartphones genutzt, die mit dem Betriebssystem Symbian ausgestattet sind.

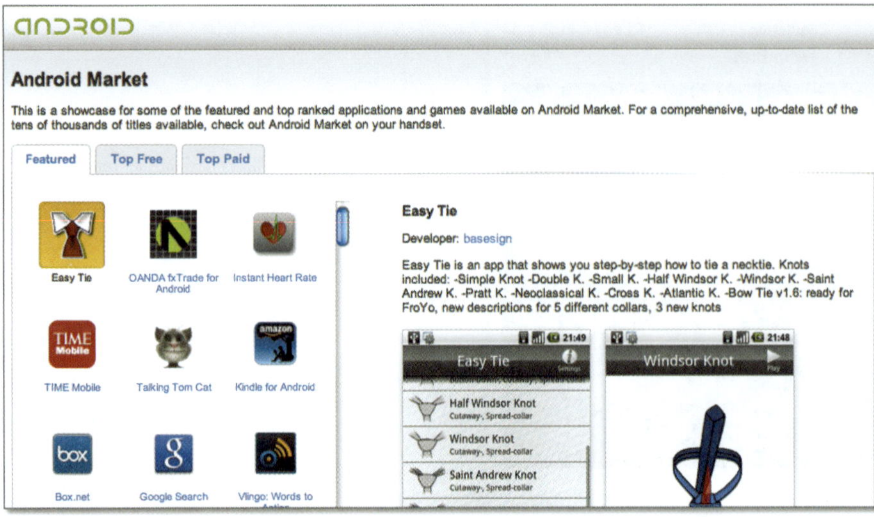

Abbildung 9.11 In den Goolge Android Marketplace können Entwickler Apps zum kostenlosen oder kostenpflichtigen Download anbieten.

Symbian führt die Liste der Handybetriebssysteme an. Die Handybetriebssysteme haben in den EU5-Ländern, also Deutschland, Großbritannien, Frankreich, Spanien, Italien, laut »Connected Europe« folgende Marktanteile:

- Symbian 32 %
- Android 28 %
- Apple 21 %
- RIM 9 %
- Microsoft 6 %
- andere 4 %

Das iPhone steht erst an dritter Stelle, konnte aber im letzten Jahr 54,3 % zulegen. Es ist immer noch das beliebteste Smartphone, aber vergleichsweise teuer. Die anderen Smartphones werden von den Handyanbietern meistens für 1 € im Vertrag verkauft. Sie können günstigere Smartphones leichter absetzen als das vergleichsweise teure iPhone. Allerdings sind die App-Stores anderer Betriebssysteme wesentlich kleiner. Und je kleiner der App-Store, desto weniger machen die Nutzer davon Gebrauch. So macht Apple über Smartphones und Tablets 60 % des Traffics.

Viele Spiele werden nur in dem Moment genutzt, in dem sie in den Top 25 des App-Stores gelistet werden, und werden danach gleich wieder gelöscht. Eine App muss deshalb gut durchdacht und auf langfristige Nutzung ausgelegt sein, damit der Hype nicht verkümmert. Das Beispiel Barclaycard zeigt aber auch, dass selbst erklärungsbedürftige Produkte wie eine Kreditkarte über ein Spiel vermittelt werden können und sich großer Beliebtheit erfreuen. Berücksichtigen Sie solche Überlegungen bei Ihrer App-Strategie. Können Sie ein Spiel als Anwendung herausbringen? Wollen Ihre Kunden nur informiert werden? Oder müssen Sie gerade eine spielerische Anwendung wählen, um die Nutzer bei Laune zu halten?

Was Sie von Barclaycard lernen können

Betrachten wir das Beispiel von Barclaycard noch einmal: Die Waterslide-Kampagne ist Teil einer Gesamtstrategie. Selbst die User, die nicht über ein Smartphone verfügen, können das Spiel auf der Website *www.waterslide.barclaycard.co.uk* ausprobieren. Dadurch hat sich das Spiel auch unter anderen Onlinern verbreiten können. Barclaycard hat außerdem im Sommer 2010 ein Nachfolgespiel namens »Rollercoaster Extreme« herausgebracht. Barclaycard verfolgt damit ein schlüssiges Konzept: der Community der begeisterten Erstanwender von Waterslide extreme ein neues Spiel zur Verfügung stellen, damit der Brandingeffekt nicht verloren geht.

App-Entwicklung

Ihre Unternehmens-App sollte an die Kernaussagen des Produkts oder der Dienstleistung geknüpft sein. Wofür steht das Produkt? Was ist der universelle Nutzen für den Endkunden? Wie können Sie diesen Nutzen mobil darstellen? Eignet sich eher ein Spiel, eine reine Info-App oder eine Video-App? Was möchten Sie langfristig mit der App erreichen: Feedback, Branding, Absatz oder alles? Wie sollen die Anwender Ihr Unternehmen mobil wahrnehmen? Möchten Sie besonders innovativ sein, und verfolgen Sie damit eine Umpositionierung Ihrer Marke? Oder soll die App für den Kundenservice eingesetzt werden?

Stufenmodell definieren

Apps werden im Stufenmodell entwickelt: Es gibt eine erste Version und stetige Erneuerungen. Gerade zu Beginn geht es darum, User für die App zu begeistern, d. h., die Meinungsführer zu gewinnen.

Eine App, die bereits alles kann, könnte den User einerseits überfordern, andererseits gäbe es nach etwas Eingewöhnungszeit nichts Neues mehr zu entdecken. In einem Stufenmodell können Sie die Wünsche Ihrer Kunden berücksichtigen und ergänzende Funktionen hinzufügen.

Beginnen Sie mit einem Prototyp

Die erste Version sollten Sie im Apple App Store einführen, da es der größte Store ist. Die Anwendung sollte rudimentäre Funktionalitäten bieten und dabei ausbaufähig bleiben. In einem zweiten Schritt können Sie der App dann weitere Features hinzufügen. Bei einer Spiel-App könnte der Prototyp beispielsweise rein auf das Spiel abgestimmt sein und in einem zweiten Schritt einen Community-Login beinhalten, damit die User ihre Ergebnisse auch mit anderen Nutzern vergleichen können. Bei einer Unternehmens-App könnte die erste Version einen Produktkatalog beinhalten, die der Nutzer in einer Merkliste zusammenstellen kann.

In der zweiten Phase wird die App dann um »Share it«-Funktionen, Produktbewertungen und -empfehlungen sowie um eine einfache Kaufoption erweitert. Auf diese Weise können Sie dann Stück für Stück anspruchsvolle Funktionen wie einen integrierten Shop (mit Mobile Payment), Elemente der Kundenberatung (Rückruf und Beratungen), Location Based Services (Hinweise auf lokale Angebote) bis hin zu Augmented Reality hinzufügen.

Viele Unternehmen setzen dieses Stufenmodell bei ihren Apps um, zumal kontinuierlich Anpassungen gemacht werden müssen. Dazu zählt auch die Entwicklung von Apps in anderen Handybetriebssystemen, wie Symbian. Eine Erweiterung kann also auch aufgrund neuer Technologie erfolgen. Das regelmäßige Aktualisieren der Apps führt auch dazu, dass sich der Anwender immer wieder mit der App beschäftigt und darauf aufmerksam gemacht wird.

Tipp: Mobile Anwendungen mit Social Media verknüpfen

Fügen Sie Ihrer App Schnittstellen zu Social Media hinzu, damit sie sich verbreiten kann. Verknüpfen Sie Ihre Anwendung mit möglichst vielen sozialen Medien (»Teilen«-Funktion). So kann sich die neue Anwendung schneller herumsprechen.

App-Finanzierung

Es gibt kostenpflichtige und kostenlose Apps für den User. Die Wahl der App-Finanzierung ist abhängig vom Unternehmen. Wird die App über ein Werbebudget finanziert, oder muss die App durch Einnahmen refinanziert werden? Werden kostenpflichtige Inhalte zur Verfügung gestellt? Je nachdem können die folgenden vier Modelle (siehe Abbildung 9.12) für die Finanzierung herangezogen werden:

- **Pay per Download**: Wird einmalig bezahlt. Achten Sie auf Ihre Zielgruppe! Jugendliche unter 16 besitzen häufig noch keine Kreditkarte.
- **Abo-Modelle**: einmalige Abos und monatliche Abos. Wenn Sie mit einer App Markenbranding erzielen wollen, sollten Sie die App nicht kostenpflichtig

anbieten, schließlich zahlen die Kunden ja normalerweise auch nicht dafür, Werbung präsentiert zu bekommen.

- **Werbefinanzierung**: Die App ist kostenlos und werbefinanziert (durch *In-App-Werbung* oder *In-Game-Werbung*).
- **Hybridmodelle**: Kombination aus Werbefinanzierung und bezahlten Inhalten. Die Süddeutsche Zeitung hat beispielsweise eine kostenlose App (»Silber«) und eine kostenpflichtige App (»Gold«). Die kostenpflichtige App kostet 1,59 € für einen Monat und bietet auch Downloadfunktionen, sodass sich der Anwender Kosten für die Mobilverbindung sparen kann.

Marketing-Take-away: Unternehmen setzen auf Hybridmodelle

Das Modell »kostenlose App mit Werbefinanzierung« wird laut der Umfrage des Bundesverbands Digitale Wirtschaft (siehe Abbildung 9.12) von Unternehmen als Erfolg versprechend eingestuft. Überlegen Sie sich bei der Finanzierung Ihrer App also, welche Zielgruppe Sie ansprechen wollen und ob es finanzielle Hürden geben könnte. Bei einem Markenspiel wie mit der Spiele-App Waterslide extreme wäre eine kostenpflichtige App eine enorme Hemmschwelle gewesen. Die App hätte sich niemals so stark unter den Smartphone-Nutzern verbreitet.

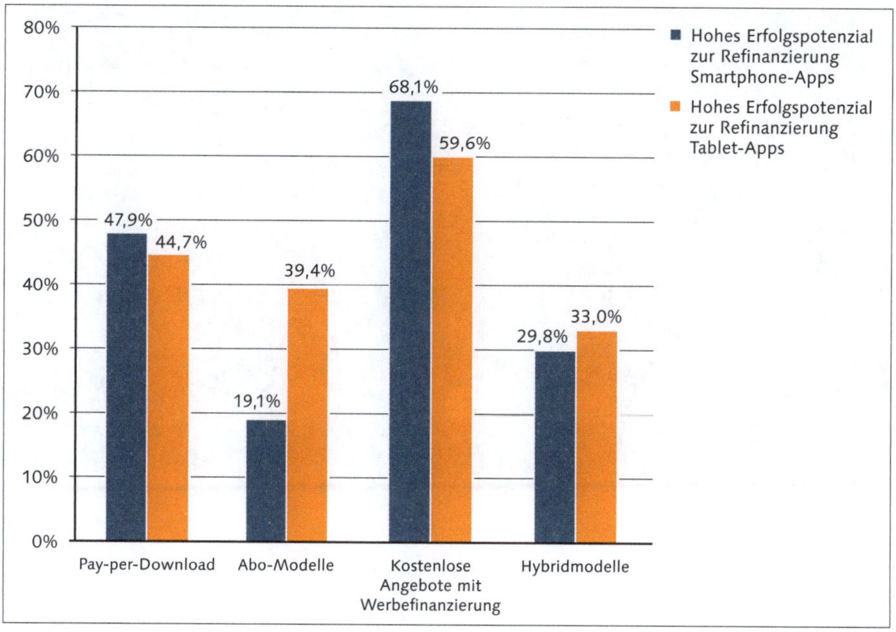

Abbildung 9.12 Finanzierungsmodelle für Apps (Quelle: BVDW e. V.)

Wenn Sie besondere Services oder urheberrechtlich geschützte Inhalte (Bücher, Journalismus) anbieten, ist eine kostenpflichtige App schon viel sinnvoller. Je mehr Inhalte Sie zur Verfügung stellen, die Sie selbst auch Geld kosten, desto eher müssen Sie eine Finanzierung berücksichtigen.

9.8 iPad-Marketing

Neben Smartphones erobern derzeit sogenannte Tablet-PCs wie das iPad, Amazon Kindl oder das Galaxy Tab den Markt. Sie sind kleiner und leichter als PCs und Laptops und verfügen über viele praktische Funktionalitäten, wie Ein- und Auszoomen und das Einbinden dynamischer Inhalte wie Infografiken und Videos. Deshalb eigenen sie sich für Infotainment, Produktpräsentationen als auch für interaktive Werbekampagnen. Beim iPad Apple Design Award 2011 gewann unter anderem die iPad-App »Al Gore. Our Choice« – eine App über die Klimaerwärmung mit Text-, Bild-, Bewegtbild- und dynamischen Inhalten sowie Infografiken, siehe *http://vimeo.com/22872265*. Neben der Klima-App hat auch eine DJ-App den Design-Award gewonnen, siehe Abbildung 9.13. Das zeigt, welche technischen Möglichkeiten iPad-Apps bereits bieten.

Abbildung 9.13 Die iPad-App »djay« ist ein mobiles Mischpult.

9.8.1 Das iPad als Werbemittel und zur Produktpräsentation

Tablet-PCs eignen sich als Werbemittel, da ihr Bildschirm viel größer ist als bei Smartphones, womit sich Videowerbung wesentlich schöner darstellen lässt. Mit iPad-Apps können Sie Informationen attraktiv aufbereiten und gleichzeitig den individuellen Medienkonsum Ihrer Kunden bedienen. Nutzen Sie iPads in Ihrem Geschäft zur Waren- und Produktvorführung. Ihre Dienstleistungen können mit dem Touchscreen des iPads erlebbar gemacht werden, wodurch interaktive Präsentationen möglich sind. Einer Befragung von 250 Unternehmern der Firma Initiative zufolge werden 73 % der Befragten das iPad in Zukunft als Werbemittel einsetzen.

Egal, ob im Büro, im Handel oder im Dienstleistungsbereich – überall werden Informationen, auf Prospekten und Plakaten, über Infoscreens und Videoboards, bereitgestellt. Bisher waren diese Präsentationen jedoch in keiner Weise interaktiv. Der Kunde konnte sich nur davon berieseln lassen. Bei Präsentationen auf Ihrem iPad ist der Kunde aber nicht nur »Zuschauer«, sondern kann sich durch das Angebot, den Produktkatalog und durch die Firmenvideos klicken. Er kann sich seine Präsentation sogar individuell zusammenstellen und Fotos und Videos mehrmals anschauen. Tablet-PCs haben gegenüber stationären PCs den Vorteil, dass sie mobil verwendet werden können. Gegenüber Smartphones trumpfen sie mit größeren Bildschirmen auf, wodurch Werbung, Firmenpräsentation, Produkte höher auflösend dargestellt werden können.

Best Practice – Optima iPad-App für Produktpräsentationen

Die britische Firma Optima Systems, *http://www.optimasystems.com*, hat kürzlich erst eine iPad-App zur Produktpräsentation von »Cyber Duck« entwickeln lassen und damit den CMA Award gewonnen. Das YouTube-Video »Optima iPad App Demo« über die App finden Sie unter *http://youtu.be/08jVmJM82n8*. Nebenbei: Mit der Apple-Software Keynote lassen sich auch sehr umfangreiche Produktpräsentationen erstellen, die Sie ebenfalls auf dem iPad und auf Laptop/PC zeigen können.

9.8.2 Interaktive iPad-Werbung

Besonders sinnvoll sind iPad-Werbespots oder iPad-Apps, die den Betrachter zur Interaktion auffordern, denn das geht mit dem Touchscreen ganz einfach und führt durch das aktive Eingreifen des Betrachters zu einer starken Auseinandersetzung mit der Marke bzw. der Werbebotschaft. Ein gelungenes Beispiel für interaktive iPad-Werbung ist die Anzeige des Vereins gegen Tierfabriken (VGT) in der iPad-App des österreichischen Magazins DATUM (siehe Abbildung 9.14). Die Anzeige von »Pelzatelier Stefanie Rieder« (der Name war erfunden) wirkte zunächst wie eine Standardanzeige eines Mode-Labels. Die User versuchten also die vermeintlich störende Werbeeinblendung durch Wischen auf dem Display zu überspringen. Doch statt des gewünschten Effekts hinterließ der Nutzer damit digitale Blutspuren auf dem Display. Erst nach mehreren Versuchen erscheint der VGT-Hinweis: »27 Füchse mussten für diesen Pelz qualvoll sterben.«

Abbildung 9.14 Der Verein gegen Tierfabriken (VGT) inszenierte eine Pelzmodenanzeige und ließ sie von iPad-Usern mit Blut beschmieren.

Marketing-Take-away: Interaktive Werbung auf dem iPad wirkt

Interaktive iPad-Werbung, bei denen der Betrachter eingreifen kann, macht Jugendlichen bis 19 Jahren besonders viel Spaß (siehe Abbildung 9.15). Im Gegensatz zu klassischen TV-Spots bieten sie dem Zuschauer erstmals einen Mehrwert, weil er aktiv mitmachen kann. Diese Spots erzeugen eine höhere Aufmerksamkeit und Auseinandersetzung mit der Marke bzw. der Anzeige. Dieses sogenannte Customer Involvement bzw. Audience Engagement führt letztlich auch zu einer höhere Kaufbereitschaft. Nutzen Sie die technischen Möglichkeiten, und integrieren Sie Bilder, Videos, Zoom-in- und Zoom-out-Funktionen sowie Eingabefenster.

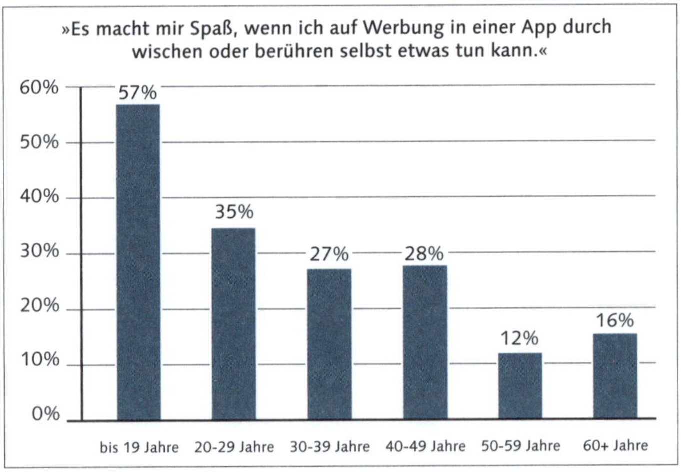

Abbildung 9.15 Interaktive Werbung auf dem iPad kommt am besten an.

9.8.3 Die iPad-App der Deutschen Post

Einige iPad-Apps haben bereits für Aufmerksamkeit gesorgt. Die Deutsche Post hat im Sommer eine iPad-App namens »Funcard« (siehe Abbildung 9.16) auf den Markt gebracht, womit die Anwender eigene Postkarten mit Urlaubsfotos gestalten und versenden können. Das Ergebnis sind individualisierte Postkarten in Echtzeit statt der immer gleichen Digitalfotos, die sich letztendlich ja doch niemand anschaut. Das iPad bietet dafür die nötigen Funktionalitäten, und der Urlauber spart sich den Gang zur Post, denn Versand und Druck übernimmt die Deutsche Post.

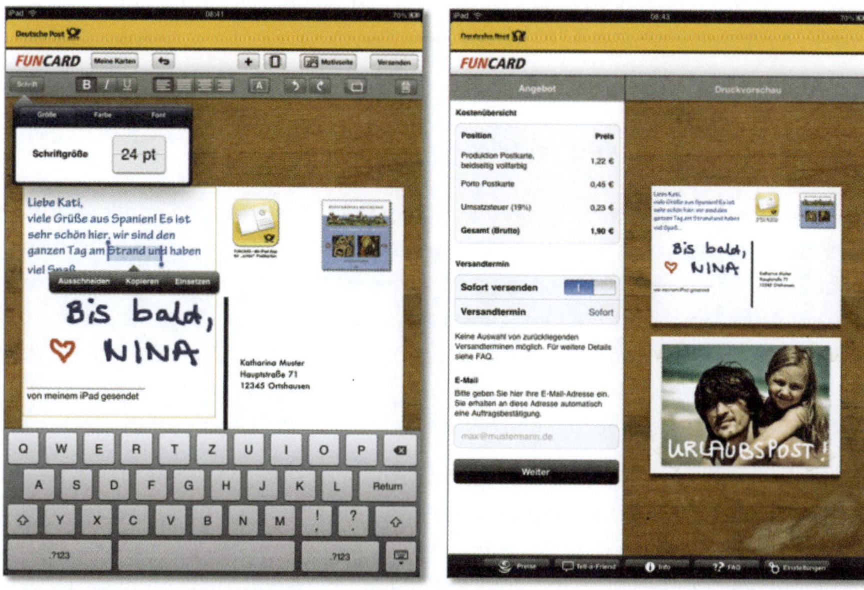

Abbildung 9.16 Die Funcard-App der Deutschen Post

9.9 Mobile Advertising

Wir möchten Mobile Advertising nur kurz anreißen, da es eigentlich zum klassischen Online-Marketing zählt und auch von den Agenturen gebucht wird. Allerdings gewinnt Mobile Advertising zunehmend an Bedeutung, da das Surfen am PC vom Mobile Web abgelöst wird. Langfristig wird Online-Werbung also nicht mehr am PC oder Laptop gesehen, sondern über Smartphones wahrgenommen. Laut dem Forschungsinstitut Kelsey Group soll die mobile Werbung in den USA von 160 Mio. US$ in 2008 auf 3,1 Mrd. US$ in 2013 wachsen. Mobile Advertising wird in den nächsten Jahren zu einem fixen Bestandteil des Kommunikationsmix und Crossmedia werden, und mobile Werbung wird sogar im Online-Marketing dominieren.

Mobile Werbung sollten Sie daher als zusätzlichen Medienkanal für Ihre Online-Werbung buchen. Die Online-Vermarkter haben sich in Sachen Mobile Advertising bereits aufgestellt. Über Partnerprogramme können zusätzlich Mobile Ads nach dem Werbeumfeld gebucht werden. Wenn Sie beispielsweise eine Automarke mobil bewerben wollen, dann buchen Sie Mobile Ads beim Vermarkter (z. B. IP-Deutschland, ubiyoo) zu einer bestimmten Medialeistung. Je nach Vermarkter können Sie die Medialeistung auf Basis von Einblendungen (Ad Impressions) oder Performance (Bezahlung bei Klick auf die Anzeige) abrechnen.

Google und Apple bieten ebenfalls Mobile Ads an. Bei Apple können *iAds* gebucht werden, bei Google *Mobile Ads*.

9.10 Location Based Marketing

Wenn die User in sozialen Netzwerken bislang ihre Freundschaften gepflegt, Bilder und Videos hochgeladen und Inhalte geteilt haben, werden sie in den nächsten Monaten vor allem eines tun: einchecken. Einchecken, d. h., an einem Ort ankommen und erst einmal dort bleiben. Dieser Check-in ist vergleichbar mit der Statusmeldung auf Facebook und Twitter, nur dass gleichzeitig der Ort mitgeliefert wird. Solche Dienste werden als *Location Based Services* (kurz LBS) zusammengefasst, also als ortsbasierte oder ortsbezogene Dienste.

Das Einchecken geschieht mithilfe der Smartphones, denn diese sind mit einem GPS-Empfänger ausgestattet und können den Standort des Users bestimmen. Im Mobile Social Web teilen die User jedoch ihren Standort mit anderen Usern, sodass sich immer wieder lokale Communitys bilden können. Mit den Location Based Services (oder Geo-Apps) Foursquare oder Facebook Places können die User an Orten und Plätzen einchecken. Das können Bars, Restaurants, Cafés, Bürogebäude, Bahnhöfe usw. sein. Die Freunde in ihrer Community sehen dann, wo sie sich gerade eingecheckt haben.

Paradigmenwechsel – erst waren es Gedanken, jetzt sind es Orte

Anfangs wurde die Aufforderung, eine Statusmeldung nach dem Motto »Was machst du gerade?« in Twitter zu posten, ebenso kritisiert, und es dauerte eine Weile, bis es genug Nutzer gab, die sich nicht scheuten, diese Frage wortwörtlich zu beantworten. Heute fragt Twitter: »What's going on?«, also »Was ist gerade bei dir los?« Bei der Standortbestimmung wird es ähnlich ablaufen. Das anfängliche Misstrauen wird einem Vertrauen in die eigene Community weichen. Möglicherweise wird es auch Funktionen geben, bestimmte User von der Standorteinsicht auszuschließen. Es ist ungewiss, wie die Datenschutzthematik gelöst werden wird. Letztlich liegt es bei jedem User selbst, was er von sich preisgibt.

9.10.1 Beliebte Location Based Services

Im deutschsprachigen Raum sind vor allem folgende Location Based Services mit jeweils eigener App in Verwendung:

- Foursquare/Forecast
- Gowalla
- Google Latitude
- Facebook Places
- Friendchecker

Insbesondere Foursquare erfreut sich aufgrund seiner spielerischen Funktionalitäten großer Beliebtheit. Auch für Unternehmen bietet es die besten Möglichkeiten, mobile Kunden lokal zu erreichen. Facebook Places mit Facebook Deals ist ein ernstzunehmender Konkurrent.

9.10.2 Wie Sie Ihre Kunden im Hier und Jetzt abholen

Mit Location Based Services können Unternehmer lokale Fans ansprechen und eigenes lokales Marketing betreiben. Damit können Sie Ihren Kunden nach dem Prinzip »Wenn Sie gerade in der Gegend sind, schauen Sie doch bei uns vorbei!« genau dort abholen, wo sie sich gerade befinden. Dadurch verringern Sie Streuverluste, die in der klassischen Werbung besonders hoch sind. Bei Location Based Services geht es nicht um Markenbranding oder Reichweite um jeden Preis, sondern darum, die relevanten Angebote an die anvisierten Kunden zu kommunizieren. Wenn sich Ihr Kunde bereits in Ihrem Geschäft befindet, ist es ein Leichtes, seine Aufmerksamkeit zu gewinnen.

9.10.3 Location Based Marketing

Mit Location Based Services können Sie Ihre bisherigen Marketingaktivitäten (Gutscheine, Mailings, Rabatte) verzahnen. Spüren Sie potenzielle Kunden und Lieblingskunden direkt vor Ort auf. Das sind Gäste, die an Ihrem Ort besonders oft einchecken. Belohnen Sie sie mit einem kostenlosen Getränk (z. B. in der Gastronomie) oder einem Gutschein. Ihr Kunde freut sich, denn das Angebot trifft direkt am Point of Sale auf sein Interesse.

Mit geolokalisierten Angeboten können Sie langfristig Flyer und Prospekte durch digitale Gutscheine ersetzen bzw. ergänzen. Das geht einerseits mit Gutschein-Apps (Abschnitt 9.7, »Apps, Apps, Apps«) oder eben mit Geo-Apps wie Foursquare. Dann spüren Sie jedoch direkt Ihre Lieblingskunden auf, anstatt Angebote und Gutscheine herzuschenken. Digitale Gutscheinsysteme über Location Based

Services haben den Vorteil, dass Sie die Aktionen noch mehr steuern können, denn Sie entscheiden, wen Sie belohnen wollen.

9.10.4 Lokales Marketing durch globale Netzwerke

Location Based Services sind jedoch keine geschlossenen Communitys, denn der User hat die Möglichkeit, seinen Standort gleichzeitig auch in Facebook und Twitter zu veröffentlichen. Auf diese Art haben sich Location Based Services schnell verbreitet, da beispielsweise Facebook-Freunde auf die Anwendung aufmerksam gemacht wurden. Aber nicht nur die Anwendung, insbesondere der Ort, wird auf diese Weise im Freundes- und Bekanntenkreis bekannt gemacht. Die User entdecken neue Bars und Cafés durch die Check-ins ihrer Freunde. Meistens handelt es sich um Städtetipps. Wenn jemand also in Ihrem Geschäft oder Büro eincheckt, macht er kostenlos Werbung für Ihr Unternehmen. Sie müssen deshalb dafür sorgen, dass regelmäßig Leute an Ihrem Ort einchecken und diese Information in ihrem Online-Netzwerk mitteilen.

Marketing-Take-away: Warum es sich lohnt, lokal Gutscheine zu verschenken

Sie fragen sich jetzt vielleicht, warum Sie Ihrer lokalen Community so großzügig Geschenke machen sollten und ob das überhaupt effizient ist? Zunächst einmal werden diese Geschenke nicht an irgendwen vergeben, sondern an Ihre treuen Lieblingskunden. Das Lieblingskundenprinzip haben wir Ihnen in Kapitel 2, »Social-Media-Strategie«, erklärt. Ob es sich um einen Lieblingskunden handelt, können Sie an der Anzahl seiner Check-ins ablesen. Oder Sie belohnen erst dann, wenn der User einen Kommentar abgegeben oder einen Tipp hinterlassen hat. Sie können sicher sein, dass nur Ihre Lieblingskunden diesen Aufwand betreiben werden, um einen Gutschein zu erhalten. Durch seine Tipps und Empfehlungen sichern Sie sich positive Kommentare und Empfehlungen, um neue Kunden zu werben.

9.10.5 Digitale Mundpropaganda steigern

Die meisten Location Based Services sind automatisch mit Social Media verknüpft, d. h., nicht nur die lokale Community erfährt davon, sondern auch Facebook-Freunde und Twitter-Follower. Die digitale Mundpropaganda steigert sich bei Location Based Services um ein Vielfaches. Durch das Geben-und-Nehmen-Prinzip sind die Kunden viel eher bereit, etwas über Sie in Social Media zu schreiben, wenn sie auch etwas dafür bekommen. Und gleichzeitig nehmen sie auch viel lieber etwas, wenn sie etwas dafür gegeben haben. Gutscheine und Couponing sind vielversprechende Einsatzszenarien für Location Based Services.

9.10.6 Wer sind Ihre Local Heroes?

Ihre Local Heroes sind im Grunde genommen Ihre Lieblingskunden. Es sind die Gäste, die täglich zu Ihnen kommen, die seit Jahren Kunde bei Ihnen sind und für die Sie sich in der Regel etwas mehr Zeit nehmen. Sie sind aber auch die Meinungsführer und Vermittler, die mit ihren Tipps und To-dos in Foursquare Ihr Lokal bewerben. Ihre Angebote und Aktivitäten mit Location Based Services werden zukünftig darüber entscheiden, wo diese Treffen stattfinden, denn die Nutzer werden aktiv nach Angeboten Ausschau halten.

Sprechen Sie Ihre Lieblingskunden also aktiv an, und vernetzen Sie sich mit ihnen. Sie werden sich noch als sehr wertvoll für Sie erweisen. Location Based Services werden sich als Standard in sozialen Netzwerken etablieren, auch wenn sie nur ein zusätzliches Tool sind. Foursquare wird sich am ehesten als Zusatz-Tool neben Facebook und Twitter durchsetzen, auch wenn Facebook mit Facebook Places nachziehen wird.

Wo sind Ihre Local Heroes?

Über *http://rt4sq.zaubersoftware.com* können Sie Foursquare-Check-ins, die auf Twitter geteilt wurden, siehe Abbildung 9.17, prüfen und gewinnen einen Einblick, wo sich Ihre Local Heroes aufhalten

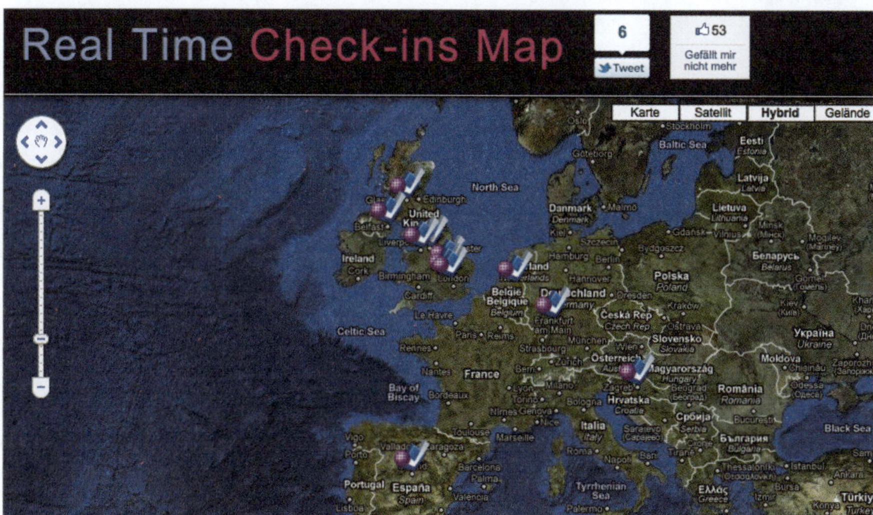

Abbildung 9.17 Wer checkt in Ihrer Nähe ein?

9.10.7 Foursquare

Die New York Times schrieb im Februar 2010 über Foursquare: »This app makes a city come alive«, denn es sind die besonderen Städtetipps, die besten Cafés, die schönsten Parkanlagen, die interessantesten Museen, die eine Stadt erst lebendig machen. Foursquare wurde 2009 gegründet und hatte im September 2010 weltweit bereits 2,6 Mio. User. Foursquare lockt seine Nutzer von Beginn an mit kleinen Spielereien. Der User kann Punkte sammeln, Mayor (Bürgermeister) werden und erhält verschiedene Badges (Auszeichnungen):

- **Punkte**: Mit jeder neu angelegten Location erhält der Nutzer Punkte.
- **Mayorship**: Wer innerhalb von zwei Monaten am häufigsten an einem Ort/einer Location eincheckt, wird zum »Mayor« (Bürgermeister) der Location. Andere User sehen dadurch, wen sie häufig in der Location treffen können.
- **Badges**: Badges sind Auszeichnungen. Die User erhalten sie, wenn sie bestimmte Ziele erreichen, etwa einen »Fresh Brew Badge« für häufige Check-ins in Cafés (siehe Abbildung 9.18).

Abbildung 9.18 Virtuelle Anstecknadeln, »Badges«, sind ein wichtiger Anreiz für die User, regelmäßig mit Foursquare einzuchecken.

Die User sind also immer angehalten, Orte anzulegen, um Punkte zu sammeln. Durch die Auszeichnungen wird auch durchaus ein wenig Konkurrenz unter den Usern erzeugt.

Tipp: Die User machen Ihren POI bekannt

Zusätzlich können die Nutzer »Tipps« und »To-dos« für den POI eintragen. Diese Tipps und To-dos werden anderen Usern beim Check-in angezeigt. Auf diese Weise verbreiten sich Ortsempfehlungen in Foursquare. Wenn der Nutzer etwas Interessantes an einem Ort entdeckt hat, z. B. eine Ausstellung in einem Museum, kann er es durch einen Tipp anderen Usern weitersagen.

Empfehlungsmarketing mit Forecast

Zusätzlich zu Foursquare gibt es den Dienst »Forecast« (siehe Abbildung 9.19), mit dem Nutzer sagen können, wo Sie hingehen werden. Dadurch ergeben sich noch einfachere Möglichkeiten der Kundenansprache, denn Sie haben ein bisschen mehr Zeit, den Kunden auf attraktive Angebote hinzuweisen.

Abbildung 9.19 Mit Forecast sagen die User vorher, wo sie hingehen und was sie dort machen werden.

9.10.8 Lokales Marketing mit Foursquare

Sie können Ihre Location (Büro, Geschäft, Restaurant) als Inhaber (»Venue«) in Foursquare markieren. Foursquare fragt sie dazu: »Do you manage this venue? Claim here.« Sobald Sie sich als Besitzer/Manager eingetragen haben, können Sie spezielle Angebote zur Location eintragen. Sie können jedem Besucher, der gerade eincheckt, ein Angebot machen oder nur die »Mayors« Ihrer Location belohnen. Der Mayor erhält beispielsweise einen Gutschein, oder jeder eingecheckte Besucher, der einen Tipp abgibt, erhält ein Probegetränk. Sie können immer nur ein Angebot online stellen, jedoch zwischen Ihren verschiedenen Specials hin- und herwechseln. Foursquare prüft diese Angebote und stellt sie online. Sie bekommen von Foursquare einen Aufkleber zugeschickt, den Sie in Ihr Lokal (z. B. an die Eingangstür) kleben können.

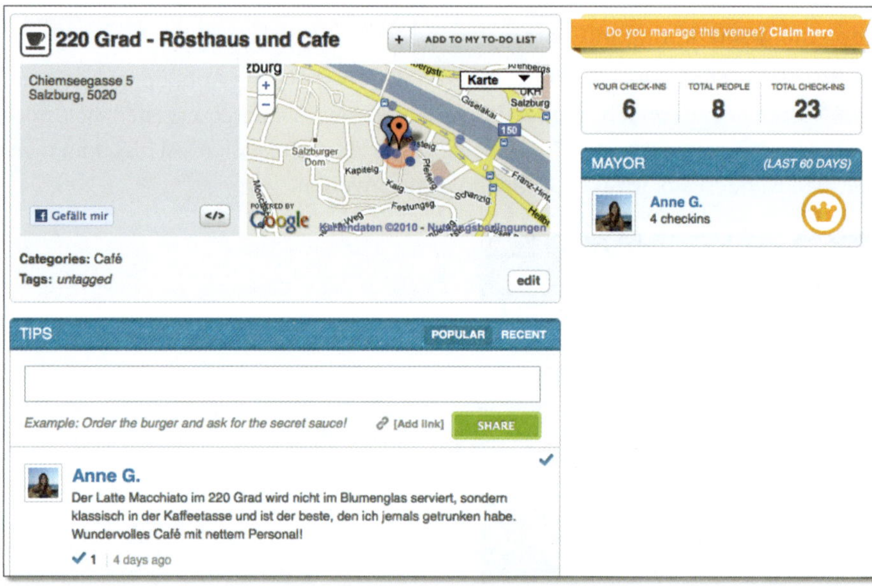

Abbildung 9.20 Wer ist hier, wer war hier und wie oft? Diese Fragen beantworten die User in Foursquare.

Da Sie auf die Check-ins der User angewiesen sind, um auf Foursquare als »Trending Now« (ab fünf Personen) gelistet zu werden, laden Sie Ihre Gäste mit dem Aufkleber aktiv zum Einchecken ein. Ihr Lokal erhält mehr Aufmerksamkeit, neue Kunden checken ein, und Sie gewinnen an Bekanntheit.

Statistiken über Ihre Besucherströme

Foursquare bietet Lokalbesitzern ausführliche Besucherstatistiken, die Frequenz der Besucher, die Uhrzeit der Check-ins und den Anteil der Besucher, die ihre Check-ins auf Facebook und Twitter geteilt haben (siehe Abbildung 9.20). Die Statistiken geben Ihnen Aufschluss darüber, ob Foursquare ein geeignetes Tool für Sie ist. Checken die User häufig bei Ihnen ein, können Sie Ihr Engagement in Foursquare erhöhen. Außerdem erfahren Sie sogar den Namen der Personen, die in Ihrem Store waren und können sie nachträglich ansprechen. Der Vorteil von Foursquare liegt also auf der Hand: Der Service gibt sehr konkret Auskunft über Ihre Lieblingskunden. Wie wir bereits in Kapitel 2, »Social-Media-Strategie«, beschrieben haben, sind diese verantwortlich für das Verbreiten von Empfehlungen, die durch »Tipps« und »To-dos« in Foursquare ausgesprochen werden.

9.10.9 POI-Marketing mit Location Based Services

Mit Location Based Marketing können Sie verstärkt auf Ihren POI (Point of Interest) aufmerksam machen. Das erreichen Sie durch durchdachte Aktionen, bei denen die Nutzer im Endeffekt das Empfehlungsmarketing übernehmen und Sie sie dafür belohnen. Sie müssen Foursquare dafür aktiv nutzen oder einen Mitarbeiter einstellen, der sich mit Ihren Lieblingskunden vernetzt.

Marketing-Take-away: Mit Foursquare-Coupons zu mehr Besuchern

In den USA hatte im Juni 2010 die Kaffeehauskette Starbucks die User mit seinen Foursquare-Aktionen überrascht. Die Mayors erhielten einen Kaffeerabatt im Wert von 1 US$. Das Angebot wurde sehr gut angenommen und führte zu einer höheren Besucherfrequenz im Shop. Viele Medien (Blogs, Social Media) berichteten vom Vorstoß der Starbucks-Filialen in Sachen Location Based Services. Sie können mit solchen Aktionen daher auch Buzz in den Medien generieren, vorausgesetzt, Sie sind der Erste und bekannt genug.

Um den Effekt der Empfehlungen auf Foursquare auszunutzen, sollte das Special so angelegt werden, dass möglichst viele andere Nutzer davon erfahren. Das Belohnungssystem sollte die aktive Beteiligung der Nutzer einbeziehen. Verschenken Sie nicht einfach Ihre Produkte an eingecheckte Nutzer, sondern setzen Sie voraus, dass der User einen Tipp anlegt. Wenn Sie Ihren POI bekannt machen wollen, müssen Sie sich als Foursquare-Nutzer selbst aktiv beteiligen. Befreunden Sie sich mit aktiven Usern in Ihrer Umgebung. Schreiben Sie Tipps und To-dos für Ihre und andere Locations.

Best Practice – Restaurant Reisinger's

Das Wiener Restaurant Reisinger's hat den Dienst Foursquare für sich entdeckt (siehe Abbildung 9.21) und in seinem ersten Special die Mayors seines Lokals mit einem kostenlosen Getränk belohnt. In der weiteren Folge hat man sich dann aber dafür entschieden, User mit einem Gratisgetränk erst dann zu belohnen, wenn Sie Tipps und To-dos für das Restaurant anlegen. Die User haben fleißig ihre Lieblingsspeisen und Getränkeempfehlungen gepostet. Durch die Tipps und To-dos konnte sich das Restaurant unter den Nutzern leichter herumsprechen.

Reisinger's bewirbt das Special auf der eigenen Website, in Twitter und Facebook. Mit Hinweisen auf gängigen Plakaten im Restaurant (z. B. im Eingangsbereich) könnte man zudem auf das Angebot bzw. die App aufmerksam machen.

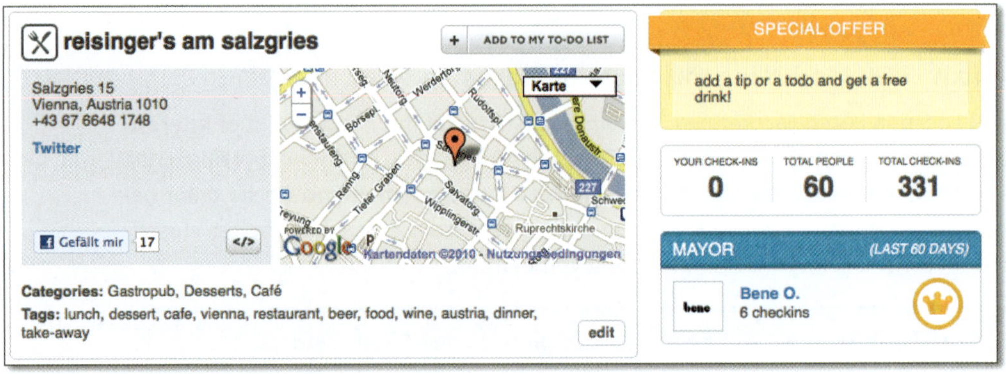

Abbildung 9.21 Digitaler Treuebonus beim Restaurant Reisinger's

9.10.10 Lokales Empfehlungsmarketing

Foursquare ist ein sinnvolles und kostengünstiges Tool, mithilfe der Empfehlungen der Lieblingskunden neue Kunden an das Produkt bzw. die Location heranzuführen und langfristig zu binden. Der Service ist im deutschsprachigen Raum noch relativ neu und wird nur von einem geringen Teil der Smart-Natives genutzt. Auch wenn es sich noch um eine geringe Anzahl aktiver Foursquare-Nutzer handelt, können Sie durch die Reichweite in Social Media (Check-ins, die in die sozialen Netzwerke weitergeleitet werden) auf Ihren Ort aufmerksam machen. Zudem können Sie sich als einer der Ersten auf diesem Feld ein großes Medienecho sichern, denn Foursquare ist ein Trend, den erst sehr wenige Unternehmen entdeckt haben.

9.10.11 Facebook Places

Bei Facebook-Places handelt sich um einen direkten Unternehmenseintrag auf Facebook, vergleichbar mit Google-Maps-Einträgen. Es ist eine eigenständige Seite mit relevanten Ortsangaben, d. h. eine Karte mit Ortsangaben, jedoch keine Facebook-Seite. Auf dieser Seite sehen Sie, wer bereits bei Ihnen eingecheckt hat (und können die User anschreiben). Natürlich werden auch Kommentare von Freunden zu diesem Ort angezeigt. Fremde Kommentare von Personen, mit denen man nicht befreundet ist, werden nicht angezeigt, aber als Zahl dargestellt. Als weitere Funktion ist es möglich, Ihre Facebook-Seite mit dem Places-Eintrag zu verknüpfen. Dann wird im oberen Teil der Facebook-Seite der Places-Eintrag angezeigt. Bisher sind die Unternehmen von dieser Darstellung nicht begeistert, aber es bietet den Vorteil, gemeinsame Interessen und Orte innerhalb der lokalen Community anzuzeigen.

9.10.12 QYPE

QYPE ist eine Bewertungsplattform für Locations, die schon lange vor Location Based Services für Handys existierte. Die Orte (vor allem Restaurants) werden auf der Website *www.qype.de* von den Usern eingetragen und bewertet. Für QYPE gibt es natürlich auch eine Smartphone-App, mit der die Nutzer spontan Orte bewerten können. Der User sammelt außerdem für seine Check-ins Punkte. QYPE haben wir in Abschnitt 4.8.2, »QYPE«, ausführlich erläutert.

9.10.13 Kritik an Location Based Services

Location Based Services geraten natürlich auch in die Kritik von Datenschützern. Die öffentliche Preisgabe von Orten kann in aller Konsequenz auch zur Erstellung von Bewegungsprofilen führen. Wenn jemand in einer Bar eincheckt, ist er zwangsläufig nicht zu Hause. Für Einbrecher wäre das ein perfekter Überwachungsradar. Tatsächlich gibt es bereits mehrere Internetplattformen, die die Geodaten von Usern visualisieren. PleaseRobMe.com hatte es sich zur Aufgabe gemacht, die User genau auf dieses Datenschutzproblem hinzuweisen. Viele Kritiker finden es befremdlich, dass User solche sensiblen Daten online stellen. Allerdings können die User diese Services auch beliebig manipulieren und an Orten einchecken, wo sie sich gar nicht befinden. Das hat bei Starbucks in New York zu massiven Problemen geführt, weil plötzlich unzählige Menschen dort eingecheckt haben, obwohl nur ein paar Gäste im Café waren.

Ausblick: Neue Location Based Services wie Flinc

Mit »Flinc« kündigt sich eine neue Generation der Location Based Services an, die einen sofortigen Mehrwert erkennen lässt. Mit dieser App sind Mitfahrgelegenheiten innerhalb einer Stadt oder kürzere, regelmäßige Fahrten möglich (siehe Abbildung 9.22). Die Fahrer können Ihre regelmäßigen Fahrten zum Fixpreis einstellen und interessierte Fahrer sich spontan über die mobile App dafür anmelden. Vielleicht haben Sie sich schon einmal gedacht, wie sinnvoll und nachhaltig es wäre, wenn man solche Fahrgemeinschaften nutzen könnte. Früher hat man noch den Daumen rausgehalten, das ist heute jedoch verpönt. Flinc macht es möglich, gemeinschaftlich an Mitfahrten zu partizipieren. Sollte sich dieses Modell durchsetzen, wird es Taxi-Unternehmen ziemlich durcheinanderbringen.

Abbildung 9.22 Flinc ist ein Location Based Service für Mitfahrgelegenheiten (Fotocredit: Flinc).

9.11 Mobile Commerce

Vier von fünf Smartphone-Besitzern nutzen bereits ihr Handy als Hilfe beim Shopping. Das bedeutet, dass Online-Shopping nicht mehr stationär am PC, sondern unterwegs, zu jeder Zeit und an jedem Ort stattfinden wird. Mobile Shopping findet viel seltener isoliert zu Hause statt, sondern gemeinsam unter Freunden, von denen sich der Käufer jederzeit direkt Feedback einholen kann.

Einige Online-Händler haben schon Shopping-Apps auf den Markt gebracht. Der Sportartikelhändler SportScheck hat einen »SportScheck Outfitter« entwickelt, der dem User Mode auf Grundlage seiner Lieblingsmode vorschlägt. Dafür muss er nur das Bild eines Kleidungsstücks in die App hochladen. SportScheck filtert Farben und Schnitte und schlägt ähnliche Mode aus seinem Sortiment vor. Die Sachen können nachher aus der SportScheck-App heraus im Online-Shop bestellt werden. Dafür hat SportScheck seinen Online-Shop für alle gängigen Smartphones optimieren müssen. Denn ohne direkte Kaufoption wäre die App relativ zwecklos. Wer einmal sein Lieblingsstück gefunden hat, möchte es auch kaufen.

Marketing-Take-away: Mobile Commerce in Deutschland wächst

Mobile Commerce ist im vergangenen Jahr in Deutschland um 112 % gewachsen und liegt damit weit vor dem Facebook-Commerce. Nur 2 % der deutschen Facebook-Nutzer haben schon einmal etwas in Facebook gekauft.[8]

8 W3B-Report zu Social Web und F-Commerce, Fittkau & Maaß, 2012, *http://www.fittkaumaass.de/services/w3breports/social_networks*, nachfolgend zitiert als »W3B-Report«.

9.11.1 Mehr Absatz – wie es Tesco mit Mobile Commerce schaffte, seine Konkurrenz zu verdrängen

Können Sie sich vorstellen, Ihren täglichen Lebensmittelbedarf mobil einzukaufen? Bananen und Fleisch über Bilder mit kleinen Codes? Nein. In Südkorea hat das zum Erfolg geführt. Die britische Lebensmittelkette Tesco hat in U-Bahnstationen ihr gesamtes Sortiment auf Plakaten drucken lassen und jedes einzelne Produkt mit QR-Codes versehen (weitere Informationen zu QR-Codes siehe Abschnitt 9.6, »QR-Codes – Produktscanner für Konsumenten). Die Produkte konnten direkt im dazugehörigen Online-Shop Home plus, *http://www.homeplus.co.kr*, bestellt werden und wurden sofort nach Hause zum Kunden geliefert. Tesco erzielte mit der Aktion 130 % mehr Umsatz im Online-Shop, und Home plus wurde zur Nummer 1 für Online-Shopping in Südkorea. Die Erfolgsfaktoren dieser Kampagne waren einerseits die starke Handyaffinität vor Ort, die Bereitschaft, Lebensmittel online einzukaufen, und vor allem die dadurch gewonnene Zeitersparnis.

9.11.2 Was Shopping-Apps bieten müssen

Online-Shopping verlagert sich ins Mobile Web. Die Modekette ZARA hat bereits eine Anwendung entwickelt, mit der die Produkte direkt in der App gekauft werden können. Shopping-Apps müssen so strukturiert sein, dass sie dem Anwender ähnliche Erlebnisse vermitteln wie beim Shopping im Geschäft. Mobile Commerce ist, wie E-Commerce, eine Ergänzung zum stationären Handel. Sie profitieren vor allem von geringen Distributionskosten, müssen aber anfängliche Entwicklungskosten mit einkalkulieren. Eine Investition in Mobile Shopping lohnt sich besonders, um Ihren Lieblingskunden zu bedienen, da ihm die App eine geschlossene Umgebung bietet, in der er sich intensiv mit seiner Lieblingsmarke beschäftigen kann. Beliebte Apps werden in weiterer Folge gerne weiterempfohlen.

Rechtstipp von Peter Harlander:
Shopping-Apps müssen rechtlich alle Vorgaben eines Online-Shops erfüllen

Shopping-Apps müssen ebenso wie klassische Webshops alle rechtlichen Vorschriften einhalten, auch wenn dies aufgrund des geringeren Platzangebots in Apps etwas schwieriger ist. Preisangaben müssen beispielsweise mit Umsatzsteuer und Versandkosten versehen werden. Es muss ein gesetzeskonformer Hinweis auf das Widerrufsrecht erfolgen. Der User muss die Möglichkeit haben, Eingabefehler zu erkennen und zu korrigieren.

Freiheit und Autonomie

Das wichtigste Motiv beim mobilen Shopping ist die Freiheit und Autonomie. Der Käufer entscheidet sich im Hier und Jetzt für das Produkt und geht seinem Kaufwunsch spontan nach.

Einfache Handhabung und Effizienz

Der Kunde muss durch wenige und einfache Schritte zum Kauf geführt werden, d. h., Sie müssen für eine effiziente Funktionalität in Ihrer Shopping-App sorgen (siehe Abbildung 9.23). Integrieren Sie neben Kaufabschlussfunktionen auch Barcode-Scanner, Suchfunktionen und Social-Media-Elemente (Facebook Login, Like-Button).

Kaufstimuli und Neugier

Anreize für Mobile Shopping können Sie durch lokale Angebote oder einmalige Aktionen stimulieren.

Abbildung 9.23 Mit der Shopping-App von Zara können Bestellungen direkt in der App vorgenommen werden.

9.11.3 Shopping-App mit Shopgate

Wenn Ihnen eine eigene Shopping-App zu kostspielig ist, können Sie »Shopgate« nutzen. Damit wird Ihr bereits vorhandener Online-Shop in die Smartphone-App integriert. Shopgate funktioniert bisher nur auf dem iPhone und iPad, gehört jedoch zu den beliebtesten Shopping-Apps und führt sehr viele deutsche Shops. Über eine Schnittstelle mit Ihrem Shoppingsystem (Shopgate führt die bekanntesten) werden die Waren und Produkte in die Shopgate-App übernommen. Ihr Shop wird dann unter Ihrem Marken- oder Unternehmensnamen gelistet. Der Service kostet monatlich 19 € (Setup-Gebühr von 79 €), ist aber auf 5.000 Produkte beschränkt. Haben Sie mehr als 5.000 Produkte in Ihrem Sortiment, empfiehlt sich eine eigene Shopping-App, die Shopgate für 79 € pro Monat (Setup-Gebühr von 179 €) entwickelt. Hinzu kommen noch Gebühren für Bezahlung und Verkaufsprovision. Shopgate ist eine günstige Alternative, um Ihren Online-Shop mobilen Kunden zur Verfügung zu stellen. Weitere Informationen zu Shopgate finden Sie unter *www.shopgate.com/de/shopgate.*

9.11.4 Mobile Couponing – mobil Gutscheine verteilen

Location Based Services wie Foursquare und Gowalla eignen sich für digitale Coupons und ortsbezogene Angebote. Derzeit sorgen aber noch ganz andere mobile Anwendungen wie Gettings oder Kaufda für Furore im mobilen Netz. Gettings ist eine Coupon-App. Mit der App können sich die User im Rhein-Ruhr-Gebiet aktuelle Angebote (Rabatte, Gutscheine) im Vorbeigehen sichern. Der Käufer spart sich dadurch das lange Studieren von Flyern und Angebotsseiten. Durch Kooperationen mit lokalen und nationalen Partnern in Deutschland können täglich neue Angebote unter die Konsumenten gestreut werden. Wenn Sie also im Handel tätig sind, sollten Sie sich bei Gettings anmelden. Sie können damit Aufmerksamkeit für Ihre Produkte generieren und die Frequenz in Ihrem Geschäft erhöhen. Zudem erhalten Sie Statistiken, wann und wie oft Ihre Angebote bei Gettings aufgerufen wurden.

Marketing-Take-away: Mobile Couponing auf Wachstumskurs

Laut einer Infografik von Mash up Media Limited wird das Marketing mit mobilen Gutscheinen in den USA von 90 Mio. US$ (2009) auf 6,5 Mrd. US$ (2014) wachsen.

Groupon-App

Auch das in Kapitel 10, »Social Commerce«, vorgestellte gemeinschaftliche Shopping-Portal »Groupon« hat eine Mobile App, um seine lokalen Angebote noch leichter an den Mann oder die Frau zu bringen. Die App bietet klassische Shopping-Artikel und Reiseangebote. Mobile Coupons könnten sich in den nächsten Monaten durchsetzen. Das hängt aber sehr stark von mobiler Bezahlung ab. Erst dann ist es denkbar, dass digitale Coupons, Flyer und Plakate ersetzen.

9.12 Mobile Payment

Mobile Payment, oder *mPayment*, ist eines der Zukunftsthemen, sowohl für den E-Commerce, als auch für den Social und Mobile Commerce, denn für ein Drittel der Smartphone-Nutzer ist die Mobile-Payment-Option ein wichtiger Kaufanreiz. Doch noch gibt es kein einheitliches Verfahren beim mobilen Bezahlen.

Starbucks beispielsweise kombiniert seine »Starbucks Card« mit seiner Starbucks-App für Smartphones, damit Kunden ihren Kaffee bargeldlos bezahlen können. Der deutsche Lebensmittelkonzern Netto hat kürzlich eine eigene Zahlungsmethode mit dem Anbieter Valuephone für seine Kunden gelauncht, bei dem der Käufer mittels App und mehrerer Code-Abfragen direkt bezahlen kann – was bisher allerdings eher als kompliziertes Prozedere anmutet denn als tatsächliche Einkaufserleichterung.

Direct Mobile Payment ist eine Methode, die sich vor allem für kleinere Beträge eignet und die besonders in Entwicklungsländern weit verbreitet ist. Hierbei zahlt der Kunde über den Handyanbieter, wie z. B. Nokia mit »Nokia Money«. Das Konto wird einfach per SMS aufgeladen. Dazu werden keine Codes oder Pins benötigt. Ebenso einfach scheint das **QR-Shopping** via Paypal. Dazu benötigen die Kunden nur ein Handy, das QR-Codes scannen kann und einen Paypal-Account. Seit der Einführung von PayPal Express Mobile im März 2011 konnte Paypal höhere Umsätze über mobile Endgeräte verzeichnen.

Und dann ist da noch die **NFC-Nahfunktechnik**: NFC steht für »Near Field Communication«, d. h. Nahfeldkommunikation, und gilt als zukunftsträchtige Technik, obwohl bisher nur 1,75 % aller Handys mit dem Übertragungsstandard ausgestattet sind. Allerdings unterstützt Google Android bereits NFC, und Apple hat die NFC-Unterstützung für die nächste iPhone-Generation bereits angekündigt. Viele NFC-Feldversuche von deutschsprachigen Handyprovidern (Nokia, Vodafone, Mobilcom Austria) weisen darauf hin, dass man sich von NFC viel verspricht. Die Deutsche Bahn führt seit 1.11.2011 beispielsweise an allen Touch-&-Travel-Points bei Fernbahnhöfen die NFC-Technik ein. Größtes Manko an der Technik ist neben der bisher geringen Massentauglichkeit vor allem das hohe Sicherheitsrisiko, denn sobald das Handy verloren geht, ist auch das Geld weg. Das betrifft im Übrigen auch Girogo, die neuen EC-Karten der deutschen Sparkassen und Volksbanken, mit denen man ohne Pin-Eingabe kleinere Beträge bezahlen kann – ebenfalls über NFC-Technik.

Bleibt also die Frage: Welche Technologie ist die beste? Darauf gibt es derzeit noch keine Antwort. NFC ist auf Wachstumskurs trotz des hohen Sicherheitsrisikos, Google Wallet ist ein weiteres Beispiel. Es bleibt also abzuwarten, was die Zukunft in Sachen Mobile Payment bringt.

Prinzipien für Mobile Payment

Egal, für welche Lösung Sie sich entscheiden, achten Sie auf Folgendes:

- Mobile Payment muss einfach sein und darf nicht mehrere Code-Abfragen benötigen, denn sonst kann der Kunde ja auch mit EC-Karte bezahlen.
- Mobile Payment muss sicher sein und darf nicht zum Geldverlust führen.

9.13 Augmented Reality – erweiterte Realität

Während Location Based Services Menschen mit Orten verknüpfen, geht Augmented Reality (erweiterte Realität) noch einen Schritt weiter. Es ist, wie der Name schon sagt, eine Erweiterung dessen, was wir wahrnehmen können. Dabei betritt der Anwender keine virtuelle Welt, wie es bei Second Life der Fall war, sondern er erfährt seine reale Welt direkt, aber virtuell ergänzt. Sie fragen sich, wozu das nützlich sein soll? Über Augmented Reality können digitale Informationen, Bilder und Links von Alltagsgegenständen, Häusern usw. angezeigt werden. Mit der App »Museum of London: Streetmuseum«, die Sie in Abbildung 9.24 sehen, kann der Besucher das alte London erleben. Dabei halten Sie Ihr Smartphone auf Gebäude, und ein »Film« des alten Londons, so wie es damals an der Stelle ausgesehen hat, legt sich über das Bild.

Abbildung 9.24 Das London der 1950er-Jahre – mit Augmented Reality erlebbar (Fotocredit: Alan Levine, Quelle: Flickr)

Augmented Reality ist eine sehr spezielle Technologie, die bisher nur sehr wenige User nutzen. Da es eine der zukunftsträchtigsten Technologien ist, möchten wir Ihnen einige Best Practices und Einsatzfelder aufzeigen. Augmented Reality hat aber noch längst nicht die Masse erreicht. Bevor Sie in Augmented Reality investieren, sollten Sie daher genau prüfen, ob es sich für Ihr Unternehmen lohnt.

9.13.1 Versteckte Informationen sichtbar machen

Augmented Reality lässt sich überall dort sinnvoll einsetzen, wo »versteckte« Informationen angezeigt werden sollen. Die Technologie kann daher sowohl im B2C- als auch im B2B-Bereich zum Einsatz kommen. Handwerker könnten bei ihrer Arbeit mit einer virtuellen Bauanweisung unterstützt werden. Ärzte könnten sich mittels digitalen »Röntgenblicks« nicht sichtbare Körperteile anzeigen lassen. Einrichtungsbüros könnten mit ihren Kunden die Möbel und Einrichtungsgegenstände virtuell vorführen.

Hinweis: Wo verstecken sich bei Ihnen Informationen?

Gibt es in Ihrem Unternehmen »versteckte« Informationen, die für Mitarbeiter und Kunden interessant und wichtig sind? Dann könnte sich eine Investition in diese Technologie bezahlt machen. Allerdings sind die Entwicklungskosten für Augmented Reality sehr hoch. Machen Sie vorab also eine genaue Kosten-Nutzen-Rechnung.

9.13.2 Best Practice – Wikitude

Augmented Reality ist noch eine recht neue Technologie, die durch Anwendungen wie Wikitude oder Google Goggles immer bekannter wird. Allerdings sind die praktischen Anwendungen sehr gering. Diejenigen, die es gibt, erscheinen jedoch sehr sinnvoll und lassen erahnen, wie wir in Zukunft mobil unterwegs sein werden. Einige Unternehmen haben begonnen, mit Augmented Reality zu experimentieren, und mitunter können wir ernstzunehmende Best Practices und Use Cases daraus ableiten.

Die Moblizity GmbH mit Sitz in Salzburg hat unter dem Namen Wikitude eine Augmented-Reality-App entwickelt (siehe Abbildung 9.25). Wenn der Smartphone-Nutzer diese App startet und seine Handykamera aktiviert, werden Informationen, Bilder, Videos und Links zu Gebäuden angezeigt. Auch wenn die App eine der wichtigsten Referenzen für Augmented Reality ist, wird sie erst von wenigen Smartsurfern genutzt. Dennoch sollte Ihr Lokal/Geschäft/Büro in Wikitude unbedingt angezeigt werden. Wikitude greift auf Beiträge in Wikipedia, Flickr, QYPE, YouTube und Twitter zurück. Prüfen Sie, ob Ihr Lokal oder Geschäft in Wikitude erscheint. Wenn das nicht der Fall ist, erstellen Sie einfach kostenlos Beiträge in Wikipedia, QYPE und Twitter. Laden Sie Bilder und Videos auf Flickr und YouTube hoch, damit sie in Wikitude integriert werden können.

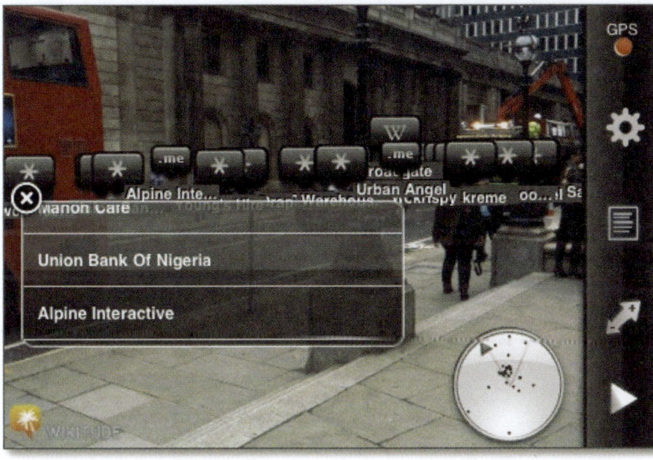

Abbildung 9.25 Die Wikitude-App scannt die Umgebung nach den wichtigsten Informationen ab (Fotocredit: Francis Storr, Quelle: Flickr).

9.13.3 Shopping mit Augmented Reality

Augmented Reality ist nicht nur auf Smartphones beschränkt. Mittels Webcam am Laptop oder PC lassen sich ebenfalls Augmented-Reality-Inhalte anzeigen. Die Idee ist im Grunde genommen nicht sonderlich neu. Wenn Sie z. B. ein neues Auto kaufen wollen, kann der Berater an seinem Display unterschiedliche Farben und Designentwürfe durchspielen, bis Sie das passende Modell gefunden haben. Mit Augmented Reality lassen sich Designentwürfe nun aber auch auf Menschen und Räume übertragen, was zu ganz neuen, individuellen Shoppingerlebnissen führt. Neben der Modebranche könnten als Erstes Architekten und Einrichtungshäuser Augmented Reality zielführend im Verkauf einsetzen, um die Möbel direkt im Raum des Kunden anzuordnen.

Virtuelle Anprobe mit Augmented Reality

Otto Trendshop lässt seine Kunden in Facebook mit Augmented Reality virtuell anprobieren (siehe Abbildung 9.26). Letztes Jahr hatten wir noch von dem amerikanischen Unternehmen Zugara berichtet, jetzt traut sich also auch ein deutsches Unternehmen, Augmented Reality auszuprobieren. Die Kunden können verschiedene Kleidungsstücke sowie Farben und Muster wählen und mittels Videokamera »anziehen«. Die Funktion Mix & Match ermöglicht unterschiedliche Kombinationen, von denen die Kunden Fotos machen und an Freunde schicken können. Die virtuelle Anprobe ist also Social Shopping par excellence!

Abbildung 9.26 Mit der virtuellen Anprobe den Otto-Trendshop entdecken

9.13.4 Augmented Reality als Kampagnen-Add-on

Augmented Reality wird sich in den nächsten Jahren als Add-on für Kampagnen durchsetzen und als Interaktionselement, ähnlich wie bei Bluetooth-Werbung, eingesetzt werden. Gerade für crossmediale Kampagnen eignet sich Augmented Reality, um Plakate und Printanzeigen dadurch zu erweitern und den Kunden mit zusätzlichen Informationen zu versorgen (siehe Abbildung 9.27). Allerdings muss überprüft werden, wie die User solche Kampagnen annehmen.

Technisch ist es kein Problem, Augmented Reality umzusetzen, doch die massentauglichen Anwendungen werden erst in den nächsten Monaten kommen. Die User werden so Stück für Stück an die Technologie herangeführt. Mode, Möbel und Tourismus werden die ersten Branchen sein, die Augmented Reality einsetzen, um den Usern bei ihren Erkundungstouren in der realen Welt auch virtuell Informationen, Bilder und Videos bieten zu können.

Abbildung 9.27 Für seine Kampagne nutzte Benetton Augmented Reality, um über die Plakat-Flights auf Videos hinzuweisen.

Die Zukunft von Augmented Reality

In Zukunft wird es sogar möglich sein, Kleidungsstücke von Passanten mit Augmented Reality zu scannen und sie direkt im dazugehörigen Online-Store zu kaufen. Das zumindest könnte mittels RFID-Chips schon bald Realität sein. Immerhin können Sie mit Google Goggles schon diverse Gegenstände, z. B. Weinetiketten, mit Ihrer Kamerca scannen. Manche Prognosen gehen davon aus, dass Gesichtserkennungen mit dem Smartphone möglich sein werden. Das jedoch bleibt vorerst Zukunftsmusik. Wichtig für Unternehmen ist es, diesen Trend zu verfolgen und darauf zu achten, ob man die eigene Zielgruppe mit dieser Technologie ansprechen könnte.

Sie müssen nicht unbedingt eine eigene Augmented-Reality-Umgebung für Ihr Unternehmen entwickeln lassen. Es reicht auch, wenn Sie die Entwicklungen im Auge behalten und darauf achten, welche Anwendungen besonders beliebt sind. Wenn es möglich ist, tragen Sie Ihre Produkte und Orte in die Anwendung ein (siehe Wikitude).

9.14 Fazit – warum Sie Mobile Social Marketing betreiben sollten

Smartsurfen wird zur Selbstverständlichkeit – kaum einer, der nicht mit Smartphone in der U-Bahn sitzt und Musik hört oder gerade online surft. Smartphones und Tablets werden »on-the-go« genutzt und ersetzen immer häufiger auch den Laptop, denn vor dem Fernseher möchte man lieber mit einem kleinen Gerät surfen. Die Medienästhetisierung in den heimischen Wohnzimmern und U-Bahnstationen verlangt neue Konzepte für Mobile Marketing und Mobile Shopping. Die Einsatzfelder von Mobile Social Marketing sind sehr vielfältig, insbesondere was Location Based Marketing und QR-Codes betrifft. Bei Location Based Marketing profitieren Sie von viralen Effekten in Social Media, weil die Check-ins auch dort angezeigt werden. Nun müssen Angebote und Anwendungen entwickelt werden, die den Nutzer noch mehr involvieren und einen wahren Nutzen für ihn bieten.

Die Kunden organisieren sich mittlerweile auch ihre Einkäufe mobil und suchen nach Preisvergleichen, Bewertungen und Informationen zu Produkten, selbst wenn sie gerade in Ihrem Geschäft stehen (siehe ROPO-Effekt). Ihre mobilen Anwendungen, sei es eine Smartphone- oder eine iPad-App sollten daher an die Bedürfnisse Ihrer Kunden angepasst sein und nicht nur die bisherige Homepage kopieren. Im Gegenteil sollten sie auch Belohnungen und exklusive Angebote beinhalten sowie Social-Media-Features wie Feedbackmöglichkeiten, Bilder- und Videosuche, Bewertungen und Meinungen integrieren, die direkt im Shop, egal ob offline oder online, genutzt werden können.

Der BVDW hat Unternehmen befragt, wie Sie die Bedeutung von Mobile Commerce in den nächsten zwei Jahren einschätzen. Drei Viertel der Befragten gehen von einer deutlichen Steigerung der Bedeutung aus. Bis 2016 soll das Transaktionsvolumen mit Smartphones auf 23 Mrd. € steigen, vorausgesetzt der Handel steigt auf entsprechende Lesegeräte um. Zum Vergleich: Der Online-Handel in Deutschland erwartet für 2015 einen Umsatz von ca. 50 Mrd. €. Im Mobile Commerce liegt also enormes Potenzial.[9]

9 E-Payment Report 2011, BVDW e.V., *http://www.bvdw.org/medien/bvdw-veroeffentlicht-e-payment-report-2011?media=3489*

10 Social Commerce

Wie wäre es, wenn Ihnen ein Online-Shop zeigte, welche Produkte Ihren Facebook- und Twitter-Freunden gefallen und welche sie gekauft haben? Das und viel mehr bietet Social Commerce: Es ist nichts anderes als Mundpropanda – übertragen auf den Online-Handel – und verknüpft Empfehlungen mit Kaufanreizen für Kunden.

Die letzten Jahre drehte sich thematisch alles um Social Media und die Frage, warum und wie sich Unternehmer und Manager im Social Web präsentieren sollen. Mittlerweile liegen die Vorteile von Social Media für kleine und große Firmen auf der Hand und nach dem Einzug der Marken in die sozialen Netzwerke folgt nun konsequenterweise auch der Handel in und durch Social Media. Dass soziale Netzwerke auch als Absatzkanal eingesetzt werden können, zeigen nicht nur die Erfolgsstorys von Dell & Co., die durch den Verkauf in Social Media ihre Umsätze steigern konnten, sondern liegt auch an den Usern, die über Produktneuheiten und exklusive Angebote informiert werden möchten.

Facebook etabliert sich mittlerweile als kleines »Internet« im Internet, wo der User alle Informationen, Websites und in Zukunft auch seine Online-Shops findet, anstatt sie einzeln aufrufen zu müssen. In Facebook organisiert er sich alle seine Online-Aktivitäten und bald auch seine Einkäufe. Deshalb berichten wir in Abschnitt 10.5, »Facebook-Commerce«, ausführlich über die Trends beim Facebook-Commerce und gehen auf die aktuellen Lösungen ein.

Was bedeutet Social Commerce, und was heißt F-Commerce?

Der Begriff *Social Commerce* ist eine Wortschöpfung aus *Social Media* und *E-Commerce.* Beim Social Commerce werden die Social-Media-Prinzipien auf den E-Commerce übertragen. Ein einzelnes Produkt kann dann direkt im vorhandenen Online-Shop bewertet, kommentiert und weiterempfohlen werden, was sich positiv auf den Verkauf des Produkts auswirkt. Social Commerce bedeutet aber auch direkten Abverkauf in Social Media, zum Beispiel in Facebook. *F-Commerce* steht für Facebook-Commerce und bedeutet die Verknüpfung von E-Commerce mit Facebook. Innerhalb von Facebook kann dies durch einen Facebook-Shop erfolgen und extern durch die Nutzung von bekannten Facebook-Elementen, wie dem Like-Button im bestehenden Online-Shop. Der F-Commerce nutzt die vertrauten Mechaniken des E-Commerce, die die Online-Shopper kennen und akzeptieren.

10.1 Social Shopping

Häufig werden unsere Kaufentscheidungen durch Empfehlungen von Freunden und Bekannten beeinflusst. Bisher wurden diese Erfahrungswerte im persönlichen Gespräch ausgetauscht. Im echten Leben ist es ganz selbstverständlich von Produktenttäuschungen und positiven Kauferlebnissen zu berichten. Wie oft schon haben Sie eine Restaurantempfehlung ausgesprochen oder von einem tollen Beratungsgespräch geschwärmt? Durch Social Media werden diese Meinungen jetzt online ausgetauscht und beeinflussen somit andere User. Feedback zu bevorstehenden Käufen können spielend leicht in Social Media eingeholt werden, und die Käufer sehen, wer den gleichen Geschmack hat und wer nicht.

Social Commerce ist aber nicht das neue Wort für Social Media Marketing, denn Social Commerce bezieht sich ausschließlich auf den Vertrieb von Produkten (und das Herabsetzen von Kaufbarrieren durch Empfehlungssysteme wie Like-Button und Tweet-Button), während Social Media Marketing den gesamten Marketingmix – von der Marktforschung, über die Produktentwicklung, den Vertrieb bis hin zur Markenkommunikation – beeinflusst.

10.1.1 Neue Erwartungshaltung beim Social Shopping

Durch Social Media haben sich die Konsumenten von ihrer Rolle als passive Käufer emanzipiert und nutzen die Möglichkeiten des aktiven Austauschs und der Mitbestimmung. Unternehmen, die Ihre Fans ernst nehmen und mit besonderer Wertschätzung belohnen, profitieren in weiterer Folge von kostenloser Mundpropaganda in Social Media. Ihre Markenfans wünschen sich jetzt auch beim Social Shopping diese Anerkennung und gehen mit einer Erwartungshaltung der Belohnung in Ihren Facebook-Shop. Beachten Sie diesen Belohnungsaspekt, und sagen Sie Ihren Fans mit Gutscheinen und exklusiven Angeboten danke.

10.1.2 Best Practice – überraschen unter Freunden

Beim Social Commerce geht es um gemeinsame Shoppingerlebnisse unter Freunden. Dieses Prinzip hat sich die Marke Heinz in Großbritannien mit der Aktion »Get Well Soup« zunutze gemacht. Ausschließlich Markenfans erhielten die Möglichkeit, den Klassiker Tomatensuppe personalisiert an einen Freund zu verschicken (siehe Abbildung 10.1). Die Suppe »Get Well Soon« konnte mit dem Namen des kranken Facebook-Freundes versehen werden. Das kostete den Fan 1,99 £, nur ein paar Pence mehr als sonst. Dafür konnte er seinen Freund mit einer witzigen Aktion überraschen. Heinz nutzte die aufwändige Kampagne, um mit einer viel Aufmerksamkeit erzeugenden Aktion neue Fans zu generieren und gleichzeitig Markenfans zu belohnen.

Abbildung 10.1 Mit der »Get Well Soup« belohnte Heinz seine Markenfans.

10.2 Die Social Shopper

Um herauszufinden, wie die Online-Shopper das Internet bzw. soziale Medien (Blogs, Foren, Rezensionen, Videoportale) für die Produktrecherche einsetzen, nutzen Sie das kostenlose Tool »Consumer Commerce Barometer« unter *http://www.consumerbarometer.com*. Dort können Sie für die sieben Produktkategorien Automobil, Verbrauchsgüter und Gesundheit, Finanzen, Medien/Unterhaltung/Lokales, Einzelhandel, Technik, Reisen untersuchen, wie je nach Land, Alter, Geschlecht und Internetnutzung nach diesen Produkten recherchiert wird. Für Technikprodukte in Deutschland ergibt sich bei männlichen und weiblichen Online-Shoppern im Alter von 30 bis 49 Jahren, die häufig das Internet nutzen, das in Abbildung 10.2 dargestellte Rechercheverhalten.

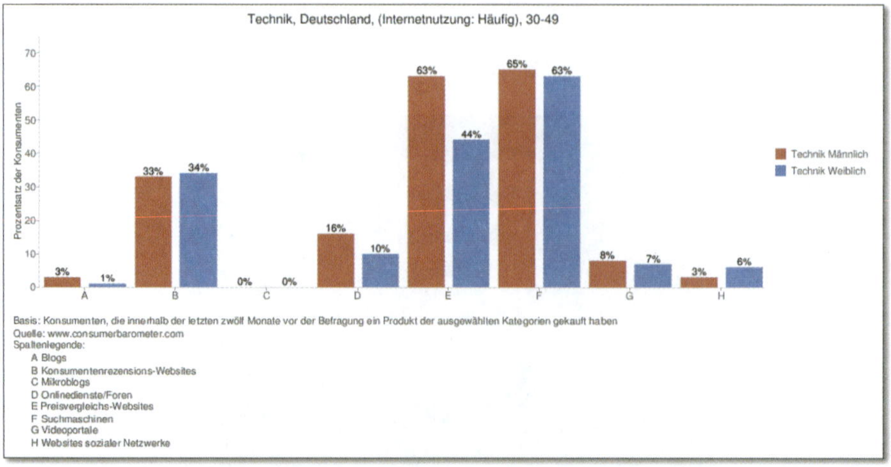

Abbildung 10.2 Mit dem Consumer Commerce Barometer finden Sie heraus, wo Ihre Kunden online recherchieren.

Besonders relevant für die Kaufentscheidung sind bei Technikprodukten Konsumentenrezensionen, Preisvergleich-Websites und Suchmaschinen allgemein. Auf soziale Netzwerke greifen Frauen tendenziell stärker zurück als Männer. Auch Videos dienen vorab als Informationsquelle. Neben dem Rechercheverhalten können auch noch Vergleiche zum Kaufverhalten (online gesucht/offline gekauft) durchgeführt werden. Das Consumer Commerce Barometer (kurz CCB) wird vom IAB Europe in Zusammenarbeit mit TNS Infratest und Google herausgegeben, die gemeinsam auf eine enorme Datenbasis zugreifen können und somit sichere Ergebnisse über die Recherchestationen bis hin zum Online-Kauf liefern können.

10.3 Ziele des Social Commerce

Social Commerce ist eine sinnvolle Erweiterung Ihrer Social-Media-Strategie, die nach dem aktiven Austausch mit Ihren Kunden nun auch den Verkauf über Kommunikation vorsieht. Für Shopbetreiber ist Social Commerce ebenfalls ein sinnvoller Schritt, Ihre Produkte über den Online-Shop hinaus zu verkaufen, denn damit lassen sich weitere Käuferschichten erschließen, der Traffic im Online-Shop erhöhen und die Online-Sales steigern.

10.3.1 Schaffung personalisierter Kauferlebnisse

Social Commerce ist die Möglichkeit, personalisierte Kauferlebnisse in der Community zu schaffen. Facebook liefert beispielsweise ausführliche Daten über das Einkaufsverhalten und die Produktinteressen der User, die sie für eine gezielte Käuferansprache nutzen können. Individualität und Community gehören beim Social Commerce zusammen, denn der User erhält auf seine Produktinteressen abgestimmte Angebote, die er in seinem Netzwerk vergleicht und kommentiert, bis er sich sicher ist, dass er das Richtige gefunden hat und schließlich kauft.

10.3.2 Brand Advocacy – mehr Absatz durch digitale Mundpropaganda

Social Commerce nutzt außerdem die Effekte digitaler Mundpropaganda, um Kaufentscheidungen durch Feedback von Freunden zu erleichtern und Kaufbarrieren herabzusetzen. Die Grundidee kennen Sie bereits von Amazon. Durch Buchrezensionen und Kundenbewertungen kann sich der potenzielle Käufer bei Gleichgesinnten informieren und auf diese Weise absichern (lesen Sie dazu auch unter Abschnitt 10.4.1, »Sicherheit – warum wir uns bei Freunden absichern«). Durch Social Commerce erhöhen Sie die Brand Advocacy: Ihre Kunden treten durch Bewertungen und Empfehlungen als Fürsprecher für Ihre Produkte ein und leisten die notwendige Überzeugungsarbeit bei den potenziellen Käufern.

10.3.3 Einblicke in die Customer Journey

Social Commerce gewährt sehr konkrete Einblicke in die *Customer Journey* (die »Konsumentenreise« vom Kaufimpuls bis zum finalen Kauf) und kann Zusammenhänge über Online-/Offline-Recherchen und Online-/Offline-Kauf offenlegen. Nebenbei: In allen Schritten der Konsumentenreise trägt die Online-Recherche maßgeblicher zur Kaufentscheidung bei als die Offline-Recherche und Social Media wird dabei immer relevanter.[1] Diese Recherchen verlagern sich immer mehr ins Social Web, da die Käufer nur dort vertrauenswürdige Beiträge finden (siehe dazu auch Kapitel 4, »Foren und Bewertungsplattformen«).

Aber diese Ziele erreichen Sie nicht, wenn Sie einfach nur Ihren Shop mit Social-Media-Elementen versehen (mehr dazu unter Abschnitt 10.6, »Open Graph – wie Sie Ihren Online-Shop mit Facebook verknüpfen«). Damit der Verkauf in und durch Social Media glückt, müssen ein paar Prinzipien beachtet werden.

10.4 Die Prinzipien des Social Commerce

Kaufen ist eine sehr soziale Tätigkeit. Ist Ihnen schon einmal aufgefallen, wie viele soziale Interaktionen beim Einkaufen stattfinden und wie viele soziale Faktoren Ihren täglichen Einkauf beeinflussen? Da sind die Überlegungen vorab, die Sie viel-

1 Kaufentscheidung, TNS Infratest, 2011, *www.tnsinfratest.com/presse/pdf/Presse/TNS_Infratest_Kaufentscheidung_Deutschland_I.pdf*

leicht zu zweit besprechen und bei denen Sie die Bedürfnisse anderer berücksichtigen. Da ist der Einkauf selbst mit all seinen beteiligten Herstellern, Beratern, Verkäufern. Die Liste könnten wir bis zum Kauf fortführen und würden immer weitere soziale Komponenten finden. Es wundert daher nicht, dass sich Konsumenten bei Kaufbarrieren lieber bei Freunden und im Social Web absichern, anstatt dem eigentlichen Experten – dem Hersteller oder Händler – zu vertrauen. Diese Prinzipien und weitere Grundüberlegungen über Social Commerce hat TabJuice in einer Infografik zusammengetragen. Die folgenden Statistiken sind dieser Grafik entnommen.[2]

10.4.1 Sicherheit – warum wir uns bei Freunden absichern

Bei unsicheren Kaufentscheidungen oder Kaufbarrieren möchten wir uns bei vertrauten Personen absichern, ob wir auch die richtige Entscheidung treffen. Deshalb nutzen 81 % der Konsumenten die Ratschläge von Freunden und Bekannten über Social Media. Dieses Prinzip hat sich die Modemarke Diesel zunutze gemacht und in einem Diesel-Shop neben der Anprobe eine »Diesel Cam« (siehe Abbildung 10.3) installiert, mit der die Besucher Bilder von sich machen und auf Facebook posten konnten. Dadurch erhielten die Käufer direktes Feedback von ihren Freunden zu den Diesel-Produkten.

Marketing-Take-away: Wie Sie Ihren Käufern mehr Sicherheit geben

Nutzen Sie Verbraucherstimmen, Produkthitlisten und Wunschlisten von Ihren bestehenden Kunden, und machen Sie diese für Ihre Konsumenten transparent. Platzieren Sie Bewertungssysteme dort, wo Ihr Produkt in der Regel gekauft wird: im Online-Shop oder aber direkt am Point of Sale (POS). Achten Sie darauf, dass es sich um authentische Bewertungen von echten Käufern und nicht um Testimonials handelt.

10.4.2 Autorität – warum wir Experten vertrauen

Spezialisten und Experten gewähren eine neutrale Sichtweise auf Produkte und Dienstleistungen, während Unternehmen immer nur das Beste von sich sagen. Das haben die Konsumenten mittlerweile erkannt und vertrauen nicht mehr den Werbeversprechen, sondern lesen sich bei kritischen Kaufentscheidungen vorab die Bewertungen im Social Web durch (77 % der Online-Shopper tun dies). Experten geben dem Produkt die notwendige Autorität, liefern Argumente gegen Konkurrenzprodukte und legitimieren schließlich die Kaufentscheidung des Kunden.

2 Social Commerce Psychology, TabJuice 2011, *http://www.tabjuice.com/infographics/social-commerce-psychology-infographic*

Abbildung 10.3 Mit der Diesel-Cam konnten unsichere Kunden direkt bei ihren Facebook-Freunden nachfragen.

Bei Produkten des täglichen Bedarfs (Me-too-Produkte) tauschen sich die User noch nicht so häufig aus (aber auch das ändert sich bereits, siehe den Nestlé-Marktplatz in Abbildung 10.4) wie bei teuren, erklärungsbedürftigen oder sehr persönlichen Produkten. Gerade bei Produkten der Unterhaltungselektronik ist es mittlerweile ganz selbstverständlich, dass sich die Käufer vorab auf ciao.de, Amazon und in ihrem jeweiligen sozialen Netzwerk informieren, bevor sie das Produkt im Handel erwerben. Häufig wird direkt im Geschäft mit dem Smartphone recherchiert und werden Preisvergleiche online/offline durchgeführt. Wenn ein Kunde zuerst online recherchiert, bevor er das Produkt im Geschäft kauft, spricht man vom »ROPO-Effekt« (research online, purchase offline). Dieser Effekt ist bei der Unterhaltungselektronik mit 39 % am stärksten und mittlerweile eine echte Herausforderung für den Handel.

Marketing-Take-away: Jeder Kunde ist Experte

Mit einer geeigneten Plattform können Sie ganz leicht jeden Kunden zum Experten machen, der anderen Käufern die Autorität bietet, die der für seine Kaufentscheidung benötigt. Ein praktisches Beispiel dafür ist der soziale Marktplatz von Nestlé, den das Unternehmen im September 2011 gestartet hat. Unter *www.nestle-marktplatz.de* können nicht nur Nestlé-Produkte online gekauft, sondern auch bewertet und weiterempfohlen werden. Zudem können Nestlé-Kunden Produktideen einreichen und an Produkttests teilnehmen. Der Marktplatz ist ein erster großer Schritt von Nestlé, dem Bedürfnis der Kunden, in der Community Kauferlebnisse zu teilen und gemeinsam an Produktentwicklungen zu partizipieren, gerecht zu werden.

Nestlé berichtete im Dezember 2011, der Marktplatz habe bisher zwar wenig Verkäufe, dafür aber den direkten Kontakt mit Kunden und überwiegend positive Reaktionen gebracht.

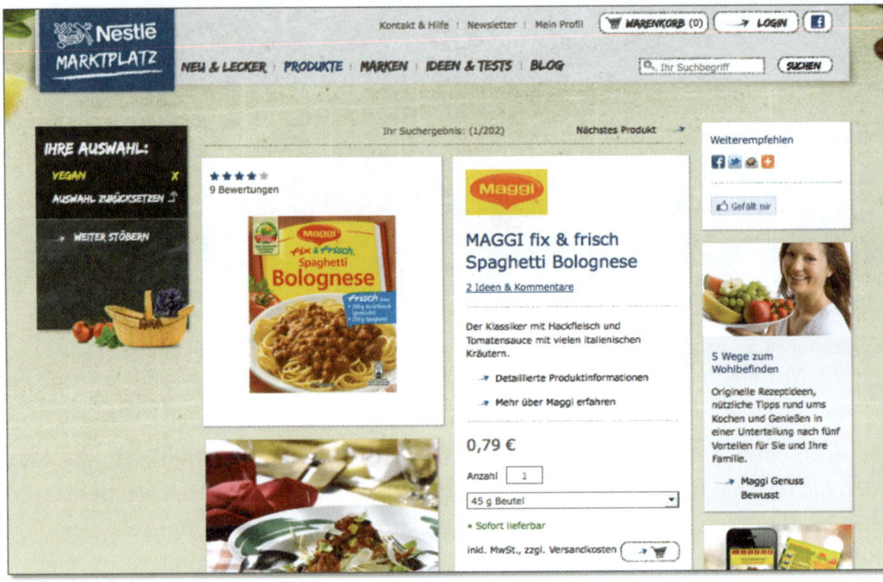

Abbildung 10.4 Nestlé macht einen großen Schritt ins Social Web und bietet seinen Käufern einen sozialen Marktplatz.

10.4.3 Exklusivität – warum Produktknappheit unser Interesse weckt

Wir leben in einem Überangebot an Waren und Produkten. Nur selten ist etwas nicht zu haben. Konsumenten werden deshalb zu Schnäppchenjägern und suchen permanent nach einzigartigen Produkten, Preisnachlässen und Rabatten. 77 % der Menschen sind an exklusiven Angeboten interessiert. Durch Social Commerce können Sie mit Angeboten aktiv Mitglieder und Fans akquirieren. Wichtig ist dabei aber, dass Sie den »Angebots-Channel« als solchen auch kenntlich machen, wie Sie es in Abbildung 10.5 bei dem exklusiven Angebot red|monday von Austrian Airlines sehen können. Neben einem Welcome-Tab, der Kommunikation via Pinnwand, der Flugbuchungsmöglichkeit facebooking, dem red|guide usw. gehört der red|monday zur gesamten Facebook-Strategie von Austrian Airlines.

Handelt es sich um einen reinen Verkaufs-Channel, sollte dies für den User sofort ersichtlich sein. Dell macht seinen Verkaufs-Channel in Twitter beispielsweise durch den Zusatz »Outlet« kenntlich.

Abbildung 10.5 Der red|monday bei Austrian Airlines steht für exklusive Flugangebote an Montagen.

Marketing-Take-away: Belohnen Sie Lieblingskunden mit Angeboten

In Kapitel 2, »Social-Media-Strategie«, haben wir Ihnen den Lieblingskunden vorgestellt, der sich im Social Web als Fan, Follower oder Kommentator zeigt. Belohnen Sie diese Personen mit exklusiven Angeboten. Oder belohnen Sie nur die aktivsten und treuesten Fans mit Angeboten (Fan-first-/Fan-only-Angebote) und zeigen sie so den passiven Fans, dass das Engagement mit der Marke belohnt wird. Procter & Gamble hat beispielsweise seine neue Pantene-Produktserie in einem Facebook-Shop promoted, noch bevor sie im Online-Shop oder Handel verfügbar war.

Groupon

Ein weiteres Beispiel, wie die User im Social Web gemeinsam auf Schnäppchenjagd gehen, ist die Plattform Groupon, ein Anbieter für exklusive Gutscheine und Coupons, die nach dem Prinzip des Gruppen- und Preisnachlasses vergeben werden (siehe Abbildung 10.6). Die Angebote auf Groupon sind nach Städten sortiert. Die User können den Newsletter pro Stadt abonnieren und erhalten so täglich einen neuen »Deal«. Finden sich genügend User für ein Angebot, wird es an die Teilnehmer »ausgeschüttet«. Groupon belohnt auch Netzwerkaktivitäten wie die Weiterleitung des Angebots via E-Mail, Facebook oder Twitter mit 6 € pro Empfehlung.

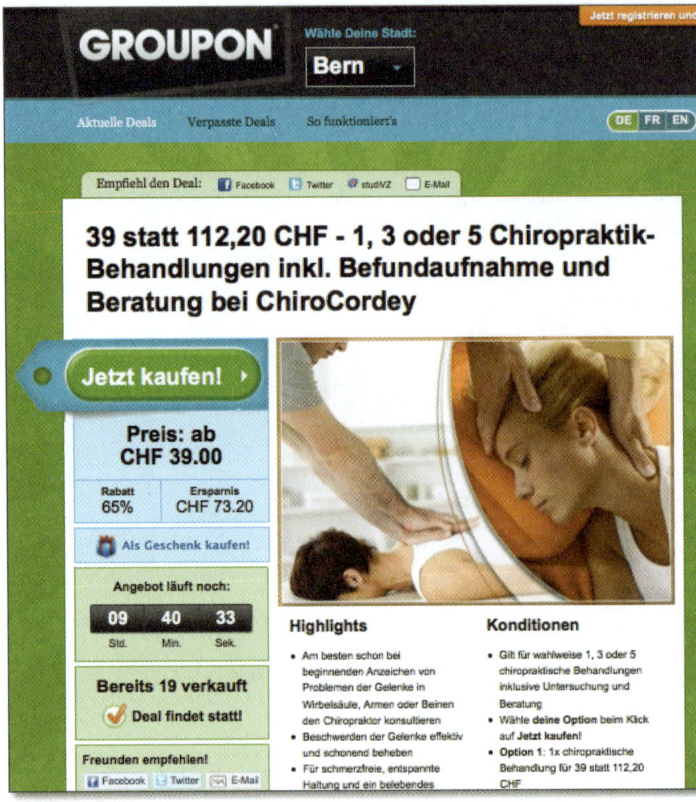

Abbildung 10.6 Bei Groupon kann man als Gruppe Coupons gewinnen.

Marketing-Take-away: Mit Groupon Kapazitäten auslasten

Groupon eignet sich zu Kapazitätsauslastung: So lohnt es sich beispielsweise für ein Restaurant am Stadtrand von München, 50 Essen mit einem Preisnachlass von 60 % pro Person anzubieten, um zumindest die Fixkosten zu decken. Für den Gastronomen ist das immer noch besser, als wenn das Restaurant leer bliebe. Auch im Dienstleistungsbereich könnte ein Angebotsüberhang durch Preisnachlass an eine Gruppe ausgeglichen werden. Oder Sie nutzen Groupon, um auf Ihre Angebote im lokalen Einzugsgebiet hinzuweisen. Die Angebote sind nicht nur auf Restaurants beschränkt. Die Branchen Reisen, Mode, Schmuck, Konsumgüter, Elektronik, Gesundheit, Beauty, Lifestyle usw. sind ebenfalls vertreten. Auf Groupon findet nahezu jeder Deal im B2C-Bereich (Konsumgüter) seinen Platz. Prüfen Sie, wann und inwieweit Ihr Geschäft nicht ausgelastet ist, und überlegen Sie, welches Angebot Sie kostendeckend auf Groupon einstellen könnten. Auch wenn das Angebot nicht angenommen wird, gelangt es zumindest über den Groupon-Newsletter zu den potenziellen Käufern. Das ist für Sie immerhin kostenlose Werbung.

10.4.4 Like – warum wir mögen, was andere mögen

Um sich mit anderen Menschen verbunden zu fühlen, vergleicht der Mensch gern seine eigenen Interessen, Werte und Wünsche mit anderen. Daher gefällt ihm häufig auch das, was seinen besten Freunden, seiner Familie, und den Vorbildern und Meinungsführern in seinem sozialen Umfeld gefällt. Durch den Austausch über Produkte werden gemeinsame Marken identifiziert und im Netzwerk, im Verein, in der Clique, im sozialen Milieu, d. h. durch Gruppendynamik, verstärkt. Sie kennen das, wenn sie ein Produkt verschenken, dass sie im vergangenen Jahr selbst geschenkt bekommen haben. Das Social Web macht es uns nun leicht, anderen zu sagen: »Das gefällt mir«, oder »Dieses Produkt empfehle ich.« Etwa ein Drittel der Onliner klickt auf Websites und in Online-Shops auf »Teilen«, um Freunde auf bestimmte Produkte hinzuweisen. Wenn Ihre Produkte häufig geteilt werden, ist das ein starkes Indiz für Markenloyalität und/oder die Beliebtheit des Angebots, denn der User »riskiert« mit jedem Beitrag (z. B. Teilen eines Angebots) auch seine Reputation im Online-Netzwerk. Dieses Risiko kalkuliert er bei jedem Beitrag mit ein und überlegt sich schon im Voraus, ob das Angebot auch für seine Freunde interessant sein könnte. Wird das Angebot also geteilt, hat es schon mehrere Hemmschwellen überwunden.

Tipp: Lassen Sie ausprobieren, anstatt zu werben

Das jahrelang praktizierte *Advertising* (Werbung) wird jetzt durch das *Tryvertising* ersetzt. Tryvertising (eine Wortschöpfung aus Try für Probieren und Advertising) bedeutet, durch nachhaltiges Sampling (Vergabe von Produktproben) einen Zugang zur Zielgruppe zu bekommen, um sie testweise vom Produkt zu überzeugen. Das klassische Sampling kennen sie beispielsweise von Parfümproben bei Douglas oder andere Voucher. Häufig sind es für die Tester jedoch nur »Produkte für umsonst«. Nachhaltiges Sampling können Sie nur mit einer Tester-Community erreichen, die für Ihre Produkte einsteht, sie weiterempfiehlt und Berichte schreibt.

Machen Sie Ihre Lieblingskunden zu Produkttestern

Entweder Sie laden Ihre Lieblingskunden und Markenfans zu Tests ein, oder Sie greifen auf die größte deutschsprachige Tester-Community »trnd« zurück. trnd geht über das klassische Sampling hinaus, denn bei trnd-Produkttests berichten speziell für die Marke ausgewählte Markenbotschafter über das Produkt im Social Web und im richtigen Leben. Dadurch entstehen glaubwürdige Erfahrungsberichte, Gespräche und ein Markenbeliebtheit von Konsument zu Konsument, die online und offline weitergegeben wird (Mundpropaganda). Außerdem bietet trnd den Vorteil, dass auch Produkte getestet werden können, die sonst nicht in kleine Produktproben passen, wie zum Beispiel der Rasierer in Abbildung 10.7.

Abbildung 10.7 Die größte deutschsprachige Tester-Community sorgt für Mundpropaganda für Marken.

Neben Sicherheit, Autorität, Knappheit und Like nennt TabJuice noch *Markenkonsistenz*. 62 % der Online-Shopper sind markenloyal und kaufen eher ein Produkt, das Sie bereits kennen und wiedererkennen, vorausgesetzt sie waren online mit dem Produkt zufrieden. Daher ist es wichtig, Markenkonsistenz und eine Corporate Identity aufzubauen, die der Kunde auch in seinem Social-Media-Umfeld wahrnimmt.

Zuletzt ist *Reziprozität* ein entscheidendes Merkmal für den Abverkauf. Reziprozität, d. h. die wechselseitige Beziehung unter Konsumenten, bedeutet, dass Tipps und Empfehlungen immer auf Gegenseitigkeit beruhen. Wenn Sie jemanden auf ein Angebot hinweisen, werden Sie sicher auch einen Tipp von ihm erhalten und umgekehrt. Dieses Prinzip gilt es, für den Social Commerce zu nutzen, beispielsweise durch ein Vorschlagswesen. Sie kennen das bereits von Bestellungen bei Amazon, wenn Sie ein Produkt kaufen und den Hinweis erhalten: »Kunden, die diesen Artikel gekauft haben, kauften auch ...«.

Vorschlagswesen bei Amazon

Mit »Your Amazon Facebook Page«, die Sie unter *https://www.amazon.com/gp/yourstore/facebook* einrichten können (vorausgesetzt Sie haben ein Amazon-Konto) präsentiert Amazon ein Vorschlagswesen, das auf persönlichen Interessen in Facebook und denen von Facebook-Freunden beruht. Durch die Verknüpfung mit Facebook werden dem Amazon-Käufer speziell auf ihn zugeschnittene Angebote hinsichtlich seiner Lieblingsseiten, Interessen, »Gefällt mir«-Angaben vorgeschlagen.

Wie Amazon die Interessen der Facebook-User nutzt

Über den *Open Graph* greift Amazon auf die in Facebook hinterlegten Interessen und »Gefällt mir«-Angaben des Users zurück. Über die Anwendung erhält der User Geschenkvorschläge für seine Freunde und Empfehlungen aufgrund von Musik- und Filmvorlieben (siehe Abbildung 10.8). Amazon verzichtet allerdings darauf, die Informationen über das Kaufverhalten wieder zurück zu Facebook zu spielen und hält an seinen Sicherheitsstandards fest, die bei Facebook nach wie vor intransparent sind und einen Risikofaktor für den Käufer darstellen. Deshalb hat der User keine Option, seine Käufe direkt über die Anwendung auf Facebook zu posten.

Abbildung 10.8 Amazon listet dem User die beliebtesten Produkte seiner Facebook-Freunde auf.

Amazon ist nicht nur im Vorschlagswesen stark, sondern auch der Primus beim Bewertungs- und Empfehlungsmarketing. Käufer erhalten direkt nach dem Kauf die Möglichkeit, Ihren Einkauf zu »facebooken«, zu »twittern« oder per E-Mail weiterzuleiten (siehe Abbildung 10.9).

Marketing-Take-away: Tweet-Button führt zu mehr Empfehlungen

53 % der Twitterer empfehlen Unternehmen und/oder Marken in ihren Tweets. Und Websites, die den Tweet-Button integriert haben, werden siebenmal häufiger empfohlen, als Websites ohne diesen Button. Nutzen Sie also Twitter, und verwenden Sie ein Tool, das den Tweet schon für den User »vorbereitet«. So können Sie die kostenlose Werbung also sogar selbst gestalten, nur twittern muss der User selbst.[3]

3 F-Commerce, Syzygy, 2011, *www.syzygy.de/nl/syzygy_f-commerce-white-paper.pdf*, nachfolgend zitiert als »F-Commerce«; Brightedge, 2011, *http://www.brightedge.com/2011-09-01-brightedge-September-social-share*

Abbildung 10.9 Amazon lässt keine Chance ungenutzt, Empfehlungen und Bewertungen zu generieren.

10.5 Facebook-Commerce

Facebook-Commerce, oder kurz *F-Commerce*, hat sich im letzten Jahr stark entwickelt. Während wir in der ersten Auflage von Follow me! noch von Produktpräsentationen in Facebook berichteten, sprossen 2011 die Anbieter für vollständige Shoplösungen in Facebook wie Pilze aus dem Boden. Procter & Gamble ging 2011 nach einer Kooperation mit Amazon direkt mit einer eigenen Facebook-Shoplösung »estore« für sechs seiner Marken (Gilette, Gain, Tide, CoverGirl, Febreze, Luvs) an den Start. Der Grund dafür ist die Nachfrage der Nutzer, die Facebook neben der Interaktion mit Freunden nun auch als Einkaufsmöglichkeit nutzen möchten. Nebenbei: In Amerika verkauft P&G Pampers 1.000 Windeln pro Stunde über seinen Facebook-Shop. In Deutschland ergeben sich bisher jedoch nur spontane und zufällige Impulskäufe in Facebook. Bei konkreten Kaufabsichten geht der Online-Shopper bisher noch lieber zu Amazon, Ebay oder kauft im Online-Shop, da Facebook noch keine lohnenswerte Alternative darstellt. Das liegt einerseits an Sicherheitsbedenken und dem Schutz der eigenen Privatsphäre in Facebook (siehe dazu auch Absatz 10.8.6, »Die Hürden des F-Commerce«), andererseits an der noch recht jungen Disziplin Facebook-Commerce selbst. Das wird sich in 2012 jedoch stark ändern.

10.5.1 Fans in Käufer umwandeln

Facebook hat sich als das »Internet« im Internet der Nutzer etabliert. Die Nutzer organisieren sich ihre früheren »Browser-Favoriten« und meistbesuchten Seiten (Nachrichten, Sportnews, Blogs, Online-Shops, Musik, YouTube) im Facebook-Newsfeed. So gelangen die Nachrichten zum User, ohne dass er sie extern aufrufen muss. Und das ist für den User ebenfalls die bevorzugte und bequemste Art und Weise, Nachrichten über seine Lieblingsmarken zu empfangen. Jeder Zweite Facebook-Nutzer ist mit mindestens sechs Marken in Facebook befreundet und 86 % möchten über neue Produkte informiert werden.[4] Facebook-Seiten von Marken und Unternehmen, die eine Kommunikation auf Augenhöhe mit den Kunden pflegen, genießen eine hohe Akzeptanz bei den Usern, da die Nutzer sie speziell für ihren Newsfeed ausgewählt haben. Mit dem Klick auf »Gefällt mir« haben sie zudem ihr Einverständnis gegeben, relevante Informationen zu erhalten und über Angebote informiert zu werden. In Ihrem Facebook-Shop müssen Sie mit Ihren Angeboten also nicht hinterm Berg halten, sondern dürfen Aktionen deutlich kommunizieren.

Marketing-Take-away: Belohnung geht vor Kauf

Verstehen Sie das jedoch nicht als Aufruf, alle goldenen Regeln der Social-Media-Kommunikation über Bord zu werfen und ab jetzt nur noch Vertrieb in Social Media zu machen. Social Commerce funktioniert nicht ohne Social-Media-Engagement und Belohnungssysteme. Es reicht nicht, wenn Sie jetzt nur einen Facebook-Shop aufsetzen, ohne in Social Media präsent zu sein, für Fragen zur Verfügung zu stehen und Markenfans regelmäßig zu aktivieren. Facebook-Commerce funktioniert nicht ohne die Fans, die nun für Ihre Markenloyalität belohnt und bevorzugt behandelt werden wollen. Je genauer sie messen können, wer Ihre Markenfans sind und was sie für die Verbreitung Ihrer Produkte tun, desto bezahlter wird sich diese neue Art des Verkaufens durch Belohnung machen.

10.5.2 Markenloyalität belohnen und Kunden binden

Mit Facebook-Commerce können Sie endlich Ihre Markenfans belohnen und Ihre Lieblingskunden noch stärker an sich binden. Und das sollten Sie auch tun, denn über drei Viertel der Nutzer möchte über Rabattaktionen und Gewinnspiele informiert werden, wobei bisher nur 46 % diese Angebote auch tatsächlich erhalten (siehe »Der Wandel zum Handel«). Das zeigt, dass sich Unternehmen mit Rabatten in Social Media noch sehr zurückhalten. Laut einer Studie von dmc und eResult sind weniger als 6 % der Befragten mit den Angeboten und Aktionen in Facebook zufrieden. Das ist schade, denn mit F-Commerce ergeben sich vielfältige Möglichkeiten zur Kundengewinnung & Kundenbindung, denn Facebook erlaubt es wie keine andere Plattform, Exklusivität zu bieten und Begehrlichkeit zu wecken. Sie müssen es nur schaffen, den Klick des Users auf »Gefällt mir«, als ein Eintrittsticket für besondere Angebote zu vermarkten. Kopieren Sie daher nicht nur 1:1 Ihren Online-

---

4 Facebook Commerce – Der Wandel zum Handel, BBDO, 2011, *http://www.bbdo.de/cms/de/news/2011/2011_09_09html*, nachfolgend zitiert als »Der Wandel zum Handel«.

Shop, sondern schaffen Sie personalisierte Angebote, die Aufmerksamkeit erregen und weiterempfohlen werden. Das bewirken beispielsweise Fan-first- oder Fan-only-Artikel, aber auch eine gelungene Produktdarstellung, Produktstorys & Produktimageserien, Anwendungsbeispiele & Imagefilme, Fan-Testimonials, attraktive Angebote, Coupons & Gutscheine, zeitabhängige- oder gruppenabhängige Gewinnspiele.

10.5.3 Die drei Stufen des Facebook-Commerce

F-Commerce hat mehrere Dimensionen und variiert vom Einbinden bekannter Facebook-Elemente, wie z. B. des Like-Buttons im Online-Shop, bis hin zum vollintegrierten Online-Shop in Facebook. Folgende drei Stufen können wir unterscheiden:

1. **Open Graph**: Verknüpfung von Facebook (z. B. Like-Button von Facebook) mit dem bestehenden Online-Shop
2. **Storefronts**: Produktkatalog in Facebook und externer Kaufabschluss im Online-Shop des Anbieters
3. **Vollintegrierte Facebook-Shops**: Shoppen in Facebook bis zum Kaufabschluss in Facebook

Marketing-Take-away: 40-mal mehr Traffic im Online-Shop

Levi's generierte nach der Integration des Like-Button in seinem Online-Shop 40-mal mehr Traffic. Beim Sporthändler Giantnerd führte es zu einer Umsatzsteigerung von 100 %.

10.5.4 Stufenweise zum sozialen Verkauf

Die Integration von Social Plugins ist mit einem geringeren technischen Aufwand verbunden, als die Umsetzung eines vollintegrierten Facebook-Shops. Wenn Sie also nur einen kleinen Online-Shop betreiben, genügt im ersten Schritt die Verwendung von Social Plugins. Dadurch erfahren Sie bereits eine Menge über die Produktvorlieben der Nutzer und bekommen mehr Besucher in Ihrem Online-Shop, da die Plugins vom Online-Shop zu Facebook und vice versa Traffic generieren. Im nächsten Schritt können Sie Ihren Produktkatalog in Facebook (Storefront) präsentieren und so Käufer von Facebook direkt zu Ihrem Online-Shop leiten. Wenn Sie feststellen, dass die Produkte in Ihrer Facebook-Storefront häufig angeklickt werden, jedoch nicht zum gewünschten Verkauf im Online-Store führen, lohnt es sich mitunter, einen vollintegrierten Facebook-Shop aufzusetzen.

10.6 Open Graph – wie Sie Ihren Online-Shop mit Facebook verknüpfen

Die Verknüpfung Ihrer Online-Präsenzen (Website und/oder Online-Shop) und Facebook geschieht mithilfe sogenannter *Social Plugins*, wie dem Like-Button, der Like-Box, der Comment-Box, siehe *https://developers.facebook.com/docs/plugins*. Über eine Programmierschnittstelle (Open-Graph-API) können Sie auf die Social Plugins zurückgreifen und sie in Ihre bestehenden Online-Präsenzen integrieren.

Beachten Sie beim Einbinden der Social Plugins unbedingt das Open Graph Protocol, *https://developers.facebook.com/docs/opengraph*. Damit stellen Sie sicher, dass beispielsweise ein Like in Ihrem Online-Shop auch richtig im Facebook-Profil des Nutzers, d. h. mit Vorschau-Bild zum Produkt, mit dem richtigen Link und Beschreibungstext, angezeigt wird (siehe Abbildung 10.10). Das ist wichtig, damit der Like auch in den Newsfeed der anderen Facebook-Nutzer gelangt, und dafür sind die richtigen »Tags« notwendig.

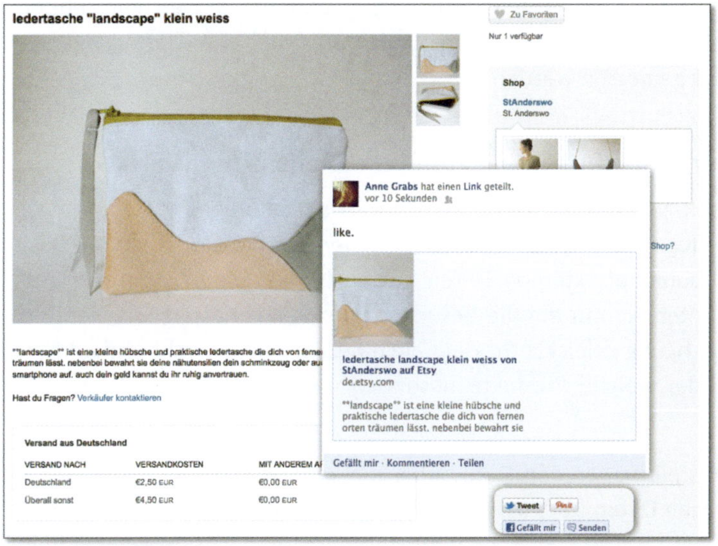

Abbildung 10.10 Mit dem Klick auf »Gefällt mir« wird das Produkt sofort im Freundeskreis des Nutzers bekannter gemacht (Quelle: *Etsy.de*).

Marketing-Take-away: Like-Button führt zu mehr Verkäufen

Für jede zwölfte geteilte Bewertung in Facebook kommt ein Verkauf hinzu. Der amerikanische Ticketanbieter Eventbrite generierte beispielsweise für jeden in Facebook geteilten Produktlink, der vor dem Kauf gepostet wurde, 2,53 US$ zusätzliche Einnahmen (siehe »F-Commerce«).

10.6.1 Neue Käufer im Netzwerk der Markenfans gewinnen

Der große Vorteil von Social Plugins ist, dass sie direkt nach dem Klick auf »Gefällt mir« automatisch einen Beitrag im Facebook-Profil des Nutzers generieren, wie in Abbildung 10.10 »Anne Grabs gefällt ein Link«. So erfahren die Facebook-Freunde von Anne Grabs, dass sie gerade ein Produkt in einem Online-Shop angesehen hat, das ihr gefällt. Die Wahrscheinlichkeit, dass unter ihren Freunden jemand ist, dem dieses Produkt auch gefällt, ist hoch, denn Freunde identifizieren sich häufig über gleiche Marken und Produkten (siehe dazu auch Abschnitt 10.4.4, »Like – warum wir mögen, was andere mögen«).

10.6.2 Mehr Traffic und Messung von Like-Effekten

Sie können mit der Open-Graph-Integration mehr Traffic auf Ihre Website oder Ihren Shop lenken und mehr Verkäufe generieren. Dadurch können Sie Ihr bisheriges Engagement in Social Media zusätzlich monetarisieren. Sie schauen dann nicht nur auf die Fans, Likes und Kommentare Ihrer Facebook-Seite, sondern darauf, wie viele Käufer von Facebook auf Ihren Shop gelangt sind und zu welchen Aktionen das führte. Ein Return on Investment kann durch Indikatoren wie »Umsatz per Like« weitaus treffender gemessen werden.

10.6.3 Von der Marktforschung zum personalisierten Warenkorb

65 % der Facebook-Nutzer klicken auf »Gefällt mir« auf externen Marken- und Unternehmenswebsites. Das sind ca. 250 Mio. Menschen, die monatlich die Social Plugins von Facebook auf externen Seiten nutzen (siehe »Der Wandel zum Handel«). Früher konnten Sie nur auf die Besucherstatistiken zurückgreifen, heute erfahren Sie, ob das häufig geklickte Produkt auch tatsächlich gemocht und im Netzwerk geteilt wurde, welche Produkte besonders beliebt sind und welche eher weniger gefallen.

Der Open Graph stellt neben den Daten über die konkreten Aktionen im Online-Shop noch sämtliche Daten über die in Facebook vom Nutzer hinterlegten und öffentlich gemachten Interessen kostenlos zur Verfügung. Das betrifft auch von ihm bevorzugte Seiten, Anwendungen usw. Dieser Datenpool hilft Ihnen, Ihr Warensortiment auf die Wünsche und Kaufgewohnheiten Ihrer Kunden abzustimmen. Sie können Käuferschichten nach ihren Interessen und Gewohnheiten clustern und mit gezielter Werbung in Facebook personalisiert ansprechen. Gleichzeitig gehen Sie damit den ersten Schritt in Richtung Social Commerce und helfen Ihrem Kunden dabei, das zu kaufen, was auch seinen Freunden gefällt.

10.6.4 Dem Käufer Sicherheit geben

Das Vertrauen in den Online-Shop wächst um ein Vielfaches, wenn der Shopbetreiber bereits Freunde und Bekannte im sozialen Netzwerk des Kunden von seinen Produkten überzeugt hat, und sei es nur durch das digitale Like. Bedenken Sie dabei auch, dass 90 % der Verbraucher den Meinungen von Freunden und Bekannten vertrauen.

Best Practice – Friends Store von Levi's

Die Jeansmarke Levi's hat unter *http://store.levi.com* einen »Friends Store« eingerichtet, der die Likes aller Facebook-Nutzer, EVERYONE, und die Likes von Facebook-Freunden, FRIENDS, anzeigt (siehe Abbildung 10.11). Für den Käufer ist das eine enorme Erleichterung bei der Auswahl seiner Produkte, denn er bekommt schon vorsortiert, was seinen Freunden gefällt. Diese Likes erzielen eine Sogwirkung in Bezug auf das Produkt.

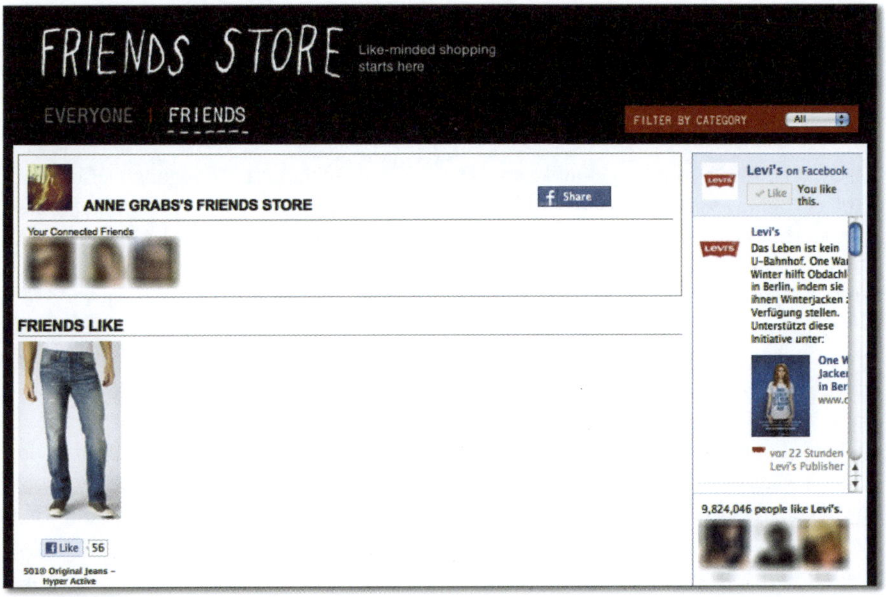

Abbildung 10.11 Wer den Friends Store von Levi's besucht, sieht direkt, was den Freunden gefällt.

10.6.5 Kritik am Open Graph

Datenschützer sind gegen die Verwendung des Open Graph, weil dadurch automatisch Daten über die Aktivitäten, Interessen, »Gefällt mir«-Angaben bis hin zu ausführlichen Customer Insights über das Kaufverhalten der User an Facebook übermittelt werden. Das geschieht nicht nur, wenn man konkret auf den Like-Button auf einer externen Seite klickt, sondern auch schon wenn man lediglich in Facebook eingeloggt ist, und mittlerweile werden sogar im ausgeloggten Zustand hinreichende Daten über Cookies gespeichert. Facebook kann auf diese Weise seine Datenbasis mit Kaufhistorien anreichern, die ein immer genaueres Profiling der User zulässt. Der Datenpool hat für Unternehmen den Vorteil der gezielten Kundenansprache und ist für Facebook das Eintrittsticket in den E-Commerce, um neben Werbung auch Einnahmen als Handelsplattform zu generieren, was für Händler nur durch den Zugriff auf die Daten einen Vorteil gegenüber dem klassischen E-Commerce bietet. Für die Nutzer ist diese Datensammelei jedoch völlig intransparent und unüberschaubar. Der Großteil der User ist Laie, wenn es um das verdeckte Sammeln von Daten (durch Open Graph, Apps oder Cookies) geht und beschränkt sich darauf, seine Privatsphäre in Facebook richtig einzustellen; er schaut selten auf Einstellungen in den Anwendungen (siehe Abbildung 10.12), aus denen er aber durch eigenes proaktives Löschen der Anwendung (Opt-out-Prinzip), aussteigen kann. Solange Facebook nicht als seriöse Handelsplattform auftritt, müssen Sie besonders auf einen vertrauensvollen Umgang mit den Daten achten und das auch so kommunizieren.

Rechtstipp von Sven Hörnich: Sichern Sie sich mit einer individuellen Lösung ab!

Rechtlicher Dreh- und Angelpunkt der aktuell in Deutschland stattfindenden Diskussion ist das Thema »Auftragsdatenverarbeitung« gemäß § 11 BDSG. Die Frage ist, ob eine Datenerhebung seitens Facebook im Auftrag des jeweiligen Nutzers der API geschieht. Dies wird rechtlich unterschiedlich beurteilt. Zu trennen ist dabei zwischen dem reinen Unterhalten einer Facebook-Seite bzw. dem bloßen Verweis darauf sowie der direkten Einbindung von Funktionen des sozialen Netzwerks. Letztere versagen dem Drittnutzer, der lediglich die Website des API-Nutzers aufruft, jegliche Möglichkeit, den Datenaustausch zu kontrollieren. Er erhält noch nicht einmal Kenntnis über den konkreten Umfang der Erhebung. Aus anwaltlicher Sicht ist es derzeit schwierig, einen klaren Rat zu geben, da man einerseits zur Beratung über sämtliche Risiken verpflichtet ist, aber der eigene Mandant sich andererseits aus wirtschaftlichen Gründen Diensten wie Facebook nicht verschließen möchte oder – aus Sicht der Marketingfachleute – nicht kann. Hier müssen stets die aktuellen Entwicklungen be(ob)achtet werden. Hinsichtlich des sogenannten Like-Buttons hatte beispielsweise heise.de eine interessante »2-Click-Lösung« entwickelt. Diese ging dennoch seinerzeit den »Hardlinern« der Facebook-Kritiker nicht weit genug. Letztere argumentierten damit, dass selbst bei isolierter Zustimmung zur »Übertragung« die Reichweite der Einwilligung für den Besucher nicht ersichtlich sei. Letztlich wird auch dieser Streit wie vormals der »Counter mit erheblich erweitertem Funktionsumfang« einer sehr großen Suchmaschine einer Lösung zugeführt werden müssen. Wir arbeiten bis dahin unsererseits gemeinsam mit unseren Mandanten an individuellen und (tages-)aktuellen Lösungen.

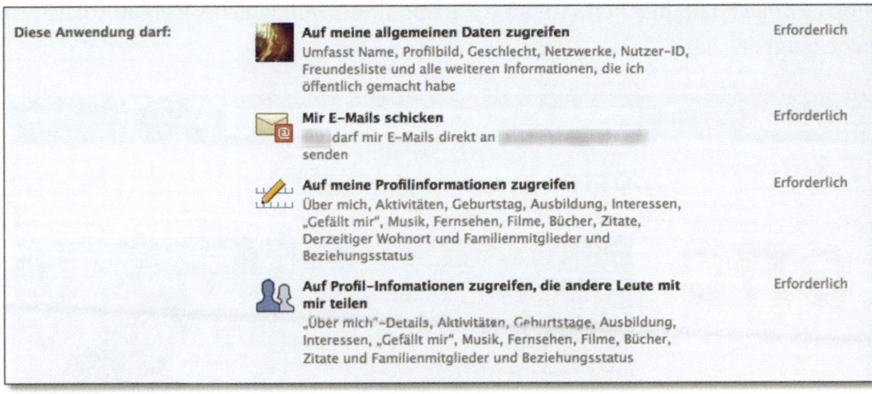

Abbildung 10.12 Über Facebook-Anwendungen werden vor allem Daten gesammelt.

Marketing-Take-away: Schaffen Sie Vertrauen und Privatsphäre

Wenn Sie den Open Graph also in Zukunft einsetzen, sollten Sie zur Datenverwendung kurz Stellung beziehen. Besonders, wenn Ihre Kundschaft ohnehin schon sehr »datensensibel« ist, sollte ein Passus oder Hinweis, z. B. »Wir geben deine persönlichen Daten und Informationen nicht an Facebook weiter«, auf der Website bzw. im Shop nicht fehlen. Dort erläutern Sie, zu welchem Zweck Sie die Daten der Kunden verwenden und dass Sie keinerlei Daten an Facebook weitergeben.

10.7 Storefront – professioneller Produktkatalog in Facebook

Ihren Online-Shop können sie ganz einfach als Produktkatalog (Storefront) in Facebook einstellen. Die Storefront dient als Produktvorschau, die nach den Regeln eines ganz normalen Online-Shops in Facebook funktioniert: Produkte sind nach Kategorien oder Themen sortiert und statisch oder in einem Imageslider anklickbar. Produkteinzelheiten (Größe, Preis) öffnen sich beim Klick auf das Produkt, von wo aus es in den Warenkorb gelegt werden kann (siehe den OTTO Trendshop in Abbildung 10.13). Für den finalen Kaufabschluss wird der User jedoch in den Online-Shop (in dem Fall von OTTO) geleitet.

Das Problem des externen Kaufabschlusses ist jedoch, dass Sie damit eine höhere Abbruchquote und eine geringere Conversion Rate generieren, da der Checkout in den externen Online-Shop eine zu hohe Facebook-Unterbrechung beim Käufer bewirkt. Diesen Checkout können Sie dem Käufer jedoch als notwendigen Schritt für den sicheren Kaufabschluss mit verschlüsselter Datenübertragung in Ihrem Online-

Shop schmackhaft machen, solange Facebook als verlässliche Verkaufsplattform nicht taugt.

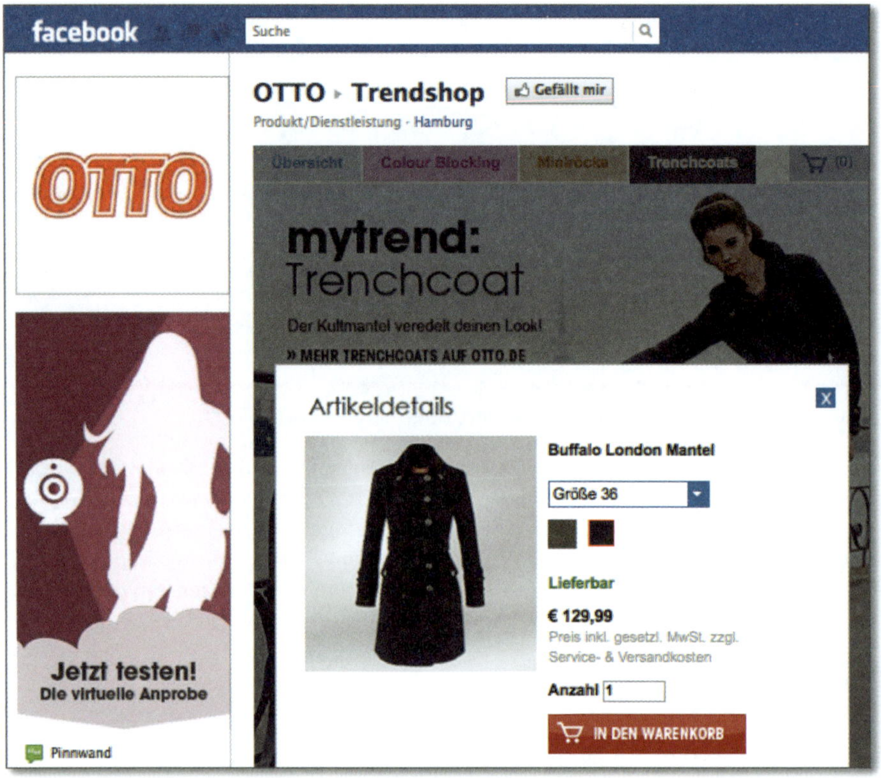

Abbildung 10.13 Der Facebook-Nutzer wird im OTTO-Trendshop durch das gesamte Sortiment navigiert – nur der Kaufabschluss erfolgt extern.

10.7.1 Storefront aufsetzen – iFrame oder App?

Es gibt zwei Möglichkeiten, die Storefront in Facebook aufzusetzen: als iFrame oder als App (Anwendung). OTTO stellt gleich beide Varianten zur Verfügung: iFrame (in Abbildung 10.13) und/oder als Anwendung, siehe *https://apps.facebook.com/trendberater* (App).

Die iFrame-Lösung bietet die Möglichkeit, auf einer Fläche von 520 Pixel Ihren Katalog darzustellen, während die App-Lösung die Verkaufsfläche auf 750 Pixel ausdehnt. Für die App-Lösung können sie auf Anbieter mit Baukastenprinzip, z. B. Moonfruit, zurückgreifen, oder aber Sie wählen die kostenintensivere Variante und übernehmen selbst die App-Programmierung oder beauftragen einen externen Dienstleister.

Marketing-Take-away: Warum Sie eine Storefront in Facebook aufsetzen sollten

Nutzen Sie die Storefront, um Ihre Fans gezielt auf Ihren Online-Shop zu lenken. Neben dem intensiven Austausch, sind die Nutzer nun auch aufnahmebereit für konkrete Produktvorschläge, die sie lieber im Umfeld von Facebook anklicken, als dazu extra Ihren Online-Shop aufzurufen. Mit der Storefront stellen Sie den Konnex von Fan zu Käufer her, der für den Kaufabschluss notwendig ist.

10.8 Vollintegrierte Facebook-Shops

Vor zwei Jahren konnte man Facebook-Shops nur mit hohem Programmieraufwand aufsetzen. Heute gibt es dafür Anbieter, die umfangreiche Shoplösungen von der Produktsuche bis zum Kaufabschluss zur Verfügung stellen. Der Vorteil von Facebook-Shops ist klar: Die Kunden können ohne Umwege über den externen Online-Shop direkt Ihre Lieblingsmarken und -produkte in Facebook kaufen.

10.8.1 Anbieter für Facebook-Shoplösungen

Es gibt eine Vielzahl an Facebook-Shoplösungen, häufig aus dem englischsprachigen Raum. Wir haben die besten Lösungen für Sie zusammengetragen und bei einigen das Pricing ausführlich beschrieben, um Vergleiche durchführen zu können. Bei der folgenden Zusammenstellung haben wir auch darauf geachtet, deutsche Anbieter neben vielen amerikanischen zu berücksichtigen.

Payvment

Payvment gehört zu den bekanntesten aller Anbieter. Diese Lösung gilt für eine unbeschränkte Anzahl an Produkten und beinhaltet Social-Sharing-Funktionen, integrierten Like-Button auf allen Seiten und Unterseiten des Shops, TRUSTe Zertifikat, Produktupload per CSV und API (Schnittstelle). Diese Funktionen sind in allen drei Versionen inbegriffen, alle weiteren Features unterscheiden sich je nach Preis (Infos unter *http://www.payvment.com/products*):

- kostenlose Version für einen Shop mit einem Administrator, manueller Produktpromotion in Facebook, Analyse der Verkaufszahlen (keine Social-Analyse)
- kostenpflichtige Version für 299,95 US$ pro Jahr für drei Shops und fünf Administratoren, automatische Produktpromotion in Facebook, umfangreiche Social-&-Sales-Analyse
- Payvment Platinum (Preis auf Anfrage), unlimitierte Anzahl von Shops und Administratoren

Ondango (deutsch)

Ondango ist ein Berliner Unternehmen, das sich auf Facebook-Shops spezialisiert hat. Mit Ondango lassen sich auch kleinere Shops in Facebook umsetzen. Die Facebook-Shops von Ondango sind alle stringent im Look & Feel von Facebook gestaltet, was dem Käufer Seriosität vermittelt (siehe Abbildung 10.14). Es gibt drei kostenpflichtige Services, die je nach Umfang des Shops variieren. Die Umsatzprovision beträgt immer 5 %, alle Varianten können kostenlos getestet werden (Pricing: *http://www.ondango.com/de*):

- Ondango Basic für 9,90 € pro Monat: ein Shop, max. 15 Produkte, ein Daily Deal pro Monat, für max. zwei Facebook-Seiten, eignet sich für Bands und kleine Shops
- Ondango Plus für 49,90 € pro Monat: max. zwei Shops, bis zu 100 Produkte pro Shop, zwei Daily Deals pro Monat und Shop, jeder Shop für max. zwei Facebook-Seiten, Produktkategorien und Produktsuche, Fan-Gating (Nutzer müssen Fans werden, um den Shop nutzen zu können), eignet sich für größere Shops
- Ondango Premium für 199,90 € pro Monat: unbegrenzte Anzahl von Shops, Produkte und Daily Deals, jeder Shop kann in beliebig viele Facebook-Seiten integriert werden, Produktkategorien und Produktsuche, Fan-Gating, persönliche Kundenbetreuung, eignet sich für umfangreiche Shops und Agenturen

Beispiele für Facebook-Shops von Ondango (deutsch, spanisch und englisch) finden Sie unter *https://www.facebook.com/Ondango*.

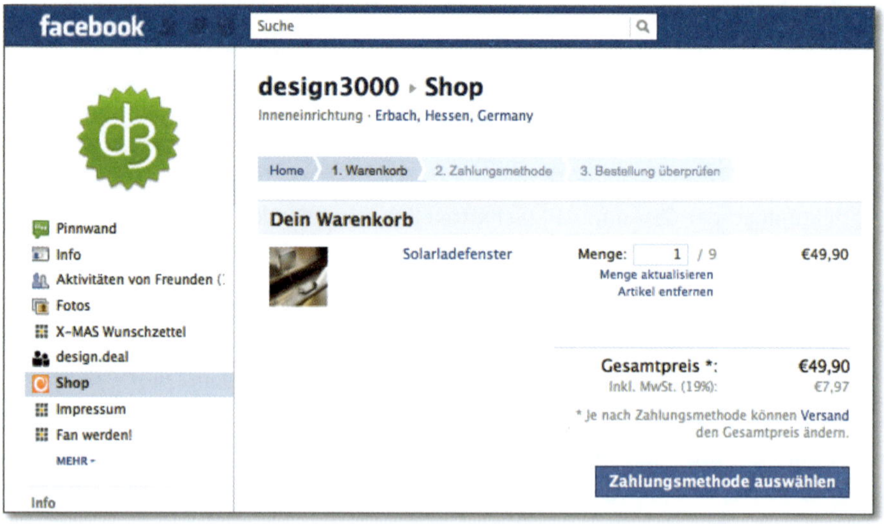

Abbildung 10.14 Die Facebook-Shoplösung von Ondango für »design3000« im Look & Feel von Facebook.

Der Vorteil von Ondango gegenüber Payvment ist deutscher Support, während Payvment weitaus günstiger ist als Ondango. Außerdem wird Ihr Shop mit Ondango im Look & Feel von Facebook aufgesetzt, was sich als Verkaufsvorteil erweisen könnte.

Amazon

Amazon bietet seinen Verkäufern den Amazon WebStore, *http://webstore.amazon.com*, der als vollständige Facebook-Shoplösung mit Kauf, Bezahlung und Versand genutzt werden kann. Den Service können Sie für drei Monate kostenlos testen, danach kostet er 39,99 US$ pro Monat und nach 24 Monaten 54,98 US$ pro Monat. Der Amazon WebStore beinhaltet Shopping- und Payment-Funktionen für 20 Produktkategorien sowie Lagerung und Lieferung der Produkte durch Amazon. Sie können selbstständig Designanpassungen vornehmen und auf die Bewertungsfunktionen von Amazon zurückgreifen. Ein Referenzshop ist beispielsweise der Shop »Jersey Shore« in Facebook (siehe Abbildung 10.15).

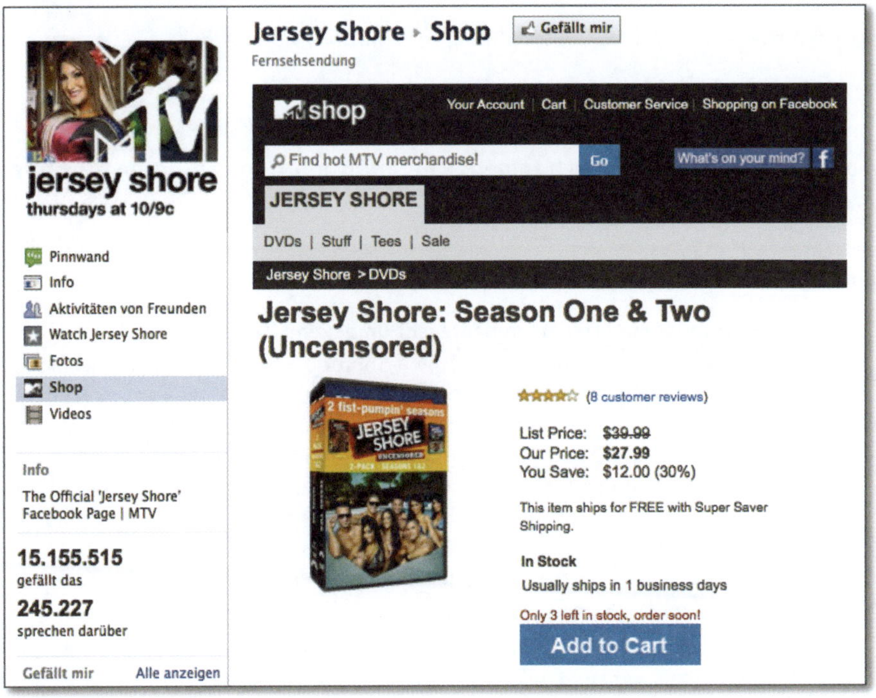

Abbildung 10.15 Im Facebook-Shop von »Jersey Shore« shoppen die Facebook-Nutzer im gewohnten Look & Feel von Amazon.

Der Amazon-Webstore bietet mehrere Vorteile: Einer davon ist, dass die Amazon-Bewertungen direkt in die Produktdetailansicht übernommen werden und so unsichere Käufer überzeugen. Des Weiteren kennen die meisten Online-Shopper Amazon als verlässlichen Online-Shop, dem sie vertrauen. Unternehmen, die noch keinen Online-Shop besitzen, sparen sich außerdem Kosten für Shopsystem und Logistik und profitieren von der Präsenz auf Amazon und Facebook.

Ein ähnliches Prinzip wie Amazon WebStore verfolgen die Shops Etsy und DaWanda – beides Portale für Selbstgemachtes und Unikate. Wer bereits einen Shop bei einem dieser Anbieter hat, kann diesen ganz einfach über die Apps *https://apps.facebook.com/myetsy* für Etsy-Verkäufer oder *https://apps.facebook.com/dawanda* für DaWanda-Verkäufer zur Facebook-Seite hinzufügen.

Weitere Anbieter für Shoplösungen sind Adgregate, ShopShare, Moontoast, 8th Bridge und StoreEnvy. Anstatt auf einen Anbieter zurückzugreifen, können Sie den Store auch selbst programmieren oder programmieren lassen. Allerdings ist das wesentlich teurer und verlangt beim Check-out-Prozess (Bezahlungsvorgang) die vollständige Eingabe der Daten. Ein bekanntes Beispiel hierfür ist der estore von Procter & Gamble in Facebook, z. B. Febreze:

https://www.facebook.com/febreze?sk=app_124066377675008.

10.8.2 Tipps für einen erfolgreichen Facebook-Shop

Damit der Facebook-Shop auch zum Verkaufserfolg führt, sollten Sie ein paar Tipps beachten.

So wird ihr Facebook-Shop erfolgreich

1. **Das Angebot muss zum User kommen, nicht umgekehrt.**
   Auch wenn der Facebook-Shop Ihren Online-Shop optisch kopiert, heißt das nicht, dass Sie sich jetzt zurücklehnen und dabei zusehen können, wie die Fans zu Käufern werden. Ihre Angebote müssen den User in Facebook trotz hoher Aufmerksamkeitsschwelle erreichen, ihn begeistern und überzeugen. Nur mit einmaligen Aktionen und exklusiven Belohnungen, Gruppenrabatten und Gutscheinen, die auf die Bedürfnisse Ihrer Fans abgestimmt sind, schaffen Sie es, eine Sogwirkung auf Ihre Produkte zu auszulösen. Bedenken Sie dabei, dass Sie immer noch über Kommunikation verkaufen, nicht über den Facebook-Shop per se, denn der ist nur Mittel zum Zweck.
2. **Achten Sie auf Funktionalität und Empfehlungssysteme.**
   Wenn Sie sich für einen Anbieter entscheiden, prüfen Sie vorab die Demo-Versionen auf Produktdarstellung, Funktionalität und Empfehlungssysteme (Integration des Like-Buttons) hin. Die Produktdarstellung inklusive der Detailansichten ist das A und O Ihres Facebook-Shops und sollte nach Möglichkeit die gleichen Schritte wie in gängigen Online-Shops beinhalten. Bei zu vielen Schritten bis zur finalen Produkteinsicht steigen die Käufer frühzeitig aus.

Das Gleiche gilt für Produktbilder, die zu klein oder zu groß sind. Wichtig ist außerdem, dass der Like-Button in der Produktansicht integriert ist, damit Sie die Effekte von Empfehlungen innerhalb von Facebook für die Bekanntmachung Ihres Shops nutzen können.

3. **Achten Sie auf eine prominente Platzierung Ihres Facebook-Shops.**
   Shopping in Facebook ist eine relativ junge Disziplin und gehört daher noch nicht zur gängigen User-Experience in Facebook. Den Facebook-Shop der Marke aufzurufen ist noch keine Selbstverändlichkeit. Die Nutzer müssen an diese Möglichkeit des praktischen und zeitsparenden Einkaufens erst noch herangeführt werden. Machen Sie deshalb auf Ihren Facebook-Shop direkt auf der Facebook-Seite (unbedingt als Tab und bei Launch als Landing-Tab) aufmerksam, denn sonst dümpelt er vor sich hin. Der Facebook-Shop eignet sich zusätzlich als Fan-Gating: Stellen Sie den Shop also nur Fans mit einer vorgeschalteten No-Fan-/Fan-Landing-Page (»Erst liken, dann shoppen«) zur Verfügung.

   Bad Practice Frontline: Der Facebook-Shop der Marke Frontline, *https://apps.facebook.com/frontlineshop*, ist beispielsweise nicht auf der eigentlichen Facebook-Seite von Frontline sichtbar, *https://www.facebook.com/frontlineshop*, sondern nur durch die Suche in Facebook oder über direkte Browsereingabe auffindbar. Das ist ungünstig, denn die Facebook-Nutzer informieren sich generell immer über die Facebook-Seite oder werden durch Updates in ihrem eigenen Newsfeed auf die Marke aufmerksam. Nebenbei: Der Frontline-Shop in Facebook ist nicht sauber integriert. Hier hat man den bestehenden Online-Shop über eine iFrame-Einbindung kopiert, was jedoch aus Platzgründen die Benutzeroberfläche des Shops zerstört. Wenn Sie diese Lösung nutzen, prüfen Sie vorab, ob Sie mit dem Platz in Facebook auskommen (Breite 750 Pixel).

4. **Achten Sie auf Zertifizierungen.**
   Shopping in Facebook ist für User noch ungewohntes Terrain, mit dem sie sich erst einmal vertraut machen müssen. Um das Vertrauen in Facebook-Shopping zu stiften, nutzen Sie Sicherheitszertifikate wie »Trusted Shops« oder »McAfee Secure«.

5. **Setzen Sie die Messlatte nicht zu hoch.**
   Bisher generieren Facebook-Shops etwa 2 bis 5 % dessen, was Sie normalerweise mit einem Online-Shop umsetzen. F-Commerce kann also allenfalls als zusätzlicher Vertriebskanal zum bestehenden E-Commerce verstanden werden, insbesondere bei großen Online-Shops. Kleinere Marken und Independent Labels können F-Commerce mit geringem Aufwand als Spielwiese für den Absatz Ihrer Produkte nutzen (siehe die Shoplösungen von Etsy und DaWanda). Generell eignen sich als Einstieg in den F-Commerce die Bestseller des E-Commerce, wie etwa Gutscheine, Tickets, Eintrittskarten (Facebook-Vorteil Zeit), Bücher, Magazine, Filme, Musik (erinnert an Amazon), Kleidung und Elektronik (erinnert an Ebay), Spiele und virtuelle Güter (Facebook Credits siehe Abschnitt 10.8.5, »Facebook-Währung«). Diese erzielen bisher die besten Conversion Rates.

10.8.3 Auf der Pinnwand verkaufen – In-Stream-Verkäufe

Neben dem Open Graph, der Storefront und Facebook gibt es noch die Möglichkeit der sogenannten *In-Stream-Verkäufe* (auch *In-Feed-Verkäufe*). Das sind Angebote direkt im Newsfeed des Users. Die Angebote ähneln Link-Postings in Facebook, bei denen das Vorschaubild mit einem Play-Button versehen wird. In-Stream-Verkäufe sind charmant, denn die User können direkt in ihrem Feed das Produkt kaufen, ohne den Shop oder eine App aufrufen und akzeptieren zu müssen. Allerdings macht Facebooks Edgerank hier mitunter einen Strich durch die Rechnung, da die Relevanz des Postings von Facebook bewertet wird und so nicht immer alle Fans erreicht. Anbieter von In-Stream-Lösungen sind Moontoast und 8thBridge (Referenzen »1-800-Flowers«, »7 For All Mankind«), die auch Analysen der In-Stream-Postings zur Verfügung stellen. In-Stream-Verkäufe sind als zusätzliches Tool denkbar und müssen noch ihre Tauglichkeit unter Beweis stellen.

10.8.4 Kein Geld für F-Commerce? – Nutzen Sie Smatch

Smatch ist ein Plattform für Produktsuche und -vergleiche aus den Bereichen Mode, Wohnen, Lifestyle und Elektronik, die ihren Produktkatalog mit über 1,5 Mio. Produkten auch als App in Facebook zur Verfügung stellen, *http://apps.facebook.com/smatch_shopping*. Wenn Ihre Produkte unter die genannten Produktkategorien fallen, können Sie mit Smatch kooperieren, damit Ihre Produkte in die Storefront von Smatch aufgenommen werden. Sie erhalten damit kostenlosen Traffic ohne großen Programmieraufwand. Weitere Infos unter *http://smatch.com/Partner/Kooperationsmöglichkeiten*.

10.8.5 Facebook-Währung

Die *Facebook Credits* werden bereits bei Spielen eingesetzt. Beim beliebten Facebook-Spiel »Farmville« wird beispielsweise darauf zurückgegriffen, um virtuelle Güter zu kaufen. Spieleanbieter »Zynga« (Farmville, Mafia Wars) verkauft beispielsweise 38.000 virtuelle Güter pro Sekunde in Facebook und machte damit 2010 einen Umsatz von 575 Mio US$, wovon Facebook 30 % kassierte. Damit profitiert Facebook an dem enormen Wachstum der Facebook-Spiele, die den Großteil ihrer Umsätze (85 %) mit virtuellen Güter machen. Der User muss also zunächst Facebook Credits kaufen, bevor er Produkte im Spiel kaufen kann. Diese Facebook Credits können mittels Bankeinzug oder Kreditkarte gekauft werden. Eine Bargeldzahlung will Facebook durch weltweite Kooperationen ermöglichen, damit die Facebook Credits auch in Geschäften gekauft werden können. Denn die Bezahlung mittels Kreditkarte ist für viele User nicht möglich und stellt daher ein Hindernis dar.

Die Facebook-Währung als zukünftiges Zahlungsmittel?

Die Facebook-Währung könnte sich als das vorrangige Zahlungsmittel entwickeln, wenn Facebook sich als seriöse und vertrauenswürdige Handelsplattform entwickelt und sein Negativ-Image als Datenkrake ablegt. Dann würden auch Shoppingmöglichkeiten in Facebook genutzt, die es dem User erlauben, direkt mit Facebook Credits zu bezahlen.

Beobachten Sie in Zukunft diese Entwicklungen, und überlegen Sie aufgrund Ihres Facebook-Engagements und der Stärke der Userinteraktion, ob Sie einen Shop mit Bezahlung durch Facebook-Währung zur Verfügung stellen möchten. Achten Sie auch darauf, wie diese Währung von den Usern angenommen wird, bevor Sie mit der Umsetzung starten. Diese Währung könnte sich nämlich möglicherweise auch als Flop herausstellen.

10.8.6 Die Hürden des F-Commerce

Auch wenn der F-Commerce praktische Vorteile bietet und das Fan-Sein belohnt, gibt es allerhand Bedenken bei den Nutzern, in Facebook einzukaufen. Jeder Zweite hat Zweifel und weiß nicht, ob der Einkauf wirklich sicher ist. Über die Hälfte möchte nicht, dass Facebook weiß, was sie gekauft haben. Diese Bedenken sind einerseits dem laxen Umgang Facebooks mit der Privatsphäre der Nutzer und andererseits seinem Negativimage als Datenkrake geschuldet. Wenn sich Facebook als Handelsplattform etablieren möchte, müssen hier noch Weichen in Richtung Vertrauen, Sicherheit und Verlässlichkeit gestellt werden.

Neben den Sicherheitsbedenken kann es auch passieren, dass Facebook mit einer zu starken Absatzoffensive seine eigentliche Funktion als Netzwerkplattform einbüßt, was zu massiven Abwanderungen der Nutzer führen könnte. Hier sind auch Sie als Unternehmen gefragt, F-Commerce nicht als plumpen Vertriebskanal zu nutzen, sondern mit Angeboten und Produkten zu überraschen und Belohnungen an Ihre Fans auszuschütten.

10.9 YouTube-Shopping

Videoportale werden von sehr vielen Onlinern intensiv genutzt. Laut ARD/ZDF-Online-Studie 2011, *http://www.ard-zdf-onlinestudie.de*, sehen 68 % der deutschen Onliner Videos und Fernsehsendungen im Netz. YouTube ist das beliebteste Videoportal, gerade weil es über sehr viele Inhalte verfügt und fast jedes Musikvideo darin auffindbar ist. Nicht nur Musikvideos, auch Inhalte aus den Bereichen Film, Kultur, Kunst, Reisen werden konsumiert. Viele User suchen sogar nach Werbespots in YouTube, die sie besonders witzig fanden. YouTube ist das beste Medium, eine Botschaft lebendig und sinnstiftend an die User zu kommunizieren.

Best Practice – die »Youtique« von French Connection

Was könnte sich also besser eignen als ein eigener Shop in YouTube? Das hat sich auch die Modemarke »French Connection« gedacht und im Oktober 2010 unter *www.YouTube.com/user/frenchconnection* eine »Youtique« (Wortschöpfung aus »YouTube« und »Boutique«) ins Leben gerufen (siehe Abbildung 10.16). Besonders gelungen sind die einheitliche Farbgebung und das angepasste Layout, womit sie sich die Youtique vom gängigen Design der YouTube-Channels abhebt. Außerdem sind Empfehlungssysteme wie Google+, Facebook, Twitter vorhanden, um die Youtique anderen zu empfehlen. Die Kleidungsstücke werden als einminütige Teaser präsentiert und sind dadurch in einem ganz anderen Kontext erlebbar als im direkten Handel, wo sie nur auf der Stange hängen. French Connection arbeitet mit Bildern, mit Vorbildern, mit den Stimmungen und Erwartungen seiner Käufer.

Abbildung 10.16 Die Youtique von French Connection, eingebettet in einen YouTube-Channel

Wenn Sie diese Shoplösung in Betracht ziehen, prüfen Sie vorab, ob sich das Medium Video für Ihre Produkte eignet. Beachten Sie dabei auch, wer mehrheitlich YouTube nutzt. Gerade bei hochpreisigen Produkten ist YouTube vielleicht nicht das geeignete »anspruchsvolle« Medium. Bevor Sie einen großen Shop in YouTube launchen, experimentieren Sie erst einmal mit einem einzelnen viralen Video. Und vereinbaren Sie nach Möglichkeit die Integration eines Buy-Buttons am Ende des Videos mit YouTube.

10.10 Fazit

Der Social Commerce, insbesondere der F-Commerce, hat sich im letzten Jahr enorm entwickelt, Das wird auch in den kommenden Monaten so bleiben, neue Anbieter werden hinzukommen und mit der einen oder anderen Änderung in Facebook wird uns Mark Zuckerberg sicher wieder überraschen. Eine solche Änderung ist bereits für den Open Graph vorgesehen. Der Open Graph 2.0 wird neben »Gefällt mir«- und »Teilen«-Funktionen auch Nennungen wie »Das möchte ich« (»I want«) und »Habe ich gekauft« (»I bought«) beinhalten, die weitere Einblicke in kaufbezogene Interessen der Nutzer gewähren. Daneben wird der F-Commerce auch durch die mobile Nutzung von Facebook befeuert. 250 Mio. Menschen greifen bereits auf die Facebook-App zurück. Dadurch ergeben sich neue Konzepte für die mobile Vermarktung von Produkten über Facebook, die sich besonders für lokale Angebote in Echtzeit eignen.

Rechtstipp von Peter Harlander:
Social Commerce und F-Commerce müssen rechtlich sauber integriert werden

Social Commerce ist ein Querschnitt aus mehreren rechtlich bereits für sich gesehen sehr komplexen Fachgebieten. Die Erstellung eines Social-Commerce-Konzepts setzt daher fundierte rechtliche Kenntnisse in den Bereichen Social-Media-Recht und E-Commerce-Recht voraus.

10.10.1 F-Commerce steht noch am Anfang

Bisher haben nur 2 % der deutschsprachigen Internetnutzer über Facebook eingekauft und nur 15 % sind an Facebook-Commerce in der Zukunft generell interessiert.[5] Das mag an Facebook selbst und den Bedenken der Nutzer liegen, andererseits belegt die W3B-Studie auch, dass 11 % Facebook-Shopping bequem finden, weil man ja sowieso in Facebook sei (Stichwort »Convenience«). 19 % sehen als

5 W3B-Report zu Social Web und F-Commerce, Fittkau & Maaß, 2012, *http://www.fittkaumaass.de/services/w3breports/social_networks*, nachfolgend zitiert als »W3B-Report«.

Vorteil von Facebook-Commerce, Angebote mit Freunden teilen zu können. Die geringe Akzeptanz von F-Commerce kann also auch an der bisherigen Umsetzung liegen. Denn ein Facebook-Shop allein bringt noch lange kein Verkaufskonzept hervor. In einem aktuellen Ranking über Online-Shopping und Mobile-Shopping bewerten die Nutzer Online-Shopping mit Bestnote A, Smartphones und Tablets mit B- und Facebook mit C+. Die User misstrauen Facebook bei der Einhaltung der Privatsphäre und dem Datenschutz und sehen noch keinen wirklichen Vorteil darin, in Facebook zu kaufen (siehe »Shopping Experience« und »Personalization Features« in Abbildung 10.17). Ihr Verkaufskonzept sollte daher motivationale Überlegungen, Belohnungen und Exklusivität beinhalten. Versuchen Sie auch, Ihren Facebook-Shop von Ihrem Online-Shop deutlich abzugrenzen, damit dem Facebook-Nutzer der Mehrwert klar wird. Und wahrscheinlich kommen Sie nicht umhin, Überzeugungsarbeit für sicheres Facebook-Shopping zu leisten.

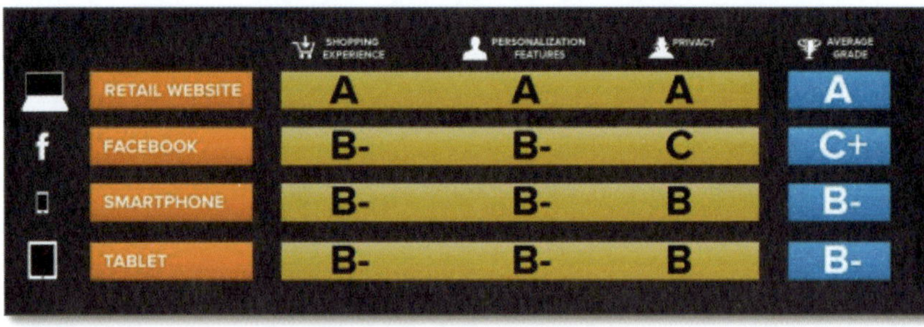

Abbildung 10.17 Facebook bekommt nur die Schulnote C+ (Quelle: Social Commerce Today)[6].

10.10.2 Social Commerce ist bei Jugendlichen noch nicht angekommen

Auch das sollten Sie wissen: 13- bis 24-Jährige machen etwa 50 % der Facebook-Nutzer aus, Jugendliche sind aber noch keine wirkliche »Kundschaft« in Facebook. Denn Jugendliche von 12 bis 19 Jahren möchten in Facebook »mit Freunden kommunizieren« (94 %), »unterhalten werden« (81 %), »Informationen teilen« (63 %) oder sich informieren (58 %). »Shoppen« ist mit 4 % noch relativ uninteressant. Dennoch eignet es sich als Empfehlungsinstrument auch bei Jugendlichen.[7]

6 Social Commerce Today, Facebook-Commerce Schulnoten, 2012, *http://socialcommercetoday.com/facebook-commerce-greed-is-good-infographic/*

7 MediaAnalyzer, Jugendliche und Social Commerce, 2012, *http://www.mediaanalyzer.com/Dokumente/MediaAnalyzer-Umfrage-Jugendliche-und-SocialCommerce.pdf*

Bevor Sie also mit Social Commerce starten, sollten Sie prüfen, ob sich diese Investition wirklich lohnt. Aufwand und Nutzen müssen in einem realistischen Kosten-Nutzen-Verhältnis zueinander stehen. Mit dem Open Graph können Sie zunächst einmal testen, wie Social Media in Ihrem Online-Shop ankommt, bevor Sie mit einer Storefront eine Stufe weiter im Social Commerce gehen. Dabei können Sie auch die generellen Entwicklungen beobachten und schauen, ob und wie die User Social Commerce annehmen. Möglicherweise muss der Trend aus den USA erst einmal nach Europa herüberschwappen. Den »SoLoMo-Consumer«, also den sozial vernetzten, mobilen User, der nach lokalen Angeboten Ausschau hält, stellen wir in Kapitel 12, »Ausblick«, vor.

11 Crowdsourcing

Wer kennt die Wünsche und Bedürfnisse besser als der Kunde selbst? Warum also nicht Produktinnovation in die Hände der Konsumenten geben? Noch dazu, wo viele Markenfans das gerne tun, weil sie ihr Lieblingsprodukt weiterentwickeln wollen, solange sie dafür belohnt werden und Anerkennung erhalten.

Unternehmen müssen innovativ sein, denn ihre Produkte unterliegen dem sich ständig wandelnden Markt. Ideen benötigen Sie überall im Geschäftsprozess. Sie wollen ein neues Produkt auf den Markt bringen? Sie brauchen Ideen. Sie wollen ein neues Design entwickeln? Sie brauchen Ideen. Sie möchten mit einer neuen Werbekampagne Kunden gewinnen? Sie brauchen Ideen. Normalerweise übernehmen das die zuständigen Abteilungen, Experten oder externe Agenturen. Doch was wäre, wenn Sie gemeinsam mit Ihren Kunden Ideen spinnen könnten? Sie halten das für abwegig, weil Sie Ihren Kunden bisher nur das Endprodukt präsentiert haben? Das stört Ihre Kunden überhaupt nicht. Im Gegenteil: Sie geben gerne Feedback und freuen sich, an der Produktentwicklung partizipieren zu können. Das geht sogar so weit, dass die Internetnutzer Projekte mit Geld unterstützen (siehe Abschnitt 11.6, »Crowdfunding«).

11.1 Warum Gruppen klüger sind als der Einzelne

Der Begriff *Crowdsourcing* wurde von Jeff Howe geprägt, der ihn 2006 im Wired Magazine erstmals zur Diskussion stellte. Bevor Howe den Begriff Crowdsourcing erfand, kursierten für das gleiche Phänomen bereits Begriffe wie Open Innovation, interaktive Wertschöpfung, Schwarmintelligenz oder kollektive Intelligenz. Die Idee dahinter war und ist immer die gleiche: Ein Gruppe von Menschen tut sich zusammen, um gemeinsam im Netz an Ideen und Projekten zu arbeiten, unter der Prämisse, Gruppen sind klüger als jede noch so schlaue Einzelperson. Crowdsourcing ist eine Wortschöpfung aus »Crowd« für Masse bzw. Menschen und »Outsourcing« für das Auslagern von Arbeit und ein effektives Instrument, um Innovationen gemeinsam mit Kunden zu gestalten. Crowdsourcing ist also kein Buzzword oder eine Spielerei, sondern lässt sich sowohl direkt im Marketing als auch für Ihr Innovations- und Wissensmanagement einsetzen.

Ein klassisches Beispiel von Crowdsourcing ist die Enzyklopädie Wikipedia (siehe Abbildung 11.1). Die Artikel werden von der Autoren-Community eingestellt, kontrolliert und aktualisiert. Wikipedia funktioniert, weil sich sehr viele Autoren »ehrenamtlich« engagieren. Einer allein hätte niemals eine solche Plattform mit Millionen von Artikeln in über 260 Sprachen auf die Beine stellen können.

Abbildung 11.1 Wikipedia ist das größte Crowdsourcing-Projekt der Welt.

Tipp: Informieren Sie sich im Crowdsourcing-Blog

Das Crowdsourcing-Blog informiert über Crowdsourcing allgemein, über Trends und bietet interessante Fallbeispiele: *www.crowdsourcingblog.de*.

11.2 Crowdsourcing im Marketing

Crowdsourcing tritt in unterschiedlichsten Formen und Ausprägungen auf und variiert je nach Mitbestimmungsgrad der User. Es gibt Beispiele, bei denen Ideen für Werbung, Veranstaltungen, Produkte und Dienstleistungen, Hardware, Mode, Journalismus und Kultur »crowdgesourced« werden. Dadurch können ganz neue Produkte entstehen, neue Ideen gesammelt und Designs entworfen werden. Crowdsourcing bietet Ihnen die Möglichkeit, Teile Ihres Marketings, Ihres Innovationsmanagements und der Produktentwicklung an viele Beteiligte im Internet abzugeben.

11.2.1 Kostenloses Online-Brainstorming

Beginnen wir mit kostenlosen Online-Brainstormings: Unter *www.brandtags.net* können Sie sich Schlagworte anzeigen lassen, die andere User mit Ihrer Marke verbinden. Das deutsche Portal *www.brainR.de* bietet Online-Brainstormings. Die User können ohne Anmeldung Brainstormings eingeben oder Ideen hinzufügen. Innerhalb weniger Stunden erhalten Sie interessante Ideen. Auf *www.brainfloor.com* bekommen Sie Lösungsvorschläge zu unterschiedlichen Fragestellungen.

Die Ideengewinnung durch Befragungen unbekannter User ist ein erster Schritt in Richtung Crowdsourcing. Die Vorschläge sind sehr verschieden und subjektiv, da jeder User eine andere Perspektive einnimmt. Außerdem gibt es starke Schwankungen, was die Qualität der Beiträge betrifft. Es wird ja Usern nicht untersagt, irgendetwas zu schreiben, auch wenn es komplett sinnfrei ist. Online-Brainstormings können also nur als eine erste Ideensammlung betrachtet werden. Die wirklichen Markenassoziationen und Produktanforderungen erfahren Sie jedoch nur mittels direkter Befragung Ihrer Kunden oder einer ausgewählten Community.

11.2.2 Innovationsmanagement

Unternehmen möchten durch Expertenwissen ihren Wissensvorsprung absichern. Es mag Sie daher irritieren, dass Crowdsourcing davon ausgeht, dass die Masse klüger ist als Ihr bester Designer, Ihr versiertester Ingenieur oder Ihr fachkundigster Controller. Tatsächlich kann man aber beobachten, dass sich Marketingexperten mitunter schwertun, neue Ideen zu kreieren, da sie zu nah an der Marke dran sind. Das Expertenwissen verhindert teilweise, dass neue Ideen entstehen. Eine heterogene Gruppe, wie die User im Netz, kann mit ihren unterschiedlichen Ansichten eine bessere Lösung herbeiführen bzw. ein differenzierteres Urteil fällen. So entsteht die Weisheit der vielen, auch kollektive Intelligenz genannt.

Das Netz bietet Ihnen den nötigen Rahmen für die Nutzbarmachung kollektiver Intelligenz. Der Aufruf zur Mitwirkung ist öffentlich und erfolgt über einen »Open Call«. Sie können eine große Anzahl von Internetusern, die das Mitmach-Web für sich entdeckt haben, befragen. Sie schlagen Ihnen ihre Produktideen und Designanregungen vor.

Best Practice – Tchibo Ideas

Tchibo macht heute einen Großteil seines Umsatzes mit Cross-Selling, nicht mit Kaffee. Das Unternehmen muss permanent (»Jede Woche eine neue Welt«) neue Produkte entwickeln, die den Ansprüchen der Tchibo-Kunden gerecht werden. Deshalb hat Tchibo im Mai 2008 seine eigene Crowdsourcing-Community mit dem Namen »Tchibo Ideas« gestartet. Auf *www.tchibo-ideas.de* tummeln sich Bastler und Kreative, um neue Produkte für den alltäglichen Gebrauch zu entwickeln. Wird ein Produkt von der Community sehr hoch bewertet, überprüft Tchibo seine Markttauglichkeit. So wurden im Jahr 2008 vier solcher Produkte in das Tchibo-Sortiment aufgenommen (siehe Abbildung 11.2). Tchibo kann dadurch einen Teil seines Innovationsmanagements an die Kunden »auslagern«, die Produkte entwickeln, die sich sehr nah an den Wünschen der Käufer befinden.

Abbildung 11.2 Bei Tchibo Ideas entwickeln Kunden für Kunden Produkte.

11.2.3 Werbekampagnen mit der Community umsetzen

Beim Crowdsourcing profitieren Sie vom natürlichen Zugang des Kunden, der weder die genaue Produktpositionierung kennt noch in Marketingstrategien eingeweiht wurde. Ihre Kunden sind die besseren Experten, wenn es um einen unverfälschten Zugang zur Marke geht. Ob Logos, Verpackungen oder Bierdeckel – der kreative Kunde hat oft die besseren Ideen, denn er betrachtet das Produkt aus der Verbrauchersicht. Dadurch können sehr spannende und interessante Ideen zutage treten, die unter Umständen Ihrem besten Mitarbeiter nicht eingefallen wären. Es ist sogar möglich, ganze Kampagnen zu »crowdsourcen« und beispielsweise Kunden als Darsteller in einem Werbespot zu engagieren. Außerdem machen Sie mit dem Sammeln von Ideen bereits Werbung für Ihr Produkt.

Es lohnt sich ebenfalls, Kampagnenentwürfe mit der Zielgruppe zu diskutieren, um qualitatives Feedback zu erhalten. Wie gehen Sie anschließend mit den Rückmeldungen um? Natürlich müssen Sie das Feedback Ihrer Kunden ernst nehmen. Wird die Kampagne stark kritisiert, muss sie auch verändert werden. Anderenfalls riskieren Sie eine Kritikwelle Ihrer Kritiker, die sich fragen, wozu sie überhaupt Feedback gegeben haben. Es bleibt Ihnen überlassen, wie sehr Sie Kunden an Ihrem Entwicklungsprozess teilhaben lassen. Es gilt jedoch der Grundsatz: Je mehr Partizipationsmöglichkeiten Sie Ihren Kunden einräumen, als desto sinnvoller erachten diese das Crowdsourcing.

11.2.4 Produktentwicklung in der Community

Jedes Unternehmen muss neue Produkte entwickeln oder alte verbessern. Durch neue Produkte oder Produkterweiterungen bleiben Sie konkurrenzfähig und sichern die Zukunft Ihrer Firma. Innovationsmanagement wird in größeren Unternehmen häufig an Forschungs- und Entwicklungsabteilungen abgegeben. Bei kleineren Unternehmen bleibt dieses Feld meistens Chefsache. Neben guten Ideen entstehen aber häufig auch Produktfehlentwicklungen. Die Forschung findet im stillen Kämmerlein statt. Die Meinungen der Mitarbeiter werden häufig ausgeblendet. Man verlässt sich auf den Experten, der am wenigsten mit Kunden und Käufern zu tun hat. Anstatt direkt den Kunden zu fragen, werden oft nur Vermutungen angestellt, was ihm gefallen könnte.

Best Practice – bei Fiat übernehmen Fans die Produktentwicklung

Der italienische Automobilhersteller Fiat hatte 2007 – ein Jahr vor der Markeneinführung des Fiat 500 – seine Kunden in die Produktentwicklung dieses Modells mit einbezogen. So hatten die Fiat-Fans die Chance, eigene Ideen und Kreationen für die Innenausstattung beizusteuern. Dieser kreative Prozess hatte final über 170.000 Entwürfe zur Folge und über 10 Mio. Klicks auf der Website. 2009 wurde mit »Fiat Mio« ein neues Crowdsourcing-Projekt gestartet, bei dem über 7.000 Vorschläge aus 40 Ländern von insgesamt 10.000 Kreativen eingingen. Das Endergebnis wurde online als »Making of« gestreamt (siehe Abbildung 11.3), und 2010 wurde der Fiat Mio auf der »International Motor Show« in São Paulo präsentiert.

Abbildung 11.3 Der neue »Fiat Mio« wurde der Crowd online präsentiert.

Best Practice – wie Daimler die Kreativität seiner Kunden nutzt

Der Automobilhersteller Daimler ist nicht nur Vorreiter in Sachen Social Media und Enterprise 2.0, sondern setzt auf unterschiedlichste Art und Weise Innovationsmanagement im Social Web um. Auch Crowdsourcing hat das DAX-Unternehmen bereits ausprobiert.

Daimler startete 2010 einen Design-Wettbewerb für seine Automarke smart. Auf der Website *www.styleyoursmart.com* sollten smart-Liebhaber Designideen abgeben (siehe Abbildung 11.4). Mittels Designkonfigurator konnten smart-Fans sowohl Farben, Formen, Aufdrucke und Muster als auch eigene Vorlagen hochladen und an das neue Design anpassen.

Abbildung 11.4 Einen smart individuell gestalten und von anderen smart-Liebhabern bewerten lassen

Daimler hatte im Vorfeld herausgefunden, dass die smart-Kunden dazu neigen, ihren smart mit Zubehör und Accessoires zu verschönern. Der Design-Contest war daher eine sinnvolle Möglichkeit für Daimler, mit seinen »Bastlern« ins Gespräch zu kommen und deren Kreativität für etwas Neues zu nutzen. Die smart-Fahrer konnten die Vorschläge anderer smart-Fans bewerten, kommentieren und mit ihnen direkt in Kontakt treten. Daimler hat damit also zusätzlich eine smart-Community rund um das Thema smart-Design. Neben dem Gewinnerpreis war die Vernetzung mit anderen smart-Liebhabern ein wichtiger Anreiz für die Teilnehmer. Heute ist es möglich, die Gewinner persönlich kennenzulernen.

Marketing-Take-away: Wie sich internes und externes Innovationsmanagement gegenseitig bereichern

Die Idee des smart Design-Contests wurde aus 1.200 eingereichten Ideen der internen »Daimler Business Innovation Community« ausgewählt, auf der die Mitarbeiter des Konzerns regelmäßig Ideen vorschlagen, die von Kollegen anderer Abteilungen bewertet werden. Wird die Idee als sinnvoll und umsetzbar erachtet, wird sie weiterentwickelt. Dadurch werden gute Ideen gefördert und schlechte Ideen aussortiert.

Der smart-Contest war also gewissermaßen eine Nischenidee unter 1.200. Eine interne Community, ähnlich dem Wissensmanagement mit Wikis, hilft Ihnen, die Ideen Ihrer Mitarbeiter an einer zentralen Stelle zu speichern, damit sie nicht verloren gehen. Sie werden staunen, welche Ideen zutage treten werden!

Crowdsourcing ist der Ausweg aus der isolierten Produktschmiede. Selbst Produkte aus der Pharmaindustrie können mittels Crowdsourcing optimiert werden. Sie brauchen dafür nur eine Community zu etablieren, auf der sich Fachleute aus der ganzen Welt entsprechend austauschen können.

11.2.5 Wie Sie eine eigene Crowdsourcing-Community aufsetzen

Möchten Sie auch Ideen von Ihren Mitarbeitern und Kunden gewinnen? Es braucht nicht viel für Ihre eigene Crowdsourcing-Community. Sie müssen nur eine Plattform mit Upload- und Bewertungsmöglichkeiten aufsetzen.

Kostenlose Community-Software

Mit Ning, *www.ning.com*, oder Mixxt, *www.mixxt.de*, können Sie beispielsweise kostengünstig auf Community-Technologie zurückgreifen, die Vernetzungs-, Bewertungs- und Kommentarfunktionen bereits mitbringt. Dann erhalten Sie eine »Subdomain«, z. B. *http://knowledgecamp.mixxt.org*.

Crowdsourcing im Blog

Sie können aber auch in Ihrem Blog ein Projekt starten und in den Kommentaren die Ideen sammeln, wie es Rittersport im Blog mit der Kategorie VORSCHLÄGE löst (siehe Abbildung 11.5). Wenn Sie mit Videos arbeiten wollen, liefern Videoportale wie YouTube ohnehin schon Bewertungsfunktionen.

Abbildung 11.5 Rittersport sammelt im Blog Vorschläge von Kunden.

Tipp: Nutzen Sie Wunderkit für privates & globales Projektmanagement

Wunderkit ist eine browserbasierte Software für Projektmanagement (siehe Abbildung 11.6). Das Schöne daran ist: Die Projekte sind privat oder öffentlich einsehbar, und Sie können User per E-Mail zu Projekten einladen. Öffentliche Projekte können von Usern eingesehen und kommentiert werden, und Sie können zu »Workspaces« einladen.

Abbildung 11.6 Projektmanagement mit Wunderkit

11.2.6 Produktfehlentwicklungen verhindern

Neben neuen Produktideen können aber auch Produktfehlentwicklungen durch Crowdsourcing verhindert werden. Der Automobilhersteller General Motors hatte 2009 seine Kunden, Mitarbeiter, Händler und Journalisten in sein Designzentrum eingeladen, in dem ein Prototyp des neuen Geländewagens schon bereitstand. Für das Modell eignete sich jedoch die Marke »Buick« überhaupt nicht. Die Gäste zögerten nicht lange und schrieben negative Kommentare in Twitter, Facebook und Co. General Motors nahm die Kritik ernst und gab das neue Modell nicht in Produktion. Marke und Produkt hatten einfach nicht zusammengepasst, und hätten die Twitter-Gemeinde und Blogosphäre nicht so direkt reagiert, wäre dieser Fehlversuch dem Unternehmen vielleicht erst mit den schwachen Verkaufszahlen des Autos auf den Kopf gefallen. Dann wäre es jedoch zu spät gewesen. Dank der User im Netz konnte jedoch das Schlimmste verhindert werden. General Motors vertraut weiterhin auf die Meinungen der Autofans und wird laut *www.autoblog.com* die neue Werbekampagne für den Chevrolet gemeinsam mit der Community entwickeln.

Das Beispiel zeigt, wie sinnvoll es sein kann, treue Kunden in die Produktentwicklung mit einzubeziehen, denn sie haben ein großes Interesse daran, dass ihr Lieblingsprodukt auch in Zukunft überzeugt. Noch effizienter wäre dieser Entwicklungsprozess verlaufen, hätte GM die User von Anfang an mit einbezogen. Sie könnten nun entgegnen, dass dadurch Innovationsprozesse für die Konkurrenz sichtbar geworden wären, und damit haben Sie natürlich auch gewissermaßen recht. Sie können sich aber davor schützen, indem Sie für diesen Entwicklungsprozess nur ein ausgewähltes Innovationsteam in Betracht ziehen. Wenn Ihnen allerdings diese Form des Crowdsourcings zu heikel sein sollte, fangen Sie lieber erst einmal klein an, z. B. mit einer Ideensammlung für Ihre nächste Werbekampagne oder mit internen Wikis.

Tipp: Bilden Sie Ihr eigenes Innovationsteam

Suchen Sie sich genau die Lieblingskunden aus, die seit Jahren Ihr Produkt kaufen und mit denen Sie in engem Kontakt stehen. Fragen Sie nach, ob sie gerne Teil des Innovationsteams Ihrer Firma wären. Belohnen Sie sie durch Auszeichnungen und kleine Give-aways.

11.2.7 Wissensmanagement mit Wikis

Wenn Sie intern ein Firmen-Wiki einsetzen, ist das gleichzeitig auch eine Form von Crowdsourcing, mit dem Ziel, durch das Wissen *aller* Mitarbeiter zu einem besseren Produkt oder zu einem effektiveren Produktionsprozess zu gelangen. Noch nie war es so einfach, Wissen und Know-how im Unternehmen transparent zu machen und an einer Stelle zu bündeln. Der interne Einsatz von Wikis dient daher dem Wissensmanagement. Damit sich Wikis für Sie lohnen, müssen Sie die Ergebnisse anschließend in Ihr Prozessmanagement einfließen lassen. Internes Crowdsourcing kostet Geld, denn es braucht Zeit, Beiträge in das Wiki zu schreiben. Die internen Verbesserungsvorschläge und Ideen Ihrer Mitarbeiter müssen sich in Veränderungen niederschlagen, ansonsten fragen sich Ihre Mitarbeiter, wozu sie das alles überhaupt schreiben.

Best Practice – wie IBM Wikis einsetzt

IBM nutzt Social-Media-Tools für sein Wissensmanagement bei IBM Software Services Lotus. Über 20.000 Mitarbeiter verwenden Blogs, Wikis, Social Bookmarking, Instant Messenger, um Wissen im Unternehmen abzubilden, zu strukturieren und für jeden Mitarbeiter zugänglich zu machen. Einige der Mitarbeiter bereichern das Wiki zweimal wöchentlich mit neuen Beiträgen. IBM versteht sich als Best Practice für Enterprise 2.0. Das verschafft IBM den nötigen Wissensvorsprung, um wettbewerbsfähig zu bleiben.

11.2.8 Wie Sie Kreative übers Web engagieren

Wenn sich Profis im Web zusammentun, können Sie davon profitieren. Viele Agenturen engagieren freie Mitarbeiter, die je nach Auftragslage bezahlt werden. Ein deutsches Unternehmen namens Clickworker, *www.clickworker.com*, setzt dieses Prinzip um. Mehr als 50.000 freie Mitarbeiter haben sich dort angemeldet (siehe Abbildung 11.7). Eine neue Website kann auf diesem Weg mithilfe freier Programmierer, Designer und Content Manager entstehen. Die Aufträge werden in kleine Einheiten zerlegt, wodurch Kosten gespart werden können, da die Ressourcen nur im Bedarfsfall genutzt werden. Unternehmen, die über keine Ressourcen und Kapazitäten für IT- und Medienprojekte verfügen, können somit in kürzester Zeit neue Aufgabenstellungen bearbeiten.

Abbildung 11.7 Über Clickworker können Sie kleinere Tasks auslagern.

Ein Portal, auf dem Designer und Kreative Ihr Können unter Beweis stellen, heißt »12designer – der Kreativ-Marktplatz für Logo, Flyer, Webdesign und vieles mehr«, *http://www.12designer.com/de*. Unter den englischsprachigen Portalen sind oDesk, *https://www.odesk.com*, und Guru.com, *http://www.guru.com*, zu empfehlen.

11.2.9 Crowdsourcing im Journalismus

Crowdsourcing ist nicht nur auf Produkt- und Designideen beschränkt, sondern findet auch bei Hobbyautoren großen Anklang. Da Sie im Social Web regelmäßig Beiträge veröffentlichen müssen, brauchen Sie diese Autoren. In Kapitel 5, »Blogs – Ihre Social-Media-Zentrale«, haben wir darauf hingewiesen, dass die Gewinnung von Gastautoren wichtig ist, um das Blog regelmäßig mit neuen Beiträgen zu beleben. Lieblingskunden mit einem Gespür fürs Schreiben sollten unbedingt für Ihre

Beiträge gewonnen werden. Sprechen Sie potenzielle Autoren für Ihr Blog oder Ihre Website an.

Rechtstipp von Peter Harlander: Achtung – unterscheiden Sie streng zwischen Arbeitsvertrag und Werkvertrag

Wenn Sie Texte von Gastautoren auch anderweitig verwenden wollen, müssen Sie sich dazu vorab die Berechtigung einholen. Bei der Beschäftigung von Arbeitskräften über das Internet übersehen sehr viele Unternehmen zudem äußerst großzügig, dass die so abgeschlossenen Verträge oft nicht als Werkvertrag, sondern als Arbeitsvertrag mit allen sich daran anknüpfenden sozialrechtlichen Folgen zu qualifizieren sind. Auch wenn dies in der Praxis bisher zumeist ohne Folgen bleibt, entsteht durch die Außerachtlassung derart elementarer rechtlicher Vorschriften ein absolut unkalkulierbares Risiko. Unternehmer müssen bei Crowdsourcing aufpassen, in keine arbeitsrechtliche Falle zu laufen. Mindestlohnbestimmungen, Kollektivverträge und dergleichen gelten selbstverständlich auch im Internet. Die sehr oft vorhandene internationale Komponente des Crowdsourcings sorgt oft für zusätzliche rechtliche Komplexität.

Bürgerreporter und Hobbyjournalisten gewinnen

Dass die User gerne im Web schreiben, zeigt das Beispiel Myheimat.de, *www.myheimat.de*. Dort veröffentlichen mittlerweile über 34.000 Menschen lokale Beiträge aus ganz Deutschland. Die Bürgerreporter erhalten für ihre Beiträge keinerlei Bezahlung. Der Anreiz für die Hobbyjournalisten besteht darin, ihren persönlichen Blick auf ihre Region oder ihnen wichtige Themen wiederzugeben und von anderen Lesern anerkennende Kommentare zu erhalten. Myheimat.de finanziert sich ausschließlich durch Werbung.

11.2.10 Crowdsourcing im Online-Handel

»A better tomorrow« ist ein T-Shirt-Retailer, der sich von anderen Online-Shops durch seine T-Shirt-Designs unterscheidet (siehe Abbildung 11.8). Bei ATB finden regelmäßig Design-Contests statt, die von der Community bewertet werden. Je mehr Votings, desto wahrscheinlicher ist es, dass die T-Shirts nachher auch gekauft werden.

Online-Shops mit einer großen Produktauswahl können von Crowdsourcing ebenfalls profitieren. Dafür eignen sich Produktpräsentationen, die Kunden zu einem »Showroom« zusammenstellen. Ihren Online-Showroom können Sie auch von den Besuchern Ihres Online-Shops erarbeiten lassen. Die User inspirieren sich dadurch gegenseitig.

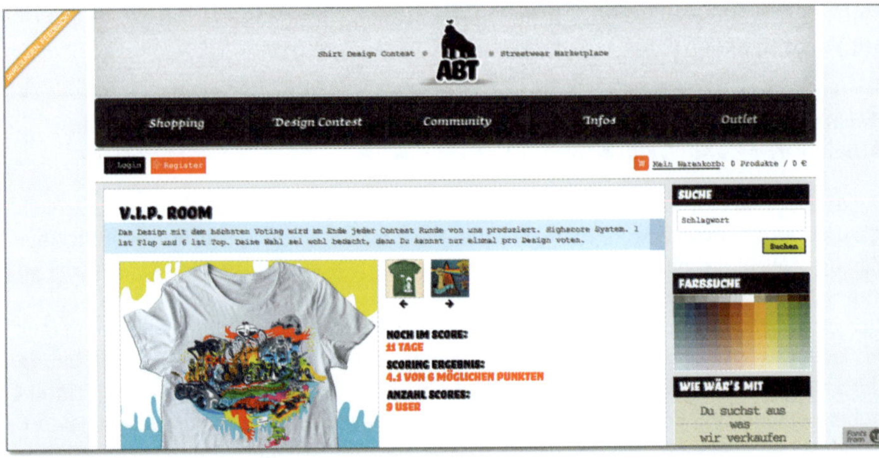

Abbildung 11.8 »A better tomorrow« ist eine geeignete Plattform für Designer.

11.2.11 Crowdsourcing im Modedesign

Auch wenn Modedesign möglicherweise nicht Ihr Business ist, finden wir im deutschsprachigen Raum anschauliche Beispiele für Crowdsourcing in der Modebranche. Wir möchten daher auf eines dieser Beispiele eingehen, das sich auch auf andere Branchen übertragen lässt.

Die Plattform *www.garmz.com* bietet jungen Designern die Möglichkeit, ihre Entwürfe zur Bewertung online zu stellen. Jeder Besucher hat die Gelegenheit, den Entwurf zu bewerten. Das Unternehmen unterstützt auf diese Weise talentierte Designer. Die Wahrscheinlichkeit, dass dieses Produkt verkauft wird, ist hoch, da die Community den Entwurf bereits vorab bewertet hat. Crowdsourcing versucht auf Basis der Ideen kreativer Köpfe, einen Mehrwert zu schaffen.

Wie können Sie Garmz auf Ihr Business anwenden? Ihnen fehlen vielleicht die vielfältigen Designs und Ideen, aber Sie können den Usern Ihre Infrastruktur zur Verfügung stellen (Website, Shop, Vertrieb, Zahlungsabwicklung). Oder Sie stellen ein Entwicklerteam zusammen, das über einen bestimmten Zeitraum Ihr Produkt neu erfindet, vielleicht sogar für eine andere (jüngere oder ältere) Zielgruppe?

11.3 Prinzipien für erfolgreiches Crowdsourcing

Damit diese Zusammenarbeit gelingt, gilt es im Vorhinein zu prüfen, ob die Voraussetzungen erfüllt sind. Eine wichtige und grundlegende Voraussetzung ist die Offenheit des Unternehmens, da sowohl der Kunde seine Ideen und Gedanken öffentlich macht als auch das Unternehmen Innovationsprozesse offenlegt. Gewisse

Unternehmensinformationen müssen daher mit den Kunden geteilt werden. Manche Unternehmer denken, sie würden damit unternehmens- und produktbezogene Schwächen öffentlich machen und könnten dadurch einen Imageschaden erleiden. Das ist beim Crowdsourcing jedoch nicht der Fall. Es gilt vielmehr, einen potenziellen Imageschaden mithilfe richtiger Produktinnovationen zu verhindern.

11.3.1 Partizipation, Transparenz und Geben-und-Nehmen-Prinzip

Wichtige Eckpfeiler für erfolgreiches Crowdsourcing sind Partizipation, Transparenz und das Geben-und-Nehmen-Prinzip, d. h., die User müssen auch etwas davon haben, wenn Sie Ihnen Tipps geben. Der User darf nicht zur Mitarbeit gezwungen werden, sondern nimmt immer freiwillig teil. Deshalb sollte unbedingt eine Namensnennung erfolgen bzw. weiterführende Informationen über das Produkt und den Designer transparent gemacht werden. Schließlich ist das, neben der intensiven Teilhabe am Unternehmen, häufig der einzige Benefit für den Ideengeber. Dadurch binden Sie ihn auch als Innovator an Ihr Unternehmen, denn er kann seine Mitarbeit auch jederzeit beenden. Beim Crowdsourcing gibt es keine gegenseitige Verpflichtung.

11.3.2 Finanzielle Anreize oder Auszeichnungen?

Wie motivieren Sie Ihre Mitarbeiter und Kunden zum Crowdsourcing? Sollten Sie eine finanzielle Entschädigung in Aussicht stellen oder mit Auszeichnungen wie Namensnennung locken? Warum schreiben die Wikipedianer ihre Artikel kostenlos, während Tchibo seine »Hobbydesigner« monetär belohnt? Die Motive für das Autorenehrenamt in Wikipedia sind vielfältig. Fakt ist, dass die Autoren sowohl egoistische Motive, wie Anerkennung und Spaß haben, als auch solidarische Motive, wie etwas für die Gemeinschaft tun und anderen helfen, motivieren. Deshalb werden bei Wikipedia täglich Beiträge prämiert. Sehr gute Beiträge werden mit »exzellent« bewertet. Für die Autoren ist das eine wichtige und erstrebenswerte Anerkennung. Bei der Umsetzung Ihrer eigenen Crowdsourcing-Community ist es wichtig, die richtigen Belohnungssysteme zu schaffen. Die Motivation der User ist häufig ausschlaggebend für den Erfolg oder Misserfolg Ihres Crowdsourcings.

11.3.3 Wie Sie die Massen motivieren

Crowdsourcing ist jedoch nur erfolgreich, wenn Sie die Nutzer und Kunden im Netz zur Teilnahme motivieren können. Die Motivation steigern Sie, indem Sie einen besonderen Nutzen für den User stiften. Nur wenn sich der User als wichtiger und unerlässlicher Teil der Problemlösung bzw. der Innovation versteht, wird er gute Beiträge liefern und andere Ideen kritisch bewerten. Wichtig ist es, die richtigen User zur aktiven Teilnahme zu gewinnen. Dafür muss eine Win-Win-Situation für Kunden und Unternehmen geschaffen werden. Der User teilt Ihnen seine Ideen und Meinungen mit und muss im Gegenzug Anerkennung oder eine Art der Entlohnung für seine »Arbeit« erhalten. Anerkennende Worte können von anderen Teilnehmern oder dem Unternehmen durch eine besondere Erwähnung innerhalb der Crowdsourcing-Community mitgeteilt werden. Häufig wird die Motivation dadurch sichergestellt, dass der User ein Teil des ganzen Projekts ist, das gewisse Dynamiken hervorbringt. So wird häufig bei neuer Software um Testaccounts gebuhlt, da die User »dabei sein wollen«.

Tipp: Crowdsourcing-Projekte durch Social Media bekannt machen

Nutzen Sie Social-Media-Kanäle und klassische Werbung, um auf Ihr Crowdsourcing-Portal oder eine spezielle Aktion hinzuweisen. Stellen Sie möglichst viele Social-Media-Funktionen auf der Website Ihres Crowdsourcing-Projekts zur Verfügung, damit sich die Aktion möglichst rasch verbreiten kann.

11.3.4 Achten Sie auf markenrechtliche Aspekte

Crowdsourcing ist nicht als Aufruf zu verstehen, Ihr Marketing ab jetzt in Gänze an die Kunden abzugeben. Ideengeber ist nach wie vor der Hersteller, denn er kennt die Werte des Produkts in- und auswendig. Außerdem kann man vom Kunden nicht verlangen, dass er eine Abgrenzung zur Konkurrenz vornimmt. Es kann also auch passieren, dass die Kunden Ideen klauen und auf Ihr Produkt adaptieren. Das ist rein rechtlich gesehen bereits ziemlich kritisch und außerdem nicht sonderlich kreativ. Sie müssen daher als Jury oder zumindest als kontrollierende Instanz neben den Community-Bewertungen auftreten.

11.3.5 Sollen Sie Ideen preisgeben?

Sie haben jetzt womöglich die Vorteile von Crowdsourcing erkannt, aber eine Frage ist für Sie nach wie vor unbeantwortet: Wie gehen Sie damit um, dass der Ideengewinnungsprozess öffentlich (Open Call) und somit transparent für die Konkurrenz ist? Der öffentliche Aufruf macht es unmöglich, die Konkurrenz von der Einsicht in die Ideen auszuschließen. Gleichzeitig ist der Open Call ein wichtiges Merkmal für Crowdsourcing, denn nur wenn jeder User die Chance erhält, mitzumachen, kann das Prinzip »die Weisheit der vielen« wirken. Wie können Sie verhindern, dass sich die Konkurrenz Ihre Idee und die Produktkreationen Ihrer Kunden abschaut und selbst umsetzt? Die Idee Ihres Crowdsourcing-Projekts und die Loyalität Ihrer Kunden werden darüber entscheiden, ob es Nachahmer einfach haben werden oder nicht. Insbesondere treue Kunden und Lieblingskunden werden an

Ihren Aktionen teilnehmen und daher nicht so schnell zur Konkurrenz gehen, wenn diese Ihre Idee abkupfert.

Der Design-Contest von smart hat gezeigt, dass die öffentliche Ideengenerierung nicht gleich den Ideenklau der Konkurrenz mit einschließt. Eine gründliche Analyse Ihrer Kunden sollte im Vorfeld dennoch stattfinden. Daimler hatte dabei festgestellt, dass seine smart-Kunden ein besonderes Faible für grafische Verschönerungen haben. Auch wenn andere Autohersteller nachziehen würden, hieße das noch lange nicht, dass das bei einer anderen Marke funktionieren würde.

11.3.6 Wie sich die Offenlegung des Firmengeheimnisses als letzter Ausweg für Goldcorp erwies

Natürlich behalten Sie normalerweise Ihr Firmengeheimnis für sich. Manchmal kommen Firmen aber nicht umhin, es preiszugeben, wie das Beispiel des kanadischen Unternehmens »Goldcorp« zeigt. Goldcorp stand im Jahr 2000 kurz vor der Insolvenz, da es keine neuen Goldvorkommen mehr entdeckte. Die letzte Hoffnung war eine 50 Jahre alte Goldmine. Um herauszufinden, ob und an welchen Stellen noch Goldvorkommen zu finden waren, startete das Unternehmen einen Aufruf im Internet (Preisgeld war 500.000 US$). Das Crowdsourcing-Projekt bestand darin, möglichst viele Daten der Goldgrube zusammenzutragen und über diesen Weg auf bisher unentdeckte Stellen zu stoßen. Um Verdopplungen zu vermeiden, veröffentlichte Goldcorp sein komplettes Firmengeheimnis und stellte alle Geodaten ins Internet. Diese Daten waren fortan auch für die Konkurrenz sichtbar. Das Glück stand dennoch auf Goldcorps Seite, denn mehr als 1.000 Forscher und Geologen beteiligten sich an dem Projekt und gaben ihre Daten preis. 50 % der Daten wiesen auf Stellen hin, die Goldcorp vorher noch nicht entdeckt hatte.

Die richtige Taktik entscheidet

Datenpreisgabe, gekoppelt mit der richtigen Taktik, muss nicht zum Datenmissbrauch durch die Konkurrenz führen. Natürlich ist diese Frage von Unternehmen zu Unternehmen unterschiedlich zu beantworten. Transparenz zählt jedoch nicht ohne Grund zu den goldenen Social-Media-Regeln. Mitunter müssen Sie Informationen von sich preisgeben, um die der User zu bekommen.

11.4 Was können Sie crowdsourcen?

Die vorangegangenen Beispiele sollen Ihnen als Anregung für Ihre Produkte und Dienstleistungen dienen. Überlegen Sie nun, ob sich ein ähnliches Projekt für Ihre Produktentwicklung oder Ihr Marketing lohnt. Sind Sie unzufrieden mit Ihrer letzten Werbekampagne? Rufen Sie Ihre Kunden auf. Oder Sie wollen Ihr Produktsortiment erweitern? Lassen Sie den Ideen Ihrer Kunden freien Lauf. Laden Sie zur Werksbesichtigung ein, und bitten Sie im Anschluss Ihre Kunden, ihr Lieblingsprodukt mit Ihren Zutaten neu zu kreieren. Für Sie als Unternehmer ist es die Chance, direkt mit den Kunden Innovationen und Erneuerungen voranzutreiben. Mit diesem Innovationsmanagement verhindern Sie gleichzeitig, dass Produktflops entstehen.

11.4.1 Beispiel Städtereisen – User Generated Content

Angenommen, Sie bieten Städtereisen in ganz Europa an. Die Städtereisen sind geführt und laufen nach einem bestimmten Schema ab. Viele Kunden möchten die Stadt jedoch individuell für sich entdecken, aber dennoch auf Ihren Service nicht verzichten. Mit einer Crowdsourcing-Community, die Tipps zu Sehenswürdigkeiten, Restaurants, Bars, Museen usw. gibt, könnten Sie Ihren Kunden genau diesen Wunsch erfüllen. Und Sie müssen dafür keine neue Community aufsetzen, sondern können vorhandene Technologie wie Location Based Services (siehe Kapitel 9, »Mobile Social Marketing«) nutzen. Bitten Sie Ihre Kunden einfach, an ihren Lieblingsorten einzuchecken und ihre Städte-Geheimtipps zu veröffentlichen. Anhand der Tipps können Sie die Touren dann variieren und haben für jeden Geschmack die richtige Tour in petto.

Tipp: Gidsy bietet crowdgesourcte Städtetrips

Eine Plattform, die sich auf individuelle Städtereisen und besondere Aktivitäten abseits des Touristenmainstreams durch Crowdsourcing spezialisiert hat, heißt »Gidsy«, *www.gidsy.com*. Dort können Touristen besondere Angebote von Insidern buchen.

11.4.2 Beispiel Konsumgüter – Marktforschung und Produktideen

Angenommen, Sie sind Anbieter eines Kosmetikartikels, z. B. mehrerer Duschgels in verschiedenen Variationen. Einige Duschgels kaufen die Kunden besonders gern, andere weniger. Die Kunden wissen am besten, welche Produkte ihnen gefallen, welche eher nicht und welche sie sich im Sortiment wünschen würden. Auf einer Crowdsourcing-Plattform könnten Sie den Usern ein Tool zur Verfügung stellen, mit dem sie eigene Düfte kreieren können. So betreiben Sie nicht nur Marktforschung und sehen, welche Düfte besonders beliebt sind, sondern gelangen im Austausch mit Ihren Kunden gleichzeitig zu neuen Produktideen, die Ihrer Entwicklungsabteilung möglicherweise niemals eingefallen wären.

11.4.3 Beispiel Lebensmittel – Kunden auszeichnen

Sie verkaufen ein handelsübliches Lebensmittelprodukt, z. B. einen Soßenbinder. Dieses Produkt bieten mehrere Hersteller an, mit denen Sie in direkter Konkurrenz stehen. Ihr Soßenbinder eignet sich für eine Vielzahl von Rezepten. Häufig stehen diese Rezepte auch auf der Rückseite der Verpackung. Sie könnten Ihre Kunden nun bitten, Ihre Kochrezepte speziell zu diesem Soßenbinder auf einer Crowdsourcing-Plattform einzutragen. Die Kochrezepte bewertet anschließend die Community. Als Belohnung werden die besten Kochrezepte auf der Plattform gelistet und in Absprache mit dem Rezepterfinder sogar auf der Rückseite der Verpackung gedruckt. Der Kunde hält dann beim nächsten Kauf seine eigene Idee in der Hand – eine hohe Auszeichnung für den Hobbykoch.

11.5 Exkurs – Mass Customization

Crowdsourcing hilft Ihnen, individuelle Produkte zu erzeugen. Die benötigen Sie, da die Konsumenten in der Angebotsvielfalt nach Produkten suchen, die sie mit ihrem individuellen Lifestyle kombinieren können, anstatt auf vorgefertigte Massenwaren zurückgreifen zu müssen. Im Internet können sie die Produkte an ihre eigenen Bedürfnisse anpassen und sich so vom Mainstream abheben. Die »DIY-Szene« (»Do it yourself«-Szene) hat mit Portalen wie *www.etsy.de* (aus den USA, seit 2011 mit deutschsprachiger Präsenz) und *www.dawanda.com* (DE, AT, CH) demonstrieren können, wie sich selbst gemachte Produkte von Hobbybastlern erfolgreich verkaufen (siehe Abbildung 11.9).

Bei diesen Portalen ist die Marke nebensächlich bzw. gar nicht vorhanden, entscheidend ist einzig und allein das Unikat. Diese individuellen Produkte sind so beliebt, dass sie eine Masse an Abnehmern erreichen. Das ist auch das Prinzip von Mass Customization.

Rechtstipp von Peter Harlander:
Kein Widerrufsrecht bei individuellen Anfertigungen

Der Mehraufwand individueller Anfertigungen wird vom Gesetzgeber belohnt! Im Normalfall haben Kunden bei Bestellungen über das Internet ein Widerrufs- bzw. Rücktrittsrecht, wenn ihnen die bestellte Ware doch nicht zusagt. Dieses Widerrufsrecht gilt nicht bei individuellen Anfertigungen nach Kundenwunsch. Der Gesetzgeber ist bei der Gewährung dieser Ausnahme jedoch sehr streng. Es reicht nicht aus, wenn eine übliche Handelsware speziell für den Kunden bestellt werden muss oder wenn der Kunde de facto nur aus einem sehr weiten Sortiment auswählt.

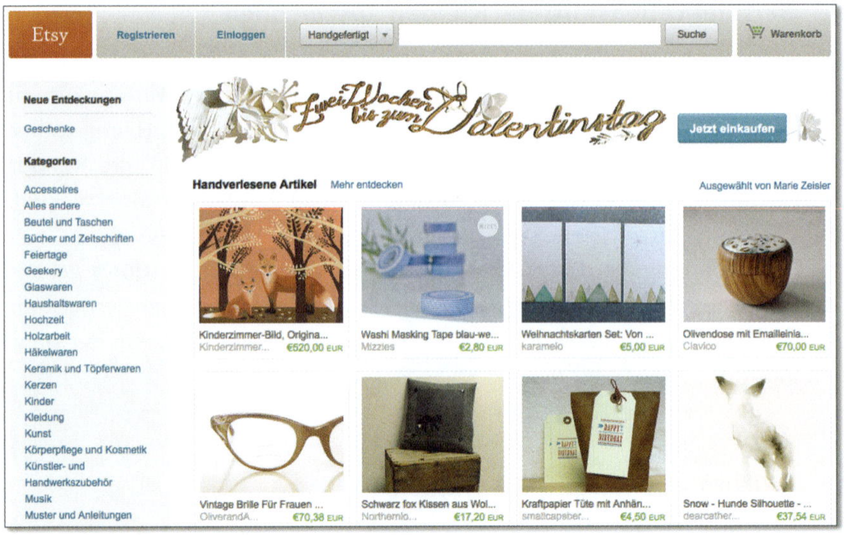

Abbildung 11.9 Mass Customization steht für individualisierte Produkte und Unikate.

11.5.1 Absatz mit selbst gemachten Unikaten

Mit Mass Customization werden Produkte durch die Ideen der Nutzer so sehr variiert, dass sich neue, interessante Produkte ergeben, die eine Vielzahl von Käufern finden. Sie fragen sich jetzt vielleicht, wie individuelle Kundenwünsche und Massenproduktion zusammenpassen, da doch nur Massenprodukte auch einen Massenmarkt erreichen? Doch kundenindividuelle Massenproduktion ist im Social Web kein Widerspruch. Einige Anbieter im Internet bauen ausschließlich auf diesen Grundsatz. Die User können sich ihr Produkt nach eigenen Wünschen zusammenstellen und mitunter ein individuelles Design festlegen. Bei Chocri, *www.chocri.de*, können Sie beispielsweise individuelle Schokoladenarten kreieren (siehe Abbildung 11.10). Chocri verzichtet auf die Prämierung von Kundenkreationen, empfiehlt aber eigene Sorten und beliebte Kreationen der Käufer. Die Mymuesli GmbH, *www.mymuesli.com*, bietet ihren Kunden die Möglichkeit, ihr Müsli selbst zu kreieren. Die Kunden lieben es, ihr Müsli zu mixen und dabei aus verschiedenen Zutaten auszuwählen. Im Grunde stellt der Kunde seinen eigenen Wunschzettel zusammen und gibt ihn dann in Auftrag.

Produktionskapazitäten auslasten

Sie können Mass Customization auch zur Auslastung Ihrer Produktionskapazitäten verwenden. Wenn Sie beispielsweise bereits Schokolade herstellen, aber nicht genügend Kapazitätsauslastung verzeichnen, können Sie diese Ressourcen Ihren Kunden für eigene Kreationen zur Verfügung stellen.

Der größte technische Aufwand ist die Website und der Design- bzw. Produktkonfigurator. Sie liefern dann nur die Zutaten, Produktionsanlagen und kümmern sich um den Vertrieb der Ware, überlassen die Schokoladensorten aber Ihren Kunden.

Individuelle Kundenwünsche bedienen

Um Mass Customization für Ihre Produkte zu ermöglichen, sollten Sie auf Ihrer Website ein Tool (siehe Mymuesli) zur Verfügung stellen, mit dem die Kunden eigene Kreationen erstellen können. Mittels Mass Customization können Sie individuelle Kundenwünsche bedienen und erhöhen dadurch die Kundenbindung. Ihre Kunden verhalten sich dann loyaler, da sie nahezu vollständig in die Produktentwicklung integriert werden, verstehen sich möglicherweise sogar als Teil des Unternehmens. Loyale Kunden berichten gerne ihren Freunden und Bekannten von ihren Erfahrungen). Und nicht nur das. Kunden, die ihr Produkt selbst zusammengestellt und gestaltet haben, werden es lieben, weiterempfehlen und verschenken. Mass Customization eignet sich vor allem bei handelsüblichen Produkten, denn beratungsintensive Dienstleistungen sollten von vornherein auf den einzelnen Kunden abgestimmt sein.

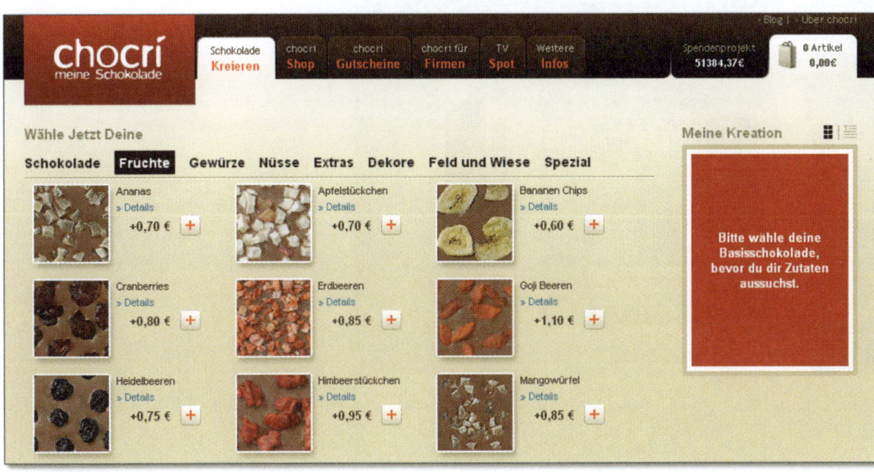

Abbildung 11.10 Was einer Person gefällt, kann auch vielen anderen gefallen.

11.5.2 Do it yourself und Marke Eigenbau

Viele Menschen haben mittlerweile das Bedürfnis, ganz eigene Produkte zu entwickeln, um sich damit vom Massenmarkt abzugrenzen. Der Käufer möchte das Produkt seinen ganz speziellen Bedürfnissen anpassen, ein Unikat kreieren. Die Prosumenten schaffen sich ihre eigene Konsumwelt. In Deutschland werden diese Produkte unter dem Namen »Marke Eigenbau« geführt. Im englischsprachigen

Raum spricht man von der »DIY-Szene«. Die Kunden sind begeistert vom individuellen Angebot und der Einmaligkeit der Produkte. Im Internet können die Kreativen ihre Produkte global vertreiben und dadurch genügend Abnehmer für diese Nischenprodukte finden. Die Kosten sind für die Anbieter verschwindend gering, da sie das Produkt auf der gemeinsamen Community-Seite verkaufen, für Lagerung und Miete keinen Cent bezahlen und nur beim Verkauf für den Versand aufkommen müssen.

MakerBot – ein 3D-Drucker für unter 1.000 €

Können Sie sich vorstellen, dass Sie sich selbst einen eigenen 3D-Drucker für unter 1.000 € selbst bauen können? Mit dem »Makerbot« ist Drucken für alle möglich. Der Bausatz für einen Makerbot wie in Abbildung 11.11 kostet zwischen 800 und 1.000 €, die Bauanleitung finden Sie unter *http://www.makerbot.com.*

Abbildung 11.11 3D-Drucker zum Selberbauen (Fotocredit: MakerBot Industries, Quelle: Flickr)

Tipp: DIY-Märkte parallel zur Massenproduktion bedienen

DIY und Marke Eigenbau sind Trends, die sich parallel zur Massenproduktion etablieren. Das Bedürfnis nach Eigenkreation ist ungebremst stark. Sie sollten diese Trends zumindest beobachten oder sie sich direkt zunutze machen: Stellen Sie Technikern, Hobbytüftlern und Bastlern Materialien zur Verfügung, die damit neue Produkte schaffen, die Sie über die üblichen Vertriebswege verkaufen. Die Entwickler binden Sie damit stärker an Ihr Unternehmen.

11.6 Crowdfunding

Eine spezielle Form von Crowdsourcing ist das *Crowdfunding*, bei dem die »Crowd« die Finanzierung von Projekten aller Art übernimmt und im Gegenzug dafür, als Unterstützer genannt und am Erfolg des Projekts beteiligt wird. Das geschieht über Danksagungen und Namensnennungen der Projektunterstützer. Gerade im Kunst- und Kulturbereich setzt sich diese Art der Förderung immer mehr durch, da der direkte Kontakt zu den Kunstschaffenden hergestellt wird, der Fördergeber einen Einblick in den Schaffungsprozess erhält und am Ende an den Projekten partizipiert. Er kann sich so mehr oder weniger seine Kulturwelt selbst erschaffen. Wenn Sie also schon länger eine Idee haben, es Ihnen allerdings bislang an ausreichend finanzieller Unterstützung fehlte oder die Beantragung von Fördergeldern den Start erschwerte, sollten Sie Crowdfunding nutzen. Plus: Wenn Ihr Projekt gefördert wird, ist das guter Indikator für den späteren Erfolg und Ihre Fördergeber sind gleichzeitig Ihre Multiplikatoren, die das Projekt online und offline bekannt machen werden.

Marketing-Take-away: Crowdfunding lohnt sich

Die Erfolgsquote für Crowdfunding lag 2011 bei 39 %. In der Vergangenheit wurden vor allem Filmprojekte erfolgreich unterstützt. Das größte von der Crowd unterstützte Projekt ist der Film »Iron Sky«, der in einer Höhe von 501.250 € von Internetnutzern unterstützt wurde. Auch Musiker nutzen Crowdfunding, um neue Alben zu produzieren.[1]

11.6.1 Vorteile des Crowdfundings

Crowdfunding lohnt sich sowohl für die Projektinitiatoren als auch für die Projektunterstützer (siehe Abbildung 11.12).

1 *www.cofunding.de*

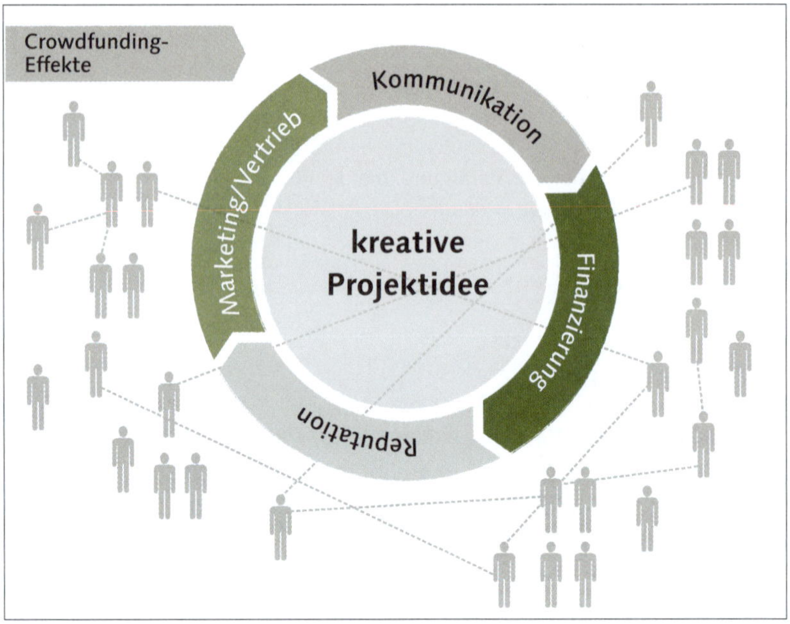

Abbildung 11.12 Die Effeke des Crowdfundings für den Fördergeber sind vielfältig (Fotocredit: Denis Bartelt, Quelle: *www.cofunding.de*).

Vorteile für den Projektinitiator/Crowdfunder

- Zielpublikum/Zielgruppe frühzeitig an das Projekt/Produkt binden: Der Projektunterstützter ist von Anfang an bei der Ideen- und Projektentwicklung dabei und identifiziert sich innerhalb kurzer Zeit mit dem Werk, da er ja möchte, dass es Erfolg hat. Deshalb kann er auch wertvolles Feedback liefern.
- Erfolgschancen des Projekts abklopfen: Kommt ein Projekt bei der Zielgruppe gut an, und wird es unterstützt, ist das bereits ein wichtiger Hinweis auf den späteren Erfolg.
- Multiplikatoren gewinnen: Je mehr Projektunterstützer, desto höher die Reichweite. Auch kleine »Spendenbeträge« sind daher schon ein Gewinn, denn mit jedem Unterstützer haben Sie einen weiteren Multiplikator für Ihr Endprodukt.

Vorteile für den Projektunterstützer/Geldgeber

- Als Projektunterstützer bekommen Sie Anerkennung und Reputation für Ihr Förderengagement, nicht nur vom Projektinitiator, sondern auch von Freunden, Kunden, Mitarbeitern und anderen Unternehmen.
- Sie erhalten exklusive Einblicke in den Schaffensprozess, den Sie durch Ihr Feedback beeinflussen können. Sie sind ganz nah am Künstler oder Projekt-/Produktentwickler und können von seiner kreativen Herangehensweise etwas lernen.

- Projektunterstützer werden belohnt: Das können Eintrittskarten für die Werkschau oder Premiere, Namensnennungen, das Produkt selbst (z. B. Buch oder DVD) sein.
- Mit Crowdfunding können Sie Ihr Unternehmen z. B. als »Kulturförderer« positionieren. Damit demonstrieren Sie Ihr Interesse an Kreativität und schaffen Sinnstiftung für Ihre Kunden. Das hat noch keinem Unternehmen geschadet.

11.6.2 Crowdfunding in Deutschland

Crowdfunding ist im deutschsprachigen Raum erst seit 2010 so richtig erfolgreich. In dem Zeitraum Oktober 2010 bis Oktober 2011 wurden auf deutschen Crowdfunding-Plattformen 310 Projekte in Höhe von 353.351 € unterstützt.[2]

Crowdfunding-Plattformen im Kreativbereich

- **startnext**: Kunst- und Kulturförderung, *http://www.startnext.de* (siehe Abbildung 11.13)
- **VisionBakery**: kreative Ideen aller Art, *http://www.visionbakery.de*
- **INKUBATO**: Projekte aus Berlin, *http://www.inkubato.com*
- **MySharpas**: internationale Projekte, *http://www.mysherpas.com*
- **Betterplace.org**: soziale Projekte, *http://www.betterplace.org/de*
- **Pling**: Produkte, Haushalt, Technik *http://www.pling.de*

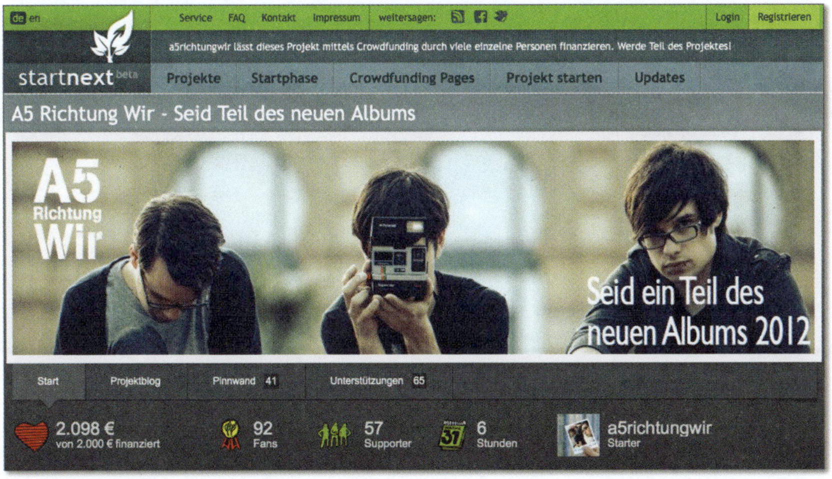

Abbildung 11.13 Bei startnext bewerben sich Kreative wie die Band »A5 Richtung Wir« für die Finanzierung ihres neuen Albums.

---

2 *www.cofunding.de*

Geschäftsideen durch Crowdfunding finanzieren

Auch Unternehmen können Crowdfunding zur Umsetzung von Projekten nutzen. Gerade Unternehmen im Technologiesektor können dadurch Projekte vorfinanzieren und Stakeholder stärker in die Entwicklungen mit einbinden. Es ist vergleichbar mit dem öffentlichen Ansuchen von Förderungen. In 2011 sind zwei Plattformen gegründet worden, die sich der Förderung von Geschäftsideen widmen:

- **seedmatch**: *https://www.seedmatch.de*
- **Innovestment**: *http://www.innovestment.de*

Die erfolgreichste Plattform im englischsprachigen Raum ist **Kickstarter**, *www.kickstarter.com*.

11.6.3 Erfolgreiches Crowdfunding durch Belohnungen

Das Besondere an Crowdfunding ist ja, dass sie den Projektunterstützer in Ihr Vorhaben von Anfang bis Ende involvieren können. Fördergeber sind so etwas wie die Markenfans und Lieblingskunden, die Exklusivität und eine besondere Wertschätzung erfahren möchten. Sparen Sie also nicht mit Belohnungen, aber überschütten Sie Ihre Unterstützer auch nicht. Sinnvoll sind gestaffelte Belohnungen je nach Fördersumme. Für das Buchprojekt »Dritte Generation Ostdeutschland: Das Buch« konnte der Förderer aus vier verschiedenen Prämien auswählen (siehe Abbildung 11.14):

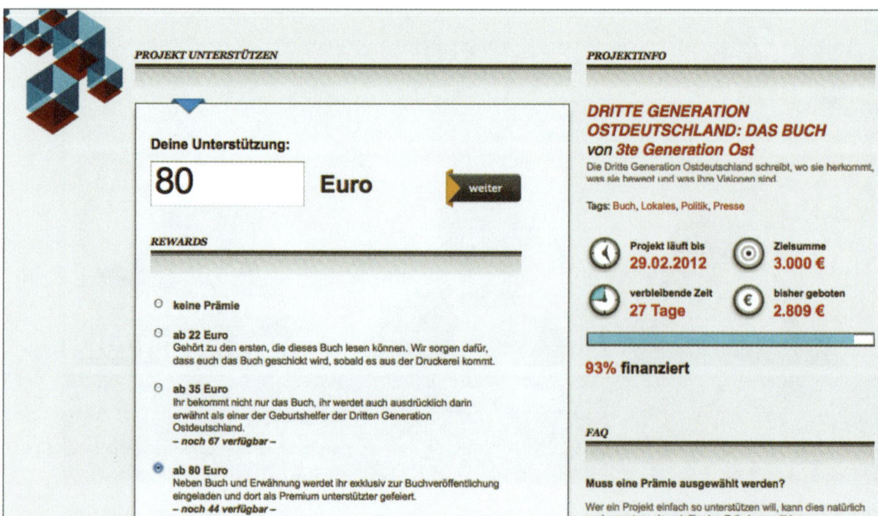

Abbildung 11.14 Beispiel für gestaffelte Prämien für Fördergeber (Quelle: *inkubato.com*)

1. ab 22 €: Buch
2. ab 35 €: Buch + Namensnennung
3. ab 80 €: Buch + Namensnennung + Einladung Buchveröffentlichung
4. ab 500 €: Buch + Namensnennung + Buchveröffentlichung + Buchlesung der Autoren beim Unterstützer

11.6.4 Exkurs – Microfunding ist Crowdfunding mit kleinen Geldbeträgen

Im vergangenen Jahr sind vor allem Micropayment-Systeme wie Flattr und Kachingle bekannt geworden. Bei Micropayment-Systemen laden die User Ihr »Spendenkonto« mit einem bestimmten Betrag auf, und jedes Mal, wenn sie der Meinung sind, dass der Artikel oder das Projekt Sie anspricht, können Sie einen Teil ihres Guthabens dafür spenden. Als Website-Betreiber können Sie Flattr sowohl in Ihre Website als auch in Ihr Blog einbinden und mit guten Beiträgen Geld verdienen. Die Berliner »taz« verdiente beispielsweise im Juni 2010 988,50 € mit Flattr. Diese Dienste sind noch sehr jung und müssen erst eine kritische Masse an Usern erreichen. Aber immerhin kann die taz damit einige Einnahmen online generieren.

11.7 Fazit – warum Sie crowdsourcen und crowdfunden sollten

Crowdsourcing lässt sich also intern zum Wissensmanagement und extern zur Generierung neuer Geschäfts- und Marketingideen einsetzen. Ermöglicht wird dies durch die Masse an Usern im Internet bzw. Social Web. Die Qualität des Crowdsourcings und der Erfolg des Crowdfundings kann variieren, je nachdem wie sich die »Crowd« an Ihrem Projekt beteiligt. Dennoch ist es immer ein Erfolg, auch wenn Projekte nur zum Teil finanziert werden.

Laut »Forbes« wird Crowdsourcing 2012 seine Innovationskraft zeigen, weil Unternehmen damit einerseits Kosten sparen können und sich andererseits der Trend zu »Challenge Based Communitys« abzeichnet, also zu Communitys, die Wettbewerbe mitmachen, und zu Internetnutzern, die online ihr Können unter Beweis stellen wollen, siehe Wikipedia, aber auch zu Kreativ-Portalen wie »Clickworker« oder »12designer« (siehe Abschnitt 11.2.8, »Wie Sie Kreative übers Web engagieren«). Die rasanten Entwicklungen im Bereich Crowdfunding (immer mehr Projekte bei steigenden Privatinvestitionen) zeigt ebenfalls, welches Potenzial in der Projektförderung von der Community stecken. Das Interessante am Crowdfunding ist, dass Sie sich als Projektinitiator oder als Projektunterstützer ausprobieren können, je nachdem, was für Sie sinnvoller ist.

Die Beispiele von Tchibo, Daimler und IBM haben gezeigt, was im Bereich Crowdsourcing möglich ist. Sowohl für Ihr internes Wissensmanagement (Wikis) als auch für Produktentwicklungen mit Usern außerhalb laborähnlicher Marktforschung eignet sich Crowdsourcing in besonderem Maße. Wenn Sie Produktideen oder Produktnamen suchen, können Sie spielend leicht einen Aufruf im Internet (Foren, Blog) starten oder Ideenportale nutzen. Wenn Sie einen Schritt weitergehen möchten, können Sie Ihre bestehenden und potenziellen Kunden (und vor allem Ihre Lieblingskunden) zu Produktentwicklungen online wie offline befragen. Eine genaue Planung Ihres Crowdsourcing-Projekts ist unumgänglich. Mit einem durchdachten Konzept, das die Motivation der User, die Konkurrenz, den Aspekt der Offenheit und die rechtlichen Folgen berücksichtigt, können Sie die Ideen und die Kreativität Ihrer Kunden für Ihr Innovationsmanagement nutzbar machen.

11.7.1 Rechtsfragen beim Crowdsourcing

Zuletzt sei noch auf die rechtlichen Aspekte beim Crowdsourcing hingewiesen, die sehr komplex sind. Der deutsche Rechtsanwalt Sven Hörnich hat diese Aspekte umfassend beleuchtet.

Rechtstipp von Sven Hörnich: Rechtsfragen beim Crowdsourcing

In rechtlicher Hinsicht ist vorab zu trennen zwischen einer möglichen Verletzung der Rechte Dritter, eventuell eigenen Rechten der Crowdsourcing-Beteiligen sowie der Verwertung auf der Website in einem ersten und im Rahmen der finalen Umsetzung (so das Projekt »marktreif« ist) in einem zweiten Schritt auf der anderen Seite. Diese Punkte interagieren. Ein Dritter kann durch die Präsentation auf der Internetseite genauso verletzt werden, wie durch die finale Produktion. Zu fragen ist aber stets vorab: Welche Rechte können hier entstehen? Denkbar sind Urheberrechte (eine Melodie, ein Text). Bloße Geschäftsideen hingegen sind grundsätzlich nicht geschützt. Aus der eigenen Beratungspraxis ist mir ein Fall bekannt, bei welchem ein Dritter über ein Crowdsourcing-Projekt (dies übrigens schon vor 6 bis 7 Jahren) einen Gedichtband erstellte. Die User sollten »fleißig dichten« und die besten Beiträge eine Veröffentlichung »gewinnen«. Nur war das Dichten einem der Gewinner wohl zu mühselig, weshalb er ein Werk eines Dritten einsandte, welcher von der Crowdsourcing-Aktion nichts mitbekam, sehr wohl aber später vom Gedichtband. Folge waren Unterlassungs- und Schadensersatzansprüche gegen den Verlag. In der Praxis empfiehlt sich rechtlich folgendes Vorgehen:

1. Dritte machen Sie darauf aufmerksam, dass ihre Rechte auf der Crowdsourcing-Seite verletzt werden: Sofort Inhalt sperren bis zur endgültigen Klärung. In vergleichbaren Fällen wendet die Rechtsprechung die Grundsätze der sogenannten Kenntnishaftung an.
2. Ihnen wird schon selbst bei Lektüre eines Beitrags klar, dass es sich um eine Rechtsverletzung handelt, weil sich diese quasi aufdrängt: Sofort Inhalt sperren bis zur endgültigen Klärung.

Die Sperrmöglichkeit sollte sich neben einer Reihe weiterer wichtiger Regelungen unbedingt in den Allgemeinen Geschäftsbedingungen finden. Eine vollumfängliche Darstellung ist an dieser Stelle aus Platzgründen nicht möglich. Hierzu sollte jedoch dringend vorab Rechtsrat eingeholt werden.

3. Ein Teilnehmer stellt im Rahmen eines Crowdsourcing-Projekts Inhalte ein, welche selbst (z. B. urheberrechtlichen) Schutz erreichen (könnten): Für diese Fälle muss in den Allgemeinen Geschäftsbedingungen eine entsprechende Regelung zur Nutzung im Rahmen des Website-Projekts enthalten sein. Diese kann sich die im deutschen Urheberrecht anwendbare »Zweckübertragungstheorie« zunutze machen. Hinsichtlich des (eigentlich) bestehenden Vergütungsanspruchs des Teilnehmers kann unter Umständen § 32 Absatz 3 S. 3 UrhG herangezogen werden. Auch hierzu sollten Sie sich jedoch vorab individuell und ausführlich rechtlich beraten lassen, da dieser einer sinnvollen Verwertung im Nachhinein auch abträglich sein könnte.
4. Sie wollen eine Idee eines Teilnehmers vollumfänglich auswerten: Lassen Sie diese zunächst rechtlich auf mögliche Schutzrechte wie Urheberrechte (z. B. bei Fotografien, Texten) abprüfen. Besteht kein Sonderrechtsschutz, kann es vorkommen, dass die Idee frei ist. Ergibt die Prüfung, dass derartige Rechte des Teilnehmers bestehen, ist nicht zu empfehlen, sich auf die anfänglich per Click akzeptierten Allgemeinen Geschäftsbedingungen zu verlassen, da für diese die Klauselkontrolle der §§ 305 ff. BGB gilt. Hier sollte nochmals ein individueller Vertrag mit dem Teilnehmer getroffen werden, welcher gegebenenfalls auch Regelungen zur Vergütung beinhalten könnte (§ 32 UrhG). Auch dies sollte von einem erfahrenen Rechtsbeistand durchgeführt werden.

Kritik am Crowdsourcing

Da die Crowd meistens kostenlos oder kostengünstig ihre Ideen zur Verfügung stellt, wird Crowdsourcing häufig auch als ausbeuterisch getadelt. Auf *http://logotournament.com* können Sie sich für ein kleines Budget im dreistelligen Bereich Logos designen lassen und erhalten nicht nur ein bis zwei Designvorschläge, sondern in der Regel über 100! Crowdsourcing gerät deshalb immer wieder bei Designern und Kreativen in die Kritik. Denn dadurch würde Arbeit, die üblicherweise von Mitarbeitern, Agenturen oder anderen Auftraggebern ausgeführt wird, an eine große, undefinierte Gruppe von Menschen ausgelagert. Gerade wenn Unternehmen nach dem »AAL-Prinzip« (AAL steht für »andere arbeiten lassen«) agieren, wirft das ein schlechtes Licht auf die Firmenphilosophie. Die Crowd darf deshalb niemals ausgenutzt werden. Der Betreiber der Community- und Crowdsourcing-Agentur VOdA, Matias Roskos, betont, dass der Ideengeber Anreize in Form von Geld oder Anerkennung erhalten muss, anstatt als Freizeitarbeiter ausgebeutet zu werden.

11.7.2 Crowdsourcing ermöglicht Projekte, die bisher nicht denkbar gewesen wären

Mit Crowdsourcing können Sie kreative Kräfte bündeln. Mitunter ermöglicht erst die Masse an Usern Projekte, die sonst scheinbar unmöglich wären, wie z. B. den Film »Life in a Day«. Das Videoportal YouTube hat 2010 eines der größten Crowdsourcing-Projekte gestartet. YouTube gestaltete mit Videomaterial von Usern aus der ganzen Welt einen Film, der das Leben an einem Tag auf der Welt widerspiegelt. Bis zum 24.7.2010 gingen über 80.000 Videos aus 197 Ländern bei YouTube ein. Der Film wurde im Januar 2011 beim Sundance Filmfestival uraufgeführt und feierte gleichzeitig auf YouTube, *www.YouTube.com/lifeinaday*, Premiere (siehe Abbildung 11.15).

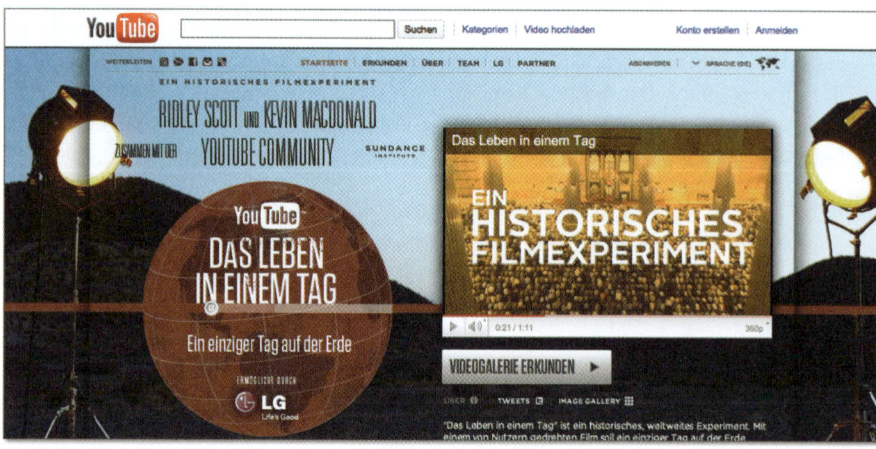

Abbildung 11.15 Crowdsourcing von YouTube: »Life in a Day«

12 Ausblick

Social Media hat die Art und Weise, wie wir kommunizieren und online einkaufen, verändert und wird auch in Zukunft weitere Umwälzungen herbeiführen. Crowdfunding und Collaborative Consumption sind die Trends, die sich durch Social Media ergeben und die beweisen, dass an Social Media Marketing kein Weg mehr vorbeiführt.

12.1 Trend 1: Alles wird social

Geht Marketing überhaupt ohne das »Soziale«? Nein, natürlich nicht. Das ging es eigentlich noch nie, aber die klassische Werbung hat jahrelang Konsumenten als statistisch definierbare Zielgruppe abgekanzelt. Das könnte auch mit Social Media passieren, denn die Fragen nach der Messbarkeit von Social Media, nach dem Return on Investment und nach Kennzahlen (wir berichteten in Kapitel 2, »Social-Media-Strategie«) gehören selbst zum Standardfragenrepertoire eines Social-Media-Laien. Denn Social Media Marketing wird permanent der Vorwurf gemacht, es sei nicht mess- und skalierbar. Und das, obwohl Social Media Marketing schon immer messbarer war als klassische Werbung, denn Social Media misst als Teildisziplin des Online-Marketings genaue Zahlen, sei es Besucherzahlen, Fans, Views, Klicks. Und durch seinen Rücklaufkanal, kann Social Media Marketing weitaus genauere Zahlen als nur Reichweiten und Kontakte liefern, nämlich auch Aussagen über Markenloyalität und Kundenengagement treffen (nebenbei: dass die TV-Reichweite auf einer extremen Hochrechnung beruht, wird gerne vergessen. Oder kennen Sie jemanden, der einen der 6.000 GfK-Meter in seinem Haushalt hat?). Der Ruf nach Kennzahlen hat einen ganz bestimmten Grund: Marketingbeauftragte und PR-Abteilungen müssen Zahlen liefern, denn nur Zahlen legitimieren Maßnahmen, und da glaubt man lieber Hochrechnungen als ehrlichen Zahlen. Unternehmen wie Klout (siehe Kapitel 6, »Twitter«) arbeiten schon eifrig an einem Algorithmus, mit dem der virale Erfolg eines Tweets vorhersehbar wird, ganz nach dem alten Marketingmuster. Doch wer nach solchen Parametern in Social Media agiert, verpasst die eigentliche Chance von Marketing von Mensch zu Mensch und verrennt sich im Zahlenchaos, ohne auf die Interaktion zu schauen. Denn der wichtigste Merksatz für Social Media Marketing lautet: Streichen Sie Begriffe wie Konsumenten, Endverbraucher und Zielgruppen, und akzeptieren Sie, dass im Social Web Menschen die Führung übernehmen und sich ihre Marken und Produkte kreieren bis hin zur Produktion. Denken Sie nur an den 3D-Drucker in Kapitel 11, »Crowdsourcing«. Und die User sorgen für Transparenz, siehe Bewertungen,

Empfehlungen. Das wohl bekannteste Aufklärungsprojekt der deutschen User im vergangenen Jahr war mit Abstand das »Guttenplag-Wiki«, von dem Sie sicher gehört haben.

12.1.1 Social Search

In Facebook & Co. schaffen sich Menschen ihr virtuelles »Alter Ego«, pflegen und nutzen es bei der Informationssuche. Alle Informationen im Web werden in Zukunft um den Faktor »sozial« angereichert, seien es Werbung, News oder Suche. Google reichert seine Ergebnisse mit Empfehlungen und Informationen von Google+-Nutzern an, und Facebook wird zum Nadelöhr des Internets – DAS Social Web im Internet –, von wo aus die User alles machen können: E-Mails schreiben, chatten, Informationen lesen und streuen sowie Online-Shopping und Suche. Wer also in Social Media nicht vorhanden ist, wird auch nicht gefunden. Und wer in Social Media nicht im Gespräch ist, hat große Nachteile im Suchmaschinenranking genauso wie im Empfehlungsmarketing.

12.1.2 Social Ads

Social-Media-Nutzer werden in Zukunft immer die aktuellen Empfehlungen ihrer Freunde sehen und treffsichere, individualisierte Werbung anhand ihres Interessenprofils erhalten. Doch damit geht auch eine angespannte Privatsphären- und Datenschutzdiskussion einher, denn nicht jeder User möchte sich in einer Typologisierung wiederfinden. Der User möchte auch hier Steuerungsmöglichkeit und nach der zehnten Einblendung für »Private Krankenversicherung« dem Werbetreibenden mitteilen, dass diese Anzeige obsolet ist, was bisher nur Facebook anbietet. Dennoch steckt großes Potenzial in Social Ads. 60 % der Unternehmen gehen davon aus, dass sich Social Ads in Facebook, Twitter & Co. in den nächsten zwei Jahren für Sie auszahlen werden.[1] Social Ads eignen sich für KMU (kleine und mittlere Unternehmen) oder Unternehmen mit starkem lokalen Bezug und Nischenprodukten. Aber soziale Werbeanzeigen müssen andere Bedürfnisse erfüllen als beispielsweise Anzeigen in Suchmaschinen oder bezahlte Suche. Der Suchende in Google ist kaufbereiter, während der User in seinem Social Network anderen Bedürfnissen nachgeht. Targeting durch Social Ads muss also auch die Stimmungen des Users berücksichtigen. Das ist die wirkliche Herausforderung von Social Ads.

12.1.3 Social Brands

Social Media Marketing greift in alle vier Ps des Marketings ein: Produktpolitik (Trend- und Innovationsmanagement), Distributionspolitik (Social Commerce,

1 *http://www.briansolis.com/2011/08/report-the-rise-of-the-social-advertising*

Empfehlungsmarketing), Kommunikationspolitik (Kundensupport, Brand, Krisenkommunikation, Issue Management) und Preispolitik. Bewertungen und Preisvergleiche im Web waren erst der Anfang, um Unternehmen bei der Preisgestaltung in Zugzwang zu bringen. Mit Crowdsourcing- und Crowdfunding-Plattformen sind den Usern jetzt Tür und Tor geöffnet, Ihre Lieblingsprodukte oder Zukunftstechnologie sowohl produktpolitisch als auch preispolitisch zu gestalten. Privatinvestoren und Kreative konkurrieren zunehmend mit den Innovationsteams in Unternehmen, und es gibt nur einen Weg aus diesem Dilemma: den Kunden in den Prozess zu involvieren. Und das hat auch einen ganz entscheidenden Vorteil. Denn das Produkt selbst ist das mächtigste Marketing-Tool, das Ihnen mehr oder weniger kostenlos zur Verfügung steht. Vielleicht haben Sie bereits vergessen, dass es möglich ist, über das Produkt selbst, sein Design und seine Verpackung eine Geschichte zu erzählen. Vergessen Sie das alte Marke-/Design-Paradigma, bei dem Kommunikationsabteilungen Markenversprechen erfinden, die das Produkt entweder nicht halten kann, weil es nur ein Me-too-Produkt ist oder weil das Marketing einfach eine ganz andere Geschichte erzählt als die, wofür das Produkt wirklich steht. Viel besser wäre es, wenn Sie Kunden zukünftig an der Produktinnovation teilhaben ließen, wodurch dem Produkt bereits eine Geschichte mitgegeben würde, die das Marketing anschließend nur über die verschiedenen Kanäle stimulieren müsste, siehe Abschnitt 1.5.9, »Transmedia – eine Geschichte wird mehrmals erzählt«. Den Rest erledigt wieder der Kunde, wenn er über das Produkt berichtet. So ist das Empfehlungsmarketing bereits implizit im Produkt angelegt. Solche Produkte vermarkten sich von selbst über Mundpropaganda (was Sie durch digitale Mundpropaganda verstärken können). Social Brands sind die Zukunft des Marketings. Verschlafen Sie das nicht.

12.2 Trend 2: Collaborative Consumption

Kollaboratives was? Collaborative Consumption beschreibt eine nachhaltige Form des Konsums, bei dem Ressourcen und materielle Güter gemeinsam sinnvoll genutzt werden. Dieses Prinzip ist nicht besonders neu. Sie kennen es vielleicht von der Plattform »Mitfahrgelegenheit«, wo sich Fahrer und Mitfahrer zusammentun, um die Benzinkosten zu teilen. Dieses Prinzip wurde mit der Plattform »Airbnb«, *http://www.airbnb.com*, nun auch auf Privatunterkünfte angewendet. Dort können Zimmer tage- oder wochenweise zur Vermietung eingestellt werden. Der Mieter profitiert von einem guten Preis-Leistungs-Verhältnis, Insidertipps vom Vermieter und häufig einer zentralen Lage des Zimmers. Insgesamt bietet Airbnb mittlerweile Unterkünfte in 190 Ländern und 19.000 Städten dieser Erde an. Das zeigt auch, dass die Menschen bereit sind (und schon immer waren), zu teilen. Langfristig etabliert sich mit Collaborative Consumption eine »Ökonomie des Teilens und

Tauschens«, bei der der Zugang zu einem Gut höher bewertet wird als der Besitz. Social Media verstärkt diesen Wandel vom Individualismus zum Gemeinwohl-Prinzip.

12.3 Trend 3: Der vernetzte User wird zum SoLoMo-Konsument

Die Zukunft des Social Commerce und Mobile Commerce lautet SoLoMo-Commerce. »SoLoMo« steht für Social, Local und Mobile und bedeutet die mobile Nutzung von Social Media mit lokalem Interesse. Das Mobile Web wird in den kommenden Jahren enorm an Fahrt gewinnen und nach Schätzungen im Jahr 2015 der bevorzugte Einstieg ins Internet sein. Der SoLoMo-Konsument interagiert mit Marken lokal, mobil und nach den Prinzipen von Social Media. Er möchte sofortiges Feedback von Unternehmen, Produktvergleiche statt Werbebotschaften und lokale Angebote. 95 % der Smartphone- und Tablet-Nutzer stellen lokale Suchanfragen in Google, 47 % davon lesen Bewertungen direkt im stationären Handel, bevor sie das Produkt kaufen.[2] Der Handel wird so zum Schaufenster für Produkte und dient der haptischen Überzeugung – gekauft wird jedoch über mobile Endgeräte. Der Point of Sale wird zum Point of Purchase und entzieht sich immer mehr dem Einfluss des Handels. Den einzigen Ausweg aus diesem Dilemma bieten eine optimale Beratung, Empfehlungen und Bewertungen auf Infoscreens und interessante Online-Angebote direkt im Shop, z. B. Belohnungen und Auszeichnungen von Lieblingskunden. Aber verabschieden Sie sich von bekannten Incentives mit Sektempfang und Tombola. Der vernetzte Konsument wünscht sich Sinnstiftung und Spaß beim Einkauf. Übrigens: Wer nicht offline einkauft, wird zum »Couch Consumer«, denn der Tablet-PC (iPad etc.) wird zum bevorzugten Einkaufsmedium, mit dem die User mehr Zeit auf Shoppingseiten verbringen und länger einkaufen.[3]

12.4 Trend 4: Gamification – Marketing spielen

Wenn mit Crowdfunding das letzte P des Marketings gelöst wird, wird mit Gamification ein weiteres P – POWER – hinzukommen. Dabei geht es nicht um Gewinnspiele in Facebook per se oder um die Nutzung von Spielmechaniken im Marketing, wie Wettbewerbe, Belohnungen und Auszeichnungen. Denn das Spiel hat einen ganz besonderen Reiz. Gespielt wird immer freiwillig, auch wenn es Stunden dauert und Kraft kostet. Und Spielen ermöglicht es, Erfahrungen zu machen, die im realen

2 *http://www.syzygy.de/nl/syzygy_f-commerce-white-paper.pdf*

3 *http://www.cmo.com/sites/default/files/Digital_Marketing_Insights_WP_FINAL.pdf*

Leben vielleicht nicht möglich wären. Stellen Sie sich also vor, jemand spielt mit Ihrer Marke freiwillig, investiert Zeit und vielleicht sogar Geld, um ans Ziel zu kommen! Das hat enorme Auswirkungen aufs Markenbranding. Sie können sich nicht vorstellen, dass Sie Ihre Zielgruppe für ein Spiel begeistern können? Denken Sie nur mal zurück an die letzte Fußball-WM und daran, wie viele Menschen sich für dieses Sport-Event begeistert haben, die sonst fußballresistent waren.

Das Beispiel einer spielerischen Belohnungskampagne von McDonalds im Sommer 2011 zeigt ebenfalls, dass Gamification ein wichtiger Trend ist, den Sie nicht ignorieren sollten. In der Stockholmer Innenstadt konnten die Passanten um ein Essen von McDonalds spielen. Der Spielklassiker Ping-Pong wurde auf einem Riesenbildschirm gezeigt, und die Passanten konnten mit ihrem Smartphone ihren Spieler steuern (siehe Abbildung 12.1). Wer 30 Sekunden gegen den Computer durchhielt, gewann ein Essen. Die Fast-Food-Kette überwand mit dieser Aktion die Grenzen des normalen Samplings mit Fylern wie »3 Burger für 1« und erzeugte bei den Menschen Freude und Spielspaß, bevor sie sie zu ihren Kunden machte.

Abbildung 12.1 Game-based Marketing, wie hier von McDonalds in Stockholm, ist ein wichtiges Trendthema.

12.5 Trend 5: Audience Engagement

Nachdem die letzten Jahre versucht wurde, Fanzahlen nach dem Maßstab von Coca-Colas Facebook-Seite zu generieren, wird das Ziel von Social Media Marketing lauten: *Audience Engagement*. Denn ein KMU kann keine Fanzahl wie Coca-Cola generieren, und das braucht es auch nicht. Viel wichtiger ist es, die Fans in

Social Media für die eigene Sache zu aktivieren (»Lean forward«). Im übertragenen Sinn ist Audience Engagement dann gegeben, wenn eine Band es schafft, sein Publikum zum Tanzen zu bringen. Für eine Marke gilt das Gleiche. Audience Engagement in Social Media hat zum Ziel, die Menschen vor ihren Rechnern für die eigene Sache (sei es nur ein Posting, eine Kampagne, eine Aktion) so zu begeistern, dass sie ihren Freunden und Bekannten davon erzählen und die Information in ihrem Netzwerk teilen und bewerten (liken, kommentieren, weiterempfehlen).

Audience Engagement ist ein sehr ambitioniertes Ziel, schließlich interagieren gerade einmal 1 % der User mit Marken in Facebook.[4] Wie schafft man es also, »Lean forward« bei der Zielgruppe auszulösen? Carlsberg ist dies mit einem Kinogag im Jahr 2011 gelungen. Carlsberg schickte jeweils zwei unwissende Kinogäste in einen übervollen Saal mit 200 Bikern, in dem, inmitten von Popcorn und Testosteron, nur noch zwei Plätze frei waren. Bei dem Anblick drehten einige Besucher direkt wieder um, andere zögerten, und wenige Mutige nahmen zwischen den Bikern Platz. Am Ende des Videos belohnt Carlsberg die Mutigen mit einem »That calls for a Carlsberg«, die mit tosendem Applaus von den Bikern selbst überreicht wurden (siehe Abbildung 12.2). Der Kinogag machte schnell die Runde. Das offizielle YouTube-Video im CarlsbergBE-Channel wurde von über 10 Mio. Zuschauern innerhalb von nur zwei Wochen begeistert geklickt.

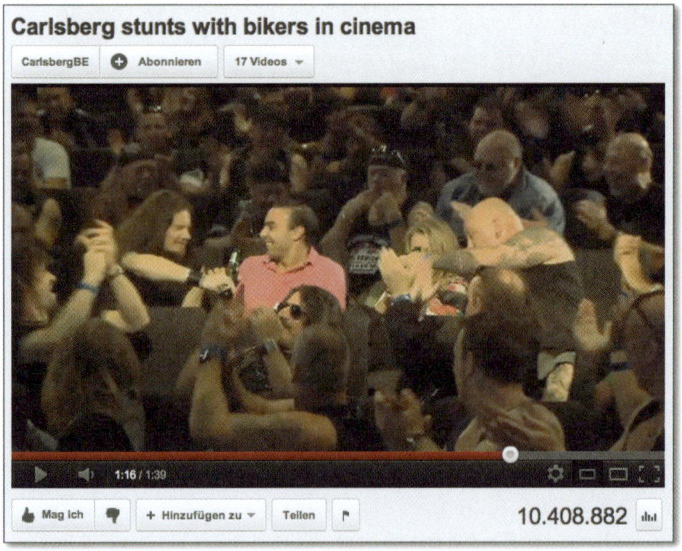

Abbildung 12.2 Carlsbergs witziger Youtube-Spot sorgte für Aufmerksamkeit und eine Menge Audience Engagement.

4 Ehrenberg-Bass Institute, 2012, *http://adage.com/article/digital/study-1-facebook-fans-engage-brands/232351*

Natürlich hat Carlsberg dafür auch ein wenig Geld in die Hand nehmen müssen (und gleichzeitig Kosten für TV-Produktion und Distribution gespart, da das Video ausschließlich für YouTube produziert wurde). Und sie haben eines ganz richtig gemacht: Sie haben sich eine gute Idee einfallen lassen, die zur Marke passt, die jeder Zuschauer nachvollziehen kann und die das Publikum zum Lachen bringt, also aktiviert. Aktivierung in Social Media muss mehr bieten, als nur ein bisschen Herumklickerei. Der Anspruch der User, sich spielerisch mit Marken auseinanderzusetzen, ist durch die Interaktionsmöglichkeiten in Social Media enorm gestiegen und wird durch mobile Anwendungen und den Gamification-Ansatz zusätzlich befeuert. Die Storys der Konkurrenz dürfen nicht kopiert, sondern eigene Wege müssen gefunden werden.

Nehmen Sie sich in Sachen Audience Engagement ein Beispiel an »innocent Smoothies«. Mit der Aktion »Das Große Stricken« gelingt es innocent jedes Jahr aufs Neue alte wie junge Menschen für das Stricken zu begeistern (siehe Abbildung 12.3). Denn: Pro gestrickter Mütze gehen 30 Cent an die Caritas. Und mit ein wenig Glück findet das Strickliesl ihr Mützchen am Ende der Aktion auf einer der innocent-Flaschen im Regal von Rewe oder Billa wieder. Die Aktion wurde auch mit einer Facebook-Kampagne begleitet, die mehrere Belohnungen und Stimuli beinhaltete, um die Teilnehmer immer wieder für das Große Stricken zu motivieren. Alle Online- und Offline-Maßnahmen waren crossmedial aufeinander abgestimmt, das Große Stricken eine runde Sache – von der Entstehung der Mützchen mit Strickanleitungen und Auszeichnungen in Facebook (anderen Usern Mützchen widmen, »Mützchen der Woche«), vom individuellen »Mützometer« in Facebook, über die Preisgabe des gemeinsamen »Spendenstands« im innocent-Blog bis zur finalen Spende an die Caritas und schließlich bis zum Wiederentdecken der Mützchen im Einzelhandel. Insgesamt gingen bis zum 1. November 2011 in Deutschland 191.222 Mützchen, in Österreich 152.361 Mützchen und in der Schweiz 80.675 Mützchen ein.

Aber es muss auch nicht immer eine so aufwändige Kampagne wie bei Carlsberg oder innocent sein. Audience Engagement kann auch im Social-Media-Alltag erreicht werden. Hier sind 15 Tipps:

1. Unterhalten Sie Ihr Publikum!
2. Emotionen: Aktivieren Sie die Gefühle Ihrer Zuschauer – bringen Sie sie zum Lachen, regen Sie sie zum Nachdenken an. Seien Sie schöpferisch!
3. Stellen Sie bedeutungsvolle Fragen. Fragen Sie nach der Meinung Ihrer Zuschauer.
4. Brainstormen Sie mit Ihrem Publikum. Fragen Sie nach Ideen.

Abbildung 12.3 Kann man 400.000 Menschen zum Stricken bewegen? »Das Große Stricken« zeigt, dass es geht (Fotocredit: innocent Alps GmbH).

5. Bitten Sie Ihr Publikum, an einer gemeinsamen Sache zu arbeiten, und lassen Sie sie eigene Ideen kreieren (z. B. Design-Contest).
6. Sprechen Sie mit (nicht zu) Ihrem Publikum.
7. Teilen Sie persönliche Informationen (z. B. Lustiges, Erfreuliches aus dem Büroalltag).
8. Schenken Sie Ihrem Publikum Aufmerksamkeit, und geben Sie ihnen Anerkennung (beispielsweise durch Namensnennung).
9. Sprechen Sie mit Ihrem Publikum, wenn es gerade zuhört (nicht nachher).
10. Unterhalten Sie sich mit Ihrem Publikum. Antworten Sie auf deren Fragen und Kommentare.

11. Verblüffen und überraschen Sie Ihre Zielgruppe (indem Sie eine Meldung vorab ankündigen).
12. Teilen Sie etwas Greifbares mit ihnen, ohne einen Gegenwert zu verlangen.
13. Seien Sie menschlich und Sie selbst, kein Vertriebler.
14. Teilen Sie Besonderheiten mit, die dazu anregen, geteilt zu werden.
15. Nutzen Sie multimediale Inhalte, um das Publikum auf allen sensorischen Ebenen zu erreichen (Videos, Fotos, Zitate, Geschichten, Erzählungen, Gedichte).

12.6 Der Machtkampf unter den großen Vier: Google, Amazon, Apple und Facebook

In den kommenden Monaten wird sich zeigen, wer bei den Fragen, die die Social-Media-Welt bedeuten und dominieren, die richtige Antwort haben wird. Unter den großen Vier herrscht sowohl Wettbewerb als auch Kooperation, und alle werden in den kommenden Monaten neue Konzepte und Produkte in Sachen Mobile herausbringen, denn das ist eines der wichtigsten Themen derzeit. Einerseits wird Google versuchen, seine Google+-Mitgliederzahlen massiv zu erhöhen, um die kritische Masse an Usern zu erreichen. Doch entscheidend dabei ist auch, ob die Mitglieder die Plattform auch aktiv nutzen und Zeit darauf verbringen, Inhalte teilen, kommunizieren und +1 vergeben. Das wiederum wird stark davon abhängen, ob und wie Unternehmen in Google+ Möglichkeiten finden, so wie auf Facebook mit Gewinnspielen, Games und Advertising die Aufmerksamkeit der User auf sich zu ziehen. Facebook wiederum wird einerseits versuchen, seine Vormachtstellung unter den sozialen Netzwerken zu sichern, und andererseits am Ausbau seiner Handelsplattform arbeiten und versuchen, noch mehr Dienste, Informationen, Nutzen anzubieten, um seine Mitglieder noch länger innerhalb des Facebook-Ökosystems zu halten. Dazu gehört definitiv seine virtuelle Währung Facebook Credits: Die Betreiber rund um Mark Zuckerberg werden den Facebook-Commerce pushen, denn hier tut sich eine große Einnahmequelle auf. Damit bringt Facebook natürlich alle Online-Shops und -Händler, auch Amazon, in Bedrängnis, es sei denn, sie fügen sich und geben einen Teil ihres Umsatzes via Facebook Credits an Facebook ab. Amazon zeigt mit seinem Trade-in-Programm Facebook Credits aber bereits die kalte Schulter und bietet Amazon-Kunden die Möglichkeit, mit Gebrauchtartikeln Amazon-Guthaben zu erwerben. Hier wird sich zeigen, wer den längeren Atem hat. Eines ist aber jetzt schon sicher: Amazon hat definitiv den »Long Tail« bei Produkten, siehe Abschnitt 1.5.4, »Der Long Tail«, aber Facebook hat das Gros der Kunden. Spannend wird auch der Kampf zwischen Google und Apple um die Vormachtstellung im Sektor mobile Endgeräte. Dass das Internet mobiler wird und die Smartphones und Tablet-PCs zum Standard werden, ist absehbar, und dieser Trend hat bereits begonnen.

12.7 Fangen Sie an!

Wer es nun schafft, all diese Trends und Themen unter einen Hut zu bringen und sinnvoll zu kombinieren, der hat gute Aussichten, seine Marke im digitalen Zeitalter, dessen Herausforderungen nach wie vor im sozialen, aber auch im mobilen Wandel liegen, zu positionieren. Social Media Marketing ist kein Trend, sondern steht immer noch am Anfang seines Potenzials. Denn Social Media Marketing bietet als einzige Marketingdisziplin die Möglichkeit, die Glücksmomente, die Emotionen und die Freude der Menschen hinter ihren Rechnern in Kampagnen zu transformieren, um Menschen nachhaltig von Ihrer Marke zu begeistern.

Die Autoren der Rechtstipps im Buch

Rechtsanwalt Peter Harlander

Mag. Peter Harlander ist Rechtsanwalt und allgemein beeideter und gerichtlich zertifizierter IT-Sachverständiger. Bis er sich ausschließlich der Tätigkeit als Rechtsanwalt und IT-Sachverständiger verschrieb, führte er neben seiner juristischen Tätigkeit viele Jahre ein auf die IT-Betreuung von Rechtsanwaltskanzleien spezialisiertes IT-Unternehmen. Um seinem Status als IT-Sachverständiger gerecht zu werden, bildet sich Mag. Peter Harlander bis heute technisch ständig weiter, was zur Folge hat, dass er technische Sachverhalte – und damit seine Kunden und deren IT- und Internetprojekte – wirklich von Grund auf versteht.

Aufgrund seiner hochgradigen Spezialisierung fokussiert sich seine Tätigkeit nahezu ausschließlich auf das österreichische und deutsche IT-, Internet-, Social Media- und E-Commerce-Recht sowie damit zusammenhängende Fachgebiete wie Markenrecht, Urheberrecht, Wettbewerbsrecht und Datenschutzrecht. Mag. Peter Harlander bietet österreich- und deutschlandweit Vorträge und auch mehrtägige Schulungen an. Kunden, welche nicht vor Ort sind, berät er gerne via Videokonferenz.

Sie erreichen Mag. Peter Harlander unter *office@virtuallaw.at*. Mehr Informationen finden Sie auf seiner Website *www.virtuallaw.at*.

Rechtsanwalt Sven Hörnich

Rechtsanwalt Sven Hörnich hat sich seit frühester Jugend der Medienlandschaft verschrieben, drehte selbst Filme und war hierfür sogar vor der Kamera in mehreren Kurz- und Langfilmen aktiv. Neben seinem Jurastudium war er zudem als Bandmanager und Musikjournalist tätig. Er kennt die Tücken des Weges von der Idee bis zur Umsetzung und die typischen Fehler, die einem Rechtsunkundigen dabei unterlaufen können, wie auch diejenigen Faktoren, welche schlicht nicht kontrollierbar sind. So kreierte und programmierte er u. a. Internetvideo-Fanzines in der Pre-YouTube-Phase, nur um dann mit anzusehen, wie »Inhalt« durch »Vielfalt« ersetzt wurde. Den »Gründergeist« hat er sich jedoch trotz aller Untiefen auch für seine anwaltliche Tätigkeit bewahrt. Seit seiner Zulassung als deutscher Rechtsanwalt im Jahre 2008 stand er vor allem auch Startups sowie kleinen und mittleren Unternehmen in den Bereichen des Medien-, Marken-, Urheber- und Wettbewerbsrechts zur Seite.

Rechtsanwalt Sven Hörnich ist derzeit im Dresdner Büro einer spezialisierten mittelständischen Kanzlei anzutreffen. Sie erreichen ihn am einfachsten per E-Mail (*kontakt@sven-hoernich.de*). Weitere Informationen, Artikel und Kontaktmöglichkeiten finden Sie zudem auf seiner Internetseite *www.sven-hoernich.de*.

Das Coverbild

Sabine Tress in ihrem Atelier.
Das Portraitfoto ist von Gilbert Flöck (*www.gilbert-floeck.de*).

Das Titelbild dieses Buchs stammt von Sabine Tress, die 1968 in Ulm geboren wurde und von 1989–1994 Malerei an der Ecole nationale supérieure des Beaux Arts de Paris studierte. Anschließend arbeitete sie freiberuflich als Malerin in Ateliers in London und Berlin. Seit 2004 mietet sie einen Arbeitsraum im Kunstwerk Köln, Deutz. Ihre Arbeiten haben sich mehr und mehr zu einer Auseinandersetzung mit der Farbe als Materie und der Fläche entwickelt. Viele Übermalungen und Farbschichten kennzeichnen ihre Acrylbilder, in denen sie oftmals auch mit Sprayfarbe interveniert. Bereits vorhandene Farbflächen werden bis zur Unkenntlichkeit überdeckt, andere werden so verführerisch und hauchzart verschleiert, dass man umso neugieriger wird auf das immer noch offenkundige Darunter. Sabine Tress stellt keine Welt von außen in ihren Bildern dar, sondern schafft eigene und persönliche Bildebenen. Diese lassen dem Betrachter genug Platz für individuelle Assoziationen. Die Bildtitel sind in diesem Sinne nur Hinweise auf mögliche Inspirationsquellen oder Gedankenblitze.

Mehr Infos unter: *www.sabinetress.de*

Index

C

G

L

M

N

O

P

Q

R

S

T

U

V

W